KB071781

서 문

아마 환경 문제와 관련이 있는 사람들이 이 책을 접하고 있을 것이다. 하수 처리장의 설계에 대한 주요 관심사는 영양염류, 특히 질소와 인의 농도이고, 이들은 조류를 포함한 미생물 및 기타 수생 식물의 성장을 촉진한다. 이로 인해 많은 수역에서 부영양화가 발생하고, 수역의 산소 농도는 감소한다. 전세계 하수처리 시설은 계속해서 신설되고 있고, 기존 시설도 개조하여 성능을 개선하고 있다. 이에 맞추어 하수처리 시설 설계, 특히 질소 및 인의 생물학적 처리 공정의 설계에 많은 관심이 집중되고 있지만, 2 차 처리 배출수 기준을 충족하도록 설계된 생물학적 처리 공정도 충분할 정도로 질소 또는 인을 제거하지 못하는 실정이다.

하수에는 탄수화물, 지방 및 단백질과 이들의 분해 잔류물이 유기물질로 존재한다. 유기물질은 물에 용해되거나 용해되지 않는 상태로 존재하고, 발생원인 사회 공동체의 다양성 및 규모에 따라 그 조성 및 유입 유량이 변동하고, 시간에 따라서도 변동한다. 유량 및 부하 변동에도 불구하고, 질소 및 인을 포함한 물 속의 유기물질을 제거하는 생물학적 처리 공정은 오랜 기간에 걸쳐 그 기술이 점진적으로 진보하고 있다. 진보하고 있는 기술을 대학생 및 대학원생을 포함한 젊은 하수 처리 전문가, 해당 공무원 및 연구원 등에게 소개하기 위해 이 책이 제작되었다. 이들은 저와 같은 노령 교수들이 은퇴한 후에도 오랫동안 우리의 소중한 수자원 보호 분야에서 여전히 활동할 젊은 물 전문가들이다. 하수를 생물학적으로 처리하는 것이 더욱 복잡해졌으나, 과거보다 지금이 처리 방법 개선이 더 시급하다는 것을 알고 있다. 더욱 강화된 역량을 바탕으로 이들이 더 깊은 통찰력, 앞선 지식, 더 큰 자신감을 갖추도록 이 책이 조금이나마 도움이 되기를 기대한다.

이 책에서 연속 흐름 활성 슬러지 공정을 중심으로 생물학적 영양염류 제거 과정이 체계적으로 소개된다. 활성 슬러지에 의한 탄소계 물질의 호기성 생물학적 처리 공정이 먼저 소개되고, 질산화 및 탈질 공정이 뒤를 잇는다. 이후 인 저장 미생물이 과잉으로 인을 섭취하는 생물학적 인 제거 공정이 소개된다. 8 개의 장으로 구성된 관련 내용을 단계적으로 접하는 과정에서 독자들은 연속 흐름 활성 슬러지 공정을 구체적으로 이해하게 되어, 새 유형의 공정을 개발할 수 있는 역량을 갖출 것으로 기대된다.

이후 이어지는 2 개의 장 (9, 10 장)에서는 생물막 반응기 (MBR)와 연속 회분식 반응기 (SBR)가 소개된다. 다양한 유형의 MBR 기술을 접하는 기회를 독자들이 가지게 될 것이고, 막을 이용해서 탄소중립 달성에 필요한 자원의 순환 경제까지 도모할 수 있게 될 것이다. 생물학적 공정이 단일 반응기에서 순차적으로 진행되는 SBR 의 적절한 설계는 수역의 보전으로 이어진다. 적절한 크기로 SBR 을 설계할 수 있는 정량적인 방법이 소개되어 있다.

마지막인 11 장에는 생물반응기의 물리적 형상에 따라 하수의 흐름이 혼합 흐름에서 플러그 흐름으로 변화될 수 있다는 점이 소개된다. 주어지는 부지의 모양대로 설계하기 보다 플러그 흐름에 보다 가까운 형상으로 처리 시설이 설계되도록 부지를 지혜롭게 사용함으로써, 더 적은 크기의 공정으로 더 높은 효율로 오염물질을 제거할 수 있게 된다.

이와 함께 책 곳곳에 해당되는 실무적인 지식을 담아 설계자들이 유연하고 경제적으로 타당하게 실규모 공정을 설계할 수 있도록 하였다. 하수처리 시설 설계에는 다양한 분야의 전문지식이 필요하다. 설계자가 이들을 모두 갖추기는 극히 어렵지만, 이 책을 순차적으로 읽다보면 생물, 화학, 화학공학, 기계공학 및 제어공학부터 환경공학 및 토목공학까지의 지식을 통섭적으로 습득할 수 있게 될 것을 의심치 않는다.

이 책의 1 장에서 6 장까지의 부분은 생물학적 탄소계 물질 제거에서 질소 제거 공정까지의 내용이다. 또한 나머지 7 장에서 11 장까지의 부분은 생물학적 과잉 인제거에서 생물반응기 물리적 형상의 중요성에 대해 소개하는 내용으로 이루어져 있다.

이 책이 여러분의 전문 지식 향상에 도움이 되길 기대하며, 연구실에 앉아 서문을 마무리한다.

2023 년 9 월 22 일

대표저자 이동근

목 차

Chapter 1
생물학적 영양염류 제거 공정의 개요

1. 생물학적 영양염류 제거 공정

2. 미생물 성장 메커니즘

3. 완전 혼합흐름 반응기에서의 기질과 생물체 모델링

4. 생물 반응기의 부하율

5. 생물학적 영양염류 제거 공정의 형상

미생물 성장과 식물 광합성에 필요한 질소는 주기율 표의 7 번째 원소이고, 인은 15 번째 원소로서 모두 영양염류로 간주된다. 그러나 질소 및 인이 물속에 과잉으로 존재하면 심각한 수질 문제가 야기되어, 물 속의 질소 및 인을 측정하고 그 농도가 높을 경우 규제하게 된다.

물 속의 영양염류 양이 증가하면 식물과 조류 (algae)가 과잉 성장하고, 이러한 현상을 때때로 조화 (algal bloom)라 부른다. 호수나 강 바닥까지 투과하던 태양 빛은 조화에 의해 차단되고, 물 속 깊은 곳의 식물은 태양 빛에서 얻던 에너지가 결여되어 죽게 된다. 이러한 생물체는 박테리아에 의해 분해되고, 분해 과정에서 물 속의 용존 산소가 소비된다. 산소가 부족해진 물 속의 생명체는 저산소증을 겪게 되고, 결국 대량 폐사로 이어지고 수질은 악화된다.

물 속의 영양염류가 풍부해지는 부영양화는 수 세기 동안 호수 및 강에서 자연적으로 발생하였지만, 인간 활동에 의해 그 발생 빈도가 급격하게 증가하였다. 농업 폐수와 하수에 포함된 많은 양의 영양염류가 원인으로 지목되었고, 수자원을 위협하고 여가 활동을 방해하였다. 주변 도시의 심미적 가치가 하락하고 주민들의 민원이 쇄도하자, 비로소 사태의 심각성을 인지하게 되었고 중앙 정부 및 지방 정부가 질소와 인 유출 농도를 규제하기 시작하였다.

인, 질소 및 탄소가 조합되어 부영양화로 이어지지만, 각 원소는 각각 다른 영향을 준다. 많은 양의 질소와 탄소 만이 존재하는 수계에는 부영양화가 미미하게 진행된 반면 인 농도가 증가하자 2 개월만에 호수가 미생물로 덮히게 되어, 인이 부영화를 결정하는 제한 요소가 된다는 사실이 밝혀졌다. 재난적인 부영양화와의 싸움이 전 세계에서 시작되었고, 중국의 경우 급격한 인구 증가와 처리되지 않은 하수로 인해 110,000 개가 넘는 호수가 심각한 부영양화를 겪게 되었다.

물 속의 아질산염과 질산염은 인간의 건강을 위협하고, 혈액 장애를 유발하여 6 개월이 되지 않은 유아에게 치명적인 청색증을 겪게 한다. 미국 환경청 (US EPA)은 총 아질산염/질산염 농도가 10mg/L, 아질산염 농도 1.0mg/L 를 초과하지 않도록 규제하기 시작하였다. 너무 많은 인도 질소와 유사하게 신장 손상과 골다공증과 같은 건강 문제를 야기하고, 하수 처리 시설과 같은 점 오염원이 인 농도를 1.0 mg/L 를 초과하여 인을 방류하지 못하도록 규제하였다. 수계에 미치는 부정적인 영향을 감안하여, 질소와 인을 경제적으로 저감시켜 법정 방류 기준을 충족시킬 수 있는 하수 처리 시설에 관심을 기울이게 되었다. 영양염류를 물로부터 제거하기 위해 질소와 인의 특성에 맞는 다양한 화학적 물리적 방법이 제안되었고, 이들 방법 대신 생물학적 방법도 연구되기 시작하였다.

질소는 인간, 동물 및 식물에게 없어서는 안될 영양분이고, 대기의 약 80%를 차지할 정도로 풍부하다. 하수 중의 질소는 요리, 목욕 및 폐기물 배출과 같은 인간 활동에 의해 발생된다. 질소는 유기 질소와 무기 질소 형태로 물속에 존재하고, 무기 질소는 암모늄 염 및 자유 암모니아 형태를 띈다. 총 Kjeldahl Nitrogen (TKN)은 1883 년 Johan Kjedhal 에 의해 유기 질소와 암모니아-질소의 합으로 정의되었다. 대부분의 질소는 유기 질소와 암모니아-질소 형태로 하수에 유입된다. 우레아(urea)로부터 분해되어 암모늄염이 되고, 총 질소는 TKN 과 질산염 및 아질산염의 합과 동일하다.

산업 폐수와 생활 하수는 인의 점 발생원이 된다. 육고기, 견과류, 열매, 콩, 우유와 같은 단백질이 풍부한 식량에는 많은 양의 인이 포함되어 있고, 이들을 가공하는 산업체에서 발생되는 폐수에는 인이 고농도로 포함된다. 게다가 다른 오염물질과 함께 약 2/3의 인이 비점 오염원으로부터 수체로 유입된다. 농업 및 도시 활동이 대표적 비점 오염원이 되고, 농지에서 발생되는 강우 유출수에는 과잉의 비료 성분와 농약 성분이 함유되어 있다. 도시 강우 유출수, 하천 호안 침식, 정화조 유출수 등도 인의 비점 오염에 기여하고 있다.

인은 매우 반응성이 높고, 자연에서 인산염 형태로 주로 존재한다. 신체에 에너지를 분배하고 DNA 분자 구조에도 참여하는 중요한 역할을 하기 때문에 인은 인체에 필요한 요소이다. 총인은 모든 형태의 용존성 및 입자성 인을 표현하는 용어이다. 정인산염 (orthophosphate)과 고분자 인산염 (polyphosphate)은 물에 용해되지만, 고분자 인산염은 금속염에 의해 침전되어 제거되지 못하고 미생물 활동에 의해 먼저 정인산염으로 전환될 수밖에 없다. 세번째 형태의 인은 유기 인으로, 물속에 용해되거나 부유한다. 입자성 유기 인은 침전에 의해 제거될 수 있다. 용존성 유기 인은 다시 생물 분해 가능한 인과 생물 분해 불가능한 인으로 세분화된다. 생물 분해 가능한 분율은 생물학적 공정에서 정인산염으로 전환될 수 있다.

질소 및 다른 오염 물질과는 달리, 육상과 수생 환경에서 인의 순환은 제한된다. 인은 기체 상태로는 자연적으로 존재하지 않기 때문에, 물, 토양 그리고 침전물 사이에서 느리게 순환한다. 토양과 해양 침전물에는 전형적으로 인산염 형태로 존재하고, 인은 식물 성장의 제한 요소가 된다. 식물에 의해 침전물로부터 인이 섭취되고, 먹이가 되어 동물의 신체로 이동하게 된다. 결국 식물 또는 동물이 죽거나 소변과 대변으로 배설되면, 인은 토양이나 물 속 침전물로 되돌아온다.

질소와 인은 하수 처리에 관여하는 미생물 성장에 필수 요소이기 때문에 생물학적 하수 처리 과정에서 영양염류의 일정 부분이 제거될 수 있다. 그 결과 생물학적 처리에 참여하는 미생물의 세포 질량에는 약 12 % 질량의 질소와 약 2 % 질량의 인이 함유된

Chapter 1 생물학적 영양염류 제거 공정의 개요

다. 미생물의 대사 작용에 의해 제거되는 영양염류보다 많은 양의 영양염류를 제거할 수 있도록 하수 처리 시스템이 구성될 경우, 해당 시스템을 생물학적 영양염류 제거 (BNR: Biological Nutrient Removal) 시스템이라 부른다. 생물학적 영양염류 제거 시스템은 본질적으로 2개 공정으로 구성된다: 생물학적 질소 제거 (Biological Nitrogen Removal)와 생물학적 과잉 인 제거 (Bilogical Excess Phosphorus Removal) (또는 개선된 생물학적 인 제거 (EPBR: Enhanced Biological Phosphorus Removal)) 공정이 이에 해당한다.

이 장에서는 생물학적 영양염류 공정과 관련되는 기본적인 원리를 소개한다. 이 책을 다 읽을 즈음에는 하수 처리 시설을 설계할 수 있게 될 정도로, 공정 설계에 필요한 전문적인 내용을 점진적으로 깊이 있게 다룰 것이다. 때로는 이 장 저 장에서 반복하여 설명할 것이고, 정성적 설명과 함께 정량적 설명도 제공될 것이다.

1. 생물학적 영양염류 제거 공정

1.1 생물학적 질소 제거

생물학적 질소 제거에 참여하는 핵심 반응은 질산화 (nitrification)와 탈질 (denitrification)이다. 유기 질소를 암모니아-질소로 전환시키는 암모니아화 반응 (ammonification)과 세포 성장을 위한 질소 섭취 (uptake)와 같은 다른 생물학적 프로세스들도 질소 제거에 관련된다.

1.1.1 질산화

질산화에서는 암모니아 및 암모늄염이 산화되어 아질산염 (nitrite)과 질산염 (nitrate)으로 전환된다. 이 반응에는 *Nitrosomonas*와 *Nitrobacter*가 참여하는 것으로 간주되고 있다. 이 두 미생물은 독립영양 미생물 (autotroph)로서, 무기 질소 화합물을 산화시켜 에너지를 얻는다.

Nitrosomonas : $2NH_4^+$ (암모늄염) + $3O_2$ → $2NO_2^-$ (아질산염) + $2H_2O$ + $4H^+$ + New cells

Nitrobacter : $2NO_2^-$ (아질산염) + O_2 → $2NO_3^-$ (질산염) + New cells

세포 성장에 필요한 탄소는 이산화탄소로부터 얻기 때문에 결과적으로 유기성 기질

(BOD 또는 COD)의 존재 유무는 질산화 미생물 성장의 전제 조건이 되지 못한다. *Nitrosomonas*의 성장 속도가 상대적으로 느리기 때문에 완전 질산화를 추구하는 시스템에서는 아질산염의 축적은 통상적으로 이루어지지 않는다. 그러나 수온이 25 ℃를 초과하여 30 ℃까지 높아지게 되면 아질산염의 질산염으로의 전환 단계가 전체 질산화 반응 속도를 결정하는 단계 (rate determining step)가 될 수 있어 소독 공정에서 더 많은 염소가 소요되는 결과를 초래할 수도 있다.

*Nitrosonas*와 *Nitrobacter* 외의 미생물도 질산화에 참여할 수 있기 때문에 질산화에 참여하는 미생물 전체를 암모니아 산화 박테리아 (AOB: ammonia oxidation bacteria)라는 용어로 종합적으로 표현하기도 한다. 생물학적 영양염류 제거(Biological Nutrient Removal: BNR) 시스템에서는 다음의 2 가지 이유로 질산화가 속도 결정 단계가 된다: (1) 암모니아-질소 산화 박테리아 AOB의 기능적 다양성 부족: AOB가 전체 미생물에서 차지하는 질량 분율은 약 2 %이다; (2) AOB는 세밀한 범위에서 제약적으로 성장하고, 주변 환경 변화에 민감하게 대응한다.

AOB는 주변 환경의 다음과 같은 인자들에 의해 크게 영향을 받는다:

- 슬러지 체류 시간 (SRT: Sludge Retention Time): 슬러지 연령(Sludge Age)으로도 표현되는 SRT는 BNR 공정에 참여하는 미생물의 나이를 평가하는 중요한 지표가 된다. 인간과 미찬가지로 SRT가 증가할수록, 슬러지 연령은 높아진다. 연령이 높아지면, 슬러지의 활동력도 저하된다. 독립영양 미생물인 질산화 미생물은 종속영양 미생물 (BOD 또는 COD 제거 생명체)에 비해 상대적으로 느리게 성장하기 때문에, 질산화를 보장하기 위해 더욱 오랜 기간의 SRT가 필요하다. 질산화에 필요한 SRT는 하수 수온의 직접적인 함수가 되고, 보다 정확히 표현하면 질산화 미생물 비 성장율의 함수가 된다.

- 수온: 질산화 속도는 특정 수온 (30-35 ℃)까지는 증가하지만, 그 이상 높아지면 감소한다. 경험 법칙에 의하면 20 ℃에서 10 ℃로 수온이 10 ℃ 만큼 낮아지면, 질산화 속도는 약 30 % 저하되어 같은 암모니아-질소 농도로 방류하기 위해서는 약 3 배나 많은 질량의 MLSS (mixed liquor suspended solid)가 필요하게 된다. 결과적으로 동절기 질산화를 고려하여 생물학적 질소 제거 시스템을 설계하게 되면, 암모니아-질소의 방류 기준을 일반적으로 연중 안정적으로 만족시킬 수 있다.

- 용존 산소: 1 mg의 암모니아-질소를 질산화하기 위해 필요한 산소량은 약 4.6 mgO이다. 용존 산소의 농도가 장기간 2 mg/L 보다 크게 낮아지면, 질산화를 저해한다.

Chapter 1 생물학적 영양염류 제거 공정의 개요

- 알칼리도와 pH: 1 mg의 암모니아-질소를 질산화하기 위해서는, 7.1 mg(as $CaCO_3$)의 알칼리도가 필요하다. 유입수에 적절한 농도의 알칼리도가 함유되어 있지 못할 경우, 만족할 수 있는 질산화는 보장하기 어렵다. 알칼리도가 40 mg(as $CaCO_3$)/L 보다 낮아지면 pH도 감소하여 질산화 속도를 저하시킬 수 있는 요인으로 작용할 수 있다. 대부분의 생물학적 하수 처리 시설은 pH 범위 6.8-7.4에서 운전된다.

- 저해 화합물: 특정 중금속과 특정 유기 화합물은 질산화 미생물의 활동을 저해한다. 슬러지 농축 및 처분에 사용되는 일부 고분자 물질도 저해 화합물이 될 수 있다. 하수 중 산업 폐수의 비율이 증가할수록, 질산화 미생물의 활동은 통상적으로 저하된다.

질산화에 의해 환원 형태의 질소 (암모니아-질소)가 산화 형태의 질소 (질산염-질소)로 전환된다. 질산화 자체는 중요한 질소 제거 메커니즘이 될 수 없고, 질산화 과정에서는 질소가 환원된 형태에서 산화된 형태로 전환될 뿐이다.

1.1.2 탈질

질소 제거를 성공적으로 달성하기 위해서는 질산화 후 탈질 과정을 필히 거쳐야만 한다. 특정 종속영양 미생물에 의해 진행되는 탈질로 인해 질산염이 질소 기체로 환원된다. 이 과정에는 무산소 조건과 함께 생물학적으로 쉽게 분해되는 유기 물질이 필요하다. COD 중 쉽게 분해되는 유기물 COD 의 분율은 약 0.2 이다. 쉽게 분해되는 유기 물질이 더 높은 분율로 존재할수록, 탈질 효율은 더욱 향상된다. 향상된 탈질 효율은 무질산염 방류로 이어지고, 슬러지 반송수가 유입되는 혐기 반응기에서는 무질산염 유입이 달성된다. 무질산염 유입으로 인해 인 방출이 혐기 반응기에서 진행되고, 무산소 반응기 및 호기 반응기에서 진행될 인 저장 미생물의 과잉 인 섭취를 자극하게 된다. 질산염과 아질산염과 같은 화합물 내에 결합된 산소는 존재하지만, 결합되지 않은 자유 산소 또는 용존 산소는 없는 상태가 무산소 조건이 된다.

$$NO_3^- + \text{쉽게 분해되는 유기 물질} \rightarrow N_2 \text{ (gas)} + CO_2 + H_2O + OH^- + \text{New cells}$$

1 mg의 질산염 (NO_3^--N)이 질소 기체로 환원되어 탈질되면, 3.6 mg(as $CaCO_3$)의 알칼리도와 2.9 mgO의 산소가 회수된다. 이에 따라 호기성의 질산화와 무산소 조건의 탈질이 결합되어 진행되면, 알칼리도와 산소의 일부분이 회복될 수 있다. 무산소 반응기를 공정에 추가함으로써 얻을 수 있는 또 다른 혜택은 슬러지 침강성의 개선이다.

탈질되는 질산염 양을 결정하기 위해 사용하는 탈질 속도 (환원된 NO_3-N/g MLVSS·d) 는 다음 우선적 변수들의 함수가 된다: 1) 쉽게 분해되는 유기 물질의 가용성 그리고 2) 수온.

1) 쉽게 분해되는 유기 물질의 가용성: 종속영양 미생물인 탈질 미생물은 에너지 와 탄소원으로 유기 물질을 활용한다. 충분한 탈질을 달성하기 위해 먼저 생 물 반응기 유입수의 BOD: TKN의 비가 최소한 약 3:1이 되어야 한다. 실제적 비율은 운전 조건과 기질의 분해성 정도에 따라 변한다. 일정 범위 내에서는 쉽게 분해되는 유기 물질의 증가로 인해 무산소 영역의 F:M비가 더 높아진다. 또한 기질의 형태도 탈질 속도에 영향을 준다. 메탄올 및 발효 과정 최종 산 물과 유입수에 존재하는 휘발성 지방산 (volatile fatty acids: VFAs)과 같은 기질 을 활용하면, 매우 높은 탈질 속도 달성도 가능해진다. 미생물의 내생 분해에 의해 생산되는 유기물질도 느리게 진행되는 탈질에 기여한다.

2) 수온: 하수 수온이 높아질수록 미생물 활동이 촉진되어, 더욱 높은 탈질 속도 가 달성된다. 주어진 기질 (BOD 또는 COD) 농도에서 수온이 20 ℃에서 10 ℃ 로 낮아지면, 탈질 속도는 약 75 % 저하된다.

1.2 생물학적 과잉 인 제거

앞서 언급한 바와 같이 전형적인 MLSS 내 인의 질량 분율은 약 2 %이다. 대사 과정에 서 섭취하는 인의 양보다 더 많은 인을 섭취하여 특정 미생물 내에 축적되면, 생물학 적 과잉 인 제거가 성립된다. 인을 과잉으로 섭취한 미생물을 시스템 밖으로 배출함으 로써, 생물학적 인 제거가 달성되는 것이다. 인을 과잉으로 섭취할 수 있는 특정 호기 성 종속영양 미생물을 고분자 인산염 저장 미생물이라 하고, 이를 일반적으로 인 누적 유기 생명체 (Phosphorus Accumulating Organisms: PAOs)라 부른다.

아시네토벡터 (Acinetobacter)는 가장 널리 알려진 PAO이다. 생물체 내의 인 질량 분 율은 약 10%까지 높을 수도 있지만, 전형적으로는 질량 분율은 3-5 % 범위이다. 따라 서 생물학적 인 제거 능력은 슬러지 내 PAOs의 분율에 직접적으로 관련된다. 다음과 같은 형상들이 공정에 포함되면, PAOs 확보에 도움이 된다:

• 적절한 농도의 쉽게 분해되는 유기 물질: 특히 휘발성 지방산이 적절하게 공 급되는 혐기 영역;

• 연속되는 호기 영역;

Chapter 1 생물학적 영양염류 제거 공정의 개요

- 인이 풍부하게 함유된 슬러지를 혐기 영역으로 반송할 수 있는 반송 시스템

혐기 영역에서는, PAO가 휘발성 지방산 (VFAs)를 섭취하여 poly-b-hydroxybutyrate (PHB)과 같은 탄소계 물질로 세포 내에 저장한다. 호기성 유기 생명체인 PAOs는 혐기 영역에서 VFAs를 활용하며 성장할 수 없기 때문에 대신에 호기 영역에서 활용할 PHB 를 세포내에 재충전하기 위해 VFAs를 이용한다. 바꾸어 말하면, 혐기 영역에서 PAOs 가 증식하지는 못하지만 지방은 축적할 수는 있다. PHB 축적에 필요한 에너지는 또 다른 저장 물질인 무기 고분자 인산염 (inorganic polyphosphate)사슬이 끊어지면서 얻게된다. 에너지가 풍부하게 함유된 고분자 인산염 사슬이 분리되면 인이 방출되고, 이는 배터리가 방전되는 과정과 유사하다.

다음 단계인 호기 영역에서 PAOs 는 탄소원 및 에너지원으로 내부에 저장해 두었던 PHB 를 이용하여 혐기 영역에서 방출된 모든 인뿐 아니라 유입 하수에 포함된 인까지 추가로 섭취하고, 고분자 인산염 저장소를 다시 채운다 (이 과정은 배터리 재충전 과정과 유사하다). 혐기 영역에서 PHB 저장에 필요한 에너지보다 호기 영역에서 PHB 산화에 의해 방출되는 에너지가 24~36 배 더 높기 때문에 인 섭취량이 인 방출량보다 크게 높아진다. 인의 순제거는 과잉의 인을 섭취한 슬러지를 폐기함으로써 실현된다. 인이 풍부하게 함유된 슬러지가 반송에 의해 혐기 영역으로 유입되면, 같은 과정이 되풀이된다 (그림 1.1, 그림 1.2).

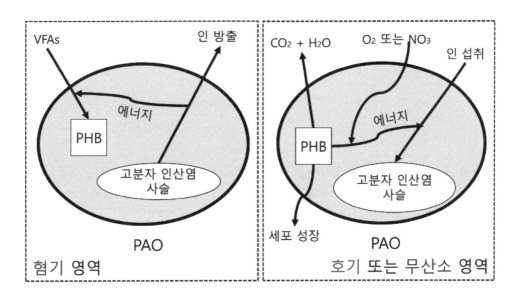

그림 1.1 생물학적 과잉 인 제거 과정의 개념도

생물학적 과잉 인 제거 (또는 개선된 생물학적 인 제거 (EBPR))공정에서 인은 경제적, 미생물학적 그리고 친환경적으로 제거된다. 이러한 시스템은 무산소 영역과 호기 영역의 전단에 혐기 영역이 배치되는 구조를 지닌다. 질소만이 생물학적으로 제거되는 MLE 공정 및 Bardenpho 공정의 전단에 혐기 영역을 배치하면, 질소와 함께 인도 제거할 수 있는 3 단계-Phoredox 공정 (이를 Modified-Bardenpho 공정으로도 부른다)으로 전환된다. 혐기 영역에서 PAOs 는 VFAs 를 동화하여 PHA 로 전환하고 또한 아세테이트를 PHB 로 합성한다. 다음 단계에서 에너지원과 탄소원으로 활용하기 위해, 합성된 PHB 는 PAOs 의 세포 내에 저장된다. 그 동안에 고분자 인산염은 정인산염으로 가수분해되고, 혐기 영역 인 농도는 크게 증가한다 (그림 1.2a)

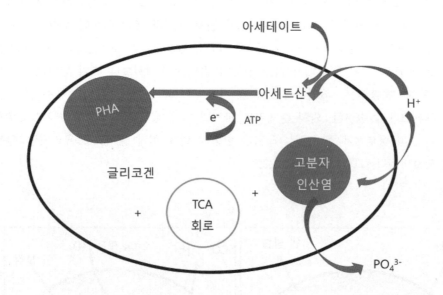

그림 1.2a 혐기 영역에서 진행되는 생물학적 인 제거 미생물학

뒤따르는 호기 (또는 무산소) 반응기에서 PAOs 는 PHA 와 PHB 를 활용하여 정인산염을 고분자 인산염으로 전환하여 세포 내에 저장한다. 슬러지를 폐기함으로써 비로소 하수의 인 농도가 원하는 수준으로 낮아지게 된다 (그림 1.2b)

Chapter 1 생물학적 영양염류 제거 공정의 개요

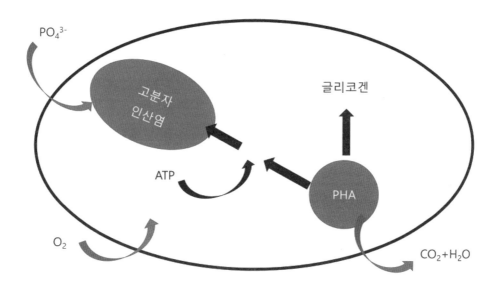

그림 1.2b 호기 영역에서 진행되는 생물학적 인 제거 미생물학

산소와 질산염은 각각 호기 반응기와 무산소 반응기에서 전자 수용체가 되지만, 혐기 영역에서는 PHA 합성 과정에 환원 동력원이 필요하다. 혐기 반응기에서 필요한 전자를 어떻게 어디에서 조달하는지에 관해 다양한 의견이 제시되어 있다. 그림 1.3 과 같은 TCA (tricarboxylic acid) 회로에서는 양성자 구동력 (proton motive force: pmf)을 유지하기 위해 박테리아는 다음과 같은 3 가지 주요 절차를 이용한다:

1) 탄소 기질과 전자 수용체 (호기 영역의 경우 산소; 무산소 영역의 경우 질산염)가 함께 존재하면, 세포로부터 양성자 (H+)를 추방한다. 이 과정에서 NADH (nicotinamide adenine dinucleotide)가 전자 공여체 역할을 수행하고, NADH 는 해당 작용 (당 분해 작용: glycolysis) 그리고/또는 TCA 회로를 거쳐 생산된다.

2) 전자 수용체가 없을 경우, ATP 분해 효소 (ATP-ase) 가 입지하고 있는 지점에서 ATP 가 분해되어 양성자와 자리 바꿈한다.

3) 양성자를 전달하기 위해 NADH-수소전이 (NADH-transhydrogenase) 효소는 NADH 를 NAD+로 분해한다.

생물학적 영양염류 제거 공정 설계 실무

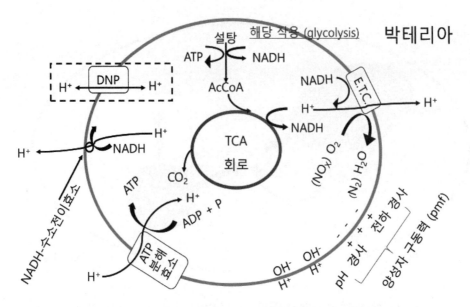

그림 1.3 양성자 구동력을 유지하기 위한 박테리아 전략

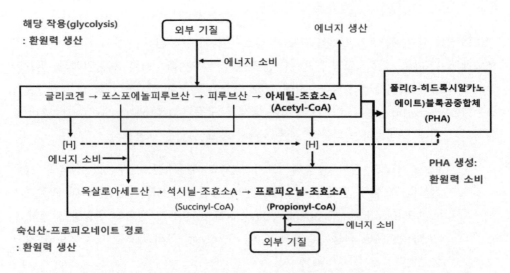

그림 1.4 PAOs 에 의한 유기성기질 혐기섭취와 PHA 로의 생화학적 전환 모델

또 다른 제안으로는 PHA 를 합성하기 위해 글리코겐을 혐기 분해하여 전자를 생산하는 과정을 들 수 있다. 이 과정은 그림 1.4 에 제시되어 있다.

Chapter 1 생물학적 영양염류 제거 공정의 개요

이 외에도 PHB 대사 경로가 제안된다. 호기 영역에서는 PHB (poly-β-hydroxybutyrate)의 분해가 진행되고, 혐기 영역에서는 PHB 의 합성이 진행된다. 이 과정을 상세하게 도식화하여 그림 1.5 에 제시하였다.

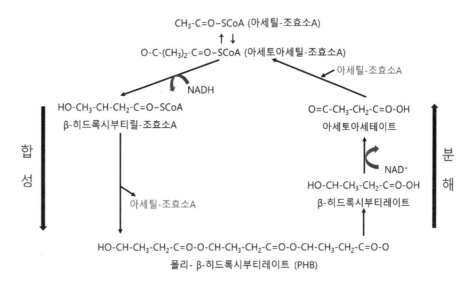

그림 1.5 PHB 의 대사 경로

Acinetobacter 박테리아, *Aeromonas*와 *Pseudomonas* 박테리아는 고분자 인산염과 PHB 형태로 탄소를 저장할 수 있다. 따라서 이들 박테리아에 의해 생물학적 인 제거가 진행된다. 인을 과잉으로 섭취할 수 있는 일부 박테리아의 역량을 요약하여 표 1.1 에 제시하였다.

표 1.1 인을 과잉으로 섭취할 수 있는 일부 박테리아의 인 섭취 역량

생명체	인 섭취 농도 (mgP/L)
Pseudomonas fluorescens	20.6
Pseudomonas mendocina	19.6
Acinetobacter calcoaceticus var. lwoffii	18.4
ATCC	17.6
Moraxella spp.	15.8

생물학적 영양염류 제거 공정 설계 실무

이들 미생물들은 핵심적인 역할을 수행하기 때문에, 생물학적 과잉 인 제거 과정을 보다 상세하게 설명할 필요가 있다. 회분식 반응기에서 실험을 수행하면, 호기 인 제거는 수온 28~33 ℃에서 최적의 효율로 진행된다는 사실을 알 수 있게 된다. 2.9 일 보다 길게 SRT 를 유지하면, SRT 가 인 제거 효율에 미치는 영향은 무시된다. pH 5.5~8.5 에서 pH 가 증가할수록, 혐기 영역의 인 방출은 0.25~0.75 mol-P/mol-C 범위에서 변동한다. 혐기 영역의 용존 산소 농도는 무시할 수 있을 정도까지 낮아져야 한다 (0.0~0.2 mgO/L). 호기 영역의 용존 산소 농도는 필히 3.0~4.0 mgO/L 가 될 수 있도록 유지할 것을 강력하게 권장한다. 4.0 mgO/L 를 초과하면 생물학적 과잉 인 제거를 유도할 수 없기 때문에 초과하는 용존 산소는 폐기하여야 한다 (그러므로 용존 산소 농도가 4.0 mgO/L 를 초과할 때까지 송풍기를 운전하면, 필요 없는 동력비를 지불하는 형국이 된다). 총 유기 탄소 (TOC)와 인의 비도 또 다른 중요한 변수가 된다. 유입수의 P/TOC 비가 낮을 경우 PAOs 의 성장이 억제되고, 반면에 P/TOC 비가 현저히 증가하면 PAOs 성장이 글리코겐 누적 생명체 (GAOs)의 성장을 압도하게 된다.

간략히 요약하면, 생물학적 과잉 인 제거 공정에서 진행되는 복잡한 생화학 반응은 무기 고분자 인산염 형성 및 분해 과정과 함께 PHB와 같이 저장된 유기 화합물의 주기적인 형성 및 분해가 조화를 이루며 추진된다고 말할 수 있다. 일부 PAO는 탈질 능력을 지닌다. 탈질 능력을 지닌 PAO는 내부에 저장된 PHB를 산화시키기 위해 자유 산소 대신 질산염을 전자 수용체로 이용하여 무산소 영역에서 인을 섭취한다 (그림 1.6).

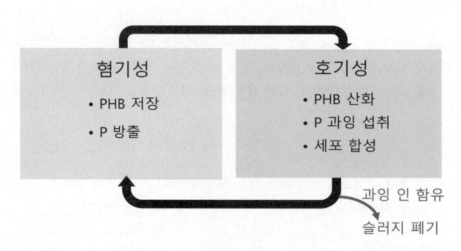

그림 1.6 생물학적 과잉 인 제거 공정의 혐기-호기 순환

생물학적 과잉 인 제거와 관련된 인 방출 (혐기 영역) - 과잉 인 섭취 (호기 영역) 순환 반응을 연속적으로 수행하기 위해, 비 고분자 인산염 저장 종속영양 미생물보다 더

Chapter 1 생물학적 영양염류 제거 공정의 개요

많은 에너지가 PAO에게 필요하다. PAO의 분열 증식을 이루어 과잉 인 제거 공정의 효율성을 확보하기 위해서는 다음의 2 가지 핵심 인자가 확보되어야 한다: (1) 혐기성 영역의 통합 그리고 (2) 휘발성 지방산 (VFAs)의 가용성.

1) 혐기 영역의 통합: PAO에게 기질을 섭취할 수 있는 첫번째 기회를 제공하기 위해 혐기 조건이 엄격하게 유지되어야 한다. 용존 산소와 질산염과 같은 산소 공급원으로부터 혐기 영역을 보호하여, PAOs가 비 고분자 인산염 저장 미생물과의 경쟁에서 불리한 조건에 처하지 않게 해야 한다는 의미이다. 스크류 펌프를 통한 이송 과정과 웨어 월류수 자유 낙하 과정에서 용존 산소가 유입될 수 있다. 이와 유사하게 질소 제거 공정의 내부 혼합액 반송 과정도, 용존 산소 및 질산염 주요 공급원이 된다. 뿐만 아니라 질산화 시스템의 슬러지 반송 과정에서도 질산염이 유입된다. 질산화와는 달리 과잉 인 제거 과정에 필요한 SRT는 상대적으로 낮다. 질산화가 필요하지 않은 경우에는 약 2~4일의 SRT로 질산염 생성을 막을 수 있고 질산염으로부터 혐기 영역을 보호할 수 있다.

2) 휘발성 지방산의 중요성: 혐기 영역에서 적절한 농도의 VFAs가 유지되어야만 신뢰할 수 있는 과잉 인 제거 공정을 실현할 수 있다. VFAs의 존재로 인해 탈질 속도도 향상된다. 모든 VFAs가 과잉 인 제거에 동일하게 기여하지는 않는다. VFAs 중 초산이 과잉 인 제거에 가장 효율적으로 기여하는 반면, 포름산은 PAOs의 섭취 대상이 되지 못한다. 여러 VFAs가 혼합되면, 과잉 인 제거 공정의 효율은 지속적으로 유지된다. 탈질 효율을 향상시키기 위해 통상적으로 사용되던 메탄올은 쉽게 분해되는 유기 물질이지만, 과잉 인 제거에는 제 역할을 하지 못한다. 휘발성 지방산은 주요 공정 내에서 생성될 수도 있고, 외부로부터 공급될 수도 있다. 내부 또는 외부 공급원 선택은 장점과 단점을 동시에 지니기 때문에 휘발성 지방산 선정전에 면밀하게 평가하여야 한다. 휘발성 지방산 공급이 가능한 내부 및 외부 공급원을 요약하여 표 1.2에 제시하였다.

표 1.2 휘발성 지방산 공급원으로 활용할 수 있는 잠재적 내·외부 생성원

내부 생성원	외부 생성원
다음과 같은 장소에서 진행되는 발효에 의해 생성:	다음과 같은 장소에서 진행되는 발효에 의해 생성:
• 집수 시스템	• 1차 슬러지 발효조
• 생물 반응기의 혐기 영역	• 중력식 슬러지 농축조
• 1차 침강조	• 2 단계 혐기 소화조의 1 단계
	외부에서 구매한 초산

1.3공정 선정

BNR 공정과 관련된 생화학적 반응과 미생물의 상호 작용은 복잡하게 진행된다. BNR 공정 설계, 최적화, 제어 그리고 문제 해결을 위해 다양한 생물학적 반응에 대한 이해가 필수적으로 요구된다 (표 1.3 참조).

표 1.3 BNR 공정의 단계별 환경 및 참여 미생물

영역	공정	참여 미생물
혐기	인 방출 및 PHB 저장	종속영양 미생물 (PAOs)
	발효: 유기 복합체를 VFAs로 전환	종속영양 미생물 (non-PAOs)
전 무산소	탈질: 다음 과정을 거쳐 질산염이 질소기체로 전환: • 유입수 중의 기질을 탄소원으로 활용 – BOD 제거	종속영양 미생물 (non-PAOs)
	• 저장된 PHB를 탄소원으로 활용 – 인 섭취	종속영양 미생물 (DePAOs)
후 무산소 (설치될 경우)	탈질: 다음 과정을 거쳐 질산염이 질소기체로 전환: • 세포 기질을 탄소원으로 활용 (내생 호흡 반응) • 메탄올을 외부 탄소원으로 활용	종속영양 미생물 (non-PAOs)
호기	BOD 제거	종속영양 미생물 (non-PAOs)
	암모니아화 반응: 유기 질소를 암모니아-질소로 전환	종속영양 미생물 (non-PAOs)
	질산화 반응: 암모니아성 질소를 질산염-질소로 전환	독립영양 미생물 (*Nitrosomonas* 및 *Nitrobacter*)
	PHB 분해 및 인의 과잉 섭취	종속영양 미생물 (PAOs)

PAO: 인 누적 미생물(Phosphorus Accumulating Organism)
PHB: Polyhydroxybutyrate
DePAO: 탈질 인 누적 미생물 (Denitrifying PAO)
VFAs: 휘발성 지방산 (Volatile Fatty Acids)

BNR 시스템의 설계자와 운전자가 직면하는 과제는 필요한 환경 조건 (즉, 혐기, 무산소 그리고 호기)에 적절한 시간 동안 최적의 연속 과정에 어떻게 참여 미생물을 노출시키느냐는 방법의 선택이 될 것이다. 유입 유량과 유입 부하 (탄소계 물질과 영양염류)의 변동을 고려하면, 이러한 과제는 말보다 실천하기 어렵다. 가장 적절한 BNR 공정은 일반적으로 유입수의 특성과 목표 방류 수질을 기반으로 선정된다.

1.3.1 유입 하수 특성

BNR 공정은 유입 하수의 특성에 매우 민감하다. 특히, VAFs가 과잉 인 제거 속도와 탈질 속도 개선에 중심 역할을 한다. 생물 반응기 유입수의 BOD (또는 COD): TP 및 BOD (또는 COD): TKN 비는 BNR 공정의 적용으로 하수를 성공적으로 처리할 수 있는지 여부를 결정하는 통상적 지표로 활용된다.

유입수의 BOD (또는 COD):TP 비가 낮으면 (BOD 또는 COD가 제한 요소가 될 경우), 적절한 VFAs를 얻을 수 없게 되어 과잉 인 제거를 장담할 수 없게 된다. 1차 침강조에서 너무 많은 BOD (또는 COD)가 제거되거나 또는 슬러지 농축수가 유입되어 인과 질소 부하가 크게 증가하면, 탄소계 물질이 제한 요소가 될 수도 있다. 슬러지 농축수를 반응기로 유입시킬 경우에는 BOD (또는 COD): TP와 BOD (또는 COD): TKN 비 변동에 의한 공정 효율의 영향을 면밀히 검토하여야 한다. BNR 공정으로 최적의 질소 및 과잉 인 제거를 달성하기 위해서는 BOD: TP 및 BOD: TKN의 비율은 각각 20~25:1 및 2~3:1의 범위에 속하여야 한다.

1.3.2 목표 방류 수질

설계에 적용되는 목표 수질은 법정 허용 농도보다는 일반적으로 낮다. 그렇다고 목표 방류 수질을 법정방류 수질보다 매우 낮게 설정하라는 의도는 아니다. 생물학적 처리로도 분해되지 않는 유기 화합물이 잔류한다는 사실을 인지하고, 이를 반영하여 목표 수질을 산정할 필요가 있다. 방류 수질을 낮게 유지하고자 하는 목표와 가능한 낮은 비용으로 하수 처리 시설을 건설하고 운영하고자 하는 경제적인 목표는 일반적으로 상충한다. 이 경우에는 경제성과 방류 수질 간의 최적화가 필요하고, 생애 주기 환경성 평가 (LCA: life cycle assessment) 수행이 뒤따르게 된다. LCA 수행 결과 더 낮은 방류 농도를 유지하기 위해 더 많은 오염 물질이 배출된다는 결론에 도달할 경우에는 법정 허용 농도 내에서 방류 농도를 조정하는 타협이 필요하다. 예를 들어 유출수 COD 농도를 10 mgCOD/L에서 2 mgCOD/L로 낮추어 설계하기 위해서는 더욱 긴 SRT 반영이 필요하게 되고, 이는 공정 부피 증가와 산소 요구량 상승으로 이어지게 된다. 부피와 산소 요구량이 증가하면, 플랜트 건설 기간이 연장되고 송풍기 설계 용량이 증가하여, 결과적으로 온실 기체 배출은 급격히 증가하게 된다.

BNR 공정의 방류수 중 총질소 및 총인은 그림 1.7과 같은 요소들로 구성된다.

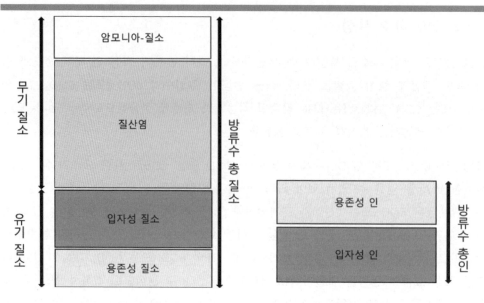

그림 1.7 전형적인 방류수 중 질소 및 인의 형태별 구성 비율

1.4 BNR 공정 설계에 고려할 인자들

혐기, 무산소 및 호기 영역 모두가 필요한 BNR 공정을 성공적으로 수행하기 위해서는 여러 인자들을 종합적으로 고려해야 한다. 실시 설계에 반영할 인자들은 제8장에서 보다 상세히 설명할 것이고, 설계 시 고려할 다음과 같은 주요 인자들을 간략하게 소개한다:

1) 수온: 수온은 질소 제거 시스템의 주요 인자가 되고 수온이 증가할수록 질소 제거 효율은 증가하지만, 수온이 낮을수록 과잉 인 제거는 미미하게 증가한다. 질산화 설계에는 최저 수온을 반영하고, 인 제거 설계에는 최고 수온을 반영한다. 질산화에 필요한 SRT를 결정하기 위해 적절한 안전 인자를 반영한다. 안전 인자의 적정 범위는 1.5~2.5이다. 오차 범위를 반영하고 유입 변동, MLSS 변동 및 기타 예측하지 못한 운전 조건 변동을 고려하기 위해 안전 인자 적용이 필요하다 (제4장, 제5장, 제6장, 제7장 참조).

2) 무산소 영역: 탈질이 진행되는 무산소 영역의 부피를 결정하기 위해서는 실질적인 탈질 속도를 이용한다. 반송수의 용존 산소 농도가 무시할 수 없을 정도로 클 경우는 이를 충분히 고갈시킬 수 있는 보다 큰 크기의 무산소 영역이 필요하다. 1차 침강조를 갖춘 도시 하수 처리 시설의 무산소 영역이 차지하는 전형적인 부피 분율은 전체 생물 반응기 부피의 25-40%에 해당된다.

3) 유량 균등조: 생물 반응기 내의 흐름을 균등하게 유지하기 위한 구조물과 최종 침전조를 설계에 반영한다. 생물 반응기 내의 흐름이 불균일하게 이루어지면, 운전상의 문제점을 야기하고 시스템의 전체 처리 능력을 구현하지 못하게 된다.

4) 유입수와 반송수의 혼합: 서로 비중이 다른 유입수와 반송 슬러지의 적절한 혼합이 보장될 수 있도록 한다. 이들이 서로 잘 혼합되지 못하면 BNR 공정에 참여하는 유기 생명체는 기질과 접촉을 원활하게 할 수 없게 되어 시스템의 영양염류 제거 효율이 감소하게 된다.

5) 혐기 영역: 인 제거에 필요한 적정량의 VFAs를 생산하고 슬러지 반송수의 질산염을 제거하기 위해 혐기 영역을 반영하고 적절한 부피를 지닐 수 있도록 설계한다. 혐기 영역 부피 산정에는 인 제거 반응 속도가 필요하다. 기질 섭취와 저장은 통상적으로 빠르게 진행되기 때문에 전체 인 제거 반응 속도를 결정하는 단계가 되지 못한다는 점에 유의할 필요가 있다.

6) 무산소 및 혐기 영역 교반기: 무산소 및 혐기 영역에 설치할 교반기는 공기가 유입되지 않는 구조로 설계하고, 적절하게 혼합될 수 있는 크기로 설계한다. 수중 교반기가 현대화된 BNR 플랜트에 통상적으로 사용된다.

7) 1차 침강조: 쓰레기 고체를 제거하기 위해 1차 침강조 설치를 고려한다. 1차 침강조는 활성을 지니는 슬러지 질량 분율을 증가시키고, 생물 반응기 부피를 저감시킬수 있으며, 산소요구량을 저감할 수 있다. 1차 침강조에서 유입 하수 총 COD 중 약 40%가 제거되고, 이로 인해 TKN/COD 비가 저하된다. COD농도가 저하되면 쉽게 분해되는 유기 물질 농도도 저하되어 질소 제거 및 과잉 인 제거를 저해할 수 있다는 점에 유의해야 한다 (제4장, 제5장, 제6장, 제7장 참조)

8) 영역 사이의 배플 (baffle): 영역 사이에는 배플 (baffle)을 이용하여 무산소 영역과 혐기 영역의 독립성을 보장한다. 영역 사이에 배플을 설치하면 농도 구배를 유지할 수 있게 되어, 플러그 흐름을 향상시키고 더욱 높은 반응 속도를 달성할 수 있다. 포기가 진행되는 영역과 포기가 진행되지 않는 영역의 비중 차이, 적절한 전진 속도 그리고 영역 사이 수위 차이를 고려하여, 역혼합 (backmixing)을 방지할 수 있도록 배플을 설계한다.

9) 스컴 및 거품: 스컴과 거품을 표면에서 선택적으로 제거할 수 있도록 설계하여, 생물 반응기에 누적되지 않도록 한다.

10) 혼합액 반송수 용존 산소: 내부 혼합액 반송 비율을 조절하여 용존 산소 순환을 최소화한다. 내부 혼합액 반송 전에 DO 고갈 영역이 설치될 수 있도록 설계에 반영한다.

11) 호기 영역 용존 산소: 용존 산소 요구량을 충족시키기 위해, 호기 영역 공간에 용존 산소를 가변성 있게 제공할 수 있는 유연성을 확보한다. 용존 산소 측정 검침기 (probe), 온라인 암모니아-질소 분석기, ORP 검침기 또는 미생물 호흡 속도를 측정하는 NADH 측정기 등을 설치하여 용존 산소 농도를 엄격하게 제어한다.

12) 혼합액 반송과 슬러지 반송 속도: 내부 혼합액 반송 펌프와 슬러지 반송 펌프의 속도를 가변성있게 조절할 수 있도록 설계한다.

13) 무산소/혐기 영역 교호: 유입 부하 변동이 클 것으로 예상될 경우, 무산소/혐기 교호 영역을 고려한다.

14) 활성 슬러지 폐기: 적절한 SRT를 유지하기 위해서는 슬러지 폐기를 피할 수 없다. 포기 영역에서 슬러지를 폐기하면 여러 혜택을 얻을 수 있다. 따라서 포기 영역으로부터 슬러지를 폐기할 수 있도록 유연성을 반영한다. 이러한 실행으로 인해 슬러지의 건강성을 유지하고, 2차적인 인 방출을 예방할 수 있게 된다.

15) 2차 침강조 (또는 최종 침강조) 성능 분석: 2차 침강조에서는 고체-액체 분리가 진행된다. 슬러지 농축 과정에서 무산소 및 혐기 조건이 형성되어 탈질이 진행될 수 있고 인의 2차 방출도 진행될 수 있다. 고체-액체 분리 기능 뿐만 아니라 슬러지 반송수에 질산염이 최소화될 수 있어 혐기 반응기의 인 방출을 촉진하고 과잉 인 제거를 자극할 수 있다 강조 성능을 면밀하게 점검하기 위해, 지점 별 슬러지 침강성 자료가 필요하다.

16) 반송수 관리 전략: 반송 흐름을 관리할 수 있는 전략을 반영한다 (아래 토론 부분 참조)

1.5 BNR 공정 운전에서 고려할 인자들

BNR 시스템 설계의 질적 수준과 무관하게 적절한 운전이 확보되어야 공정의 영양염류 제거 능력을 완전하게 활용할 수 있다. 운전 시 고려할 인자들을 다음과 같이 제시한다:

Chapter 1 생물학적 영양염류 제거 공정의 개요

1) 수온: 생물학적 반응 속도는 수온의 함수이다. 최대 속도에 도달할 때까지 수온을 변화시켜 생물학적 활동을 증가시킨다. 최적 수온을 초과하면, 생물학적 반응 속도는 저하된다. 경험 법칙에 의하면 수온이 20 ℃에서 10 ℃로 낮아지면 질산화 속도는 약 30 % 저하되어, 동일한 암모니아-질소 방류 농도를 유지하기 위해서는 3 배의 슬러지 중량이 필요하게 된다. 저하된 성장 속도를 상쇄할 수 있도록, 동절기에는 호기 영역 부피 또는 MLSS를 증가시켜야 한다. 전형적으로 수온이 약 40 ℃에 이르면 질산화 속도는 저하된다.

   과잉 인 제거는 수온에 의해 크게 영향을 받지는 않지만, 이론적으로는 수온이 증가할수록 과잉 인 제거는 미미하게 저하된다. 수온이 30 ℃ 이상이 될 경우 과잉 인 제거 능력이 저하된다. 혐기성 VFA 생산 속도와 호기성 인 섭취 속도가 더욱 낮아지기 때문이다. 또한 수온이 높아지면, 혐기 영역에서 글리코겐 누적 생물 유기체 (Glycogen Accumulating Organisms: GAOs)와 같은 PHB를 누적시키지 못하는 유기 생명체와 가용할 수 있는 VFAs를 두고 효율적으로 경쟁할 수 없는 PAO의 경쟁력 저하가 단점으로 나타나게 된다.

2) 용존 산소 제어: 과도한 포기 (over-aeration)는 피한다. 포기 영역의 용존 산소 제어는 BNR 공정의 성능에 결정적인 영향을 준다. 탄소계 물질과 질소계 물질 산화에 필요한 요구량을 충족시키고 완벽한 혼합을 달성할 수 있을 정도의 공기가 공급되어야 한다. 과 포기로 인해 발생하는 심각한 부작용은 다음과 같다:

   • 세포 분해에 의한 2차적인 인 방출

   • 내부 혼합액 반송수의 높은 용존 산소

   • 높은 유지 관리비

포기 영역의 종말 지점에서 낮은 용존 산소 농도 (0.5-1.0 mg/L)를 유지함으로써, 이러한 문제점들을 해소할 수 있다.

호기 영역 일부 구간의 슬러지 플록 내 용존 산소 농도가 낮게 조성될 경우, 동시에 진행되는 질산화/탈질 효율을 향상시키기 위해 정밀한 용존 산소 제어는 필수적이다. 충분하게 긴 SRT가 유지되면 질산화에 영향을 주지 않으면서도 낮은 용존 산소 농도로 인해 만족할만한 탈질을 달성할 수 있게 된다. Oxidation ditch 와 같은 완전 혼합 시스템의 경우, 질산화/탈질 동시 반응에 의존하여 무산소 영역과 호기 영역 사이에 배플을 설치하지 않더라도 충분한 질소 제거를 달성할 수 있다.

3) 사상 (filamentous) 미생물 성장

BNR에 필요한 조건은 사상 미생물 성장에도 적합한 조건이 되어, 최종 침전조의 침강성을 저하시키는 요인이 될 수 있다. 사상 미생물 성장을 제어하기 위해서는 다음과 같은 수단을 활용한다:

- 혐기 영역 또는 무산소 선택 영역을 설치하여 플록을 형성할 수 있는 미생물만이 오염 물질에 접근할 수 있도록 한다. 불리한 환경에 노출시킴으로써 사상 미생물의 분열 증식을 방지하는 방법을 택할 수도 있다. 선택조 (selector)가 *Microthrix parvicella* 와 Type 0092와 같은 사상 미생물 성장 제어에 효과적이라는 사실이 알려져 있다는 점에 주목할 필요가 있다.

- 반송되는 활성 슬러지의 염소 소독을 통한 사상 미생물 사멸 방법을 택할 수 있으나, 과도한 염소 주입으로 BNR 공정에 치명적인 영향을 줄 수 있다.

- 사상 미생물 성장을 유발하는 운전 조건 (낮은 용존 산소, 낮은 F:M 비, 짧은 SRT 그리고 불충분한 완전 혼합 등)을 제거하거나 제어한다. 우점종을 동정하면, 사상 미생물 성장에 적절한 환경을 파악할 수 있는 결정적인 단서가 될 수 있다. 분자 구조 핑거프린팅 (fingerprining) 방법과 같은 새롭고 정밀한 사상 미생물 동정 방법 활용 방안을 고려해야 한다. 기존의 전형적인 방법으로는 동정이 불가능하였던 비사상 미생물인 *Paenibacillus spp.*를 분자 구조 핑거프린팅 방법으로 분리해 낼 수 있었고, 침강조 기능 상실이 시스템 생물체의 30 %까지 차지한 *Paenibacillus spp.* 때문임이 밝혀 지기도 하였다.

- 슬러지 침강성 개선을 위해 최종 침강조에 고분자 주입을 검토할 수 있다. 질산화 속도를 저해하지 않고, 방류수가 독성을 지니지 않도록, 고분자 선택에 주의를 기울여야 한다.

4) 스컴과 거품

스컴과 거품을 처리하기 위한 가장 효과적인 방법은 생물 시스템으로부터 이들을 가능한 빨리 가능한 완벽하게 제거하는 것이다. 침전조는 스컴 제거를 원활히 할 수 있도록 설계되어야 한다. 표면을 선택적으로 세척함으로써, 생물 반응기로부터 직접 거품을 제거할 수 있다. 생물 반응기의 스컴과 거품 누적을 방지하고 유입수로 스컴의 재접종을 차단해야 한다. 스컴과 거품을 각각 분리하여 제어하는 방법을 선호하지만, 많은 시설 운영 결과 스컴과 거품을 함께 고형물 제어 시스템을 활용하여 처리하는 것이 보다 편리한 것으로 나타났다.

Chapter 1 생물학적 영양염류 제거 공정의 개요

5) 반송 부하

슬러지 농축 또는 처분 시설에서 생물 반응기로 유입되는 농축수의 영양염류 부하량은 매우 높다. BNR 생물 반응기 용량을 초과하여 영양염류 부하가 추가되면, BNR 시스템의 영양염류 제거 용량을 초과할 가능성이 높아진다. 이러한 문제점의 심각성 정도는 슬러지 농축/처분 공정과 제어 운전 방법에 따라 변한다. 농축수 반송으로 발생되는 부작용을 최소화하기 위한 방안으로 다음과 같은 방법을 도입할 수 있다:

- 반송 흐름의 균등화

- 슬러지 처분/농축 공정의 규격화

- 사이드 스트림 (sidestream) 설치

6) 2차 방출

VFA 섭취는 항상 인 방출과 연관되지만, VFAs 섭취가 수반되지 않고도 인 방출이 진행될 수 있다. 이를 2차 인 방출이라 한다. 에너지 (VFAs)의 저장이 없기 때문에 연속되는 호기 영역에서 방출된 인의 섭취가 불가능할 수 있어, 방류수의 인 농도 상승으로 귀결될 수 있다. 2차 인 방출의 잠재적 원인은 다음과 같다:

- 긴 혐기, 무산소 또는 호기 체류 시간

- 1차 침강조에서 발생하는 고분자 인산염 저장 미생물 슬러지의 공침

- 깊은 슬러지 블랭킷 (blanket)으로 인한 최종 침강조 내의 부패 조건 형성

- 1차 침강조에서 진행되는 혐기성 소화와 폐기되는 인 저장 미생물 슬러지의 혐기성 소화 및 EBPR 폐기 슬러지의 혐기성 소화

- 인 저장 미생물 슬러지의 비포기 상태로 저장

- 1차 슬러지와 인 저장 미생물 슬러지를 혼합하여 저장

1.6 제언

수생태계를 보호하기 위해 하수 처리시설을 이용한 영양염류 제거의 필요성이 계속 증가할 것으로 예상된다. BNR 공정은 자연적으로 생성되는 미생물을 활용하여 영양염류를 제거할 수 있는 입증된 방법이다. BNR 플랜트 운전의 1차적인 목적은 규제 방류

농도를 일관성 있게 충족시키는 것이다. 비용 절감, 공정 최적화 그리고 안전하고 청결한 작업장 유지와 같은 사항들도 규제 방류 농도를 준수하기 위한 대책들에 포함된다. 설계자는 공정의 유연성을 최대화하고 운전 및 유지 관리과 용이하게 할 수 있는 모든 특징들은 함께 반영해야 한다. 다음으로, 처리시설 운영자들은 설계에서 의도한 대로 처리 시설을 운전하여 방류 목표를 달성해야 하는 책임이 부과된다.

일반적인 생물학적 처리 시스템 (주로 호기 공정으로만 이루어져 탄소계 물질 제거를 목적으로 하는 생물학적 처리 공정)보다, 여러 기능 군들의 참여로 진행되는 BNR 공정은 더욱 복잡해진다. 미생물 수준에서 진행되는 경쟁 반응과 보완 반응들에 대해 보다 정확한 이해가 그 어느 때 보다 충실하게 확립되어 있다. 이로 인해 BNR 시스템 설계자와 운전자들이 나란히 이 분야 발전에 기여하게 되었고, 설계자와 운전자의 경험과 교훈을 공유함으로써 이 분야 지식 풀의 형성이 가속화되고 있다.

2. 미생물 성장 메커니즘

앞서 언급한 바와 같이 종속영양 미생물은 에너지가 축적된 형태로 존재하는 유기 물질을 다양한 대사 과정에 활용하고, 대사 과정에는 성장과 재생산이 포함된다. 산소 (호기 조건) 또는 다른 전자 수용체 (예를 들면, 무산소 조건에서의 질산염)를 이용하여 유기 물질을 산화시켜, 종속영양 미생물은 더 많은 세포 (성장과 재생산)를 생산하고 에너지를 방출한다. 이를 합성 단계라 한다.

하수 처리의 경우처럼 유기 물질이 점진적으로 제거되어 기질 가용성이 낮아지게 되면, 미생물은 다른 유기 물질이나 에너지 농축원을 찾아 나선다. 직접 가용할 수 있는 주된 기질은 미생물 자신의 세포 원형질로서, 세포 원형질의 산화를 통해 다음의 식과 같이 에너지를 얻게 된다. 이 단계에서는 생물체의 수지는 음이 되어 세포 물질의 감소 또는 미생물 농도의 감소가 진행된다. 이 단계를 내생호흡 단계라 한다.

$$C_5H_7NO_2 \text{ (세포 원형질)} + 5\,O_2 \rightarrow 5\,CO_2 + NH_3 + 2\,H_2O + \text{Energy}$$

하수의 기질 농도 또는 가용할 수 있는 먹이와 미생물 개체수 사이에는 긴밀한 관계가 형성된다. 유기 물질의 가용성이 충분할 경우 미생물은 성장 단계에 진입하고, 반면에 유기물질의 가용성이 낮아지게 되면 미생물은 감소 단계에 돌입하게 된다. 이러한 단계 변화는 하수 처리에서 중요한 사항이 되어, 하수 처리 시스템이 높은 또는 낮은 유기 물질 공급에도 운전될 수 있도록 설계에 반영하여야 한다.

이 뿐 아니라 미생물 합성 및 감소의 두 단계가 생물 반응기에서 진행되는 각각의 지

Chapter 1 생물학적 영양염류 제거 공정의 개요

점은 반응기내 수리적 형상에 따라 변한다. 플러그 흐름 반응기의 경우, 반응 시간이 반응기 내의 물리적 위치와 연관된다. 그러므로 합성 단계와 감소 단계의 2 가지 연속 단계는 플러그 흐름 반응기의 입구 영역과 출구 영역에서 각각 진행된다. 완전 혼합 흐름 반응기의 경우, 반응기 내 어느 위치에서도 기질의 농도와 미생물의 농도가 균일해진다. 따라서, 합성 단계 및 감소 단계의 비율은 반응기 내 기질 농도에 따라 변할 것이다. 기질 농도가 높을 경우, 전반적으로 완전 혼합 흐름 반응기내에서는 합성 단계가 지배적으로 진행되는 반면, 기질 농도가 낮아지게 되면 내생 호흡 메커니즘이 지배적으로 진행된다.

2.1 미생물 성장 반응 속도

미생물의 성장은 반응기 내 주어진 시간에서의 미생물 농도의 함수로 표현될 수 있다. 순 성장 속도는 총 성장 속도에서 미생물의 분해 속도를 감하여 산출된다. 미생물 개체군의 성장 속도는 주어진 시간에서 미생물의 개체 수, 질량 또는 농도의 함수이다. 수학적으로 이 관계는 다음과 같이 표현된다:

$$dX/dt = \mu \cdot X$$

(1.1)

여기서, X = 반응기 내 미생물의 농도, VSS (g/m³); μ = 비 성장율 (d⁻¹); t = 시간 (d).

이 식을 적분하면 지수 함수의 형태로 나타나고, 로그 스케일의 미생물의 농도를 수직 축으로, 수평 축을 시간으로 도식화하면 원점을 지나는 직선이 된다. 위 식 1.1 과 같이 성장 속도를 표현하면, 기질이 없어도 미생물은 제한없이 성장하게 된다. 그러나 앞선 항에서 설명하였듯이, 미생물의 성장 속도는 물 속 기질 가용성의 함수이다. 기질의 농도가 낮을 경우, 미생물의 성장 속도도 비례하여 낮아진다. 하수 처리 시스템에서는 탄소계 물질이 일반적으로 미생물 성장의 제한 인자가 된다. 따라서 비 성장율 μ 는 기질 농도의 함수로 표현되어야 한다. Monod 에 의해 진행된 박테리아 배양의 고전적 연구 결과에 의하면, 다음의 식과 같은 실험식에 의해 특정 미생물 속도가 표현될 수 있다 (그림 1.8).

$$\mu = \mu_{max} \times S/(K_s + S)$$

(1.2)

여기서, μ_{max} = 최대 비 성장율 (d⁻¹); S = 한계 기질 또는 한계 영양염류의 농도 (g/m³); K_s = 반 포화 상수 (μ = $1/2\mu_{max}$ 에 해당되는 기질의 농도 (g/m³)로 정의된다).

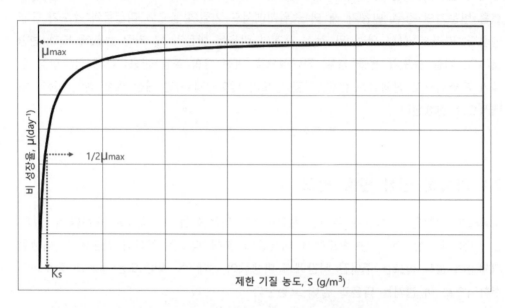

그림 1.8 미생물 비 성장율과 한계 기질농도와의
관계를 표현하는 Monod 실험식의 개략도

기질 농도 S 가 반 포화 상수 K_s와 같을 경우, Monod 실험식의 $S/(K_s + S)$ 항은 $1/2$ 이 되고, 결과적으로 비 성장율 μ 는 최대 비 성장율 μ_{max} 의 반이 된다 (μ = $1/2\mu_{max}$). 따라서 반 포화 상수 K_s 값은 각 기질에 대한 미생물의 비친화도 (non-affinity)의 지표가 된다. 즉, K_s 가 커질수록 더 낮은 비 성장율 μ 가 얻어지거나 또는 생물체의 기질에 대한 친화도가 더욱 낮아지게 된다. K_s 값이 높은 기질은 미생물 성장에 활용되기에는 부적합하다는 의미이다. 하수 처리 시 더 높은 기질 제거를 달성하기 위해서는 기질의 K_s 값이 낮아지는 것이 바람직하다.

하수 처리에 참여하는 종속영양 미생물의 경우, 제한 기질은 일반적으로 탄소계 물질, 즉 BOD 또는 COD 가 된다. 탄소계 물질이 제한 기질이 되는 이유는 낮은 탄소계 물질 농도에서 반응기가 운전되면 유출수의 BOD 농도가 낮아지기 때문이다.

다른 조건에서는 영양염류 또는 영양염류와 산소가 함께 제한 기질이 될 수 있다. 이에 해당하는 경우가 질산화 미생물의 성장 속도이다. 질산화 미생물의 성장 속도가 상대적으로 느리기 때문에, 낮은 용존 산소 뿐 아니라 낮은 암모니아-질소 농도에서는

Chapter 1 생물학적 영양염류 제거 공정의 개요

Monod 관계식을 이중 저해 함수로 표현할 수 있다. 따라서 하나의 S/(K$_s$ +S) 항을 적용하는 대신, 두 개 항의 곱 ([S$_1$/(K$_{s1}$ + S$_1$]·[S$_2$/(K$_{s2}$ + S$_2$])으로 표현할 수 있다. 여기서, S$_1$과 S$_2$는 2 가지 제한 기질의 농도이다 (질산화 미생물의 경우 암모니아와 산소).

반 포화 상수 K$_s$ 와 최대 비 성장율 μ$_{max}$ 에 대한 값들이 다양한 조건에 대해 알려져 있다:

- 생활 하수 호기 처리에서 K$_s$와 μ$_{max}$ 값의 범위는 μ$_{max}$ = 1.2 to 6 d^{-1}, K$_s$ = 25 to 100 mg BOD$_5$/L 또는 K$_s$ =15 to 70 mg COD/L.

- 생활 하수 혐기 처리에서 K$_s$와 μ$_{max}$ 값은 μ$_{max}$ = 2.0 d^{-1}(acidogenic organisms), μ$_{max}$ = 0.4 d^{-1}(methanogenic organisms), K$_s$ ≈ 200 mg COD/L (acidogenic organisms), K$_s$ ≈ 50 mg COD/L (methanogenic organisms).

Monod 관계식은 효소 반응 속도식인 Michaelis–Menten 식과 동일한 형태를 지닌다. 그러나 Michaelis–Menten 식은 이론적 속도식인 반면, Monod 관계식은 실험을 통해 얻어진 관계식이다. 또 다른 점은 단일 미생물이 단일 기질을 대사하는 과정에서 유도된 식이 Monod 관계식이라는 점이다. 그러나 하수 처리에서는 여러 미생물 개체군이 다수의 기질을 대상으로 동화 작용을 하기 때문에 이러한 가정이 더 이상 유효하지 않게 된다. 이러한 점 때문에 Monod 관계식은 전문 문헌에서 비평의 대상이 되어 왔다. 그러나 아직 더욱 만족할 만한 관계식이 여전히 개발되어 있지 않은 상태이어서 Monod 관계식의 중요성이 유지되고 있으며, 생물학적 하수 처리의 모든 수학적 모델에는 Monad 관계식이 실질적으로 이용되고 있다.

Monod 관계식의 큰 장점은 하수 중의 영양염류가 극한적으로 부족할 경우와 영양염류가 극한적으로 풍부할 경우 사이의 부하 변동 범위에서 연속되는 형태로 표현된다는 점에 있다. 제한 기질의 값 S 에 따라 Monod 관계식은 0 차 반응과 1 차 반응이, 그리고 0 차 반응과 1 차 반응 사이의 전이 영역 반응 차수를 보이게 된다. 기질의 농도가 여전히 높아 제한 요소가 되지 않을 경우, 반응 속도식은 0 차 반응에 접근하게 된다. 반면에, 기질이 소비됨에 따라 전이 반응 속도 차수 또는 0 차와 1 차 반응이 혼합된 영역의 특성이 나타난다. 기질의 농도가 매우 낮아지게 되면, 반응 속도식은 1 차 반응에 접근한다. 이러한 기질 농도의 높고 낮은 2 가지 상황은 S 와 K$_S$ 값의 상대적 크기에 따라 진행되고, 이러한 상황 진행을 아래에 기술하였다:

1) 기질 농도가 반 포화 상수 값보다 상대적으로 크게 높을 경우 (S ≫ K$_s$) ⇒ 반응 차수는 0 차 반응에 접근; 비 성장율 μ 는 기질 농도 S 와 무관함:

생물학적 영양염류 제거 공정 설계 실무

K_s 값보다 기질 농도 S 값이 크게 높을 경우에는 Monod 관계식의 분모 항의 K_s 는 무시할 수 있게 된다 ($\mu = \mu_{max}$). 이와 같은 조건에서는 비 성장율 μ 는 일정한 값이 되고 μ_{max} 과 같아진다. 결과적으로 반응 속도식은 0 차 반응으로 표현되어 기질 농도와는 무관한 반응 속도식이 된다. 생활 하수 처리 시, 이러한 상황은 기질 농도가 여전히 높은 플러그 흐름 반응기의 전반부에서 주로 형성된다.

2) 기질 농도가 반 포화 상수 값보다 상대적으로 크게 낮을 경우 (S ≪ K_s) ⇒ 반응 차수는 1 차 반응에 접근; 비 성장율 μ 는 기질 농도에 정비례함:

기질 농도 S 가 K_s 값 보다 크게 낮아지면, 분모 항의 S 는 무시할 수 있어 Monod 관계식은 다음과 같이 표현된다:

$$\mu = \mu_{max} \cdot S/K_s$$

μ_{max} 과 K_s 는 일정하기 때문에 μ_{max}/K_s 항도 일정해지고, 새로운 상수 K 로 대체할 수 있다. 결과적으로 Monod 관계식은 $\mu = K \cdot S$ 로 단순화된다. 이러한 상황에서는 비 성장율 μ 는 기질의 농도에 정비례하고, 반응속도식은 1 차 반응을 따르게 된다. 이러한 상황은 기질 농도가 낮아지는 플러그 흐름 반응기의 출구 영역에서 주로 형성된다.

2.2 미생물 손실 반응 속도

앞의 항에서는 생물체의 총 성장에 해당하는 내용을 다루었다. 그러나 미생물은 하루 또는 이틀 이상 하수 처리 시스템에서 머물기 때문에 내생 대사 단계 또한 존재하게 된다. 이는 내생 호흡 단계에서 일부 기작 작동에 의해 세포 물질의 일부가 파괴된다는 의미이다. 순 성장 속도를 얻기 위해서는 파괴로 발생되는 손실을 반영해야 하고, 파괴로 발생하는 손실 또한 미생물 질량 또는 농도의 함수가 된다. 보다 정확히 표현하면, 생물체 질량 중 생물 분해 가능한 분율 만을 반영하여야 한다. 왜냐하면, 내생 호흡 단계에서도 분해되지 않는 유기성 비활성 분율도 생물체 질량에 포함되어 있기 때문이다. 간단히 요약하면, 생물 분해 가능한 VSS 가 아닌 총 휘발성 부유 고형물(volatile suspended solid: VSS)이 앞으로 설명할 손실의 주요 대상이 될 것이다. 활성 슬러지 시스템을 설명할 때에는 이러한 개념을 보다 깊이 다룰 것이고 생물 분해 가능한 분율이 도입될 것이다.

미생물 감소 속도 역시 다음과 같은 1 차 반응에 의해 표현된다:

Chapter 1 생물학적 영양염류 제거 공정의 개요

$$dX/dt = -b \cdot X$$

$$(1.3)$$

여기서, b = 내생 호흡 계수, 또는 미생물 손실 계수 (d^{-1}).

전형적 생활 하수에서의 K_d 값은 다음의 범위에서 변동한다:

- 호기 처리 시:

  b = 0.04~0.10 mgVSS/mgVSS·d (기준: BOD_5) (출처: METCALF & EDDY (1991). Wastewater engineering: treatment, disposal and reuse. Metcalf & Eddy, Inc. 3. ed, 1334 pp.; VON SPERLING, M. (1997). Prínc'ipios do tratamento biol'ogico de 'aguas residu 'arias. Vol. 4. Lodos ativados. Departamento de Engenharia Sanit'aria e Ambiental – UFMG. 428 p (in Portuguese))

  또는

  b = 0.05~0.12 mgVSS/mgVSS·d (기준: COD) (출처: EPA, Environmental Protection Agency, Cincinatti (1993). Nitrogen control. Technology Transfer. 311 p.; ORHON, D., ARTAN, N. (1994). Modelling of activated sludge systems. Technomic Publishing Co, Lancaster, EUA. 589 p.)

- 혐기 처리 시:

  비록 Lettinga 등 (1996) (출처: LETTINGA, G., HULSHOF POL, L.W., ZEEMAN, G. (1996). Biological wastewater treatment. Part I: Anaerobic wastewater treatment. Lecture notes. Wageningen Agricultural University, jan 1996)이 0.02 mgVSS/mgVSS·d (기준: COD)를 b 값으로 문헌에서 제시하였지만, 아직까지는 매우 신뢰할 만한 값은 아닌 것으로 보인다(출처: LETTINGA, G. (1995). Introduction. In: International course on anaerobic treatment. Wageningen Agricultural University / IHE Delft. Wageningen, 17–28 Jul 1995).

2.3 미생물 순 성장

순 성장 속도는 총 성장 속도에서 손실 속도를 감하여 다음과 같이 표현된다:

$$dX/dt = \mu \cdot X - b \cdot X$$

$$(1.4a)$$

또는

$$dX/dt = \mu_{max} \cdot S/(K_s + S) \cdot X - b \cdot X$$

(1.4b)

2.4 생물 고형물 생산

2.4.1 총 고형물 생산

미생물 성장, 즉 생물체 생산은 활용된 기질의 함수로도 표현될 수 있다. 기질을 더 많이 동화할수록, 미생물도 더 빠르게 성장한다. 이러한 관계는 다음과 같이 표현된다:

성장 속도 = Y (기질 제거 속도)

또는

$$dX/dt = Y\, dS/dt$$

(1.5)

여기서, X = 미생물 농도, (gSS/m³ 또는 gVSS/m³); Y = 수율 계수, (제거된 기질 단위 질량 당 생산된 생물체 질량 (gSS/m³ 또는 gVSS/m³); S =반응기 내의 BOD_5 또는 COD 농도 (g/m³); t = 시간 (d).

그러므로, 미생물 성장 속도와 기질 활용 속도 (또는 BOD 또는 COD 제거 속도) 사이에는 선형적 관계가 존재함을 알 수 있다. Y 값은 처리 대상 하수를 이용하여 실험실 테스트를 거쳐 얻을 수 있다. 생물학적 생활 하수 처리의 경우, 탄소계 물질 제거에 참여하는 종속영양 미생물에 대한 Y 값은 다음과 같은 범위에서 변동한다:

- 호기성 처리:

    Y = 0.4~0.8 g VSS/제거된 g BOD_5 (출처: METCALF & EDDY (1991). Wastewater engineering: treatment, disposal and reuse. Metcalf & Eddy, Inc. 3. ed, 1334 pp.)

    또는

    Y = 0.3~0.7 g VSS/제거된 g COD (출처: EPA, 1993; Orhon and Artan, 1994)

- 혐기성 처리:

    Y ≈ 0.15 gVSS/gCOD (acidogenic bacteria) (van Haandel and Lettinga, 1994)

Chapter 1 생물학적 영양염류 제거 공정의 개요

Y ≈ 0.03 gVSS/gCOD (methanogenic archaea) (van Haandel and Lettinga, 1994)

Y ≈ 0.18 gVSS/gCOD (combined biomass) (Chernicharo, 1997)

다른 시스템은 다른 Y 값을 지닐 수 있다. 유기성 기질이 혐기 조건에서 전환되면 호기 조건에서 전환되는 경우보다 적은 양의 에너지가 방출되고, 이에 따라 Y 값도 낮아진다. 이는 생물체 생산량이 적어진다는 의미이기도 하다. 질산화 박테리아 (화학 독립영양 미생물)는 탄소계 물질에서 에너지를 얻지는 않고, 무기 화합물의 산화 과정에서 에너지를 얻게 된다. 이에 따라, 호기성 종속영양 미생물에 비해 질산화 박테리아는 상대적으로 낮은 Y 값을 지니게 된다(출처: ARCEIVALA, S.J. (1981). Wastewater treatment and disposal. Marcel Dekker, New York. 892 p.).

2.4.2 순 고형물 생산

내생 호흡이 포함되면, 순 고형물 생산 속도는 다음과 같이 된다:

$$dX/dt = Y\ dS/dt\ -\ b \cdot X$$

(1.6)

2.4.3 기질 제거 속도

하수 처리 시스템에서는 기질이 제거되는 속도의 정량화도 중요하다. 속도가 증가할수록, 필요한 반응기 부피가 작아지거나 (기질의 특정 농도에 대해서) 또는 처리 공정 효율이 증가하게 된다 (반응기의 특정 부피에 대해서). 미생물 성장 속도를 다시 재정리하여 기질 제거 속도로 나타내면, 다음과 같은 식을 얻을 수 있다:

$$dS/dt = 1/Y \cdot dX/dt$$

또는 (Monod 관계식의 비 성장율 μ 로 표현하면):

$$dS/dt = \mu_{max} \cdot S/\ (Ks\ +\ S) \cdot X/Y$$

(1.7)

3. 완전 혼합 흐름 반응기에서의 기질과 생물체 모델링

3.1 반응기의 물질 수지

이상적인 연속 완전 혼합 흐름 반응기에서는 반응기 내에서 생물체와 기질의 농도는 위치에 관계없이 균일하다. 이상적인 완전 혼합 반응기의 특성 중 하나는 반응기 내의 농도와 반응기 유출수의 농도가 서로 동일하다는 점이다. 유출수의 S 와 X 값이 반응기 내의 S 와 X 값과 동일하다는 의미이다.

X 는 고형물의 농도이고, 반응기 내에서 고형물은 반응기의 기질을 소비하며 생산되는 주로 생물체 (미생물)로 표현되는 생물 고형물로 존재한다. 반면에, 반응기 유입수의 고형물은 하수 중에 존재하는 고형물이다. 물질 수지에서는 하수/폐수 중의 고형물은 일반적인 무시된다. 간략하게 요약하면, 유입수의 고형물 농도 X_0 = 0 mg/L 로 일반적으로 간주한다 (이러한 간주는 모든 상황에 적용될 수 있는 것은 아니다).

기질에 대한 물질 수지와 생물체에 대한 물질 수지의 두 가지 물질 수지를 수립할 수 있다. 이들 물질 수지는 생물 반응기의 설계와 운전 제어에 핵심적인 역할을 하기 때문에, 이 절에서 상세히 다루기로 한다.

물질 수지 수립에 필요한 용어를 다음과 같이 정의한다:

S_0 = 총 유입수 기질 농도 (mgBOD 또는 COD/L, 또는 g/m^3)

S = 용존성 유출수 기질 농도 (mgBOD 또는 COD/L 또는 g/m^3)

Q = 유량 (m^3/d)

X = 반응기 내의 부유 고형물 농도 (mg/L 또는 g/m^3)

X_0 = 유입수의 부유 고형물 농도 (mg/L 또는 g/m^3)

V = 반응기 부피 (m^3)

물질 수지 수립 시 전달 항 (유입과 유출)과 반응 (생산과 소비) 항을 고려한다. 최종 침강조와 반송이 없을 경우 단일 반응기로 구성된 시스템의 물질 수지는 다음의 식으로 표현된다:

$$누적 = 유입 - 유출 + 생산 - 소비$$

- 기질에 대한 물질 수지:

Chapter 1 생물학적 영양염류 제거 공정의 개요

$$dS/dt = Q/V \cdot S_o - Q/V \cdot S + 0 - \mu/Y \cdot X$$

여기서, $\mu = \mu_{max} \cdot S/(Ks + S)$ 또는 $dS/dt = Q/V \cdot So - Q/V \cdot S + 0 - \mu_{max} \cdot S/(Ks + S) \cdot X/Y$

- 고형물에 대한 물질 수지:

$$dX/dt = Q/V \cdot Xo - Q/V \cdot X + \mu \cdot X - b \cdot X$$

또는:

$$dX/dt = Q/V \cdot Xo - Q/V \cdot X + \mu_{max} \cdot S/(Ks + S) \cdot X - b \cdot X$$

(1.8)

3.2 슬러지 고형물 반송이 있는 시스템과 없는 시스템

부유성장 생물체, 연속 흐름, 그리고 완전 혼합 수리 레짐 (regime)을 지니는 반응기는 다음과 같은 3 가지 조합이 가능하다:

- 최종 침강 단위 공정이 포함되지 않아 슬러지 고형물 반송도 없는 반응기
- 최종 침강 단위 공정은 포함되지만, 슬러지 고형물 반송이 없는 반응기
- 최종 침강 단위 공정과 생물체 고형물 반송이 함께 하는 반응기

3.2.1 최종 침강 단위 공정은 있으나 슬러지 반송이 없는 반응기

이상적인 완전 혼합 흐름 반응기를 면밀히 살펴보면, 반응기 유출수에서의 생물체 고형물 (슬러지) 농도는 빈응기에서 생성된 생물체 고형물의 농도와 같다는 사실을 알 수 있게 된다. 결과적으로 이러한 슬러지의 대부분은 유기 물질로 구성되어 있어 수체로 방류될 경우 다른 유기 물질과 유사하게 안정화 단계를 거치게 된다. 반응기 내에서 용존성 탄소계 물질 농도가 매우 낮아지더라도, 슬러지가 방류수에 포함되어 수체 수질 악화의 원인이 된다.

이러한 개념을 기반으로 반응기 후단에 최종 침강조를 설치하여 슬러지를 저류 시킴으로써, 반응기 내 슬러지가 수체로 진입하는 것을 막을 수 있다. 최종 침강조를 설치하면, 슬러지가 침강되어 안정화됨으로써 유출 수질 개선에 크게 기여할 수 있다. 따라서, 최종 침강조가 함께 설치된 반응기 시스템은 BOD (또는 COD)와 같은 탄소계

물질을 추가로 제거할 수 있는 기능을 지닐 뿐 아니라, 침강과 같은 단순한 고체-액체 분리를 통해서도 슬러지를 제거할 수 있다.

시스템의 유기 물질 제거 용량은 반응기 내에 존재하는 슬러지 질량에 따라 변한다. 최종 침강조가 갖추어진 시스템의 경우, 유입수의 가용할 수 있는 기질 양에 의해 생물체 농도가 제한된다: 기질 양이 계속 증가하면, Monod 관계식에 따라 미생물 개체군의 성장 속도는 비 성장율 μ 가 최대 비 성장율 μ_{max} 이 될 때까지 증가할 것이다. 반면에, 주어진 기질 농도에서는 생물체 농도는 특정 최고치 이상으로 증가하지는 않는다.

3.2.2 최종 침강조 단위 공정과 슬러지 고형물 반송이 함께 하는 반응기

특정 기간 동안 최종 침강조 바닥에 누적되는 슬러지는 여전히 유기 물질을 동화할 수 있을 정도로 활성을 지니는 미생물로 주로 구성된다. 그러므로 생물체의 농도가 증가할수록 더 많은 기질을 활용한다는 개념, 또는 다른 말로 바꿔 표현하면 더 많은 BOD 를 제거할 수 있다는 개념을 고려하면, 침강조에 누적된 활성을 지니는 미생물을 이용하는 방안은 매력적인 수단이 된다. 따라서 침강되어 농축된 활성을 지닌 슬러지를 반응기로 반송시키면 더 많은 BOD 부하를 동화시킬 수 있는 능력을 갖출 수 있다. 또한 슬러지 반송으로 인해, 시스템 내에 미생물이 체류하는 평균 시간을 증가시키는 중요한 역할도 할 수 있다. 이러한 생물체의 반송은 활성 슬러지 공정 (반송 펌프에 의해 실행됨)과 상향류 혐기 슬러지 블랭킷 (UASB: Upward Anaerobic Sludge Blanket) 반응기 (소화 공간 상부에 위치한 침강 탱크에서 침강된 고형물을 반송)와 같은 시스템의 기본 원리가 된다. 최종 침강조가 갖추어지고, 침강조로부터 반응기로 슬러지 반송이 이루어지는 완전 혼합 흐름 반응기의 개략도를 그림 1.9 에 제시하였다.

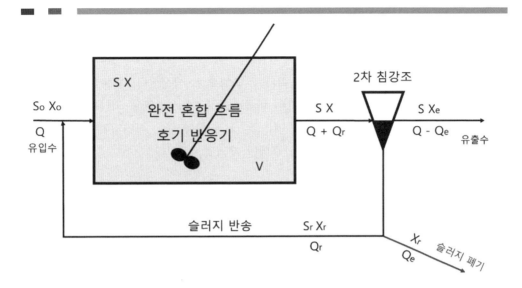

그림 1.9 최종 침강조로부터 슬러지 반송이 이루어지는 호기성
하수 처리 시스템의 개략도(Q_r = 반송 슬러지 유량 (m³/d);
Q_e = 폐기 슬러지 유량 (m³/d); X_r = 반송 슬러지 농도 (mg/L 또는 g/m³))

반송 슬러지의 농도 X_r 은 반응기 내의 농도와 반응기 출구에서의 농도 X 보다 높아 반응기의 슬러지 농도는 증가한다. 그림 1.9 에서 또 다른 유량 라인이 있음을 알 수 있고, 이 라인은 과잉 슬러지 (잉여 슬러지, 생물체 슬러지, 또는 폐기 슬러지로도 불린다) 폐기 라인에 해당된다. 폐기 라인이 필요한 논리는 생물체 생산 (미생물 성장)량이 같은 양의 미생물 폐기로 상쇄되어 시스템이 평형 상태를 유지할 수 있어야 한다는 개념을 기반으로 이루어진다. 이와 같은 미생물 폐기가 없을 경우, 반응기 내의 슬러지 질량은 점진적으로 증가하게 될 것이고, 증가하는 슬러지는 계속해서 2 차 침강조에 과부하가 발생될 시점까지 누적될 것이다. 이러한 상황이 발생하면, 침강조 바닥으로 슬러지가 전달될 수 없게 되고 슬러지 블랭킷의 수위는 상승하게 되며, 결국 슬러지는 최종 방류수로 빠져나오기 시작하여 방류수의 수질을 악화시킬 것이다. 그러므로, 간단하게 말하자면 슬러지가 생산되는 속도만큼 같은 속도로 슬러지가 폐기되어 상호 균형을 이루어야 한다는 의미이다. 과잉 슬러지 폐기 유량은 유입 유량과 반송 슬러지 유량에 비해 매우 적다. 폐기되는 과잉 슬러지 양에 따라 SRT (슬러지 체류 시간, 또는 슬러지 연령)가 결정되고, 역설적으로 표현하면 SRT 가 고정되면 폐기할 슬러지 양이 정해진다. 그림 1.9 처럼 슬러지 폐기 라인이 최종 침강조 하단부에 설치될 경우, 고정된 SRT 로 공정을 운영하기 어려워진다. 이에 대한 설명은 제 4 장 SRT 의 수리적 제어 부분에서 보다 상세히 다룰 것이지만, 간략하게

설명하면 반응기에서 슬러지 일부를 인발하여 폐기하면, SRT 제어를 보다 정밀하게 수행할 수 있게 된다.

모든 생물학적 처리 시스템에서는 슬러지가 과잉으로 생산된다. 반송이 없는 완전 혼합 흐름 반응기의 경우, 과잉 슬러지는 방류수와 함께 시스템을 떠나게 된다. 다른 시스템 (일반적으로 큰 반응기 부피를 지니는 시스템)에서는, 슬러지가 시스템 내에 저장된 채로 남게 되고 긴 시간이 지난 후에만 제거될 수 있다.

3.3 수리적 체류 시간과 슬러지 체류 시간

슬러지 반송이 진행되는 시스템에서는 최종 침강조에서 분리되고 농축된 슬러지의 일부가 결국 반응기로 되돌아오는 과정이 연속적으로 진행된다. 반면에, 무시할 수 있을 정도인 슬러지 폐기 유량과는 별도로 반송에도 불구하고 액체는 양적으로 변동하지 않는다. 그러므로, 분리, 농축 및 반송으로 인해 슬러지 고형물만이 시스템 내에 저장된다. 따라서 슬러지 고형물은 액체보다 더 길게 시스템에 남게 된다. 따라서 슬러지 체류 시간과 수리적 체류 시간의 개념을 서로 구별할 필요가 있다. SBR 과 같은 다른 처리 시스템에는 분리 및 침강 장치 또는 그리고 반송 때문에 슬러지 만이 시스템에 유지된다. 별도의 분리-침강 탱크가 별도로 필요 없는 (예를 들면, 연속 회분식 반응기 (Sequential Batch Reactor: SBR)), 또는 반송 펌프가 필요 없는 (예를 들면, SBR 또는 UASB (Upflow Anaerobic Sludge Blanket: 상향류 혐기성 슬러지 블랭킷) 반응기와 같은 다른 시스템은 슬러지 고형물을 저장한다.

수리적 체류 시간 HRT (hydraulic retention (또는 detention) time)는 다음과 같이 주어진다:

HRT = 시스템내 액체 부피/단위 시간당 제거되는 액체 부피

정상 상태에서 유입되는 액체의 부피는 유출되는 액체의 부피와 같기 때문에 다음과 같은 일반화된 관계가 성립된다:

$$HRT = V/Q$$

이와 유사하게 슬러지 체류 시간 (SRT 또는 슬러지 연령 θ_c)은 다음과 같이 주어진다:

SRT (또는 θ_c) = 시스템 내의 고형물 질량/매일 생산되는 고형물 질량

정상 상태에서는 시스템에서 제거되는 고형물 양은 생산되는 고형물 양과 동일하다. 따라서, SRT 는 다음과 같이 표현될 수도 있다:

Chapter 1 생물학적 영양염류 제거 공정의 개요

SRT (또는 θ_C) = 시스템 내의 고형물 질량/매일 폐기되는 고형물 질량

생물체 생산 속도는 dX/dt 로 표현되기 때문에, SRT 는 다음과 같이 표현된다:

$$SRT = V{\cdot}X/\{V{\cdot}(dX/dt)\} = X/(dX/dt)$$

이 식의 분모에 해당하는 순 미생물 성장 속도 dX/dt 는 다음과 같이 주어진다:

$$dX/dt = \mu{\cdot}X - b{\cdot}X = (\mu - b){\cdot}X$$

이 식을 위의 SRT 식에 대입하면, SRT 를 표현하는 방정식은 다음과 같이 단순화된다:

$$SRT = 1/(\mu - b)$$

(1.9)

슬러지 반송이 슬러지 반송이 있을 경우와 없을 경우에 따라, 다음과 같은 2 가지 조건을 각각 얻게 된다:

- 슬러지 반송이 없을 경우: HRT = SRT

- 슬러지 반송이 있을 경우: HRT < SRT

시스템 내에서 액체보다 생물체가 더 오래 머문다는 사실은 고형물 반송이 없는 시스템에 비해 고형물 반송이 있는 시스템이 보다 높은 효율을 나타낼 수 있다는 주장을 정당화시키는 요인이 된다. 또한 같은 제거 효율을 달성하기 위해 고형물 반송이 없는 시스템의 반응기 부피보다 고형물 반송이 있는 시스템이 반응기 부피가 더욱 작아진다는 의미로도 해석할 수 있다.

지금까지의 모든 해석에는 다음과 같은 단순화된 가설이 포함되어 있다:

- 생화학적 반응은 반응기 내에서만 진행된다. 침강 장치 내에서의 유기 물질 전환 반응과 세포 성장은 반응기 내에서 진행되는 유기 물질 전환과 세포 성장에 비해 무시될 수 있다. 이러한 단순화로 인해 발생될 수 있는 오차는 무시할 정도로 간주한다.

- 생물체는 오직 반응기 내에서만 존재한다고 가정한다. SRT 산출 시 최종 침강조와 반송 라인에 존재하는 고형물은 고려하지 않는다. 이러한 가정은 통상정으로 의문을 유발하는 요인이 되지만, 통상적으로 반응기내 질량만을 고려하게 된다. 반응기 내 고형물 농도만을 측정함으로써 절차가 간편화되기 때문이다. 침강조에 존재하는 고형물 질량 요소를 포함할 필요가 있을 경우, SRT 를 표현할 때 이를 명확히 언급할 필요가 있다.

생물학적 영양염류 제거 공정 설계 실무

- 반응 기작 (메커니즘)은 정상 상태에서 진행된다. 이러한 가설로 하수 처리 시설에서 진행되는 실제 상황은 크게 단순화된다. 진정한 정상 상태는 실규모 시설에서는 결코 실현되지 않는다. 유량과 부하가 계속하여 변동하여(하루 종일) 동적인 상태가 되고, 반응기와 침강조에 슬러지가 누적된다. 그러나, 광범위한 시간 스케일로 시스템을 분석하면 이러한 변동의 중요성은 낮아지게 된다. 따라서, 긴 시간을 두고 설계와 운전 계획을 수립할 경우에는 정상 상태 가정을 수용할 수 있다. 반면에 짧은 기간을 대상으로 시설을 운전하게 되면 동적인 상태가 지배적으로 유지된다는 점을 고려하여야 하고, 위의 관계식들을 그대로는 적용할 수 없게 된다. 동적인 상태에서는 생산된 고형물 질량은 폐기되는 질량과 같지 않게 되어 SRT (또는 슬러지 연령) 개념 해석이 달라진다.

- 유입 하수에 포함된 고형물의 영향은 고려하지 않았다. 대부분의 책에서 이러한 단순화된 가정을 받아들이고 있지만, 생물체 고형물 생산이 보다 낮은 일부 하수 처리 시설에서는 현실과 동떨어진 가정이 될 수 있다.

3.4 세포 세정 시간

미생물이 처리 시스템에서 머무르는 시간 (SRT)은 미생물 복제에 필요한 시간보다 길어야 한다. 그렇지 않을 경우 세포 자신이 스스로 증식하기 전에 시스템으로부터 씻겨 나가게 될 것이고, 반응기 내 생물체 농도가 점진적으로 감소하는 결과를 초래하여 결국 시스템이 붕괴된다. 이분 분열에 의한 미생물 재생산과 순 비성장 속도는 다음과 같이 표현된다:

$$dX/dt = (\mu - b) \cdot X$$

또는

$$dX/X = (\mu - b) \cdot dt$$

이 식을 $t = 0$ 에서 $t = t$ 까지 적분하면 다음과 같아진다:

$$\ln X/X_0 = (\mu - b) \cdot t$$

여기서, X = 시간 t 에서의 미생물 개체 수 또는 농도; X_0 = 시간 $t=0$ 에서의 미생물 개체 수 또는 농도.

Chapter 1 생물학적 영양염류 제거 공정의 개요

이는 지수적 성장 단계에 해당되고, 좌변과 우변을 도식화하면 원점을 지나는 직선으로 나타나게 된다. $X = 2X_0$ 가 되는 복제 기간에는 다음과 같은 결과가 얻어진다:

$$\ln 2 = (\mu - b) \cdot t$$

따라서, 2 배로 복제되는 시간 t_{dup} 는 다음과 같이 주어지게 된다:

$$t_{dup} = \ln 2/(\mu - b) = 0.693/(\mu - b)$$

(1.10)

고형물 반송이 있을 경우와 없을 경우의 차이는 여기에서도 고려된다:

- 부유 성장 생물체를 지니는 시스템에서 슬러지 반송이 없을 경우 (즉, SRT = HRT), HRT (또는 SRT) 는 t_{dup} 이상이 되어야 한다. 이를 만족시킬 수 있는 시스템을 예로 들면, 완전 혼합이 보장되는 산화 라군 (aerated lagoon)이 해당된다. 산화 라군에서는 최소 HRT (HRT_{min})가 임계 수온에서 미생물이 2 배로 증식되는 기간보다 낮아지지 않도록 보장하여야 한다. 직렬로 연결된 여러 작은 못 (pond)과 같이 라군을 설계할 경우, 이러한 요구 조건에 의해 각 못의 최소 크기가 지배적으로 결정된다.

- 부유 성장 생물체를 지니는 시스템에서 고형물 반송이 있을 경우 (즉, SRT> HRT), SRT> t_{dup} 로 유지하기 위해 과잉 슬러지 유량을 조정할 수 있으면서도 HRT 를 가능한 낮게 (반응기 부피를 최소화) 유지할 수 있다. 결과적으로 HRT 를 최소화할 필요없이 슬러지 반송을 통해 SRT 를 증가시킬 수 있게 된다.

탄소계 물질을 호기 공정으로 제거할 경우, 종속영양 미생물의 SRT 는 최소 요구 시간보다 통상적으로 높다. 그러나, 호기 시스템에서의 암모니아-질소 산화 반응 (질산화 반응) 뿐 아니라 혐기 시스템에서의 메탄 생성 반응의 경우, 더욱 세밀한 주의를 기울여야 한다. 메탄 생성 미생물과 질산화 미생물 재생산 속도는 매우 느려 유입 유량이 급격히 증가하거나 일부 환경 문제로 인해 재생산 속도가 저하될 경우, 이들 미생물이 씻겨 빠져나갈 위험성이 상존한다.

3.5 반응기의 슬러지 농도

고형물 반송이 진행되는 시스템의 반응기 내 슬러지 농도를 구하기 위해, 정상 상태 조건을 가정하여 앞의 식들을 다시 정리하면 다음과 같은 식을 얻게 된다:

$$X = Y \cdot (S_o - S)/[1 + b \cdot SRT] \cdot (SRT/HRT)$$

다른 매개나 독립 변수들이 알려져 있거나 산출되어 있을 경우, 이 식은 완전 혼합 반응기 내의 슬러지 농도 산출에 매우 중요한 역할을 한다. 또한, 이 식의 해석으로 반응기 슬러지 농도에 미치는 슬러지 반송의 영향에 대한 흥미로운 결과가 도출된다.

반송이 없는 시스템에서는 SRT = HRT 가 되어, 결과적으로 위 식은 다음과 같이 단순화된다:

$$X = Y \cdot (S_o - S)/(1 + b \cdot SRT)$$

반송이 있을 경우와 없을 경우의 차이점은 (SRT/HRT) 항 포함 유무에 있다. 반송이 있을 경우에는 SRT/HRT>1 이 되어 SRT/HRT 의 크기에 따라 반응기 슬러지 농도를 조절할 수 있다. 슬러지 농도가 증가하면 필요한 반응기 부피는 반비례하여 감소한다는 사실에 하수 처리 시설 설계자는 주목할 필요가 있다.

3.6 유출수의 기질

앞서 설명하였듯이 SRT 는 다음과 같이 표현된다:

$$SRT = 1/[\mu - b]$$

(1.9)

이 식을 정리하면, 다음과 같은 결과 식을 얻게 된다:

$$1/SRT = \mu - b$$

또는

$$SRT = \mu_{max} \cdot [S/(K_s + S)] - b$$

(1.11a)

이 식을 S 를 대상으로 다시 정리하면:

$$S = K_s \cdot [(1/SRT) + b]/[\mu_{max} - \{(1/SRT) + b\}]$$

(1.11b)

Chapter 1 생물학적 영양염류 제거 공정의 개요

이 식은 완전 혼합 흐름 반응기 유출수의 용존성 탄소계 물질 농도를 산출할 수 있는 일반화된 식이다. 이 식에서 발견할 수 있는 흥미로운 사실은 완전 혼합 흐름 시스템에서는 수학적으로 유입 기질 농도 S_o 와 유출 기질 농도 S 는 서로 무관하다는 점이다. 무관해지는 이유는 K_s, b 및 μ_{max} 가 상수이어서 S 는 오직 SRT 만의 함수가 되기 때문이다. 유입 기질 농도가 높아질수록 생물체 고형물의 생산도 증가하여 결국 생물체 농도 X_v 가 함께 증가한다는 현상으로도 해석이 가능할 것이다. 즉, 먹이가 많아지면, 먹이 중 미생물의 동화 작용에 필요한 먹이의 양도 함께 증가하게 된다는 의미이다. 이러한 판단은, 오직 정상 상태에서만 적용 가능함에 주목할 필요가 있다. 동적인 상태에서는 유입수의 탄소계 물질 증가가 즉시 생물체 증가로 나타나지 않는다. 생물체 증가는 느리게 진행되기 때문이다. 따라서 평형 상태에 다시 도달할 수 있을 때까지 탄소계 물질로 인한 유출수질 악화는 피할 수 없게 될 것이다.

이론적으로는, 시스템에서 최소 기질 농도가 달성되는 시점은 SRT 가 무한대가 될 때이다. SRT 가 무한대가 되면 위 식의 1/SRT 는 0 이 된다. 위 식에 1/SRT=0 을 대입하여 산출되는 S 값이 배출 가능한 유출수 최저 기질 농도 S_{min} 에 해당된다. 단일 완전 혼합 반응기로 S_{min} 농도보다 낮게 방류하는 것은 불가능할 것이다. S_{min} 은 반송과는 무관하고 오직 속도 상수만의 함수이기 때문이다:

$$S_{min} = K_s \cdot K_d / [\mu_{max} - b]$$

(1.11c)

식 (1.11c)의 이론적인 유출수 기질 농도는, 실질적인 바탕 농도에 해당된다. 유출수 BOD 또는 COD 를 0 으로 간주하여서는 안되는 근거이기도 하다.

3.7 제언

지금까지의 설명은 완전 혼합 흐름 반응기에 대해서만 유효하다. 완전이라는 용어는 현실에서는 달성되기 극히 어렵다. 따라서 완전 혼합 흐름 반응기는 이상적인 반응기에 해당되고, 실제 흐름 레짐은 이상적인 완전 혼합 흐름 반응기에서의 유체 흐름 레짐과 플러그 흐름 반응기의 유체 흐름 레짐의 중간 레짐에 속한다. 그럼에도 불구하고 완전 혼합을 고집하는 이유는 완전 혼합으로 가정하면 하수 처리 공정을 지배하는 방정식이 단순해지기 때문이다. 지배 방정식으로부터 공정의 필요 규모가 산정되기 때문에, 완전 혼합 흐름 반응기로 가정하여 설계하면 공정의 크기가 과대 설계될 수 있다는 점에 유의하기 바란다. 이에 대한 보다 전문적인 설명은 이후 제3장에서 보다 상세하게 다룰 것이다.

4. 생물 반응기의 부하율

4.1 슬러지 부하 (먹이 대 미생물 비)

하수 처리 시설 설계자 및 운전자들이 광범위하게 사용하는 관계는 슬러지 부하 또는 F/M (먹이 대 미생물) 비이다. 슬러지 부하 또는 F/M 비는 미생물 단위 질량 당 가용할 수 있는 먹이의 양 또는 가용할 수 있는 기질의 양이 시스템의 효율과 연관된다는 개념을 기반으로 정립되었다. 따라서 생물체 단위 질량 당 공급되는 탄소계 물질 부하가 높을수록 (높은 F/M 비), 기질의 동화 효율은 저하되지만, 필요한 반응기 부피는 감소한다. 역설적으로 표현하면, 적은 양의 탄소계 물질이 미생물에 공급되면 (낮은 F/M 비), 먹이 수요는 높아지고, 더 높은 탄소계 물질 제거 효율이 달성되며 보다 큰 부피의 반응기가 필요하게 된다. 공급되는 먹이 양이 매우 낮은 상황에서는 내생 호흡 기작이 성행하게 된다.

공급되는 먹이 부하는 다음과 같이 주어지고:

$$F = Q \cdot S_0$$

미생물 질량은 다음과 같이 산출된다:

$$M = V \cdot X_v$$

여기서, Q = 유입 유량 (m^3/d); S_0 = 유입 BOD_5 농도 (g/m^3); V = 반응기 부피 (m^3); X_v = 휘발성 부유 고형물 농도 (g/m^3).

따라서, F/M 비는 다음과 같이 표현된다:

$$F/M = Q \cdot S_0 / (V \cdot X_v)$$

(1.12)

여기서, F/M = 슬러지 부하 (하루에 공급되는 $gBOD_5/gVSS$).

때로는 VSS 대신 총 부유 고형물 (TSS)로 F/M 비를 표현하기도 한다. 휘발성 부유 고형물 (VSS)과 총 부유 고형물 (TSS) 사이의 관계는 SRT 의 함수이다. SRT 가

Chapter 1 생물학적 영양염류 제거 공정의 개요

높아질수록 (낮은 F/M 비) 슬러지의 유기성 질량 (VSS) 분율이 감소하여, 결과적으로 VSS/TSS 비가 낮아진다.

위 식의 Q/V 는 수리적 체류 시간의 역수인 1/HRT 로 대체될 수 있어 F/M 비를 또 다른 방법으로 표현할 수 있게 된다:

$$F/M = S_o/(HRT \cdot X_v$$

(1.13)

보다 정확히 말하면, F/M 비에는 공급되는 (또는 가용되는) 부하 만이 반영되기 때문에 F/M 비는 반응기에서 실제로 진행되는 유기 물질 제거를 직접적으로 반영하지 못한다. 가용할 수 있는 기질과 제거된 기질 간의 관계를 표현할 수 있는 용어가 기질 활용율 U 이다. F/M 비에는 오직 S_o 만이 포함되는 대신, U 에는 (S_o – S) 가 포함된다:

$$U = Q \cdot (So - S)/(V \cdot X_v)$$

(1.14a)

여기서, S = 유출수의 용존성 BOD_5 농도(g/m^3).

따라서, U 를 다음과 같이 표현할 수 있다:

$$U = (F/M) \cdot E$$

(1.14b)

여기서, E = 시스템의 기질 제거 효율 = (S_o – S)/S_o.

하수 처리 시스템에서의 제거 효율은 일반적으로 높고 1 보다 훨씬 낮지는 않기 때문에, 기질 활용율을 U ≈ F/M 으로 간주할 수 있게 된다.

위의 기질 활용율 방정식을 분석해보면, F/M (또는 U)의 설계 값과 유출 기질 농도 S 값을 정한 후 주어진 X_v 및 S_o 값과 유입 유량 Q 값을 대입하면, 필요한 반응기 부피가 산출될 수 있다는 사실을 알 수 있다. V 를 중심으로 식을 다시 정리하면 다음과 같아진다:

$$V = Q \cdot (So - S)/(X_v \cdot U$$

(1.15)

4.2 기질 활용율 (U)과 SRT 의 상관 관계

정상 상태의 시스템에서는 생물체 고형물이 누적되지 않기 때문에 다음과 같은 관계가 성립된다:

고형물 생산 속도 (생물체 생산 속도) =

고형물 제거 속도 (과잉 슬러지 폐기 속도)

고형물 생산 속도는,

$$dX/dt = Y \cdot (dS/dt) - b \cdot X$$

또는

$$\Delta X_v/\Delta t = Y \cdot (So - S)/t - b \cdot f_b \cdot X_v$$

양변을 X_v 로 나누면,

$$(\Delta X_v/\Delta t)/X_v = Y \cdot (So - S)/(X_v \cdot t) - b \cdot f_b$$

SRT= $V \cdot X/[V \cdot (dX/dt)]$ = $X/(dX/dt)$ 이기 때문에, 위 식의 좌변은 1/SRT 가 된다. 따라서,

$$(\Delta X_v/\Delta t)/X_v = 1/SRT = Y \cdot (So - S)/(X_v \cdot t) - b \cdot f_b$$

우변 첫째 항의 괄호로 표현된 부분이 기질 활용율 U 와 동일하기 때문에, 정상 상태에서는 다음과 같이 표현할 수 있다:

$$1/SRT = Y \cdot U - b \cdot f_b$$

(1.16a)

U = (F/M)·E 이기 때문에, 바로 위 식은 다음과 같이 표현될 수도 있다:

$$1/SRT = Y \cdot (F/M) \cdot E - b \cdot f_b$$

(1.16b)

따라서, Y 와 K_d 의 값이 주어지면 SRT 와 U (또는 F/M)의 관계를 알 수 있게 된다. 결과적으로 SRT 가 고정되면 U (또는 F/M) 값을 산출할 수 있고, 반대로 U 값이 고정되면 SRT 를 산출할 수 있다.

그러나, 휘발성 고형물 농도 X_v 에는 쉽게 분해되지 않는 입자성 유기 물질도 함께 포함되어 있다. X_v 의 일부 만이 생물 분해 가능함을 고려하지 않은 채, 다양한 관련

Chapter 1 생물학적 영양염류 제거 공정의 개요

서적에서는 X_v 항으로 위의 두 식을 표현하고 있다. 따라서, X_b 또는 $f_b \cdot X_v$ 를 이용하여 생물체를 분해 가능한 생물체로 보정할 수 있다. $f_b = X_b/X_v$ 이고, 여기서 표현된 X_b 는 생물 분해 가능한 휘발성 고형물 농도를 나타내며, f_b 는 VSS 중의 생물 분해 가능한 분율이다.

X_b 를 고려하여야 하는 이유는 다음과 같은 설명으로 명확해진다:

위의 식에 f_b 를 반영하지 않으면, 높은 SRT 로 운전되는 시스템에서 SRT 와 U 의 관계를 결정할 수 없는 특정한 경우가 발생된다. Y 와 b 를 문헌의 전형적인 값으로 대체하고 SRT 가 높은 시스템에 해당하는 F/M 값을 대입하면, 1/SRT 가 음의 값이 된다 (즉, 순 슬러지 생산량이 음이 된다). 문헌의 Y 와 b 값이 전형적인 SRT 를 지니는 시스템에 해당되는 값이기 때문에 이러한 불일치가 발생된다. 이 문제를 해결하기 위해서는 SRT 가 높은 시스템의 실질적인 조건에서 Y 와 b 값을 실험적으로 구하여야 한다. 긴 SRT 시스템에서 발생되는 주요 불일치는 기질 가용성이 낮아져서 내생 호흡이 성행하기 때문이다 내생 호흡이 성행하면, 휘발성 고형물의 생물 분해 가능한 분율이 감소한다. 결과적으로 SRT 가 증가할수록 고형물의 비활성 분율은 증가하고 (반응기에서 진행되는 호기성 소화 때문에), 생물 분해 가능한 분율 f_b 가 감소하는 결과를 초래한다. f_b 의 개념은 다음 항에서 자세하게 다룰 것이다.

b 값 선정 시 생물체의 조성도 반영해야 한다. 문헌에 보고된 b 값은 X_v 의 손실과 연관된다. 휘발성 고형물 대신 생물 분해 가능한 고형물로 손실을 표현하면, 문헌에서 찾을 수 있는 값보다 높은 값으로 b 를 가정하게 된다. b 값이 이후에 f_b 값으로 곱해지기 때문이다. 전형적인 SRT 에서 운전되는 시스템에서의 f_b 와 b 를 곱하면, 문헌의 통상적인 b 값이 얻어진다.

4.3 생물체 고형물의 세분화

총 부유 고형물은 무기 (고정성) 분율 (X_i)과 유기 (휘발성) 부분 (X_v)으로 세분된다:

$$X = X_i + X_v$$

(1.17)

반면에 휘발성 부유 고형물이라도 모두가 생물 분해 가능하지는 않기 때문에 또 다른 세분화가 여전히 필요하다. 휘발성 고형물에는 내생 호흡의 잔류물인 생물 분해되지 않는 분율 (불활성) (X_{nb})과 생물 분해 가능한 분율 (X_b)이 함께 존재한다. 따라서:

$$X_v = X_{nb} + X_b$$

(1.18)

X_i 와 X_{nb} 는 생물학적 처리에도 변하지 않기 때문에, 슬러지 반송으로 이들 두 분율은 시스템에 누적된다. SRT 가 커질수록, X_b/X_v 비는 낮아진다. 높은 SRT 에서는 세포 물질의 자산 (self-oxidation)을 유발하는 내생 호흡이 성행하여 슬러지가 안정화된다는 사실로 설명하면 쉽게 이해할 수 있을 것이다.

생성 직후 (즉, SRT = 0)의 휘발성 고형물은, 약 20%의 비활성 분율과 약 80%의 생물 분해 가능한 분율로 구성된다. 반응기에 머무는 시간이 증가할수록 (SRT > 0), X_b/X_v 비는 감소하게 된다. X_b/X_v (= f_b) 비를 다음과 같이 표현할 수 있다:

$$f_b = f_b'/[1 + (1 - f_b') \cdot b \cdot SRT]$$

(1.19)

여기서, f_b = 시스템에서 생성된 VSS 중의 생물 분해 가능한 분율 (SRT 에 따라 변함, X_b/X_v); f_b' = 시스템에서 생성 직후 VSS 중의 생물 분해 가능한 분율, 즉 SRT = 0 일 경우. 이 값은 전형적으로 0.8 (= 80%)이다.

다양한 b 와 SRT 에 대해 식 (1.19)에 따라 f_b 값을 산출하여, 표 1.4 에 제시하였다.

표 1.4 다양한 SRT 와 K_d 값에 대해 산출된 VSS 의 생물 분해 가능한 분율 (f_b)

SRT (일)	X_b/X_v (= f_b)			
	b = 0.05 d^{-1}	b = 0.07 d^{-1}	b = 0.09 d^{-1}	b = 0.11 d^{-1}
4	0.77	0.76	0.75	0.74
8	0.74	0.72	0.70	0.68
12	0.71	0.68	0.66	0.63
16	0.69	0.65	0.62	0.59
20	0.67	0.63	0.59	0.56
24	0.65	0.60	0.56	0.52
28	0.63	0.57	0.53	0.50
32	0.61	0.55	0.51	0.47

슬러지 생산량, 생물체에 의한 산소 소비량 및 유출수 부유 고형물과 관련되는 BOD (또는 COD) 등과 연관되는 다양한 식에서 f_b 값을 이용한다. 위 표에 제시된 값들은 반응기 내에서 생산되는 생물체 고형물에만 해당된다. 하수 원수도 고정상 무기

Chapter 1 생물학적 영양염류 제거 공정의 개요

고형물, 생물 분해되지 않는 휘발성 고형물 그리고 생물 분해 가능한 휘발성 고형물로 세분화된다. 하수 원수의 주요 상관 관계의 대략적인 값은 다음과 같다:

- VSS/TSS = 0.70~0.85

- SS_i/TSS = 0.15~0.30

- SS_b/VSS = 0.6

- SS_{nb}/VSS = 0.4

생물학적 처리에도 분해되지 않는 하수 원수 중의 무기성 부유 고형물 (SS_i)과 난분해성 부유 고형물 (SS_{nb})의 상대적 기여가 고려되어야 한다. 반응기 내 생물체 플록에 흡수되어 가수분해되고 이어서 분해되어 새로운 생물체가 생산되고 산소를 소비하는 (호기 시스템에서) 생물 분해 가능한 고형물 부하는 별도로 분리하여 고려할 필요가 없다. 유입수 BOD 또는 COD 에 생물 분해 가능한 분율은 이미 반영되어 있기 때문에, 하수 원수의 생물 분해 가능한 고형물 (SS_b)은 별도로 분리하여 산출하지 않아야 한다. 1 차 침강조를 갖추고 있는 시스템에서는 침강에 의해 제거되어 생물 반응기로 유입되지 못하는 하수 원수의 고형물 분율은 배제되어야 한다.

휘발성 고형물 중 활성을 지니는 분율, 즉 탄소계 물질 분해에 실질적으로 참여하는 분율은, 다음과 같이 주어진다:

$$f_a = 1/[1 + (1 - f'_b) \cdot K_d \cdot SRT]$$

(1.20)

여기서, f_a = 휘발성 부유 물질 중 활성을 지니는 분율 (X_a/X_v).

또한 f_a 분율을 다음과 같이 표현할 수 있다:

$$f_a = f_b/f'_b$$

(1.21)

휘발성 부유 고형물 총 생산 (P_{xv})은, 수율 계수 (Y)에 제거된 탄소계 물질 부하를 곱하여 얻어진다.

$$P_{xv} (총) = Y \cdot Q \cdot (S_0 - S)$$

(1.22)

생물학적 영양염류 제거 공정 설계 실무

반응기에서 최근 생성된 부유 고형물 중 약 90%는 유기성 (휘발성)이고 약 10%는 무기성 (고정성)이어서 (Metcalf & Eddy, 1991), VSS/TSS 비는 0.9 가 된다. 이 비율을 이용하여 최근 생산된 TSS 부하를 산정할 수 있게 된다 (내생 호흡에 의해 손실된 분율이 포함되지 않는 부유 고형물의 총 생산):

$$P_x\ (\text{총}) = P_{xv}/0.9$$

(1.23)

결과적으로 무기성 (고정성) 부유 고형물 생산은 다음과 같이 산출된다:

$$P_{xi} = P_x\ (\text{총}) - P_{xv}\ (\text{총})$$

(1.24)

이미 언급한 바와 같이, 휘발성 부유 고형물이라도 모두가 생물 분해 가능한 고형물은 아니다. 고형물 생산직후 (SRT = 0)에 생산된 생물 분해 가능한 고형물은 생산된 휘발성 고형물 (P_{xv})과 최근 생성된 생물 분해 가능한 분율의 (f'_b)의 곱과 같아진다. 위에서 설명하였듯이 전형적인 f'_b 값은 약 0.8 이다.

$$P_{xb}\ (\text{최근 생산}) = (P_{xv}\ (\text{총})) \cdot f'_b$$

(1.25)

반응기 내 고형물 체류 시간 (SRT) 동안 생물 분해 가능한 분율 f_b 는 감소하게 된다. 따라서, 체류 기간 SRT 동안 진행되는 생물 분해 가능한 분율의 총 생산은 P_{xv} gross(총)와 생물 분해 가능한 부분 f_b 의 곱과 같아진다. 위의 식 (1.19)에서 알 수 있듯이, f_b 는 SRT 의 함수이다:

$$P_{xb}\ (\text{총}) = (P_{xv}\ (\text{총})) \cdot f_b$$

(1.26)

생물 분해되지 않는 부유 고형물 (비활성 그리고/또는 내생성)의 생산은 X_v 의 총 생산에서 X_b 총 생산을 감하여 얻어진다:

$$P_{xnb} = P_{xv}\ (\text{총}) - P_{xb}\ (\text{총})$$

(1.27)

휘발성 부유 고형물 중 활성을 지닌 분율의 총 생산은 다음과 같이 주어진다:

Chapter 1 생물학적 영양염류 제거 공정의 개요

$$P_{xa} \text{ (총)} = (P_{xv} \text{ (총)}) \cdot f_b / f'_b$$

(1.28)

생물 분해 가능한 고형물의 일부는 내생 호흡으로 인해 반응기 내에서 손실된다. 손실된 생물 분해 가능한 부유 물질의 부하는 SRT 의 함수이고, 다음과 같이 주어진다:

$$P_{xb} \text{ (손실)} = (P_{xb} \text{ (총)}) \cdot (b \cdot SRT)/(1 + f_b \cdot b \cdot SRT)$$

(1.29)

그러므로, 생물 분해 가능한 부유 고형물의 순 생산은 다음과 같다:

$$P_{xb} \text{ (순)} = P_{xb} \text{ (총)} - P_{xb} \text{ (내생 손실)}$$

(1.30)

따라서, VSS 의 순 생산도 다음과 같이 주어진다:

$$P_{xv} \text{ (순)} = Y_{obs} \cdot Q \cdot (S_o - S)$$

(1.31)

총 부유 고형물의 순 생산은 휘발성 고형물 순 생산과 무기성 고형물 순 생산의 합과 같다:

$$P_x \text{ (순)} = P_{xv} \text{ (순)} + P_{xi}$$

(1.32)

반응기 내 최종 VSS/TSS 비 (생물 고형물에 한함)는 다음과 같이 얻어진다:

$$VSS/TSS = (P_{xv} \text{ (순)})/(P_x \text{ (순)})$$

(1.33)

내생 호흡으로 인해 손실되는 생물 분해 가능한 고형물 손실 백분율은 다음과 같이 주어진다:

$$\% \text{ 손실 } X_b = 100 \cdot (P_{xb} \text{ (손실)})/(P_{xb} \text{ (총)})$$

(1.34)

유입 하수에 포함된 고형물을 고려할 필요가 있을 경우, 유입 고형물 (무기성 고형물과 생물 분해되지 않는 고형물) 부하를 생산되는 생물 고형물 부하에 각각 더하여야 한다. 위에서 언급한 바와 같이 유입수 BOD_5 (또는 COD)에 이미 포함되었기 때문에 유입 하수의 생물 분해 가능한 고형물의 기여를 합할 필요가 없다. 유입수 BOD_5 (또는 COD)는 입자성 분율과 용존성 분율로 구성된다. 결과적으로 총 BOD_5 (또는 COD)의 생물 분해 가능한 고형물로의 전환에는 유입수의 생물 분해 가능한 고형물의 기여가 간접적으로 통합되어 있다.

5. 생물학적 영양염류 제거 공정의 형상

생물학적 질소 제거는 질산화와 탈질에 의해 달성된다. 암모니아-질소가 아질산염을 거쳐 질산염으로 호기 조건에서 전환되고, 산소가 전자 수용체가 된다. 또 다른 전자 수용체인 질산염은 무산소 조건에서 질소 기체로 환원된다. 따라서 생물학적 질소 제거 시스템에는 최소한 1 개의 호기 반응기와 1 개의 무산소 반응기가 포함되어야 한다. 생물학적 영양염류 제거 공정 중에서 Ludzack-Ettinger 공정, Modified Ludzack-Ettinger (MLE) 공정 및 Bardenpho 공정은 하수에서 질소 만을 제거한다. 전달되는 공기 양과 여러 단계의 기간이 제어될 경우에는 산화구와 회분식 반응기 (SBR)도 질소를 제거할 수 있게 된다.

인이 생물체 세포에 섭취되고 인을 섭취한 생물체 플록인 슬러지를 폐기함으로써, 물로부터 인을 제거할 수 있다. 인 섭취는 인 저장 미생물 (PAO)에 의해 진행된다. 따라서 생물학적 인 제거 시스템에는 PAO 가 성장할 수 있는 반응기가 포함되어야 한다. 질산염과 산소가 없는 혐기 조건 제공이 1 단계 의무이고, 1 단계에서는 PAO 가 휘발성 지방산 (VFAs)과 아세테이트를 섭취하여 PHB 와 같은 화합물로 전환한 후 저장한다. 이와 동시에 PAO 내에 저장되었던 고분자 인산염으로부터 정인산염이 방출되고, 이로 인해 혐기 조건에서는 인의 양이 증가하게 된다. 혐기 조건에 이어 무산소 또는 호기 영역이 뒤따르고, 이들 영역에서는 질산염 (무산소 영역) 또는 자유 산소 (호기 영역)를 각각 전자 수용체로 활용하여 저장되었던 화합물이 산화되고 에너지가 생산된다. 생산된 에너지는 새로운 PAO 성장에 이용된다. 용존된 정인산염은 PAO 에 의해 과량으로 섭취되어 하수로부터 제거되고, 생물체에 고분자 인산염으로 저장된다. 마지막으로 과잉의 인이 저장된 슬러지를 폐기하면, 하수의 인 농도는 저감된다. 따라서 생물학적 인 제거 공정은 일반적으로 혐기 반응기와 뒤따르는 무산소 반응기 또는 호기 반응기로 구성된다. PhoStrip 공정 (그림 1.10) 및 A/O (anaerobic/aerobic) 공정 (그림 1.11)이 생물학적 인 제거 공정에 해당된다.

생물학적 질소 및 인 제거 공정들이 결합되면, 혐기, 무산소, 호기 조건 모두가 충족된다. A₂O (anaerobic-anoxic-oxic) 공정 (그림 1.12), Modified-Bardenpho 공정 (그림 1.13) 그리고 UCT (University of Cape Town) 공정 (그림 1.14)은 질소와 인을 하수로부터 제거한다.

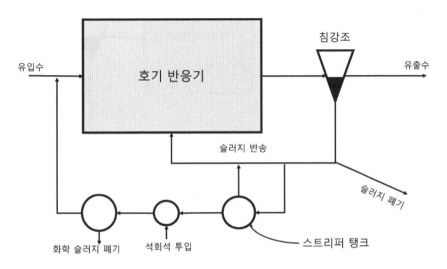

그림 1.10 인 제거를 위한 PhoStrip 공정의 개략도

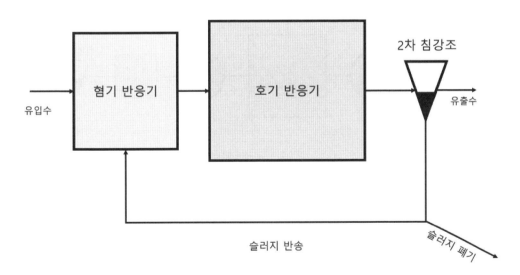

그림 1.11 생물학적 인 제거를 위한 A/O 공정의 개략도

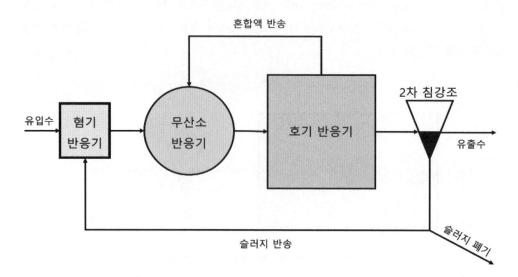

그림 1.12 생물학적 영양염류 제거를 위한 A$_2$O 공정의 개략도

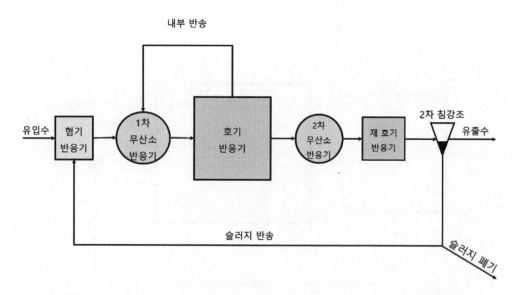

그림 1.13 생물학적 영양염류 제거를 위한 Modified-Bardenpho 공정의 개략도

Chapter 1 생물학적 영양염류 제거 공정의 개요

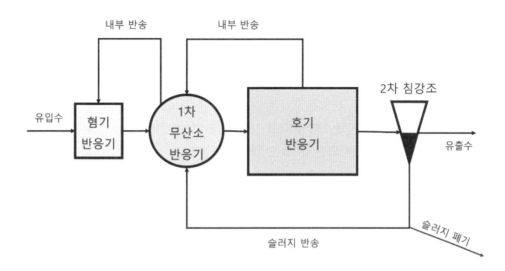

그림 1.14 생물학적 영양염류 제거를 위한 UCT 공정의 개략도

5.1 생물학적 영양염류 제거의 장점

과거에는 영양염류 제거를 위해 많은 화학적 물리적 방법들이 사용되었지만, 단순하고 실질적인 생물학적 공정이 개발되어 이들을 대체하게 되었다. 화학적, 물리적, 생물학적 방법들 모두는 각각의 특별한 장점과 단점을 동시에 지닌다. 예를 들면, 화학적 물리적 방법은 질소 및 인을 침전시키기 위해 많은 양의 화학 화합물이 필요한 반면, 생물학적 공정에는 포기가 필요하고 다양한 혐기, 무산소, 호기 반응기들이 건설될 넓은 부지가 필요하다. 그러므로 경제적 타당성을 검토한 후 플랜트 건설에 가용할 수 있는 부지 면적을 고려하여, 가장 실질적인 방법이 선정되어야 한다. 그럼에도 불구하고, 최근에는 생물학적 공정이 상대적으로 널리 이용된다.

하수가 시스템에서 체류하는 기간 동안 다양한 환경에서 활동하는 미생물의 역할로 인해 하수로부터 질소와 인이 제거된다. 화학적 물리적 방법에 비해, 생물학적 영양염류 제거 공정에서는 화학 화합물 사용량이 급격히 감소한다. 예를 들면, 생물학적 인 제거 동안 생물체 성장을 향상시키기 위해 적은 양의 아세테이트가 필요하다. 이에 반하여 화학적 물리적 인 제거를 위해서는 많은 양의 알루미늄염과 철염이 필요하다. 따라서 생물학적 영양염류 제거가 더욱 경제적인 방법이 된다. 화학 화합물 소비량이 감소하면, 과잉 슬러지 부피가 크게 감소된다. 이로 인해 생물학적 방법은 경제적 혜택과 운전이 용이해지는 혜택을 동시에 누린다. 뿐만 아니라 대부분의 BNR 방법들은 호기 반응기 전단에 혐기 반응기와/또는 무산소 반응기가 배치되고, 이로 인해 화학적 물리적 방법뿐 아니라 활성 슬러지와 같은 다른 통상적인 생물학적 방법에 비해 에너지 소비량이 크게 절감된다. 혐기 반응기가 전단에 설치되면, 호기 영역의 포기 필요량이 감소한다. 호기 영역 포기 필요량이 감소하는 이유는 유입 하수의 용존 산소는 무시할 수 있을 정도로 낮고 물질 전달 방정식에 의하면 물질 전달을 추진하는 힘이 더욱 커지게 되기 때문이다. 전자 수용체 역할을 하는 무산소 영역의 질산염 또한 COD 안정화를 유발한다.

방류 기준이 1 mgP/L 일 경우에는 생물학적 인 제거 시스템이 가장 경제적인 선택이 된다. 화학 물질이 추가로 투입되는 보다 복잡한 생물학적 처리 시스템은 하수를 보다 효율적으로 처리할 수 있다. 알루미늄을 추가로 투입하면 영양염류 제거 효율이 증가할 뿐 아니라 공정의 안정성도 개선된다. 마지막으로 생물학적 영양염류 제거 시스템의 혐기와 무산소 영역은 슬러지 침강성을 대표하는 지표인 SVI (Sludge Volume Index)를 향상시킨다. 참고로, SVI 는 30 분 동안 포기된 혼합액을 침강시킨 후, 침강된 슬러지 1 g 에 해당하는 부피로 정의된다.

5.2 생물학적 영양염류 제거 공정 역사

질산화 공정은 19 세기 최초로 연구되었지만, Arden 과 Lockett (1914)에 의해 활성 슬러지 방법이 발명된 후 많은 변화를 거치게 된다. Sawyer 와 Bradney (1945)는 질산화와 탈질이 진행되는 동안 슬러지가 과잉으로 생산된다는 사실을 발견하였다. BNR 공정은 1960 년대에 개발되었다. LudzacK 와 Ettinger (1962) 그리고 Wuhrmann (1964)은 BNR 공정을 진화시키는 업적을 남기게 된다. Ludzack-Ettinger 공정은 탈질을 위해 유입수의 생물 분해 가능한 유기 화합물을 탄소원으로 활용하고, 완전히 격리되지 않은 무산소 반응기와 호기 반응기가 직렬로 연결된 구조를 지닌다. Levin 과 Shapiro (1965)는 하수 처리 플랜트에 혐기 반응기를 추가하면 미생물에 저장되는 고분자 인산염이 증가한다는 사실을 인지하고, PhoStrip 공정을 개발하였다. 그들은 탄소원과 정인산염의 역할을 깨닫지는 못하였지만, 혐기 반응기를 추가하여 인을 방출시키고 방출된 인을 화학물을 이용하여 침전시켜 제거하였다 (그림 1.10 참조).

생물학적 질소 제거와 인 제거가 동시에 진행될 수 있는 공정은 남아프리카 공화국의 James Barnard 의 연구를 필두로 1970 년대에 집중적으로 개발되었다. Barnard (1973)는

Chapter 1 생물학적 영양염류 제거 공정의 개요

Ludzack-Ettinger 시스템의 무산소 영역과 호기 영역을 완전히 격리시키고, 호기 반응기로부터 무산소 반응기로 일정 분율의 하수를 반송시키는 수정을 실시하였다. 수정으로 인해 질소를 성공적으로 제거할 수 있게 되었다. 이렇게 수정된 공정을 Modified Ludzack-Ettinger (MLE) 공정이라 한다 (그림 1.15).

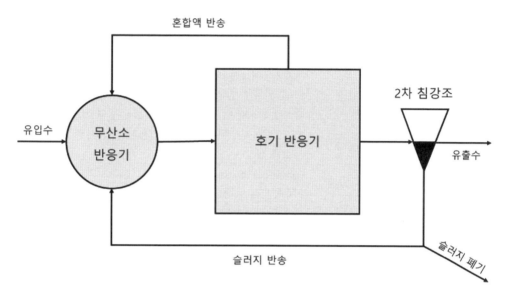

그림 1.15 생물학적 질소 제거를 위한 MLE 공정의 개략도

Barnard 에 의해 질소와 인을 별개로 또는 함께 제거할 수 있는 여러 공정이 개발되었고, 4 단계 Bardenpho 공정이 1978 년에 개발되었다. 이후 인 제거를 위해 4 단계 공정 전단에 혐기 반응기가 추가되었고, 그 결과 Barnard 는 보다 개선된 5 단계 Bardenpho 공정을 개발하게 되었다 (그림 1.13 참조).

Marshal Spector (1979)는 무산소/호기 형상으로 시스템을 구성하면 인을 제거할 수 있다는 사실을 인지하고, Phoredox 시스템과 유사한 A/O (Anaerobic/Oxic) 시스템을 발명하게 되었다 (그림 1.11 참조). 또한 그는 A/O 공정에 무산소 영역을 추가하여 질소까지 제거하는 시스템을 개발하였고, 이렇게 개발된 공정을 A_2O (anaerobic/Anoxic/Oxic) 공정이라 부르고, 이 형상은 Barnard 의 형상과 동일하다 (그림 1.12 참조).

생물학적 영양염류 제거 공정이 개발되기까지의 업적을 요약하여 표 1.5 에 제시하였다.

표 1.5 생물학적 영양염류 제거 공정 개발 과정의 대표적 연혁

순서	년도	해당 인물	업적 요약
1	1914	Arden-Lockett	활성 슬러지를 지니도록 질산화 공정의 변화
2	1945	Sawyer-Bradney	질산화 및 탈질에서 슬러지가 증가하는 문제 연구
3	1962	Ludzack-Ettinger	유입수의 유기성 생물 분해 가능한 물질을 탈질 탄소원으로 활용 (Ludzack-Ettinger 공정)
4	1964	Wuhrmann	유입 부하가 높을 경우, 질산화 후 탈질 단계 제안
5	1965	Levin-Shapiro	혐기 반응기가 추가된 생물학적 인 제거를 위한 Phostrip 공정 개발
6	1973	Barnard	무산소 영역과 호기 영역을 완전히 격리하고 혼합액 내부 반송을 포함시키는 Ludzack-Ettinger 시스템 수정 제안 (Modified Ludzack-Ettinger (MLE) 공정)
7	1974	Barnard	호기 반응기 전단에 혐기 반응기가 설치된 Phoredox 시스템 설계
8	1975	Fuhs-Chen	Phoredoxltmxpadl 화학적 시스템이 아닌 생물학적 시스템임을 입증
9	1978	Barnard	질소 제거를 위한 4 단계 Bardenpho 공정 개발
10	1978	Barnard	4 단계 Bardenpho 공정 최전단에 혐기 반응기가 설치된 5 단계 Bardenpho 공정 설계 (Modified Bardenpho)
11	1979	Marshall Spector	생물학적 인 제거를 위한 Phoredox 공정과 동일한 A/O 공정 개발
12	1979	Marshall Spector	A/O 공정을 무산소 영역과 결합하여, 질소까지 제거할 수 있는 A_2O 공정 개발

5.3 생물학적 영양염류 제거 공정의 온실 가스 배출

2050 년 탄소 중립 달성을 위해 모든 사회 분야에서 온실 가스를 저감할 수 있는 방안 마련에 심혈을 기울이고 있다. 운영 과정에서 이산화탄소, 메탄 및 아산화질소 (N_2O)가 생산되기 때문에 생물학적 영양염류 제거 시설도 온실 가스 배출원에 속한다. BNR 플랜트 내부와 외부 모두에 온실 가스 배출원이 존재하고, 생물학적 활동에서 생산되는 부산물이 내부 발생원에 해당된다. BNR 플랜트를 지원하는 전기 공급 및 화학적 공정은 외부 발생원이 된다.

온실 가스 내부 배출원은 BNR 플랜트 단위 공정들이고, 호기 반응조 뿐 아니라 혐기 반응조, 무산소 반응조, 여과 베드, 침강조 및 자외선 소독 시설이 온실 가스를 배출하는 주요 단위 공정에 해당된다. BNR 플랜트 운영 사무소 건축물, 화학 물질 및 전기 생산, 운송 등에 의한 간접적인 온실 가스 배출량도 저감 대상이 된다. 200

mgBOD/L 농도의 일평균 5,500 m³/일 유량을 처리하는 Modified-Bardenpho 공정으로 운전되는 BNR 플랜트의 이산화탄소, 메탄 및 아산화질소 배출량 평가 결과를 요약하여 표 1.6 에 제시하였다. 탄소계 물질 산화, 질산화 및 미생물 호흡이 진행되는 첫번째 호기 반응기에서 이산화탄소로 환산한 온실 가스가 가장 많이 배출된다. 혐기 반응기에서는 다른 온실 기체보다 메탄이 더 많이 배출된 반면, 무산소 반응기에서는 많은 양의 아산화질소가 배출된다. 지원 시설에 의한 외부 발생원 온실 가스 배출량은 제외하였다.

표 1.6 Modified-Bardenpho 공정으로 운영되는
BNR 플랜트의 단위 공정별 온실 가스 일 배출량
(유입 하수의 BOD 농도 = 200 mg/L, 일평균 유량 = 5,500 m³/일)

단위 공정	이산화탄소 배출량 (kgCO₂/일)	메탄 배출량 (kgCO₂/일)	아산화질소 배출량 (kgCO₂/일)	총 배출량 (kgCO₂/일)
1 차 침강조	7.7	287	71.2	366
혐기 반응기	1.3	497	11.4	510
첫번째 무산소 반응기	1.8	0.4	14.6	16.8
첫번째 호기 반응기	3,673	776	2,646	7,095
두번째 무산소 반응기	2.1	0.1	12.9	15.1
두번째 호기 반응기	2.3	0.6	6.5	9.4
2 차 침강조	13.2	1.1	238	252
총 공정	3,701	1,562	3,001	8,264

참고문헌

Ahn, J.H. et al. (2010) N_2O emissions from activated sludge processes, 2008-2009: Results of National Monitoring Survey in the United States, Environ. Sci. Technol. 44, 12, 4505-4511

Ammary B.Y. (2004). Nutrients requirements in biological industrial wastewater treatment. African J Biotechnol 3(4):236–238

Ardern E, Lockett W.T. (1914) Experiments on the oxidation of sewage without the aid of filters. J Chem Technol Biotechnol 33(10):523–539

ARCEIVALA, S.J. (1981). Wastewater treatment and disposal. Marcel Dekker, New York. 892 p.

Barnard J.L. (1973) Biological denitrification. Wat Pollut Control 72(6):705–720

Barnard J.L. (1974) Cut P and N without chemicals. Water Wastes Eng 11

Barnard J.L. (1975) Biological nutrient removal without the addition of chemicals. Water Res 9 (5–6):485–490

Barnard J.L. (1998) The development of nutrient removal processes, Water Environ. J., 12, 5, 330-337

Barth E.F., Brenner RC, Lewis RF (1968) Chemical-biological control of nitrogen and phosphorus in wastewater effluent. Journal (Water Pollution Control Federation) 2040–2054

Carpenter S.R., Caraco N.F., Correll D.L., Howarth R.W., Sharpley A.N., Smith V.H. (1998) Nonpoint pollution of surface waters with phosphorus and nitrogen. Ecol Appl 8(3):559–568

Chelliapan S, Sallis P.J. (2010) Performance of an up-flow anaerobic packed bed reactor system treating pharmaceutical wastewater. In: Proceedings of international conference on biology, environment and chemistry (ICBEC 2010)

Chislock M.F. et al. (2013) Eutrophication: causes, consequences, and controls in aquatic ecosystems. Nat Educ Knowl 4(4):10

Chapter 1 생물학적 영양염류 제거 공정의 개요

Comeau Y. et al. (1986) Biochemical model for enhanced biological phosphorus removal. Water Res 20(12):1511–1521

Dabi N. (2015) Comparison of suspended growth and attached growth wastewater treatment process: a case study of wastewater treatment plant at MNIT, Jaipur, Rajasthan, India. Eur J Adv Eng Technol 2(2):102–105

Dodds W.K. et al. (2008) Eutrophication of US freshwaters: analysis of potential economic damages. Environ Sci Technol 43(1):12–19

Emara M.M. et al. (2014) Biological nutrient removal in Bardenpho process. J Am Sci 10(5s):5–8

Environmental Protection Agency, Cincinatti (1993). Nitrogen control. Technology Transfer. 311

Fuhs G.W., Chen M. (1975) Microbiological basis of phosphate removal in the activated sludge process for the treatment of wastewater. Microbial Ecol 2(2):119–138

Environmental Protection Agency (2011) The impact of nitrogen and phosphorus on water quality. EPA, Division of Surface Water, Ohio

Galloway J.N. et al. (2008) Transformation of the nitrogen cycle: recent trends, questions, and potential solutions. Science 320(5878):889–892

Gannett Fleming (n.d.) Refinement of nitrogen removal from municipal wastewater treatment plants. Prepared for the Maryland Department of the Environment. Online at http://www.mde. state.md.us/assets/document/BRF% 20Gannett%20Fleming-GMB%20 presentation.pdf

Grady C.L. Jr, Daigger G.T., Love N.G., Filipe C.D. (2011) Biological wastewater treatment. CRC Press, United States of America

Horn H., Reiff H., Morgenroth E. (2003) Simulation of growth and detachment in biofilm systems under defined hydrodynamic conditions. Biotechnol Bioeng 81(5):607–617

Imai I., Yamaguchi M., Hori Y. (2006) Eutrophication and occurrences of harmful algal blooms in the Seto Inland Sea, Japan. Plankton Benthos Res 1(2):71–84

Jenkins B.A.M., Sanders D. (2012) Introduction to fixed-film bio-reactors for decentralized wastewater treatment. Contech, Engineered Solutions, United States of America

생물학적 영양염류 제거 공정 설계 실무

Jeyanayagam S. (2005) True confessions of the biological nutrient removal process. Fla Water Resour J 1:37–46

Koops H-P., Pommerening-Röser A. (2001) Distribution and ecophysiology of the nitrifying bacteria emphasizing cultured species. FEMS Microbiol Ecol 37(1):1–9

Kumar A. et al. (2009) Bacterial dynamics of biofilm development during toluene degradation by Burkholderia vietnamiensis G4 in a gas phase membrane bioreactor. J Microbiol Biotechnol 19(9):1028–1033

Kyung D. et al. (2015) Estimation of greenhouse gas emissions from a hybrid wastewater treatment plant. J Clean Prod 95:117–123

Levin G.V., Shapiro J. (1965) Metabolic uptake of phosphorus by wastewater organisms. Journal (Water Pollution Control Federation) 800–821

Liu W., Qiu R. (2007) Water eutrophication in China and the combating strategies. J Chem Technol Biotechnol 82(9):781–786

Ludzack F.J., Ettinger M.B. (1962) Controlling operation to minimize activated sludge effluent nitrogen. Journal (Water Pollution Control Federation) 920–931

Mamais D., Jenkins D. (1992) The effects of MCRT and temperature on enhanced biological phosphorus removal. Water Sci Technol 26(5–6):955–965

Maryland Department of the Environment (MDE) (2006) BNR costs and status BNR project costs eligible for state funding. Provided by Elaine Dietz on October 31, 2006

METCALF & EDDY (1991) Wastewater engineering: treatment, disposal and reuse. Metcalf & Eddy, Inc. 3. ed, 1334

Miles A., Ellis T.G. (2001) Struvite precipitation potential for nutrient recovery from anaerobically treated wastes. Water Sci Technol 43(11):259–266

Minnesota Pollution Control Agency (2007) Phosphorus: sources, forms, impact on water quality. Minnesota Pollution Control Agency, Minnesota

Mino T., Van Loosdrecht M.C.M., Heijnen J.J. (1998) Microbiology and biochemistry of the enhanced biological phosphate removal process. Water Res 32(11):3193–3207

Chapter 1 생물학적 영양염류 제거 공정의 개요

Moore G.T. (2010) Nutrient control design manual. Environmental Protection Agency's Office of Research and Development, United States

Mulkerrins D., Dobson A.D.W., Colleran E. (2004) Parameters affecting biological phosphate removal from wastewaters. Environ Int 30(2):249–259

Narayanan, B. et al. (2011) Importance of aerobic uptake in optimizing biological phosphorus removal, Proceedings of the IWA and WEF Nutrient Recovery and Management Conference, Miami, FL

Oldham W.K., Stevens G.M. (1984) Initial operating experiences of a nutrient removal process (modified Bardenpho) at Kelowna, British Columbia. Can J Civ Eng 11(3):474–479

Orhon, D., and N. ARTAN (1994) Modelling of activated sludge systems. Technomic Publishing Co, Lancaster, EUA. 589

Patel J., Nakhla G., Margaritis A. (2005) Optimization of biological nutrient removal in a membrane bioreactor system. J Environ Eng 131(7):1021–1029

Petersen, B. et al. (1998) Phosphate uptake kinetics in relationship to PHB under aerobic conditions, Water Res., 32, 1, 91-100

Puig, S., et al. (2008) Selection between alcohols and volatile fatty acids as external carbon sources for EPBR, Water Res., 42, 3, 557-566

Randall C.W., Barnard J.L, Stensel H.D. (eds) (1998) Design and retrofit of wastewater treatment plants for biological nutrient removal, vol 5. CRC Press, United States of America

Sakuma M. (2005) A2O process introduced to 7 WWTPs in Regional Sewerage Office, Tokyo. Proc Water Environ Fed 2005(16):604–605

Sawyer C.N., Bradney L. (1945) Rising of activated sludge in final settling tanks. Sewage Works J 17 (6):1191–1209

Schindler D.W. (1974) Eutrophication and recovery in experimental lakes: implications for lake management. Science 184(4139):897–899

Schmitz B.W. (2016) Reduction of enteric pathogens and indicator microorganisms in the environment and treatment processes. The University of Arizona, United States of America

Seviour R.J., Mino T., Onuki M. (2003) The microbiology of biological phosphorus removal in activated sludge systems. FEMS Microbiol Rev 27(1):99–127

Sidat M., Bux F., Kasan H.C. (1999) Polyphosphate accumulation by bacteria isolated from activated sludge. Water SA 25(2):175–179

Smolders G.J.F. et a.l (1994) Model of the anaerobic metabolism of the biological phosphorus removal process: stoichiometry and pH influence. Biotechnol Bioeng 43(6):461–470

Spector M.L. (1979) High nitrogen and phosphorous content biomass produced by treatment of a BOD-containing material. US Patent 4,162,153. U.S. Patent and Trademark Office, Washington, DC Tanyi A.O. Comparison of chemical and biological phosphorus removal in wastewater

Tomlinson T.G., Boon A.G., Trotman C.N.A. (1966) Inhibition of nitrification in the activated sludge process of sewage disposal. J Appl Microbiol 29(2):266–291

Uprety, K. et al. (2012) Glycerol-driven denitrification: Evaluating the specialist-generalist theory and partial denitrification to nitrite, Proceedings of the WEF 85th ACE, New Orleans, Louisiana, October 2

Water Quality Association (2013) Technical Nitrate/Nitrite Fact Sheet. Illinois, United States of America

Weyer P.J. et al. (2001) Municipal drinking water nitrate level and cancer risk in older women: the Iowa Women's Health Study. Epidemiology 12(3):327–338

Winkler M. (2005) Optimal nutrient ratios for wastewater treatment

Wolfe A.H., Patz J.A. (2002) Reactive nitrogen and human health: acute and long-term implications. AMBIO J Hum Environ 31(2):120–125

Worden R.M., Donaldson T.L. (1987) Dynamics of a biological fixed film for phenol degradation in a fluidized-bed bioreactor. Biotechnol Bioeng 30(3):398–412

Chapter 1 생물학적 영양염류 제거 공정의 개요

World Health Organization (2011) Nitrate and nitrite in drinking water. Geneva, Switzerland

Wuhrman K. (1964) Nitrogen removal in sewage treatment processes. Verb Int Verein Linnol 580–596

생물학적 영양염류 제거 공정 설계 실무

Chapter 2
생물학적 거동과 하수의 본질에 관한 기본지식

1. 생물학적 거동

2. 탄소계 에너지 측정

3. COD/VSS 비

4. 하수의 본질

생물학적 영양염류 제거 공정 설계 실무

생명체를 구성하는 가장 대표적인 원소는 수소 (H), 산소 (O), 탄소 (C), 질소 (N), 인 (P) 그리고 황 (S)이다. 생명체 유지에 필요한 에너지는 다음과 같은 자원으로부터 조달되고, 괄호 안의 유기 생명체에 의해 활용된다:

① 태양빛 복사 (광합성을 수행하는 독립영양 유기생명체);

② 유기 화합물 (종속영양 유기생명체);

③ 무기 화합물 (화학적 독립영양 유기생명체).

① 광합성 독립영양 생명체

먼저 태양 복사 에너지와 이를 활용하는 광합성 독립영양 생명체에 대해 알아보자. 생물권 (biosphere)에서는 태양 복사 에너지가 기본적 에너지 원이 된다. 광합성을 수행하는 독립영양 세포가 복사 에너지 일부를 고정하여 높은 에너지를 지니는 복잡한 유기 화합물 (C, H, O 화합물)을 생성하고 산소를 생산한다. 수소와 산소는 물로부터; 탄소는 CO_2 로부터; 그리고 인, 질소, 황 및 미량 원소들은 이들 원소들로 구성되는 용존성 염으로부터 얻게 된다. H_2O와 CO_2는 모두 쉽게 얻을 수 있을 정도로 풍부하지만, 황은 일반적으로 이들만큼 풍부하지 못하다. 한편 인과 질소는 공급원이 제한적이다. 인은 용존 형태로 얻기 힘들고, 질소는 유기 생명체에서 주로 NH_4^+ 및 NO_3^- 형태로 존재한다. 공급이 제한적이기 때문에 수체에서 생산되는 독립영양 생명체에는 이 두 원소가 제한 구성 인자가 된다. 이러한 이유 때문에 인과 질소를 생명을 불어넣는 부영양 물질 (eutrophic substance)이라 칭한다. 대기 중에 존재하지 않는 인은 광물과 유기 생명체에도 제한적으로 존재하지만, 암모니아는 특정 미생물에 의해 물에 용존된 질소 분자로부터 생산될 수 있다. 이러한 면에서 수체에서의 인의 제어는 질소 제어 보다는 상대적으로 중요성이 높다.

부영양화를 유발하는 원소인 질소와 인은 통상적으로 수체의 주요한 오염원인 반면, 광합성 독립영양 생명체의 성장을 자극하고 성장한 독립영양 생명체는 수체에 산소를 공급함으로써 산화 라군과 같은 하수 처리시설에 기여한다. 산화 라군에서는 광합성 독립영양 생명체에 의해 생산된 산소는

종속영양 생명체에 의해 활용되어 유입수의 탄소계 물질을 대사 과정을 통해 이산화탄소로 전환시킨다.

② 종속영양 생명체

독립영양 생명체에 의해 합성된 고 에너지 유기화합물은 종속영양 생명체 세포의 기본 에너지 원이 되고, 이를 활용하여 종속영양 생명체는 세포 질량을 구성하는 단백질과 같은 보다 복잡한 분자를 합성한다. 활용되는 에너지의 일부 만이 새로이 생산되는 세포 내에 포함되고, 나머지는 열로 손실된다. 이렇게 생산된 유기 생명체의 질량은 다시 물질이 되고 다른 생명체의 에너지 원 (먹이)이 되며, 물질과 에너지 원은 다시 포식자의 먹이가 되는 과정이 반복된다. 먹이-포식자 변환이 이루어질 때 마다 상당량의 에너지 손실이 수반된다. 광합성 독립영양 생명체에 의해 고정되었던 유기적으로 결합된 에너지는 연속되는 먹이 사슬 과정을 거치면서 계속하여 저감된다. 유기 에너지가 궁극적으로 0 까지 저감되면, 종속영양 생명체의 생명은 정지된다. 하수 처리 플랜트에서는 생명체의 죽음까지 연결되지는 않고 생명체의 일부분이 슬러지 액체로부터 물리적으로 매일 분리되어 폐기되고, 유출수에는 매우 작은 유기 에너지 만이 남게 된다.

유출수를 받아들이는 수체에 존재하는 유기 에너지는 곰팡이 및 다른 종속영양 생명체를 성장시키고, 물속의 용존 산소 농도는 저감 (성장 유기 생명체의 대사 작용 때문에)되며 이에 따라 물고기와 같은 고등 생명체가 살아가기에는 부적합한 수질이 된다. 용존 산소가 계속 감소하여 수체가 혐기화되면, 발효를 유발하고 중금속 등이 재용해된다. 이러한 효과로 심미적 아름다움은 저하되고 수체는 더 이상 여가 활동 공간으로 역할을 할 수 없게 되며 물의 재이용은 요원해진다.

③ 화학적 독립영양 생명체

화학적 독립영양 생명체는 성장에 필요한 에너지를 무기화합물을 산화시켜 조달한다. 하수 미생물학에서 주요 관심 종은 질산화 박테리아이다. 이들 박테리아는 산소가 존재할 경우에만 성장할 수 있는 절대 호기성이고, 암모늄 이온을 아질산염과 질산염으로 산화시켜 얻는 에너지로 성장한다. 하수 처리에서는 질산화 미생물에 의해 암모니아 질소는 질산성 질소로 전환되고, 종속영양 생명체의 탄소계 물질 대사 과정에서 질산성 질소는 질소 분자로 다시 전환되어 무기성 질소가 제거되기 때문에 화학적 독립영양 생명체인 질산화 미생물은 질소 제거에 핵심적인 역할을 하게 된다.

이러한 생명체들의 역할을 감안하면 하수 처리의 목적은 두가지로 요약될 수 있다:

1) 유출수가 방류되는 수체의 종속영양 생명체가 제한적 범위에서만 성장할 수 있는 수준으로 유기 결합 에너지를 저감시켜, 종속영양 성장과 관련된 탈산소 효과가 수체에서 발생하기 어려울 정도로 하수를 처리한다;

2) 수체 내로 유입되는 인산염, 암모니아 및 질산염과 같은 무기성 물질을 저감시켜 광합성 독립영양 생명체의 성장을 제한하고 태양 에너지를 고정하는 능력을 저하시킴으로써, 수체의 유기 에너지를 다양한 물이용에 지장을 주지 않을 정도로 낮게 유지시킨다.

1. 생물학적 거동

생물학적 대사 작용은 근본적으로 에너지 전환 공정에 속한다. 생물학적 하수 처리 공정에서의 유입 에너지는 하수 내에 탄소계 유기화합물과 질소계 유기화합물로 존재한다. 이들은 다른 형태의 에너지로 전환되고 전환 과정에서 일부 에너지는 열로 손실된다. 탄소계 에너지는 종속영양 유기생명체 군에 의해 활용된다. 이들 유기생명체 군은 다양한 생명체로 구성되며, 충분한 시간과 적절한 환경 조건이 주어지면 모든 형태의 유기 물질을 활용할 수 있다. 유기생명체 군은 어디에서나 모습을 드러내고 어떠한 상황에서도 군의 개체들은 특정 유기 물질을 섭취하며 환경 조건에 순응하여 증식한다. 환경 내 유기물 자원이 변하면 종속영양 유기 생명체도 따라 변한다.

질소계 물질은 에너지 원을 자유 암모니아 및 암모늄 염의 형태로 제공한다. 단백질을 구성하는 질소는 종속영양 미생물에 의해 분해되어 암모니아성 질소 성분 및 탄소와 결합된 질소 (유기 질소) 성분으로 분해된다. 자유 암모니아 및 암모늄 염은 두 가지 유기 생명체 종의 에너지 원으로 활용되고, 생태 생리학적으로 분석해본 결과 *Nitrosomonas* 와 *Nitrobacter* 종이 해당 역할을 주로 담당한다. *Nitrosomonas* 는 암모니아를 아질산염으로, *Nitrobacter* 는 아질산염을 다시 질산염으로 전환시킨다. 이 2 가지 유기생명체 종을 질산화 미생물 (또는 AOB (암모니아 산화 박테리아))이라 부른다. 대부분의 종속영양 유기 생명체에 비해 질산화 미생물은 느리게 성장한다. 2 가지 종으로 개체군이 형성되어 있고 각 종은 질산화 공정에서 특정한 기능을 수행하기 때문에 환경 조건이 2 가지 종에 모두 맞추어지지 못하면 증식하지 못하고, 효율적인 질산화는 기대하기 어렵게 된다. 종속영양 미생물에 비해 질산화 미생물에게는 일반적인 환경 조건이 상대적으로 우호적이지 못하다. 종의 다양성이 매우 풍부하기 때문에 종속영양 미생물 일부 종의 군들은 거의 항상 환경에 적응하여 유입되는 생물분해 가능한 유기 물질 모두를 활용할 수 있다. 그러나 환경 조건이 수용할 수 없는 범위로 변하게 되면, 종의 다양성이 부족한 질산화 미생물은 성장을 멈추게 된다.

1.1 전자 수용체 및 전자 공여체

모든 유기 생명체가 활용하는 에너지원은 2 가지 기능을 담당한다: 첫번째는 새로운 세포로 전환될 수 있는 (즉, 새로운 세포로 합성될 수 있는) 물질을 공급하는 기능이고; 두번째는 새로운 세포로의 전환에 필요한 에너지를 공급하는 기능이다. 종속영양 미생물 성장에 필요한 에너지는 탄소계 물질의 몫이다. 각 유기물 분자는 수소 이온, 이산화탄소 및 전자로 분리된다. 전자가 방출되기 때문에 유기물을 전자 공여체 (electron donor)라 한다. 전자가 방출되면 그 분자는 산화되었다고 부른다. 따라서 유기물은 전자를 방출하면서 산화된다. 결과적으로 전자는 자신을 받아들일 수 있는 분자로 전환된다. 전자를 받아들이는 분자를 전자 수용체 (electron acceptor)라 한다. 전자를 받아들이면 그 분자는 환원되었다고 부른다. 이러한 산화-환원 반응 (oxidation-reduction)에서 자유 에너지 (free energy)가 방출되고, 방출된 에너지를 활용하여 일(work)을 하게 되는 것이다.

호기 조건에서는 전자 수용체는 산소(O_2)가 되고, 산소는 물(H_2O)로 환원된다. 더 이상 활용할 산소는 고갈되었지만 질산염 (NO_3^-) 또는 아질산염(NO_2^-)이 존재할 경우 무산소 상태가 되고, NO_3^- 또는 NO_2^-가 전자 수용체 역할을 하게 되며, 이들 모두는 질소 기체와 물로 환원된다. O_2, NO_3^- 또는 NO_2^-도 없어지면 혐기 상태가 되고, 혐기 상태에서 유기생명체는 자신 내부에서 전자 수용체를 생산한다 (이 경우를 endogeneous (내생)하다고 부르고, 이에 반하여 호기 및 무산소 상태에서 O_2, NO_2^- 그리고 NO_3^-의 전자 수용체가 외부에서 공급될 경우 exogeneous(외생)하다고 부른다).

산화 환원 반응에서 방출된 자유 에너지의 양은 전자 공여체와 전자 수용체에 의해 좌우된다. 탄소계 물질이 전자 공여체가 되고 산소가 최종 전자 수용체가 되면 자유에너지는 상대적으로 높고; 반면에 NO_2^- 및 NO_3^- 가 전자 수용체가 되면 산소의 경우에 비해 자유 에너지는 약 5% 낮아진다. 내부에서 생산된 전자 수용체에 의해 산화 환원 반응이 진행되고, 매우 적은 양의 자유에너지가 생산된다.

산소가 전자 수용체가 되면 여러 다른 형태의 탄소계 분자로부터 전달되는 전자 당 생산되는 자유 에너지는 상대적으로 좁은 범위의 값을 지닌다. 하수에 포함된 수많은 종류의 탄소계 화합물로부터 전달된 전자 당 평균 자유 에너지는 결과적으로 일정하다고 간주할 수 있을 것이다.

유기 생명체 질량의 호기 합성 과정 (산소가 전자 수용체가 됨)에서 탄소계 물질의 일부는 복잡한 일련의 산화 환원 반응 경로를 거쳐 산화되어 자유 에너지가 생산된다. 생산된 자유 에너지는 생명체의 질량 합성에 활용된다. 자유 에너지를 생산하고도 남는 탄소계 분자는 생명체의 원형질 물질 (protoplasmic material)로 재조합되고, 재조합 과정에 필요한 에너지는 생산된 자유 에너지로부터 ADP-ATP 교환을 거쳐 공급된다 (그림 2.1 참조)

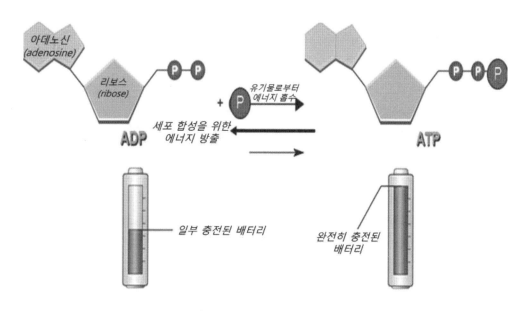

그림 2.1 ADP-ATP 회로 개략도

위와 같은 정성적인 설명에는, 유기 생명체 세포 합성을 위해 필요한 에너지를 정량화할 수 있는 방법은 무엇인지 질문이 뒤따르게 된다. 이러한 정량화 질문에 대한 답은 세포 합성 화학반응에 참여하는 물질 간의 물질 보존에서 찾을 수 있다. 합성 과정 동안 일련의 산화 환원 반응에서 전자 및 수소 이온은 공여체에서 수용체로 전달되지만, 전자는 생산되거나 파괴되지 못한다. 그러나 전달된 전자 및 수소 이온은 측정 가능하다. 산소 분자가 물로 환원되는 과정에서 받아들인 전자의 수는 물리-화학적인 양 (physical-chemical quantity)으로 정의된다. 산소를 전자 수용체로 활용하여 탄소계 물질이 CO_2로 완전히 산화될 경우, 소비된 산소의 질량을 이용하여 유기물 분자로부터 전달된 전자를 양론적으로 직접 측정할 수 있다. 그리고 단위 전자 당 생산된 자유 에너지 (산소를 전자수용체로 활용하여 생산된 자유 에너지)는 모든 탄소계 물질에서 일정한 값을 지닌다. 따라서 (1) 유입되는 생물분해 가능한 물질은 완전히 산화시키고 그리고 (2)합성된 물질을 완전히 산화시키는 합성 반응에서는 (1)/(2)의 비는 다음과 같이 표현된다: 합성된 물질의 산소 요구량/유입되는 물질의 산소 요구량 = 합성된 물질의 O_2 당량/유입되는 물질의 O_2 당량 = 합성된 물질에서 활용가능한 전자/유입되는 물질에서 활용가능한 전자 = 반응의 비 수율 계수 (specific yield coefficient).

(유입되는 물질의 O_2 당량)과 (합성된 물질의 O_2 당량) 사이의 차이에는 합성 반응 추진에 필요한 자유 에너지를 방출하기 위해 산소로 전달된 전자 수가 반영되어 있다. 즉,

$$O_2 \text{ 요구량} = (\text{유입되는 물질의 } O_2 \text{ 당량}) - (\text{합성된 물질의 } O_2 \text{ 당량})$$

(2.1)

이 식은 활성 슬러지 공정을 설명하기 위한 양론적 이론의 기본이 되고, 실질적으로 이 식에는 호기 산화 환원 반응과 혐기 산화 환원 반응에서의 에너지 변화가 반영되어 있다. 유입되는 물질에 존재하는 전자를 산소 당량으로 측정하고, 합성된 물질에 저장되어 있는 전자를 산소 당량으로 측정한다. 이들 두 값의 차이는 물질의 상태 변화 동안 활용된 산소와 동일하다. 전자는 더 이상 분해되지 않기 때문에 모든 연구에서 항상 반영될 수 있다. 전자의 물질 수지를 활용하여 연구 결과를 검증하면, 그 결과의 타당성이 입증된다.

질산화 과정 동안 암모니아는 전자 공여체가 되고 산소는 전자 수용체가 되어, NH_4^+는 NO_2^-와 NO_3^-로 전환된다. 유입수에서 암모니아는 단백질 분자에서 NH_3 라디칼(radical)로 존재하거나, 또는 용존성 자유 NH_3 및 암모늄 이온 (NH_4^+)으로 존재한다. 종속영양 미생물에 의해 단백질 분자 내의 NH_3 라디칼은 자유 및 이온 형태의 NH_3로 전환되고, 전자 수용체 역할을 하는 O_2와 함께 전자 공여체 역할을 하여 NO_3^-와 NO_2^-가 생성된다. NH_4^+와 NO_3^-는 모두 분자 구조가 정해져 있기 때문에 질산화될 질소의 총 질량을 알게 되면 이들을 산화시키기 위해 필요한 산소량도 알 수 있게 된다.

생화학의 발전으로 인해 하수 처리에 참여하는 각종 미생물 대사 작용 과정에서의 에너지 전달과 물질 전달 그리고 미생물 성장과 관련되는 정보를 정량적으로 보다 정확히 표현할 수 있는 이론적 기반이 마련되고 있지만, 하수 처리 시설에서는 여전히

실질적으로 활용되기 어려운 실정이다. 하수 처리 시설의 미생물학적 질량은 순수 배양조건과는 달리 구성되고, 여러 미생물들 간에도 먹이 활동이 이루어지는 복잡한 생태계가 하수 처리에서 형성되기 때문이다. 따라서 이론적 산출에만 의존하기 보다는 실험을 통해 생물학적 매개 변수들을 측정하는 것이 하수 처리 시설 설계에서 보다 바람직한 실질적 방안이 된다.

2. 탄소계 에너지 측정

2.1 화학적 산소 요구량

생물학적 반응에서 에너지 변화는 전달된 전자의 수에 반영되어 있고, 전자 공여 능력은 탄소계 물질을 CO_2 로 산화시키기 위해 필요한 산소의 양으로 표현된다. 필요 산소량은 COD (Chemical Oxygen Demand) 테스트에 의해 얻게 된다.

COD 테스트에서는 탄소계 물질을 중크롬산 황산 수용액과 같은 강력한 산화제를 이용하여 산화시킴으로써 탄소계 물질의 전자 공여 능력을 평가한다. 산화제는 탄소계 물질을 완전히 또는 거의 완전하게 산화시킬 수 있을 정도로 매우 강력하다. 다음의 산소의 환원에 해당하는 반쪽 반응으로부터 1 몰의 산소 분자 (32 g 의 산소)는 4 개의 전자 당량과 같다는 것을 알 수 있다. COD 테스트에서는 양론적으로 1 g 의 O_2 가 소비될 경우 산화된 COD 의 질량도 1 g 으로 정의된다. 즉, 1 g COD≡ 1 g O_2 ≡ 1/8 전자 당량.

$$4e^- + 4H^+ + O_2 \rightarrow 2H_2O$$

따라서, COD 테스트는 전자와 관련된 에너지 변화를 추적하는 정보를 제공한다. 탄소계 물질 만을 산화시키기 위해, COD 테스트 시 암모니아는 산화되지 않는다. 일부 유기 물질이 COD 테스트에서 산화된다.

실질적 적용에서는 방향족 탄화수소화합물과 피리딘계 화합물과 같은 일부 유기 물질은 미생물에 의해 분해될 수는 있지만, COD 테스트에 의해서는 어떠한 조건에서도 산화되지 않는다. 아세테이트와 같은 저분자 지방산을 산화시킬 경우에도, 부실한 COD 값이 얻어질 수 있다. COD 테스트가 진행되는 낮은 pH 에서는 이들 물질은 이온화되지 못한 상태로 존재하고, 이온화되지 못한 상태로 존재하는 분자는 산화되기 극히 어렵다. 이 경우 은황산염 촉매를 첨가하면, 100% 산화를 달성하여 부실한 COD 측정을 막을 수 있다.

COD 테스트 수행 시 유의하여야 할 사항은 시간에 따라 변하는 반응이 테스트에 포함되어 있기 때문에 완전 산화 또는 완전에 가까운 산화를 보장하기 위해 2 시간 동안의 재순환 (reflux)이 필수적이라는 점이다. 완전 산화가 이루어지지 못하면 재순환 과정에서도 산화가 진행될 수 있고 재순환 온도도 황산의 농도에 따라 변하기 때문에 정확한 COD 값을 부여할 수 없다. 이러한 문제점들의 해결 방안은 COD 테스트 과정에 모두 반영되어 있다. 따라서 표준화된 방법에 따라 엄격하게 테스트가 진행될 경우, COD 테스트는 신뢰할 수 있는 결과를 도출할 수 있다. COD 테스트에는 전자 공여 능력이 적절하게 반영되어 있다. COD 테스트 결과를 정상 상태 (시간에 따라 효율이 변하지 않는 상태)로 운전되는 활성 슬러지 플랜트의 탄소계 물질 수지에 적용한 결과, 98~102 % 범위에서 수지가 맞추어지는 만족할 만한 성과를 얻을 수 있었다. 즉, 매일 유입되는 COD 질량 부하가 매일 이용되는 산소의 질량과 폐기 슬러지내 COD 질량 및 유출수 COD 질량의 합과 거의 동일하게 나타났다는 의미이다.

2.2 총 산소 요구량

총 산소 요구량 (TOD: Total Oxygen Demand)은 시료를 연소 오븐에서 고온에서 산화시켜 측정된다. TOD 는 하수 시료 단위 부피에 포함된 모든 산화가능한 물질이 산화되기 위해 필요한 산소의 질량이다. 탄소계 및 질소계 화합물 모두가 산화된다. 이 방법의 문제점은 연소 오븐내의 가용할 수 있는 산소량에 의해 암모니아 및 유기 질소의 산화 정도가 영향을 받을 수 있다는 점이다. 산소가 과다하게 존재하면 질소계 물질은 산화질소로 전환되는 반면, 산소가 과량으로 존재하지 못하면 질소계 물질의 산화는 부분적으로만 진행된다. 뿐만 아니라 시료의 질산염, 아질산염 및 용존 산소는 TOD 테스트 결과에 영향을 준다. 탄소계 및 질소계 물질 산화 능력 모두가 함께 결정되기 때문에, TOD 에서 탄소계 산소 요구량 분율을 분리시키기 위해 추가적인 TKN 테스트가 필요하다. 입자성 물질이 하수 시료에 포함되면 정확한 TOD 를 얻을 수 없게 된다. 이러한 시료는 철저하게 균일화시켜 정확한 측정이 이루어질 수 있어야 한다. 시료에 입자성 물질이 포함되면, 시료 부피가 극히 작기 때문에 (10~20 μL) 정확한 시료 부피를 읽을 수 없게 된다. 시료 균일화 과정에서도 용존 산소 변화가 증가한다.

2.3 생화학적 산소 요구량

생화학적 산소 요구량 BOD (Biochemical Oxygen Demand)는 5 일간 20℃에서 탄소계 물질을 생물학적으로 산화시키는 과정에서 소비되는 산소량을 측정하여 구할 수 있다. 미생물 활동에 의해 시료 보관 기간 동안에도 산소가 고갈되는 현상이 발견된 이후, 고갈된 산소가 오염물 농도의 지표가 된다는 개념에서 BOD 테스트가 시작되었다. 수십년 동안 BOD 테스트 이론과 실행 방법이 광범위하게 연구되어 왔고, BOD 테스트는 오늘날까지도 수질을 평가하고 하수 처리 시설의 성능을 평가하기 위해 가장 유용한 수단이 되고 있다.

BOD 테스트의 주요 결점은 시료에 포함된 탄소계 유기물질의 전자 공여 능력 평가가 부실해질 경우 발생한다. 5 일이 다가올 시점에 원래 생물 분해 가능하였던 일부 탄소계 물질이 난분해성 물질로 남게 된다. 결국 생물 분해 가능한 유입 물질에 대해서도 물질 수지 수립이 불가능해진다. 뿐만 아니라, 시료 내에 원래부터 난분해성 물질로 존재하였던 탄소계 물질은 테스트 시 여전히 영향을 받지 않은 채 잔류하여 이를 탄소계 물질로 반영하지 못하게 된다. 이에 반해 COD 테스트에서는 난분해성 물질이 분리되지 않더라도 총 전자 공여 능력으로 측정되기 때문에, 난분해성 물질 부분도 평가 가능해지고 처리 공정의 반응속도 거동 패턴도 보다 정확하게 평가할 수 있게 된다.

언급한 바와 같은 결점에도 불구하고 BOD_5 값이 일관성 있게 평가된다면, 실질적 활용도는 계속 유지될 것으로 보인다. 실제 실험실에서 5 일 간의 BOD 테스트를 진행할 경우, 시간에 따른 산소 요구량 증가 곡선은 다음의 2 가지 이유 때문에 1 차 반응 거동을 보이지 않는 경우를 종종 접하게 된다: 1) 유입 생분해성 탄소계 물질로부터 박테리아 합성: 이 반응은 통상적으로 1~2 일 내에 종결된다; 2) 합성된 박테리아를 섭취하는 포식자의 성장. 1)의 단계가 있어야만 진행되는 2)의 단계는 통상적으로 1)의 단계를 지연시키고, 이는 산소 소비량 대 시간의 곡선에는 소비량의 변화가 무시될 수 있는 평평한 점근 구간을 형성하는 원인이 된다. 이러한 점근 구간이 발생하는 시점과 지속되는 기간은 시료 내에 초기부터 존재하는 박테리아-포식자 관계 및 미생물 활동을 방해하는 물질의 존재 등에 의해 변한다. 뿐만 아니라 5 일 간의 반응 동안 질산화가 진행될 경우, 측정된 BOD_5 값은 완전히 왜곡될 수 있다. 질산화를 억제하는 방안이 BOD 테스트 절차에 포함되지 않는 한, BOD_5 값의 불확실성은 해소되지 않을 것이다. 많은 인자들에 의해 BOD_5 값이 영향을 받는다는 사실은 명확하지만 실측값에 반영된 BOD_5 값의 변동 정도는 여전히 알 수 없는 실정이다.

BOD 테스트는 역설적이다. 모든 규제의 기반이 되고 하수 및 폐수 처리 관련 거의 모든 연구와 제어 분야에서 일상적으로 활용되고 있고 수많은 BOD 관련 연구가 광범위하게 수행되어 왔지만, 아직도 적절한 수질 평가 자료로 자신있게 수용할 수 있다고 언급하는 사람이 없을 정도로 BOD_5 에 대한 불확실성이 여전히 존재한다. 생물학적 성장을 생화학적으로 묘사하였다는 관점에서는 오늘날까지 적정성이 여전히 인정되고 있다.

2.4 총 유기 탄소

연소실에서 시료를 산소로 산화시키고 연소 가스 중 이산화탄소를 측정함으로써, 총 유기 탄소 (TOC: Total Organic Carbon) 값을 구할 수 있다. 유기 탄소 함량만을 원할 경우, 산성화(acidification) 전처리 과정과 잔존하는 CO_2 를 제거하는 전처리 과정이 필요하다. 새로운 기기의 등장으로 입자성 유기 물질의 TOC 도 구할 수 있게 되었다.

시료의 전자공여 능력을 평가하기 위한 과정으로 TOC 테스트 결과를 활용하게 되면, 전자 공여 능력은 심하게 왜곡될 수 있다. 유기 탄소와 전자의 비가 유기 물질의 종류에 따라 일정하지 않고 변하기 때문이다. 글루코스와 글리세롤의 경우를 예를 들면, 다음과 같다:

- 글루코스 $(C_6H_{12}O_6)$:

$$C_6H_{12}O_6 + 6\ O_2 \rightarrow 6\ CO_2 + 6\ H_2O$$

6 mole O_2 ⇒ 6 x 4 = 24 e^- 글루코스, 즉 24/6 = 유기 탄소 원자당 $4e^-$

- 글리세롤 $(C_3H_8O_3)$:

$$C_3H_8O_3 + 7/2\ O_2 \rightarrow 3\ CO_2 + 4\ H_2O$$

7/2 mole O_2 ⇒ 7/2 x 4 = 14 e^- 글리세롤, 즉 14/3 = 유기 탄소 원자당 $4.66e^-$

글로코스와 글리세롤을 비교하면, 전자공여 능력에서 글리세롤이 17% 높게 나타남을 알 수 있다. 하수 처리 공정의 거동이 에너지를 기반으로 이루어진다는 점을 감안하면, TOC 활용을 추천하기 힘들 수도 있다. 물론 TOC 를 수질 평가 척도 외에 다른 용도로 활용하라는 의미는 아니다. 방류수 중 탄소 함량이 중요한 의미를 지니는 3 차 처리 (하수 처리시설을 거친 유출수를 추가로 처리)에서는 TOC 를 제어 변수로 유용하게 활용할 수 있다.

3. COD/VSS 비

글루크스와 같이 완전히 생물 분해 가능한 용존성 기질에 대해 설명해 보기로 하자. 클루코스 용액에 박테리아를 접종하면 새로운 박테리아 질량이 형성될 것이다. 용존성 COD 와 용존성 COD 변화 ($\triangle$COD(soluble))에는 박테리아 질량 내의 COD 증가 분($\triangle$COD(bacteria))과 자유 에너지 생산에 활용된 산소 증가 분 ($\triangle$O$_2$)이 반영되어 있다. 즉,

$$\triangle COD\ (soluble) = \triangle COD\ (bacteria) + \triangle O_2\ (활용된\ 산소)$$

(2.2)

식 (2.2)에는 전자 공여체로부터 합성된 물질과 전자 수용체인 산소까지의 전자의 목적지가 반영되어 있다. $\triangle$COD (bacteria)에 기여한 $\triangle$COD (soluble) 부분은 거의 일정하기 때문에, 통상적으로 총 용존성 COD 변화 중 박테리아 질량 내의 COD 변화 분율을 비 수율 계수 (specific yield coefficient) Y_{COD} 로 표현한다. 즉,

$$\triangle COD\ (bacteria)/\triangle COD\ (soluble) = Y_{COD}$$

(2.3)

식 (2.2)를 Y_{COD} 로 표현하면,

$$\triangle COD\ (soluble) + Y_{COD} \cdot \triangle COD\ (soluble) + \triangle O_2\ (utilized)$$

(2.4)

식 (2.4)의 좌우를 다시 정리하면,

$$\triangle O_2\ (utilized) = (1 - Y_{COD})\ \triangle COD\ (soluble)$$

(2.5)

하수 처리 반응 속도식에서 생산된 휘발성 고형물의 COD ($\triangle$COD (bacteria))를 사용하는 대신, 생산된 휘발성 고형물의 질량 (X_a)을 사용하는 것이 생물학자 (특히 세균학자)에게는 보다 바람직할 것이다. 식 (2.4), 특히 식 (2.4)를 다시 정리한 식 (2.5)의 유용성을 지속하기 위해서는, $\triangle X_a$ 를 $\triangle$COD (bacteria)로 표현할 수 있는 관계식이 필요하다. COD/VSS 의 비를 f_{cv} 라는 무차원 변수로 표현하면,

$$f_{cv} = COD/VSS = \triangle COD\ (bacteria)/\triangle X_a$$

수율 계수 Y_{COD}를 휘발성 고형물의 비 수율 Y_h와 COD/VSS 비 f_{cv}로 표현하면,

$$Y_{COD} = f_{cv} \cdot Y_h$$

(2.6)

식 (2.6)을 식 (2.5)에 대입하면,

$$\triangle O_2 = (1 - f_{cv} \cdot Y_h) \triangle COD \text{ (soluble)}$$

(2.7)

식 (2.7)은 생물학적 하수 처리 반응 속도식에서 매우 중요한 부분을 차지한다.

f_{cv} 값은 실험적인 생물학적 슬러지 구성 분자식 ($C_5H_7O_2N$)으로부터 이론적으로 산출할 수 있다.

$$C_5H_7O_2N + 5O_2 \rightarrow 5CO_2 + 2H_2O + NH_3$$

양론적으로 해석하면, 113g VSS의 산화에 필요한 산소 질량은 160 gO 이고 이는 160 gCOD에 해당된다. 즉, 1 g의 VSS는 1.42 gCOD 이다 (COD/VSS = 1.42 mgCOD/mgVSS). 이러한 이론적인 정량적 산출 결과에도 불구하고, 슬러지 구성 분자식의 미세한 차이로 인해 f_{cv} 값은 크게 변동하게 된다. 생물반응기 내 SRT (sludge retention time: 슬러지 체류 시간, 또는 슬러지 연령)가 증가할수록, 내생 호흡에 의한 세포의 변화로 슬러지 구성 분자식이 변할 수 있다. 또한 미생물 성장에 필요하지 않는 입자성 난분해 COD가 포함되어 있다는 점도 실질적 f_{cv} 값 산출의 어려움을 가중시킨다.

생활 하수를 처리하는 슬러지로부터 측정한 COD/VSS 비를 고려할 때, 활성을 지니고 있는 휘발성 고형물 (VSS) 뿐만 아니라, 유입수 중의 난분해 입자성 고형물이 미생물 질량에 누적되어 형성되는 입자성 난분해 고형물 형태와 내생 호흡으로 인해 생성된 비활성 휘발성 고형물 형태도 함께 휘발성 고형물에 존재하고 있다는 점에 주목할 필요가 있다. 결과적으로 슬러지는 활성을 지니는 슬러지 분율, 입자성 난분해 물질로 구성된 슬러지 분율 그리고 내생 호흡 결과로 생성된 비활성 슬러지 분율의 3 가지 분율로 구성된다고 말할 수 있다.

표 2.1 다양한 미생물 세포 구성 분자식에 따른 이론적 COD 의 변화

박테리아 구성 분자식	분자량	이론적 COD (gCOD)			
		mole 당	g TSS 당	g VSS 당	g 탄소 당
$C_5H_7O_2N$	113	160	1.28	1.42	2.67
$C_5H_9O_3N$	131	160	1.10	1.22	2.67
$C_7H_{10}O_3N$	156	232	1.33	1.48	2.76
$C_5H_8O_2N$	114	168	1.32	1.47	2.80

단위: gCOD

이러한 3 가지 분율은 SRT (또는 슬러지 연령)에 따라 변할 수 있다. 활성을 지니는 슬러지 분율은 긴 SRT 에서는 상대적으로 낮고, 짧은 SRT 에서는 상대적으로 높을 것이다. 실질적 목적을 위해 중요한 점은 f_{cv} 값이 SRT 에 따라 변하는 지 여부와 실험적으로 측정한 f_{cv} 값을 모든 활성 슬러지에 적용할 수 있는 지 여부이다. 2~30 일 범위의 SRT 에서 관찰된 3 가지 분율의 변화 결과에 무관하게 f_{cv} 값이 1.48 mgCOD/mgVSS 로 일관되게 나타나, 실질적 f_{cv} 값을 1.48 mgCOD/mgVSS 로 평가하는 것이 바람직하다. 일반적으로 적용하는 COD 수지 대신 폐기 슬러지에서 측정되는 VSS 수지로 표현할 수 있게 된다는 점에서 이러한 f_{cv} 값의 산출은 중요한 의미를 지닌다.

4. 하수의 본질

4.1 하수의 특성

생물학적 처리 효율에 영향을 주는 생활 하수 특성은 물리적 특성과 화학적 특성으로 나눌 수 있다. 화학적 특성에는: 1) 탄소계 및 질소계 물질의 용존성 및 입자성 분율, 생분해성 및 난분해성 분율; 그리고 2) 무기 성분과 관련된 총 알칼리도, 총 산성도, pH 및 인.

칼슘, 나트륨, 마그네슘, 염소, 황산염과 같은 무기 성분은, 칼슘을 제외하고는 미미한 영향을 준다. 칼슘이 다른 무기 구성 성분에 비해 무시할 수 없는 이유는 특정 조건에서 인산칼슘염을 형성하여 침전됨으로써 화학적 인 제거에 중요한 역할을 할 수 있기 때문이다.

하수를 용존성, 부유성 그리고 침강성 분율로 분리하는 것이 하수의 물리적 특성에 해당된다.

4.1.1 화학적 특성

4.1.1.1 탄소계 물질

유입수에 포함된 탄소계 물질은 COD 테스트로 화학적 특성을 평가한다. 생물학적 오염물질 처리 공정을 설계하기 위해서는, 유입 COD 의 화학적 특성 파악이 우선되어야 한다. 유입 COD 의 화학적 특성은 생분해 및 난분해성 COD 분율, 쉽게 분해될 수 있는 용존성 COD 분율, 느리게 분해되는 입자성 COD 분율, 용존성 난분해 COD 분율, 그리고 입자성 난분해 COD 분율로 구분할 수 있다 (그림 2.2 참조).

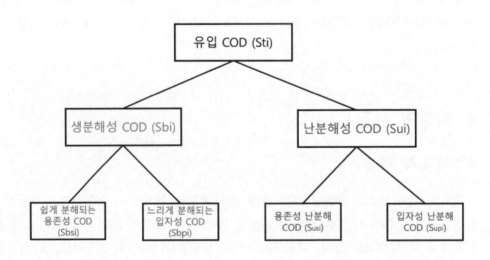

그림 2.2 유입 COD 의 화학적 특성에 따른 세분화

1) 생분해성 및 난분해성 분율

첫번째 주요 구분은 생분해성 COD 분율 (S_{bi})과 난분해성 COD 분율 (S_{ui})로 나누는 방법이다. 생물 분해 가능한 탄소계 물질 분율 (S_{bi})을 파악하는 작업이 설계자에게

무엇보다 중요하고, 그 근거는 다음과 같다: 1) 생분해성 COD 농도를 일 유량으로 곱하면 처리 시설에 투입되는 생분해성 COD 일 설계 부하가 된다; 2) 생분해 COD 일 부하 및 슬러지 체류시간 (SRT: Sludge Retention Time)을 선정함으로써, 매일 필요한 탄소계 산소 요구량을 산출할 수 있다; 3) 20℃에서 3 일을 초과하는 SRT 를 거친 모든 생분해성 COD 는 미생물 대사 작용에 활용되고, 생물학적 반응 속도를 지배하는 활성을 지니는 슬러지 분율을 산출할 수 있다 (식 (4.10), 제 4 장). 반대로 총 유입 COD 중 생분해성 COD 분율은 실험실 규모 완전 혼합 흐름 활성 슬러지 공정을 한 개 SRT 또는 그 이상 SRT 에서 정상 상태 (시간에 따라 성능이 변동하지 않는 상태. 즉, 전체 공정 내에 탄소계 물질 누적이 진행되지 않는 상태)로 운전하여 탄소계 산소 소비 속도를 측정함으로써 구할 수 있다. 측정된 산소 요구량을 정상상태 탄소계 산소 요구량 방정식에 대입하고, 시행착오법에 의해 식의 좌변과 우변이 서로 같아질 때까지 반복하면, 생분해성 COD 농도 (S_{bi})를 찾을 수 있게 된다 (식 (4.15), 제 4 장). 이러한 접근 방법은 설계에 필요한 정보 개발에 도움이 된다. 비 수율 상수 Y_h 및 비 내생 질량율 상수 b_h 와 같은 반응속도식에 포함된 다양한 변수들은 실험에 의해 정확하게 산출된다. 모든 생분해성 COD 는 미생물 대사 작용에 활용되는 것으로 사전에 간주하고, 20℃, SRT>3 일에서 측정해보면 모든 생분해성 COD 는 완전히 활용되기 때문에 이러한 사전 간주는 정당성을 지닌다. 공정에서 질산화가 함께 진행될 경우에는 측정된 산소 요구량으로부터 탄소계 산소 요구량을 결정하거나 또는 티오 우레아 (thio urea)와 같은 억제제를 실험실 공정에 주기적으로 투입하여 질산화 진행을 억제하여야 할 것이다.

2) 난분해성 분율

두번째 주요 구분은 난분해성 COD 농도 (S_{ui}) 및 생분해성 COD 농도 (S_{bi}) 각각을 상응하는 하부 농도로 분류하는 것이다. 먼저 난분해성 COD 농도, S_{ui} 는 용존성 난분해 COD 농도 (S_{usi})와 입자성 난분해 COD 농도 (S_{upi})로 세분화된다. 두 농도 모두 생물학적 활동에 의해 영향을 받지 않기 때문에 정상 상태에서 유입 질량은 유출 질량과 동일하다. S_{usi} 는 방류수와 함께 수체로 유입되고, S_{upi} 는 슬러지에 포획되어 SRT 를 곱한 질량으로 시스템내에 매일 누적된다. 그러나 정상 상태에서는 궁극적으로 유입되는 질량과 유출되는 질량은 궁극적으로 서로 같아진다. 따라서 S_{upi} 는 혼합액(mixed liquor)의 농도를 증가시키는 주요 요인이 된다. COD 대신 휘발성 고형물 농도인 X_{ii} 로 입자성 난분해 유입 부분을 표현하는 것이 통상적으로 보다 편리하다. COD 와 휘발성 고형물 사이의 관계는 다음과 같이 정의된다:

$$X_{ii} = S_{upi}/f_{cv}$$

여기서, f_{cv} = COD/VSS 비 = 1.48 mgCOD/mgVSS.

S_{usi} 의 측정은 상대적으로 단순하다. 3 일 이상의 2 가지 서로 다른 SRT 에서 실험실 규모 장치를 운전하고, 원심 분리된 유출수의 COD 또는 미세 여과를 거친 유출수의 COD 가 S_{usi} 에 해당된다. 총 유입 COD S_{ti} 에서 S_{bi} 와 S_{usi} 를 감한 후 남는 유입 COD 가, 입자성 난분해 COD 인 S_{upi} 가 된다. 즉,

$$S_{upi} = S_{ti} - S_{bi} - S_{usi}$$

15 일 이상의 SRT 에서 실험실 규모 장치를 운전하고 유입 S_{bi} 와 유입 S_{upi} 값 (즉, X_{ii})을 이용하여 총 휘발성 고형물 농도를 계산한 후 계산된 값을 측정된 휘발성 질량과 비교함으로써, S_{upi} 산출의 합리성이 검증된다. SRT 가 증가할수록 슬러지의 총 휘발성 질량은 X_{ii} 에 보다 민감해지기 때문에 15 일 이상의 긴 SRT 를 선택하게 된다. 서로 다른 SRT 에서 S_{upi}, S_{ui} 및 S_{bi} 는 전반적으로 일관성을 유지하여야 한다. 이러한 일관성이 적절하다고 판정되면, 이들 COD 농도는 설계에 반영될 수 있다.

3) 생분해성 분율

앞에서의 자료는 모두 호기 활성 슬러지 장치를 정상 상태에서 운전한 결과로부터 얻어졌다. 그러나 S_{bi} 를 다시 쉽게 생물 분해되는 용존성 COD S_{bsi} 와 느리게 분해되는 입자성 COD s_{bpi} 로 추가로 분류하는 작업은 다음의 이유 때문에 오직 비정상 상태 운전 결과에서만 가능해진다: S_{bsi} 는 몇 분 내에 슬러지에 의해 빠르게 섭취되어 대사 작용에 활용되고, 매우 높은 산소 소비량이 요구될 정도로 빠르게 세포 합성이 진행된다 (활용 관련 반응 속도식은 Monod 식을 따름). S_{bpi} 는 미생물에 흡착되어 저장되고 세포외 효소 (extracellular enzyme)에 의해 단순한 화학 구조를 지닌 물질로 분해된다. 이 분해 과정은 쉽게 분해되는 COD S_{bsi} 의 분해 속도에 비해 1/7~1/10 수준으로 전체 세포합성 반응속도를 결정할 수 있을 만큼 느리게 진행된다. 2~3 일을 초과하는 SRT 의 정상 상태에서는 저장된 s_{bpi} 는 무시할 수 있을 정도로 적다. 그러나 짧은 2~3 일의 SRT 에서 12 시간 동안은 계속 같은 부하로 유입, 12 시간 동안은 유입을 정지하는 직사각형 모양으로 같은 부하를 주기적으로 반복하여 주입한 경우, 주입 기간과 비주입 기간에는 서로 다른 거동이 진행된다는 사실을 확인할 수 있다. 주입 기간 동안에는 s_{bpi} 의 흡착 및 저장 속도는 최대의 활용 속도에서 조차 미생물이 동시에 고갈시키지 못할 정도로 빠르다. 이로 인해 부하 주입기간 종료 후에도 저장된 s_{bpi} 의 활용 속도는 동일한 최고 속도로 당분간 유지되고, 이후 천천히 감소한다.

S_{bsi} 분율의 중요성은 제 6 장 및 7 장의 탈질 및 생물학적 과잉 인 제거에서 상세하게 다룰 것이고, 이의 중요성은 명확해질 것이다.

4) 분율 간의 수학적 관계

생분해 및 난분해 COD 농도는 다음과 같이 관계를 지닌다:

$$S_{ti} = S_{ui} + S_{bi}$$

(2.8)

여기서, S_{ti} = 총 유입 COD 농도 (mgCOD/L); S_{ui} = 난분해성 COD 유입 농도 (mg COD/L); S_{bi} = 생분해성 COD 유입 농도 (mg COD/L)

식 2.8 우변의 두 농도는 그림 2.2 와 같이 다시 세분된다.

- 난분해성 COD 농도:

난분해성 COD 농도는 용존성 및 입자성 농도 두 요소로 구성된다. 즉,

$$S_{ui} = S_{usi} + S_{upi}$$

(2.9)

여기서, S_{usi} = 용존성 난분해 COD 농도 (mgCOD/L); S_{upi} = 입자성 난분해 COD 농도 (mgCOD/L)

S_{usi} 와 S_{upi} 를 총 유입 COD 농도 S_{ti} 로 표현하면 더 편리해진다. 즉,

$$S_{usi} = f_{us} S_{ti}$$

(2.10)

$$S_{upi} = f_{up} S_{ti}$$

(2.11)

여기서, f_{us} = 총 COD 중 용존성 난분해 COD 분율 (mgCOD/mgCOD); f_{up} = 총 COD 중 입자성 난분해 COD 분율 (mgCOD/mgCOD)

따라서 식 (2.9)는 다음과 같이 표현된다:

$$S_{ui} = (f_{us} + f_{up}) S_{ti}$$

(2.12)

생물학적 영양염류 제거 공정 설계 실무

입자성 난분해 COD 농도는 휘발성 고형물, X_{ii}로도 표현할 수 있다:

$$X_{ii} = S_{upi}/f_{cv} = f_{upi} \, S_{ti}/f_{cv}$$

(2.13)

여기서, X_{ii} = 입자성 난분해 휘발성 고형물 농도 (mgVSS/L); f_{cv} = 고형물의 COD/VSS 비 ≒1.48 mgCOD/mgVSS

- 생분해성 COD:

식 (2.8)로부터 생분해성 COD 농도는 다음과 같이 표현된다:

$$S_{bi} = S_{ti} - S_{ui}$$

식 (2.12)를 대입하면,

$$S_{bi} = S_{ti} - S_{ti}(f_{up} + f_{us}) = S_{ti}(1 - f_{up} - f_{us})$$

(2.14)

생분해성 COD S_{bi}는 쉽게 분해되는 용존성 COD S_{bsi}와 느리게 분해되는 입자성 S_{bpi}로 다시 세분된다. 용존성 COD와 입자성 COD 농도를 S_{bi}로 표현하면 다음과 같다:

$$S_{bsi} = f_{bs} \, S_{bi}$$

(2.15a)

$$S_{bpi} = (1 - f_{bs}) \, S_{bi}$$

(2.15b)

여기서, f_{bs} = 생분해성 COD 중 쉽게 분해되는 COD 분율

쉽게 분해되는 COD는 총 COD S_{ti}로도 표현할 수 있고, 식 (2.7)의 S_{bi}를 식 (2.15a)에 대입하여 구할 수 있다:

$$S_{bsi} = f_{bs} (1 - f_{up} - f_{us}) \, S_{ti}$$

(2.16a)

$$= f_{ts} \, S_{ti}$$

(2.16b)

여기서, f_{ts} = 총 COD 중 쉽게 분해되는 COD 분율

4.1.1.2 질소계 물질

유입수에 포함된 질소계 물질은 총 켈달 질소 (Total Kjeldahl Nitrogen: TKN)과 자유 암모니아 및 암모늄염으로 구성된다. 탄소계 물질의 경우처럼 질소계 물질도 여러 분율로 세분화될 수 있지만, 탄소계 물질과는 다른 방식으로 그림 2.3 과 같이 세분화된다.

특정 하수에는 질산염과 아질산염이 포함될 수도 있지만 TKN 테스트에는 질산염과 아질산염이 포함되지 않는다. 대부분의 생활하수는 산소가 공급되지 않는 상태에 놓여있기 때문에 거의 대부분 생활하수에는 질산염 또는 아질산염이 포함되지 않는다. 질산염이 존재한다 하더라도 하수 처리 플랜트로 유입될 때까지 탈질이 진행되기 어려울 것으로 판단된다.

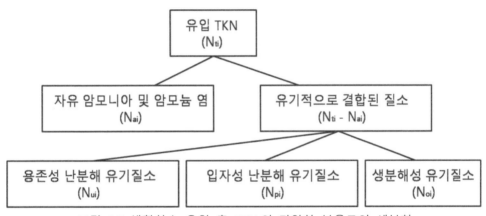

그림 2.3 생활하수 유입 총 TKN 의 다양한 분율로의 세분화

1) 자유 암모니아, 암모늄염, 단백질성 질소 분율

자유 암모니아 및 암모늄염 농도 N_{ai} 는 자유 암모니아 및 암모늄염을 각각 분석함으로써 결정된다. 단백질성 또는 유기성 질소 농도는 유입 TKN 농도(N_{ti})에서 자유 암모니아 및 암모늄염 농도 (N_{ai})를 감하여 결정된다. 자유 암모니아 및 암모늄염은 유입 즉시 박테리아의 원형질로 활용되고, 질산화 공정이 적절하게 설계될 경우 아질산염 또는 질산염으로 전환된다.

단백질성 질소의 농도는 다시 용존성 난분해 유기 질소 (N_{ui}), 입자성 난분해 유기 질소 농도 (N_{pi}), 그리고 생분해성 유기 질소 농도 (N_{oi})로 세분화된다. 용존성 난분해 유기 질소는 용존성 난분해 COD 처럼 처리되지 않은 채 유출수와 함께 빠져나간다. 입자성 난분해 유기 질소는 입자성 난분해 COD (X_{ii} 에 포함된 채로 존재함)와 함께 슬러지의 일부분으로 존재하게 된다. 따라서 입자성 유기 질소는 매일 폐기되는 활성 슬러지에 포함된 채 공정에서 떠나게 된다. 생분해성 유기 질소는 종속영양 미생물에 의해 자유 암모니아 및 암모늄염으로 분해된다. 분해는 매우 신속하게 진행되고, 통상적으로는 3 일을 초과하는 SRT 에서는 완전히 분해된다.

자유 암모니아 및 암모늄염 농도(N_{ai})는 암모니아 분석 실험 방법에 따라 직접 측정할 수 있고, 총 유기 질소는 측정된 N_{ai}를 TKN 에서 감하여 간접적으로 결정된다. 총 유기 질소를 생분해성 및 난분해성, 즉 N_{ui}, N_{pi} 및 N_{oi} 농도로 세분화할 경우, 정량화의 어려움이 발생된다. 난분해성 농도인 N_{ui} 와 N_{pi} 는 COD 처럼 세분화된다. 실험실 규모 공정에서 측정된 값과 이들 N_{ui}와 N_{pi}가 포함된 이론적 모델에 의해 예측된 값의 상호 비교를 통해서만 N_{ui}와 N_{pi}값의 크기가 산출될 수 있다.

2~30 일 범위의 SRT 와 12~25℃의 수온에서 주기적 변동 (유량과 부하의 주기적 변동) 조건 및 정상 상태 조건에서 운전된 공정들로부터 실측된 값과 모델 값을 서로 비교한 결과, N_{ui} 및 N_{pi} 모두가 예측 모델에 포함되어 있어야만 일관성있는 예측값과 관찰값 간의 상호관계를 구할 수 있는 것으로 나타났다. 그러나 이들 난분해성 유기 질소 분율은 무시할 수 있을 정도로 작기 때문에 대부분의 경우 정밀한 값의 산출은 필요하지 않다. 입자성 난분해 유기 질소 농도 N_{pi} 는 유입수의 입자성 난분해 휘발성 고형물 (X_{ii})로도 표현된다. 즉, $N_{pi} ≒ 0.1 X_{ii}$. 생물 반응기 내 MLVSS 의 TKN/VSS 비에 관한 수많은 실험 자료로부터, TKN/VSS 비는 3~30 일의 SRT 변화에 관계없이 일정하게 유지됨을 알 수 있다. 그리고 SRT 에 따라 다양한 VSS 분율들이 모두 변하였음에도 불구하고, VSS/TKN 비는 동일하게 일정한 값을 유지하고 있음을 알 수 있다. 따라서 불활성 질소의 TKN/VSS 비를 다른 VSS 부분의 TKN/VSS 비의 값인 0.10 mgN/mgVSS 로 선정하는 것이 합리적이다. 뿐만 아니라 용존성 난분해 유기 질소의 농도 (N_{ui})는 유입 하수 원수 TKN 의 0~5%로 명백하게 매우 낮기 때문에 이후 제 5 장에서 알게 되겠지만 N_{ui} 농도의 설계에서의 역할은 매우 미미하다. 각 분율의 값의 범위를 표 2.2 에 제시하였다.

2) 세분화된 농도간의 수학적 표현

총 TKN 농도 N_{ti} 는 다음과 같은 농도들로 구성된다.

$$N_{ti} = N_{ai} + N_{ui} + N_{pi} + N_{oi}$$

(2.17)

여기서, N_{ti} = 총 유입 TKN 농도 (mgN/L); N_{ai} = 유입 암모니아 농도 (mgN/L); N_{ui} = 유입 용존성 난분해 유기 질소 농도 (mgN/L); N_{pi} = 유입 입자성 난분해 유기 질소 농도 (mgN/L); N_{oi} = 유입 생분해성 유기 질소 농도 (mgN/L).

이들 농도 중 일부를 유입 TKN 농도로 표현하면 편리해진다.

$$N_{ai} = f_{na} N_{ti}$$

(2.18)

$$N_{ui} = f_{nu} N_{ti}$$

(2.19)

여기서, f_{na} = 유입 TKN 중 암모니아 분율 (mgN/mgN); f_{nu} = 유입 TKN 중 용존성 난분해 유기 질소 분율 (mgN/mgN).

입자성 난분해 유기 질소 농도 N_{pi} 는 유입 생분해성 휘발성 고형물 농도 X_{ii} 의 함수 또는 입자성 난분해 COD 농도 S_{upi} 의 함수로도 다시 표현할 수 있다. 즉,

$$N_{pi} = f_n S_{upi}/fcv = f_n X_a$$

(2.20)

여기서, f_n = 유입 생분해 휘발성 입자 물질의 질소 분율 ≒ 0.10 mgN/mgX$_{ii}$.

식 (2.17)~(2.20)에서 생분해성 유기 질소 농도 N_{oi} 는 N_{ti} 에서 N_{ui}, N_{ai}, 그리고 N_{pi} 를 감하여 다음과 같이 표현된다.

$$N_{oi} = N_{ti}(1 - f_{na} - f_{nu}) - f_n f_{up} S_{ti}/f_{cv}$$

(2.21)

유입 TKN 의 다양한 분율의 중요성은 앞으로 다룰 생물학적 질소 제거 공정 설계에서 상세히 설명할 것이다.

표 2.2 하수 원수 및 1차 침강조를 거친 하수의 평균적 특성

특성	단위	침강을 거치지 않은 하수 원수	1차 침강조를 거친 하수
유입 COD 농도	mgCOD/L	500~800	300~600
유입 BOD_5 농도	mgBOD/L	250~400	150~300
유입 TKN 농도	mgN/L	35~80	30~70
유입 인 농도	mgP/L	8~18	6~15
총 부유 고형물 농도	mg/L	270~450	150~300
침강성 고형물	mg/L	150~300	0~50
	mL/g**	6~14	0~2
비 침강성 고형물	mg/L	100~300	100~300
TKN/COD 비	mgN/mgCOD	0.07~0.10	0.09~0.12*
총인/COD 비	mgP/mgCOD	0.015~0.025	0.020~0.030*
난분해 입자성 COD 분율 (f_{up})	-	0.07~0.20	0.00~0.10
난분해 입자성 COD 의 COD/VSS 비 (f_{cv})	mgCOD/mgVSS	1.45~1.50 평균 1.48	1.45~1.50 평균 1.48
난분해 입자성 COD 의 TKN/COD 비 (f_n)	mgN/mgCOD	0.09~0.12 평균 0.10	0.09~0.12 평균 0.10
난분해 용존성 COD 분율 (f_{us})	mgCOD/mgCOD	0.04~0.10	0.05~0.20*
총 COD 중 생분해성 COD 분율 (S_{bi}/S_{ti})	mgCOD/mgCOD	0.75~0.85	0.80~0.95
총 COD 중 쉽게 분해되는 COD 분율 (f_{ts})	mgCOD/mgCOD	0.08~0.25	0.10~0.35*
질산화 미생물 최대 비성장율	1/day	0.20~0.70	0.20~0.70
TKN 중 암모니아 분율 (f_{na})	f_{na}	0.60~0.80	0.70~0.90*
난분해 용존성 TKN 분율 (f_{nu})	mgN/mgN	0.00~0.04	0.00~0.05*
최저 수온 (T_{min})	°C	10~15	10~15
최고 수온 (T_{max})	°C	20~30	20~30
알칼리도	Mg/L as $CaCO_3$	200~300	200~300

* 1 차 침강조를 거친 하수의 특성은 원래 하수를 1 차 침강조에서 침강을 거친 하수의 특성이다.

** 1L 용량의 원뿔 모양 Imhoff cone 에서 2 시간이 경과한 후의 침강된 부피.

3) 질산화 미생물 비 성장율

많은 종류의 생활 하수를 관찰한 결과 질산화 미생물의 최대 비 성장율 상수 μ_{nm} 은 하수의 특성에 따라 값의 크기가 변할 뿐 아니라 각 하수에 따라 특정한 값을 지닌다는 사실을 알 수 있다. μ_{nm} 값의 크기는 질소 제거 공정 설계에서 중요한 역할을 한다. 그러므로 최적의 설계를 위해서는, μ_{nm} 값을 정확하게 산출하는 것이 가장 바람직하다. 단일 완전 혼합 흐름 반응기를 8 일의 SRT 에서 호기 및 무산소 조건을 주기적으로 교대로 연속적으로 유지하며 20℃에서 운전하여, 호기 기간 동안의 질산염 증가 속도 (또는 알칼리도 감소 속도)를 측정함으로써 μ_{nm20} 값을 정확하게 산출할 수 있다. 다른 수온에서의 비 성장율은 정립된 온도 의존성을 반영하여 구할 수 있다.

4.1.1.3 인

하수의 총인 농도는 주로 용존성 정인산염 (PO_4^{3-})과 유기적으로 결합된 인의 2 가지 분율로 구성된다. 유기적으로 결합된 인은, 용존성 형태 또는 입자성 형태로 존재하게 된다. 하수는 1 차 침강조를 거치거나 거치지 않은 채 공정으로 유입된다. 하수 원수와 1 차 침강조를 거친 하수 모두에는 용존성 인산염이 지배적으로 포함되어 있고, 총인의 70~90%를 차지한다.

정인산염 농도는 색도계를 이용하여 측정할 수 있다. 그러나 이 방법으로는 오직 유입수의 정인산염 만이 기록되기 때문에 측정된 정인산염으로 총인의 농도를 대체할 경우, 유입수 총인의 농도는 약 10~20% 또는 그 이상 과소 평가될 수 있다. 생물학적 영양염류 제거 공정에서는 유기적으로 결합된 인이 정인산염으로 전환되고, 따라서 유입수의 정인산염 농도를 기준으로 인 제거율을 평가하게 되면 인 제거율은 과소 평가된다. 유입수 정인산염 농도가 8 mgP/L 이고 총인의 농도가 10 mgP/L 이며, 유출수의 정인산염 농도 기준이 1 mgP/L 일 경우를 예로 들어보자. 정인산염 유입 농도 기준으로 7 mgP/L 의 인을 제거할 수 있도록 처리 시설이 설계되어 있다면, 유출수에는 실질적으로 3 mgP/L 의 정인산염이 포함될 것이다. 유출수 기준 1 mgP/L 를 충족시키기 위해서는 결국 유입수 총인의 9mgP/L 를 제거시켜야 한다. 결과적으로 유입수에 대한 신뢰할 수 있는 농도는 총인의 농도가 되는 것이다. 여과된 유출수의 정인산염 농도는 여과된 총인의 농도와 매우 유사한 값을 나타내기 때문에 유출수의 농도는 정인산염 농도로 표현하는 것이 적정하다. 그러나, 정인산염 테스트시 일부 하수의 자연색이 정인산염에 해당하는 색을 교란하여 왜곡된 결과가 발생하는 문제에 봉착할 수도 있다. 주로 산업 폐수 일부가 생활 하수와 함께 유입되는 하수 처리 플랜트에서 이러한 문제가 발생할 수 있다.

4.1.2 물리적 특성

유입수의 물리적 특성은 주로 1차 침강조의 예상 성능 평가와 연관된다. 1차 침강조는 유입수 내 침강될 수 있는 입자성 물질을 어느 정도 분리하여 상등수는 월류시켜 COD, TKN 및 인 농도를 저감시키는 기능을 수행하기 때문이다.

하수에 포함된 입자를 상대적 크기로 분류하여 하수의 기본적 물리적 특성이 정해진다. 입자의 크기에 따라 용존성 입자, 콜로이드성 입자 그리고 부유 고형물로 분류할 수 있다. 0.001~1 μm 크기보다 작은 입자는 콜로이드 성 입자로, 그리고 1 μm 보다 큰 입자는 부유 고형물로 분류된다. 1 μm 크기 이외의 막 필터를 이용하여 측정할 경우 서로 매우 다른 결과가 얻어질 수 있기 때문에, 부유 고형물 측정 시 막의 세공 크기를 항상 고려하여야 한다.

중력에 의해 침강될 수 있는 부유 고형물 (1 μm 필터에 여과되는 부분)을 침강 가능한 고형물이라 부르고, 비중에 따라 10~50 μm 범위 크기의 입자에 해당된다. 그러나 침강 가능한 고형물을 측정하는 보다 실용적인 방법은 원뿔형 Imhoff cone 을 이용하는 방법이다. 1 L 용량의 원뿔형 Imhoff cone 에 시료를 채우고 2 시간 동안 침강하도록 방치한다. Cone 의 바닥에 침강된 고형물의 부피 (mL/L)가 중력 침강 가능한 부유 고형물에 해당된다. 수많은 테스트 결과 1 mL/L 의 침강성 고형물의 부피는 건조 중량으로 약 25 mg/L 에 해당되는 것으로 나타났다. 이를 적용하면 Imhoff 테스트를 통해 침강성 부유 고형물 분율을 산출할 수 있게 된다.

침강성 고형물은 총 고형물 (총 고형물에는 유기 고형물과 무기 고형물이 모두 포함된다) 또는 휘발성 고형물 또는 유기 고형물 (휘발성 고형물은 총 고형물에서 총 고형물을 30 분동안 600 ℃에서 소각하고 남은 재의 무게를 감하여 구한다)로 측정할 수 있다. 600 ℃에서는 탄산마그네슘을 제외한 대부분의 무기염은 분해되지 않거나 휘발되지 않는다.

생활 하수의 휘발성 고형물/침강성 총 고형물의 비는 약 0.75 이다. 75%가 휘발성이고 25%는 무기 고형물임을 의미한다. 즉, 휘발성 고형물 ≒ 0.75 x 총 고형물. 휘발성 고형물에 포함된 COD 는 휘발성 고형물 질량에 1.48 을 곱하여 산출된다. 즉, 휘발성 고형물에 포함된 COD ≒ 1.48 x 휘발성 고형물.

Imhoff cone 테스트는 1 차 침강조의 총인과 TKN 농도 제거율을 산출할 수 있는 효율적인 수단이 된다. 침강 전 총인 및 TKN 의 농도와 침강 후 cone 상등수의 총인 및 TKN 농도를 각각 산출하면 1 차 침강조의 총인 및 TKN 제거율이 결정된다.

1 차 침강조에서의 COD 제거율과 침강성 고형물의 중력에 의한 제거율은 상류 흐름 유속 (월류 속도) 및 체류 시간에 따라 변한다. 평균 체류시간 2~3 시간, 평균 월류 유속 1.5~2 m/hr 로 운전되는 상대적으로 깊은 침강조 (>3 m)의 침강성 고형물 제거율은 50~80%이고, 총 COD 제거율은 30~50% (평균 40%)이다. 체류 시간을 3 시간 보다 높게 운전하여도 제거율은 크게 향상되지 않는다. 그러나 체류 시간을 예를 들어 1 시간 (이는 3 m/hr의 월류 속도에 해당한다)으로 감소시키면, 3 시간 체류 시간일 경우 보다 제거율은 약 절반으로 저하된다.

1 차 침강조의 TKN 및 P 제거는 슬러지 흐름 상태에 따라 변할 수 있다. 시간이 얼마 지나지 않은 유입 하수 중의 TKN 및 P 의 대부분은 침강성 고형물에 부착되어 있는 반면, 오래된 하수에서는 TKN 및 P 의 용해가 진행된다. 설계 시 TKN 및 P 의 용해 가능성을 반영하여, 과대 평가된 1 차 침강조에서의 TKN 및 P 의 제거율 (40%까지 보고되어 있음)을 15~25% 범위로 축소하여 설계하는 것이 바람직하다.

요약하면, 1 차 침강조에서는 COD 의 약 40% 가 제거될 수 있지만, TKN 및 총인의 제거율은 이보다 낮은 15~20%이다. 1 차 침강조를 거친 하수에서는 1 차 침강조를 거치지 않은 하수 원수에 비해 TKN/COD 비 및 P/COD 비 모두가 증가하는 효과가 나타나게 된다. 완전히 용존 상태로 존재하여 1 차 침강조에서는 저감될 수 없는 쉽게 분해되는 COD 농도 (S_{bs})는, 1 차 침강조를 거친 하수와 거치지 않은 하수 원수에서 동일하다. 따라서 1 차 침강조를 거친 하수의 S_{bi}/S_{ti} 비는 증가하게 된다. 입자성 난분해 COD 의 대부분은 1 차 침강조에서 침강에 의해 제거될 것이고, 1 차 침강조를 거친 하수에는 입자성 난분해 COD 가 보다 낮은 농도로 존재하게 된다.

4.2 하수 특성의 정량화

지금까지 하수의 다양한 화학적 물리적 특성을 정의하였다. 지금부터 이러한 특성을 정량화하여 설계에 보다 용이하게 활용할 수 있는 방안을 설명하고자 한다. 다양한 하수 특성이 하수 처리 공정 설계에 미칠 수 있는 영향은 제 3 장에서 상세하게 다룰 것이다.

통상적인 생활 하수의 다양한 화학적 물리적 특성 값의 크기 범위를 좁히기는 어렵다. 하수를 발생시키는 사회 공동체가 더 다양해지고 규모가 더 커지면, 하수 특성 및 유량의 변동 폭은 일반적으로 감소한다. 통상적인 생활 하수에서 COD 및 TKN의 조성 변화를 그림으로 도식화하면 도움이 될 수 있다 (그림 2.4 참조). COD 의 경우 총 유입수 COD 중 약 7 %가 용존성 난분해 COD, 약 13%는 입자성 난분해 COD, 약

60%는 느리게 분해되는 입자성 생분해 COD 그리고 나머지 약 20%는 쉽게 분해되는 용존성 COD 에 해당된다. TKN 의 경우, 총 유입 TKN 의 약 3 %는 용존성 난분해 유기 질소, 약 10 %는 입자성 난분해 유기 질소, 약 12 %는 생분해성 유기 질소 그리고 나머지 약 75 %는 자유 암모니아 및 암모늄염이다.

입자성 난분해 COD 분율 (f_{up}) 산정 시 하수 처리 시설이 건설될 사회 공동체에서 발생될 하수의 면밀한 특성 검토가 선행되어야 한다. 일부 하수 원수에서는 f_{up} 값이 0.25 로 높게 나타났으며 원인은 음식물 쓰레기 분쇄기 때문인 것으로 나타났다. 높은 f_{up} 분율을 지니는 하수는 더 많은 슬러지가 생산되고, 반면에 f_{up} 분율을 너무 낮게 설계에 반영하면 처리 시설의 과소 설계로 이어진다.

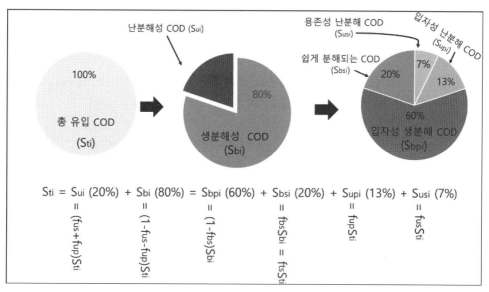

$$S_{ti} = S_{ui} (20\%) + S_{bi} (80\%) = S_{bpi} (60\%) + S_{bsi} (20\%) + S_{upi} (13\%) + S_{usi} (7\%)$$

$$= (f_{us}+f_{up})S_{ti} = (1-f_{us}-f_{up})S_{ti} = (1-f_{bs})S_{bi} = f_{bs}S_{bi} = f_{ts}S_{ti} = f_{up}S_{ti} = f_{us}S_{ti}$$

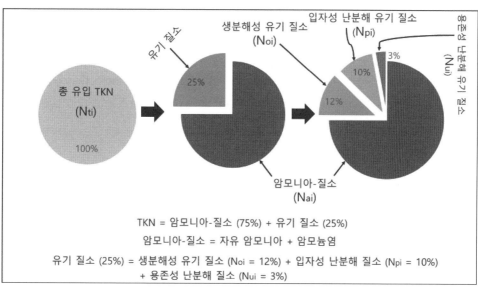

TKN = 암모니아-질소 (75%) + 유기 질소 (25%)

암모니아-질소 = 자유 암모니아 + 암모늄염

유기 질소 (25%) = 생분해성 유기 질소 (N_{oi} = 12%) + 입자성 난분해 질소 (N_{pi} = 10%)
+ 용존성 난분해 질소 (N_{ui} = 3%)

그림 2.3 유입 COD (위) 및 유입 TKN (아래)의 세분화와
세분화된 분율의 대략적 조성

참고문헌

Andrews, J.H. and R.F. Harris (1986) r- and K-selection and microbial ecology, 99-148, in K.C. Marshall (ed.) Advances in microbial ecology, Vol. 9 Plenum Prss, New York

AMERICAN PUBLIC HEALTH ASSOCIATION, AWWA and WPCF (1981) Standard methods for the examination of water and wastewater, 15th Ed. APHA, Washington

Daims, H.J. et al. (2001) In siyu characterization of Nitrospira-like nitrite-oxidizing bacteria active in wastewater treatment plants, Appl. Environ. Microbiol., 67, 11, 5273-5284

Dold, P.L. Ekama, G.A. and Marais, V.V.R (1980) A general model for the activated sludge process, Prog. Wat. Tech., 12, 47-77

Dold. P.L., R.M. Jones, and C.M. Bye (2005) Importance and measurement of decay rate when assessing nitrification kinetics, Water Sci. Technol., 52, 10-11, 469-477

Fang, F. et al. (2009) Kinetic analysis on the two-step processes of AOB and NOB in aerobic nitifying granules, Appl. Microbiol. Biotech., 83, 6, 1159-1169

Fillipe, C.D.M., G.T. Daigger, and C.P.L. Grady (2001) pH as a key factor in the competition between glycogen-accumulating organisms and phosphorus accumulating organisms, Water Environ. Res., 73, 2, 223-232

Gaudy A.F. (1972), Water Pollution Microbiology, Ed. R. Mitchell, Wiley Interscience, New York

Grady C.P.L et al. (1999) Biological Wastewater Treatment, 2nd Ed. Marcel Dekker, Inc., New York

Grady C.P.L et al. (1999) A Model for Single-Sludge Wastewater Treatment Systems, water Sci. Technol., 18, 6, 47-61

Guisasola, A. et al. (2005) Respirometric estimation of oxygen affinity constsnts for biological ammonium and nitrite oxidation, J. Chem. Technol. Biotechnol., 80, 4, 388-396

Gujer, W. et al. (1999) Activated Sludge Model No. 3, Water. Sci. Technol., 39, 1, 183-193

Henze, M. et al. (2008) Biological Wastewater Treatment: Principle, Modeling, and Design, IWA Publishing, London

Hoover, S.R. et al. (1963) An interpretation of the BOD Test in terms of endogeneous respiration of bacteria, Sewage and Industrial Wastes, 25, 1163-1173

Levenspiel, O. (1972) Chemical Reaction Engineering, 2nd Ed., John Wiley, New York, 465-469

Marais, G.V.R. and Ekama, G.A. (1976) The activated sludge process Part 1 – Steady state behavior, Water SA, 2, 164-200

McCarty, P.L. (1964) Thermodynamics of biological synthesis and growth, 2nd Int. Conf. Wat. Poll. Research, Pergamon Press, New York, 169-199

Payne, W.J. (1971) Energy yields and growth of heterotrophs, Annual Review, Microbiology, 17-52

Schroeter, W.D. et al. (1982) The COD/VSS ratio of the volatile solid in the activated sludge process, Res. Rept. No W45, Dept. of Civil Eng., University of Cape Town

Urugan-Demirtas, M. et al. (2008) Bioavilability of dissolved organic nitrogen in treated effluent, Water Environ. Res., 80, 5, 397-406

Chapter 3
생물학적 영양염류 제거 공정 설계 개요

1. 하수 특성의 상대적 중요성

2. 하수 특성이 설계에 미치는 영향

   (완전 혼합 흐름 반응기의 경우)

3. 생물 반응기 설계를 위한 기본 지식

영양염류 제거를 위한 하수 처리 플랜트 설계 시 고려하여야 할 사항들을 정량적으로 설명함으로써, COD 제거 공정, 질산화 공정, 질산화-탈질 연속 공정 그리고 생물학적인 제거 공정의 이론적 배경을 독자들에게 제공하고자 한다. 하수 처리 공정 설계에 필요한 일부 상세한 방정식, 산출 계산 예, 설계 시 권장 사항 등이 제3장에서 제시될 것이다. 특히 정상 상태에서 운전되는 이상적인 완전 혼합 흐름 반응기와 플러그 흐름 반응기의 물질 수지를 수립하는 과정을 소개하고, 수립된 물질 수지식을 기반으로 이들 반응기에서 진행되는 과정을 지배하는 지배 방정식을 도출한다. 도출된 지배 방정식을 해석함으로써, 완전 혼합 흐름 반응기와 플러그 흐름 반응기의 근본적인 차이를 이해할 수 있을 것으로 기대한다. 이들 반응기 내 이상적인 완전 혼합 흐름과 플러그 흐름의 현실적 한계를 극복하기 위해 실제로 반응기에서 진행되는 하수 흐름을 모사하기 위한 tanks-in series (TIS) 모델을 소개한다.

1. 하수 특성의 상대적 중요성

생물학적 영양염류 제거 공정 설계 시, 하수의 특성에 관한 정보 수집는 매우 중요하다. 공정의 선정뿐 아니라 질소와 인의 제거율에도 결정적인 영향을 미치기 때문이다. 매우 중요한 유입 하수의 특성은 다음과 같다: (1) 평균 유입 COD 및 TKN 농도 (각각 S_{ti} 및 N_{ti}) 그리고 일평균 유량 (Q); (2) 쉽게 분해되는 유입 COD 분율 (f_{bs}); (3) 유입 TKN/COD 비 (N_{ti}/S_{ti}); (4) 유입 총인/COD 비 (P_{ti}/S_{ti}); (5) 기준 온도 20℃에서의 질산화 미생물 최대 비 성장율 (μ_{nm20}); (6) 공정의 평균 최저 수온 및 최고 수온 (T_{min} 및 T_{max}).

상대적으로 중요성이 다소 낮은 하수의 특성은 다음과 같다: (7) 용존성 난분해 COD 분율 (f_{us}); (8) 입자성 난분해 COD 분율 (f_{up}).

설계 시 중요성이 떨어지는 유입 하수 특성은 다음과 같다: (9) 용존성 난분해 유기 질소 분율 (f_{nu}) 그리고; (10) TKN의 암모니아 분율 (f_{na}).

2. 하수 특성이 설계에 미치는 영향 (완전 혼합 흐름 반응기의 경우)

2.1 유입 COD 및 유입 유량

평균 유입 COD 농도 S_{ti} 와 일평균 유입 유량 Q 로부터 처리시설로 유입되는 COD 부하 $M(S_{ti})$가 산출된다:

$$M(S_{ti}) = S_{ti} \cdot Q$$

앞 장에 기술한 바와 같이 COD 질량은 다양한 분율로 구성되고, 분율들은 1 차 침강조를 거친 하수와 거치지 않은 하수 원수에서 다르게 나타난다. 그러나 처리 시설 설계에 미치는 COD 의 영향을 정확히 규명하기 위해서는 슬러지 농축수와 같은 특정 하수 유입도 함께 고려하여야 한다. COD 부하 $M(S_{ti})$가 산출되면, 특정 SRT 에서의 반응기 내 슬러지 질량 $M(X_v)$ 또는 $M(X_t)$와 탄소계 물질 분해에 매일 필요한 산소의 질량 $M(O_c)$도 이론적으로 산출된다. 이들 산출된 질량은 슬러지 체류시간 SRT 에 매우 민감하게 변하기 때문에 해당 SRT 를 반드시 기술하여야 한다. 슬러지 질량이 산출되면 반응기의 부피도 특정 혼합액 농도 X_v 또는 X_t 로부터 산출된다. 즉, 슬러지 질량이 원하는 농도로 희석될 수 있는 적절한 반응기 부피 V_p 가 다음과 같이 산정된다는 의미이다:

$$V_p = M(X_v)/X_v \text{ 또는 } M(X_t)/X_t$$

그러나 반응기 부피 산정은 이상적인 완전 혼합 흐름 반응기에서만 유효하다는 점에 주목하여야 한다. 이상적인 완전 혼합 흐름 반응기에서는 반응기 내 위치와 무관하게 반응기 내 농도는 균일하다는 가설이 성립된다. 심지어는 반응기 내 농도가 반응기 유출 농도와 같아진다. 앞서 설명한 바와 같이 빠르게 분해되는 COD 와 상대적으로 느리게 분해되는 COD 및 분해되기 어려운 난분해성 COD 가 반응기 내에 함께 존재하게 된다. 동일한 수리적 체류 시간에도 이러한 완전 균일성은 달성되기 어렵다. 실물 크기의 규모가 큰 반응기에서는 배플을 설치하고 교반을 진행하여도, 완전하게 균일한 농도 분포 달성은 실질적으로 가능하지 않다. MLSS 또는 MLVSS 농도를 이용하여 반응기 부피 산정 방법은, 이상적인 완전 혼합 흐름 반응기에서만 이론적으로 적용된다.

반응기 부피가 산출되면 반응기의 평균 수리적 체류 시간 HRT 를 산출할 수 있다. 즉,

$$HRT = V_p/Q$$

Chapter 3 생물학적 영양염류 제거 공정 설계 개요

공정 설계 관점에서 HRT 의 중요성은, 특히 완전 혼합 흐름 생물반응기 (completely mixed flow bioreactor)일 경우 다음과 같은 근거로 낮은 편이다: 같은 COD 분율 조성을 지니는 두 가지 하수의 경우를 예로 들어보자. COD 부하 $M(S_{ti})$와 휘발성 고형물 농도 X_v 가 서로 동일하고, 첫번째 하수는 낮은 S_{ti} 와 높은 Q 를 지니고 두번째 하수는 높은 S_{ti} 와 낮은 Q 를 지닌다. 이러한 차이에 무관하게 두 처리 시설의 부피와 매일 필요한 산소량은 서로 동일하다. 그러나 평균 HRT 는 두 시설에서 서로 달라, 첫번째 반응기에서는 HRT 가 상대적으로 짧은 반면, 두번째 반응기에서는 HRT 가 상대적으로 길어진다. 그러나 이러한 HRT 의 차이는 이론적으로는 분해 활동에 중대한 양향을 미치지 못한다. 하지만 유입 유량은 침강조 설계에서 중요한 변수가 된다. 2 차 침강조의 상향류 유속 (월류 유속)이 동일한 경우, 유입 유량이 높은 첫번째 시설의 침강조 크기는 유량이 낮은 두번째 시설의 침강조 보다 상대적으로 커진다. 따라서 COD 부하와 SRT 만을 알게 되면 반응기의 부피와 탄소계 물질 분해에 필요한 평균 산소 요구량도 신속하게 산출할 수 있을 뿐 아니라, 매일 폐기하여야 할 슬러지 질량도 알 수 있게 된다. 평균 유량을 알게 되면 침전조의 크기도 산출할 수 있다. 이러한 기본적 산출이 가능해지면 유량 및 부하의 주기적 변동이 탄소계 첨두 산소 부하량과 침전조 성능에 미치는 영향도 평가할 수 있다.

슬러지 질량 $M(X_v)$은 COD 질량 $M(S_{ti})$과 슬러지 체류시간 SRT 에 따라 변한다. SRT 가 증가하여 $M(X_v)$도 함께 증가할수록, 슬러지 질량은 대략적으로 SRT 에 비례하여 증가한다. 결국 SRT 가 길어질수록, 동일한 COD 부하 $M(S_{ti})$를 처리하기 위해 필요한 반응기 부피도 커지게 된다.

그러나 완전 혼합 흐름 상태는 결코 달성될 수 없는 이상적인 상태이다. 실험실 규모 1 L 용량의 반응기일 경우 적절한 교반이 이루어지면 완전 혼합에 근접하는 상태에 도달할 수도 있을지 모르지만 실제 규모의 하수 처리 시설에서는 완전 혼합은 달성될 수 없다. 실험실 규모의 작은 반응기에서 수행된 실험 자료들로부터 반응 속도식에 관련되는 매개 변수들을 산출하여 실제 설계에 적용할 경우, 설계 결과는 왜곡될 수밖에 없다. 설계 대상 시설과 매우 유사한 하수 특성을 지니고 유량도 유사한 실제 처리 시설에서의 운영 자료로부터 산출된 매개 변수들을 활용하더라도 완전 혼합 흐름 반응기만을 고려하여서는 정확한 설계를 기할 수 없을 것이다.

완전 혼합 흐름 반응기에서는 유입 S_{ti} 와 N_{ti} 가 반응기 내 위치에 관계없이 일정하다는 실제 규모의 반응기에서는 이루어질 수 없는 이상적인 비현실적 가설이 부여되어 있다. 반응기 내 농도가 균일하기 때문에 유출수의 농도는 반응기의 농도와 같아지는 결과가 도출된다. 또한 앞서 설명한 바와 같이 S_{ti} 와 N_{ti} 는 서로 다른 특성을 지니는 여러 분율들로 구성된다. 백믹싱 (back mixing)이 완벽하게 달성되지는 못하기 때문에,

COD 및 TKN 의 모든 구성 분율이 동시에 같은 속도로 같은 미생물 활동에 의해 전환되지는 않는다. 같은 체류 시간일지라도 일부 성분은 먼저 빠르게, 또 다른 성분은 느리게 반응한다. 쉽게 분해되는 탄소계 물질과 질소계 물질이 먼저 전환되는 반면, 느리게 분해되는 성분들은 남게 된다. 따라서 반응기 부피 산정에 HRT 가 중요한 역할을 하지 못한다는 주장은 수용하기 어려운 불편한 주장이 된다. 실험실의 매우 작은 플라스크가 수만명이 배출하는 하수를 처리하는 실규모 생물반응기와 같은 하수 흐름을 나타낼 수는 없다.

실제 규모의 생물 반응기에서는, 이상적 완전 혼합 흐름과 이상적 플러그 흐름 사이의 수리 레짐에서 하수 흐름이 진행된다. 추적자를 투입하여 하수의 분산 정도를 살펴보면, 두 이상적 흐름 사이의 유체역학적 거동을 보인다는 사실을 쉽게 확인할 수 있다. 하수의 유체역학적 거동은 반응기 형상 (configuration)에 따라 매우 큰 차이를 보인다. 반응기의 길이: 폭 비 (그리고 길이: 깊이 비)가 커질수록, 완전 혼합 흐름에서 벗어나게 된다.

또한 반응기 부피도 플러그 흐름 반응기와 완전 혼합 흐름 반응기에서 큰 차이를 보이게 된다. BOD_5 의 이론적 곡선과 질산화 속도를 대변하는 Monod 식에서 알 수 있듯이, 모든 생물화학적 반응은 0 차 이상의 속도식에 의해 진행된다. 양의 값을 지니는 모든 반응 차수에서 완전 혼합 흐름 반응기의 부피는 플러그 흐름 반응기에 비해 크게 산출된다. 또한 오염물질 전환율이 높아질수록 이 차이는 더욱 커진다. 반응이 수반되는 공정의 물질 수지를 이들 두 반응기에 대해 수립해보면 서로 다른 지배 방정식 (governing equation)이 도출된다. 지배 방정식이란 생물 반응기에서 진행되는 반응 속도를 지배하는 모든 요소들이 반영되어 있는 방정식이다. 완전 혼합 흐름 반응기에서는 지배 방정식이 산술적 방정식으로 나타나는 반면, 플러그 흐름 반응기에서는 미분 방정식이 지배 방적식으로 나타난다. 완전 혼합 흐름 반응기의 부피는 산술적인 희석 개념으로 설계할 수 있지만, 플러그 흐름 반응기의 부피는 희석 개념이 적용되지 않는다.

완전 혼합 흐름을 가설하여 반응기를 설계할 경우 매우 간단한 방법으로 설계가 가능한 반면, 플러그 흐름 반응기 설계에는 상대적으로 어려운 방법이 동원된다. 플러그 흐름 반응기의 상세한 설계는 보다 전문적인 지식이 필요하기 때문에, 본 교재의 범위 밖에 있다. 그러나 플러그 흐름 반응기 설계에 관한 일부 지식을 본 장의 3 절과 제 11 장에서 간략하게 다룰 것이다. 앞으로의 설계 내용도 완전 혼합 흐름 반응기를 기반으로 전개될 것이다. 다시 한번 강조하면, 실질적 유체 거동을 반영할 수 없는 완전 혼합 흐름 반응기로 설계하게 되면 반응기의 부피는 실제보다는 매우 큰 규모로 과대 설계된다는 점을 명심하기 바란다. 과도한 설계는 건설비 상승 뿐만

Chapter 3 생물학적 영양염류 제거 공정 설계 개요

아니라 유지관리비 상승으로도 귀결된다. 하수 처리 플랜트는 폭보다 길이가 상대적으로 큰 장방형 부지에 건설하여 하수의 흐름이 이상적인 플러그 흐름에 가능한 가까워질 수 있도록 설계하는 것이 바람직하다. 이상적인 플러그 흐름에 가까운 흐름 거동을 보일수록 하수 처리 성능이 개선된다. 유량 변동에 대비하여 전체 공정을 2 개 이상으로 나누어 병렬로 연결하는 계열화 운전이 필요할 경우에도 가능한 반응기 길이가 폭에 비해 커지도록 설계하여야 한다. 이러한 개념은 제 11 장에서 간략하게 설명할 것이다.

2.2 유입 TKN, μ_{nmT} 및 수온

앞선 토론에서 슬러지 질량 산정 시 해당 SRT 를 명시하여야 한다고 강조하였다. 특히 영양염류 제거가 설계 목적에 포함될 경우, 설계자에게는 SRT 의 선정이 아마도 가장 중요한 결정이 될 것이다. 오직 탄소계 물질 제거 만이 목적일 경우에는 3 일이면 충분할 정도로 SRT 는 짧아도 무난할 것이다. SRT 선정시 COD 제거보다는 슬러지의 침강성을 더 많이 고려하여야 한다. 질산화 만이 필요할 경우, 질산화 미생물이 성장하고 모든 활용 가능한 질소를 대사작용에 활용하기에 충분할 정도의 긴 SRT 가 요구된다. 질산화와 함께 탈질이 추가적으로 필요할 경우, 슬러지 질량의 일부는 생성된 질산염을 탈질시키기 위해 산소가 공급되지 않는 무산소 조건으로 유지되어야 한다. 질산화 미생물은 절대 호기성이기 때문에 호기성 슬러지가 여전히 질산화를 충분히 진행할 수 있도록 질산화-탈질 플랜트의 SRT 는 질산화 만이 필요한 SRT 에 비해 더 길게 유지되어야 한다는 의미이다. 탄소 요구량을 저감시키거나 없앨 수 있는 공정인 SHARON (Single Reactor System for High Activity Ammonia Removal Over Nitrite)공정과 ANAMMOX (Anaerobic Ammonia Oxidation) 공정도 개발되어 있으나, 호기성 독립영양 미생물에 의해 진행되는 질산화에만 국한하여 설명할 것이다.

질산화 미생물의 최대 비 성장율 상수 μ_{nm} 은 질산화 개시에 필요한 최소 호기성 SRT 로 정의된다. 완전에 가까운 질산화를 보장하기 위해서는 이 최소 SRT 는 추가로 25 % 증가되어야 한다. 슬러지 폐기 유량에 따라 변하는 경향을 보이는 20 ℃에서의 μ_{nm20} 값은 0.20~0.70/day 범위에 있다. 또한 μ_{nm} 은 수온에 매우 민감하여 수온이 6 ℃ 하락할 때 마다 반으로 감소한다. 호기성 SRT 는 $1/\mu_{nm}$ 이 된다. 따라서 동절기 동안 질산화 반응기에서는 수온이 낮아져 μ_{nm} 값도 낮아지면, 연간 지속적으로 효율적인 질산화를 보장하기 위해서는 긴 시간의 SRT 필요성은 명확해진다. 질산화-탈질 반응기에서는 슬러지 질량 중 비포기 분율의 영향을 수용할 수 있는 추가적인 SRT 증가가 필요하다. 20℃에서의 μ_{nm} 값이 0.3/day 일 경우 순수하게 호기성인 질산화

생물학적 영양염류 제거 공정 설계 실무

반응기에 적절한 이론적 SRT 는 4 일인 반면, 수온 12 ℃에서의 μ_{nm} 값이 20 ℃에서의 값인 0.3/day 이고 비포기 슬러지 질량 분율이 0.5 인 질산화-탈질 공정의 최소 SRT 는 약 15~20 일이 되어야만 높은 질산화 효율을 보장할 수 있다.

SRT 가 적절하게 산정되면 생성되는 질산염 질소의 질량은 유입수 TKN 질소 질량에서 매일 폐기되는 슬러지에 포함된 질소의 질량을 감한 값으로 주어진다. 생성된 질산염은 질산화 반응기 질산화 용량 (nitrification capacity)의 지표가 된다 (통상적으로 질산화 용량은 생성된 질산염/단위 유입 유량으로 표현된다). 유입수의 TKN 농도가 더욱 높아질수록 일반적으로 질산화 용량도 함께 더욱 높아진다. 대략적으로는 질산화 용량은 유입수 TKN 농도에 비례한다.

2.3 쉽게 생물 분해되는 COD, 느리게 생물 분해되는 COD

2.3.1 질소제거

호기 반응기에서 생산된 질산염을 탈질시키기 위해 공정 내 슬러지 질량의 일부는 비포기된 상태로 존재하여야 한다고 앞에서 기술하였지만, 이러한 비포기 분율의 크기는 여전히 산정되지 않고 있다. 슬러지 질량의 비포기 분율을 선정하는 방법과 유입 하수의 특성이 비포기 슬러지 분율 선정에 어떻게 영향을 미치는 지에 대해 정성적으로 기술해 보자.

산소가 없는 조건에서는 질산염이 전자 수용체가 된다. 산소가 있을 경우 공정 설계자는 COD 부하에 필요한 산소 요구량을 결정해야 하는 과제에 직면하게 된다. 반면에 탈질에서는 질산화 반응기에서 생성된 질산염 질량을 탈질시키기 위해 필요한 COD 를 결정해야 하는 과제에 직면한다. 탈질에 필요한 COD 는 다음의 3 가지 자원에서 얻게 된다: (1) 유입수의 쉽게 생물 분해되는 용존성 COD; (2) 느리게 생분해되는 입자성 COD 그리고; (3) 유기생명체의 죽음으로 공급되는 COD 입자. 통상적으로는 (2)와 (3)은 한 덩어리로 함께 질산염 환원에 활용된다.

질산화-탈질 공정에서는 동일한 슬러지 질량이 질산염도 생산하고 생산된 질산염을 탈질시키기도 하기 때문에 (이를 단일 슬러지 공정이라 한다), 슬러지 질량은 호기 반응기 (질산화가 진행되는 반응기)와 무산소 반응기 (탈질이 진행되는 반응기) 2 개의 반응기에 직렬로 분배된다. Modified Ludzack-Ettinger (MLE) 공정 (그림 3.1 의 위)과 Wuhrmann 공정 (그림 3.1 의 아래)의 두 가지 형상을 지니는 기본적인 질산화-탈질 공정이 개발되었다. MLE 공정의 첫번째 반응기는 포기되지 않은 상태로 유지되고 두번째 반응기에서는 포기가 진행된다. MLE 공정에서는 두번째 반응기에서 생성된 질산염은 내부 반송 (internal recycle)에 의해 첫번째 반응기로 전달되고, 2 차 침강조 하부의 슬러지는 첫번째 반응기로 반송된다. Wuhrmann 공정에서는 첫번째 반응기에서 생산된 질산염이 같은 유량으로 직렬로 연결된 두번째 반응기로 전달되어 내부 반송이 필요하지 않고, 2 차 침강조에서 침강된 슬러지를 다시 첫번째 반응기로 전달하는 슬러지 반송 만이 요구된다.

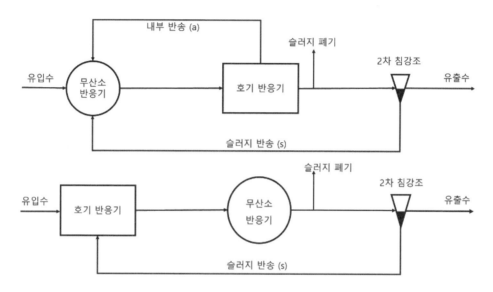

그림 3.1 MLE 공정 (위)과 Wuhrmann 공정 (아래)의 비교 개략도

포기가 진행되지 않는 비포기 반응기를 플러그 흐름 반응기로 간주함으로써, 탈질 활동을 가장 쉽게 설명할 수 있다. MLE 공정의 비포기 반응기 (이를 1 차 무산소 반응기라 한다)에서는 두 반응이 다른 속도로 동시에 진행된다. 첫번째 반응은 유입수의 쉽게 분해되는 COD 에 관련되고, 두번째 반응은 유입수의 입자성 COD 에 우선적으로 관련된다. 첫번째 반응은 6~20 분 내에 반응이 종결될 정도로 매우 빠르게 진행되고, 이 과정에서 모든 쉽게 분해되는 COD 가 제거된다. 두번째 반응은 첫번째 반응 속도의 약 1/7 에 해당할 정도로 느리게 진행되어 반응기내에서 유입수가 머무는 시간 동안 진행이 계속 이어진다. Wuhrmann 공정의 비포기 반응기 (이를 2 차 무산소 반응기라 한다)에서는 유기생명체의 사체에서 얻어지는 느리게 분해되는 입자성 COD 에 주로 기인한 단일 탈질 반응 속도가 관찰된다. 해당 COD 자원은 느린 속도로 공급되기 때문에 1 차 무산소 반응기의 탈질 속도에 비해 약 2/3 의 속도로 탈질은 느리게 진행된다.

질산염 제거는 일 제거 총 질량 또는 하수 유량 1 L 당 제거된 질산염 질량 (mg△(NO$_3$-N)/L 하수 유량)으로 표현되고, 유입수 TKN 농도 (mgTKN/L 하수 유량)와 쉽게 비교할 수 있는 후자가 가장 편리한 표현으로 간주된다. 쉽게 분해되는 COD 를 완전히 활용할 수 있고 입자성 생분해 COD 의 일부도 활용하기 때문에 생물학적 탈질에 의해 질산염을 제거할 수 있다. 입자성 생분해 COD 일부를 활용하여 달성되는 탈질은 탈질속도 상수 K, 유입수 1 L 당 생산되는 활성을 지니는 슬러지 질량 그리고 특정 무산소 반응기 내에 함유된 공정 슬러지 질량 분율의 함수로 다음과 같이 수식화하여 설명할 수 있다 (제 6 장 참조):

1 차 무산소 반응기에서는,

△N$_1$ = C x (유입수 1 L 당 쉽게 분해되는 COD 질량) +

K$_2$ x (유입수 1 L 당 생산되는 활성을 지니는 슬러지 질량) x (1 차 무산소 반응기 내 슬러지 질량 분율)

(3.1)

2 차 무산소 반응기에서는,

△N$_3$ =

K$_3$ x (유입수 1 L 당 생산되는 활성을 지니는 슬러지 질량) x (2 차 무산소 반응기 내 슬러지 질량 분율)

(3.2)

K$_2$ 및 K$_3$ 값은 실험적으로 결정되고, 10~30 일 범위의 SRT 에서는 수온이 정해지면 SRT 변화에 관계없이 일정한 값을 유지한다. 활성 슬러지 모델의 2 개의 식을 모사(simulating)하여도 K$_2$ 및 K3 값은 일정한 값을 보인다는 점을 확인할 수 있게 된다. 2 개의 식은 1 차 무산소 반응기와 2 차 무산소 반응기에 각각 다음과 같이 적용된다:

$$\Delta N_1 = \frac{(1 - f_{up} - f_{us})S_{ti}}{8.6} + K_1 \frac{Y_h SRT}{1 + b_h SRT} S_{ti} \left(1 - f_{us} - f_{up}\right) HRT_{n1}/HRT_n$$

(3.3)

$$\Delta N_3 = K_3 \frac{Y_h SRT}{1 + b_h SRT} S_{ti} \left(1 - f_{us} - f_{up}\right) HRT_{n3}/HRT_n$$

(3.4)

Chapter 3 생물학적 영양염류 제거 공정 설계 개요

HRT_{n1}/HRT_n 과 HRT_{n3}/HRT_n 의 비는 각각 총 수리적 체류시간에 대한 1 차 무산소 반응기 및 2 차 무산소 반응기의 수리적 체류시간 비를 의미한다. 이 비들은 각각 1 차 무산소 반응기 및 2 차 무산소 반응기의 슬러지 질량 분율과 동일하다. 완전 혼합 흐름 반응기에서 진행되는 호기성 생물학적 분해 반응에서는, 해당 방정식에 포함되어 있을지라도 수리적 체류시간은 기본적인 변수가 되지 못한다. 식 (3.3)과 식 (3.4)에 의해 탈질되는 질소는 유입수 COD 농도 (S_{ti})의 함수이지만, 난분해성 COD 분율 (f_{us}, f_{up})도 변수로 참여함을 알 수 있다.

식 (3.1)의 쉽게 분해되는 COD 모두가 1 차 무산소 반응기에서 진행되는 탈질에 활용된다. 유입수의 쉽게 분해되는 COD 를 완전히 활용하여 얻어진 탈질은 매우 효율적이고, 통상적인 생활 하수 처리에서 달성될 수 있는 탈질의 약 50%를 차지한다. 식 (3.1)과 식 (3.2)에서 K_2 및 K_3 로 기술된 입자성 생분해 COD 에 의한 탈질은 1 차 무산소 반응기와 2 차 무산소 반응기 내 무산소 슬러지 질량 분율 (f_{x1} 과 f_{x3})에 정비례한다. 이들 분율은 즉흥적으로 증가시키지 못한다. 고정된 SRT 에서의 이 분율들 합 ($f_{x1}+f_{x3}$)의 크기는 효율적인 질산화가 유지되는 크기가 되어야 하고, 분율 합의 크기는 다시 SRT 에 의해 고정된다. 이와 같은 방법을 통해 달성 가능한 질산염 제거에 필요한 두 무산소 슬러지 질량 분율의 합에 대한 상한값이 주어진다. 뿐만 아니라 K_3 는 K_2 의 약 2/3 이기 때문에, K_3 에 의한 단위 부피 당 2 차 무산소 반응기의 질산염 제거는 1차 무산소 반응기에 비해 약 2/3만의 효율을 지니게 되어 결과적으로 단위 슬러지 질량 당 1 차 무산소 반응기에서의 질산염 제거는 2 차 무산소 반응기에 비해 더욱 효율적으로 진행되게 된다.

제거된 질산염 $\triangle N_1$ 과 $\triangle N_3$ 를 해당 무산소 반응기의 탈질 포텐셜 (denitrification potential)이라 부른다. 포텐셜이라는 용어는 용량 (capacity) 또는 성능 (performance)과는 차별된다. 포텐셜은 달성할 수 있는 최대 용량 또는 성능에 해당된다고 판단하면 무난하게 이해할 수 있을 것이다. 예를 들면 1 차 무산소 반응기 (MLE 공정)로 질산염 포텐셜과 동일한 양의 충분한 질산염이 내부 반송에 의해 공급되어야만, 탈질 포텐셜이 달성될 수 있다. 충분하지 못한 내부 반송이 이루어질 경우 완전 탈질 포텐셜 달성은 실현되지 못하고, 탈질 성능 (또는 탈질 용량: denitrification capacity)은 탈질 포텐셜보다 낮아진다. 성능이 포텐셜 보다 낮아지면 내부 반송율을 증가시켜 성능을 포텐셜까지 증가시킬 수 있다. 내부 반송수에는 질산염 외에 용존 산소도 포함되어 있고, 전자 수용체 (또는 산화제)인 산소는 산화 대상 (전자 공여체) COD 를 우선적으로 활용한다. 탈질에 필요한 COD 가 산소에 의해 우선적으로 산화되기 때문에 결국 내부 반송 비율이 4~6 범위를 초과하여도 용존 산소 공급도 함께 높아지게 되어 탈질 성능은 크게 개선되지 않게 되고, 증가된 내부 반송으로 무산소 반응기로 전달된 용존 산소 질량 때문에 성능이 저하되기도 한다. 포텐셜에 도달할 수 있도록 정해진 내부 반송 질산염보다 더 많은 질산염이 무산소 반응기에 공급되어도 포텐셜 값에 해당하는 질산염 만이 제거되고 남는 질산염은 다시 무산소 반응기에서 호기성 반응기로 되돌아간다. 이러한 상황에서는 질소 제거에 영향을 미치지 않도록 적절하게 내부 반송 비율을 줄일 수 있다.

1 차 무산소 반응기 무산소 슬러지 질량 분율과 2 차 무산소 반응기 무산소 슬러지 질량 분율의 합 (즉, 총 비포기 슬러지 질량 분율)은 다음과 같은 두 가지 이유 때문에 즉흥적으로 증가시킬 수 없게 된다:

1) 질산화에는 최소 SRT (SRT_{min}) 이상의 SRT 가 필요하다. 이를 보장하기 위해 슬러지의 비포기 슬러지 질량 분율이 증가할수록 SRT 를 증가시켜야만 SRT_{min} 보다 높게 유지할 수 있다. 그러나 SRT 가 증가하면 총 슬러지 질량도 증가하고, 이에 따라 반응기의 부피도 증가한다. 뿐만 아니라 최소 SRT 를 초과하여 증가시키더라도 탈질 효율은 SRT 증가 효과가 나타나지 않을 정도로 미미하게 증가할 뿐이다. 왜냐하면 탈질 효율 증가는 오직 느리게 분해되는 입자성 COD 와 관련되는 K_2 및 K_3 에 의해서만 가능하고, 이들은 상대적으로 탈질에 비효율적으로 활용되기 때문이다. 최대 SRT 로는 약 30 일이 적절하다.

2) 질산화 미생물 비 성장율이 높으면, 필요한 호기성 SRT 는 감소한다. 따라서 SRT 를 길게 유지할 경우, 높은 비포기 슬러지 질량 분율 달성이 가능해진다. 그러나 비 포기 슬러지 질량 분율이 너무 높아지면, 느리게 분해되는 입자성 COD 의 호기성 분해가 원활하게 진행되지 못한다. 20~30 일 범위의 SRT, 20 ℃ 및 12 ℃에서 비포기 슬러지 질량 분율이 약 70% 및 약 50%를 각각 초과할 경우, 유입수의 입자성 느리게 분해되는 COD 는 완전히 분해되기 어려워진다. 결과적으로 20~30 일 범위에서 SRT 를 유지하고자 할 경우, 비포기 슬러지 질량 분율이 55~60%를 초과하지 않도록 유의하여야 한다.

탈질 포텐셜은 유입 COD 농도 S_{ti} 에 대략적으로 비례한다고 앞에서 설명하였다. 질산화 용량도 유입 TKN 농도 N_{ti} 에 대략적으로 비례한다. 유입수 TKN/COD 비가 생산된 질산염과 탈질 포텐셜의 비와 유사하기 때문에 결과적으로 TKN/COD 비는 질산화-탈질 거동을 평가할 수 있는 적합한 변수가 된다.

다음과 같은 값: • μ_{nm} = 0.4 day^{-1}; • SRT = 20~30 일; • 총 유입 COD 중 쉽게 분해되는 COD 분율 ≒ 0.2; • 최대 허용 내부 반송 비율 = 6:1 그리고; • 최저 수온 = 14℃ 를 적용하고, 유입 TKN/COD 비가 0.10 보다 높아질 경우, 모든 비포기 슬러지 질량을 1 차 무산소 반응기에만 할당하더라도 생산된 모든 질산염의 탈질은 불가능하다.

Chapter 3 생물학적 영양염류 제거 공정 설계 개요

이러한 상황에서는 결국 MLE 공정이 가장 효율적이다. 유입 TKN/COD 비가 0.09 보다 낮아질 경우, 완전 탈질이 가능해진다. 비록 완전 탈질이 가능할지라도, 다음과 같은 이유로 MLE 공정만을 고집할 수는 없다: 호기 반응기의 정상 상태 질산염 농도를 N mg/L 이라고 하자. 내부 반송 비를 a, 슬러지 반송 비율을 s 로 표기하면, $(a + s)/(a + s + 1)$ 분율의 질산염이 무산소 반응기로 반송되고, $1/(a + s +1)$ 분율의 질산염은 유출수에 포함된다. $1/(a + s +1)$의 질산염까지 탈질시키기 위해서는 또 다른 무산소 반응기가 추가되어야 한다. 이런 배경으로 탄생된 공정이 Bardenpho 공정이다 (그림 3.2). 물론 추가되는 반응기의 단위 부피 당 탈질 효율은 선행하는 무산소 반응기에 비해 낮게 나타난다. K_3 보다 K_2 가 크고 ($K_3<K_2$), 이에 따라 동일한 총 비포기 슬러지 질량에서 탈질 포텐셜은 MLE 공정의 1 차 무산소 반응기에 비해 Bardenpho 공정에서 추가되는 무산소 반응기에서 낮아지기 때문이다. 이는 TKN/COD = 0.1 대신 보다 낮은 TKN/COD ≤ 0.09 에서만 완전 탈질이 달성되는 이유이기도 하다. 이러한 최대 TKN/COD 비의 뚜렷한 감소는 a-반송비가 현실적으로 a=6 를 초과하지 않아야 되기 때문이다 (무산소 반응기로 유입되는 용존 산소 농도를 제한하기 위해서임). 반송수의 용존 산소를 0 으로 낮출 수 있다면 매우 높은 a-반송비를 적용할 수 있게 되어 2 차 무산소 반응기는 추가로 필요하지 않게 될 것이다.

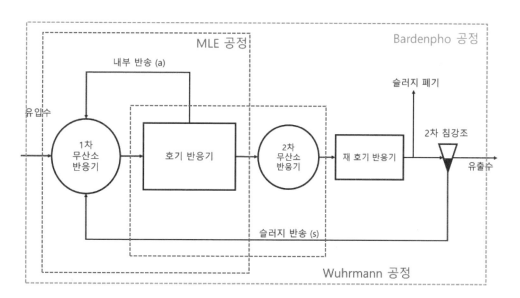

그림 3.2 MLE 공정과 Wuhrmann 공정이 결합된 질소 제거를 위한 Bardenpho 공정

TKN/COD 비가 0.09 미만으로 감소할수록 내부 반송율을 낮게 유지하기 위해 1 차 무산소 반응기 크기는 감소시키고 2 차 무산소 반응기 크기를 증가시킬 수도 있다 (그림 3.3 참조).

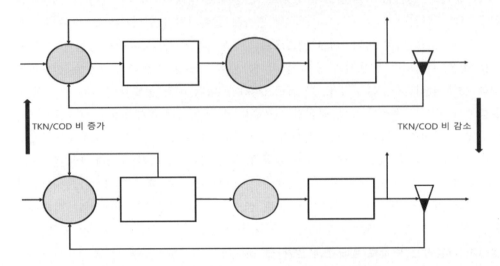

TKN/COD 비 증가

TKN/COD 비 감소

그림 3.3 TKN/COD 비 변동에 따른 1 차 및 2 차 무산소 반응기의 크기 변경 전략

2.3.2 과잉 인 제거

Acinetobacter spp 와 같은 일부 종의 미생물은 대사 과정에 필요한 인 보다 많은 인을 과잉으로 섭취할 수 있다. 일부 *Acinetobacter*는 절대 호기성이고, 다른 일부는 질산염을 전자 수용체로 활용한다. 이들은 느리게 성장하고, 대사에 활용할 특정 형태의 영양염류를 선호하는 경향을 보인다. 예를 들면 많은 종류의 저분자 휘발성 지방산은 활용할 수 있지만, 글루코스와 같은 설탕계 탄수화물은 활용하지 못한다. 느리게 성장하는 특성으로 인해, 더욱 빠르게 성장하는 미생물에 의해 성장이 압도된다. 더 빠르게 성장하는 미생물이 대부분의 기질을 선점하여 결국 우점되기 때문이다. 이로 인해 실제 하수 처리 시설에서 *Acinetobacter spp*를 관찰하기 어려워진다.

비포기 질량을 함유하고 있는 슬러지에서 인을 과잉을 섭취할 수 있는 미생물이 어떻게 증식할 수 있는 지에 대한 의문이 제기된다. 미생물이 과잉의 인산염 일부를 미리 저장하고 있었다는 가설을 적용하면 의문이 풀리게 된다. 이 인산염은 PO_4^- 라디칼로 존재하지만 서로 결합되어 고분자 인산염으로 연결된 사슬 형태를 이룬다. 사슬을 구성하는 라디칼 사이의 결합에는 상당한 에너지가 함유되어 있다. 성장하기에 적합한

Chapter 3 생물학적 영양염류 제거 공정 설계 개요

기질이 풍부한 혐기 반응기 (산소뿐 아니라 질산염도 존재하지 않는 반응기)로 *Ancinobacter*가 유입되면, *Ancinobacter*는 고분자 인산염 사슬의 결합 일부를 끊고 주변 액체로 인산염 라디칼을 배출한다. 이에 따라 결합 에너지가 방출되고, 방출된 에너지를 활용하여 기질을 흡수하고 PHA (polyhydroxyalkanoates)와 같은 복합물을 생산하여 세포 내에 저장한다. 이를 기질 격리 (substrate sequester)라 부른다. 혐기 영역을 벗어나 무산소 영역 (질산염 존재)이나 호기 영역 (산소 존재)으로 진입함과 동시에 고분자 인을 지닌 미생물 슬러지는 가용할 수 있는 전자 수용체 (질산염 또는 산소)를 만나게 되고, 혐기 영역에서 자신 내에 격리시켜 저장하였던 기질을 대사시킨다. 즉, 고분자 인을 저장하지 못하는 미생물과 가용할 수 있는 에너지를 두고 경쟁하지 않고도 성장할 수 있게 된다.

무산소 및 호기 영역에서 고분자 인 저장 미생물은 성장을 위해 격리해 두었던 기질을 사용하는 것 이외에도 기질을 활용하여 인산염 주변 물속의 라디칼 (PO_4^-)을 섭취하고, 혐기 영역으로 되돌아올 때 연이어 사용하기 위해 인산염 사슬을 다시 형성한다. 따라서 고분자 인산염을 저장하는 절차에 익숙해진 *Acinetobacter* 와 같은 인 저장 미생물들은 최악의 환경인 혐기 조건에서도 스스로 에너지를 얻을 수 있어 인을 저장하지 못하는 미생물들에 비해 상대적 우월성을 지닌다.

제1장의 설명에 이어 지금까지의 설명으로 고분자 인산염 저장 미생물이 변칙적으로 성장하는 방법을 명확히 이해하게 되었을 것으로 기대한다. 인 저장 미생물의 거동을 요약하여 그림 3.4에 간략하게 제시되어 있다. PAOs (polyphosphate accumulating organisms), PHA (polyhydroxyalkanoates), VFA (volatile fatty acid)와 같은 화학적 또는 생물학적 전문 용어를 보다 쉽게 이해하기 위해 이들과 연루되는 일부 물질의 화학구조도 함께 그림 내에 제시하였다.

혐기 반응기에서 고분자 인산염 저장 미생물의 거동은 아직 규명할 부분이 여전히 남아 있지만, 거동을 요약하여 정리하면 다음과 같다: 아세테이트 (acetate) 또는 뷰티르산 (butyric acid: C_3H_7COOH)과 같이 직접 활용할 수 있는 기질이 추가되면, 고분자 인산염 저장 미생물은 인을 빠르게 방출하고 (이 과정에서 기질 격리에 이용할 에너지를 얻게 된다), 인 방출량은 유입되는 기질의 질량에 비례한다. 또한 유입되는 기질의 양이 증가할수록 혐기-무산소-호기 시스템에서의 인의 순 제거 (net removal)도 증가하지만 정량적으로 나타내기 어려운 실정이다.

하수가 혐기 반응기로 유입될 때와 아세테이트가 혐기 반응기로 유입될 때의 고분자 인산염 저장 미생물의 거동은 다음의 2 가지 점에서 달라진다: 1) 오직 유입된 COD의 일부 만이 인 방출과 인 제거에 연루된다; 2) 아세테이트가 유입되는 경우보다 하수가 유입되는 경우 인의 방출 속도는 느리고, 인의 방출은 다른 반응속도 차수로 나타난다.

1)을 보다 상세히 설명하면 다음과 같다: 인 방출 유도에 필요한 유입 COD는 쉽게 생분해될 수 있는 COD 분율과 관련되는 것으로 보인다. 쉽게 생분해될 수 있는 COD 분율이 증가하고 감소하면 원인 규명은 명확치 않으나 인 방출과 인 제거도 각각 증가하고 감소하는 결과가 일관되게 관찰된다. 입자성 생분해 COD 분율의 인 방출에 미치는 영향은 미미하다. 입자성 생분해 COD는 미생물에 의해 흡수되기 전에 흡착, 저장 및 세포외 효소에 의한 분해 과정의 선행이 필요하다는 점을 감안하면, 논리적으로 타당한 결과이다. 호기성 조건에서 조차 쉽게 생분해되는 COD 대사 속도의 1/7~1/10에 해당될 정도로 입자성 COD의 대사 속도는 느리게 진행된다.

2)의 상세한 설명은 다음과 같다: 아세테이트 보다 하수가 유입된 경우의 더욱 느린 인 방출 속도는, 인 방출에 적합한 기질이 우선적으로 고분자 인산염 저장 미생물에 의해 활용된다는 사실의 간접적 지표가 된다. 아세테이트 주입 시 인 방출 속도식은 아세테이트 농도의 0차로 나타났지만, 하수 주입 시 인 방출 속도는 1차 반응속도식으로 나타났다는 점은 이러한 사실을 뒷받침한다. 하수가 유입되는 경우의 인 방출 속도는 초기에는 높고 반응기를 거치면서 점진적으로 감소하여 결국 0으로 떨어진다. 동일한 비포기 슬러지 질량 분율을 지니는 완전 혼합 흐름 반응기와 플러그 흐름 반응기의 인 방출량를 비교하면 비포기 슬러지 질량 분율의 값이 매우 적을 경우, 플러그 흐름 반응기에서는 모든 인의 방출은 달성되지는 않았지만 완전 혼합 흐름 반응기에서의 인 방출량보다 높게 나타났다.

20~25 일의 SRT 에서 90 % 또는 그 이상의 인 방출을 보장하기 위해서는 완전 혼합 흐름 반응기의 혐기성 질량 분율은 약 0.2 로 유지되어야 한다. 반면에 같은 범위의 인 방출을 보장하기 위한 플러그 흐름 반응기에서의 분율은 약 0.15 가 필요하다. 1 차 반응에 따라 인 방출이 이루어지기 때문에 20% 보다 높은 혐기성 질량 분율을 유지하여도 얻을 수 있는 긍정적인 효과는 미미하다. 그러나 혐기성 질량 분율이 10% 또는 그 미만으로 낮아지면, 50~60 %의 인 방출 만이 가능할 것으로 보인다. 만약 1 개의 완전 혼합 흐름 혐기 반응기 대신 2개의 작은 완전 혼합 흐름 반응기로 나누어 직렬로 연결하면 (이 경우 2 개의 반응기 전체 부피는 1 개일 경우의 단일 반응기의 부피와 동일하다), 혐기성 슬러지 질량 분율의 효율이 개선되어 20% 분율이 15% 분율로 감소되어도 동일한 인 제거 효율을 얻을 수 있다. 단일 반응기의 크기를 더 많은 소형의 온전 혼합 흐름 반응기로 작게 나누어 직렬로 연결하면, 연결된 전체 완전 혼합 흐름 반응기의 하수 흐름 거동은 점점 더 플러그 흐름 거동에 접근하게 된다 (이에 관한 설명은 제 4 장에서 보다 상세히 다룰 것이다). 그러나 직렬 연결에 의한 개선 효과이 실현되기 위해서는 SRT 를 20 일 이상으로 유지하여야 한다.

Chapter 3 생물학적 영양염류 제거 공정 설계 개요

위에서 언급한 하수 유입의 경우와 아세테이트 유입의 경우에서 나타난 인 방출 차이의 이유를 규명할 수 있는 방법은 여전히 부족하지만, 최소한 다음의 설명은 유효하다: 쉽게 분해될 수 있는 COD 의 대부분은 고분자 인산염을 저장할 수 있는 미생물이 직접 활용하기에는 부적합한 화학적 형태를 지닌다는 점은 명확하다. 혐기 반응기에서는 산소와 질산염과 같은 외부에서 공급되는 전자 수용체가 더 이상 없기 때문에 고분자 인산염을 저장하지 못하는 미생물은 내부 또는 내생 전자 수용체를 스스로 창출하여 쉽게 분해되는 COD 의 일부분을 활용하여 생존에 필요한 최소한의 적은 양의 에너지를 생산한다. 이러한 내생 활동의 결과물은 큰 분자량의 원 COD 가 분해된 작은 분자량의 지방산과 이와 유사한 형태를 지니는 유기 화합물이다. 고분자 인산염을 저장하지 못하는 미생물이 생산한 결과물을 고분자 인산염 저장 미생물이 격리시켜 저장하게 되는 것이다. 따라서 기질의 화학적 구조가 고분자 인산염 저장 미생물이 활용하기에 부적합할 경우, 인산염을 저장하지 못하는 미생물이 대신하여 적합한 형태로 전환시킨다는 의미이다. 이러한 전환과 연루되는 반응 속도는 고분자 인산염 저장 미생물의 격리 속도를 지배하게 된다. 결국 고분자 인산염을 저장할 수 없는 미생물은 인 제거에는 무용지물이 아니라 도리어 고분자 인산염 저장 미생물의 성장을 위해 필수적인 생명체가 되는 것이다.

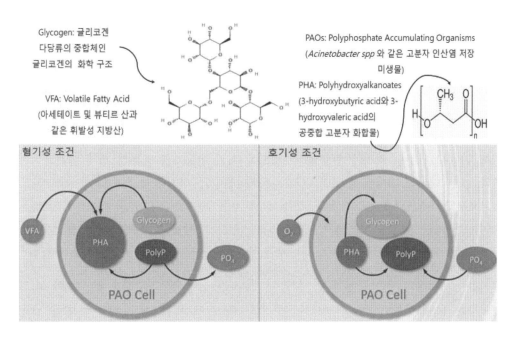

그림 3.4 고분자 인산염 저장 미생물에 의한 과잉 인 제거 메커니즘 개략도

2.3.3 공정 개발

고분자 인 저장 미생물의 거동을 논리적으로 이해할 수 있게 되면, 설계자에게는 다음과 같은 중요한 결론에 도달하게 된다:

(1) 위에서 설명하였던 내용을 기반으로 1 차 침강조의 하부에서 소화 과정을 통해 생산되는 저분자 지방산에 관한 연구에 관심을 가질 필요가 있다.

(2) 질산염 또는 산소와 같이 외부에서 유입되는 어떠한 전자 수용체라도 쉽게 분해되는 COD 를 기반으로 성장하는 고분자 인산염을 저장하지 못하는 미생물에 의해 유입 즉시 활용되고, 따라서 고분자 인산염 저장 미생물이 격리하기에 적합한 COD 농도는 감소하게 된다.

(3) 전체 격리 활동이 느리다는 점은 쉽게 분해되는 COD 자원을 가능한 많이 처리할 수 있는 적절한 혐기성 슬러지 질량 분율이 만들어져야만 한다는 것을 의미한다. 그러나 반응은 쉽게 분해되는 COD 자원량에 비례하는 1 차 반응 속도로 진행되기 때문에, 혐기성 슬러지 질량 분율을 즉흥적으로 확대하여도 얻을 수 있는 장점이 미미하다는 점도 함께 의미한다. 즉, 각 증가는 이전에 증가되었던 분율이 감소되어 되돌아온다는 의미이다. 또한 여러 개의 작은 반응기로 나누어 직렬로 연결하면 인 제거 효율은 더욱 개선되고, 더 적은 혐기성 슬러지 질량으로도 단일 반응기와 같은 효율을 달성하게 된다.

인의 생물학적 제거에 관한 지금까지의 설명으로부터 생물학적 인 제거 공정 설계에 반영되어야 할 기본적인 조건은 혐기 영역 (또는 혐기 반응기) 제공이라는 결론에 도달하게 된다. 쉽게 분해되는 COD 가 포함된 하수가 혐기 반응기로 유입되어 고분자 인 저장 미생물의 격리 활동에 직·간접적으로 활용된다. 인 제거 효율을 극대화하기 위해, 가능한 완전한 격리가 진행될 수 있도록 혐기 반응기를 충분히 크게 설계하여야 한다. 뿐만 아니라 어떠한 형태의 전자 수용체 (질산염, 아질산염, 또는 용존 산소)라도 외부로부터 유입되지 않아야 한다. 외부 전자 수용체는 고분자 인을 저장하지 못하는 미생물의 빠른 성장을 촉진시켜 고분자 인 저장 미생물의 격리에 활용될 기질을 우선적으로 소진시킨다.

질산화 및 탈질이 진행되는 앞서 설명한 Bardenpho 공정(그림 3.2 및 3.3)에 혐기 반응기를 1 차 무산소 반응기 전단에 추가로 설치하게 되면, 질소 제거와 함께 인도 생물학적으로 제거할 수 있는 시스템이 될 수 있다. Bardenpho 공정에는 2 차 무산소 반응기와 재포기 반응기가 포함되어 완전 질산화와 완전 탈질이 가능하기 때문에 1 차 무산소 반응기 크기를 줄이고 줄인 크기만큼의 혐기 반응기를 1 차 무산소 반응기 전단에 설치하여도 무방할 것이다. 1 차 침강조의 일부를 분리하여 혐기 반응기로 활용하는 방안도 도입할 수 있을 것이다. Bardenpho 공정에서는 질산화와 탈질이 완전하게 진행되어 혐기 반응기로 유입될 슬러지 반송수에는 질산염이 미미하거나 존재하지 않게 된다. 이로 인해 최대의 인이 방출될 수 있는 최적의 조건이 혐기 반응기에 형성된다. 이렇게 개발된 공정을 Modified-Bardenpho 공정, Phoredox 공정 또는 5 단계 Phoredox 공정으로 다양하게 부른다 (그림 3.5 참조)

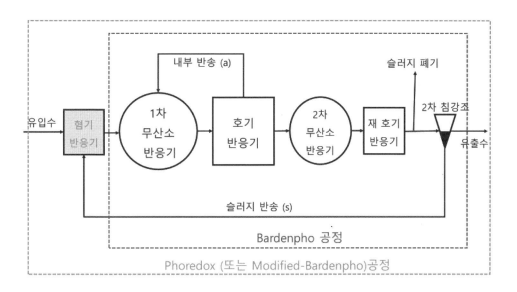

그림 3.5 생물학적 질산화-탈질-과잉 인 제거를 위한 Phoredox
(또는 Modified-Bardenpho) 공정 개략도

비포기 슬러지의 일부가 혐기 반응기로 분산되어 인 방출 증가와 동시에 공정의 탈질 포텐셜이 감소한다는 점에 유의하면서, Phoredox 공정의 기능을 평가하여야 한다. 총 비포기 슬러지 질량 분율이 동일할 경우, Baedenpho 공정에 비해 Phoredox 공정의 탈질 포텐셜은 보다 낮게 나타난다. 결과적으로 Phoredox 공정의 완전 탈질에 필요한 최대 허용 TKN/COD 비는 감소하게 된다. 표준 유입 하수 원수에서는 총 유입 COD 의 약 20%가 쉽게 분해되는 COD 에 해당된다. 약 20 일의 SRT, 최대 비포기 슬러지 질량 분율 0.55 그리고 혐기성 슬러지 질량 분율 0.15 에서 완전 탈질에 필요한 최대 TKN/COD 비는 0.08 을 초과하지 않아야 한다. 1 차 침강조를 거친 하수의 총 유입 COD 중 쉽게 분해되는 COD 분율은 하수 원수보다 높은 약 25 %이고, 최대 허용 TKN/COD 비는 약 0.09 이다. 최대 허용 TKN/COD 비는 쉽게 분해되는 COD

생물학적 영양염류 제거 공정 설계 실무

127

분율에 따라 크게 변한다. 쉽게 분해되는 COD 분율이 탈질에 크게 기여하기 때문이다. 결과적으로 TKN/COD 비의 값들은 상대적인 값일 뿐이어서 쉽게 분해되는 COD 분율의 진정한 절대값을 실험을 통해 구하여야 한다.

낮은 값으로부터 TKN/COD 비의 값이 증가할수록 1 차 및 2 차 무산소 반응기의 상대적 크기 비도 따라 변하게 된다. 낮은 TKN/COD 비에서 최적의 탈질 성능을 달성하기 위해서는 1 차 무산소 반응기는 작고 2 차 무산소 반응기는 커야 한다. 반면에 높은 TKN/COD 비에서는 1 차 무산소 반응기는 크고 2 차 무산소 반응기는 매우 작아야 한다 (그림 3.3 참조).

TKN/COD 비가 최대 허용 비를 초과하면, 유출수에는 질산염이 나타나게 될 것이다. Phoredox 공정에서는 이 질산염이 슬러지 반송수에 포함되어 혐기 반응기로 되돌아오고, 쉽게 분해되는 COD 의 일부 또는 전부 (질산염의 농도에 따라 변함)가 탈질에 활용되어 고분자 인 저장 미생물의 격리에 이용될 COD 의 양이 감소하게 된다. 슬러지 반송에 포함된 질산염의 농도는 유출수의 농도와 동일하다. 1 $mg(NO_3-N)$은 8.6 mg(쉽게 분해되는 COD)을 제거하고, 반송 비율 1:1 의 슬러지 반송수에 포함된 질산염 농도 5 $mg(NO_3-N)/L$ 는 43 mg(쉽게 분해되는 COD)을 제거한다. 유입수 총 COD 농도가 500 mg/L 일 경우 쉽게 분해되는 COD 농도는 500mg/L 의 20 %인 대략 100 mgN/L 로부터 질산염의 유입으로 인해 약 60mg/L 로 저하된다.

혐기 반응기로 전달되는 질산염을 저감시킬 수 있는 유일한 운전 수단은 혐기 반응기로의 슬러지 반송을 줄이는 것이지만 슬러지 반송율이 낮아지면 침강조의 효율이 저하되기 때문에 (슬러지 반송이 작아지면 침강조에 슬러지 질량이 누적되고, SVI(sludge volume index)가 높을 경우 침강조의 기능이 마비될 수도 있으며, 슬러지에서 진행되는 탈질 과정에서 발생된 질소 기체 기포와 함께 슬러지가 상부로 부상되어 유출수로 유실된다) 이러한 수단의 적용에는 한계가 있다.

Phoredox 공정의 가장 큰 어려운 점은 높은 TKN/COD 비에서는 혐기 반응기의 성능이 유출수의 질산염 농도에 의해 좌우된다는 사실이다. 유출수의 질산염과 무관한 혐기 반응기가 되기 위해서는 새로운 공정의 개발이 필요하다. MLE 공정을 기반으로 혐기 반응기를 무산소 반응기 전단에 추가로 설치하고, 무산소 반응기로부터 혐기 반응기로의 내부 반송을 추가하는 방안을 고려할 수 있을 것이다. 호기 반응기로부터 무산소 반응기로의 주 내부 반송을 제어함으로써 무산소 반응기로부터 혐기 반응기로의 무 질산염 (nitrate-free) 반송도 가능해질 수 있다. 이렇게 개발된 공정을 UCT 공정이라 부른다 (그림 3.6 참조). UCT 공정의 주된 장점은 혐기 반응기를 유출수의 질산염과 무관하게 운전할 수 있다는 것이다. Phoredox 공정처럼 혐기 반응기는 시설의 최전단에 설치되지만 1 차 무산소 반응기로부터 혐기 반응기로 r-반송수가 유입된다. 호기 반응기로부터 1 차 무산소 반응기로 유입되는 주 내부 반송비 (a-반송비)를 제어함으로써 1 차 무산소 반응기로의 탈질 포텐셜을 초과하는 질산염 유입을 막을 수 있게 되어 혐기 반응기에서는 무질산염 유입 실현이 가능해진다.

예를 들면 UCT 공정에서 r-반송비가 1:1 일 경우, 혐기 반응기의 슬러지 농도는 혐기 반응기를 제외한 다른 반응기들 전체 슬러지 농도의 반이 된다. 따라서 Phoredox 공정의 혐기성 슬러지 분율과 같은 분율로 유지하기 위해서는 Phoredox 공정의 혐기 반응기 부피에 비해 UCT 공정 혐기 반응기의 부피를 2 배로 증가시켜야 하는 결론에 도달하게 된다. 비록 UCT 공정으로 유출수의 질산염과는 무관하게 혐기 반응기를 독립적으로 운전할 수 있지만 이러한 장점은 TKN/COD 비 0.14 까지만 지속될 수 있다. UCT 공정의 유출수 질산염 농도가 0 으로 낮아지는 것은 불가능하기 때문에 Phoredox 공정처럼 높은 질산염 제거 효율을 달성할 수 없을 지라도 TKN/COD<0.08 과 같이 낮은 비에서는 UCT 공정이 Phoredox 공정의 대체 수단으로 성공적으로 도입될 수 있다.

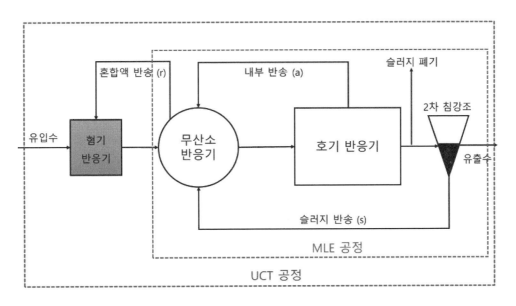

그림 3.6 MLE 공정을 기반으로 인 제거 기능이 추가된 UCT 공정의 개략도

a-반송을 보다 명시적으로 고정시켜 제어하기 위해, Modified-UCT 공정이 개발되었다 (그림 3.7). Modified-UCT 공정에서는 1 차 무산소 반응기가 2 개의 무산소 반응기들로 분할되어 직렬로 연결된다. 첫번째 무산소 반응기의 슬러지 질량 분율은 약 0.1 로 유지한다. a-반송수는 두번째 무산소 반응기로 유입되고, 질산염이 호기 반응기로 되돌아오는 여부에 관계없이 a-반송비는 4:1 과 같이 높은 값으로 고정된 채 지속된다. 이와 같이 a-반송비를 높게 고정시켜 유지하면, 탈질 포텐셜과 동일하거나 탈질 포텐셜을 능가하는 충분한 질산염이 두번째 무산소 반응기로 유입될 수 있기 때문이다. s-반송수는 첫번째 무산소 반응기로 유입되고, 슬러지와 함께 유입되는 질산염은 첫번째 무산소 반응기에서 탈질되어 질산염 농도는 0 이 된다. 이러한 형상으로 공정을 구성하면, 구현된 r-반송수의 무질산염으로 인해 TKN/COD 비 0.11 까지 인 제거 및 질소 제거 효율을 지속적으로 유지할 수 있게 된다.

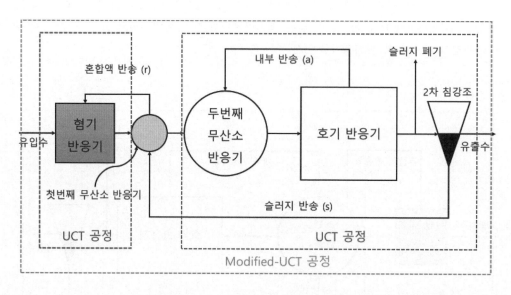

그림 3.7 a-반송율을 보다 명시적으로 고정시켜 제어하기 위해 개발된
Modified-UCT 공정의 개략도

생물학적 영양염류 제거 공정 설계의 많은 상세 내역을 아직 설명하지 못하였다. 기본적 주요 본질 부분만을 중심으로 다루었다. 제 4 ~ 7 장에서 생물학적 영양염류 제거 공정의 보다 상세한 설계 내역을 다룰 것이다. 제 4 ~ 7 장에서 권장하는 설계 지침에 의하면, 100 mg 유입 COD 당 약 1.7~2 mg 의 PO_4-P 제거(즉, 0.017~0.02 △P/COD mg)가 달성 가능할 것으로 판단된다. 이러한 제거율은 주로 유입수의 쉽게

Chapter 3 생물학적 영양염류 제거 공정 설계 개요

분해되는 COD 에 따라 우선적으로 변한다. 유입수의 P/COD 비가 0.017~0.02 를 초과하면 하수의 모든 인은 생물학적으로 제거되지 않을 가능성이 매우 높고, 잔류하는 인을 제거하기 위해 화학 침전을 필수적으로 도입하여야 할 것이다. P/COD 비가 0.017~0.02 보다 낮으면 대부분의 시간 동안 0.5 mgP/L 농도까지 유출수 농도를 낮출 수 있게 될 것이다.

△P/COD 로 표현되는 인 제거 경향은 생물학적 인 제거 설계 시설 성능을 대략적으로 판단할 수 있는 지표가 된다. 유출수 인 농도만을 기준으로 공정의 성능을 평가하지 않아야 하고, △P/COD 를 기준으로 성능을 평가하여야 한다. 달성된 △P/COD 가 0.017~0.02 보다 낮을 경우에는 낮아진 이유를 하수 특성 또는 공정 설계 또는 공정 운전 또는 이들 3 가지 요인의 조합에서 찾아야 한다. 이러한 평가 분석의 결과는 설계자가 최적의 공정을 설계하기 위한 귀중한 정보로 활용된다.

생물학적 영양염류 제거 공정과 관련된 많은 학제간 지식과 경험을 설계자가 모두 갖추기는 매우 힘들다. 일부 지식과 경험에는 익숙하고 나머지 부분에서는 익숙하지는 않을 것이지만 어떠한 지식과 경험이 결여되어도 공정의 설계가 부실해지는 결과를 초래한다. 생물학, 토목공학, 화학공학, 기계공학, 계측 공학 등 여러 학문 분야에 대한 지식과 경험을 쌓기 위해 설계자는 자신의 주 전문 분야 뿐만 아니라 관련 분야 지식과 경험에도 익숙해져야 한다. 토목 공학 및 기계 공학이 주 전문 분야일 경우에는 유입 하수를 생물화학적으로 전환시키는 전문 분야에 익숙한 화학공학 주 전문 설계자와 생물 반응기 설계 분야를 함께 진행하여야 할 것이다. 반대로 화학공학이 주 전문 분야일 경우에는 기계공학, 토목공학 및 계측 공학 주 전문 설계자와 물리적 단위 조작 설계를 함께 진행하여야 할 것이다.

그 중에서도 특히 생물 반응기는 전체 하수 처리 플랜트의 심장과도 같은 가장 핵심적인 역할을 수행하기 때문에 생물반응기 설계에 관련된 지식은 필히 습득하여야 한다. 생물반응기 크기가 과다 설계되면, 반응기로 연결되는 모든 물리적 단위 공정들의 크기도 증가하게 되어 하수 처리 플랜트 건설비 뿐만 아니라 부지 조성비와 유지관리비 및 필요 인력의 수도 증가하게 된다. 결과적으로 이들 비용 상승은 고스란히 하수시설 이용료 추가 부담으로 귀결되고 온실가스 배출량 증가로 이어진다. 하수 처리 시설은 도시계획시설에 속한다. 도시계획시설은 도시민의 일상 생활과 경제 활동을 위한 기반이자 수단이고, 생산 활동을 지원하고 경제 발전을 촉진하며 쾌적한 도시 생활을 영위하기 위해 중요한 역할을 하고 있다. 국토의 계획 및 이용에 관한 법률에 의한 기반 시설은 도시관리계획으로 결정하여 설치하는 시설로서, 도로, 항만, 공항, 학교 등과 같이 하수 처리 시설은 반드시 도시관리계획으로 결정하여 설치하게 된다. 설계자는 도시계획시설로서의 중요성을 인식하고, 최소 비용으로 최대 효율을 달성할 수 있는 하수 처리 시설을 설계할 수 있는 역량을 끊임없이 강화하여야 할 것이다. 역량 강화는 주로 반응기 설계에 집중된다. 영양염류 제거 반응을 수행하는 최적의 생물 반응기를 설계하기 위해서는 반응기 설계에 필요한 전문 지식을 지녀야 하고, 반응기 설계와 관련된 전문 지식은 생각보다 어려운 분야에 속한다. 상세한 전문 지식은 반응기 설계 전문 서적을 참고하기 바라며 반드시 알아 두어야 하는 기본적인 지식만을 이 장에서 다루고자 한다.

3. 생물 반응기 설계를 위한 기본 지식

정상 상태 (steady-state)에서 운전되는 연속 흐름 (continuous flow) 생물학적 영양염류 제거용 생물반응기는 다음과 같은 2 가지 형상의 이상적 (ideal) 반응기로 크게 분류될 수 있다: 1) 완전 혼합 흐름 반응기 (Mixed Flow Reactor: MFR); 2) 플러그 흐름 반응기 (Plug Flow Reactor: PFR) (그림 3.8 참조).

단일 회분식 반응기 (batch reactor)를 비정상 상태에서 혐기-무산소-호기 조건 (이 순서는 변경할 수 있음)을 연차적으로 조성함으로써 생물학적 영양염류 제거 달성도 가능하지만 (이를 SBR (Sequential Batch Reactor) 공정이라 함), SBR 은 이 장에서는 설명하지 않고 제 10 장에서 상세히 다룰 것이다.

첫번째 이상적 반응기 형상은 완전 혼합 흐름 반응기 (MFR: mixed flow reactor)이고, 완전 혼합 반응기 (completely backmix reactor), 연속 교반 반응기 (continuously stirred tank reactor: CSTR) 또는 연속 흐름 교반 반응기 (constant flow stirred tank reactor: CFSTR)와 같은 다른 이름으로도 불린다. 이름이 암시하고 있는 바와 같이, 반응기 내부 반응물과 생성물이 잘 균일하게 혼합되어 반응기 전체에서 위치와 무관하게 농도가 균일해진다. 따라서, 반응기 유출수의 농도와 반응기 내의 농도는 서로 같아진다. 이러한 형태의 흐름이 완전 혼합 흐름에 해당되고, 이러한 흐름에 해당하는 반응기를 완전 혼합 흐름 반응기 (MFR)라 한다.

정상 상태 흐름 반응기의 두번째 이상적인 형상은 플러그 흐름 반응기 (plug flow reactor: PFR)이다. 슬러거 흐름 (slug flow), 피스톤 흐름 (piston flow), 이상적 튜브형 (ideal tubular) 그리고 혼합되지 않는 흐름 (unmixed flow) 반응기와 같은 다양한 이름으로도 불리는 형태의 반응기이다. 실제적으로는 측면 혼합 (lateral mixing)이 이루어질 수 있음에도 불구하고, 하수 흐름 경로를 따라서 혼합과 확산이 일어나지 않아야 한다는 이상적인 전제 조건이 플러그 흐름 반응기에 부여된다.

이러한 두 가지 형상의 이상적 반응기 (실제 상황에서는 이루어지지 거의 불가능하지만, 물질 수지를 통해 보다 간단한 형태의 지배 방정식을 수립할 수 있는 이상적인 반응기)를 가정하면 반응기 설계에 보다 쉽게 접근할 수 있게 된다.

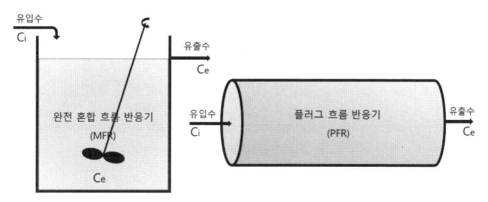

유입수 C_i / 유출수 C_e

완전 혼합 흐름 반응기 (MFR) C_e

유입수 C_i / 플러그 흐름 반응기 (PFR) / 유출수 C_e

- 완전 혼합 및 완벽한 백 믹싱 달성
- 반응기 내 농도 = 반응기 유출수 농도

- 백 믹싱 및 측면 혼합 부재
- 반응기 중심에서 반지름 방향으로의 유속은 동일
- 반응기 내 농도는 유입 농도에서 유출 농도로 점진적으로 감소 ($C_i \leq C \leq C_e$)

그림 3.8 완전 혼합 흐름 반응기 (MFR)와 플러그 흐름 반응기 (PFR)의 개략도

3.1 완전 혼합 흐름 반응기와 플러그 흐름 반응기의 물질 수지

완전 혼합 흐름 반응기의 거동을 지배하는 지배 방정식 (governing equation)은 다음의 물질 수지로부터 구할 수 있다:

Input (입력) – output (출력)– disappearance of the pollutant by reaction (반응에 의해 제거되는 오염물질) = accumulation (누적)

제거 대상 오염물질 농도는 반응기에서 균일하기 때문에 1 차 반응에 의해 진행될 경우 물질 수지를 반응기 전체를 대상으로 수립할 수 있다:

$$Q\,C_i - Q\,C_e - k\,C_e\,V_m = V_m\,\frac{dC}{dt}$$

(3.5a)

여기서, Q = 유입 유량, m³/d; C_i = 유입 오염물질 농도, g/m³; C_e = 유출 오염물질 농도 또는 MFR 내의 오염물질 농도, g/m³; V_m = 완전 혼합 흐름 반응기 내 하수 부피, m³.

생물학적 영양염류 제거 공정 설계 실무

정상 상태에서 운전되기 때문에 반응기의 농도는 시간에 따라 변하지 않고, 따라서 식 (3.5a)의 우변은 0 이 된다. 이 식을 풀게 되면,

$$V_m/Q = HRT_m = \frac{Ci - Ce}{k\,Ce}$$

(3.5b)

여기서, k = 오염물질 제거 1 차 반응 속도 상수, d^{-1} (대부분의 생물학적 오염물질 제거는 0 차 이상의 반응 속도식에 따라 진행되고, 편의상 1 차 반응으로 간주한다); HRT_m = 완전 혼합 흐름 반응기의 평균 수리적 체류시간 (d).

플러그 흐름 반응기에 대한 지배 방정식도 같은 물질 수지에 의해 구할 수 있다.

Input (입력)– output (출력) – disappearance of the pollutant by reaction (반응에 의해 제거되는 오염물질) = accumulation (누적)

그러나 플러그 흐름 반응기에서는 하수 흐름 경로를 따라 오염물질 농도가 지점마다 변하기 때문에 매우 작은 미분 부피 요소, dV (그 내부의 오염물질 농도가 같을 수 있는 매우 작은 부피)를 대상으로 물질 수지를 세워야 한다. 완전 혼합 흐름 반응기의 경우와 마찬가지로 정상 상태 운전이 가설될 수 있어 누적 (accumulation)항은 0 이 된다:

$$QC - [QC + d(QC)] - kC\,dV = 0$$

(3.6a)

이 식을 다시 정리하면,

$$V_p/Q = HRT_p = -\int_{Ci}^{Ce} \frac{1}{kC}\,dC = \frac{1}{k} ln\frac{Ci}{Ce}, \text{또는 } C_e = C_i\,exp(-kt)$$

(3.6b)

여기서, HRT_p = 플러그 흐름 반응기의 평균 수리적 체류시간 (d); V_p = 플러그 흐름 반응기 내 하수 부피 (m³).

식 (3.5b)와 식 (3.6b)의 지배 방정식으로부터 두 반응기의 성능을 정량적으로 비교할 수 있다.

Chapter 3 생물학적 영양염류 제거 공정 설계 개요

3.2 완전 혼합 흐름 반응기와 플러그 흐름 반응기의 성능 비교

동일한 유입 유량에서 완전 혼합 흐름 반응기와 플러그 흐름 반응기의 크기 비 (V_m/V_p)는 오염물질 제거 반응의 전환율에 따라 변한다. PFR 에 대한 MFR 의 수리적 체류 시간의 비는 다음과 같이 주어진다:

$$V_m/V_p = \left(\frac{Ci-Ce}{k\,Ce}\right) \div \frac{1}{k}\,ln\frac{Ci}{Ce} = \frac{(1-\frac{Ci}{Ce})}{(lnCe-\ln Ci)} > 1.0 \quad \text{또는, } V_m > V_p$$

(3.7)

식 3.7 의 반응기 크기 비를 유출 농도/유입 농도 비의 함수로 도식화하여 그림 3.9 에 제시하였다.

유출 농도/유입 농도 비 (이 비의 값은 0.0~1.0 범위이고 1 에 가까워질수록 오염물질 제거율이 낮은 반면, 0 에 접근할수록 오염물질의 대부분이 제거된다)의 변화와 무관하게 완전 혼합 흐름 반응기 부피/플러그 흐름 반응기 부피 비의 값은 항상 1 이상임을 알 수 있다. 즉, 1 차 반응일 경우 오염물질 제거율과 반응속도 상수의 값에 관계없이 완전 혼합 흐름 생물반응기의 부피가 플러그 흐름 반응기에 비해 항상 크다는 의미이다. 특히 오염물질 제거율이 높을수록 이 비의 크기도 급격하게 증가한다. 생물학적 영양염류 제거 공정 설명 과정에서 암모늄염의 완전 질산화, 질산염의 완전 탈질, 쉽게 분해되는 COD 의 완전 활용 그리고 과잉 인 섭취 등의 완전 및 과잉이라는 용어가 빈번하게 등장한다. 호기 생물 반응기에서는 완전에 가까운 질산화가 진행되고, 무산소 생물 반응기에서는 모든 질산염이 완전에 가깝게 탈질되며 그리고 혐기 생물 반응기로는 완전에 가깝게 제거된 질산염만이 유입되어야 인 방출이 진행되기 때문이다.

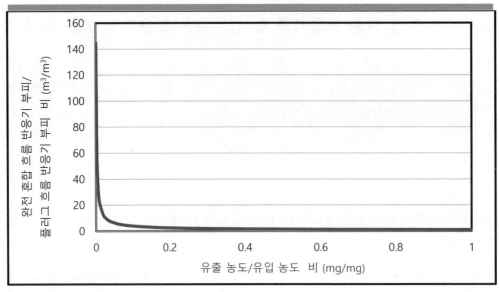

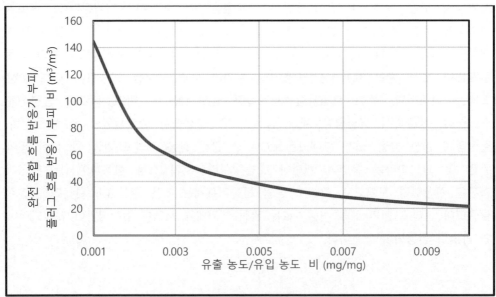

그림 3.9 전환율에 따른 완전 혼합 흐름 반응기 부피/
플러그 흐름 반응기 부피 비의 변화
(위: 유입 농도/유출 농도=0.001~1.0;
아래: 유입 농도/유출 농도 = 0.001~0.01)

그림 3.9 의 아래 그림에서 볼 수 있듯이 완전에 가깝게 오염물질이 제거될 경우
(유출농도/유입농도 비가 0 에 접근), 완전 혼합 흐름 생물반응기/플러그 흐름
생물반응기 부피 비는 급격히 증가한다. 예를 들면 오염물질 90%가 제거될 경우
(유출농도/유입농도=0.1) 반응기 부피 비는 3.91, 오염물질 99.0%가 제거될 경우
Chapter 3 생물학적 영양염류 제거 공정 설계 개요

(유출농도/유입농도=0.01) 반응기 부피 비는 21, 완전에 가까운 99.99%가 제거될 경우 (유출농도/유입농도=0.001) 반응기 부피 비는 145 가 된다. 이렇게 급격히 증가하는 반응기 부피 비는 생물학적 영양염류 제거 공정에 포함되는 각 생물 반응기들을 플러그 흐름 반응기로 설계하여야 하는 합리적 주장의 중요한 근거가 된다. 또한 완전 혼합 흐름 반응기와 같은 부피로 설계하더라도 설계된 플러그 흐름 생물 반응기는 더욱 높은 성능을 발휘하게 되고, 반대로 플러그 흐름 반응기 부피와 같은 크기로 완전 혼합 흐름 반응기를 설계하게 되면 아마도 설계는 실패로 귀결될 것이다.

1 차 반응 속도식의 역수 (1/kC)와 농도와의 관계를 그림을 이용하여 도식적으로 해석하면, 반응기 부피 차이 (또는 수리적 체류시간 차이)를 보다 명확하게 알 수 있게 된다 (그림 3.10). 임의적 반응 차수이지만 0 차 반응보다 높은 차수의 반응에 대한 완전 혼합 흐름 반응기와 플러그 흐름 반응기의 성능 차이는 명확해진다 (미생물이 참여하는 탄소계 오염물질 산화 반응 (BOD5 실험에서 시간에 따라 용존 산소가 감소하는 반응)의 경우와 질산화 진행을 대표하는 Monod 식을 참조하면, 이들 반응뿐 아니라 모든 생물학적 반응은 모두 0 차 이상의 반응 속도식에 따라 진행된다는 사실을 쉽게 유추해볼 수 있을 것이다). 그림 3.10 의 직사각형 면적과 그래프 아래를 적분한 면적은 각각 완전 혼합 흐름 반응기와 플러그 흐름 반응기의 수리적 체류시간에 해당된다. 그림 3.10 으로부터 어떤 조건 하에서도 완전 혼합 흐름 반응기가 플러그 흐름 반응기에 비해 항상 더 높은 HRT (또는 더욱 큰 부피)가 필요하다는 사실을 보다 쉽게 알 수 있다.

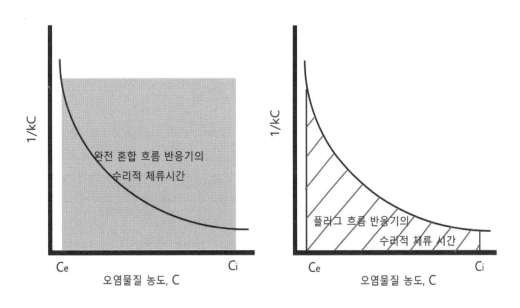

그림 3.10. 완전 혼합 흐름 반응기와 플러그 흐름 반응기의
수리적 체류 시간의 도식적 비교

생물학적 영양염류 제거 공정 설계 실무

완전 혼합 흐름 반응기와 플러그 흐름 반응기의 비교 해석 결과를 요약하면 다음과 같다:

- 0 차 보다 높은 차수의 반응 (생물학적 영양염류 제거 공정에서 진행되는 모든 반응에 해당됨)에서는 어떠한 조건 하에서도 완전 혼합 흐름 반응기의 부피가 플러그 흐름 반응기 부피보다 항상 크다.

- 반응 차수가 높아질수록 두 반응기의 차이는 더욱 뚜렷해진다.

- 오염물질 제거율이 낮을 경우 반응기 형상 선정의 영향이 상대적으로 미약하지만, 오염물질 제거율이 증가할수록 두 반응기의 성능 비는 급격히 변한다 (완전 혼합 흐름 반응기에 비해 플러그 흐름 반응기의 성능이 급격히 향상된다). 따라서 완전에 가까운 오염물질 제거율이 요구되는 생물학적 영양염류 제거 공정에 포함되는 모든 생물 반응기들은 가능한 플러그 흐름에 가까운 하수 흐름 거동을 지닐 수 있는 형상으로 설계되어야 한다.

앞의 인 방출에 연루되는 혐기 반응기 설계 부분에서 설명하였듯이 단일 혐기 완전 혼합 흐름 반응기를 작은 혐기 반응기로 나누어 직렬로 연결하면, 동일한 조건에서 단일 반응기보다 더 높은 인 제거 효율을 얻을 수 있다. 이러한 효율 향상은 설계자의 중요한 관심의 대상이 된다. 단일 반응기를 여러 작은 영역으로 나누고 작은 영역들을 직렬로 연결하면, 반응기 부피를 증가시키지 않고서도 보다 높은 성능을 달성할 수 있기 때문이다. 심지어는 단일 완전 혼합 반응기보다 더 작은 부피로도 동일한 성능이 보장될 수도 있다.

3.3 완전 혼합 흐름 반응기들의 직렬 연결

이미 설명하였듯이 이상적인 완전 혼합 흐름 반응기내의 오염물질 농도는 위치에 무관하게 균일하고 반응기 유출수의 농도와 같아진다. 플러그 흐름 반응기의 매우 작은 미분 부피 요소 내에서의 오염물질 농도 또한 균일하다. 플러그 흐름 반응기의 매우 작은 미분 부피 요소와 같이 완전 혼합 흐름 반응기를 매우 작게 나누고, 매우 작은 완전 혼합 흐름 반응기를 무한히 직렬로 연결하면 플러그 흐름 반응기 성능을 달성할 수 있게 된다는 정성적 해석이 가능해진다. 그러나 정성적인 해석만을 근거로 생물 반응기 설계에 임할 수는 없고, 성공적인 설계를 위해 향상되는 성능이 정량적으로 평가되어야 한다.

정량적 성능 향상을 보다 용이하게 산출하기 위해 N 개의 크기가 같은 작은 완전 혼합 흐름 반응기들을 직렬로 연결하고, 각 반응기에서는 1 차 반응이 연속적으로

진행된다고 간주하자. n 번째 반응기의 물질 수지로부터 얻어진 지배 방정식은 다음과 같이 산출된다:

$$HRT_{mn} = V_n/Q_n = \frac{C_i[(1-C_n)/C_i - (1-C_{n-1})/C_i]}{k\,C_n} = \frac{C_{n-1}-C_n}{k\,C_n},\ \text{또는}\ \frac{C_{n-1}}{C_n} = 1 + k\,HRT_{mn}$$

(3.8)

여기서, HRT_{mn}= n 번째 반응기에서의 수리적 체류시간, d; V_n = n 번째 반응기 내의 하수 혼합액 부피, m^3; Q_n = n 번째 반응기로 유입되는 유량, m^3/d; C_i = 첫번째 반응기로 유입되는 오염물질 농도, g/m^3; C_n = n 번째 반응기로부터 유출되는 오염물질 농도, g/m^3; C_{n-1} = (n-1)번째 반응기에서 유출되는 오염물질 농도, g/m^3; k = 1 차 반응 속도 상수, d^{-1}.

각 반응기의 부피는 서로 동일하고 유입 유량도 일정하게 유지되기 때문에 체류 시간은 서로 같아지고, 따라서 $HRT_{mn} = HRT_{m1} = HRT_{m2} = ---- = HRT_{mN}$ 이 된다. 이를 다시 정리하면 다음과 같은 규칙성을 얻을 수 있다:

$$\frac{C_i}{C_1} \times \frac{C_1}{C_2} \times \frac{C_2}{C_3} \times ---- \frac{C_{N-1}}{C_N} = \frac{C_i}{C_N} = (1 + k\cdot HRT_{mN})^N$$

(3.9a)

또는,

$$HRT_{mtotal} = N\cdot HRT_{mN} = \frac{N}{k}\left[\left(\frac{C_i}{C_N}\right)^{1/N} - 1\right]$$

(3.9b)

여기서, HRT_{mtotal} = 직렬로 연결된 완전 혼합 흐름 반응기의 총 수리적 체류 시간, d; N = 직렬로 연결된 동일한 부피의 완전 혼합 흐름 반응기 수.

극한까지 $N \to \infty$ 로 확대하여 식 (3.9b)에 적용하면,

$$HRT_{mtotal} = \frac{1}{k}\ln C_i/C_e$$

(3.10)

여기서, C_e = 최종 반응기 출구에서의 유출 수 오염물질 농도, g/m^3.

식 (3.10)을 식 (3.6)과 비교하면, $HRT_{mtotal} = HRT_p$ 의 관계가 성립함을 알 수 있다.

여기서, HRT_p = 직렬로 연결된 완전 혼합 흐름 반응기 전체 부피와 동일한 부피의 플러그 흐름 단일 반응기 수리적 체류 시간, d

따라서 무한히 적은 완전 혼합 흐름 반응기를 무한히 직렬로 연결하면 같은 부피의 단일 플러그 흐름 반응기가 된다는 정성직 주장이 정량적 결과로 증명된다.

정량적 산출을 보다 명확히 이해할 수 있도록 완전 혼합 흐름 반응기 연결 수에 따른 반응기 시스템의 부피 변화를 도식화하여 그림 3.11 에 제시하였다. 30 개 보다 많은 수의 완전 혼합 흐름 반응기가 연결되면 5 개의 반응기가 연결된 경우에 비해, 반응기 내 농도 프로파일은 플러그 흐름 반응기 내의 농도 프로파일에 접근함을 알 수 있다. 반면에 1 개의 단일 완전 혼합 흐름 반응기에서는 유입 농도가 반응기 내에서 유출 농도로 수직 하강함을 알 수 있다.

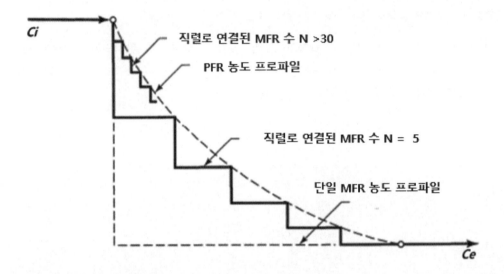

그림 3.11 완전 혼합흐름 반응기를 직렬로 연결할 경우의 반응기 내
농도 거동과 단일 반응기 내 농도 거동의 도식적 비교

3.4 실규모 완전 혼합 흐름 반응기의 실질적 체류 시간 분포

모든 생물 반응기에서는 하수 혼합액이 완전히 혼합되어 균일해지거나 이상적인 플러그 흐름 거동이 실현되지는 않는다. 생물 반응기 내 하수의 흐름 거동을 실질적으로 확인하기 위해서는 통상적으로 특정 추적자 (이 경우 추적자는 반응에 의해 변화되지 않는 비활성 물질로 구성된다. 동위원소를 지닌 불활성 화합물이나 색도를 지닌 불활성 화합물이 주로 이용되고, 영상 의료 기기인 MRI 촬영시 사용하는 조영 물질도 추적자의 일종으로 간주될 수 있다)를 생물 반응기에 펄스로 주입한 후, 유출수에서 추적자의 농도를 시간에 따라 측정하는 방법을 도입한다. 시간의 함수로 정규화된 추적자 농도 분포 $E(t)$를 체류 시간 분포 (RTD: Residence Time Distribution)라 한다. 정규화된 유출 농도란 단순히 유출수에서의 추적자 농도를 유출

Chapter 3 생물학적 영양염류 제거 공정 설계 개요

추적자 농도 곡선의 하부 면적으로 나누어 정규화한 농도이다. 다시 말하면, RTD 는 추적자가 반응기에 체류하는 시간의 확률 분포이다. RTD 에 대한 정보는 이상 반응기가 아닌 실제 규모 반응기 설계에서 매우 중요하다. 설계자는 RTD 를 이용하여 생물 반응기 내 하수 흐름과 하수 혼합의 특성을 파악할 수 있게 된다. 토목 기술자들에게 익숙한 강우에 대응하는 집수 유역 단위 수문 곡선 (unit hydrography)과 유사한 개념이다

RTD 산출은 다음과 같은 과정으로 진행된다:

1) 추적자를 펄스로 주입 후 추적자의 시간에 따른 유출 농도 $C_T(t)$를 측정한다.

2) 측정된 유출 추적자 농도 분포로부터 RTD 함수를 다음과 같이 결정한다. 즉,

$$E(t) = C_T(t) / \int_0^\infty C_T(t)dt$$

(3.11)

3) E(t) 대 t 의 곡선으로부터 시간 t 와 시간 t+dt 사이를 머문 후 반응기를 빠져나간 추적자 분자의 분율 E(t)dt 를 계산한다.

4) t 이하의 시간 동안 머문 후 반응기를 빠져나간 추적자 분자 분율인 누적 분포 함수 F(t)를 다음과 같이 산출한다:

$$F(t) = \int_0^t E(t)dt$$

(3.12)

5) t 이상의 시간 동안 머문 후 반응기를 빠져나간 추적자 분자 분율 1-F(t)를 계산한다.

6) 평균 체류시간 t_m을 다음의 식에 의해 구한다:

$$t_m = \int_0^t tE(t)dt$$

(3.13)

7) 분산 σ^2을 다음의 식에 의해 계산한다:

$$\sigma^2 = \int_0^\infty (t - t_m)^2 E(t)dt$$

(3.14)

8) 공간 시간 τ (space time: 반응기 공간에 체류하는 시간)와 평균 체류시간 t_m 이 동일한 지 점검하여 추적자의 분산/확산을 평가한다.

9) 내부 연령 분포 I(α)를 다음의 식에 의해 산출한다:

$$I(\alpha) = 1/\tau[1 - \int_0^\alpha E(t)dt] = 1/\tau\,[1 - F(\alpha)]$$

(3.15)

10) 산출된 내부 연령 분포 I(α) 곡선을 이용하여, 시간 α 와 시간 α+dα 사이 동안 반응기 내에 체류하는 투적자 분자 분율 I(α)dα 를 산출한다.

11) 시간 λ 와 시간 λ+dλ 사이에 반응기를 떠날 것으로 예상되는 연령 λ 에 해당하는 반응기 내 추적자 분자 분율로 정의되는 기대 수명 Λ(λ)dλ 를 계산한다.

이상적 완전 혼합 흐름 반응기에서는 완전한 백믹싱 (back mixing)이 실현된다. 반응하지 않은 반응물이 반응기 내에서 반응한 물질 (또는 반응에 의해 생성된 물질)과 서로 섞이는 경향을 백믹싱이라 한다. 플러그 흐름 반응기에서는 백믹싱이 진행되지 않고 직경 방향으로의 믹싱 (이를 래디얼 믹싱 (radial mixing)이라 한다)만이 100% 진행된다고 가정한다. 따라서 백믹싱은 없고 래디얼 믹싱만이 진행되는 플러그 흐름 반응기의 동일한 체류 시간에 해당하는 모든 단면의 농도는 균일해진다. 백믹싱이 가능한 이상적인 완전 혼합 흐름 반응기에서는 이미 머물렀던 기간과 무관하게 반응기 내 각 지점의 물질은 반응기 출구로 유출될 수 있는 동일한 기회(또는 확률)를 지니게 된다. 일부 추적자가 완전 혼합 흐름 반응기에 주입되면, 반응기 내에서 완전히 혼합되어 추적자 물질의 일부분은 즉시 출구에 나타난다. 일정한 유출 기회로 인해 지수적으로 감소하는 추적자 프로파일이 관찰되게 된다. 완전 혼합이라는 가정이 이상적인 완전 혼합 흐름 반응기의 전형적인 지수형 RTD 로 직접 귀결된다. 이상적인 완전 혼합 흐름 반응기에서는 평균 체류시간 t_m 은 공간 시간 τ 와 동일하기 때문에 평균 체류시간 τ 를 지니는 이상적 완전 혼합 흐름 반응기의 체류 시간 분포 RTD_{MFR} 은 다음의 식으로 주어진다:

$$RTD_{MFR}(t) = \frac{1}{\tau}\exp\left(-\frac{t}{\tau}\right)$$

(3.16)

이에 반하여 이상적 플러그 흐름 반응기에 추적자가 주입되면, 주입된 모양과 같은 모양의 τ 만큼 지연된 펄스가 반응기 출구에서 관찰된다. 따라서 이상적 플러그 흐름 반응기의 RTD 는 평균 체류 시간 τ만큼 지연된 Dirac pulse 가 된다. 즉,

$$RTD_{PFR}(t) = \delta(t - \tau)$$

(3.17)

이상적인 두 반응기의 전형적인 RTD 모양은 그림 3.12 에 제시하였다.

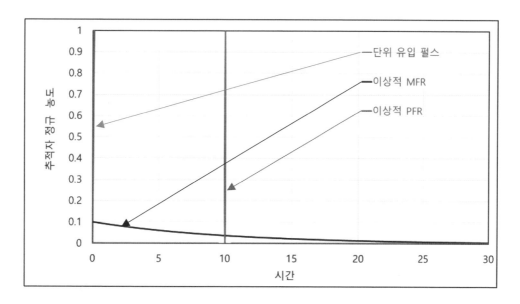

그림 3.12 단위 입력 펄스에 대응하는 이상형 완전 혼합 흐름과
이상형 플러그 흐름의 추적자 체류 시간 분포

3.5 TIS (Tanks-in-series) 모델

비이상적 완전 혼합 흐름 반응기의 거동을 표현하는 대표적 모델이 TIS (tanks-in-series)이다. 정해진 수 n 의 완전 혼합 흐름 반응기들이 사슬처럼 서로 연결되어, 한 반응기의 출구는 다음 반응기의 입구가 된다. 물질이 한 반응기를 지나야만 이전 반응기가 아닌 다음 반응기로 단계적으로 유입될 수 있기 때문에 TIS 모델에서는 백믹싱 (back mixing)이 불완전하게 진행된다. 사슬로 연결된 각 반응기는 동일한 평균

체류시간 τ/n 을 갖게 된다. 직렬로 연결된 n 개의 완전 혼합 흐름 반응기의 체류시간 분포는 다음의 식으로 주어진다:

$$RTD_{MFR,n}(t) = \frac{t^{n-1}1}{(n-1)!}(\frac{n}{\tau})^n \exp\left(-\frac{tn}{\tau}\right)$$

(3.18)

n=1 일 경우 식 (3.18)은 이상적 완전 혼합 흐름 반응기의 RTD 인 식 (3.16)이 된다. n 이 증가할수록 RTD 의 꼭지점은 t=0 에서 t=τ 로 보다 근접하고, 꼭지점의 높이는 증가한다. n→∞로 접근하면 t=τ 에서 단일 피크가 형성되고, 이는 식 3.16 의 이상적 플러그 흐름 반응기의 RTD 와 동일해진다. 식 (3.8)을 여러 n 에 대해 도식화하여 그림 3.13 에 제시하였다. 1/τ 강도의 단위 inpulse 가 주입되면, n=1 일 경우에는 이상적 MFR 의 지수적으로 감소하는 RTD 가 얻어지고, n→∞일 경우에는 이상적 PFR 의 τ 만큼 지연된 Dirac pulse RTD 가 얻어진다. 이들 중간 형태의 곡선들이 n=2, 3, 4, 5 인 TIS 모델의 RTD 로 얻어진다.

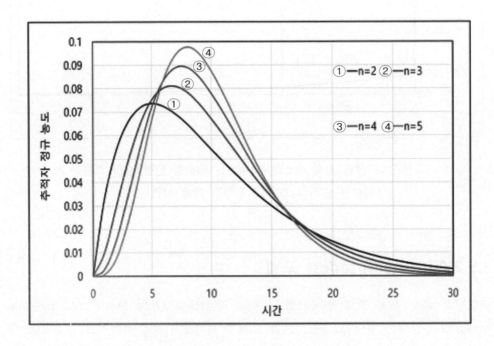

그림 3.13 TIS 모델에 의한 체류 시간 분포 (n=2~5)

Chapter 3 생물학적 영양염류 제거 공정 설계 개요

실규모의 하수 처리용 생물반응기는 통상적으로 3<n<10 범위의 하수 흐름 거동을 보인다. 즉, 1 개의 실규모 단일 생물 반응기 내에는 실질적으로 3~10 개의 작은 완전 혼합 흐름 반응기들이 직렬로 연결되어 있는 형상으로 존재한다는 의미이다. 3~10 개의 작은 완전 혼합 흐름 반응기들이 직렬로 연결되어 나타나는 거동은 이상적 단일 완전 혼합 흐름 반응기의 지수적 감소 흐름 거동 (n=1 의 경우)과는 전혀 다르게 나타난다. 실규모 반응기를 이상적인 완전 혼합 흐름 반응기로 설계하면, 적절한 크기로 반응기를 설계하지 못하게 되는 결과로 이어진다는 우려가 현실화되는 순간이다. 바꾸어 말하면 1 개의 실규모 생물반응기는 내부에 사슬처럼 연결된 3~10 개의 완전 혼합 흐름 반응기가 채워져 있는 형상을 지닌다. 그러나 n 은 가상적인 값이기 때문에 반드시 정수일 필요는 없다.

3.6 반송에 의한 하수 흐름

생물학적 영양염류 제거 공정에서는 내부 혼합액 반송 및 슬러지 반송이 다양한 반송비로 진행된다. 공정의 형상에 따라 반송의 형태와 반송 경로가 변하지만 일반적으로는 무산소 반응기로 질산염이 호기조로부터 유입되고, 2 차 침강조 하부 슬러지는 혐기 반응기로 유입되어 인의 방출을 유도한다. 이 과정에서 백믹싱이 실규모 생물 반응기에서 필연적으로 발생하게 되고, 결과적으로 백믹싱이 없는 TIS 모델은 한계에 봉착하게 된다. 그러나 반송에 의해 백믹싱이 발생하더라도, 완전 혼합 흐름은 달성되기가 극히 어렵다 (n→∞가 되어야만 이상적인 완전 혼합 흐름이 달성된다). 단지 TIS 모델의 n 의 값이 감소할 수 있을 뿐이다. 즉 반송이 없는 실규모 생물반응기의 n 값이 반송이 없을 경우보다 더 낮아진다. 이를 보다 쉽게 이해하기 위하여 백믹싱이 발생될 수 없는 이상적인 플러그 흐름 반응기에서 반송이 진행되는 경우를 생각해보자. 반송수와 혼합되기 전 플러그 흐름 생물반응기로 유입되는 하수의 농도는 C_i (g/m^3), 유입 유량 Q m^3/d, 유출수의 농도 C_e (g/m^3), 1 차 반응속도 상수 k (d^{-1}), 플러그 흐름 반응기 내의 혼합액 부피 V_p (m^3) 그리고 혼합액 반송비 값은 a 이다.

반송수와 혼합되어 플러그 흐름 반응기로 유입되는 농도 C_i'은 다음과 같이 주어진다 (그림 3.14 참조):

$$C_i' = (C_i + a\,C_e)/(1 + a),\ g/m^3$$

(3.19)

플러그 흐름 반응기의 실질적 수리적 체류시간 HRT_{pa} 는 다음과 같다:

$$HRT_{pa} = V_p/(1 + a)Q, \text{ day}$$

$$(3.20a)$$

따라서 반송이 포함된 플러그 흐름 생물반응기의 지배 방정식은 다음과 같이 주어진다:

$$HRT_{pa} = V_p/(1+a)Q = -\int_{C_i'}^{C_e}\frac{dC}{kC} = 1/k[\ln\left(\frac{C_i+aC_e}{1+a}\right) - \ln C_e]$$

$$(3.20b)$$

여기서, $C_i' = (C_i + aC_e)/(1+a)$, g/m^3.

식 (3.20b)를 적분하여 다시 정리하면,

$$Vp/Q = \frac{1+a}{k}\left[\ln\left[\frac{C_i+aC_e}{(1+a)C_e}\right]\right] = \frac{1}{k}\left[\{\ln\frac{C_i+aC_e}{(1+a)C_e}\} \div 1/(1+a)\right]$$

$$(3.21)$$

반송비가 무한히 증가하면 (a→∞), 식 (3.21)은 다음과 같이 주어진다 (식 (3.21) 우변의 분자항 및 분모항 모두 a→∞에서 0 으로 접근하기 때문에, l'Hôpital 정리를 적용하여 최종값을 구할 수 있음):

$$Vp/Q = (C_i - C_e)/kC_e$$

이 식의 오른쪽 항은 완전 혼합 흐름 생물반응기의 수리적 체류 시간 HRT_m 과 정확하게 일치한다. 결과적으로 혼합액 반송비 a 를 무한히 증가시키면 플러그 흐름 반응기는 완전 혼합 흐름 반응기와 같아진다. 이러한 결과는 정성적으로 해석하여도 당연한 귀결이다. 혼합액 반송수가 무한히 증가하면 백믹싱이 완벽하게 진행되어 플러그 흐름은 완전 혼합 흐름으로 변하게 되고, 따라서 TIS 모델의 n 값은 1 이 되기 때문이다. 그러나 현실적으로 혼합액 반송을 무한히 증가시킬 수는 없다. 펌핑에 소요되는 동력비도 무한히 증가할 뿐 아니라 수리적 체류 시간이 무한히 낮아져서 반응기를 무한히 크게 키우지 않는 한 생물학적 영양염류 제거가 진행될 수 없기 때문이다. 뿐만 아니라 반송수에 포함되는 용존 산소 및 질산염은 혐기성 및 무산소 조건 형성을 방해하는 요인이 되고, 탈질 및 인 방출의 효율적인 진행은 기대하기 어려워진다.

결과적으로 반송수 유입으로 증가하는 백믹싱에 의해 불완전했던 백믹싱이 강화되어 반송이 없을 경우보다 n 값이 상대적으로 낮은 하수 흐름 거동을 보이게 된다. 슬러지

Chapter 3 생물학적 영양염류 제거 공정 설계 개요

반송 (s-반송)은 생물반응기에 필연적 요소이다. 혼합액 내부 반송과 함께 슬러지 반송까지 포함되면 완전 혼합 흐름 반응기에 보다 가까이 접근하게 되고, 반응기의 생물학적 반응 성능은 결과적으로 저하된다. 앞서 설명한 바와 같이 반응 속도 차수가 0 차 이상일 경우, 같은 부피의 반응기라도 플러그 흐름 반응기의 성능이 훨씬 높기 때문이다. 따라서 설계에 혼합액 및 슬러지 반송을 반영할 경우, 슬러지의 농도와 질산염 및 용존 산소 농도만을 고려하고 수리적 거동 변화를 고려하지 않으면, 반응기의 성능은 저하되고 저하된 성능을 보충하기 위해 반응기 크기를 더욱 증가시켜야 하는 악순환이 계속된다.

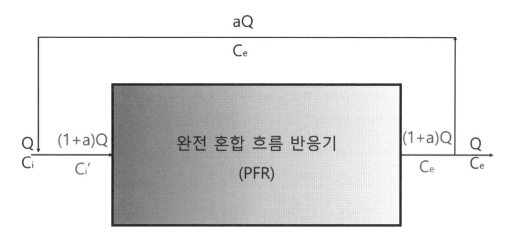

$$C_i' = (C_i + aC_e)/(1+a)$$

그림 3.14 혼합액 반송 (반송비=a)에 수반되는 플러그 흐름 반응기의 개략도

참고 문헌

Baytshtok, V. et al. (2008) Molecular and biokinetic characterization of methylotrophic denitrification using nitrate and nitrite as terminal electron acceptor, Water Sci. Technol. 58, 2, 359-356

Biele feldt, A.R. and H.D. Stensel (1999a) Modeling competitive inhibition effects during biodegradation of BTEX mixtures, water Res., 33, 3, 707-714

Biele feldt, A.R. and H.D. Stensel (1999b) Treating VOC-contaminated gases in activated sludge: Mechanistic model to evaluate design and performance, Environ. Sci. Technol., 33, 18, 3234-3240

Bischoff, K. B. (1966) Mixing and contacting in chemical reactors, Ind. Eng. Chem., 58(11), 18

Blackburne, R. et al. (2007) Kinetic characterization of an enriched Nitrospira culture with comparison to Nitrobacter, Water Res., 33, 3, 707-714

Cech, J.S., and P. Hartman (1990) Glucose induced break down of enhanced biological phosphorus removal, Environ. Technol., 11, 7, 651-656

Christensen, M.H., E. Lie, and T. Welander (1994) A comparison between ethanol and methanol as carbon sources foe denitrification, Water Sci. and Tech., 30, 6, 83-90

Dold, P.I., R.M. Jones, and C.M. Bye (2005) Importance and measurement of decay rate when assessing nitrification kinetics, Water Sci. Technol., 52, 10-11, 469-477

Dold, P.I. et al. (2008) Denitrification with carbon addition- Kinetic considerations, Water Envoron. Res., 80, 5, 417-427

Douglas, J. M. (1964) The effect of mixing on reactor design, AIChE Symp. Ser. 48, Vol. 60, p. 1

Dudukovic, M., and R. Felder (1985) in CHEMI Modules on Chemical Reaction Engineering, Vol. 4, ed. B. Crynes and H. S. Fogler. AIChE New York

Emara M.M. et a.l (2014) Biological nutrient removal in Bardenpho process. J Am Sci 10(5s):5–8

Chapter 3 생물학적 영양염류 제거 공정 설계 개요

Fillos, J.D. et al. (2007) Specfic denitrification rates with alternate external carbon sources of organic carbon, Proceedings of the 10th International Conference on Environmental Science and Technology, Kos Island, Greece

Fuhs G.W., and M. Chen (1975) Microbiological basis of phosphate removal in the activated sludge process for the treatment of wastewater. Microbial Ecol 2(2):119–138

Giraldo, E. et al. (2011a) Presence and signicance of Anammox species and ammonia oxidizing archaea, AOA in full scale membrane bioreactors for total nitrogen removal, Proceedings of the IWA and WEF Nutrient Recovery and Management Conference, Miami, FL

Giraldo, E. et al. (2011b) Ammonia oxidizing archaea, AOA, population and kinetic changes in a full scale simultaneous nitrogen phosphorus removal MBR, Proceedings of WEF 84th ACE, Los Angeles, CA

Grady C.L. Jr, G.T. Daigger, N.G. Love, and C.D. Filipe (2011) Biological wastewater treatment, CRC Press, United States of America

Hellinga, C. et al. (1998) The SHARON process; An innovative method for nitrogen removal from ammonium rich waste water, Water Sci. Technol., 37, 9, 135-142

Jenkins D., M.G. Richard, and G.T. Daigger (2004) Manual on the causes and control of activated sludge bulking, foaming, and other solid separation problems, 3rd Ed., Lewis Publishers, Ann Arbor, MI

Koops, H-P., and A.P. Pommerening-Roser (2001) Distribution and ecophysiology of the nitrifying bacteria emphasizing cultured species, FEMS Microbiol. Eco., 37, 1-9

Lee, D.-K. (2022) Constructed Wetland Design Practices (in Korean), GNU PRESS, Jinju, Korea

Levenspiel, O. (1999) Chemical Reaction Engineering, 3rd ed. New York: Wiley

Mavinic, D.S., W.K. Oldham, and F.A. Koch (2005) A technique to determine nitrogen removal rates in systems performing simultaneous nitrification and denitrification, J. Environ. Eng. Sci., 4, 6, 505-516

Melcer, H., P. Steel, and W.K. Bedford (1995) Removal of polycyclic aromatic hydrocarbons and heterocyclic nitrogen compounds in a municipal treatment Plant, Water Environ. Res., 67, 6, 926-934

Mino T., M.C.M Van Loosdrecht, and J.J. Heijnen (1998) Microbiology and biochemistry of the enhanced biological phosphate removal process. Water Res 32(11), 3193–3207

Mulder, A. et al. (1995) Anaerobic ammonium oxidation discovered in a denitrifying fluidized bed reactor, FEMS Microbiol. Ecol., 16, 3, 177-184

Nauman, E. B. (1981) Residence time distributions and micromixing, Chem. Eng. Commun., 8, 53

Nauman, E. B., and B. A. Buffham (1983) Mixing in Continuous Flow Systems. Wiley, New York

Oldham W.K., and G.M. Stevens (1984) Initial operating experiences of a nutrient removal process (modified Bardenpho) at Kelowna, British Columbia. Can. J. Civ. Eng. 11(3), 474–479

Patterson, G. K. (1981) Applications of turbulence fundamentals to reactor modeling and scaleup, Chem. Eng. Commun., 8, 25

Petersen, B. et al. (1998) Phosphate uptake kinetics in relationship to PHB under aerobic conditions, Water Res., 32, 1, 91-100

Puig, S. et al. (2008) Selection between alcohols and volatile fatty acids as external carbon sources for EBPR, Water Res., 42, 3, 557-566

Purkhold, U. et al. (2000) Phylogeny od all recognized species of ammonia oxidizers based on comparative 16s rRNA and amoAsequence analysis: Implication for molecular diversity surveys, Appl. Environ. Micribiol., 43, 2, 195-206

Randall, C.W., J.L. Barnard, and H.D. Stensel (1992) Design and retrofit of wastewater treatment plants for biological nutrient removal, Technomics Publishing, Lancaster, PA

Sawyer C.N., and L. Bradney (1945) Rising of activated sludge in final settling tanks. Sewage Works J. 17 (6), 1191–1209

Sedlak, R. (Ed.) (1991) Phosphorus and nitrogen removal from municipal wastewater: Principle and practice, 2nd ed., Lewis Publishers, New York
Chapter 3 생물학적 영양염류 제거 공정 설계 개요

Seviour R.J., T. Mino, and M. Onuki (2003) The microbiology of biological phosphorus removal in activated sludge systems. FEMS Microbiol. Rev. 27(1), 99–127

Sidat M., F. Bux, and H.C. Kasan (1999) Polyphosphate accumulation by bacteria isolated from activated sludge. Water SA 25(2), 175–179

Smolders G.J.F. et al. (1994) Model of the anaerobic metabolism of the biological phosphorus removal process: stoichiometry and pH influence. Biotechnol. Bioeng. 43(6), 461–470

Stensel, H.D. (1981) Biological nitrogen removal system design, AIChe Symposium Series, 77, 4, 327-338

Stensel, H.D., R.C. Loehr, and A.W. Lawrence (1973) Biological Kinetics of suspended growth denitrification, J. WPCF, 45, 2, 249

Stephens, H.L., and H.D. Stensel (1998) Effect of operating conditions on biological phosphorus removal, WEater Environ. Res., 70, 3, 360-369

Swinarski, M. et al. (2012) Modeling external carbon addition in biological nutrient removal with an extension of the IWA Activated Sludge Model, Water Environ. Res., 84, 8, 646-655

U.S. EPA (1993) Nitrogen control manual, EPA/625/R-93/010, Office of Research and Development, Cincinnati, OH

U.S. EPA (2010) Nutrient Control Design Manual, EPA/600/R-10/100, Office of Research and Development/ National Risk Management Research Laboratory, U.S. Environmental Protection Agency, Cincinnati, OH

Van Haandel, A.C., Ekama, G.A. and Marais, G.v.R. (1981) The activated sludge process part 3, Single sludge denitrification, Water Res., 15, 1135-1152

Wen, C. Y., and L. T. FAN (1975) Models for Flow Systems and Chemical Reactors. New York: Marcel Dekker

WERF (2007) On-line nitrogen monitoring and control strategies; Report 03-CTS-8, Water Environment Research Foundation, Alexandria, VA

Winogradsky, M.S. (1890) Recherches Sur Les Organismes de la Nitrification, Annals Institute Pasteur, 5, 92-100

Wuhrman K. (1964) Nitrogen removal in sewage treatment processes. Verb. Int. Verein. Linnol. 580–596

Chapter 4

탄소계 물질 제거

생물학적 영양염류 제거 공정 설계 실무

모든 호기성 생물학적 처리 공정은 기본적으로 동일한 원리로 운전된다. 단지 생물학적 반응이 진행될 수 있는 조건에 차이가 있을 뿐이다. 호기성 생물학적 처리 공정에는 반응기 내의 혼합액 (mixed liquor) 흐름 레짐 (flow regime), 반응기의 크기 반응기의 수 및 형상, 반송수 유량, 유입 유량 등의 물리적 요소들이 포함된다. 반면에 공정은 미생물의 본능적 대응에 의해 진행되고, 미생물의 특성 및 물리적 형상에 따라 생물학적 반응이 지배된다

반응기에 부유하며 생물학적 반응을 수행하는 활성 슬러지 관련 생태계는 수많은 종의 박테리아와 박테리아를 먹이로 삼는 많은 종의 상위 미생물이 함께 포함되어 매우 복잡하게 형성된다. 본질적으로 복잡한 생태계임에도 불구하고, 하수로부터 에너지가 제거되는 반응속도론적 거동은 유사한 집단의 박테리아에 의해 지배되어 보다 단순하게 분석할 수 있다. 그러나 유사한 기능을 수행하는 박테리아를 집단으로 간주할 수 있을 지는 몰라도, 순수하게 배양된 단일 종의 박테리아만으로 구성된 집단과는 매우 다른 특성을 보인다는 사실에 유념하여야 한다. 이를 강조하는 이유는 유사한 박테리아 집단에 의해 나타나는 생물학적 반응 거동이 단일 종 박테리아 집단과는 서로 상충되는 결과가 가끔 발생되기 때문이다.

이 장에서는 탄소계 물질 제거에 관련된 기본적 반응속도론을 다루고, 공정을 지배하는 방정식을 수립하여 상세한 설계에 적용할 수 있는 기반을 제공하고자 한다. 상세한 설계를 위해 제공될 설계 방정식들은 정상 상태 및 완전 혼합 흐름 반응기에 대해서만 적용 가능하다. 참고로 정상 상태 (steady state)는 공정 내의 물질 변화가 시간의 변화와 무관하게 항상 일정한 상태이다. 정상 상태에서는 물질 수지의 누적 항이 무시되어 (0 이 되어), 물질 수지는 (입력) – (출력) = (반응에 의한 제거)로 단순화되어 설계 방정식을 보다 쉽게 구할 수 있게 된다. 정상 상태로 설계하는 중요한 이유는 다음과 같다:

- 정상 상태를 적용하여 호기, 무산소, 혐기 공정의 기본 설계 기반이 확보될 수 있다.

- 정상 상태에서의 설계 방정식들은, 공정 제어 절차 운영에 유용한 지표가 된다.

탄소계 물질의 제거 공정에 최소의 특정 조건을 추가로 부여하면, 질산화도 진행될 수 있다. 질산화가 진행되면, 산소 요구량은 탄소계 물질 산화에 필요한 산소 요구량보다 약 40%까지 크게 증가한다. 질산화는 제 4 장에서는 다루지 않고, 제 5 장에서 별도로 상세하게 다룰 것이다.

1. 생물학적 반응속도론

호기성 조건에서 종속영양 미생물 개체군이 쉽게 분해될 수 있는 용존성 COD 분율 및 느리게 분해되는 입자성 COD 분율로 조성되는 생분해성 유기 물질과 접촉할 때, 미생물 개체군의 대응을 다음과 같이 정성적으로 설명할 수 있다:

(1) 쉽게 분해되는 용존성 COD 는 세포벽을 거쳐 이동하여 빠른 속도로 미생물의 대사에 활용된다;

(2) 느리게 분해되는 입자성 COD 는 미생물 개체군의 표면에 흡착되어 COD 로 저장된다. 이 반응은 매우 빠르고 효율적으로 진행되고, 모든 입자성 및 콜로이드성 COD 가 하수로부터 제거된다. 저장된 COD 는 세포외 효소 (extracellularenzyme)에 의해 분해되어 세포벽을 통해 전달되고, 위 (1)의 쉽게 분해되는 용존성 COD 와 같은 과정으로 미생물 대사에 활용된다. 효소에 의한 분해는 쉽게 분해되는 COD 분해 속도의 약 1/10 에 해당할 정도로 느리게 진행되어 전체 세포 합성 대사 속도를 결정하는 단계가 될 수 있다.

(3) 대사에 활용된 COD 의 일부분은 새로운 세포 물질로 전환되고, 나머지는 전환 진행에 필요한 에너지 생산에 활용되어 결국 열로 손실된다. 전자 수용체인 산소를 공급하여 에너지가 생산되고, 따라서 소비된 산소는 COD 손실과 직접 관련된다. 활용된 COD 중 대사 물질로 전환된 COD 분율은 항상 일정하고, 이 분율을 비 성장 수율 계수 Y_{COD}(mgCOD/mgCOD)라 한다. 비 성장 수율 계수는 통상적으로 활용되는 단위 COD 당 생산되는 휘발성 고형물로 정의된다. 즉, $Y_h = Y_{COD}/f_{cv}$.

(4) 위의 (3)과 동시에 그러나 (3)과는 분명히 구분되는 살아있는 미생물 질량의 순 손실이 발생하고, 이를 내생 질량 손실이라 한다. 사라지는 생명체 질량 모두가 에너지로 손실되는 것은 아니고, 그 중 약 17~20%는 난분해성 유기 잔류물로 남게 되고, 이 잔류물을 내생 잔류물이라 한다. 내생 질량 손실에 필요한 산소는 시스템에서 사라지는 휘발성 질량에 비례한다. 이러한 순 (net) 거동은 박테리아와 같은 1 차 유기 생명체의 성장과 원생 동물과 같은 박테리아 포식자가 포함되는 보다 복잡한 기작들의 결과물이다. 죽음-재생산 과정을 거쳐 유기 생명체 질량이 균일해지는 것으로 유기체 성장과 손실의 순(net) 거동을 이해할 수 있고, 특정 환경에서 진행되는 먹이-포식자 시스템과 유사하다.

죽음-재생산 방법을 이용하면 정상 상태 및 주기적으로 변동하는 비정상 상태에서 공정에 대응하는 미생물 거동을 매우 정확하게 모사할 수 있고, 유량 및 부하가 항상 일정하게 유지될 경우에는 죽음-재생산 방법은 내생 질량 손실 방법으로 단순화된다. 내생 질량 손실 방법을 적용하면 공정에 관련된 방정식들이 단순해지고, 이 장에서도 내생 질량 손실 방법을 적용하여 미생물 순 거동을 다룰 것이다.

2. 공정 반응속도

2.1 혼합 레짐

활성 슬러지 공정에서 반응기 내 혼합 레짐과 슬러지 반송은 공정의 대응에 영향을 준다. 그러므로 이들의 영향을 공정의 반응속도식에 반영하여야 한다. 반응기 교반 및 슬러지 반송에 의해 진행되는 혼합은 완전 혼합 흐름과 플러그 흐름의 두 가지 극단적인 이상적 흐름 사이에 존재한다.

완전 혼합 흐름 영역에서는 반응기 내 내용물과 유입수가 순간적으로 철처하게 혼합된다 (이는 이론적으로만 달성 가능하다). 이에 따라 반응기 유출수의 조성은 반응기 내용물 조성과 동일해진다. 반응기 유출수는 침강조로 유입되고, 월류수는 방류되며, 침강조 하부에 농축된 혼합액 (mixed liquor)은 다시 반응기로 반송된다.

필요 이상의 슬러지가 침강조에서 누적되지 않는 한, 완전 혼합 흐름 시스템에서는 슬러지 반송 (농축액 반송)으로 인해 반응기 공정에 미치는 영향은 발생하지 않는다. 슬러지 반송이 진행되지 않더라도 완전 혼합 흐름 반응기에서는 완전한 혼합이 달성된다고 이미 가정하였기 때문이다. 반응기의 형상은 사각형 단면의 직육면체 또는 원통형 (또는 원뿔형)으로 계획되고, 혼합은 기계식 포기 장치에 의해 통상적으로 이루어지지만 발생되는 기포도 혼합에 참여한다.

플러그 흐름 영역에서의 반응기 형태는 긴 수로형 모양이 된다. 한쪽 끝에서 유입수가 유입되고, 수로 축을 따라 흐르면서 수로 한 측면에 설치된 산기 장치에 의해 혼합된다. 이론적으로는 축 방향의 각 액체 부피 요소 (volume element: 이상적인 매우 작은 공간으로서 이 공간에서는 유속과 농도 및 수온이 일정하고, 물질 수지 수립 시 이 부피 요소를 대상으로 입력, 출력, 이 부피 요소 내에서 없어지는 물질, 이 부피 요소 내에서 축적되는 물질이 결정된다)는 뒤따르고 앞서는 부피 요소와는 혼합되지 않는 것으로 가정한다 (즉, 어떠한 백믹싱 (back mixing)도 발생하지 않는다). 반응기를 거친 유출수는 반응기의 다른 한쪽 끝에서 침강조로 유입된다. 유입 하수에 미생물을 접종하기 위해 침강조 하부의 농축 슬러지가 유입수로 반송된다. 반송율에 따라 차이가 있지만, 슬러지 반송으로 인해 진정한 플러그 흐름에서 즉시 벗어나게 된다. 반송 유량이 유입 유량의 0.25~3 배에 해당되는 전형적인 활성 슬러지 공정의 흐름은 슬러지 완전 혼합 흐름과 슬러지 플러그 흐름의 중간 흐름에 속한다. 반송율이 매우 높게 이루어지면 혼합 영역은 완전 혼합에 가까워진다 (제 3 장 4 절 참조).

완전 혼합 반응기를 여러 개로 나누어 직렬로 연결하거나, 단계별 포기를 수행하는 방안도 중간 혼합 영역을 창출하는 수단이 될 수 있다. 단계별 포기는 유입수를 플러그 흐름 반응기의 축 방향 여러 위치에서 직렬로 유입되는 방식으로 진행된다. 이 경우 미생물 접종을 위해 슬러지 반송수를 유입수와 함께 여러 지점에서 투입하게 된다. 완전 혼합 흐름을 유지하고 유입 유량과 부하는 변동없이 항상 일정하다고 가정하면, 활성 슬러지 공정의 평균 속도론적 대응 (즉, 슬러지 질량, 일 슬러지 생산량, 일 산소 요구량, 유출수 수질)을 적절하게 (보다 명확히 표현하면 정밀하게) 구할 수 있다. 이로부터 시설의 부피, 일 폐기 슬러지 질량 그리고 평균 일 산소 요구량도 산출할 수 있게 된다.

2.2 SRT (Sludge Retention Time)

슬러지 반송이 수반되는 완전 혼합 흐름 반응기의 개략도는 그림 4.1 과 같이 주어진다. 보통의 슬러지 폐기는 2 차 침강조 하부에서 이루어지지만 이 개략도에서는 반응기로부터 직접 폐기된다. 반응기에서 직접 슬러지를 폐기할 경우, 보다 쉽게 슬러지 체류 시간 (SRT)을 제어할 수 있어 침강조 하부로부터 폐기할 경우에 비해 많은 장점을 지니게 된다.

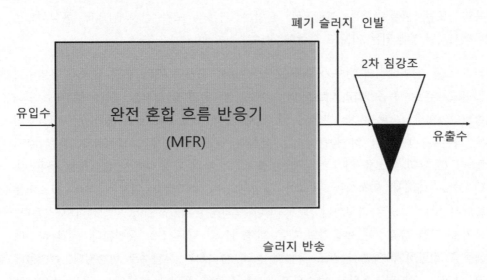

그림 4.1 전형적인 완전 혼합 활성 슬러지 공정의 개략도

Chapter 4 탄소계 물질 제거

SRT (days)는 다음의 식과 같이 정의된다:

$$SRT = (반응기\ 내\ 슬러지\ 질량)/(일\ 폐기\ 슬러지\ 질량)$$

(4.1)

반응기로부터 직접 슬러지 폐기가 이루어짐으로써, 폐기되는 혼합액의 농도와 반응기 내 혼합액의 농도는 서로 동일해진다. 10 일의 SRT 가 필요할 경우, 반응기 부피의 1/10 이 매일 폐기되어야 한다. 매일 일정하게 유량 q 로 폐기가 이루어지면 폐기되는 혼합액의 부피는 V = q x 1 일이 된다. 따라서,

$$SRT = \frac{XV_p}{Xq} = \frac{V_p}{q}$$

(4.2)

여기서, V_p = 공정 반응기의 부피 (L), q = 일 폐기 슬러지 유량 (L/일), X = 슬러지 농도 (mg/L).

2.3 평균 수리적 체류시간 (HRT: Hydraulic Retention Time)

활성 슬러지 이론에서 유입 유량 Q 가 공정 반응기의 부피 V_p 를 거치는 데 필요한 시간을 HRT 로 정의한다. 즉,

$$HRT = V_p/Q$$

(4.3)

여기서, HRT = 공정 평균 수리적 체류 시간 (day); Q = 일 평균 유량 (m³/day)

2.4 유출수 COD 농도

질산화와 영양염류 제거를 보장하기 위해 10 일 이상의 SRT 를 유지할 경우, 쉽게 분해될 수 있는 용존성 COD 분율은 1 시간 미만의 매우 짧은 기간에 완전하게 활용되고, 느리게 분해되는 입자성 COD 분율은 슬러지 플록에 흡착되거나 내부로 침투하여 2 차 침강조에서 슬러지로 침강된다. 결과적으로 유출수에 포함된 COD 전체는 용존성 난분해 COD (유입수에 포함되었던 난분해성 COD + 2 차 침강조를 빠져나온 슬러지 입자에 포함된 난분해성 COD)로 구성된다. 따라서 유출수 COD 농도 S_{te} 는 대략적으로 다음과 같이 주어진다:

$$S_{te} = S_{us} + f_{cv} X_{ve}$$

(4.4)

여기서, S_{us} = 유출수의 용존성 난분해 COD 농도 = 유입수의 용존성 난분해 COD 농도 S_{usi} = f_{us} S_{ti} (mgCOD/L); X_{ve} = 유출수의 휘발성 고형물 농도 (mgVSS/L); f_{cv} =휘발성 고형물의 COD/VSS 비 = 1.48 mgCOD/mgVSS.

3. 공정 설계 방정식

용존성 난분해 COD 를 제외한 유입수의 모든 COD 가 미생물에 의해 미생물 질량 (또는 슬러지) 생산에 활용되거나 또는 공정에 남아 불활성 슬러지 질량으로 누적된다는 점을 감안하면, 생산되는 슬러지 질량과 탄소계 산소 요구량은 매일 처리할 COD 질량의 함수가 된다. 일 COD 부하가 증가할수록 슬러지 생산량과 탄소계 산소 요구량도 함께 증가한다.

아래 방정식들은 공정에서 생산되는 슬러지 질량과 COD 제거에 필요한 산소 요구량을 총 COD 부하와 하수의 특성 (용존성 난분해 COD 분율과 입자성 난분해 COD 분율 (f_{us} 와 f_{up}) 그리고 SRT)의 함수로 표현한 식들이다. 식에 사용된 접두어 M 은 괄호안 계수의 질량을 의미한다. 식에 포함된 비 수율 계수 Y_h, 비 내생 질량 손실율 b_h, 활성 질량 중 난분해성 질량 분율 f, 슬러지의 COD/VSS 비 f_{cv} , 이들의 온도의존성 상수 θ 를 표 4.1 에 제시하였다.

표 4.1 정상상태 탄소계 물질 분해에 사용되는 반응속도 관련 계수 값과 온도의존성 상수

계수	기호	온도의존성 여부	온도의존성 상수 θ	표준값 (20℃)
비 수율 계수 (mgVSS/mgCOD)	Y_h	항상 일정	1.00	0.45
내생 호흡율 (1/day)	b_h	$b_{hT} = b_h θ^{(T-20)}$ (식 4.5)	1.029	0.24
내생 잔류물 분율 (mgVSS/mgVSS)	f	항상 일정	1.00	0.20
COD/VSS 비 (mgCOD/mgVSS)	f_{cv}	항상 일정	1.00	1.48

(1) 유입수

$$M(S_{ti}) = Q \, S_{ti} \qquad \text{mgCOD/d}$$

(4.6)

$$M(S_{bi}) = Q \, S_{bi} = Q \, S_{ti}(1 - f_{us} - f_{up}) = M(S_{ti})(1 - f_{us} - f_{up}) \quad \text{mgCOD/d}$$

(4.7)

$$M(X_{ii}) = Q \, X_{ii} = Q \, f_{up} \, S_{ti}/f_{cv} \qquad \text{mgVSS/d}$$

(4.8)

(2) 공정수

$$M(X_a) = V_p X_a \qquad \text{mgVSS}$$

(4.9a)

$$M(X_e) = V_p X_e \qquad \text{mgVSS}$$

(4.9b)

$$M(X_i) = V_p X_i \qquad \text{mgVSS}$$

(4.9c)

$$M(X_v) = V_p X_v \qquad \text{mgVSS}$$

(4.9d)

$$M(O_c) = V_p O_c \qquad \text{mgO/day}$$

(4.9e)

a) 활성을 지니는 휘발성 고형물 질량 (mgVSS)

$$M(X_a) = \frac{M(S_{bi})Y_h SRT}{1 + b_h SRT} = \frac{(1 - f_{us} - f_{up})M(S_{ti})SRT}{1 + b_h SRT}$$

(4.10)

생물학적 영양염류 제거 공정 설계 실무

b) 내생 잔류 휘발성 고형물 질량 (mgVSS)

$$M(X_e) = f b_h SRT M(X_a)$$

(4.11)

c) 비활성 휘발성 고형물 질량 (mgVSS)

$$M(X_i) = M(X_{ii})SRT = M(S_{ti})\left(\frac{f_{up}}{f_{cv}}\right)SRT$$

(4.12)

d) 총 휘발성 부유물질 질량 (mgVSS)

$$M(X_v) = M(X_a) + M(X_e) + M(X_i) = \frac{Y_h SRT M(S_{bi})}{(1 + b_h SRT)}(1 + f b_h SRT) + M(X_{ii})SRT$$
$$= M(S_{ti})SRT\left\{\frac{(1 - f_{us} - f_{up})Y_h}{1 + b_h SRT}(1 + f b_h SRT) + \frac{f_{up}}{f_{cv}}\right\}$$

(4.13)

e) 총 부유 고형물 질량 (mgVSS)

$$M(X_t) = M(X_v)/f_i$$

(4.14)

여기서, f_i = 슬러지의 MLVSS/MLSS 비.

f) 탄소계 산소 요구량 (mgO/day)

$$M(O_c) = M\left(O \text{ 합성}\right) + M\left(O \text{ 내생질량손실}\right) = (1 - f_{cv}Y_h)M(S_{bi}) + f_{cv}(1 - f)b_h M(X_a)$$
$$= M(S_{ti})\left(1 - f_{us} - f_{up}\right)\{(1 - f_{cv}Y_h) + \frac{f_{cv}(1 - f)b_h Y_h SRT}{1 + b_h SRT}\}$$

(4.15)

혼합액의 질량 ((M(X$_t$) 또는 M(X$_v$))을 알면, 공정의 부피 V$_p$ 는 MLSS 또는 MLVSS 농도 (X$_t$ 또는 X$_v$)의 값으로부터 결정된다:

$$V_p = M(X_t)/X_t = M(X_v)/X_v$$

(4.16)

반응기 부피가 결정되면, 일평균 유량으로부터 식 (4.3)에 의해 수리적 체류시간 HRT 가 결정된다.

Chapter 4 탄소계 물질 제거

위의 설계 방정식들은 다음과 같은 중요한 결론에 이른다:

- 반응기의 휘발성 고형물 질량은 매일 활용된 COD 질량과 SRT 만의 함수이다. 높은 COD 농도를 지니는 저유량에서의 COD 질량과 낮은 COD 농도를 지니는 고유량에서의 COD 질량은 서로 동일하고, $M(S_{ti})$가 동일하면 결과적으로 슬러지 질량도 같아질 것이다. 그러나 HRT 는 고유량 저농도에서 낮아지고, 저유량 고농도에서는 높아진다. 그러므로 활용된 COD 질량 및 MLVSS 와 HRT 와의 연관성은 중요하지 않다.

- 활성을 지니는 휘발성 고형물 질량 $M(X_a)$는 생물학적 분해 및 섭취 반응을 담당하는 살아있는 미생물의 질량에 해당된다. 나머지 내생 잔류 휘발성 고형물 질량 $M(X_e)$와 비활성 휘발성 고형물 질량 $M(X_i)$는 생물학적 분해 반응 수행이 불가능한 활성을 지니지 못하는 고형물 질량이다. 휘발성 고형물 질량에 대한 활성 슬러지 질량의 분율 f_{av} 는 다음과 같이 주어진다:

$$f_{av}=M(X_a)/M(X_v)$$

(4.17)

a) 식 (4.10)의 $M(X_a)$와 식 (4.13)의 $M(X_v)$를 식 (4.17)에 대입하고, $M(S_{bi}) = (1 - f_{us} - f_{up}) M(S_{ti})$ 와 $M(X_{ii}) = (f_{up}/f_{cv}) M(S_{ti})$를 이용하여 정리하면, 다음의 관계식이 얻어진다.

$$\frac{1}{f_{av}} = 1 + f b_h SRT + \frac{f_{up}(1 + b_h SRT)}{f_{cv} Y_h (1 - f_{us} - f_{up})}$$

(4.18)

b) 총 부유 고형물 (TSS: Total Suspended Solid) 질량을 기준으로 활성 부유 고형물 질량 분율을 결정할 경우, 총 부유 고형물 질량 중 활성 분율 f_{at} 는 다음과 같이 주어진다:

$$f_{at} = f_i \cdot f_{av}$$

(4.19)

여기서, f_i = 슬러지의 MLVSS/MLSS 비.

이 책에서 다룰 상대적으로 단순한 단일 완전 혼합 호기공정부터 보다 복잡한 다중 반응기 무산소-호기 및 혐기-무산소 공정까지, 위의 설계 방정식들은 생물학적 영양염류 제거공정 설계의 출발점이 된다. 그러나 보다 복잡한 공정에서는 위의 설계 방정식은 부과된 강제제한조건이 준수될 경우에만 적용할 수 있다. 부과된 강제제한이 준수되면, 질산화 및 탈질의 영향과 이와 관련된 산소 요구량이 기본 방정식에 추가되어 수식화 될 수 있다.

이러한 강제 제한을 인지하는 것이 무엇보다도 중요하다. 예를 들어 비포기된 상태로 존재하는 슬러지 질량 분율의 상한값이 강제 제한되는 경우를 생각해보자. 강제 제한된 상한값을 초과하면, 하루에 생산되는 슬러지 질량은 증가하고 기본 방정식에서 예측되었던 값보다 탄소계 산소 요구량은 낮아진다. 이러한 편차가 발생되는 원인은 느리게 분해되는 입자성 물질의 분해 반응 속도 때문이다. 즉, 슬러지의 호기성 분율이 너무 작아지면, 느리게 분해되는 입자성 물질만이 부분적으로 대사 작용에 활용되고 휘발성 고형물에 추가되어 공정내에 축적되고, 이와 동시에 탄소계 산소 요구량은 감소하게 된다. 이러한 조건들이 명백하게 적용되는 곳에서는 기본 방정식들이 부적합해진다. 그러나 일반화된 모델을 이용하여 묘사하게 되면 가끔은 대략적인 해답을 얻을 수 있다.

4. 정상 상태 설계 차트

식 (4.10~15) 및 식 (4.18~19)를 도식화하여 그림 4.2~5 에 제시하였다. 이들 식에 포함된 반응속도 상수 Y_h, b_h, f_{cv}와 f 는 표 4.1 의 20 ℃ 값을 택하였다. 입자성 난분해 COD 분율 f_{up} 및 용존성 난분해 COD 분율 f_{us} 와 MLVSS/MLSS 비 f_i 는 다음의 표 4.2 에 제시된 값을 택하였다. 4가지 설계 차트가 제시되고, 모두 SRT 의 함수이다. 설계 차트를 활용하면, 슬러지 질량 중 활성을 지닌 질량 분율과 탄소계 총 산소 요구량 및 단위 COD 부하 당 탄소계 산소 요구량이 SRT 에 따라 변하는 거동을 일목요연하게 인지할 수 있게 될 것이다.

활성을 지니는 슬러지 질량 분율은 10 일 까지의 SRT 증가에 따라 비교적 급격하게 증가하고, 10 일보다 높은 SRT 에서는 증가율이 둔화된다. 탄소계 산소 요구량의 SRT 에 대한 변화도 유사한 거동을 나타낸다. SRT 0 일에서의 산소 요구량은 세포 증식에 필요한 산소이고, 0 일을 초과하는 SRT 에서의 산소 요구량은 미생물 호흡에 필요한 산소이며, 미생물 호흡에 필요한 산소 요구량은 활성을 지니는 슬러지의 질량과 비례한다. 반면에, 활성을 지니는 휘발성 고형물 질량에 비해 내생 잔류 휘발성 고형물 질량과 비활성 휘발성 고형물 질량은 10 일 보다 높은 SRT 에서 급격히 증가하여, 오직 일부분의 적은 휘발성 고형물 만이 활성을 지니게 된다.

Chapter 4 탄소계 물질 제거

표 4.2 1 차 침강조를 거치지 않은 하수 원수와 1 차 침강조를 거친 하수의 용존성 난분해 COD 분율, 입자성 난분해 COD 분율, MLVSS/MLSS 비

상수	기호	값	
		하수 원수	1 차 침강조를 거친 하수
용존성 난분해 COD 분율 (mgCOD/mgCOD)	f_{us}	0.05	0.08
입자성 난분해 COD 분율 (mgCOD/mgCOD)	f_{up}	0.13	0.04
MLVSS/MLSS 비	f_i	0.75	0.83

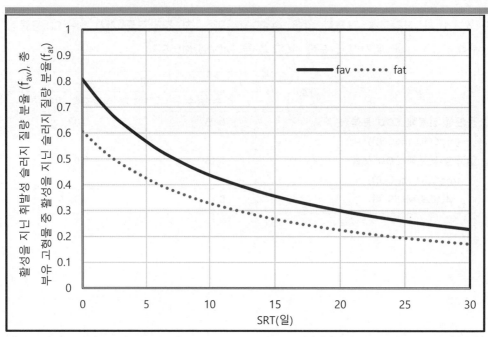

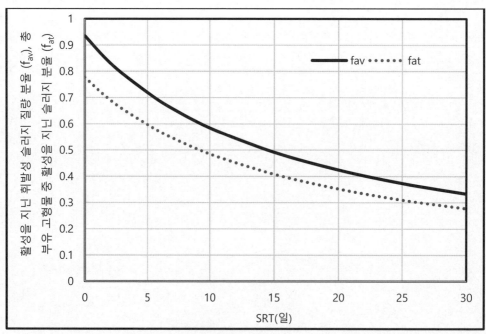

그림 4.2 20 ℃ 완전 혼합 흐름 반응기에서의 SRT에 따른 활성을 지닌 휘발성 슬러지 질량 분율 (f_{av})과 총 부유 고형물 중 활성을 지닌 슬러지 질량 분율 (f_{at})의 변화 거동 (유입 COD 농도 = 600 mg/L; 유량 13.3 megaliter/일; 1차 침강조를 거치지 않은 하수 원수(위) (f_{up}=0.13; f_{us}=0.05; f_i=0.75; Y_h=0.45/일, b_h=0.24/일, f_{cv}=1.48; f=0.20); 1차 침강조를 거친 하수(아래) (f_{up}=0.04; f_{us}=0.08; f_i=0.83; Y_h=0.45/일; b_h=0.24/일, f_{cv}=1.48; f=0.20))

Chapter 4 탄소계 물질 제거

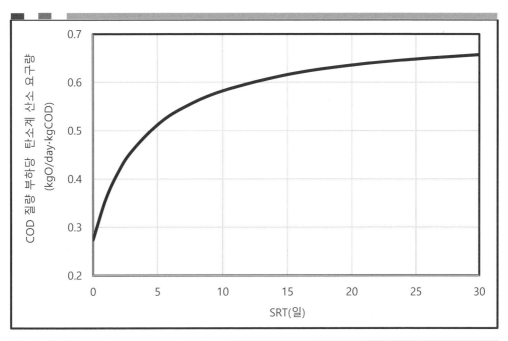

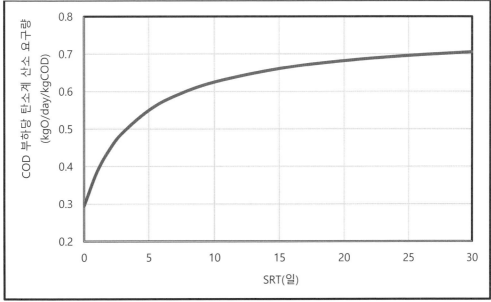

그림 4.3 20 ℃ 완전 혼합 흐름 반응기에서의 SRT에 따른 COD 부하 당 산소 요구량
변화 거동 거동 (유입 COD 농도 = 600 mg/L; 유량 13.3 megaliter/일; 1차 침강조를 거치지
않은 하수 원수(위) (f_{up}=0.13; f_{us}=0.05; f_i=0.75; Y_h=0.45/일; b_h=0.24/일; f_{cv}=1.48; f=0.20); 1차
침강조를 거친 하수(아래) (f_{up}=0.04; f_{us}=0.08; f_i=0.83; Y_h=0.45/일; b_h=0.24/일; f_{cv}=1.48; f=0.20))

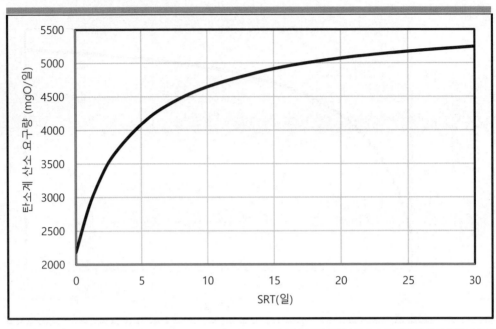

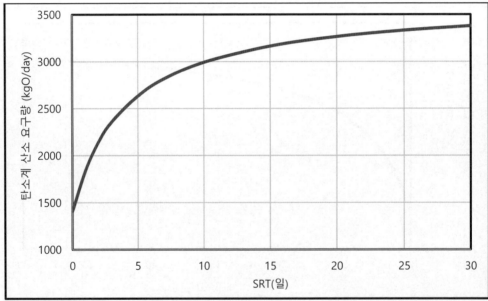

그림 4.4 20 ℃ 완전 혼합 흐름 반응기에서의 SRT 에 따른 탄소계 산소 요구량 변화 거동 (유입 COD 농도 = 600 mg/L; 유량 13.3 megaliter/일; 1 차 침강조를 거치지 않은 하수 원수(위) (f_{up}=0.13; f_{us}=0.05; f_i=0.75; Y_h=0.45/일; b_h=0.24/일; f_{cv}=1.48; f=0.20); 1 차 침강조를 거친 하수 (아래) (f_{up}=0.04; f_{us}=0.08; f_i=0.83; Y_h=0.45/일; b_h=0.24/일; f_{cv}=1.48; f=0.20))

Chapter 4 탄소계 물질 제거

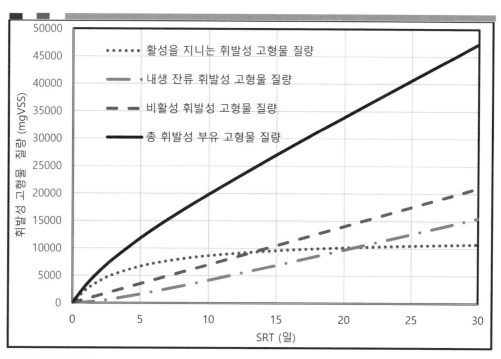

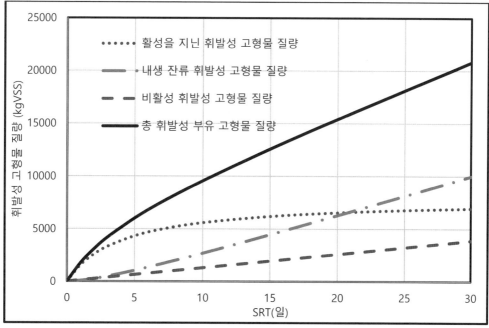

그림 4.5 20 ℃ 완전 혼합 흐름 반응기에서의 SRT 에 따라 생성되는 휘발성 고형물 질량의 변화 (유입 COD 농도 = 600 mg/L; 유량 13.3 megaliter/일; 1 차 침강조를 거치지 않은 하수 원수(위) (f_{up}=0.13; f_{us}=0.05; f_i=0.75; Y_h=0.45/일; b_h=0.24/일, f_{cv}=1.48; f=0.20); 1 차 침강조를 거친 하수 (아래) (f_{up}=0.04; f_{us}=0.08; f_i=0.83; Y_h=0.45/일; b_h=0.24/일, f_{cv}=1.48; f=0.20))

생물학적 영양염류 제거 공정 설계 실무

설계의 편의성을 위해, 설계자들에게 다음과 같은 순서대로 계산할 것을 권장한다. 지역 공동체의 특성에 따라 발생하는 하수의 특성도 변동할 수 있기 때문에 설계 대상 하수의 특성을 가장 잘 반영할 수 있는 f_{up} 와 f_{us} 값을 선정한다. 생산된 슬러지의 MLVSS/MLSS 비 f_i 를 구한다. 다음의 관계식들을 순서대로 활용하여 해당 값을 결정한다:

1) S_{upi} (식 2.4), S_{usi} (식 2.3), X_{ii} (식 2.6)

2) $M(S_{ti})$ (식 4.6) 그리고/또는 $M(S_{bi})$ (식 4.7)

3) $M(X_a)$ (식 4.10), $M(X_e)$ (식 4.11), $M(X_i)$ (식 4.12), $M(X_v)$ (식 4.13), $M(O_c)$ (식 4.15) 그리고 $M(X_t)$ (식 4.14)

4) V_p (식 4.16)

5) HRT (식 4.3)

6) S_{te} (식 4.4)

위에서 권장한 설계 순서에서, 유입 하수의 COD 와 각 COD 분율들은 하수에 따라 변한다. 선정이 필요한 변수는 SRT 이고, 선정될 SRT 는 설계 목적 (COD 제거 만이 목적 또는 질산화도 함께 포함되는 목적 등)에 따라 변할 수 있다. 그러므로 특정 SRT 를 정하는 것이 설계에서 중요한 결정 단계라 말할 수 있고, 특정 SRT 결정에는 특별한 관심이 필요하다. SRT 는 공정의 여러 변수들에 영향을 준다. 반응기 부피, 산소 요구량 등의 종속 변수들이 독립 변수인 SRT 에 의해 어떻게 어느 정도 변동하는 지에 대해 살펴보기로 한다.

5. 반응기 부피

위의 3 절에서 반응기의 부피가 산출되는 과정을 설명하였다. 반응기 부피 산출 과정에는 특정 SRT 와 특정 COD 질량 일 부하에서 반응기에 축적되는 슬러지 질량 결정 단계가 포함된다. 반응기 내의 슬러지 질량이 결정되면, 축적된 슬러지 질량이 희석될 수 있도록 반응기 부피를 계속하여 확대한다. 원하는 혼합액 농도까지 희석되는 반응기 부피가 최종 반응기 부피로 결정된다. 반응기 부피가 결정되면, 채류 시간과 포기 시간도 식 (4.3)에 의해 결정된다. 따라서 체류 시간 또는 포기 시간은 설계에서 중요하지 않다. 이 점을 특별히 언급하는 이유는 포기 시간을 설계 변수로 택하는 일부 설계 절차로 인해 반응기 부피가 심각할 정도로 왜곡되어 결정될 수 있기 때문이다.

예를 들어 동일한 SRT 에서 같은 질량의 COD 를 매일 처리하지만, 유량이 높고 COD 농도는 낮은 하수를 처리하는 첫번째 시설과 유량은 낮지만 높은 COD 농도의 하수를 처리하는 두번째 시설을 비교해보자. HRT 를 기준으로 완전 혼합 흐름 반응기를 설계할 경우, 높은 유량을 처리하는 시설의 반응기는 낮은 유량을 처리하는 시설의 반응기에 비해 커지게 된다. 반면에 슬러지 질량은 2 개 시설의 반응기 내에서 동일하게 될 것이다. 결국 유량이 높은 반응기 내의 MLSS 농도는 유량이 낮은 반응기에 비해 상대적으로 낮아질 것이다. 너무 높은 MLSS(또는 MLVSS)와 너무 낮은 MLSS (또는 MLVSS)로 인한 부작용은 명확하게 예견할 수 있다. MLSS 농도가 너무 낮은 반응기에서는 생물학적 분해가 진행되기 어렵고, 너무 높은 농도의 MLSS 농도는 2 차 침강조의 용량이 증가되는 문제를 야기하게 된다.

적절한 부피로 반응기를 설계하고 서로 다른 플랜트에서 필요한 반응기 부피를 정확하게 비교하기 위해서는 단위 유입 COD 당 필요한 부피가 더욱 뛰어난 매개 변수가 된다. 이 방법에는 필요한 SRT 에서 단위 유입 COD 당 생산되는 슬러지 질량으로부터 결정되는 반응기 부피에 할당될 MLVSS 또는 MLSS 농도를 특정하는 과정이 포함된다. 뿐만 아니라 1 차 침강조의 영향을 평가하기 위해 필요한 반응기 부피를 유입 COD 와 연계시키는 것이 보다 바람직하다. 1 차 침강조를 거친 하수를 예로 들면, 1 차 침강조에서는 COD 의 상당 부분이 제거되기 때문에, 반응기에서 처리할 수 있는 COD 는 낮아지고, 이에 따라 반응기 부피도 크게 감소한다. 1 차 침강조를 거친 하수에는 침강조를 거치지 않은 하수에 비해 COD 농도가 약 40% 낮아진다. COD 농도가 낮아지면, 슬러지 생산량도 낮아지고, 반응기 부피도 감소하게 된다.

총 유입 COD 질량 M(S_{ti})로부터 생산되는 슬러지 질량 M(X_t)을 산출함으로써, COD 부하 당 필요한 반응기 부피를 식(4.13), (4.14) 및 (4.16)으로부터 다음과 같이 구할 수 있다. 이 과정에서 MLVSS/MLSS 비 f_i를 먼저 선정하여야 한다:

$$V_p X_t f_i = Q\ S_{ti}\ SRT \left\{ \frac{(1 - f_{us} - f_{up})Y_h(1 + f b_h SRT)}{1 + b_h SRT} + \frac{f_{up}}{f_{cv}} \right\}$$

(4.20)

따라서 단위 COD 부하 당 특정 MLSS 농도 X_t 에 필요한 반응기 부피는, 다음의 식과 같이 주어진다:

$$\frac{V_p}{Q\,S_{ti}} = SRT/(X_t f_i) \left\{ \frac{(1 - f_{us} - f_{up})Y_h(1 + fb_h SRT)}{1 + b_h SRT} + \frac{f_{up}}{f_{cv}} \right\}$$

(4.21a)

이 식의 좌변은 단위 COD 질량 부하 당 필요한 반응기의 부피를 의미한다. 20 ℃와 1차 침강조를 거치지 않은 하수 원수에 해당하는 표 4.1과 표 4.2의 값들을 적용하여, 단위 COD 질량 부하 당 필요한 반응기의 부피를 여러 MLSS 농도에 대해 SRT 의 함수로 도식화하면 다음 그림 4.6(위)과 같다. 그림에서 알 수 있듯이 MLSS 농도 X_t 가 낮아질수록 그리고 SRT 가 증가할수록, 단위 COD 질량 부하 당 필요한 반응기 부피는 증가한다. 1차 침강조를 거친 하수의 경우 침전조에서 일부 COD 가 제거되기 때문에, 위 식 (4.21a)의 우변 끝에 (1-f_{rps})를 곱하여 보정하여야 한다 (그림 4.6 (아래). 즉,

$$\frac{V_p}{Q\,S_{ti}} = SRT/(X_t f_i) \left\{ \frac{(1 - f_{us} - f_{up})Y_h(1 + fb_h SRT)}{1 + b_h SRT} + \frac{f_{up}}{f_{cv}} \right\}(1 - f_{rps})$$

(4.21b)

여기서, f_{rps} = 1차 침강조에서 제거된 COD 질량 분율; 1차 침강조에서는 유입 COD 의 약 40 %가 제거된다 (∴ f_{rps} ≒ 0.4).

Chapter 4 탄소계 물질 제거

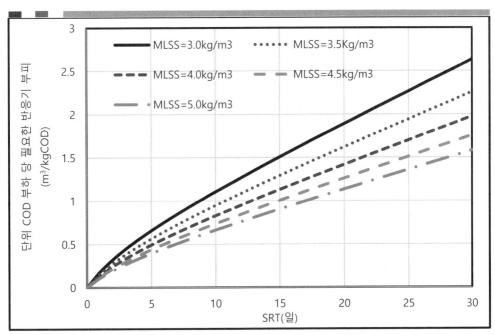

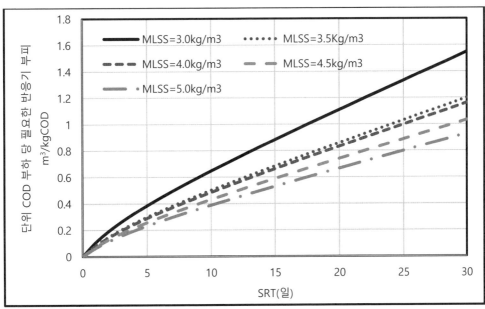

그림 4.6 COD 질량 부하 당 필요한 반응기 부피의 SRT 의존성
(20 ℃, 3.0kg/m³≤MLSS 농도≤5.0kg/m³;
1 차 침강조를 거치지 않은 하수 원수 (위);
1 차 침강조를 거친 하수 (아래))

6. 탄소계 산소 요구량

단위 COD 질량 당 일 평균 탄소계 산소 요구량 $M(O_c)/M(S_{ti})$은 식 (4.12)에 의해 산출되고, 이를 도식화하여 그림 4.3 에 제시하였다. 그림에서 볼 수 있듯이, 15 일 보다 긴 SRT 에서는 $M(O_c)/M(S_{ti})$는 미미하게 증가한다. 20 일의 SRT 에서의 $M(O_c)/M(S_{ti})$는 0.635 kgO/kgCOD 이다. 1 차 침강조를 거친 하수는 침강 과정에서 약 40%의 COD 가 제거되기 때문에, COD 질량 부하 당 산소 요구량은 1 차 침강조를 거치지 않은 하수 원수에 비해 약 40% 낮아지게 되고, 반응기의 산소 포기에 소요되는 동력비는 절감된다.

탄소계 산소 요구량은 유입 COD 만을 산화시키게 위해 필요한 산소량이다. 영양염류 제거 공정에서는 암모니아를 질산염으로 산화시키는 질산화 과정에서도 산소가 필요하다. 탈질 공정에서 질산염이 질소 기체로 환원되면서, 일부 산소가 다시 되돌아온다. 따라서 영양염류 제거 공정에서의 총 산소 요구량은 탄소계 및 질산화 산소 요구량의 합에서 탈질 과정에서 회복된 산소량을 감하여 산출된다. 질산화에 필요한 산소 요구량과 탈질에서 회복되는 산소량은 제 5 장 및 6 장에서 각각 상세히 다룰 것이다. 하루 동안 주기적으로 발생하는 COD 부하 변동으로 인해, 탄소계 산소 요구량도 함께 변동한다. TKN 부하도 하루 동안 주기적으로 변동하여, 질산화-탈질 공정의 산소 요구량 및 산소 회복량도 변동하게 된다. 탈질 공정에서는 탄소계 산소 요구량도 함께 기여하게 되어 상황이 복잡해진다. 이에 관한 설명은 제 6 장에서 다룰 것이다.

7. 일 슬러지 생산량

일 슬러지 생산량은 일 슬러지 폐기량과 동일하다. 식 (4.1)의 정의에 의하면, 일 생산되는 슬러지 양 $M(\triangle X_t)$는 공정에서 생산되는 슬러지 양 $M(X_t)$를 SRT 로 나누어 구할 수 있다. 즉,

$$M(\Delta X_t) = M(X_t)/SRT \quad \text{mgTSS/d}$$

$M(X_t)$에 식 (4.14)를 대입하여 정리하면, mg COD 부하 당 생물학적 공정에 의해 매일 생산되는 슬러지 양이 얻어진다. 즉,

$$M(\Delta X_t)/M(S_{ti}) = 1/f_i \left\{ \frac{(1 - f_{us} - f_{up})Y_h(1 + fb_hSRT)}{1 + b_hSRT} + \frac{f_{up}}{f_{cv}} \right\}$$

(4.22)

단위 COD 부하 당 매일 생산되는 슬러지 질량 (TSS)인 식 (4.22)를 SRT 의 함수로 도식화하여 그림 4.7 에 제시하였다. $M(\triangle X_t)/M(S_{ti})$는 SRT 가 증가할수록 감소하고, 20 일보다 SRT 가 길어지면 증가 폭은 둔화된다. 온도에 따른 슬러지 생산량 변화는 미미하여, 14 ℃의 저 수온 운전 시에는 20 ℃ 운전에 비해 약 5% 슬러지 생산량이 증가하고, 이와 같은 미세한 증가는 슬러지 생산 계산에 적용한 하수 특성을 나타내는 f_{us} 와 f_{up}, 그리고 슬러지의 MLVSS/MLSS 비인 f_i 의 오차 범위를 고려하면 무시할 수 있을 정도이다. 따라서 수온의 변화가 슬러지 생산량에 미치는 영향은 무시할 수 있다.

비록 하수 원수 처리의 경우보다 1 차 침강조를 거친 하수 처리 시 슬러지 생산량은 낮아지지만, 폐기될 총 슬러지량은 도리어 높아진다. 왜냐하면 폐기될 총 슬러지 질량에는 1 차 침강조의 폐기 슬러지와 2 차 침강조 폐기 슬러지가 함께 포함되고, 하수 원수 처리 시에는 2 차 침강조 슬러지만이 생산되기 때문이다. 침강 가능한 고형물의 일부는 생분해성이고 생물 반응기로 유입되면 산화되기 때문에 하수 원수 처리에 비해 1 차 침강을 거친 하수 처리 시 총 슬러지 생산량은 약 10~20 % 증가한다.

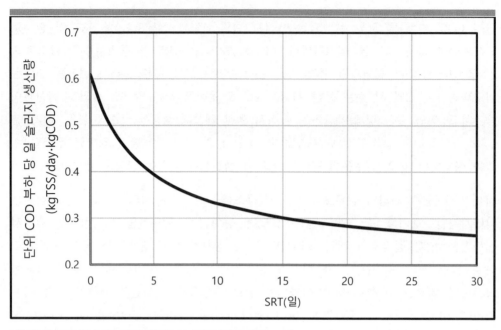

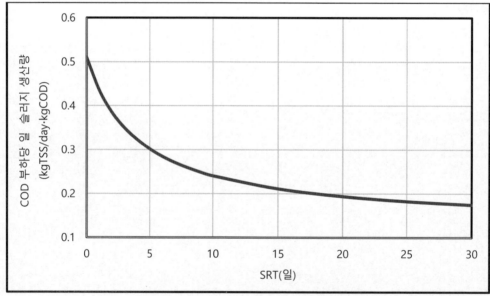

그림 4.7 단위 COD 부하당 일 슬러지 생산량의 SRT 의존성

(20℃; 유입 COD 농도 = 600 mg/L; 유량 13.3 megaliter/일; 1 차 침강조를 거치지 않은 하수 원수(위) (f_{up}=0.13; f_{us}=0.05; f_i=0.75; Y_h=0.45/일; b_h=0.24/일; f_{cv}=1.48; f=0.20); 1 차 침강조를 거친 하수(아래) (f_{up}=0.04; f_{us}=0.08; f_i=0.83; Y_h=0.45/일; b_h=0.24/일; f_{cv}=1.48; f=0.20))

2 차 및 1 차 슬러지 (1 차 침강조가 설치될 경우) 일 생산량이 처분 방법에 따라 폐기하여야 할 슬러지 질량이다. 처분 방법은 이 책에서는 다루지 않을 것이지만,

Chapter 4 탄소계 물질 제거

생물학적 영양염류 제거 공정 설계와 슬러지 처분 단위 공정 설계가 서로 분리되지 않아야 한다. 하수 원수 펌핑부터 최종 슬러지 처분까지 실제 처리 시설의 모든 단위 공정들이 통합되어 있는 것으로 설계자는 간주하여야 한다. 한 단위 공정의 설계는 전 단계 단위 공정의 설계에 따라 변하고, 다음 단위 공정 설계에도 영향을 줄 수 있기 때문이다. 통합적 관점에서 단위 공정 설계에 임하여야 하는 이유를, 다음의 슬러지 처분 사례들로부터 알 수 있게 된다:

- 슬러지 처분 시 1 차 침강조에서 발생한 슬러지와 반응 공정에서 폐기된 슬러지를 혼합하게 되면 보다 쉽게 농축되고 탈수시킬 수 있다는 많은 경험적 결과를 접할 수 있다. 그러나 1 차 침강조를 거치지 않은 하수 원수는 침강조를 거친 하수에 비해 생물학적 영양염류 제거 공정으로 더 높은 효율로 질소와 인을 제거할 수 있기 때문에 농축 및 탈수 효율을 증대시키기 위해 1 차 침강조 설계를 반영할 지 여부 결정에 신중을 기할 필요가 있다.

- 인이 풍부하게 함유된 생물학적 처리 공정에서 폐기된 슬러지가 혐기성 상태로 방치될 경우, 인은 고체상에서 액체상으로 다시 방출된다. 결과적으로 폐기 슬러지 중력식 농축조에서 발생하는 상등수 (supernatant)에는 높은 농도로 인이 함유될 수 있어, 다시 반응 공정으로 상등수를 재투입할 수 없게 된다. 상등수에 포함된 고농도의 인을 응집제를 주입하여 화학적으로 침전시키는 화학적 공정을 설계에 추가로 반영하거나 또는 혐기화를 근본적으로 해결하여 인의 방출을 막기 위해 공기 기포를 이용하여 슬러지를 부상시켜 농축할 수 물리적 공정을 설계에 반영하여야 할 것이다.

- 인의 과잉 섭취를 이용하는 생물학적 인 제거 공정 효율을 개선하기 위해 산성 조건에서 혐기성 소화를 적용하여 폐기 슬러지를 처리하게 되면 분자량이 작은 유기 화합물을 얻게 되고, 생산된 저분자 유기 화합물을 혐기 반응기에 재투입하여 인 저장 미생물을 활성화시키는 방안을 설계에 반영할 수도 있을 것이다.

8. 슬러지 생산에 필요한 영양염류 요구량

모든 살아 있는 생명체와 많은 살아있지 않은 유기 물질에는 질소와 인이 함유되어 있다. 생물학적 하수 처리 공정의 휘발성 부유 고형물에 포함된 질소의 함량 (f_n)은 9~12 % 범위이고 평균 약 10 % 이다. 인의 분율 (f_p)은 순수 호기성 조건에서 1~3 % 범위이며 평균 약 2.5 %이다.

일 평균 조건에서 슬러지에 포함된 질소의 함량은 매일 폐기되는 슬러지의 질소 함량과 동일하다. 활성을 지니는 휘발성 고형물, 내생 잔류물 휘발성 고형물 그리고 활성을 지니지 않는 비활성 휘발성 고형물에 함유된 질소 분율을 모두 동일한 것으로 간주하여 (이 간주는 대부분의 경우 합리적이다), 유입 하수 1 L 당 일 슬러지 생산에 필요한 질소 요구량 (N_s)와 폐기 슬러지의 질소 함량 사이의 관계를 식으로 수립하면 다음과 같다:

$$Q \, N_s = f_n \, M(X_v)/SRT$$

이를 식 (4.10)에 대입하여 정리하면, 단위 COD 당 질소 요구량 N_s/S_{ti} 는 다음과 같이 얻어진다:

$$\frac{N_s}{S_{ti}} = f_n \left\{ \frac{(1 - f_{us} - f_{up})Y_h(1 + fb_hSRT)}{1 + b_hSRT} + \frac{f_{up}}{f_{cv}} \right\}$$

(4.23)

여기서, f_n = 휘발성 고형물 내 질소 분율 = 0.10 mgN/mgVSS.

그러나 일 슬러지 생산에 필요한 인 요구량을 산출하기 위해, 활성을 지니는 휘발성 고형물, 내생 잔류물 휘발성 고형물 그리고 비활성 휘발성 고형물에 함유된 질소 분율을 모두 동일한 것으로 간주하면 왜곡된 값이 얻어진다. 내생 잔류물 휘발성 고형물과 비활성 휘발성 고형물의 인 분율 (f_p)은 일정하게 유지되어 약 1.5 %인 반면, 활성을 지니는 휘발성 고형물 질량에 포함된 인 분율 (γ)은 공정의 조건에 따라 3~35 %의 넓은 범위의 값을 지닌다. 생물학적 인 제거 공정에 참여하는 인 저장 미생물의 경우, 실질적으로 많은 양의 인을 고분자 인산염으로 저장할 수 있다. 휘발성 고형물 간의 서로 다른 인 분율을 고려하면, 일 슬러지 생산에 필요한 단위 COD 당 인 요구량 P_s/S_{ti}는 다음과 같이 얻어진다:

$$\frac{P_s}{S_{ti}} = \left\{ \frac{(1 - f_{us} - f_{up})Y_h(\gamma + f_pfb_hSRT)}{1 + b_hSRT} + f_p\frac{f_{up}}{f_{cv}} \right\}$$

(4.24)

여기서, γ = 활성을 지니는 휘발성 고형물의 인 분율 (mgP/mgVASS); f_p = 비활성 및 내생 잔류물 휘발성 고형물의 인 분율 (mgP/mgVSS) = 0.015; VASS = Volatile Active Suspended Solid = 활성을 지니는 휘발성 고형물.

또한 단위 COD 당 슬러지 질량의 인 분율 (P_s/S_{ti})은 단위 COD 당 하수에서 제거된 인 (△P/S_{ti})에 해당된다. 순수 호기성 공정에서의 γ 계수는 0.03 mgP/mgVASS 이지만, 공정에 무산소 반응기가 포함되면 γ 계수는 약 0.06 mgP/mgVASS 로 증가한다. 혐기

Chapter 4 탄소계 물질 제거

반응기가 공정에 통합되면, γ 계수는 상황에 따라 변한다. 즉, 혐기 반응기의 쉽게 생분해되는 COD 농도에 따라 γ 계수는 0.06~0.35 mgP/mgVASS 범위에서 변동할 수 있다는 의미이다. 혐기 반응기로 인해 γ 계수가 높아지면, 높은 효율로 인을 제거할 수 있게 된다. 이는 제 7 장에서 다룰 생물학적 인 제거 공정의 기반이 된다.

슬러지 생산에 필요한 질소 요구량과 인 요구량 산출과 관련된 식 (4.23) 및 (4.24)를 f_n = 0.10 mgN/mgVSS, γ = 0.03 mgP/mgVASS, f_p = 0.015 mgP/mgVSS, Y_h = 0.45 mgVSS/mgCOD, b_h = 0.24/day (20℃), f_{cv} = 1.48 mgCOD/mgVSS, f = 0.20 을 적용하여 SRT 함수로 도식화하여 나타내면, 다음 그림 4.8 과 같다. SRT 가 증가할수록 순 슬러지 생산량 (새로 합성되는 슬러지와 내생 잔류물로 전환되는 슬러지 생산량의 차이)은 감소하기 때문에 영양염류 요구량은 SRT 증가에 따라 감소한다는 점은 명확해진다. 일반적으로 SRT 가 10 일을 초과하면, 순 슬러지 생산으로 제거되는 단위 COD 당 질소는 0.025 mgN/mgCOD 미만이 된다. 생활 하수의 유입 TKN/COD 비는 0.07~0.12 범위이기 때문에 유입 질소의 매우 미미한 분율 만이 슬러지 폐기에 의해 제거된다. 추가적인 질소 제거는 제 5 장 및 6 장에서 다룰 질산화 및 탈질을 거쳐 달성된다.

인 제거에 관해서도 설명해보자. 생활 하수의 총인/COD 비는 일반적으로 0.015~0.030 범위에 있기 때문에, 0.005 mgP/mgVSS 의 미미한 인 만이 호기성 반응기로만 구성된 공정에서 제거될 수 있다. 생물학적 과잉 인 제거는, 혐기 반응기를 공정에 포함시켜 γ 계수 값이 상승할 수 있도록 고분자 인 저장 미생물을 자극함으로써 달성된다. 생물학적 과잉 인 제거 과정의 상세한 설명은 제 7 장에서 다룰 것이다.

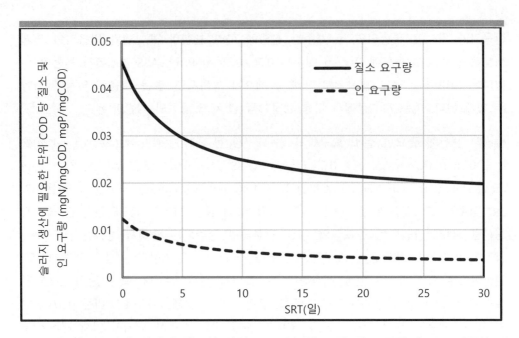

그림 4.8a 슬러지 생산에 필요한 단위 COD 당 질소 및 인 요구량의 SRT 의존성
(20℃; γ=0.03 mgP/mgVASS; 유입 COD 농도 = 600 mg/L; 유량 13.3 megaliter/일;
1차 침강조를 거치지 않은 하수 원수 (f_{up}=0.13; f_{us}=0.05; f_i=0.75; Y_h=0.45/일;
b_h=0.24/일: f_{cv}=1.48; f=0.20: f_n=0.10. f_p=0.015)

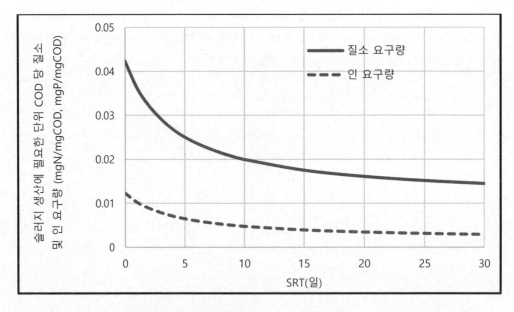

그림 4.8b 슬러지 생산에 필요한 단위 COD 당 질소 및 인 요구량의 SRT 의존성
(20℃; γ=0.03 mgP/mgVASS; 유입 COD 농도 = 600 mg/L; 유량 13.3 megaliter/일;
1차 침강조를 거친 하수 (f_{up}=0.04; f_{us}=0.08; f_i=0.83; Y_h=0.45/일;
b_h=0.24/일, f_{cv}=1.48; f=0.20; f_n=0.10; f_p=0.015))

Chapter 4 탄소계 물질 제거

9. 공정 설계 및 제어

공정 설계와 공정 제어에서 기본적으로 중요한 변수는 슬러지 연령을 의미하는 SRT이다. 과거에 적용하였던 변수 대신 SRT를 주요 변수로 공정 설계 및 공정 제어에 적용하면, 설계 결과에 어떻게 영향을 주게 되는지에 관해 설명해보자.

9.1 제어 변수로서의 SRT와 슬러지 부하율 SLR의 비교

공정 설계 시 기본적으로 도입되는 용어가 슬러지 부하율 (SLR: Sludge Loading Rate)이고, 이는 BOD_5를 기준으로 에너지 수지를 수립할 경우에 주로 활용된다. 먹이의 부하와 미생물 질량의 비 (Food/Microorganism: F/M)로 정의되는 SLR은 다음과 같이 표현된다:

$$SLR = (BOD \text{ 질량부하, mgBOD/day})/(\text{공정의 슬러지 질량, mgVSS})$$

$$= M(S_{BOD})/M(X_v) \text{ 또는 } M(S_{BOD})/M(X_t)$$

$$(4.25)$$

여기서, $M(S_{BOD})$ = 일 BOD 질량 부하 (mgBOD/day); $M(X_v)$, $M(X_t)$ = 각각 휘발성 고형물 질량 (mgVSS) 및 총 부유 고형물 질량 (mgTSS).

휘발성 고형물 질량 $M(X_v)$와 총 부유 고형물 질량 $M(X_t)$에는 난분해성 물질과 불활성 물질이 함께 포함되어 있다는 점에서 SLR 적용의 한계가 시작된다. F/M비를 보다 정확히 표현하기 위해서는 SLR은 다음과 같이 정의되어야 할 것이다:

$$SLR = F/M = M(\triangle S_{BOD})/M(X_a)$$

$$(4.26)$$

여기서, $M(\triangle S_{BOD})$ = 공정에서 진행되는 BOD 일 변화량 (mgBOD/d); $M(X_a)$ = 활성을 지닌 휘발성 고형물 질량 (mgVASS); VASS = Volatile Active Suspended Solid = 활성을 지니는 부유 고형물.

$M(X_a)$를 직접 측정할 수 없기 때문에 식 (4.26)에 의해 정의되는 F/M비는 원천적으로 실질적인 제어 변수가 될 수 없다. 이 때문에 어쩔 수 없이 식 (4.25)에 의해 정의되는 $M(X_v)$ 또는 $M(X_t)$가 포함된 SLR을 사용하게 되는 것이다. 그러나 $M(X_v)$는 유입수의 생분해 가능한 COD와 불활성 입자성 물질 모두에 따라 변하기 때문에 $M(X_v)$ 또는 $M(X_t)$가 포함된 식 (4.25)도 불확실한 공정 제어 변수가 된다. 예를 들면 동일한 생분해성 COD 농도에 대해 1차 침강조를 거치지 않은 하수 원수의 F/M비는 1차

침강조를 거친 하수의 F/M 비와 다르게 나타날 것이지만, 산소 요구량과 활성을 지니는 슬러지 질량 $M(X_a)$는 1 차 침강조를 거치지 않은 하수 원수와 1 차 침강조를 거친 하수 모두에서 동일할 것이다. 뿐만 아니라 MLVSS 또는 MLSS 에 침강성 고형물이 반영될 지 여부에 따라 F/M 비는 다르게 나타날 것이다. COD 를 유입 에너지 측정 매개 변수로 택하여 SLR 을 다음의 식 (4.27)과 같이 정의할 경우, 측정된 COD 에는 용존성 난분해 COD 분율과 입자성 COD 분율이 함께 포함되기 때문에 SLR 표현은 더욱 왜곡된다.

$$F/M = M(S_{COD})/M(X_v) \text{ 또는 } M(X_t)$$

(4.27)

여기서, $M(S_{COD})$ = COD 일 부하 질량.

식 (4.27)을 일 COD 변화량 $M(\triangle S_{COD})$으로 표현하면, 오직 용존성 난분해 COD 만 계산에 포함되게 된다. 생물 분해가 가능하지 않는 입자성 COD 도 $M(S_{COD})$와 $M(X_v)$ 또는 $M(X_t)$ 모두를 증가시켜 F/M 비에 영향을 주기 때문에 생분해되지 않는 입자성 COD 의 분율에 따라 다른 값의 F/M 비가 얻어질 수 있다.

F/M 비의 생물 분해 불가능한 COD 분율 문제를 극복하기 위해 활성을 지닌 휘발성 고형물 단위 질량 당 생물 분해 가능한 COD 질량의 일 변화량으로 F/M 비를 정의할 수 있다. 슬러지 부하율인 SLR 과 구별하기 위해 이렇게 정의된 F/M 비를 활성을 지닌 휘발성 고형물 질량 ($M(X_a)$)당 기질 활용률 (SUR: Substrate Utilization Rate)이라 부른다. 즉,

$$SUR_a = F/M = M(S_{COD})/M(X_a)$$

(4.28)

여기서, $M(\triangle S_{COD})$ = 생분해성 COD 의 일 변화 질량

측정할 수 없는 생분해성 COD 의 일 변화량 (하수의 COD 중 난분해 입자성 COD 의 함량을 알 수 없기 때문에 측정할 수 없음)과 측정할 수 없는 활성을 지닌 휘발성 고형물 질량 때문에 SUR_a 역시 실질적인 매개 변수가 되기 어렵다. 슬러지 연령을 대변하는 SRT 가 변하면 슬러지 중 활성을 지니는 슬러지 (X_a) 및 휘발성 슬러지 (X_v) 도 변하게 된다. 식 (4.28)을 기반으로 SUR 을 SRT 에 따라 활성을 지닌 휘발성 고형물, 휘발성 고형물 그리고 총 고형물 단위 질량 당의 기질 이용률인 SUR_a, SUR_v 및 SUR_t 로 나누어 적용할 수도 있을 것이다. 그러나 이 경우 X_a, X_v, 또는 X_t 중 어느 농도를 슬러지 농도로 택할 지 여부와 COD 또는 BOD 로 유입 에너지를 택할 지 여부에 따라,

Chapter 4 탄소계 물질 제거

SUR 은 다르게 나타난다. 이와 유사하게 슬러지 농도 (X_a, X_v, 또는 X_t) 및 유입 에너지 (BOD 또는 COD)를 측정하는 변수에 따라 동일한 SRT 에서 다른 값의 SUR 이 얻어진다.

슬러지 농도와 유입 에너지를 대표하는 측정 변수 선정에 따라, SUR 값과 SLR 값이 변하게 되는 현상은 바람직하지 못하다. 왜냐하면 공정에 관련된 기술진들에게 왜곡된 결과를 제공할 수 있기 때문이다. 보다 중요한 점은 변화하는 SUR 또는 SLR 은 모두 SRT 과 기능적으로 서로 유기적으로 연관된다는 사실이다. SRT 로부터 유도될 수 없는 어떠한 SUR 또는 SLR 로부터도 추가적인 정보가 도출될 수 없을 것이다.

그러므로 SUR 또는 SLR 대신 SRT 가 기준 변수로 대체될 수 있다. 뿐만 아니라 설계가 적절하게 이루어질 경우, 단순한 제어에 의해 SRT 는 고정될 수 있다. 이러한 제어 절차가 SLR 제어 절차보다 훨씬 실질적이고 효율적이다.

9.2 공정 제어

생물학적 영양염류 제거 공정 제어의 통상적 절차에는 설계에 의해 반영되거나 또는 경험을 통해 정해지는 슬러지 농도를 지속적으로 일정하게 유지하는 과정이 포함된다. 슬러지 농도 (X_v 또는 X_t)가 정해지면, SLR 이 원하는 범위에 속하는 지 여부를 검증하기 위해 일 유입 COD (또는 BOD) 농도 패턴과 일 유량 패턴으로부터 일 COD (또는 BOD) 질량 부하를 결정하기 위한 광범위한 테스트가 필요하다. 해당하는 SRT 를 산출하기 위해서는 매일 폐기되는 슬러지 질량에 대한 누적된 정보가 필요하다. 전형적 시설에서는 가끔 슬러지 농축을 원활하게 진행하기 위해 2 차 침강조 하부로부터 슬러지를 인발하여 폐기한다. 그러나 일 유입 유량의 주기적인 변동에 따라, 2 차 침강조 하부에서 인발되는 슬러지의 농도는 크게 변할 수 있다. 따라서 슬러지를 폐기할 때 마다 침강조 하부에서 인발되는 슬러지 농도를 측정하여 SRT 를 산출할 필요가 있다.

위의 설명으로부터 SRT 또는 SLR 을 보다 정확하게 알기 위해서는 시설 및 유입수에 대한 강도 높은 테스트가 필요하다는 점은 명확해진다. 기술적 전문성을 지닌 인력이 확보된 대규모 시설에서는 강도 높은 테스트가 가능할 수 있을 지 모르지만 작은 시설에서는 통상적으로 SLR 과 SRT 모두를 알 수 없다.

따라서, 2 차 침강조 하부로부터 슬러지를 인발하여 폐기하는 방안으로는 SRT 또는 SLR 을 단순하고 정확하게 제어할 수 없게 된다. 그러나 다른 슬러지 폐기 방안을 도입하게 되면 정확하고 단순하게 SRT 제어가 가능해진다. 이 방안이 바로 SRT 의 수리적 제어 방법이다.

9.3 수리적 SRT 제어

SRT 의 수리적 제어는 다음과 같이 운전된다: SRT 는 10 일로 고정되었다고 간주한다. 2 차 침강조와 독립적으로 반응기 부피 1/10 의 혼합액을 매일 위성 (소규모) 침강조 또는 가압공기 부상조로 이송한다. 위성 침강조에서 고체와 분리된 상등수는 유출 수로 (또는 반응기)로 이송되고, 농축된 슬러지를 소화조 또는 건조 장치로 이송시킨다. 혼합액 농도는 하루 동안 크게 변하지 않기 때문에 이 방법으로 정확한 SRT 가 제공된다. 혼합액 농도가 크게 변하지 않는 현상은 반응기 내 혼합액 농도와 처리 시설에서 인발되는 슬러지 농도를 비교함으로써 쉽게 확인할 수 있다.

소규모 시설이라도 SRT 를 제어하기 위해서는 하루에 필요한 부피만큼의 혼합액을 인발하여 매일 또는 며칠 만에 한 번씩 규칙적으로 혼합액을 저장 시설 또는 농축 시설로 이송할 필요가 있다. 대규모 시설에는 일정한 혼합액 유량을 계속해서 수용할 수 있도록 설계하거나, 하루 중 일부 기간 동안만 운전될 수 있도록 소규모 위성 침강조 (또는 부상조)를 설계에 반영할 수 있다.

SRT 의 수리적 제어가 지니는 중요한 장점은 공정 유량과 관계없이 반응기 부피의 일정 분율이 제거되어 폐기된다면 SRT 는 고정된다는 사실이다. 일 COD 질량 부하가 일정할 경우, 슬러지 농도는 자동적으로 일정하게 유지된다. COD 질량 부하가 증가한다면, 슬러지 농도는 자동적으로 증가하여 동일한 SRT 를 유지할 수 있다. 따라서 고정된 SRT 에서 MLSS 농도 및 MLSS 농도 변화를 모니터링함으로써, 유입 COD 부하와 COD 부하 변화를 간접적으로 측정할 수 있다.

수리적 제어 절차의 수단으로 매일 폐기되는 슬러지 부피를 단순하게 변화시킴으로써, SRT 를 조정할 수 있게 된다. 예를 들면 수리적 제어에 의해 SRT 가 25 일에서 20 일로 감소하면, 약 15 일이 지나야만 변화의 효과가 완전하게 뚜렷이 나타난다. 따라서 미생물 개체군이 부하 변화에 점진적으로 적응할 수 있는 기회를 가질 수 있다.

SRT 의 수리적 제어는 4 일보다 긴 SRT 가 필요한 시설에서 특히 유용하다. 왜냐하면 이러한 시설에서는 2 차 침강조 내에 포함된 슬러지 질량이 공정의 총 슬러지 질량에 비해 미미하기 때문이다. 4 일보다 짧은 SRT 에서는 2 차 침강조 내의 슬러지 질량은 공정 총 슬러지 질량에 비해 무시할 수 없게 된다. 수리적 제어를 위해서는 이러한

Chapter 4 탄소계 물질 제거

점을 인지하고, 정밀한 수리적 제어를 위해서는 추가적인 테스트 과정이 필요하다. 시설의 SRT 와 무관하게 수리적 제어에 필요한 위성 침강조 부피는 2 차 침강조 부피에 비해 항상 매우 작아야 한다는 점에 주목하여야 한다. SRT=2 일에서 수리적 체류 시간은 통상적으로 약 4~6 시간이고, 따라서 위성 침강조는 일평균 유량의 1/12~1/8 을 수용하여야 한다. SRT=25 일에서는 위성 침강조의 수리적 체류 시간은 약 0.75~1.25 일이고 일평균 유량의 약 1/20 을 수용하여야 한다. 이에 반하여 2 차 침강조는 일평균 유량의 약 2~4 배를 수용하여야 한다.

설계에 관해서 설명하면, SRT 의 수리적 제어에는 다음과 같은 사항이 설계에 연루된다:

1) 설계자의 부담을 경감시켜주고, 시설 운전자의 책임을 제거한다.

2) 설계자는 슬러지 질량을 보다 정확하게 산출하여, 고정된 SRT 에서 반응기 내 MLSS 를 원하는 농도로 유지하기 위해 설계 부하를 수용할 수 있는 충분한 부피의 반응기를 제공하여야 한다.

3) 또한, 침강조 설계, 반송 및 포기 용량 계산도 적절하게 이루어져야 한다. 이러한 점들이 적절하게 이루어지면 SRT 의 수리적 제어 및 시설 제어가 단순화되고, 소규모 시설의 경우 장 기간 간격을 두고 행하는 정기적 테스트 외에는 고형물 테스트와 SVI 테스트는 필요 없게 된다.

4) 수리적 SRT 제어는 SLR (또는 SUR)을 무용지물로 만들고, 공정 제어에 완전히 새로운 방법을 제공한다.

10.   SRT 선정

SRT 선정은 생물학적 영양염류 제거 공정 설계에서 가장 기본적이고 가장 중요하다. 시설의 여러 인자에 따라 변하지만, 그 중에서도 특히 공정의 안정성, 슬러지의 침강성, 폐기 슬러지가 직접 처분 시설로 유입되는 지 여부 그리고 무엇보다도 중요한 유출 수질 요구 수준에 따라 SRT 는 변한다. 여기서 말하는 유출 수질 요구 수준은 COD 제거만이 필요한지, 질산화가 필요한지, 질소 및 인의 제거가 함께 필요한 지를 요구하는 수준을 의미한다. 한국을 포함한 여러 국가들은 COD 제거와 함께 질소 및 인의 제거를 요구한다.

10.1 짧은 SRT (1~5 일)

전형적 생물학적 공정으로 운전되는 시설은 반 플러그 흐름 형상 (semi plug flow configuration)의 단위 공정들로 구성되지만 접촉 안정조와 단계 포기, 단계 유입 장치와 같은 단위 공정들도 포함된다.

질소와 인 제거가 포함된 엄격한 방류수질을 충족시킬 수 없기 때문에 짧은 SRT 를 적용하는 시설은 주로 COD 제거만이 필요한 시설에 해당된다. 목표 SRT 는 1~3 일이면 충분하고, BOD 또는 COD 의 75~90%가 제거된다. 달성할 수 있는 실제 제거율은 유입수, 슬러지 상태 그리고 침강조 효율에 따라 변한다. 탁도와 고농도 COD 유출을 야기하는 슬러지에서의 미생물 포식 활동은 상대적으로 낮아진다.

질산화가 진행되지 않거나 또는 질산화를 방지할 수 있도록 플랜트를 운전하여야 한다. 그러나 수온이 상대적으로 높은 지역에서는 이를 준수하기 어려워진다.

SRT 를 짧게 유지하여 얻을 수 있는 장점은 다음과 같다:

- 단위 COD 부하 당 처리 공정의 부피가 작아지고, 이에 따라 탄소계 산소 요구량도 감소한다;

- 질산화는 진행되기 힘들고, 질산화에 필요한 산소 요구량을 절감할 수 있다;

- 주기적으로 변동하는 유량과 부하에서 산소 요구량은 크게 감소하여, 긴 SRT 시설에 비해 산소 제어가 보다 용이해진다.

반면에 SRT 를 짧게 유지하여 잃을 수 있는 단점은 다음과 같다:

- 단위 유입 COD 부하 당 생산되는 슬러지 질량은 높고 (그림 4.7 참조), 슬러지 중 활성을 지닌 분율은 높아진다 (그림 4.2 참조). 이에 따라 혐기성 소화조 운전으로 에너지를 회수하여 운전비를 절감할 수 있음에도 불구하고, 처리 비용의 상당 부분을 슬러지 처리 시설이 차지하게 된다;

- 공정이 불안정해지고, 기계적 분쇄에 슬러지가 민감해진다 (작은 힘에도 쉽게 슬러지가 분쇄된다).

상대적으로 낮은 산소 요구량과 상대적으로 높은 단위 유입 COD 질량 당 슬러지 생산 질량 때문에, 필요한 에너지를 스스로 생산하는 시설 운영이 가능할 수도 있다. 폐기 슬러지의 혐기성 소화에 의해 전기를 생산할 수 있을 정도로 충분한 메탄가스를 얻을 수 있고, 생산된 전기로 산소를 제공하고 공정 운전에 이용할 수 있다.

Chapter 4 탄소계 물질 제거

10.2 중간 범위의 SRT (10~15 일)

COD 만을 제거할 경우보다 질산화가 의무화된 경우에는 5~8 일의 보다 긴 SRT 가 필요하다. 수온이 12~14 ℃로 낮아질수도 있는 온화한 기후 지역에서는 SRT 는 10~15 일 보다 낮아지기 어렵다. 약 4 일보다 긴 SRT 에서는 유출수의 BOD 및 COD 농도는 더 이상 낮아지지 않고 일정하게 유지되기 때문에 SRT 10~15 일 범위에서는 효율적인 BOD 및 COD 제거를 위해 설계에서 더 이상 할 수 있는 역할은 없다. 완전 질산화가 달성되면 질산화 반응 속도 개선에 대해서는 설계에서 할 수 있는 역할이 없기 때문에 유출수 암모니아 농도 제어를 위해 설계에서 할 수 있는 역할도 없어진다. 비록 방류수 기준에서 암모니아 농도 10 mgN/L 를 요구하더라도, 질산화가 진행되면 암모니아 농도는 쉽게 4 mgN/L 미만이 된다. 결과적으로 질산화 요구 수준에 의해 SRT 는 정해진다 (질산화에 필요한 최소 SRT 는 제 5 장에서 다룰 것이다).

질산화로 인해 낮은 알칼리도를 지니는 하수는 유출수 pH 가 5.0 까지 크게 낮아질 수 있다. 이는 부분적 질산화만이 진행되어 방류수 암모니아 기준 10mg/L 를 충족시키지 못하게 되는 질산화 공정 자체의 문제, 뿐만 아니라 슬러지의 침강성의 부실이 심화되고 공정 구조물 콘크리트 표면을 심각하게 부식시킬 수 있다. 이러한 문제들을 저감시키기 위해 (그리고 이 절에서 다음에 다룰 다른 장점을 유도하기 위해), 생물학적 탈질 공정이 정책적으로 도입되게 되었다. 그러나 생물학적 탈질이 공정에 통합되면, 10~15 일 보다 긴 SRT 가 요구되고, 공정은 긴 SRT 분류에 포함되게 된다.

중간 범위 SRT 공정을 짧은 SRT 공정과 비교하면, 질산화를 포함하여 kgCOD 당 산소 요구량은 2 배가 되고 공정 부피는 3~4 배 증가하며 매일 폐기되는 슬러지 질량은 40% 감소하고 슬러지 중 활성을 지니는 분율은 더욱 낮아진다. 짧은 SRT 공정에 비해 중간 범위 SRT 공정은 더욱 안정되고, 이에 따라 첨단 제어 기술이나 첨단 기술자의 개입 여지가 줄어들게 되어 공정의 범용화가 보다 용이해진다.

중간 범위 SRT 에서는 폐기 슬러지의 활성을 지니는 분율은 여전히 높은 수준을 유지하여 건조 시설로 직접 유입시킬 수 없게 된다. 결과적으로 어떤 형태로든 슬러지 안정화 시설 (예를 들면 호기성 및 혐기성 소화조)이 추가로 필요하게 된다. 호기성 소화조는 운전이 용이한 반면, 산소 공급으로 에너지 비용이 높아진다. 반면에 혐기성 소화조는 에너지를 생산할 수 있지만, 운전의 복잡성이 단점이 된다. 폐기 슬러지의 혐기성 소화에 의해 에너지 회수가 가능하더라도, 활성 슬러지 공정에서 폐기되는 슬러지 질량이 적고 kgCOD 당 필요한 산소 요구량은 많기 때문에 중간 범위 SRT 공정에서의 에너지 자립은 불가능하다. 그러나 약 500,000 명 용량의 큰 규모 시설에는 높은 수준의 기술적 지원과 다양한 경험을 갖춘 운전자의 참여로 인해 혐기성 소화조에서 생산되는 메탄 가스를 이용하여 에너지 비용을 절감할 수 있어 소화조 설치가 경제적 타당성을 지닐 수도 있다. 특히 이전에 비해 전기 요금 및 유류비 상승 등으로 인해 에너지 비용이 계속 높아질 경우에는 경제적 타당성이 더욱 높아진다.

질산화 호기성 활성 슬러지 플랜트에서는 2 차 침강조에서 탈질이 진행될 가능성이 상존하고, 침강조 하부로부터 폐기할 슬러지를 인발하는 과정에서 탈질 가능성이 높아진다. 인발 과정은 침강조의 슬러지 농축을 위해 필요하고, 슬러지 반송비가 낮을수록 침강조 하부 혼합액의 농도는 높아지며 폐기할 슬러지 부피는 감소한다. 그러나 낮은 슬러지 반송비는 2 차 침강조에 대규모 슬러지 축적을 초래한다. 따라서 긴 기간 동안 침강조에서 슬러지가 머물게 되고, 이로 인해 탈질 가능성이 높아지게 된다. 다음 사항들이 증가할수록 탈질 정도는 높아진다:

- 침강조 체류 시간 증가: 침강조 체류 시간은 반송비와 첨두 유량 조건에 따라 변한다;

- 활성을 지니는 슬러지 질량 분율 증가: SRT 가 감소할수록, 활성을 지니는 슬러지 질량 분율은 증가한다;

- 수온 증가;

- 미생물 개체군에 흡착되는 생분해성 COD 질량의 증가: 첨두 부하 조건에서 흡착 질량은 최대가 된다.

침강조에서 탈질이 상당한 수준으로 진행되면 발생되는 질소 가스 기포에 부착되어 슬러지가 수면으로 부상하게 된다. 부상 효과로 인해 침강조를 월류하는 슬러지 손실이 발생한다. 수온 약 22 °C에서 침강조에 슬러지가 축적되고, 저장된 COD 가 슬러지 질량에 최대로 흡착되는 오후에는 슬러지 질량 손실은 매일 발생할 수 있다. 비록 슬러지 반송비가 비교적 높은 경우 (s=2)에도 여전히 충분한 슬러지가 축적되어 높은 수온에서 상당한 수준으로 탈질이 진행될 수 있다.

질산화와 관련된 위의 경험으로부터 다음과 같은 결론에 이르게 된다:

- 2 차 침강조는 더 이상 슬러지 농축과 고체-액체 분리 두가지 기능만을 수행하지는 않는다. 탈질을 저감시키기 위해 슬러지 반송비를 1:1 에서 2:1 로 증가시켜 슬러지 체류시간을 최소화할 필요가 있지만, 이로 인해 침강조 하부에서 인발되는 폐기 슬러지의 과도한 농축을 초래할 수 있다.

- SRT의 수리적 제어, 폐기 슬러지 중력 농축용 소규모 위성 침강조 설치 (탈질로 인한 슬러지 부상으로 방류 수질이 악화되지 않도록, 침강조의 상등수는

반응기로 반송한다), 또는 중력식 위성 침강조를 가압공기 부상조로 대체함으로써 과도한 슬러지 농축 문제를 해결할 수 있다.

- 이러한 수정으로 2 차 침강조에 미치는 영향을 개선할 수는 있지만 근본적인 원인을 긍정적으로 제거할 수는 없다. 즉, 혼합액의 높은 질산염 문제는 해결할 수 없다는 의미이다. 높은 질산염 문제는 공정에 탈질 과정이 포함되어야만 해결될 수 있고, 탈질 과정이 공정에 포함되면 긴 슬러지 공정으로 전환된다.

10.3 긴 SRT (20 일 이상)

10.3.1 호기 플랜트

긴 SRT 호기 플랜트를 통상적으로 확장형 포기 플랜트 (extended aeration plant)라 부른다. 농축 후 건조 시설로 직접 유입될수 있을 정도로 폐기 슬러지의 활성을 지니는 질량 분율이 충분히 감소되는 기간으로 SRT 를 선정한다. 이러한 SRT 선정 조건은 기후 조건에 따라 어느 정도 변한다. 즉, 악취가 발생하기 전에 슬러지가 건조될 수 있는 지 여부에 따라 변하지만, 아마도 대부분의 경우 30~40 일을 초과하지 않도록 선정할 필요가 있다.

중간 범위 SRT 플랜트와 비교하면, 총 산소 요구량 (즉, 탄소계 산소 요구량 + 질산화 산소 요구량)은 유사하고 필요한 공정 부피는 약 50~60% 증가하며 활성을 지닌 슬러지 질량 분율은 50% 낮아진다. 질산화는 항상 진행되기 때문에 침강조의 슬러지 부상 문제가 발생할 것으로 예상된다. 수리적 SRT 제어를 통해 SRT 를 최적으로 제어할 수 있게 되어 2 차 침강조로부터의 높은 비로 슬러지 반송이 가능해져서 중간 범위 SRT 침강조에서 발생하던 침강조 슬러지 부상 문제를 저감시킬 수 있다. 그러나 낮은 알칼리도를 지닌 하수 처리 시, 낮아지는 pH 로 인한 문제는 발생할 것으로 예상된다.

확장형 호기 플랜트는 운전 안전성이 매우 뛰어나고, 다른 활성 슬러지 공정에 비해 유지관리 필요성이 줄어든다. 비록 부피 및 단위 COD 부하 당 필요한 반응기 부피와 산소 요구량이 높음에도 불구하고, 상대적으로 뛰어난 운전 용이성 때문에 소규모 마을 하수 처리시설로 적합하다. 그러나 이 공정은 방류수 COD 농도는 낮은 반면, 방류수의 질산염 농도 및 인 농도는 매우 높다. 운전의 용이성을 교란하지는 않으면서 공정에 무산소 영역을 포함시키게 되면, 질산염 농도는 급격히 저하되고 낮은 pH 를 방지할 수 있게 된다.

10.3.2 무산소-호기 공정

20 일보다 긴 SRT 가 정해지면, 안전한 질산화에 영향을 주지 않으면서 탈질을 공정에 통합할 수 있게 된다. 반응기는 적정하게 비포기(무산소) 반응기 및 포기 반응기로 나누어 설치되고, 탈질은 비포기 반응기에서 그리고 질산화는 포기 반응기에서 각각 진행된다. 이를 소위 질산화-탈질 공정이라 한다. 이 공정의 장점은 다음과 같다:

- 유출수의 질산염 농도는 저하되고 비포기 반응기에서 질산염이 활용되어, 공정의 산소 요구량은 감소한다. 완전 탈질이 이루어지면, 질산화에 필요한 산소 요구량에 비해 약 15~20%의 산소 요구량이 저감된다.

- 부상에 의해 침강조를 월류하여 손실되는 슬러지 문제를 거의 제거할 수 있다.

- 탈질에 의해 알칼리도가 회복되기 때문에 낮은 알칼리도를 지니는 하수 처리 시 발생하는 pH 저하를 예방할 수 있다. 통상적으로 질산화-탈질 공정의 통상적인 SRT 는 충분하게 길지 않아 폐기 슬러지를 직접 건조 시설로 유입하기 힘들게 된다.

무산소-호기 시스템으로 구성되는 형상을 지니는 공정이 MLE (Modified Ludzack-Ettinger) 공정이고, MLE 공정에는 1 차 무산소 반응기가 설치된다. Bardenpho 공정에는 1 차 및 2 차 무산소 반응기 모두가 포함된다.

공정에 생물학적 탈질을 통합하면 설계에는 제한이 추가된다. 예상되는 모든 상황에서도 효율적인 탈질을 보장하기 위해, 설계 시 SRT 및 비포기 슬러지 질량 분율의 선정이 추가로 요구된다 (제 5 장 및 제 6 장).

10.3.3 혐기-무산소-호기 시스템

생물학적으로 질소와 인을 함께 제거할 수 있는 플랜트가 필요하면 혐기-무산소-호기 시스템이 그 역할을 할 수 있고, 이를 생물학적 과잉 인 제거 (또는 개선된 인 제거: EPRP) 플랜트라 한다. 하수는 유입되지만 혼합액 반송에 의해 질산염과 산소는 유입되지 않는 혐기 반응기를 무산소-호기 공정에 추가함으로써, 인 제거를 자극할 수 있다. 혐기 반응기 추가로 인해, 공정 설계에는 제한이 추가된다: 호기 반응기에서는 온종일 효율적인 질산화가 진행되고, 호기 반응기로부터 반송되어 유입되는 질산염의 대부분을 제거할 수 있는 효율적인 탈질이 무산소 반응기에서 진행되며, 하수는 유입되지만 반송에 의해 질산염 및 산소는 유입되지 않는 혐기 반응기가 될 수 있도록 적절한 SRT가 설계에서 결정되어야 한다.

설계 시 반영하여야 할 중요한 점은 질산염이 혐기 반응기로 유입되지 않아야 한다는 것이다. 생물학적 과잉 인 제거 공정 설계의 성공 여부는 다음과 같은 인자들에 의해 결정된다고 하여도 과언이 아니다: 쉽게 분해되는 COD 농도, TKN/COD 및 P/COD 비, 질산화 미생물의 최대 비 성장율, 유량 및 부하의 주기적 변동 강도, 포기 제어 및 일부 반송수의 질산염과 용존 산소 제어와 같은 유입 하수의 특성.

호기 반응기의 너무 높은 또는 너무 낮은 용존 산소에 의해 공정이 영향을 받기 때문에 주기적으로 변동하는 유량 및 부하 조건에서는 포기 제어 (용존 산소 공급 제어)가 특히 성가신 임무에 해당된다. 호기 반응기의 용존 산소 농도가 너무 높아지면 무산소 반응기로 유입되는 반송수의 용존 산소가 높아져서 인 및 질소 제거 성능이 저하된다. 반면에 호기 반응기의 용존 산소 농도가 너무 낮아지면, 반응기의 질산화 효율이 하강하고 슬러지의 침강성 부실화가 심화된다.

개발되어 있는 산소 제어 프로그램을 실행하기 위해서는 특히 용존 산소 탐침기 (probe)에 대한 운영상의 주의가 필요하고, 소규모 처리시설 용존 산소 탐침기 정확도에 의문이 제기되고 있는 실정이다. 용존 산소 탐침기의 부정확성 때문에 탐침기를 대체하여 용존 산소를 제어할 수 있는 새로운 기술 개발의 동기가 되었고, 이에 따라 개발된 기술이 유량 균등화와 부하 균등화이다. 이 기술에는 균등조 (또는 조정조)가 플랜트 전단에 설치된다. 유량과 부하가 매우 작은 범위 내에서 주기적으로 변동할 수 있도록 균등조 유출 유량이 제어된다. 유출시킬 유량을 산출하는 컴퓨터를 이용하여 제어되고, 컴퓨터에 실시간으로 필히 입력시켜야 하는 값은 균등조의 액체 깊이 측정값과 균등조 유출 유속 측정값이다. 이들 두 측정값은 자동적으로 쉽게 모니터링 되어 균등조는 신뢰성 있게 장기간 운전된다.

생물학적 과잉 인 제거 공정으로부터 폐기되는 슬러지에는 고농도의 인이 함유되어 있다는 사실에 유의하여야 한다. 슬러지가 혐기화 되거나 혐기적으로 소화되면, 하수로부터 제거된 많은 인이 슬러지로부터 액체로 방출된다. 결과적으로 건조 장치로부터 유출된 고농도 인이 함유된 액체는 플랜트로 반송되기 전에 화학적 침전에 의해 함유된 인을 제거하는 추가적인 절차를 거치게 된다. 슬러지에 인이 풍부하게 함유되어 있다는 점을 인지하지 못하면, 부주의하게 유출수를 고농도인으로 다시 오염시키는 결과를 초래할 수 있다 (제 8 장 참조).

질소와 인 제거 공정으로 예를 들 수 있는 대표적 공정이 A_2O 공정과 UCT 공정이다. 이들 공정에서는 혐기, 무산소, 호기 반응기가 직렬로 연결되고, 몇 반송수가 혐기

생물학적 영양염류 제거 공정 설계 실무

반응기와 무산소 반응기로 유입된다. 질소 제거는 의무적으로 필요하지는 않지만 인 제거는 필요한 경우에는 질산화를 방지할 수 있는 SRT 선정이 필요하고, 여러 반응기가 연결될 경우에는 이론적으로 혐기 반응기와 호기 반응기만이 필요하다. 즉, 무산소 반응기는 필요하지 않게 된다. SRT 는 아마도 8 일 미만으로 크게 감소하여, 유입 COD 부하 당 혐기-호기 반응기 부피는 질산화-탈질에 필요한 반응기 부피보다 더욱 작아진다. 그러나 8 일 미만의 짧은 SRT 에서도 무산소 반응기를 도입하여 생성되는 질산염을 탈질시켜 혐기 반응기로 질산염이 유입될 수 없도록 현명한 설계를 할 필요가 있는 경우도 있다. 8 일 미만의 SRT 에서도 무산소 반응기 추가 설치가 가능한 경우는 열대 기후 지역에서 찾을 수 있다. 열대 기후 지역에서는 질산화 미생물의 최대 비 성장율이 매우 높아 2 일의 SRT 에서도 질산화가 진행될 수 있다.

11.   설계 예

순수한 호기 조건에서 진행되는 유기 물질 (COD) 분해 공정의 설계 절차를 특정 하수를 예로 들어 제시하고자 한다. 일정한 유량과 부하 조건을 가정하면, 반응기 부피, 일 평균 탄소계 산소 요구량 그리고 일 슬러지 생산량이 산출되는 과정을 알 수 있게 된다.

11.1 유입 하수 특성

예로 들 하수 원수의 특성을 표 4.3 에 제시하였다. 1 차 침강조에서 총 COD 부하의 40%, TKN 과 총인의 15% 그리고 쉽게 분해되는 COD 의 10%가 제거되는 것으로 가정하였다. 이러한 성능을 지닌 1 차 침강조를 거친 하수의 특성도 표 4.3 에 함께 제시하였다. 1 차 침강조를 거친 하수의 용존성 COD 농도는 하수 원수의 용존성 COD 농도와 대략 유사하다는 점에 주목하여야 한다. 예를 들면 표 4.3 에서 하수 원수의 용존성 난분해 COD 분율 (f_{us})은 0.05 mgCOD/mgCOD 이고, 따라서 용존성 난분해 COD 농도는 유입 COD 농도* 용존성 난분해 COD 분율 = 600*0.05 = 30 mgCOD/L 가 된다 (식 (2.3)). 용존성 난분해 COD 는 1 차 침강조에서 거의 제거되지 않기 때문에 1 차 침강조를 거친 하수의 용존성 난분해 COD 분율 (f_{us})은 용존성 난분해 COD 농도/유입 COD 농도 = 30/360 = 0.08 mgCOD/mgCOD 가 된다. 이와 비슷한 과정을 거쳐 산출된 쉽게 분해되는 COD 분율 (f_{bs})은 0.24 이다. 이와 상응하는 쉽게 분해 분해되는 COD 농도는 쉽게 분해되는 COD 분율*(1-입자성 난분해 COD

분율-용존성 난분해 COD 분율)*유입 COD 농도 = f_{bs}*(1-f_{up}-f_{us})*S_{ti} = 0.24*(1-0.05-0.13)*600 = 118 mgCOD/L 가 된다 (식 (2.15), (2.16)). 1 차 침강조에서는 쉽게 분해되는 COD 의 10%가 제거 (1 차 침강조 체류시간 동안 진행되는 생물 분해에 의해)된다고 가정하였기 때문에, 1 차 침강을 거친 하수의 쉽게 분해되는 COD 분율 f_{bs} 는 (1.0-0.10)*118/(1-0.08-0.04)*360 = 0.33 이 된다 (식 (2.15), (2.16)).

11.2   수온 영향

표 4.1 에서 유기물질 분해 이론에 포함된 상수 중 온도에 따라 변하는 상수는 오직 비 내생 호흡율인 b_h 이다. 수온이 1 ℃ 하강할 때마다 이 값은 약 3 % 감소한다. 식 (4.5)에 의하면 14 ℃에서의 b_h 값은 0.20/d 인 반면, 22 ℃에서의 b_h 값은 0.25/d 이다. 수온 하강에 따른 b_h 값 하락으로 인해 일 슬러지 생산량은 미미하게 증가하고, 일평균 탄소계 산소 요구량은 미미하게 감소한다. 6 ℃ 수온 하락으로 발생하는 슬러지 생산량 차이와 산소 요구량 차이는 5% 미만이다. 결과적으로 평균 탄소계 산소 요구량은 최고 수온에서 반응기 부피 및 슬러지 생산량은 최저 수온에서 산출되어야 한다.

표 4.3 하수 원수 및 1 차 침강을 거친 하수의 특성

변수	기호	값		단위
		하수 원수	1 차 침강을 거친 하수	
유입 COD 농도	S_{ti}	600	360	mgCOD/L
유입 TKN 농도	N_{ti}	48	41	mgN/L
유입 인 농도	P_{ti}	10	8.5	mgP/L
TKN/COD 비	-	0.080	0.114	mgN/mgCOD
P/COD 비	-	0.017	0.024	mgP/mgCOD
용존성 난분해 COD 분율	f_{us}	0.05	0.08	mgCOD/mgCOD
입자성 난분해 COD 분율	f_{up}	0.13	0.04	mgCOD/mgCOD
생산 슬러지의 MLVSS/MLSS 비	f_i	0.75	0.83	mgVSS/mgTSS
최대 수온	T_{max}	22	22	℃
최저 수온	T_{min}	14	14	℃
하수의 pH	-	7.5	7.5	-
유입 유량	Q	13.33	13.33	MegaL/d

11.3 유기 물질 분해 산출

수온과 SRT 가 • 공정 슬러지 질량, • 일평균 탄소계 산소 요구량, • 슬러지의 활성을 지니는 분율 그리고 • 매일 폐기되는 슬러지 질량에 미치는 영향을 표 4.3 의 하수를 대상으로 제시한다. 이 4 가지 변수들은 5~30 일의 SRT, 14 ℃ 및 22 ℃의 수온에서 하수 원수 및 1 차 침강을 거친 하수에 대해 산출될 것이다. 산출에 필요한 Y_h, f_{cv}, f 및 b_h 는 표 4.1 의 값에 수온의 영향이 반영된 값을 이용하였다.

$$\text{매일 처리할 COD 질량} = M(S_{ti}) = Q\,S_{ti}$$

(4.6)

$$\text{생분해성 COD 질량} = M(S_{bi}) = (1 - f_{up} - f_{us})M(S_{ti})$$

(4.7c)

$$\text{입자성 난분해 고형물 질량} = M(x_{ii}) = M(S_{ti})f_{up}/f_{cv}$$

(4.8c)

따라서 하수 원수에 대해:

- $M(S_{ti}) = Q\,S_{ti} = 13.33 \times 10^6 * 600 \text{ mgCOD/d} = 8,000 \text{ kgCOD/d}$

- $f_{us} = 0.05 \text{ mgCOD/mgCOD}$

    $f_{up} = 0.13 \text{ mgCOD/mgCOD}$

    $M(S_{bi}) = (1-f_{up}-f_{us})M(S_{ti}) = (1-0.05-0.13)*8,000 = 6,560 \text{ kgCOD/d}$

- $M(x_{ii}) = M(S_{ti})f_{up}/f_{cv} = 8,000*0.13/1.48 = 129.7 \text{ kgVSS/d}$

식 (4.13)으로부터 휘발성 고형물의 질량은 다음과 같이 주어진다:

$$
\begin{aligned}
M(X_v) &= \frac{Y_h SRT M(S_{bi})}{(1 + b_h SRT)}(1 + f b_h SRT) + M(X_{ii})SRT \\
&= \frac{0.45 * SRT * 6,560}{(1 + b_h SRT)}(1 + 0.2 b_h SRT) + 702.7 SRT \\
&= \left[\frac{2,952}{(1 + b_h SRT)}(1 + 0.2 b_h SRT) + 702.7\right]SRT
\end{aligned}
$$

(4.29a)

Chapter 4 탄소계 물질 제거

1 차 침강을 거친 하수에 대해:

$$M(X_v) = [\frac{1,901}{(1 + b_h SRT)}(1 + 0.2 b_h SRT) + 129.7]SRT$$

(4.29b)

식 (4.14)로부터 총 부유 고형물 질량은 다음과 같이 주어진다:

$$M(X_t) = M(X_v)/0.75 \quad (하수 원수)$$

(4.30a)

$$M(X_t) = M(X_v)/0.83 \quad (1 차 침강을 거친 하수)$$

(4.30b)

식 (4.15)로부터 일평균 탄소계 산소 요구량은 다음과 같이 주어진다:

$$M(O_c) = M(S_{ti})(1 - f_{us} - f_{up})\left\{(1 - f_{cv}Y_h) + \frac{f_{cv}(1 - f)b_h Y_h SRT}{1 + b_h SRT}\right\}$$

$$= 8,000(1 - 0.05 - 0.13)\left\{(1 - 1.48 * 0.45) + \frac{1.48 * (1 - 0.2)b_h 0.45 SRT}{1 + b_h SRT}\right\}$$

$$= 6,560[0.334 + \frac{0.533 b_h SRT}{1 + b_h SRT}] \ (kgO/d)$$

(4.31a)

1 차 침강을 거치지 않은 하수 원수에 대해:

$$M(O_c) = 4,224[0.334 + \frac{0.533 b_h SRT}{1 + b_h SRT}] \ (kgO/d)$$

(4.31b)

1 차 침강조를 거치지 않은 하수 원수에 대해, 식 (4.18)로부터 총 부유 고형물 중 활성을 지니는 분율 f_{av} 는 다음과 같이 주어진다:

$$f_{av} = \frac{1}{\left[1 + fb_h SRT + \frac{f_{up}(1 + b_h SRT)}{f_{cv}Y_h(1 - f_{us} - f_{up})}\right]} = \frac{1}{\left[1 + 0.2 b_h SRT + \frac{0.13(1 + b_h SRT)}{1.48 * 0.45(1 - 0.05 - 0.13)}\right]}$$

$$= \frac{1}{[1.238 + 0.438 b_h SRT]}$$

(4.32a)

1 차 침강을 거친 하수에 대해:

$$f_{av} = = \frac{1}{[1.068 + 0.268 b_h SRT]}$$

(4.32b)

식 (4.22)로부터 1 차 침강조를 거치지 않은 하수 원수에 대해 매일 생산되는 슬러지 (총 부유 고형물) 질량은 다음과 같이 주어진다:

$$
\begin{aligned}
M(\Delta X_t) &= M(S_{ti}) \div f_i \times \left\{ \frac{(1 - f_{us} - f_{up})Y_h(1 + f b_h SRT)}{1 + b_h SRT} + \frac{f_{up}}{f_{cv}} \right\} \\
&= 8{,}000 \div 0.75 \times \left\{ \frac{(1 - 0.05 - 0.13)0.45(1 + 0.2 b_h SRT)}{1 + b_h SRT} + \frac{0.13}{1.48} \right\} \\
&= 10{,}667 \left\{ \frac{0.369(1 + 0.2 b_h SRT)}{1 + b_h SRT} + 0.09 \right\}
\end{aligned}
$$

(4.33a)

1 차 침강을 거친 하수에 대해:

$$
\begin{aligned}
M(\Delta X_t) &= M(S_{ti}) \div f_i \times \left\{ \frac{(1 - f_{us} - f_{up})Y_h(1 + f b_h SRT)}{1 + b_h SRT} + \frac{f_{up}}{f_{cv}} \right\} \\
&= 4{,}800 \div 0.83 \times \left\{ \frac{(1 - 0.08 - 0.04)0.45(1 + 0.2 b_h SRT)}{1 + b_h SRT} + \frac{0.04}{1.48} \right\} \\
&= 5{,}783 \left\{ \frac{0.396(1 + 0.2 b_h SRT)}{1 + b_h SRT} + 0.03 \right\}
\end{aligned}
$$

(4.33b)

14 ℃에서의 b_h 값 (0.202/d)과 22 ℃에서의 b_h 값 (0.254/d)를 식 (4.25)~(4.29)에 대입하면, 5~30 일의 SRT 에 대한 $M(X_v)$, $M(X_t)$, $M(O_c)$, f_{av} 및 $M(\triangle X_t)$를 산출할 수 있고, 산출된 결과를 그림 4.9~4.13 에 제시하였다.

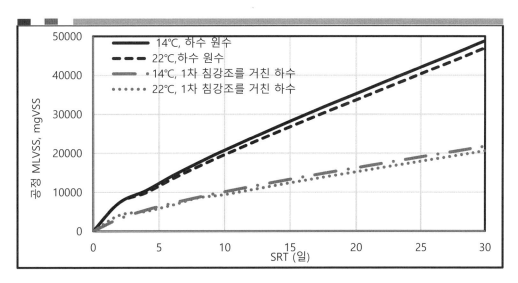

그림 4.9 하수 원수 및 1차 침강조를 거친 하수의 SRT에 따른 슬러지 질량
(MLVSS)의 변화 (14 ℃, 22 ℃)

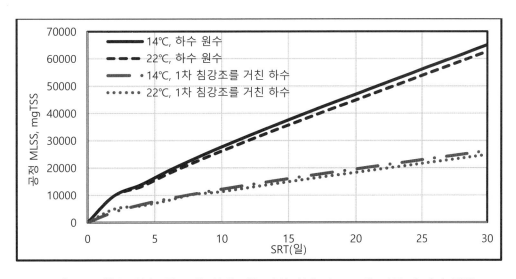

그림 4.10 하수 원수 및 1차 침강조를 거친 하수의 SRT에 따른 슬러지 질량
(MLSS)의 변화 (14 ℃, 22 ℃)

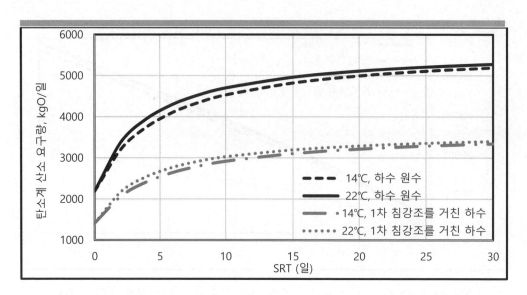

그림 4.11 하수 원수 및 1 차 침강조를 거친 하수의 SRT 에 따른 탄소계 산소
요구량의 변화 (14 ℃, 22 ℃)

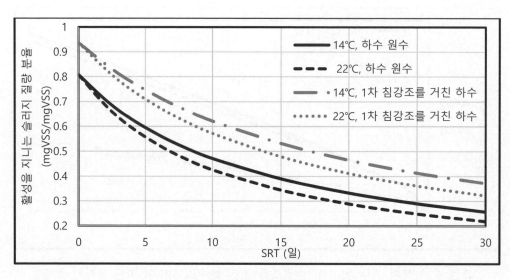

그림 4.12 하수 원수 및 1 차 침강조를 거친 하수의 SRT 에 따른 활성을 지닌 슬러지
질량 분율의 변화 (14 ℃, 22 ℃)

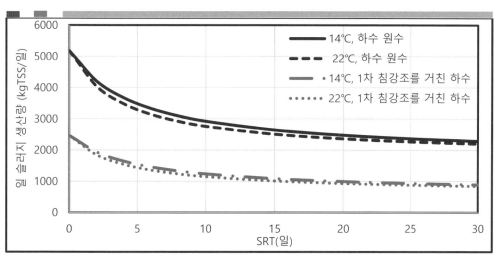

그림 4.13 하수 원수 및 1차 침강조를 거친 하수의 SRT에 따른 일 슬러지 생산량의
변화 (14 ℃, 22 ℃)

공정의 슬러지 (MLVSS) 질량, 탄소계 산소 요구량 그리고 활성을 지니는 슬러지 질량 분율은 수온 변화에도 거의 변하지 않는다는 점을 그림 4.9, 4.11, 4.12에서 명확히 알 수 있고, 설계에 관한 한 수온의 영향은 중요하지 않다는 것을 암시한다. 그러나, 1차 침강조를 거치는 지 여부에 따라, 이들 값은 크게 변함을 알 수 있다. 1차 침강을 거친 하수에 비해 거치지 않은 하수 원수 처리 시 탄소계 산소 요구량은 더 높고, 활성을 지니는 슬러지 질량 분율은 더 낮아진다. 이러한 차이는 전적으로 1차 침강조의 40% COD 제거 효율 때문이다. 1차 침강조의 COD 제거 효율이 더 높아질수록 이 차이는 더욱 커지게 된다.

동일한 MLSS (또는 MLVSS) 농도에서는, 반응기 부피가 이론적으로 반응기 내의 슬러지 질량에 비례한다는 점을 식 (4.16)에서 알 수 있다. 따라서 동일한 MLSS 농도, SRT=25일에서 1차 침강을 거친 하수 처리 반응기의 부피는 하수 원수 처리에 필요한 반응기 부피의 오직 40%이고, 또한 64%의 탄소계 산소 요구량만이 필요하다. 그러나 활성을 지니는 슬러지 질량 분율이 0.34로 너무 높아 슬러지 건조 시설로 직접 투입하기에는 부적합할 수도 있을 것이다. 반면에 하수 원수의 경우 반응기 내 슬러지의 활성을 지니는 분율은 22%로서, 추가적인 안정화 처리없이 건조 시설로 직접 유입시킬 수 있게 될 것이다. 1차 침강조 설치는 장점과 단점이 동시에 수반된다. 즉, 1차 침강조를 설치하면, 반응기 부피, 산소 요구량 그리고 2차 슬러지 생산량이 감소하는 반면, 1차 슬러지를 처분해야 하는 문제에 직면하게 된다. 또한 생물학적 질소 및 인 제거 효율이 1 차 침강조를 거치지 않는 하수 원수 처리에서 더 높게 달성된다는 점도 1 차 침강조 설계 반영을 어렵게 하는 요인이 된다.

참고문헌

Bratby, J., and G.v.R. Marais (1976) A guide for the design of dissolved-air (pressure) flotation systems for activated sludge process, Water SA, 2, 2, 86-100

Bratby, J., and G.v.R. Marais (1976) Aspects of sludge thickening by dissolved air flotation, Water Pollut. Control, 77, 3, 421-432

Chao, J.I., and B.G. Stone (1979) Initial mixing by jet injection blending, J. Environ. Eng. Div., ASCE, 106, 10, 570-573

Degremont (2007) Water Treatment Handbook, Vols. I and II, 7th ed. Degremont, Suez, Paris, France

Dold, P.L., G.A. Ekama, and G.v.R. Marais (1980) A general model for the activated sludge process, Prog. Wat. Tech., 12, 47-77

Edzwald, J.K., and J. Haarhoff (2012) Dissolved air flotation for water clarification, McGraw-Hill, New York

Keinath, T.M. (1985) Operational dynamics and control of secondary clarifiers, J. WPCF, 57, 7, 770-776

Kerdachi, D. and M. Roberts (1982) Full scale phosphate removal experience s in the Umhlatuzana works at different sludge ages, Water Sci. Tech., 15, 3/4, 262-282

Loge, F.J.K., Bourgeous, R.W., and J.L. Darby (2001) Variations in wastewater quality parameters influencing uv disinfection performance: relative impact of filteration, J. Environ. Eng., 127, 9, 832-837

Marais, G.v.R. and G.A. Ekama (1976) The activated sludge process part 1 - Steady state behaviour. Water SA, 2, 4, 163-200

McKinney, R.E. and J.M. Symons (1964) Growth and endogenous metabolism - a discussion. Proceedings of the 1st Int. Conf. on Wat. Pollut. Control, London, 1962, Pergamon Press, Oxford

MetCalf & Eddy Inc. (1981) Wastewater Engineering: Collection and Pumping of Wastewater, McGrow-Hill, New York

Qasim, S. (1999) Wastewater Treatment Plants, PlANNING, Design, and Operation, 2nd ed., Technomic Publishing Co., Lancaster, PA

Sawey, R. (1998) Physical-chemical processes make treatment of peak flows affordable, Water Environ. Technol., 10, 9, 42-46

U.S. EPA (1974) Oxygen Activated Sludge in Wastewater Treatment Systems: Design Criteria and Operating Experience, Office of Technology Transfer, U.S. Environmental Protection Agency, Cincinnati, OH

U.S. EPA (1989) Design Manual Fine Pore Aeration Systems, EPA/625/1-89/023, U.S. Environmental Protection Agency, Washington DC

U.S. EPA (2000) Total Daily Maximum Load (TMDL), U.S. Environmental Protection Agency, Washington DC.

Van Haandel, A.C., G.A. Ekama and G.v.R. Marais (1981) The activated sludge process, Part 3 - Single sludge denitrification. Water Research, 15, 1135-1152

Wahlberg, E.J., and T.M. Keinath (2988) Development of Settling Flux Curves Using SVI, J. WPCF, 60, 12, 2095-2100

WPCF (1985) Clarifier Design, WPCF Manual of Practice FD-10, Water Polution Control Federation, Alexandria, VA

Chapter 5

질산화

생물학적 영양염류 제거 공정 설계 실무

자유 암모니아 및 암모늄염을 아질산염 및 질산염으로 산화시키는 생물학적 반응을 표현하기 위해 질산화라는 용어가 사용된다. 종속영양 미생물과는 매우 다른 거동 특성을 보이는 특정 독립영양 미생물에 의해 질산화는 진행된다. 이 장에서는 질산화의 반응 속도론적 개요를 소개하고, 생물학적 질산화 반응의 중요성을 부각시키며 호기성 질산화 공정의 설계 과정을 체계적으로 설명하고자 한다.

2 속의 특정 독립영양 박테리아에 의해 질산화가 진행된다는 사실이 널리 알려져 왔고, 이에 해당하는 박테리아는 *Nitrosomonas* 및 *Nitrobacter* 이다. 질산화 반응에서는 다음의 2 단계 전환이 연속적으로 진행된다: 1) *Nitrosomonas* 에 의해 암모니아 및 암모늄염이 아질산염으로 전환되고; 2) 아질산염은 *Nitrobacter* 에 의해 다시 질산염으로 전환된다. 질산화 미생물은 암모니아를 세포 합성에 필요한 질소로 활용하고, 세포 합성 진행에 필요한 에너지 원으로 활용한다. 그러나 세포 합성에 필요한 질소 요구량은 미생물에 의해 처리되는 총 암모니아-질소 중 무시할 수 있을 정도의 미미한 양으로 많아야 약 2% 정도에 해당된다. 결과적으로 질산화 미생물의 세포 합성에 필요한 질소 요구량은 일반적으로 무시되고, 질산화 미생물은 질산화 반응을 촉진시키는 촉매와 같은 역할을 하는 것으로 단순하게 간주할 수 있다. 이로 인해 질산화 반응 속도식을 단순하게 표현할 수 있게 된다.

질산화 미생물에 의해 진행되는 2 개의 산화-환원 반응은 다음과 같다:

$$NH_4^+ + 3/2\ O_2 \rightarrow NO_2^- + H_2O + 2H^+\ (\textit{Nitrosomonas})$$

(5.1a)

$$NO_2^- + 1/2\ O_2 \rightarrow NO_3^-\ (\textit{Nitrobacter})$$

(5.1b)

양론적으로 첫번째 반응과 두번째 반응에 필요한 산소 요구량은 각각 3.43 mgO/mgN 및 1.14 mgO/mgN 으로 산출된다. 따라서 두 반응 모두에 필요한 산소 요구량은 4.57 mgO/mgN 이 된다. 질산화 미생물의 대사에 활용되는 암모니아를 감안하면, 산소 요구량은 4.57 mgO/mgN 에 비해 약간 낮은 값인 4.3 mgO/mgN 으로 낮아진다. 그러나 이론적인 관점보다는 실질적인 관점에서

위 반응의 양론 관계에서 필요한 4.57 mgO/mgN 을 산소 요구량으로 정할 것이다.

아질산염을 전자 수용체로 이용하여 혐기성 조건에서 암모니아-질소를 산화시킬 수 있는 박테리아가 보고되었고, 박테리아뿐 아니라 고세균 (Archaea)도 암모니아-질소를

산화시킬 수 있다는 결과도 발표되었지만, 위의 2 속 호기성 독립영양 박테리아에 의해 진행되는 호기성 질산화만을 다루기로 한다.

1. 생물학적 반응속도

1.1 미생물 성장

질산화 반응을 수식화하기 위해서는 질산화 반응의 기본적인 생물학적 성장 속도를 이해할 필요가 있다. 먼저 질산화 과정에 참여하는 연속적인 두 반응을 살펴보자. 암모니아가 아질산염으로 전환되는 반응 속도는 아질산염의 질산염으로의 전환 반응 속도보다 느리다. 대부분의 생활 하수 처리 시설에서 생성되는 아질산염은 실질적으로 모두 질산염으로 즉시 전환되고, 결과적으로 유출수에는 아질산염이 거의 검출되지 않는다. 그러므로 질산화 반응의 병목 단계는 *Nitrosomonas* 에 의해 진행되는 첫번째 반응 단계이고, *Nitrosomonas* 의 반응 속도 만을 고려하면 된다. *Nitrosomonas* 의 성장을 동반하며 생성된 아질산염은 즉시 질산염으로 전환되기 때문에 *Nitrosomonas* 의 반응속도에 의해 암모니아가 질산염으로 직접 전환되는 것으로 간주할 수 있다.

이러한 질산화 반응 속도는 Monod 관계식으로 수식화할 수 있다. Monod 관계식은 다음과 같은 이론을 기반으로 수립된다: 1) 생산되는 질산화 미생물 질량은 활용된 기질 (이 경우 암모니아-질소) 질량에 비례한다. 그리고; 2) 미생물의 단위 질량 당 단위 시간 당 성장 속도인 비 성장율은 미생물 주변의 기질 농도와 관련된다.

1)의 이론으로부터:

$$M(\triangle X_n) = Y_n \, M(\triangle N_a)$$

(5.2)

여기서, $M(\triangle X_n)$ = 생산된 질산화 미생물의 질량 (mgVSS); $M(\triangle N_a)$ = 활용된 암모니아-질소 질량 (mg(NH$_3$-N)); Y_n = 단위 암모니아-질소 질량 당 생산되는 질산화 미생물 질량 (mgX$_n$/mg(NH$_3$-N)).

결국, 질산화 미생물 질량 생산 속도는 다음과 같이 표현할 수 있다:

$$\frac{\mathrm{d}X_n}{dt} = Y_n \frac{dN_a}{dt}$$

(5.3)

1) 의 이론으로부터 Monod 관계식은 다음과 같이 표현된다:

$$\mu_{nT} = \frac{\mu_{nmT} N_a}{K_{nT} + N_a}$$

(5.4)

여기서, μ_n = 농도 N_a 에서 관찰된 비 성장율, (mgX$_n$/mgX$_n$·day); μ_{nm} = 달성 가능한 최대 비 성장율, (mgX$_n$/mgX$_n$·day); K_n = 반 포화 상수, 즉 μ_n =1/2 μ_{nm} 에서의 암모니아-질소 농도, (mgNH$_3$-N/L); N_a = 미생물 주변의 암모니아-질소 농도, (mgNH$_3$-N/L); 아래 첨자에 포함된 T 는 수온, (℃).

성장 속도는 비 성장율과 미생물 질량의 곱으로 다음과 같이 주어진다:

$$\frac{dX_n}{dt} = \mu_{nT} X_n = \frac{\mu_{nmT} N_a}{K_{nT} + N_a} X_n$$

(5.5)

미생물 질량으로 성장 속도를 표현하는 대신, 암모니아의 고갈 속도로 표현하면 보다 편리해진다. 식 (5.5)의 $\frac{dX_n}{dt}$를 식 (5.3)에 대입하고 정리하면 다음과 같이 표현된다:

$$\frac{dN_a}{dt} = \frac{(\mu_{nmT}/Y_n) N_a}{K_{nT} + N_a} X_n$$

(5.6)

최대 비 기질 활용율 (K_{mT})을 $K_{mT} = \mu_{nmT}/Y_n$ 로 정의하면, 식 (5.4)로부터 비 기질 활용율 K_T 를 다음과 같이 표현할 수 있다:

$$K_T = \frac{K_{mT} N_a}{K_{nT} + N_a}$$

(5.7)

그리고 식 (5.6)으로부터 기질 활용 속도는 다음과 같이 주어진다:

$$\frac{dN_a}{dt} = \frac{K_{mT} N_a}{K_{nT} + N_a} X_n$$

(5.8)

종속영양 미생물의 성장을 표현하기 위해 종종 이용되기 때문에 이 식을 언급하고, 일부 목적을 위해 식 (5.8)의 이용이 보다 편리할 수도 있다.

질산화 반응에서 없어지는 암모니아 질소는 질산성 질소로 나타난다. 즉,

$$\frac{dN_n}{dt} = \frac{dN_a}{dt}$$

(5.9)

결과적으로,

$$\frac{dN_n}{dt} = \frac{\left(\frac{\mu_{nmT}}{Y_n}\right)N_a}{K_{nT} + N_n}X_n$$

(5.10)

여기서, N_n = 질산성-질소 농도, $mg(NO_3\text{-}N)/L$.

1 $mg(NH_3\text{-}N)$을 1 $mg(NO_3\text{-}N)$으로 전환시키기 위해 소비되는 산소는 양론적으로 4.57 mgO 이기 때문에, 산소 소비 속도는 다음과 같이 주어진다:

$$\frac{dO_n}{dt} = 4.57\frac{dN_a}{dt}$$

(5.11)

1.2 내생 호흡

지금까지 미생물 성장만을 설명하였다. 일반적으로 유기 생명체의 질량은 연속적인 질량 감소를 수반하고, 이를 내생 질량 손실이라 부른다. 뿐만 아니라 내생 질량 손실은 성장과는 무관하고, 질량 손실 속도를 다음과 같이 표현할 수 있다:

$$\frac{dX_n}{dt} = -b_{nT}X_n$$

(5.12)

여기서, b_{nT} = $Nitrosomonas$의 비 내생 질량 손실율 (mg/mg)

1.3 거동 특성

20 °C에서의 미생물의 비 성장율을 기질 농도인 암모니아성-질소 농도의 함수로 Monod 식을 도식화하여 그림 5.1 에 제시하였다. μ_{nm}=0.33, Y_n=0.10 그리고 K_n=1.0 으로 변수 값을 선정하였다. K_n≒1 $mg(NO_3\text{-}N)$로서 매우 적기 때문에, 비 성장율은

암모니아성-질소 농도 2 mgNH₃-N/L 이상에서 최대 성장속도에 접근한다는 점이 흥미롭다. 그러나 2 mgNH₃-N/L 미만에서는 비 성장속도가 급격히 0으로 저하된다.

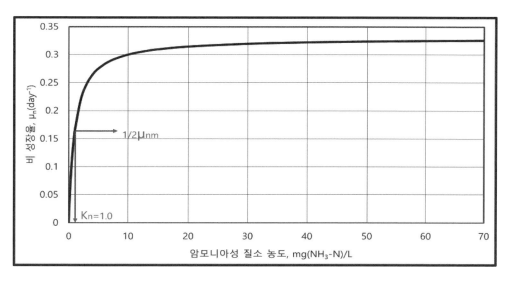

그림 5.1 20 ℃에서 도식화된 Monod 관계식

2. 반응 속도론

제4장에서 설명한 바와 같이 질산화 반응기는 정상상태에서 운전되고 완전 혼합 흐름 반응기로 간주된다. 완전 혼합 흐름 반응기일 경우 플러그 흐름 반응기에 비해 반응기 내 농도가 유출수의 농도와 같아지는 등 물질 수지 수립이 보다 단순해지고, 정상 상태에서는 반응기 내에 누적되는 암모니아 및 질산성 질소를 무시할 수 있다. 물질 수지 수립 결과로 나타나는 지배 방정식 (governing equation)에는 공정을 지배하는 거동이 포함되어 있고, 이를 해석하게 되면 질산화 반응 공정의 거동을 보다 쉽게 이해할 수 있게 된다.

2.1 암모니아 유출 농도

일정한 유량 및 부하에 대해 완전 혼합 흐름 반응기에서 물질 수지를 수립하면, 누적되는 질산화 미생물의 농도 M($\triangle X_n$)를 다음과 같이 구할 수 있다:

$$M(\Delta X_n) = V_p \Delta X_n = \left(\frac{\mu_{nmT} N_a}{K_{nT} + N_a}\right) X_n V_p \Delta t - b_{nT} X_n V_p \, \Delta t - X_n q \Delta t$$

여기서,

V_p=반응기 부피 (L)

q=반응기에서 폐기되는 슬러지의 폐기 유량 (L/day)

$(V_p \cdot \triangle t)$를 양변에 나누면,

$$\frac{\Delta X_n}{\Delta t} = \left(\frac{\mu_{nmT} N_a}{K_{nT} + N_a}\right) X_n - b_{nT} X_n - X_n q / V_p$$

$V_p X_n / q X_n$ = (공정 내의 질산화 미생물 슬러지 질량)/(일 폐기 질산화 미생물 슬러지 질량) = V_p / q = SRT 이고, 일정한 유량 및 부하에서 정상 상태로 운전될 경우, $\triangle X_n / \triangle t$ = 0 이 되어, N_a 에 대해 정리하면,

$$N_a = K_{nT} (b_{nT} + \frac{1}{SRT}) / \{(\mu_{nmT} - \left(b_{nT} + \frac{1}{SRT}\right)\}$$

(5.13)

이 식으로부터 반응기 내 암모니아-질소 농도 (이는 유출수의 암모니아-질소 농도와 같음)가 비 수율 계수 Y_h 와 유입 암모니아-질소 농도 N_{ai} 와 무관함을 알 수 있고, 이는 매우 흥미로운 결과이다. 단, 식 (5.13)은 이상적인 완전 혼합 흐름 반응기에 대해서만 유효하다

비 내생 질량 손실 속도 b_{nT} 가 0 일 경우에 대해 식 (5.3)을 도식화하면, 유출수 암모니아 농도가 SRT 에 따라 변동하는 거동을 쉽게 이해할 수 있게 된다 (그림 5.2). 높은 SRT 에서 유출수 암모니아 농도는 매우 낮게 유지되고, 약 3.5 일 미만의 SRT 까지는 급격히 감소한다. 반응기 내 암모니아 농도가 유입 암모니아 농도와 동일하게 유지되는 SRT 구간에서는 질산화가 진행되지 않는다. 이 구간을 벗어나 암모니아 농도가 유입 농도로부터 감소하기 시작하는 시점이 질산화가 진행되기 시작하는 시점이고, 이 시점을 최소 SRT 인 SRT_{min} 이라 한다. 유입 암모니아 농도가 상대적으로 높아지면, SRT_{min} 은 미미하게 나마 조금씩 감소한다 (그림 5.2 아래 그림 참조). 그림에서 선정한 $K_n ≒$ 1 mgN/L 이고 유입 암모니아 농도가 20 mgN/L 이하보다 낮은 경우는 거의 없기 때문에, K_n / N_{ai} 는 1 보다 무시할 수 있을 정도로 작아진다. 질산화기 진행되지 못하는 SRT_{min} 에서는 반응기 내 암모니아성-질소 농도는 유입 암모니아성-질소 농도와 동일하고, $K_n / N_{ai}≒0$ 을 식 (5.13)에 대입하여 최소 SRT 를 다음과 같이 산출할 수 있다:

$$SRT_{min} = \frac{1}{\mu_{nmT} - b_{nT}}$$

(5.14)

유입 암모니아-질소 농도가 5mgN/L 보다 높을 경우, 식 (5.14)는 실질적인 최소 SRT 값이 된다. 식 (5.14)으로부터 최소 SRT 값은 μ_{nmT} 와 b_{nT} 값에 의해 영향을 받는다는 것을 알 수 있다. 따라서 실질적인 최소 SRT 를 산출하기 위해서는 이들 계수의 값을 정확하게 입력하여야 할 것이다.

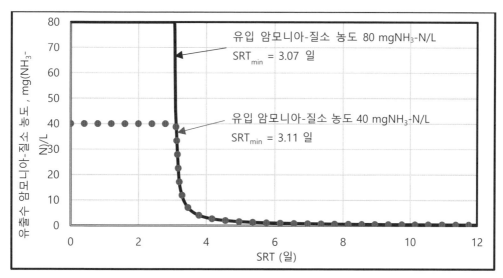

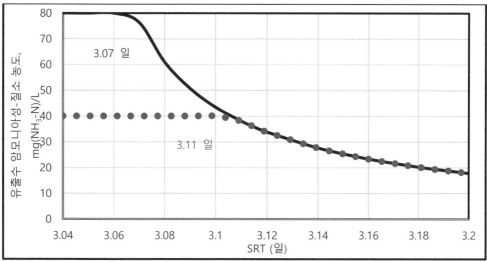

그림 5.2 SRT 변화에 따른 유출수 암모니아-질소 농도 변화 거동(20 ℃, b_{nT}=0)

3. 질산화 반응에 영향을 주는 인자들

많은 인자들이 질산화 속도 상수, 질산화 효율 그리고 최소 SRT 에 영향을 준다. 이러한 주요 영향 인자로는, 하수 특성, 수온, pH, 비포기 영역, 용존 산소 농도 그리고 유량 및 부하 변동이 해당된다.

3.1 하수 특성

최대 비 성장율 상수 μ_{nmT} 는 하수 발생원의 특성에 따라 변한다. 심지어는 같은 하수 발생원이라도 배취 (batch) 별로 μ_{nmT} 는 다르게 나타날 수 있다. 이 때문에 μ_{nmT} 를 하수 특성으로 간주하여야 한다. 하수 발생원에 따라 최대 비 성장율이 달라지는 이유는 하수에 포함되는 일부 방해 물질 때문이다. 낮은 μ_{nmT} 에서도 충분한 SRT 가 확보되면 질산화가 높은 효율로 달성되기 때문에, 이들 방해 물질은 미생물의 생존을 위협하는 독성 물질은 아니다. 하수와 함께 유입되는 일부 산업 폐수에 포함된 물질로 판단되고, 너무 많은 방해 물질이 유입될 경우 μ_{nmT} 값은 낮아지게 된다. μ_{nmT} 값은 20 ℃에서 0.33~0.65 day^{-1} 의 범위이다. 0.33 과 0.65 day^{-1} 의 차이는 최소 SRT 값의 큰 차이로 나타난다. 0.33 day^{-1} 과 0.65 day^{-1} 를 적용하여 설계한 2 개의 하수 처리장에서의 최소 SRT 는 100% 차이가 난다. 따라서 실험을 통해 얻어진 낮은 μ_{nmT} 값 중에서도 가장 낮은 값을 설계에 반영하는 것이 바람직할 것이다.

b_{nT} 의 경우 20 ℃에서 모든 하수에 대해 실험적으로 얻어진 값은 0.04 day^{-1} 이다. 이 값의 영향은 작아 b_{nT} 값의 변화에 영향을 주는 인자들에 대해서는 면밀하게 검토할 필요는 없다. K_{nT} 에 대한 정보는 제한적이지만, 방해 물질의 유입으로 증가할 것으로 간주되고 있다.

3.2 수온

질산화 속도는 특정 수온 (30-35 ℃)까지는 증가하지만, 그 이상으로 수온이 높아지면 질산화 속도는 감소하게 된다. 경험 법칙에 따르면 20 ℃에서 10 ℃로 수온이 10 ℃ 저하될 경우 질산화 속도는 약 30 % 저하되어, 같은 암모니아-질소 농도로 방류하기 위해서는 약 3배나 많은 질량의 MLSS (mixed liquor suspended solid)가 필요하다. 결과적으로 동절기 질산화를 반영하여 생물학적 질소 제거 시스템을 설계하게 되면, 일반적으로 암모니아-질소의 방류 기준을 연중 만족시킬 수 있다.

암모니아-질소 질산화 미생물의 비 성장율 μ_{nmT}, 내생 호흡에 의한 비 질량 손실율 b_{nT} 그리고 반 포화 계수 K_{nT}의 속도론 상수는 모두 수온이 낮아질수록 감소한다:

$$\mu_{nmT} = \mu_{nm20}\theta^{(T-20)}; \quad \theta = 1.123$$

(5.15a)

$$K_{nT} = K_{n20}\,\theta^{(T-20)}; \quad \theta = 1.123$$

(5.15b)

$$b_{nT} = b_{n20}\,\theta^{(T-20)}; \quad \theta = 1.029$$

(5.16)

수온 보정 계수 (temperature modification coefficient) $\theta = 1.123$ 는 수온이 6 ℃ 낮아질 때 마다 μ_{nm}의 값이 50 % 낮아진다는 의미이다. 즉, 20 ℃에서의 속도 상수 값이 0.45 d^{-1}일 경우, 14 ℃에서의 속도 상수 값은 0.23으로 낮아지게 된다. 6 ℃의 수온 감소에 의해 암모니아-질소 질산화 미생물의 비 성장율 값이 반으로 낮아지면, 최소 슬러지 체류 시간 (SRT_{min})은 2배로 증가하게 되는 반면, 반 포화 계수 K_n 값이 6 ℃의 수온 저하에 의해 반으로 낮아지더라도 최소 슬러지 체류 시간 (SRT_{min})에는 거의 영향을 미치지 못한다. 그러나 K_n 값이 낮아지면, 유출수 암모니아-질소 농도에는 영향을 줄 수 있다. 수온의 저하로 비 성장율과와 반 포화 계수가 낮아지면, 유출수의 암모니아-질소 농도가 전반적으로 증가하는 현상이 발생한다.

3.3 pH 및 알칼리도

1 mg의 암모니아성 질소를 질산화 시키기 위해 7.1 mg의 알칼리도 (as $CaCO_3$)가 필요 하다. 유입수에 적절한 농도의 알칼리도가 함유되어 있지 못할 경우, 만족할 수 있는 질산화를 보장받기 어려워진다. 혼합액 (mixed liquor)의 알칼리도가 40 mg (as $CaCO_3$)/L 아래로 낮아질 경우 혼합액의 pH는 7보다 낮아지게 되고, 질산화 속도를 저 하시킬 수 있는 요인으로 작용할 수 있다. 대부분의 생물학적 하수/폐수 처리시설은 pH 범위 6.8-7.4에서 운전된다. 이 범위를 벗어나면, 질산화 속도는 급격히 저하된다.

질산화 반응속도는 pH 변화에 따라 매우 민감하게 변하고, 최적 pH는 7-8 범위에 있 다. 낮은 알칼리도를 지니는 하수의 경우, H^+ 의 방출로 인해 질산화 자체가 저하되고 혼합액의 pH는 7 아래로 낮아지게 되며, 이에 따라 비 성장율 μ_{nmT} 가 저하되는 결과 를 초래한다.

유입수의 알칼리도, ALK_i = 200 mg (as $CaCO_3$)/L일 경우 24 mg N/L의 암모니아-질소가 질산화되면, 유출수의 알칼리도, ALK_e = 200 mg (as $CaCO_3$)/L – 7.14 x 24 mg (as $CaCO_3$)/L = 28.6 mg (as $CaCO_3$)/L 가 되어, 혼합액의 pH는 7보다 낮아질 것이다. 이러한 경우가 발생되면, 다음과 같은 조치가 필요하다: 무산소 반응기를 도입 (질산화 반응조 유출수를 무산소 반응기로 반송)하여 질산염을 탈질시키고, 손실되었던 알칼리도를 다시 회복시킨다. 또는 수산화칼슘 (lime)을 주입하여 pH>7.0을 유지시킨다.

질산화 미생물의 비 성장율 μ_n은 pH에 매우 민감하다.

$$7.2 < pH < 8.5: \mu_{nmpH} = \mu_{nm7.2}$$

(5.17a)

$$5 < pH < 7.2: \mu_{nmpH} = \mu_{nm7.2} \Phi_{ns}^{(pH-7.2)}$$

(5.17b)

여기서 $\Phi_{ns} ≒ 2.35$.

반 포화 계수 K_n 의 pH 의존성에 관한 정보는 μ_n 에 비해 제한적이지만, 다음의 식 (5.18)과 같이 제안할 수 있다:

$$7.2 < pH < 8.5: K_{npH} = K_{n7.2}$$

(5.18a)

$$5 < pH < 7.2: K_{npH} = K_{n7.2} \Phi_{ns}^{(pH-7.2)}$$

(5.18b)

여기서, $\Phi_{ns} ≒ 2.35$.

식 (5.4)에 식(5.15), (5.17), (5.18)을 대입하면 비 성장율 μ_{nm}의 수온 및 pH 의존성 (T℃ 및 pH 에서의 μ_{nTpH})은 다음과 같이 표현된다:

$$\mu_{nTpH} = \mu_{nm20}(2.35)^{(pH-7.2)}(1.123)^{(T-20)} N_a / (K_{n20}(2.35)^{(7.2-pH)}(1.123)^{(T-20)} + N_a)$$

(5.19)

여기서, μ_{nTpH} = 수온 T℃ 및 pH=pH 에서의 μ_n; μ_{nm} = 20 ℃와 pH=7.2 에서의 최대 비 성장율; K_{n20} = 20 ℃와 pH=7.2 에서의 포화 계수.

Chapter 5 질산화

식 (5.19)는 정성적인 표현이지만, 수온과 pH 에 의한 부정적인 영향을 표현하는 중요한 식이 된다. 대표적인 수온과 pH 에 대해 이 식을 반응기 내 암모니아-질소 농도 (완전 혼합 흐름 반응기에서는 유출수의 농도와 같음) 함수로 도식화하면 그림 5.3 과 같다. pH 와 수온이 낮아지면 비 성장율도 크게 감소하기 때문에 설계 시 수온과 pH 의 영향을 반영할 필요가 있다. 수온은 기후 환경에 따라 변하지만, 낮은 pH 는 극복해야 할 과제이다. 유입 알칼리도가 낮을 경우, 호기성 공정의 pH 는 낮아진다. 그러나 무산소-호기 공정으로 운영함으로써 낮은 pH 문제를 극복할 수 있고, 그 이유는 다음과 같다: 질산화 (호기 공정) 과정에서 H^+이 방출되고 혼합액의 pH 는 낮아진다. 양론적으로 1 mg(NH_4^+-N)가 질산화되면, 7.14 mg 의 알칼리도 (as $CaCO_3$)가 소비된다. 질산화로 인해 알칼리도가 약 40 mg/L(as $CaCO_3$)로 감소하면, 낮은 pH 로 변할 가능성이 매우 높아진다. 이로 인해 질산화 효율은 저하되고, 슬러지 벌킹이 진행되며, 부식성을 지닌 유출수가 생성된다. 유입수 알칼리도가 200 mg(as $CaCO_3$)/L 이고 생산되는 질산염 농도가 24 mgN/L 일 경우, 유출수의 알칼리도는 (200 − 7.14 x 24) = 29(as $CaCO_3$)mg/L 가 된다. 이 알칼리도에서는 pH<7.0 이 될 수 있다.

이 경우처럼 호기성 질산화 반응의 결과로 인한 PH 저하는 일반적으로 발생한다. 산성 유출수를 질산염의 탈질이 진행되는 무산소 영역으로 다시 유입시킴으로써 다시 pH 를 회복시킬 수 있게 되고, 이러한 방법이 유일한 실질적 해결책이 된다. 전자 수용체인 질산염 1 mg(NO_3-N)이 탈질되면, 3.57 mg 알칼리도 (as $CaCO_3$)가 생성된다. 따라서 질산화 공정에 탈질 공정을 통합하면 알칼리도의 순 손실을 감소시킬 수 있고, 일반적으로 알칼리도를 40 (as $CaCO_3$) mg/L 이상으로 유지시킬 수 있어, pH 는 7 이상으로 유지된다. 질산화에 의해 29 (as $CaCO_3$)mg/L 의 알칼리도로 저하되었던 앞의 경우에서 25 %의 질산염이 무산소 반응기에서 탈질된다면, 생성되는 알칼리도는 (0.25 x 29 x 3.57) = 26 mg(as $CaCO_3$)/L 가 된다. 남아 있는 알칼리도 29 mg(as $CaCO_3$)/L 에 탈질에서 생성된 알칼리도 26 mg(as $CaCO_3$)/L 를 더하면, 결국 최종 알칼리도는 55 mg(as $CaCO_3$)/L 가 되어 pH 를 7.0 이상으로 유지할 수 있게 된다.

무산소 반응기와 같이 비포기 반응기가 공정에 추가되면 질산화 진행에 필요한 SRT 에도 영향을 미치게 되고, 질산화-탈질 공정 설계 시 무산소 반응기 또는 비포기 반응기의 영향을 반영하여야 한다.

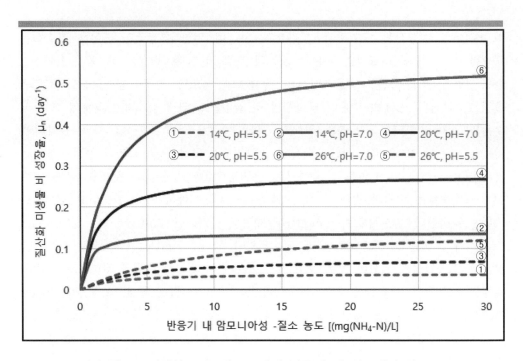

그림 5.3 다양한 수온 및 pH 에서 반응기 내 암모니아-질소
농도 변화에 따른 비 성장율의 거동 ($\mu_{nm20,7.2}$=0.33 d^{-1}, $K_{n20,7.2}$=1.0 mgN/L)

3.4 비포기 반응기

호기성 질산화 반응기 (포기 반응기)에 무산소 반응기 (비포기 반응기)를 추가하여
공정을 구성하면, 공정 내 활성 슬러지에는 포기 슬러지와 비포기 슬러지가 함께
공존하게 되고 비포기 슬러지 분율에 의해 질산화 효율은 영향을 받게 된다. 질산화
효율에 영향을 주는 비포기 영역은 다음과 같은 가정을 기반으로 쉽게 식으로 표현될
수 있다: 1) 절대 호기성인 질산화 미생물은 공정의 호기성 반응기에서만 성장한다; 2)
질산화 미생물의 내생 질량 손실은 포기 및 비포기 반응기 모두에서 진행된다. 그리고
3) 포기 및 비포기 반응기의 질산화 미생물 농도는 동일하다.

이러한 가정을 기반으로 총 슬러지 질량 중 비포기 반응기의 슬러지 질량 분율이
f_{xt}일 경우, (1-f_{xt}) 슬러지 질량 분율이 포기 반응기에 할당되어 유출수 암모니아 농도는
식 (5.13)을 보정하여 다음과 같이 주어질 수 있다:

$$N_a = K_{nT}(b_{nT} + \frac{1}{SRT})/\{(\mu_{nmT}(1 - f_{xt}) - (b_{nT} + \frac{1}{SRT})\}$$

(5.20)

비포기 반응기가 추가됨으로 인해, 최소 SRT 도 다음과 같이 보정된다.

$$SRT_{min} = \frac{1}{\mu_{nmT}(1 - f_{xt}) - b_{nT}}$$

(5.21)

식 (5.21)의 SRT_{min} 을 SRT 로, 그리고 f_{xt} 를 최대 비포기 슬러지 분율 f_{xm} 으로 대체하여, 질산화를 위해 반드시 확보되어야 하는 최소한의 호기 영역 슬러지 질량 분율 (1-f_{xm})로 표현하면,

$$(1 - f_{xm}) = (b_{nT} + \frac{1}{SRT})/\mu_{nmT}$$

(5.22)

또는 최대 비포기 슬러지 질량 분율 f_{xm} 으로 표현하면,

$$f_{xm} = 1 - (b_{nT} + \frac{1}{SRT})/\mu_{nmT}$$

(5.23)

포기 반응기 슬러지 질량 분율이 (1-f_{xm})에 접근할수록 질산화는 불안정해지기 때문에, 고정된 SRT 에서 최소 포기 반응기 슬러지 질량 분율 (1-f_{xm}) 설계 시, 식 (5.22)로부터 산출되는 값보다는 항상 높은 값을 반영하여야 한다. 결과적으로 90 %를 초과하는 질산화 효율을 보장하기 위해서는 최소 호기성 슬러지 질량 분율 (1-f_{xm})을 안전 인자 S_f 만큼 증가시킨 다음의 값을 설계에 반영하여야 한다는 의미이다:

$$(1 - f_{xm}) = S_f(b_{nT} + \frac{1}{SRT})/\mu_{nmT}$$

(5.24a)

설계에 반영할 최대 비포기 슬러지 질량 분율 f_{xm} 으로 표현하면,

$$f_{xm} = 1 - S_f(b_{nT} + \frac{1}{SRT})/\mu_{nmT}$$

(5.24b)

안전 인자 S_f 를 1.25 로 선정하여 20 ℃에서의 최대 비포기 슬러지 질량 분율 f_{xm} 을 SRT 의 함수로 도식화하여 표현하면, 그림 5.4 와 같다. 그림에서 보듯이 f_{xm} 은 질산화 미생물 비 성장율 μ_{nmT} 에 매우 민감하여 호기성 슬러지 질량 분율 (1-f_{xm})이 충분히

확보되지 못하면 질산화는 진행될 수 없게 되고, 결과적으로 탈질에 의한 질소 제거는 불가능해진다.

설계 시 최소 호기성 슬러지 질량 분율을 고정시키면, SRT 는 식 (5.24a)로부터 구할 수 있다. SRT 가 결정되면, 식 (5.20)에서 유출수 암모니아 농도 N_a 도 구할 수 있다 (N_a는 반응기 내 암모니아-질소의 농도이지만, 이상적인 완전 혼합 흐름 반응기에서는 반응기 내 농도와 반응기 유출수 농도는 동일해진다). 안전 인자 S_f 로 1.25 를 택하면, 14 ℃의 수온에서도 유출수의 암모니아-질소 농도는 2~4 mgN/L 로 낮게 유지될 수 있고, 20℃에서는 1~3 mgN/L 로 유지될 수 있다. 결국 최소 SRT (SRT_{min})에 안전 인자 S_f 를 반영하여 최소 SRT 를 선정하면, 질산화는 효율적으로 진행될 수 있다.

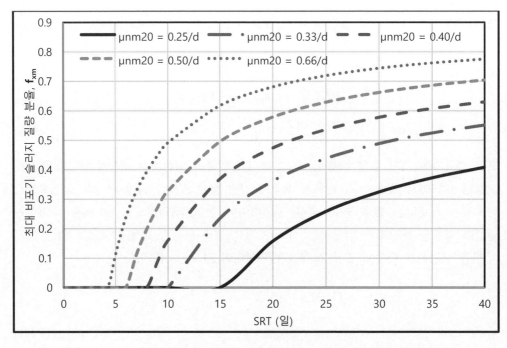

그림 5.4 SRT 변화에 따른 최대 비포기 슬러지 질량 분율(f_{xm})의 변화
(14 ℃, S_f = 1.25)

3.4.1 최대 허용 비포기 슬러지 질량 분율

20 ℃, 30 일의 SRT, μ_{nm}=0.66/d 에서 안전 인자 S_f 1.25 를 반영하여 얻어지는 최대 비포기 슬러지 질량 분율 f_{xm} 은 0.7 을 초과한다. 이 값을 수정하지 않은 채 설계에

Chapter 5 질산화

반영하여도 되는 지 여부에 의문이 드는 것은 당연할 것이다. 너무 높은 f_{xm}으로 인해 슬러지 특성에 영향을 주고 호기성에서 진행되는 질산화를 저해할 수 있다는 우려 때문이다. 이 의문에 다음과 같이 적절하게 답할 수 있을 것이다:

(1) 질산화-탈질 공정에서는 높은 f_{xm} 이 필요하지만, 특히 저 수온에서는 슬러지 벌킹으로 이어질 수 있다. 이러한 점에서 비포기 반응기 슬러지 질량 분율을 0.5 이하로 유지하는 것이 바람직하다.

(2) 20 ℃, 20 일의 SRT 에서 f_{xm} 이 0.7 을 초과할 경우, 급격히 증가하는 슬러지 질량이 실험적으로 관찰된다. 이론적으로 가능한 이와 같은 현상은 14 ℃, 20 일의 SRT 에서 $f_{xm}>0.6$ 이 되면 발생한다. 높은 f_{xm} 에서 슬러지가 호기 조건에 노출되면, 슬러지에 흡수되거나 슬러지에 걸러지는 입자성 물질을 충분히 활용하기 어려워지기 때문이다. 즉, 비포기 슬러지가 호기 조건에 노출되면, 비포기 슬러지에 의해 COD 분해가 진행된 것이 아니라 COD 는 단지 슬러지에 흡착되거나 입자성 COD 가 슬러지에 걸려 들어 슬러지 질량이 증가한다는 의미이다. 이로 인해 활성을 지니는 슬러지 질량과 산소 요구량이 감소하고, 걸려든 입자성 물질이 슬러지에 누적된다. 활성을 지닌 슬러지 질량의 감소로 인해, 결과적으로 공정 활성이 점진적으로 저하된다. 이러한 상황이 발생할 때는 COD 제거는 여전히 진행되지만 COD 의 분해는 저하된다. 결국 공정은 COD 분해가 최소화되는 RBC (Rotating Biological Contactor: 회전 생물 접촉기)와 같은 접촉기 역할 만을 하게 된다. 낮은 f_{xm} 에서 수온과 SRT 가 함께 감소할 경우에 이러한 극단적인 상황이 발생된다.

지금까지의 설명으로 비포기 슬러지 질량 분율이 50 % (보다 명확하게 최대값을 산정하자면 60 %를 초과하지는 않아야 함)를 초과하지 않아야 하는 이유를 이해하게 되었을 것이다.

질소 및 인 제거 공정 설계 시, 최대 비포기 슬러지 질량 분율 f_{xm} 이 일반적으로 40 % 이상으로 유지될 수 있도록 반영한다. μ_{nm20} 값이 0.40 d^{-1} 미만이 되면, 긴 SRT 에서만 높은 값의 f_{xm} 이 유지될 수 있다. 예를 들면 μ_{nm20} 값이 0.35 d^{-1}, S_f 1.30 인 14 ℃의 저 수온에서는 25 일 및 37 일 SRT 에서의 f_{xm} 값은 각각 0.45 와 0.55 가 된다. 25 일에서 37 일로 SRT 가 증가하면 반응기 부피는 40% 증가하는 반면, 증가하는 f_{xm} 은 오직 22 %이다. 또한 SRT 가 증가할수록 매일 폐기되는 슬러지 질량은 감소하기 때문에 슬러지 질량 내 인의 함량이 동일하여도 인 제거 효율은 결과적으로 SRT 가 증가할수록 저하된다. 낮은 μ_{nm20} 값에서는 비포기 슬러지 질량 분율을 0.50 에서 0.60 으로 상승시켜야 인 및 질소 제거 효율이 결과적으로 상승하게 된다. 그러나 이 경우, 공정 부피의 증가로 인해 경제적 타당성을 확보하기 어려워진다. 경제적 관점에서 35 일의 SRT 가 한계 SRT 에 해당된다. μ_{nm14} 값이 0.16 d^{-1} 으로 낮은 경우, 비포기 슬러지 질량 분율 50 %를 유지하기 위한 SRT 는 한계값인 35 일에 접근한다. μ_{nm14} 값이 더 높아지면, 비포기 슬러지 질량 분율 5 0%를 유지하기 위한 SRT 는 크게 감소한다. SRT 를 낮추기 위해 더 높은 값의 μ_{nm20} 이 수용 가능한 지 여부를 실험적으로 검증하여야 하는 이유이기도 하다.

3.5 용존 산소 농도

33 mg/L 까지 달할 정도로 높은 용존 산소 농도는 질산화에 큰 영향을 주지 못한다. 그러나 용존 산소 농도가 낮아지면, 질산화 속도가 저하된다. 용존 산소 농도가 비 성장율에 미치는 영향은 다음의 식으로 표현할 수 있다:

$$\mu_{no} = \frac{\mu_{nmo}O}{K_o + O}$$

(5.25)

여기서, O = 액체 상에서의 산소 농도 (mgO/L); K_o = 반 포화 상수 (mgO/L); μ_{nmo} = 용존 산소 농도 mgO/L 에서의 최대 비 성장율 (d^{-1}); μ_{no} = 용존 산소 농도 mgO/L 에서의 비 성장율 (d^{-1}).

K_o 값은 0.3~2.0 mgO/L 범위이고, K_o 값 미만의 용존 산소 농도에서는 용존 산소 농도가 적절한 경우에 비해 비 성장율이 반 미만으로 저하된다. 0.3~2.0 mgO/L 와 같이 K_o 값의 범위가 넓은 이유는 아마도 산소 소비가 실질적으로 진행되는 미생물 플록 내부의 산소 농도와 액체 상에서의 산소 농도가 동일하지 않기 때문일 것이다. 결과적으로 K_o 값은 플록의 크기, 교반 강도 그리고 플록으로의 산소 확산 속도에 따라 변하게 된다. 뿐만 아니라 실물 크기의 반응기에서는 기계적 포기가 이루어지는 지점이 연속적이지 않고 분산되어 있기 때문에 반응기 내 위치에 따라 용존 산소 농도는 변할 수 있고, 이상적인 완전 혼합 흐름 달성은 불가능해진다. 이로 인해 실질적인 최저 산소 요구량 산출은 매우 힘들어진다. 질산화 반응기의 수면에서 측정되는 용존 산소 농도는 일반적으로 2 mgO/L 이다.

일정하게 주기적으로 변동하는 유량과 부하 조건에서는 질산화에 필요한 산소 요구량을 충족시킬 수 있을 정도의 용존 산소를 공급하기가 매우 어려워진다. 부하를 균등하게 조절할 수 있는 유량 균등조 (또는 조정조)의 도입이 산소 요구량 충족의 실질적인 어려움을 해결할 수 있는 수단이 될 수 있다. 유량 균등조가 없을 경우,

첨두 산소 요구량 기간 동안의 낮은 산소 농도로 인한 부작용을 해소시키기 위해 질산화에 필요한 SRT를 대폭 증가시키는 방안도 지혜로운 수단이 될 수 있다.

3.6 주기적 유량 및 부하 변동

주기적으로 유량 및 부하가 변동하면, 일정한 유량 및 부하 유입에 비해 질산화 효율은 저하된다. 질산화 미생물이 최대 속도로 증식하더라도, 고 유량 그리고/또는 고 부하 기간 동안 유입되는 모든 암모니아-질소를 산화시킬 수 없게 되어 유출수의 암모니아-질소 농도는 증가하게 된다. 이로 인해 생산되는 질산화 미생물 질량은 감소하고, 주기적인 유량 및 부하 변동은 호기성 SRT 감소와 같은 효과를 발휘한다. 변동 폭이 증가할수록 부작용은 더욱 두드러지게 나타나고, SRT를 증가시키면 부작용은 개선된다. 안전 인자 S_f 1.25 이상을 설계에 적용하면, 유량 및 부하 변동의 영향은 상대적으로 낮아진다.

실질적인 값보다 높은 μ_{nm}을 선정할 경우, 이론적인 최소 SRT의 1.25~1.30 배 높은 SRT를 적용하더라도, 질산화 반응의 평균 효율 저하로 인해 유출수의 질산염 농도는 변동하기 쉽다. 따라서 안전한 설계를 위해 μ_{nm} 값을 보수적으로 선정할 필요가 있다

주기적 유량 및 부하 변동 조건에서는 *Nitrosomonas*의 비 수율 계수 Y_n과 비 성장율 μ_{nmT} 모두와 반 포화 상수 K_n 값을 알아야 하지만, 정상 상태 조건에서는 μ_{nmT}와 K_n 만이 필요하다. 필요한 Y_n, b_n 및 K_n의 값을 표 5.1에 제시하였다.

표 5.1 *Nitrosomonas* 관련 반응속도 상수

상수	기호	20℃에서의 값	온도 보정 계수
비 수율 계수	Y_n	0.10	1.000
내생호흡 속도	b_n	0.04	1.029
반 포화 상수	K_n*	1.00	1.123

*수온이 증가할수록 K_n이 증가한다는 점에 주목할 필요가 있다.

4. 설계에 반영할 내용

4.1 유입 TKN의 전환 경로

유입 TKN의 중요한 분율은 다음과 같다: 1) 자유 암모니아 및 암모늄염 (암모니아-질소), N_{ai}; 2) 생분해성 유기 질소, N_{oi}; 3) 용존성 난분해 유기 질소, N_{ui}.

생분해성 유기 질소는 종속영양 미생물에 의해 암모니아-질소로 분해된다. 뿐만 아니라 미생물이 죽으면 내생 질량 손실로 사체에 결합된 형태로 질소는 방출되고, 다시 분해되어 암모니아-질소로 전환된다. 이들 2가지 질소들의 일부는 새로운 미생물체를 생산하기 위해 미생물에 의해 우선적으로 활용되고, 나머지는 적절한 조건이 형성되면 질산염으로 전환된다.

암모니아-질소와 유기물에 결합된 질소의 상호 작용을 정확히 수식화하기에는 너무 복잡하기 때문에, 성장-사멸-재생산으로만 유효하게 표현될 수 있다. 그러나 정상 상태 조건에서는 특정 상황이 충족되기만 하면, 상호작용을 표현하는 식이 단순화된다. 예를 들면 질산화 개시에 필요한 최소 SRT를 이론적 값보다 1.25~1.35 배 높게, pH를 7 보다 높게 유지하기만 하면, 일부 정상 상태 방정식을 이용하여 유출 농도를 산출할 수 있다. 따라서 설계에 적합한 단순한 접근 방법을 제시하고, 일부를 도식화하여 그래프로 살펴볼 것이다. 이를 위해서는 유출수 TKN 농도와 유출수 질산염 농도에 관한 정보가 필요하다.

4.2 유출수 TKN

유출수 TKN은 암모니아-질소 N_a, 용존성 생분해 유기 질소 N_o, 용존성 난분해 유기 질소 N_u, 그리고 유출되는 휘발성 고형물에 포함된 TKN으로 구성되고, 이들 분율에 관한 식들은 다음과 같이 주어진다:

1) **암모니아-질소 (N_a)**

$$N_a = K_{nT}(b_{nT} + \frac{1}{SRT})/\{(\mu_{nmT}(1 - f_{xt}) - \left(b_{nT} + \frac{1}{SRT}\right)\}$$

(5.20)

유입 암모니아-질소 (N_{ai})와는 무관한 식 (5.20)은, SRT > SRT_{min} 조건이 충족되는 이상적 완전 혼합 흐름 반응기에 한하여 적용할 수 있다.

2) 생분해성 유기 질소 (N_o)

생분해성 유기 질소는 종속영양 미생물에 의해 암모니아-질소로 분해된다. 미생물 사멸로 다시 돌아오는 유기 질소가 포함되어 복잡해지는 반응은 유입 생분해성 유기 질소 농도의 함수로 다음과 같이 표현하여 단순화할 수 있다:

$$N_0 = \frac{N_{oi}}{1 + K_r X_a HRT}$$

(5.26)

여기서, N_{oi} = 유입 생분해성 유기 질소 농도, mg(TKN-N)/L; K_r = N_o 분해 속도 상수. 이 값과 온도 의존성 상수는 표 5.3 에 제시됨; X_a = 호기성 반응기내의 활성을 지닌 슬러지 질량 농도; HRT_n = 질산화 반응기의 수리적 체류시간

3) 용존성 난분해 유기질소 (N_u)

이상적인 완전 혼합 흐름 반응기에서는 반응기 내 농도는 유출수 농도와 같아지기 때문에,

$$N_u = N_{ui}$$

(5.27)

여기서, N_{ui} = 유입 용존성 난분해 유기 질소 농도, mg(TKN-N)/L.

지금까지의 모든 유출수에 포함된 질소 분율들은 모두 용존성 질소에 해당된다. 결과적으로 총 용존성 TKN 은 이들 3 개 분율의 합이 된다:

$$N_t = N_a + N_o + N_u \quad \text{(여과를 통과한 총 용존성 TKN)}$$

(5.28a)

N_t 는 실험적으로 여과를 통과한 유출 TKN 에 해당된다. 만약 여과를 통과하지 못하는 분율이 존재할 경우, 유출수의 이론적 TKN 은 휘발성 고형물에 포함된 TKN 만큼 증가할 것이다. 즉,

$$N_{tv} = N_a + N_o + N_u + f_n \cdot X_{vt} \quad \text{(용존성 TKN + 휘발성 고형물에 포함된 TKN)}$$

(5.28b)

여기서, X_{vt} = 유출 휘발성 고형물 농도, mgVSS/L; f_n = VSS 에 포함된 TKN 분율 ≒ 0.1 mg (TKN-N)/mgVSS.

생물학적 영양염류 제거 공정 설계 실무

4.3 질산화 용량

질산화 반응기에서 생산되는 질산염 농도 N_c는 유입수 TKN 농도 (N_{ti})에서 유출수의 용존성 TKN (N_t)과 매일 생산되는 순 슬러지 내에 포함된 TKN 농도 (N_s)의 합을 감하여 주어진다. 즉,

$$N_c = N_{ti} - N_t - N_s$$

(5.29)

N_s 값은 매일 생산되는 휘발성 고형물(VSS)에 포함된 질소 질량으로 결정되고, 매일 폐기되는 VSS 질량 $(M(X_v)/SRT)$을 f_n으로 곱하고 일 평균 유량 Q로 나누어 산출된다. 즉,

$$N_s = f_n\, M(X_v)/(SRT\, Q)$$

여기서, $M(X_v)$는:

$$M(X_v) = M(X_a) + M(X_e) + M(X_i)$$
$$= Y_h\, SRT\, M(S_{bi})\{(1 - f_{us} - f_{up})Y_h(1 + f\,b_h\, SRT)/(1 + b_h SRT) + f_{up}f_{cv}$$

(4.13)

질산화 미생물이 차지하는 휘발성 질량은 무시할 수 있을 정도이기에, $M(X_v)$에는 포함되지 않는다.

위 식 (5.29)의 N_c를 질산화 용량으로 정의한다. 즉, 질산화 용량 N_c는 단위 유량 당 생산되는 질산염의 질량으로 정의된다. 즉, $mg(NO_3\text{-}N)/L$ 흐름 부피.

질산화 용량 N_c는 유입수 TKN 농도 (N_{ti})에서 유출 TKN 농도(N_t)와 슬러지 생산에 필요한 질소 농도(N_s)의 합을 감하여 주어진다는 사실을 식 (5.29)로부터 알 수 있다. 유출 TKN 농도(N_t)는 질산화 효율에 의해 좌우된다. 1.25~1.35 보다 큰 안전 인자 (S_f)가 최저 수온 (T_{min})에서 고정되면, 최대 비포기 슬러지 질량 분율 (f_{xm})에서 질산화 효율은 항상 90 % 보다 높아지고, 유출수의 질소 농도 N_t 값은 3~4 mg/L 보다 낮아진다. 또한 T_{min}에서 $S_f{\geq}1.25$ 일 경우, N_t는 궁극적으로 공정의 형상과는 무관해지고, 슬러지 질량의 포기 분율과 비포기 분율과도 무관해진다. 결과적으로 식 (5.20), (5.26), (5.28)을 적용하여 정량적으로 산출된 N_t를 설계에 반영할 필요가 없을 수도 있다. 설계에 반영되는 통상적인 값보다 실질적 μ_{mn20} 값이 낮아지지 않도록 합리적으로 유지되고, 질산화가 이루어질 정도로 충분한 포기가 진행된다면, N_t를 3~4 mgN/L 범위에서 택하는 것이 보다 타당할 수 있다. 더욱 낮은 수온에서 산출된 f_{xm}과 SRT를 적용하면, 보다 높은 수온에서는 질산화 효율이 증가할 것이고, 따라서 여름철 N_t는 약 2 mgN/L로 보다

낮아진다.

식 (5.29)를 총 유입 COD 농도(S_{ti})로 나누게 되면, mgCOD 당 질산화 용량이 산출된다.

$$\frac{N_c}{S_{ti}} = \frac{N_{ti}}{S_{ti}} - \frac{N_s}{S_{ti}} - \frac{N_t}{S_{ti}}$$

(5.30)

여기서, N_c/S_{ti} = 유입 mgCOD 당의 질산화 용량; N_s/S_{ti} = 유입된 mgCOD 당 슬러지 생산에 필요한 질소 (식 (4.23) 참조); N_{ti}/S_{ti} = 유입 하수의 TKN/COD 비.

식 (5.30) 우변 항들을 다음과 같이 각각 평가함으로써, COD 당 질산화 용량 N_c/S_{ti}를 대략적으로 산출할 수 있다:

- N_t/S_{ti}: 유입 COD 농도 당 유출되는 용존성 TKN 농도에 해당한다. 최저 수온 T_{min}에서도 질산화가 진행된다면, 유출수 (또는 반응기 내)의 TKN농도 N_t는 약 4 mgN/L로 간주할 수 있다. 즉, S_{ti}가 800~400 mgN/L일 경우, N_t/S_{ti} 는 0.005~0.01의 범위의 값을 지니게 된다. T_{max}에서의 N_t는 약 2 mgN/L가 된다.

- N_s/S_{ti}: 슬러지 생산에 활용된 유입수 중의 TKN 농도를 의미한다. 1차 침강을 거친 하수 또는 1차 침강을 거치지 않은 하수 원수에 해당하는 지 여부와 SRT에 따라 이 비의 값은 변한다.

- N_{ti}/S_{ti}: 유입수의 TKN/COD 비에 해당된다. 1차 침강조를 거치지 않은 하수 원수에서의 값은 0.07이고, 1차 침강조를 거친 하수에서의 값은 0.12이다.

슬러지에 함유된 일 평균 질소의 질량은 매일 폐기되는 슬러지의 질소 함유량과 같다. 슬러지 내 질소 함량이 동일하다고 가정하고 (이 가정은 대부분의 경우 타당성을 지닌다), 매일 생산되는 슬러지에 필요한 유입 질소 농도 (N_s)가 폐기 슬러지 내 질소 함량과 같다는 관계식으로부터 다음의 식을 얻게 된다:

$$Q\,N_s = f_n\,M(X_v)/SRT$$

VSS의 총 질량(mgVSS)는,

$$M(X_v) = M(X_a) + M(X_e) + M(X_i) = \frac{Y_h \times SRT \times M(S_{bi})}{1 + b_h\,SRT}(1 + f b_h\,SRT) + M(X_{ii})SRT$$

$$= M(S_{ti})\,SRT\,\{(1 - f_{us} - f_{up})\frac{Y_h}{1 + b_n\,SRT}\,(1 + f b_h\,SRT) + \frac{f_{up}}{f_{cv}}\}$$

(4.10)

$M(X_v)$를 대입하여 단위 COD 당 질소 필요량으로 나타내면 다음과 같은 식이 얻어진

다:

$$\frac{N_s}{S_{ti}} = f_n \left\{ Y_h \left(\frac{(1 - f_{us} - f_{up})}{1 + b_h \, SRT} \right) (1 + f b_h \, SRT) + \frac{f_{up}}{f_{cv}} \right\}$$

(4.23)

여기서, f_n = VSS에 포함된 질소의 함량 ≒ 0.10 mgN/mgVSS; 미생물 수율 계수, Y_h = 0.45 (mgVSS/mg COD) (20 ℃); 내생 질량 손실율, b_h = 0.24 (day⁻¹) (20 ℃); 내생 잔류 상수 (endogenous residue constant), f = 0.20 (mgVSS/mgVSS) (수온에 관계없이 일정); COD/VSS 비율, f_{cv} = 1.48 (mg COD/mg VSS) (수온에 관계없이 일정); 용존성 난분해 유기물 분율, f_{us} = 0.05 (mg COD/mg COD) (1차 침강조를 거치지 않은 하수 원수), 0.08 (mg COD/mg COD) (1차 침강조를 거친 하수); 입자성 난분해 유기물 분율, f_{up} = 0.13 (mg COD/mg COD) (1차 침강조를 거치지 않은 하수 원수), 0.04 (mg COD/mg COD) (1차 침강조를 거친 하수); MLVSS/MLSS의 비, f_i = 0.75 (mg COD/mg COD) (1차 침강조를 거치지 않은 하수 원수), 0.83 (mg COD/mg COD) (1차 침강조를 거친 하수).

따라서 단위 유입 COD 당 질산화 용량 (nitrification capacity) N_c/Sti는 다음과 같이 정리할 수 있다:

$$\frac{N_c}{S_{ti}} = \frac{N_{ti}}{S_{ti}} - \frac{N_s}{S_{ti}} - \frac{N_t}{S_{ti}} = \frac{N_{ti}}{S_{ti}} - f_n \left\{ Y_h \left(\frac{(1 - f_{us} - f_{up})}{1 + b_h \, SRT} \right) (1 + f b_h \, SRT) + \frac{f_{up}}{f_{cv}} \right\} - \frac{N_t}{S_{ti}}$$

(5.31)

1차 침강조를 거치지 않은 하수 원수의 유입 TKN/COD (N_{ti}/S_{ti}) 비는 0.080이고, 1차 침강조를 거친 하수의 TKN/COD (N_{ti}/S_{ti}) 비는 0.114이다. S_{ti} = 800~400 mgCOD/L 범위에서 N_t/S_{ti} 는 0.005~0.01의 범위이고, 유입 COD 농도 600 mgCOD/L일 경우 N_t/S_{ti} 비는 약 0.007이다. N_t/S_{ti} 비의 값을 0.007 mgN/mgCOD로 고정하고 하수 원수 및 1차 침강을 거친 하수의 질산화 용량을 SRT의 함수로 나타내면 다음의 그림 5.5와 같다.

Chapter 5 질산화

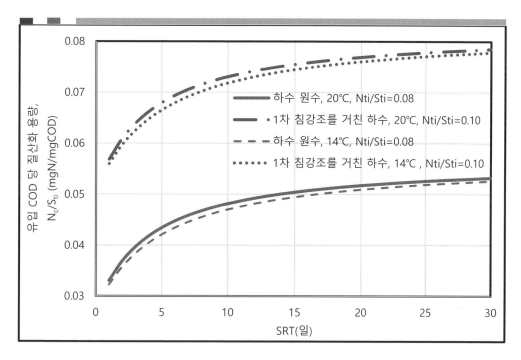

그림 5.5 SRT 변화에 따른 단위 유입 COD 당 질산화 용량의 변화 거동 (하수 원수의 경우 N_{ti}/S_{ti}비를 0.08로 적용; 침강조를 거친 하수의 경우 N_{ti}/S_{ti}비를 0.10으로 적용)

그림 5.4의 SRT에 따른 비포기 슬러지 질량 분율의 변화와 그림 5.5의 단위 유입 COD당 질산화 용량 변화로부터, 특정 비포기 슬러지 질량 분율에서의 단위 유입 COD 당 질산화 용량 N_c/S_{ti} 값을 결정할 수 있다.

동일한 최대 비포기 슬러지 질량 분율에서 완전 탈질에 필요한 14 ℃에서의 SRT는 20 ℃에서 필요한 SRT보다 2배 이상 길어야 한다. 하지만 질산화 용량에 미치는 수온의 영향에 대해 살펴보면, 슬러지 생산량이 20 ℃의 슬러지 생산량보다 미미하게 높기 때문에 14 ℃에서의 단위 유입 COD 당 질산화 용량은 20 ℃보다 미미하게 낮아진다 (그림 5.5).

고정된 N_{ti}/S_{ti}에서 SRT의 영향을 살펴보면, SRT가 증가할수록 슬러지 생산에 필요한 질소 (N_s/S_{ti})는 감소하고 (그림 5.6 참조), 감소된 질소는 질산화에 활용되기 때문에 SRT가 증가할수록 단위 유입 COD 당 질산화 용량 (N_c/S_{ti})은 증가한다. 그러나 SRT가 10일 보다 높아지면, 증가폭은 무시할 수 있을 정도이다. 또한 유입 COD 당 유출되는 TKN 농도가 증가할수록, 유입 COD 당 질산화 용량은 감소한다 (그림 5.7).

유입수 TKN/COD 비 (N_{ti}/S_{ti})의 영향을 살펴보면, 1 차 침강조를 거치지 않은 하수 원수와 1 차 침강조를 거친 하수 모두에 대해 어떤 값의 SRT 에서도 단위 유입 COD

당 질산화 용량 (N_c/S_{ti})는 N_{ti}/S_{ti} 값에 따라 민감하게 변한다. 하수 원수의 경우 N_{ti}/S_{ti} 값이 0.01 증가하면, N_c/S_{ti} 값도 약 0.01 mgN/mgCOD 증가한다. 침강을 거친 하수보다 침강을 거치지 않은 하수 원수로부터 단위 COD 부하 당 생산되는 휘발성 고형물이 더 많기 때문에, 동일한 N_{ti}/S_{ti} 값에서도 하수 원수의 N_c/S_{ti} 는 침강을 거친 하수의 N_c/S_{ti} 에 비해 낮아진다 (그림 5.5 및 그림 5.8).

SRT가 낮을수록 제거된 질소 중 슬러지 생산에 소비된 TKN (N_c/S_{ti})이 증가하여 약 5일의 SRT에서는 제거된 TKN 중 약 2.2 %가 슬러지 생산에 소비된 반면, SRT가 15일로 증가하면 약 1.9 %의 TKN이 슬러지 생산에 소비된다. 1차 침강을 거치지 않은 하수 원수에 비해 1차 침강조를 거친 하수의 경우, 슬러지 생산에 소비되는 TKN은 낮아진다. 그리고 수온이 상승할수록 b_{hT}값이 증가하기 때문에 (b_{h14}= 0.20d^{-1}; b_{h20}=0.24d^{-1}), 20 ℃에서의 슬러지 생산에 소비되는 TKN이 14 ℃의 경우보다 미미하게 낮아진다 (그림 5.6). 최대 비포기 슬러지 질량 분율 f_{xm}은 질산화 미생물 최대 비 성장율 μ_{nm}에 의해 지배된다 (식 (5.23)). 최대 비포기 슬러지 질량 분율 f_{xm}에서 완전 탈질에 필요한 14 ℃에서의 SRT는 20 ℃에서의 SRT에 비해 2배 이상 필요하다. 그러나 14 ℃에서의 슬러지 생산량이 20 ℃ 생산량에 비해 약간 높기 때문에 14 ℃에서의 질산화 용량은 20 ℃ 질산화 용량보다 약간 낮게 나타난다.

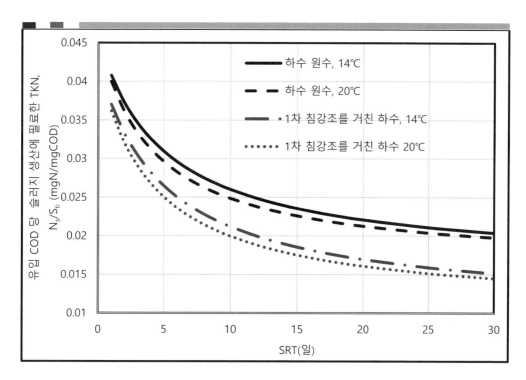

그림 5.6 단위 유입 COD 당 슬러지 생산에 활용되는 TKN의 SRT 의존성 (20 ℃)

위와 같은 해석 결과와는 무관하게 유입수의 TKN/COD 비가 증가하면 유입 COD 당 생산되는 질산염이 증가하기 때문에 완전한 탈질은 진행되기 어려워지거나 심지어는 불가능해지기도 한다는 점에 유의할 필요가 있다. 이러한 영향에 관한 설명은 제6장의 탈질 공정에서 다룰 것이다. 1차 침강조에서는 COD의 약 40 %가 제거된다. 이에 따라 유입수의 TKN/COD 비가 증가할수록 적절한 탈질 달성의 어려움도 가중된다. 그러나 1차 침강에 의해 많은 COD가 제거되기 때문에 같은 유량에서는 휘발성 고형물의 질량과 생물학적 공정의 산소 요구량은 낮아져, 하수 처리시설의 반응기 부피가 감소하고 포기 비용을 절감할 수 있다.

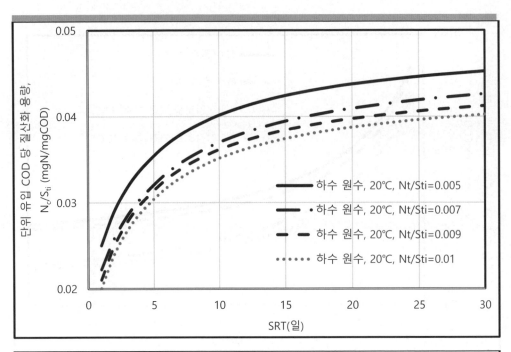

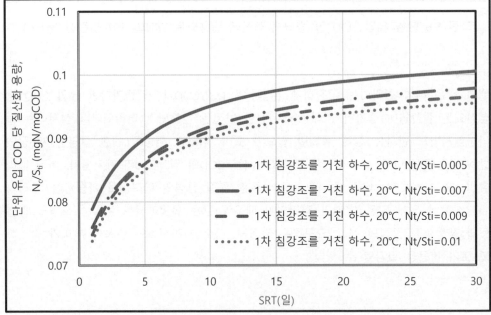

그림 5.7 단위 유입 COD 당 질산화 용량의 SRT 의존성
(20 ℃; 0.005 mgN/mgCOD≤ N_t/S_{ti} ≤0.01 mgN/mgCOD;
1차 침강조를 거치지 않은 하수 원수 (N_{ti}/S_{ti}=0.07 mgN/mgCOD) (위);
1차 침강조를 거친 하수 (N_{ti}/S_{ti}=0.12 mgN/mgCOD) (아래)

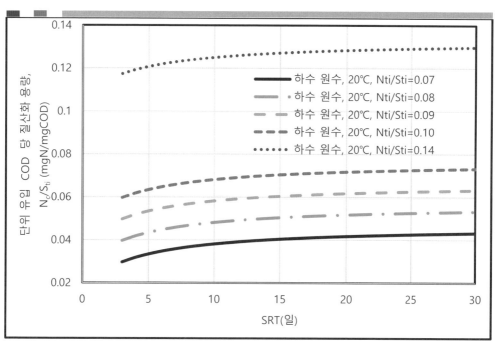

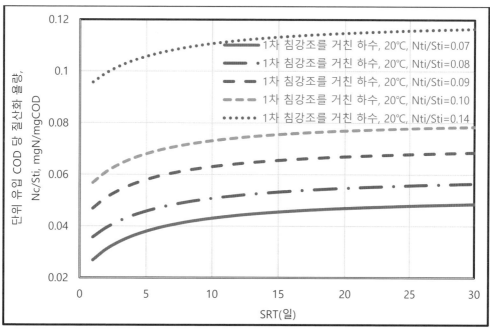

그림 5.8 단위 유입 COD 당 질산화 용량의 SRT 의존성
(20 ℃, 0.07 mgN/mgCOD ≤Nti/Sti ≤ 0.14 mgN/mgCOD,
1차 침강조를 거치지 않은 하수 원수 (위),
1차 침강조를 거친 하수 (아래)

생물학적 영양염류 제거 공정 설계 실무

5. 설계 예

표 5.2의 특성을 지니는 하수에 대해 탈질 과정이 포함되지 않은 질산화 공정을 설계해보자. 탈질을 함께 고려할 경우 질산화에 의해 부과된 제한에 더하여 탈질에 의한 제한이 추가되기 때문에 제6장에서 탈질 이론을 다루기 전까지는 탈질 과정은 고려하지 않을 것이다. 건설적인 비교를 위하여, 제4장 탄소계 물질을 처리하는 호기성 공정 설계 예에 적용했던 유량과 하수 특성을 질산화 활성 슬러지 공정 설계에도 동일하게 적용하기로 한다. 1차 침강을 거치지 않은 하수 원수와 1차 침강을 거친 하수의 특성을 표 5.2에 제시하였다.

표 5.2 1차 침강조를 거치지 않는 그리고 거친 하수의 질산화 관련 특성

매개 변수	기호	값		단위
		하수 원수	1차 침강을 거친 하수	
유입 TKN 농도	N_{ti}	48	41	mgTKN/L
유입 TKN/COD 비	-	0.080	0.114	mgTKN/mgCOD
TKN 중 암모니아 분율	f_{na}	0.75	0.83	mgN/mgN
용존성 난분해 유기질소 분율	f_{nu}	0.03	0.04	mgN/mgN
휘발성 고형물 중 질소 분율	f_n	0.10	0.10	mgN/mgVSS
하수의 pH	-	7.5	7.5	-
총 알칼리도	alk	200	200	mg/L as $CaCO_3$
질산화 미생물의 최대 비성장율	μ_{nm20}	0.36	0.36	day^{-1}
유입 유량	Q	13.3	13.3	Megaliter/d

5.1 질산화가 혼합액(mixed liquor)의 pH에 미치는 영향

질산화 공정 설계에서 고려할 중요 사항 중 하나는 혼합액의 pH가 질산화 미생물의 최대 비 성장율 μ_{nm}에 미치는 영향이다. 제4장에서 다루었듯이 1 mgN/L의 암모니아-질소가 질산염으로 전환될 때, 7.14 mg(as $CaCO_3$)/L의 알칼리도를 소비한다. 유입수에 알칼리도가 충분하지 않을 경우, 혼합액의 pH는 7 아래로 떨어지고 μ_{nm} 값의 저하로 이어진다. 질산화 미생물의 비 성장율 μ_n은 혼합액의 pH 변화에 극도로 민감하다. H+ 와 OH- 농도가 지나치게 증가하여 pH가 7보다 낮아지거나 8.5보다 높아지면, 미생물 성장의 방해 요인이 된다. 최적의 질산화 속도는 7<pH<8.5 범위에서 이루어지고, 이 범위를 벗어나면 질산화 속도는 급격하게 저하된다.

$$7.2 < pH < 8.5: \quad \mu_{nmpH} = \mu_{nm7.2}$$

(5.17a)

$$5 < pH < 7.2: \quad \mu_{nmpH} = \mu_{nm7.2} \, \Phi_{ns}^{(pH-7.2)}$$

(5.17b)

여기서 $\Phi_{ns} \fallingdotseq 2.35$

이 관계식들을 도식화하여, 그림 5.9 에 제시하였다.

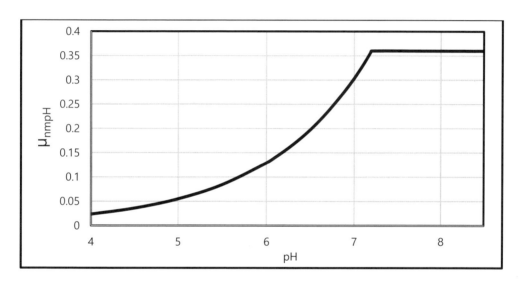

그림 5.9 *Nitrosomonas* 의 최대 비 성장율과 혼합액 pH 와의 관계

1 차 침강조를 거치지 않은 하수 원수의 TKN/COD 비는 0.08 mgTKN/mgCOD 이다. 질산화 미생물 최대 비 성장율 (μ_{nm}) 값 0.36 day^{-1}, 안전 인자 S_f=1.3 일 경우, 14 ℃의 저온에서 질산화를 보장하기 위해 필요한 완전 호기성 반응기(즉, 최대 비포기 슬러지 질량 분율, f_{xm}=0.0)의 SRT 는 10 일 보다 길어야 한다. SRT 변화에 따른 질산화 용량 변화를 제시한 그림 5.8 에서 알 수 있듯이, 10 일보다 긴 SRT 에서의 질산화 용량은 약 0.05 mgN/mgCOD 이다. 그러므로 유입수 1 L 당 생산되는 질산염 농도는 약 0.05*600 = 30 mgN/L 이 된다. 30 mgN/L 의 질산염 생산에 의해, 7.14*30 = 214 mg(as CaCO₃)/L 의 알칼리도가 저하된다. 유입수의 알칼리도는 200 mg(as CaCO₃)/L 뿐이기 때문에 혼합액의 알칼리도는 40 mg(as CaCO₃)/L 미만으로 떨어지게 되어, 결국

혼합액의 pH 는 7 미만으로 낮아진다. 낮아진 pH 로 인해 불안정하고 불완전한 질산화가 야기되고, 산성수가 생산되어 단기간에 반응기 콘크리트 표면을 부식시키고 안전을 위협하게 된다. 뿐만 아니라 슬러지 벌킹으로 침강조 효율은 저하되고, 유출수에는 더 많은 슬러지가 포함되게 된다. 일반적으로 낮은 알칼리도와 함께 높은 TKN/COD 비가 유입수에 나타날 경우, 호기성 질산화 공정에서의 pH 저하 현상이 발생하는 것으로 판단할 수 있는 신뢰성 있는 지표가 된다.

위에서의 단순한 계산으로 설계자가 문제를 초기에 인지할 수 있게 되고, 질산화-탈질 공정의 도입으로 질산화로 저하된 알칼리도가 탈질 과정에서 충분히 회복될 수 있는지 여부를 점검할 수 있는 기회가 제공된다.

5.2 질산화에 필요한 최소 SRT

SRT 는 최대 비성장율 μ_{nm} 과 반포화 상수 K_n 모두의 함수이다. 앞서 설명한 바와 같이 최소 SRT 는 μ_{mn} 값의 크기에 의해 지배적으로 좌우되고, K_n 의 영향은 매우 미약하다. 결과적으로 최소 SRT 를 다음과 같이 단순하게 표현할 수 있게 된다:

$$SRT_{min} = \frac{S_f}{\mu_{nmT} - b_{nT}}$$

(5.24)

완전 호기성 공정, 즉 f_{xm} = 0, 그리고 안전 인자 S_f = 1.3 일 경우, 식 (5.24)에 의해 SRT_{min} 은 22 ℃에서는 (μ_{nm22}=0.454 day^{-1}, b_{n22}=0.042day^{-1}) 3.2 일, 20 ℃에서는 (μ_{nm20}=0.36 day^{-1}, b_{n20}=0.04day^{-1}) 4.1 일 그리고 14 ℃에서는 (μ_{nm14}=0.180 day^{-1}, b_{n14}=0.034day^{-1}) 8.9 일이 된다. μ_{nm20}=0.36 day^{-1}, 완전 호기성이 유지되는 조건에서 1 년 내내 질산화를 성공적으로 달성하기 위해서는 SRT_{min} 을 약 10~12 일 범위로 유지하는 것이 바람직하다. 하수 원수의 TKN/COD 비는 0.08 mgN/mgCOD 이다. 상대적으로 낮은 질산화 미생물 μ_{nm20} 값 0.36/d 에서는 SRT 를 10 일 이상으로 유지하여야 완전 호기 (f_{xm}=0) 공정 최저 수온 (14 ℃) 에서도 질산화 진행을 보장받을 수 있다 (S_f=1.3).

그러나 SRT≫SRT_{min} 에서는 유출수 암모니아-질소 농도 (N_a)는 비록 낮은 값으로 나타날지라도, K_n 값보다는 상대적으로 상당히 높은 값에 해당한다. 예를 들어 K_n 값이 2 배 증가하면, 유출수 암모니아-질소 농도도 같은 배수로 증가한다 (식 (5.13), 그림 5.10 참조).

$$N_a = K_{nT}\,(b_{nT} + \frac{1}{SRT})/\{\mu_{nmT} - \left(b_{nT} + \frac{1}{SRT}\right)\}$$

(5.13)

순수 호기성 조건 (즉, $f_{xm}=0$)에서 질산화를 달성하기 위해서는 유입수 알칼리도를 충분히 확보하여 유출수의 알칼리도를 40 mg(as $CaCO_3$)/L 보다 높게 유지시켜야 한다. 혼합액의 pH 도 7.2 보다 높게 유지하여, 질산화 미생물의 최대 비성장율 μ_{mn}과 반포화 상수 K_n 이 변하지 않도록 설계할 필요가 있다. 질산화 반응 속도 상수의 온도 의존성을 표 5.3 에 제시하였다. 탈질 공정이 추가되어 비포기 슬러지 질량 분율이 존재할 수밖에 없을 경우, 안전 인자가 반영된 SRT 는 다음의 식으로부터 구할 수 있다.

$$(1 - f_{xm}) = S_f\,(b_{nT} + \frac{1}{SRT})/\mu_{nmT}$$

(5.24)

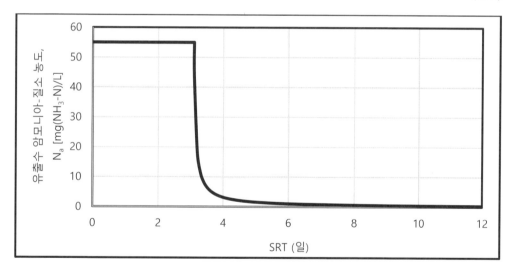

그림 5.10 유출수 암모니아성-질소 농도 N_a와 SRT 와의 관계
(μ_{mn} = 0.33 day^{-1}; K_n = 1.0 mgN/L; b_n = 0.0 day^{-1})

표 5.3 질산화 반응속도 상수들의 온도 의존성

상수	기호	θ	20℃	22℃	14℃
최대 비 성장율	μ_{nmT}	1.123	0.36	0.454	0.18
반 포화 상수	K_{nT}	1.123	1.0	1.26	0.5
내생 호흡율	b_{nT}	1.029	0.04	0.042	0.034
유기 질소 전환율	K_r	1.029	0.015	0.016	0.013

생물학적 영양염류 제거 공정 설계 실무

5.3 하수 원수

유입수의 TKN 농도는 48 mg/L 이다 (표 5.2 의 침강을 거치지 않은 하수 원수 참조). 유입수 TKN 중 암모니아 질소가 차지하는 분율(f_{na})을 0.75 로 그리고 용존성 난분해 유기질소 분율(f_{nu})을 0.03 으로 간주할 경우, 유입 암모니아성-질소 농도(N_{ai})는 N_{ai} = 0.75 * 48 = 36 mgN/L 가 되고, 유입 용존성 난분해 유기 질소 농도(N_{ui})는 N_{ui} = 0.03 * 48 = 1.50 mgN/L 가 된다. 유입수 중 휘발성 고형물의 질소 함유 분율(f_n)은 0.10 mgN/mgVSS 이고, 입자성 난분해 COD 와 관련된 질소 농도 (N_{pi})는 다음과 같이 5.3 mgN/Lfh 산출된다:

$$N_{pi} = f_n \frac{S_{upi}}{f_{cv}} = f_n\, X_{ii} = 0.10 * (0.13 * 600)/1.48 = 5.3 \text{ mgN/L}$$

따라서, 유입수의 생물분해가능한 유기질소의 농도 (N_{oi})는 N_{oi} = 48(1- 0.75- 0.03) – 5.3 = 5.3 mgN/L 가 된다.

5.4 1차 침강을 거친 하수

앞의 과정을 동일 적용 시(즉, f_{na} = 0.83; f_{nu} = 0.04), 다음 결과를 얻을 수 있다:

N_{ti} = 41.0 mgN/L

N_{ai} = 0.83 x 41.0 = 34.0 mgN/L

N_{ui} = 0.04 x 41.6 = 1.50 mgN/L

N_{pi} = 0.10 x (0.04 x 360)/1.48 = 1.0 mgN/L

N_{oi} = 41.0 - 34.0 – 1.5 – 1.0 = 4.5 mgN/L

5.5 질산화 공정 거동

2 일보다 긴 SRT 에서 유출수의 생분해성 유기 질소 농도 (N_{oe})는 다음의 식 (5.26)에 의해 구할 수 있다:

$$N_{oe} = N_{oi}/(1 + K_{rT} X_a\, HRT) \quad \text{(mgN/L)}$$

(5.26)

식 (4.9a)에 의하면 HRT X_a = M(X_a)/Q 이기 때문에, 식 (5.26)을 다음과 같이 표현할 수 있다:

$$N_{oe} = N_{oi}/(1 + \frac{K_{rT}M(X_a)}{Q})\ \ (\text{mgN/L})$$

(5.32)

식 (5.27)로부터 유출수의 용존성 난분해 유기 질소 농도 N_{ue} = N_{ui} = 0.03 x 48 = 1.50 mgN/L (하수 원수); N_{ue} = N_{ui} = 0.04 x 41.6 = 1.50 mgN/L (1 차 침강을 거친 하수)이다.

슬러지 생산에 필요한 질소 농도 (N_s)는, 식 (4.23)으로부터 다음과 같이 산출된다:

$$N_s = f_n\{\frac{(1 - f_{us} - f_{up})Y_h}{1 + b_{hT}SRT}(1 + fb_{hT}SRT) + \frac{f_{up}}{f_{cv}}\}S_{ti}$$

(5.33)

질산화에 활용되는 유입수 TKN 농도(N_{ti}')는 유입수 총 TKN 농도(N_{ti})와 슬러지 생산에 필요한 질소 농도(N_s)의 차에 해당된다.

$$N_{ti}' = N_{ti} - N_s$$

SRT 가 SRT_{min} 보다 클 경우 질산화에 활용되는 TKN 농도는 부분적으로 또는 전체가 질산염-질소로 전환될 것이고, 반면에 SRT 가 SRT_{min} 보다 낮을 경우 질산화는 진행되지 않아 유출수 질산염 농도(N_{ne})는 0 이 된다. 두 경우 모두 (SRT>SRT_{min} 및 SRT<SRT_{min}) 유출수 TKN 농도(N_{te})는 유출수 난분해 (N_{ue}) 및 생분해 유기질소 농도(N_{oe})의 합과 유출수 암모니아 농도(N_{ae})의 합으로 주어진다.

SRT>SRT_{min} 인 경우 식 (5.13)으로부터 유출수 암모니아-질소 농도는 다음과 같이 주어진다.

$$N_{ae} = K_{nT}(b_{nT} + \frac{1}{SRT})/\{\mu_{nmT} - \left(b_{nT} + \frac{1}{SRT}\right)\}$$

(5.34a)

따라서, 유출수 TKN 농도(N_{te})는,

$$N_{te} = N_{ae} + N_{oe} + N_{ue}\ (\text{mgN/L}).$$

(5.35a)

그리고 유출수 질산염 농도(N_{ne})는,

$$N_{ne} = N_{ti}' - N_{te} = N_{ti} - N_s - N_{te} \text{ (mgN/L)}.$$

(5.36a)

활성을 지닌 종속영양 미생물의 질량 산출 과정 식 (4.10)과 유사하게, 질산화 미생물의 질량은 다음과 같이 주어진다:

$$M(X_n) = \frac{M(N_{ne})Y_h SRT}{1 + b_{nT} SRT} \text{ (mgVSS)}$$

(5.37a)

여기서, $M(N_{ne})$ = 매일 생산되는 질산염 질량 = $Q\, N_{ne}$;

$$M(X_a) = \frac{M(S_{bi})Y_h SRT}{1 + b_h SRT} = (1 - f_{us} - f_{up})M(S_{ti})Y_h SRT/(1 + b_h SRT)$$

(4.10)

여기서, $M(S_{ti})$ = $Q\, S_{ti}$.

질산화에 필요한 산소 요구량은, 매일 생산되는 질산염 질량과 4.57 mgO/mgN 의 곱으로 단순하게 산출된다. 즉,

$$M(O_n) = 4.57 \times M(N_{ne}) \text{ (mgO/d)}$$

(5.38a)

$SRT < SRT_{min}$ 일 경우에는, 다음과 같아진다:

- 질산화는 진행될 수 없기 때문에 유출수 질산염 농도(N_{ne})는 0 이 된다. 즉,

$$N_{ne} = 0 \text{ (mgN/L)}$$

(5.36b)

- 유출수 암모니아성-질소 농도 N_{ae} 는 다음과 같이 된다:

$$N_{ae} = N_{ti}' - N_{oe} - N_{ue} = N_{ti} - N_s - N_{oe} - N_{ue}$$

(5.34b)

- 유출수 TKN 농도 (N_{te})는 다음과 같이 된다:

$$N_{te} = N_{ae} + N_{ue} + N_{oe} \text{ (mg/L)}$$

(5.35b)

- 질산화 미생물 슬러지 질량($M(X_n)$)과 질산화에 필요한 산소 요구량($M(O_n)$) 은 모두 0 이 된다. 즉,

$$M(X_n) = 0.0 \ (mgVSS)$$

(5.37b)

$$M(O_n) = 0.0 \ (mgO/d)$$

(5.38b)

유출수의 각 질소 농도와 산소 요구량을 SRT 함수로 도식화하여 그림 5.11 에 제시하였다. SRT 가 SRT_{min} 보다 약 25 % 길어지면 완전 질산화가 달성되고, 유출수 암모니아 농도(N_{ae})는 1.0 mgN/L 미만으로 그리고 유출수 TKN 농도는 약 4 mgN/L 로 나타난다. 또한 3 일 이상의 모든 SRT 에서 유출수 유기질소 농도(N_{oe})는 2 mgN/L 미만으로 유지된다. $SRT > 1.25 \ SRT_{min}$ 에서 SRT 증가에 따른 질산염 농도(N_{ne}) 증가는 슬러지 생산에 필요한 질소 농도(N_s)의 감소에 근본적으로 기인한다. 유출수 TKN 농도가 약 4 mgN/L 의 일정한 값을 보임에도 불구하고, SRT 를 증가시키면 질산화 용량도 증가한다는 지표가 되기 때문에 이러한 SRT 증가에 따른 질산염 농도(N_{ne}) 증가는 영양염류 제거 플랜트에서는 중요한 의미를 지닌다. $SRT < SRT_{min}$ 일 경우 SRT 가 SRT_{min} 에 접근할수록 N_s 가 감소하기 때문에 유출수 암모니아 농도(N_{ae})와 함께 유출수 TKN 농도(N_{te})도 증가하게 된다.

SRT 가 SRT_{min} 보다 길어지는 시점부터 질산화에 필요한 산소 요구량은 급격히 증가하고, 10 일 이상의 SRT 에서는 증가 폭이 미미해진다. 10 일 < SRT < 30 일 범위에서 질산화에 필요한 산소 요구량은 약 2,000 KgO/d 로 유지된다. 이는 탄소계 물질 산화에 필요한 산소 요구량에 비해 40 %~60 % 더 높은 값에 해당된다 (그림 5.12).

산소 공급이 제한되어 질산화 진행이 방해받지 않도록 하기 위해서는 포기 장치의 적절한 설계가 필요하다. 일반적으로 산소가 부족해지면, 종속영양 미생물의 성장이 질산화 미생물에 비해 상대적으로 우선하게 된다. 종속영양 미생물은 0.5~1.0 mgO/L 용존 산소 범위에서 성장할 수 있는 반면, 질산화 미생물의 성장에는 1~2 mgO/L 농도의 용존 산소가 필요하기 때문이다.

$SRT > SRT_{min}$ 일 경우, 질산화 미생물 슬러지 질량은 SRT 에 따라 급격히 증가한다 (그림 5.13). 호기성 종속영양 미생물 슬러지 질량과 질산화 미생물 슬러지 질량을 서로 비교하면, 높은 TKN/COD 비에서도 질산화 미생물 슬러지 질량은 총 휘발성 고형물

질량의 오직 약 2 %만을 차지하기 때문에, 호기성 생활하수 처리 공정에서 휘발성 고형물 농도 결정 시 질산화 미생물 슬러지 질량은 무시할 수도 있다.

1 차 침강조에서는 비록 미미한 양의 TKN 이 제거될 뿐이지만, COD 는 상당히 효율적으로 제거될 수 있다. 비록 1 차 침강을 거친 하수의 TKN 농도가 하수 원수에 비해 낮게 유지되지만, 슬러지 생산 과정에서 제거되는 질소의 양은 1 차 침강을 거치지 않은 하수 원수에 비해 더욱 적기 때문에 유출수의 질산염 농도에는 이러한 차이가 반영되지 못한다. 결과적으로 생성된 질산성-질소는 1 차 침강을 거친 하수와 1 차 침강을 거치지 않은 하수 원수에서 거의 동일하다. 이에 반하여 탈질에 필요한 유입 COD 농도 (탈질 미생물의 탄소원으로 필요)의 상당 부분이 1 차 침강조에서 제거되기 때문에 1 차 침강조를 거치지 않은 하수 원수 처리 시에는 완전 탈질이 가능할 수도 있지만, 1 차 침강된 하수를 처리할 경우에는 달성 가능한 최대 탈질 (denitrification potential: 탈질 포텐셜)은 기대하기 매우 어려워질 것이다. 1 차 침강조 설치 유무에 따른 이러한 탈질 효율 차이는, 생물학적 과잉 인 제거 공정 설계에 크게 영향을 미치게 된다. 참고로 하수 원수의 COD 유입 농도 S_{ti} = TKN/0.08 = 48/0.08 = 600 mgCOD/L (하수 원수)이고, 1 차 침강을 거친 하수의 COD 유입 농도 S_{ti} = TKN/0.114 = 41/0.114 = 360 mgCOD/L 이다.

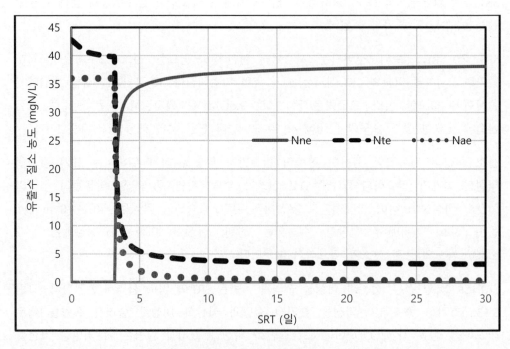

그림 5.11   질산화 반응기 유출수의 질산염 (N_{ne}), TKN (N_{te}) 및
암모니아-질소(N_{ae}) 농도의 SRT 의존성

Chapter 5 질산화

240

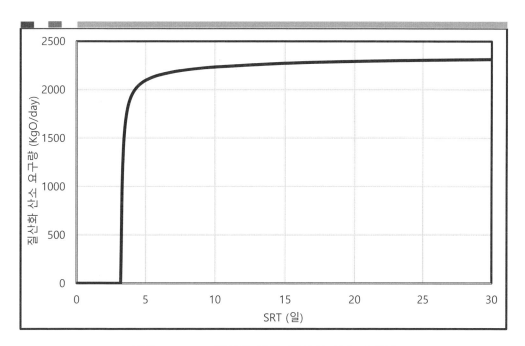

그림 5.12 SRT 변화에 따른 질산화 산소 요구량

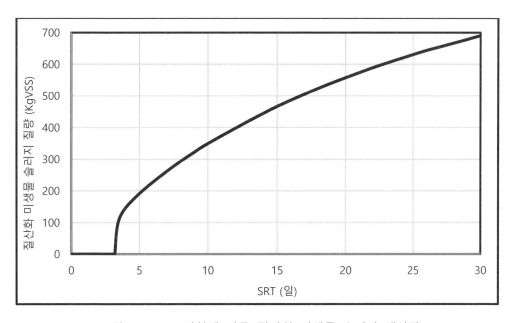

그림 5.13 SRT 변화에 따른 질산화 미생물 슬러지 생산량

하수 내 질소가 전환되는 과정을 그림 5.14에 제시하였다: 유입되는 하수 내 질소의
대부분은 TKN으로 존재한다. TKN은 유기질소와 암모니아-질소로 구성되고, 유기질소

생물학적 영양염류 제거 공정 설계 실무

241

의 일부는 암모니아화 반응 (ammonification)에 의해 암모니아-질소로 전환된다. 나머지 유기질소는 생물분해 가능한 입자성 질소 (N_{obpi}) 및 생물분해되지 않는 입자성 질소 (N_{oupi})로 전환된다. 생물분해 가능한 입자성 질소 (N_{obpi})는 분해된 후 용존성 암모니아-질소로 전환되고, 생물분해되지 않는 입자성 질소 (N_{oupi})는 폐기 슬러지에 포함되어 슬러지와 함께 폐기된다. 암모니아-질소는 호기 조건에서 질산염으로 전환되고, 암모니아-질소의 일부분은 세포 성장을 위해 질산화 미생물에 의해 섭취되어, 유출수 중의 암모니아-질소 농도 (N_{ae})는 낮게 유지된다. 생성된 질산염의 대부분은 무산소 조건에서 질소 기체로 탈질 미생물에 의해 전환되고, 질산염의 일부는 탈질 미생물 성장에 활용된다 (그림 5.14).

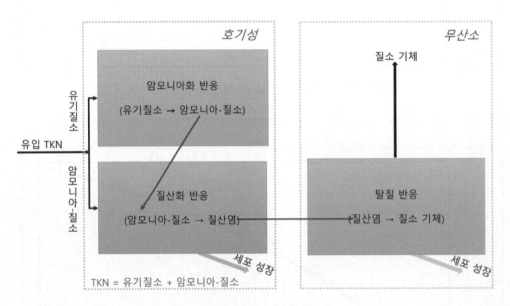

그림 5.14 하수 내 질소의 전환 과정 개략도

참고문헌

Ali, M., and S. Okabe (2015) Anammox-based technologies for nitrogen removal: Advances in process start-up and remaining issues. Chemosphere 2015, 141, 144−153

Barrett, S.E., M.K. Davis, and M.J. McGuire (1985) Blending Chloraminated and Chlorinated Waters. Jour. AWWA (1): 50-61.

Bone C.C., G.W. Harringtom G.W., P.S. Oldenburg, D.R. Noguera. (1999) Ammonia Release from Chloramine Decay: Implications for the Prevention of Nitrification Episodes", Proceedings of AWWA Annual Conference, Chicago, IL

Ciudad G., O. Rubilar, P. Munoz, G. Ruiz, R. Chamy, C. Vergara, and D. Jeison (2005) Partial nitrification of high ammonia concentration wastewater as a part of a shortcut biological nitrogen removal process Proc. Biochem. vol 40 (5) pp 1715-1719

Daigger, G. T., and H.X. Littleton (2014) Simultaneous Biological Nutrient Removal: A State-of-the-Art Review. Water Environ. Res. 2014, 86 (3), 245−257.

Dold, P.L., G.A. Ekama and G.v.R. Marais (1980) A general model for the activated sludge process. Prog. Wat. Tech. 12, 47-77

Downing, A.L., H.A. Painter and G. Knowles (1964) Nitrification in the Activated Sludge Process, J. Proc. Inst. Sew/Purif., 64, 2, 130-158

Dunn, I.J., H. Tanaka, S. Uzman, and M. Denac (1984) Biofilm fluidized bed reactors and their application to wastewater nitrification, Biotech. Bioengr., 23, 1683-1696

Fdez-Polanco, F.J.R. and P.A. Garcia (1994) Behavior of an anaerobic/aerobic pilot scale fluidized bed for the simultaneous removal of carbon and nitrogen, Wat. Sci. Tech., 29(10-11):339-346

Goronszy, M.C. (1979) Intermittent operation of the extended aeration process for small systems, J. Wat. Poll. Contr. Fed., 51, 274-287

Grady, C.P.L, Jr., and H.C. Lim (1980) Biological Wastewater Treatment. Marcel Dekker, NY

Gujer W., and D. Jenkins (1974) A Nitrification Model for Contact Stabilization Activated Sludge Process. Water Res., 9(5).5.

Hack, D.J. (1984) State Regulation of Chloramine. Jour. AWWA, 77(1):4

Hellinga, C., A. Schellen, J.W. Mulder, M.C.M van Loosdrecht, J.J. Heijnen (1998) The SHARON process: An innovative method for nitrogen removal from ammonium-rich waste water. Water Sci. Technol. 1998, 37 (9), 135−142.

Hendrickx, T. L. G., C. Kampman, G. Zeeman, H. Temmink, and Z. Hu (2014) High Specific Activity for Anammox Bacteria Enriched fromActivated sludge at 10 °C. Bioresour. Technol. 2014, 163, 214−221

Horan, N.J. (1989) Biological Wastewater Treatment Systems, John Wiley & Sons, Rochester, New York

Jetten, M. S. M., S.J. Horn, and M.C.M. van Loosdrecht (1997) Towards a More Sustainable Municipal Wastewater Treatment System. Water Sci. Technol. 1997, 35 (9), 171−180

Kirmeyer, G.J. et al. (2000) Guidance Manual for Maintaining Distribution System Water Quality, Denver, Colo.: AwwaRF and AWWA.

Kirmeyer, G J., L.H. Odell, J. Jacangelo, A. Wilczak and R. Wolfe (1995) Nitrification Occurrence and Control in Chloraminated Water Systems. Denver, Colo.: AwwaRF and AWWA.

Kirmeyer, G.J., G.W. Foust, G. L. Pierson, J.J. Simmler, M.W. LeChevallier (1993) Optimizing Chloramine Treatment. Denver Colo.: AwwaRF and AWWA

Kurtz-Crooks, J., V.L. Snoeyink, M.D. Curry, and M.L. Reynolds (1986) Technical Note: Biological Removal of Ammonia at Roxana, Illinois. Jour. AWWA, 78(5). 94-95

Loveless, J.E. and H.A. Painter (1968) The influence of metal ion concentration and pH value in the growth of a Nitrosomonas strain isolated from activated sludge. J. Gen. Micro., 52, 1-14

Ma, B., S. Wang, S. Cao, Y. Miao, F. Jia, R. Du, and Y. Peng (2016) Biological nitrogen removal from sewage via anammox: Recent advances. Bioresour. Technol. 2016, 200, 981−990

Mahmood, F., J. Pimblett, N. Grace and B. Utne (1999) Combining Multiple Water Sources and Disinfectants: Options for Water Quality Compatibility in Distribution Systems. In Proceedings, 1999 AWWA Water Quality Technology Conference, Tampa, Fla.: AWWA

Meerburg, F. A., N. Boon, T. Van Winckel, J.A.R. Vercamer, I. Nopens, and S.E. Vlaeminck (2015) Toward energy-neutral wastewater treatment: A high-rate contact stabilization process to maximally recover sewage organics. Bioresour. Technol., 179, 373−381.

Metcalf & Eddy. (2003) Wastewater Engineering, Treatment, Disposal, Reuse, McGraw-Hill, New York

Muylwyk, Q., A.L. Smith, and J.A. MacDonald. (1999) Implications on Disinfection Regime when Joining Water Systems: A Case Study of Blending Chlorinated and Chloraminated Water. In Proceedings, 1999 AWWA Water Quality Technology Conference, Tampa Fla.: AWWA.

Neytzel-De Wilde, F.G. (1977) Treatment of effluents from ammonia plants - Part 1. Biological nitrification of an inorganic effluent from a nitrogen-chemicals complex. Water S.A., 3(3) 113-122

Odell, L. H., et al. (1996) Controlling Nitrification in Chloraminated Systems. Jour. AWWA, 88(7):86-98.

Potts, D.E., W.G. Williams, and C.G. Hitz. (2001) A Satellite Chloramine Booster Station: Design and Water Chemistry. In Proc. 2001 AWWA. Distribution System Symposium, San Diego, California: AWWA.

Rittmann, B.E., and V.L. Snoeyink. 1984. Achieving Biologically Stable Drinking Water. Jour. AWWA, 76(10): 106-114.

Rittmann, B. E., and P.L. McCarty (2001) Environmental Biotechnology: Principles and Applications; McGraw-Hill, New York, p 754.

Sawyer, C.N., and P.L. McCarty. 1978. Chemistry for Environmental Engineering, 3rd edition, McGraw-Hill, NY.

Ruiz G., D. Jeison, O. Rubilar, G. Ciudad, and R. Chamy (2006) Nitrification-denitrification via nitrite accumulation for nitrogen removal from wastewaters Biores. Tech. vol 97 (2) pp 330–335

Strous, M., J.G. Kuenen, and M.S.M. Jetten (1999) Key physiology of anaerobic ammonium oxidation. Appl. Environ. Microbiol., 65 (7), 3248−3250

Third, K. A., A.O. Sliekers, J.G. Kuenen, and M.S.M. Jetten (2001) The CANON system (completely autotrophic nitrogen-removal over nitrite) under ammonium limitation: Interaction and competition between three groups of bacteria. Syst. Appl. Microbiol. 2001, 24, 588−596.

U.S. EPA (2002) Nitrification. http://www.epa.gov/safewater/disinfection/tcr/ pdfs/white paper_tcr_nitrification.pdf

Van De Graaf, A. A., P. De Bruijn, L.A. Robertson, M.S.M. Jetten, and J.G. Kuenen (1996) Autotrophic growth of anaerobic ammoniumoxidizing micro-organisms in a fluidized bed reactor. Microbiology 1996, 142 (8), 2187−2196

Wei D., K. Zhang, H.H. Ngo, W. Guo, S. Wang, J. Li, F. Han, B. Du, and Q. Wei (2017) Nitrogen removal via nitrite in a partial nitrification sequencing batch biofilm reactor treating high strength ammonia wastewater and its greenhouse gas emission Bioresour Technol vol 230 pp 49-55

Chapter 6
생물학적 질소 제거

생물학적 영양염류 제거 공정 설계 실무

질산염 또는 아질산염이 질소 기체로 환원되는 생물학적 전환을 탈질 반응이라 부른다. 이 장에서는 단일 질산화-탈질 공정에 대해 상세히 다룰 것이다. 이 공정을 거치게 되면, 질산화 반응기 (호기 반응기)에서 생성된 질산염의 대부분이 탈질 반응기 (무산소 반응기)에서 제거된다. 하수로부터 질소가 제거되는 과정에서, 다음과 같은 2 가지의 중요한 미생물 활동이 전개된다: 1) 슬러지 생산, 그리고 2) 유기 화합물로부터 에너지를 섭취하는 호흡. 이 2 가지 활동의 생물학적 목적은 근본적으로 서로 다르다.

질산염 또는 아질산염을 전자 수용체로 이용하는 무기영양 미생물에 의한 암모니아-질소 산화도 혐기 상태에서 진행될 수 있다. 이러한 혐기성 암모니아-질소 산화 공정을 Anammox (**an**aerobic **amm**onia **ox**idation) 공정이라 부른다. Anammox 공정에서 진행되는 생물학적 반응은 다음과 같다:

$$NH_4^+ + NO_2^- \rightarrow N_2 + H_2O$$

암모니아가 전환되는 동안 아질산염으로부터 일부 질산염이 생산되고, 이 과정에서 이산화탄소 고정에 필요한 환원력이 공급된다. 이 동화 과정은 다음의 양론식에 의해 진행된다:

$$CO_2 + 2NO_2^- + H_2O \rightarrow CH_2O + 2NO_3^-$$

그러나 이장에서는 Anammox 공정은 더 이상 상세히 다루지는 않을 것이다. 아직까지 일반화된 설계 방정식이 갖추어져 있지 않기 때문이다.

1. 기본 공정

1.1 슬러지 생산에 의한 질소 제거

슬러지 생산에 의한 질소 제거에 대해서는 이미 제 4 장에서 상세히 설명하였다. 결론적으로 요약하면, 대부분의 생활 하수 처리 시 슬러지 생산으로 제거되는 질소는 매우 미미하다.

1.2 생물학적 탈질

이 반응은 질소의 동화적 환원 (dissimilative reduction) 또는 탈질로 알려져 있고, 하수의 질산염 또는 아질산염이 생물학적 탈질에 의해 질소 기체로 환원된다. 유기

생물학적 영양염류 제거 공정 설계 실무

물질로부터 에너지를 얻기 위한 생물학적 산화 환원 반응의 결과물로 질소 기체가 생산된다. 이 반응에서는 질산염과 아질산염은 산소와 같은 역할을 담당한다. 즉, 전자 수용체의 역할을 수행한다는 의미이다.

산소와 매우 유사한 전자 전달 경로 때문에, 산소의 종말 전자 수용체 기능을 질산염이 쉽게 대체할 수 있다. 시토크롬 (cytochrome)에서 특정 환원 효소가 질산염 환원 효소로 대체되는 차이가 있을 뿐이다. 질산염 환원 효소는 산소 대신 질산염으로 전자를 전달하는 촉매 역할을 수행한다. 용존 산소가 존재하면 질산염으로 전자를 전달하기 위해 필요한 질산염 환원 효소 생성은 억제된다.

질산염이 종말 전자 수용체의 기능을 수행할 경우, 산소와 질산염 사이에 다음과 같은 당량 관계가 성립된다:

$$1 \text{ mgNO}_3 \text{ as N} = 2.86 \text{ mgO as O}$$

(6.1)

식 (6.1)의 당량 관계를 이용하여 새 미생물 질량을 합성하기 위해 필요한 질산염 소비량을 산소 소비량으로 표현할 수 있게 될 뿐 아니라, 탈질을 수행하는 탄소 수지식도 수립할 수 있게 된다.

1.3 산소 요구량에 미치는 탈질의 영향

제 5 장에서 1 mgN 의 암모니아 또는 TKN 이 질산염으로 전환될 때, 4.57 mgO 의 산소가 필요하다고 설명하였다. 반면에 1 mgN 질산염이 탈질될 경우, 2.86 mgO 의 산소량이 공급된다. 결과적으로 질산화에는 4.57 mgO/mgN 이 필요하지만, 탈질에서 2.86 mgO/mgN 이 다시 회복된다. 즉 완전한 탈질이 달성될 경우, 질산화 과정에서 소비되었던 산소의 63 % (2.86/4.57 *100 = 0.63)가 탈질에 의해 회복된다는 의미이다. 질산화에 필요한 산소 요구량이 총 산소 요구량의 약 25~35 %를 차지하기 때문에, 생물학적 탈질을 포함시킴으로써 총 산소 요구량의 15~20 %를 절감하는 효과를 얻을 수 있다.

탈질을 포함시킴으로써 얻을 수 있는 혜택에 대해서는 제 5 장에서 이미 설명하였으므로, 참조하기 바란다.

1.4 알칼리도에 미치는 탈질의 영향

질산염이 질소 기체로 환원되는 생물학적 탈질은 알칼리도 증가를 수반한다. 1 mgN 의 질산염이 탈질되면, 3.57 mg(as $CaCO_3$)의 알칼리도가 생산된다. 질산화 과정에서는 1 mgN/L 의 암모니아가 질산화될 때, 7.14 mg(as $CaCO_3$)/L 알칼리도가 손실된다 (제 5 장에서 설명하였음). 결과적으로 질산화로 인해 손실되었던 알칼리도의 1/2 을 탈질을 통해 회수할 수 있다. 유입 알칼리도가 200 mg(as $CaCO_3$)/L 보다 낮은 하수 처리 시, 탈질에 의한 알칼리도 회수는 중요한 의미를 지닌다. 유입 알칼리도가 낮은 하수 처리 공정에 탈질이 포함되지 않으면, 15 mg/L 의 질산염만 생산되더라도 혼합액의 pH 는 5 아래로 떨어지게 된다. 7 미만의 pH 는 질산화를 크게 저해하기 때문에 긴 SRT 에도 불구하고 일부 질산화만이 진행된다. 그러나 탈질이 포함되면 알칼리도 회복이 이루어져 낮은 유입 알칼리도에도 불구하고 혼합액의 pH 는 7 가까이에서 유지될 수 있다. 이러한 긍정적인 효과 때문에 유입 알칼리도가 낮은 하수 처리 시 탈질 공정을 포함시키게 되면, pH 를 7 가까이 유지할 수 있는 긍정적인 수단이 될 수 있다.

2. 탈질에 필요한 조건

탈질이 진행되기 위해서는 다음과 같은 조건이 필요하다:

1) 질산염 (또는 아질산염)의 존재;

2) 용존 산소의 부재;

3) 임의성 박테리아;

4) 에너지 원으로서 적절한 전자 공여체의 존재.

2.1 질산염의 존재

질산염의 존재로 질산화 진행 여부를 판단할 수 있다. 호기성 공정에서 적절한 질산화가 진행될 수 있는 조건은 제 5 장에서 다루었다. 비포기 상태로 남아있으나 여전히 질산화를 진행시킬 수 있는 최대 비포기 슬러지 분율의 산출이 질산화 평가의 전제 조건이 된다.

2.2 용존 산소의 부재

용존 산소에 의한 탈질 저해 효과는 매우 크게 나타난다. 용존 산소가 0 일 경우, 질산염의 100 %가 제거될 수 있다. 반면에 0.2 mg/L 의 용존 산소 농도 (포화 용존 산소 농도의 2~10%)에서도 탈질이 진행되지 않는다. 뿐만 아니라 완전 혼합 흐름 무산소 반응기에서 감지할 수 없을 정도로 낮은 농도로 용존 산소만이 존재하더라도 반응기로 유입되는 어떠한 산소도 질산염 대신 미생물에 의해 우선적으로 활용되어 탈질 효율을 저하시킨다. 이러한 유입 용존 산소원으로는: 1) 호기성 영역에서 무산소 영역으로의 반송수에 포함된 용존 산소: 반송수의 용존 산소는 1~2 mgO/L 범위에서 제어되어야 한다. 즉, 질산화 진행을 방해하지 않을 정도로 충분히 높아야 하지만, 무산소 반응기에서의 탈질을 저하시키지 않도록 너무 높지는 않아야 한다; 2) 불필요할 정도로 높은 강도의 교반으로 인해 공기-물 경계면을 통해 유입되는 용존 산소; 3) 반송을 담당하는 스크류 펌프를 통한 용존 산소 유입; 4) 대기에 노출된 수송관을 통해 유입되는 용존 산소: 폐쇄 수송관을 설계에 적용하면 용존 산소 유입을 저감시킬 수 있다.

2.3 임의성 박테리아

박테리아에 의해 달성될 수 있는 탈질 범위는 광범위하다. 최종 산물이 N_2, NO, NO_2 인 동화적 탈질에 관해서 수많은 사례가 알려져 있다. 하수 처리에 참여하는 박테리아 집단은 임의성이고, 이 중 많은 집단이 동화적 탈질 수행 능력을 보유하고 있다. 질산화만 진행되는 호기 반응기의 박테리아 집단과 질산화-탈질이 진행되는 반응기의 박테리아 집단은 서로 유사한 집단으로 알려져 있기 때문에 슬러지의 상세한 분석은 중요한 의미를 지니지 못한다. 호기성 조건에서 생산된 슬러지는 적절한 환경 조건에 다시 노출될 경우, 노출 즉시 탈질 수행 능력을 발휘하고 반응성에 뚜렷한 차이가 나타나지 않는 한 계속해서 탈질을 진행시킨다.

3. 전자 공여체 (에너지 원)

질산염을 전자 수용체로 이용하는 탄소계 화합물의 산화 반응 (즉, 탈질 반응)은 임의성 종속영양 미생물의 새로운 미생물 질량 합성과 내생 호흡에 필요한 에너지를 공급한다. 생물학적 탈질의 중요한 관심은 전자 공여체 역할을 하는 에너지 원에 집중된다. 활용 가능한 에너지 원들을 분류하면 다음과 같다:

1) 하수에 포함되어 있지 않은 에너지 원 즉, 외부 탄소계 에너지원은 탈질 단계에서 주입된다. 외부 에너지 원으로 활용할 수 있는 탄소계 화합물은 메탄올, 메탄, 에탄올, 아세톤 그리고 초산 등이다.

2) 하수에 포함되어 있는 에너지 원 즉, 내부 탄소계 에너지 원은, 하수와 함께 시스템으로 유입된다.

3) 사멸 단계에 놓인 미생물에 의해 시스템 내에서 자발적으로 생산되는 에너지 원: 이 경우 질소 및 인이 탄소계 물질과 함께 포함되고, 질소와 인이 포함된 유기 물질은 다시 분해되어 암모니아-질소와 인산염으로 전환될 수 있다.

활용되는 에너지 원의 형태에 따라 탈질 공정의 구성 (또는 형상)도 달라진다. 생활 하수 처리 시 시스템 내부에서 얻을 수 있다는 장점 때문에 통상적으로 활용되는 에너지 원으로는 위의 2)와 3)이 해당된다. 그러나 일부 하수 처리 시설에서는 쉽게 생분해되는 COD 원을 혐기 반응기에 투입하여 생물학적 인 제거 효율을 개선시킨다 (제 7 장에서 설명할 것임). 이러한 실행으로 인 제거 효율이 개선될 뿐 아니라, 외부 탄소원이 되어 탈질에 의한 질소 제거 효율도 함께 개선된다. 쉽게 생분해되는 COD 는 일반적으로 산성 소화조의 상등수이거나, 발효 산업 폐수와 음료수 제조 산업과 같은 산업 폐수 중의 쉽게 생분해되는 COD 분율인 경우가 대부분이다. 이러한 폐기물을 활용함으로써 초기 탈질 반응을 빠르게 진행시킬 수 있고, 이예 따라 탈질에 의한 질산염 제거 효율이 개선된다.

4. 탈질 공정 형상

탈질 공정의 대부분은 외부 에너지 원 주입없이 시스템 내에서 방출되는 내생 에너지를 에너지 원으로 활용하는 구조(또는 형상)를 지닌다. 직렬로 연결된 2 개의 반응기 중 호기 반응기라고 부르는 첫번째 반응기로 하수가 유입되고, 종속영양 미생물과 독립영양 미생물인 질산화 미생물이 함께 호기성 상태에서 성장한다. SRT 가 충분히 길고 포기되는 영역이 충분히 확보되면 첫번째 반응기에서 완전한 질산화가 달성된다.

호기 반응기로부터 유출되는 혼합액은 후 탈질 (post-denitrification) 반응기 또는 2 차 무산소 반응기로 불리는 두번째 무산소 반응기로 유입된다. 두번째 반응기는 교반에 의해 완전에 가까운 혼합을 추구하지만, 포기 (aeration)는 제공되지 않는다. 두번째 무산소 반응기의 유출수는 침강조로 유입되고, 침강조 하단의 농축된 혼합액은 호기 반응기로 반송된다. 두 반응기가 직렬로 연결되고, 첫번째 반응기는 호기 반응기가 되는 구조를 지니는 공정을 Wuhrmann 공정이라 한다 (그림 6.1).

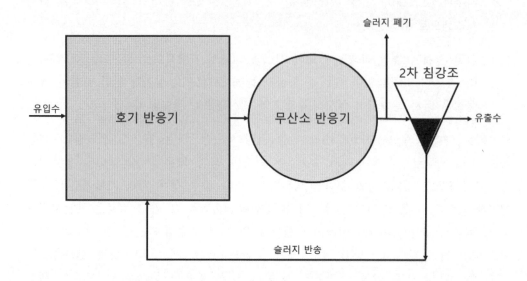

그림 6.1 생물학적 탈질을 위한 Wuhrmann 공정 개략도

사멸 단계의 슬러지에 의해 방출된 에너지는 무산소 반응기의 탈질에 필요한 에너지원으로 공급된다. 그러나 에너지의 방출 속도는 느리기 때문에 탈질 속도도 함께 느려지게 된다. 결과적으로 무산소 반응기에서 의미있는 질산염 환원을 달성하기 위해서는 전체 공정에서 차지하는 무산소 반응기 분율이 커야만 하고, 무산소 반응기가 너무 커지게 되면 질산화 공정의 파괴를 초래한다. 따라서 이론적으로는 모든 질산염을 제거할 수는 있지만, 실질적으로는 완전한 제거는 거의 불가능하다. 무산소 반응기 분율이 너무 커지면, 특히 15 ℃ 미만의 저수온에서는 질산화 조건이 충족될 수 없기 때문이다. 뿐만 아니라 무산소 반응기에서는 유기 질소와 암모니아-질소가 미생물의 사멸을 거쳐 방출되고, 방출된 일부는 유출수에 포함되어 방류되기 때문에 총 질소 제거율은 저하된다. 유출수의 암모니아-질소 함유량을 최소화하기 위해, 재포기 (reaeration) 반응기를 무산소 반응기와 침강조 사이에 설치하는 방안을 강구할 수도 있다. 그러나 재포기 반응기에서는 암모니아-질소가 질산염으로 전환되어 전반적인 질산염 환원 효율은 저하된다.

Chapter 6 생물학적 질소 제거

유입 하수 내의 생분해성 물질을 탈질에 필요한 에너지 원으로 활용하기 위해 2 개의 직렬로 연결된 반응기 중 첫번째 반응기를 무산소 반응기로 택할 수도 있을 것이다. 포기없이 교반만이 이루어지는 첫번째 무산소 반응기로 하수가 유입되고, 포기가 이루어지는 두번째 반응기에서는 질산화가 진행된다. 첫번째 반응기와 두번째 반응기는 완전히 분리되지 않은 채 격리판을 이용하여 부분적으로 분리시킬 수도 있다. 이 경우 부분적으로 분리되어 있기 때문에 첫번째 반응기와 두번째 반응기의 혼합액은 서로 교류할 수 있게 된다. 두 반응기의 교반으로 인해 질산화된 혼합액과 무산소 혼합액의 상호 교환이 이루어지고, 질산염이 무산소 반응기로 유입되어 질소 기체로 환원된다. 이렇게 구성된 질산화-탈질 공정을 Ludzack-Ettinger 공정이라 부른다 (그림 6.2). 그러나 두 반응기 혼합액의 교류를 조절하기 힘들기 때문에 새로운 Ludzack-Ettinger 공정으로 수정을 거치게 되었다.

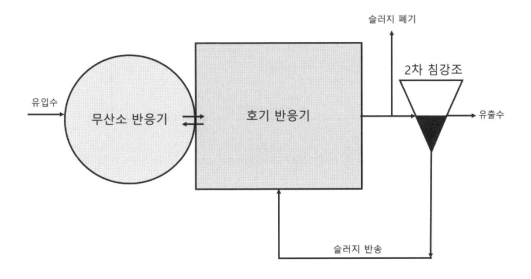

그림 6.2 생물학적 탈질을 위한 Ludzack-Ettinger 공정의 개략도

Ludzack-Ettinger 공정의 단점을 보완하기 위해, 부분적으로 분리되었던 두 반응기를 완전히 분리시키는 방안이 고안되었다. 침강조 하단부의 슬러지 농축액을 반송시키는 외에 호기 반응기로부터 무산소 반응기로의 혼합액 반송이 추가되었다. 이러한 수정으로 효율적인 제어가 이루어질 수 있게 되어, 공정 성능이 개선되었다. 에너지 함유량이 높은 에너지 원(하수 원수 또는 1 차 침강조를 거친 하수)이 유입되는 첫번째 무산소 반응기를 전 탈질 (pre-denitrification) 반응기 또는 1 차 무산소 반응기라 한다.

함유량이 높은 에너지 원 유입으로 Wuhrmann 공정보다 매우 높은 탈질율을 달성할 수 있게 되었다. 이렇게 고안된 질산화-탈질 공정을 수정된(modified) Ludzack-Ettinger (MLE) 공정이라 부른다. 호기 반응기의 총 유량 중 일부는 무산소 반응기로 반송되지 않은 채 유출수로 직접 방류되기 때문에, MLE 공정으로 완전 탈질을 달성할 수는 없다 (그림 6.3).

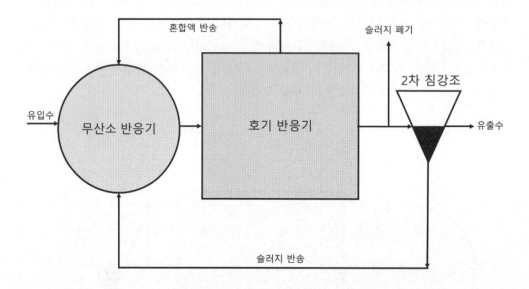

그림 6.3 생물학적 탈질을 위한 MLE (Modified Ludzack-Ettinger) 공정 개략도

완전 탈질 달성의 어려움을 극복하기 위해 MLE 공정과 Wuhrmann 공정을 결합하는 방안이 강구되었다. MLE 공정의 호기 반응기에서 유출되는 질산염을 탈질시키기 위해 2 차 무산소 반응기를 호기성 반응기 후단에 직렬로 연결시켜 무질산염 방류를 시도하였다. 2 차 무산소 반응기에서 생성되는 질소 기체 기포에 부착되어 부상하는 슬러지 플록을 회수하기 위해 재 포기 반응기를 2 차 무산소 반응기와 2 차 침강조 사이에 설치하게 되었다. 재포기 반응기는 슬러지 플록 회수 기능을 수행할 뿐 아니라, 슬러지가 반응기에 머무는 동안 내생 호흡으로 배출되는 암모니아성-질소를 질산화하는 기능도 수행할 수 있다. 잔류 질산염 탈질 과정에서 발생하는 2 차 침강조에서의 슬러지 부상 가능성을 낮추기 위해 2 차 침강조에 누적되는 슬러지 양을 최소한으로 유지시켜야 할 것이다. 누적되는 슬러지 양을 최소화하기 위해서는 슬러지 반송 유량을 유입 하수 원수 유량과 유사하게 유지하는 것이 바람직하다. 이렇게 개발된 공정을 Bardenpho 공정이라 부른다 (그림 6.4). 개념적으로는 완전한 질산염

제거가 가능할지라도 실질적으로 Bardenpho 공정에서 완전한 질산염 제거가 항상 달성 가능한 것은 아니다. 이에 대한 이유는 아래 6 절에서 상세히 설명할 것이다.

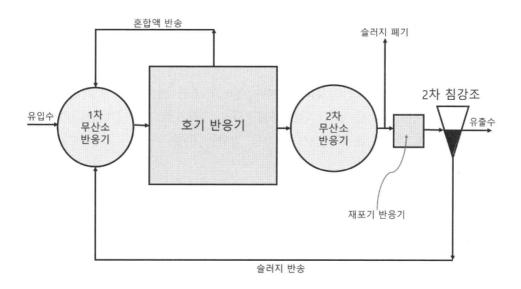

그림 6.4 생물학적 탈질을 위한 Bardenpho 공정 개략도

5. 탈질 반응 속도

회분식 반응기로 질산염 농도의 변화를 시간에 따라 측정하면, 질산염 농도-시간의 관계가 직선으로 나타남을 알 수 있다. 질산염 농도-시간 관계가 직선으로 나타나면, 질산염 농도와는 무관하게 (즉, 질산염 농도의 0 차 반응) 탈질 반응이 진행된다는 의미이다. 탈질 반응 속도는 휘발성 고형물 농도에 비례하기 때문에 회분식 반응기 실험 결과 얻어진 탈질 반응 속도는 다음의 식과 같이 표현될 수 있다:

$$\frac{dN_n}{dt} = KX$$

(6.2)

여기서, dN_n/dt = 탈질 속도 (mgNO$_3$-N/L/day); N_n = 질산염 농도 (mgNO$_3$-N/L); t = 반응시간 (day); X = 휘발성 고형물 농도 (mgVSS/L); K = 탈질 반응 속도 상수 (mg(NO$_3$-N)/mgVSS/day).

회분식 반응기는 반응기 내에서 완전 혼합이 구현된다고 가정하는 이상적인 반응기이지만, 정상 상태에서 운전되는 연속 공정에 해당하지 않는다. MLE 공정과

Wuhrmann 공정의 무산소 반응기를 완전 혼합이 실현되지 않는 이상적인 플러그 흐름 반응기로 구성하여 반응기 위치에 따라 질산염 농도 변화를 관찰하면 (반응기의 위치에 따라 HRT 는 변한다. 즉, 반응기 입구에서의 HRT=0 에서 반응기 출구로 접근할수록 HRT 는 증가함), MLE 공정의 무산소 반응기 (1 차 무산소 반응기)와 Wuhrmann 공정의 2 차 무산소 반응기의 결과가 서로 다른 거동을 보인다는 사실을 발견할 수 있다 (그림 6.5). 측정된 질산염 농도를 HRT의 함수로 도식화하면 농도-HRT 프로파일로부터 반응 속도식을 산출할 수 있다. 즉, 질산염 농도를 수평축, HRT 를 수직축으로 구성된 그래프의 프로파일로부터 플러그 흐름 반응기의 탈질 반응 속도 $dN_n/dHRT$ 에 해당하는 각 농도(또는 HRT)에서의 기울기를 측정 (측정된 기울기가 탈질 반응속도에 해당됨)한 후, 질산염 농도 변화에 따른 기울기 변화로부터 반응 속도식을 산출할 수 있다.

그러나 플러그 흐름 반응기의 탈질 반응 속도 $-dN_n/dHRT$ (또는, -rate)는 다음과 같은 상황에 따라 변할 수 있다: 1) 항상 일정한 유량 및 부하 (정상상태); 2) 주기적으로 일정하게 변동하는 유량 및 부하 (비정상 상태).

5.1 일정한 부하 및 유량

MLE 공정의 1차 무산소 플러그 흐름 반응기와 Wuhrmann 공정의 2차 무산소 플러그 흐름 반응기의 전형적 질산염 농도-HRT 프로파일을 그림 6.5 에 제시하였다. 2 차 무산소 반응기의 프로파일은 단일 직선으로 구성되고, 이로부터 질산염 농도와는 무관한 0 차 반응 속도로 질산염의 탈질이 진행됨을 알 수 있다. 즉, 2 차 무산소 반응기의 탈질은 질산염 농도와는 무관한 0 차 반응에 의해 진행되고 따라서 식 6.2 가 적용될 수 있다. 그러나 1 차 무산소 반응기의 프로파일은 HRT 전 구간에서 질산염이 직선으로 감소하지 않기 때문에 단일 0 차 반응에 의해 탈질이 진행되지 않는다는 것을 알 수 있다.

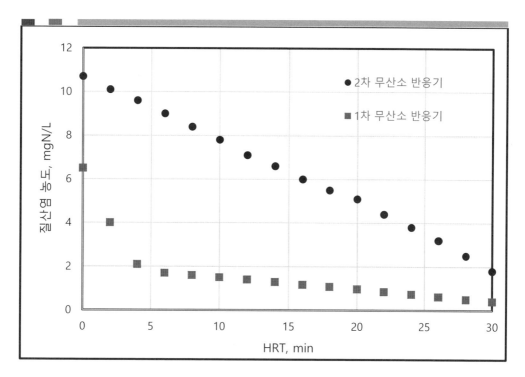

그림 6.5 MLE 공정의 1차 무산소 반응기와 Wuhrmann 공정의 2차 무산소 반응기에서 관찰된 HRT에 따른 질산염 농도 변화 거동

5.1.1 MLE 공정 1차 무산소 플러그 흐름 반응기 탈질 반응 속도식

1차 무산소 반응기에서 진행되는 탈질 반응 단일 속도식을 구하기 위해 소위 적분법 (integral method)을 이용한다. 실험에서 측정된 질산염 농도-HRT 프로파일로부터 가능할 수 있는 반응 속도식을 유추하고, 유추한 반응 속도식을 플러그 흐름 반응기 지배 방정식에 의해 직선을 구성할 수 있도록 수직축과 수평축의 변수를 각각 정한다. 수직축 값과 수평축 값의 관계가 직선 관계로 나타나면, 유추한 반응 속도식을 실제 반응 속도식으로 인정받게 되는 방법이 적분법이다. 0차, 0.5차, 1차, 2차 및 0차와 1차 중간 형태의 반응 속도식을 가능한 반응속도로 유추하여 적분법으로 최적의 단일 반응 속도식을 다음과 같이 조사하였다:

(1) 0차 반응: 0차 반응에 해당할 경우, 플러그 흐름 반응기의 지배 방정식 (제3장, 3절 식 (3.6b) 참조)으로부터 다음의 관계식이 얻어진다. 즉,

$$\text{HRT} = -\int_{Nni}^{Nn} \left(\frac{1}{-rate}\right) dNn = -\int_{Nni}^{Nn} \left(\frac{1}{k}\right) dNn = \frac{1}{k}(N_{ni} - N_n)$$

생물학적 영양염류 제거 공정 설계 실무

여기서, -rate = $-dN_n/dHRT$, mgN/L·min; HRT= 플러그 흐름 반응기 수리적 체류시간, min; k= 0 차 탈질 반응 속도 상수, mgN/L·min; N_{ni}= 유입 질산염 농도, mgN/L; N_n = 반응기 내 질산염 농도, mgN/L.

질산염 농도에 대해 0 차로 탈질 반응이 진행된다면, $(N_{ni}-N_n)$와 HRT 를 각각 수직축과 수평축으로 도식화하면 원점을 지나는 직선의 그래프가 얻어져야 하고 직선의 기울기가 반응 속도 상수 k 에 해당된다. $(N_{ni}-N_n)$ 대 HRT 프로파일을 그림 6.6 에 제시하였다.

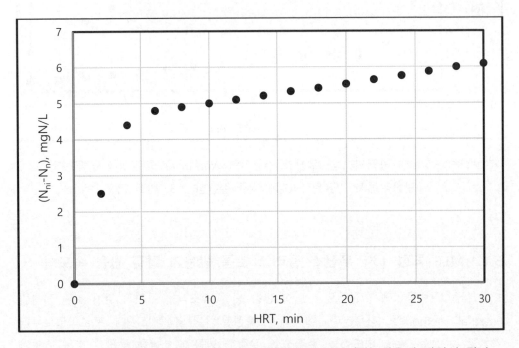

그림 6.6 질산염 농도에 대해 0 차 반응으로 유추한 경우의 직선성 결과
(MLE 공정 1 차 무산소 반응기)

그림에서 볼 수 있듯이 HRT 전 구간에서 직선성이 확보되지 않았기 때문에 1 차 무산소 반응기의 탈질은 0 차 단일 반응 속도식에 의해 진행되지 않는다는 사실을 알 수 있다.

Chapter 6 생물학적 질소 제거

(2) 0.5 차 반응:

질산염 농도의 0.5 차 반응에 해당할 경우, 플러그 흐름 반응기의 지배 방정식으로부터 다음의 관계식이 얻어진다. 즉,

$$HRT = -\int_{Nni}^{Nn}\left(\frac{1}{-rate}\right)dNn = -\int_{Nni}^{Nn}\left(\frac{1}{kN_n^{1/2}}\right)dNn = \frac{2}{k}\left(\sqrt{N_{ni}} - \sqrt{N_n}\right)$$

여기서, k= 1/2 차 탈질 반응 속도 상수, $(mgN/L)^{1/2}/min$; N_{ni}= 유입 질산염 농도, mgN/L; N_n = 반응기 내 질산염 농도, mgN/L.

질산염 농도에 대해 0.5 차로 탈질 반응이 진행된다면 $(N_{ni}^{1/2}-N_n^{1/2})$와 HRT 를 각각 수직축과 수평축으로 도식화하면 원점을 지나는 직선의 그래프가 얻어져야 하고, 직선의 기울기가 반응 속도 상수 k 의 1/2 해당된다. $(N_{ni}^{1/2}-N_n^{1/2})$-HRT 프로파일을 그림 6.7 에 제시하였다.

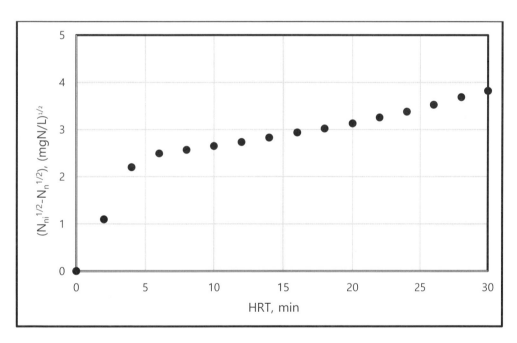

그림 6.7 질산염 농도에 대해 0.5 차 반응으로 유추한 경우의 직선성 결과
(MLE 공정 1 차 무산소 반응기)

그림에서 볼 수 있듯이 HRT 전 구간에서 직선성이 확보되지 않았기 때문에 1 차 무산소 반응기의 탈질은 0.5 차 단일 반응속도식에 의해 진행되지 않는다는 사실을 확인할 수 있다.

(3) 1 차 반응:

질산염 농도의 1 차 반응에 해당할 경우, 플러그 흐름 반응기의 지배방정식으로부터 다음의 관계식이 얻어진다. 즉,

$$\text{HRT} = -\int_{Nni}^{Nn} \left(\frac{1}{-rate} \right) dNn = -\int_{Nni}^{Nn} \left(\frac{1}{kN_n} \right) dNn = \frac{1}{k} (\ln N_{ni} - \ln N_n)$$

여기서, k= 1 차 탈질 반응 속도 상수, min^{-1}; N_{ni}= 유입 질산염 농도, mgN/L; N_n = 반응기 내 질산염 농도, mgN/L.

질산염 농도에 대해 1 차로 탈질 반응이 진행된다면, ($\ln N_{ni}$-$\ln N_n$)과 HRT 를 각각 수직축과 수평축으로 도식화하면 원점을 지나는 직선의 그래프가 얻어져야 하고 직선의 기울기가 반응 속도 상수 k 에 해당된다. ($N_{ni}^{1/2}$-$N_n^{1/2}$)-HRT 프로파일을 그림 6.8 에 제시하였다.

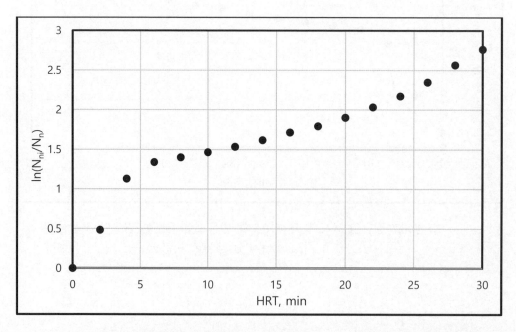

그림 6.8 질산염 농도에 대해 1 차 반응으로 유추한 경우의 직선성 결과 (MLE 공정 1 차 무산소 반응기)

Chapter 6 생물학적 질소 제거

그림에서 볼 수 있듯이 HRT 전 구간에서 직선성이 확보되지 않았기 때문에 1 차 무산소 반응기의 탈질은 1 차 단일 반응속도식에 의해 진행되지 않는다는 사실을 확인할 수 있다.

(4) 2 차 반응:

질산염 농도의 2 차 반응에 해당할 경우, 플러그 흐름 반응기의 지배 방정식으로부터 다음의 관계식이 얻어진다. 즉,

$$HRT = -\int_{Nni}^{Nn} \left(\frac{1}{-rate}\right) dNn = -\int_{Nni}^{Nn} \left(\frac{1}{kN_n^2}\right) dNn = \frac{1}{k}\left(\frac{1}{N_n} - \frac{1}{N_{ni}}\right)$$

여기서, k= 2 차 탈질 반응 속도 상수, $(mgN/L)^{-1}min^{-1}$; N_{ni}= 유입 질산염 농도, mgN/L; N_n = 반응기 내 질산염 농도, mgN/L.

질산염 농도에 대해 2 차 반응 속도로 탈질 반응이 진행된다면, $(1/N_n - 1/N_{ni})$와 HRT 를 각각 수직축과 수평축으로 도식화하면 원점을 지나는 직선의 그래프가 얻어져야 하고, 직선의 기울기가 반응 속도 상수 k 에 해당된다. $(1/N_n - 1/N_{nI})$-HRT 프로파일을 그림 6.9 에 제시하였다.

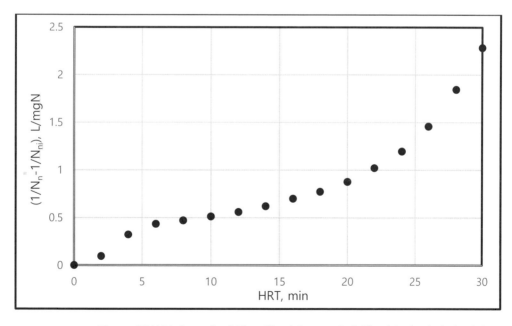

그림 6.9 질산염 농도에 대해 2 차 반응으로 유추한 경우의 직선성 결과
(MLE 공정 1 차 무산소 반응기)

생물학적 영양염류 제거 공정 설계 실무

그림에서 볼 수 있듯이 HRT 전 구간에서 직선성이 확보되지 않았기 때문에 1 차 무산소 반응기의 탈질은 2 차 단일 반응속도식에 의해 진행되지 않는다는 사실을 알 수 있다.

(5)   -rate = $k_2N_n/(1+k_1N_n)$

효소가 참여하는 반응과 같이 탈질 속도식, -rate = $k_2N_n/(1+k_1N_n)$을 간주할 경우, 플러그 흐름 반응기의 지배 방정식으로부터 다음의 관계식이 얻어진다. 즉,

$$HRT = -\int_{Nni}^{Nn}\left(\frac{1}{-rate}\right)dNn = -\int_{Nni}^{Nn}\left(\frac{1+k_1N_n}{k_2N_n}\right)dNn$$

$$= \frac{1}{k_2}(\ln N_{ni} - \ln N_n) + \frac{k_1}{k_2}(N_{ni} - N_n)$$

여기서, k_1= 탈질 반응 속도 상수, $(mgN/L)^{-1}$; k_2= 탈질 반응 속도 상수, min^{-1}; N_{ni}= 유입 질산염 농도, mgN/L; N_n = 반응기 내 질산염 농도, mgN/L

-rate = $k_2N_n/(1+k_1N_n)$의 속도식으로 탈질 반응이 진행된다면, $HRT/\ln(N_{ni}/N_n)$과 $(N_{ni}-N_n)/\ln(N_{ni}/N_n)$을 각각 수직축과 수평축으로 도식화하면 양의 절편을 지나는 직선이 얻어져야 하고, 직선의 기울기가 k_1/k_2 에 해당되고 절편은 $1/k_2$ 에 해당된다. $HRT/\ln(N_{ni}/N_n)$ 대 $(N_{ni}-N_n)/\ln(N_{ni}/N_n)$ 프로파일을 그림 6.10 에 제시하였다.

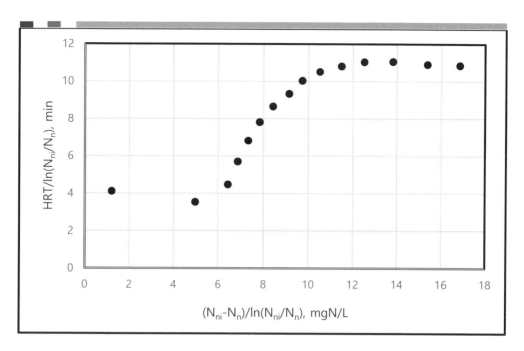

그림 6.10 $k_2N_n/(1+k_1N_n)$ 반응 속도로 유추한 경우의 직선성 결과
(MLE 공정 1 차 무산소 반응기)

그림에서 볼 수 있듯이 HRT 전 구간에서 양의 절편을 지나는 직선성이 확보되지 않았기 때문에 1 차 무산소 반응기의 탈질은 $k_2N_n/(1+k_1N_n)$ 반응속도식에 의해 진행되지 않는다는 사실을 알 수 있다.

이상의 결과로부터 1 차 무산소 반응기에서 진행되는 탈질 반응은 단일 반응속도식에 따라 진행되지 않는다는 사실을 알 수 있게 되었다. 1 차 무산소 반응기의 질산염 농도-HRT 프로파일을 보다 면밀하게 관찰하면, 2 단계의 직선 구간이 존재함을 알 수 있다. 즉, 0~8 분 범위의 HRT 에서는 0 차 반응에 의해 탈질이 빠르게 진행되는 반면, 10~30 분의 HRT 에서는 0 차 반응에 의해 1 단계의 약 1/6 의 속도로 탈질이 상대적으로 느리게 진행된다고 판단할 수도 있다.

이를 확인하기 위해 질산염 농도 변화 $(N_{ni}-N_n)$를 0~8 분 구간 HRT 및 10~30 분 구간 HRT 함수로 구분한 후 도식화하여, 그림 6.11 과 그림 6.12 에 각각 제시하였다. 두 HRT 구간 모두에서 원점을 지나는 직선이 나타났기 때문에 1 차 무산소 반응기 탈질은 2 단계의 0 차 반응에 의해 진행되고, 0~8 분 구간 HRT 에서 진행되는 탈질은

10~30 분 구간 HRT 에서 진행되는 탈질보다 약 6 배 빠른 속도로 진행된다고 말할 수 있다.

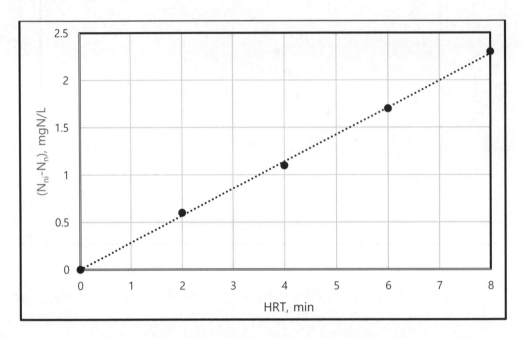

그림 6.11 질산염 농도에 대해 0 차 반응으로 유추한 경우의 직선성 결과
(MLE 공정 1 차 무산소 반응기: 0 분≤HRT≤8 분)

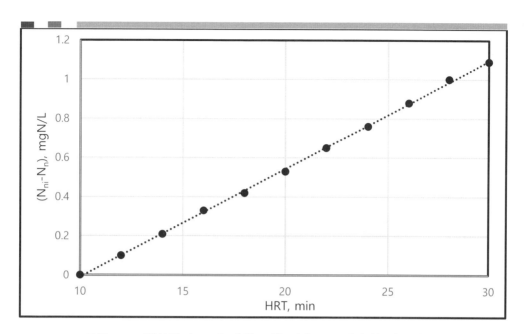

그림 6.12 질산염 농도에 대해 0 차 반응으로 유추한 경우의 직선성 결과
(MLE 공정 1 차 무산소 반응기: 10 분≤HRT≤30 분)

5.1.2 Wuhrmann 공정 2 차 무산소 반응기 탈질 반응 속도식

Wuhrmann 공정에 포함된 플러그 흐름 2 차 무산소 반응기의 질산염 농도-HRT 프로파일로부터 탈질 반응은 0 차 단일 반응속도에 의해 진행됨을 쉽게 유추할 수 있다. 질산염 농도 변화 $(N_{ni}-N_n)$를 HRT 의 함수로 도식화하여 그림 6.13 에 제시하였다.

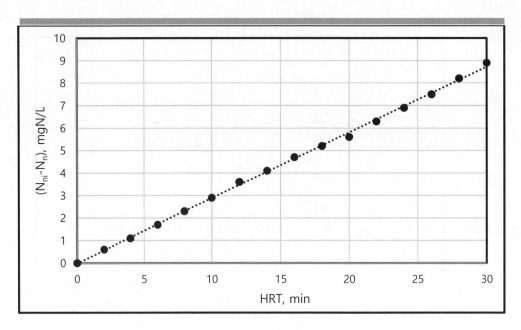

그림 6.13 질산염 농도에 대해 0차 반응으로 유추한 경우의 직선성 결과
(Wuhrmann 공정 2차 무산소 반응기)

그림에서 알 수 있듯이, HRT 증가에 따라 질산염 농도 변화가 일정하게 증가하고 있기 때문에 Wuhrmann 공정의 2차 무산소 반응기에서 진행되는 탈질은 단일 0차 반응 속도에 의해 진행된다. 결과적으로 Wuhrmann 공정의 1차 무산소 반응기 및 MLE 공정의 2차 무산소 반응기에서 진행되는 탈질 반응은 모두 식 (6.2)의 속도식에 준하여 진행된다고 간주할 수 있다.

5.1.3 탈질 반응 속도식 해석

이러한 실험 결과를 식 (6.2)의 기능으로 맞추어 설명하기 위해서는 다음과 같은 부분에 관한 토론이 진행될 필요가 있다: 1) 슬러지 농도; 2) 탈질 속도 상수; 3) 반송 비 그리고; 4) SRT.

1) **슬러지 농도:** 활성을 지니는 미생물에 의해 탈질이 진행되기 때문에 식 (6.2)는 활성을 지닌 슬러지 농도 X_a로 표현되어야 한다:

$$\triangle N_n = K\, X_a\, \triangle t$$

(6.3)

무산소 부피 분율이 너무 높지만 않으면 (50% 미만이면), 무산소-호기 공정의 슬러지 생산량은 호기 공정의 슬러지 생산량과 유사하다. 결과적으로 활성을 지니는 슬러지 질량 분율 X_a 는 제 4 장 식 (4.10)에 의해 표현될 수 있다.

2) **탈질 속도 상수 K:** 탈질 속도 상수 K 값이 플러그 흐름 반응기의 실질적 무산소 반응기의 HRT_a 에 따라 변하지 않고 항상 일정하게 유지된다면, 유입 질산염 농도 N_{ni} 와 유출 질산염 농도 N_{ne} 의 차이는 다음과 같이 표현할 수 있다:

$$N_{ni} - N_{ne} = \triangle N_{na} = K\,X_a\,HRT_a$$

(6.4)

여기서, HRT_a = 플러그 흐름 무산소 탈질 반응기의 실질적 수리적 체류 시간 (day).

식 (6.4)는, 반응기에서 유출되는 질산염 농도가 0 보다 높을 경우에만 적용할 수 있다 (아래의 식 (6.17) 참조). ($N_{ni}-N_{ne}$)는 반응기에서 실질적으로 제거된 질산염 농도에 해당된다. 그러나 반송 유량이 포함되면, 1 차 무산소 반응기의 유량은 (1+a)배 증가한다 (그림 6.14).

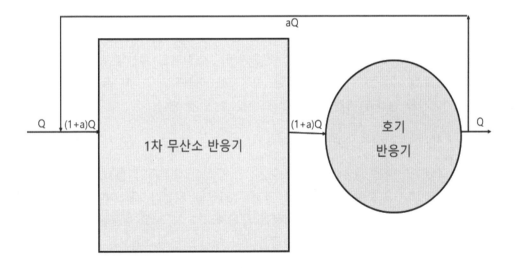

그림 6.14 혼합액 내부 반송이 포함된 MLE 공정 단위 반응기의 실질적 유량

따라서 무산소 및 호기 공정을 포함한 탈질 시스템에서 제거되는 질산염 농도 $\triangle N_{ns}$ 는 다음과 같이 주어진다:

생물학적 영양염류 제거 공정 설계 실무

$$\triangle N_{ns} = (a+1)(N_{ni}-N_{ne})$$

$$(6.5)$$

플러그 흐름 반응기의 평균 수리적 체류 시간 HRT는 다음과 같이 정의된다:

$$HRT = V_r/Q$$

$$(6.6)$$

여기서, HTR = 평균 수리적 체류 시간; V_r = 플러그 흐름 반응기 부피; Q = 일평균 하수 유입 유량.

HRT_a와 HRT의 관계는 다음과 같이 성립된다:

$$HRT_a = HRT/(1+a)$$

$$(6.7)$$

식 (6.3), (6.4), (6.5) 및 (6.6)을 정리하면 식 (6.7)처럼 표현할 수 있다:

$$\triangle N_{ns} = K\,X_a\,HRT_a(1+a)$$

$$(6.8)$$

식 (6.4)와 식 (6.8)을 비교해보면, K는 반송에 관계없다는 결론에 도달하게 된다. 따라서 K는 식 (6.4)에 의해 무산소 반응기에서 실질적인 질산염 저감 농도로부터 직접 산출될 수 있다. 이러한 기본 방정식을 이용하여 1차 및 2차 무산소 반응기에서의 질산염 저감을 식으로 표현할 수 있게 된다.

- 2차 무산소 반응기 (후 탈질 반응기)

   그림 6.5에서 설명한 바와 같이, 2차 무산소 플러그 흐름 반응기의 질산염 농도-HRT 프로파일은 직선에 가까운 거동을 지닌다. 곧 이어 설명할 MLE 공정의 1차 무산소 반응기에서는 2단계의 0차 탈질 반응들이 연속적으로 진행되는 반면, Wuhrmann 공정의 2차 무산소 반응기에서는 단일 0차 탈질 반응이 진행되는 것으로 간주할 수 있기 때문에 2차 무산소 반응기의 탈질 속도 상수 K_3를 질산염 농도 측정치로부터 식 (6.4)에 의해 직접 구할 수 있게 된다. 즉,

$$\triangle N_{nss} = K_3\,X_a\,HRT$$

$$(6.9)$$

여기서, 두번째 하첨자 s 는 2 차 (secondary)를 의미한다.

여러 수온에서 실험을 통해 얻어진 프로파일에 식 (6.9)를 적용하여 다양한 수온에서의 K_3 값들을 얻을 수 있고, 반응속도 상수 K_3 의 온도 의존성을 알 수 산출할 수 있게 된다. 산출된 K3 의 온도 의존성은 다음의 식과 같이 표현된다:

$$K_{3T} = 0.072\ (1.03)^{(T-20)}\ (mgNO_3\text{-}N/mgVASS/d)$$

(6.10)

• 1 차 무산소 반응기 (전 탈질 반응기)

1 차 무산소 플러그 흐름 반응기의 전형적 질산염 농도-HRT 프로파일에는 2 단계의 직선 구간이 존재한다. 각 단계 직선 구간에는 서로 다른 특성을 지닌 기질 (질산염)의 환원이 각각 진행된다고 간주하여도 무방할 것이다 (탄소계 물질의 호기성 산화에서 생분해성이 보다 뛰어난 기질이 먼저 제거되고, 상대적으로 생분해성이 낮은 기질이 이어서 제거되는 실제 현상과 유사함).

첫번째 단계 질산염 환원은 제한된 기간 동안에만 진행되고, 남은 기간 동안에는 두번째 단계의 질산염 환원이 지속적으로 진행된다. 두 단계의 탈질 반응 속도 상수들을 각각 산출하기 위해 첫번째 탈질 동안에도 두번째 탈질이 함께 진행된다고 가정한다. 즉, 질산염 농도-HRT 프로파일의 첫번째 단계 기울기는 2 단계 기울기의 합 (K1+K2)이 된다는 의미이다. 이러한 가정은 실질적으로 타당하고, 타당한 이유는 다음 절에서 다룰 것이다. 각 단계의 기울기는 실험적으로 측정된 질산염 농도 변화-HRT 의 직선 프로파일에서 얻어진다. 따라서 1 차 무산소 반응기 (전 탈질 반응기)에서의 질산염 제거는 다음과 같이 표현할 수 있다:

$$\Delta N_{nps} = \Delta N_{n1s} + \Delta N_{n2s}$$

$$= K_1 X_a t_1 (a+1) + K_2 X_a HRT_{ap}(a+1) = K_1 X_a t_1 (a+1) + K_2 X_a HRTnp$$

(6.11)

여기서, t_1 = 첫번째 단계 탈질의 지속 기간; 하첨자 1, 2 는 1 단계 및 2 단계 탈질을 의미한다. 하첨자 p 는 1차 무산소 또는 전탈질 반응기를 의미하고, HRT 의 하첨자 a 와 n 은 각각 실질적 (actual), 평균 (nominal)을 의미한다.

다양한 수온에서 얻어진 실험 자료의 통계 분석을 통해 K_1과 K_2의 값은 다음과 같은 수온의 함수로 표현된다:

$$K_{1T} = 0.720 \ (1.20)^{(T-20)} \ (mgNO_3\text{-}N/mgVASS/d)$$

(6.12)

$$K_{2T} = 0.1008 \ (1.08)^{(T-20)} \ (mgNO_3\text{-}N/mgVASS/d \ (T \geq 13 \ ℃)$$

(6.13)

$$K_{2T} = K_{3T} \ (T=13 \ ℃)$$

식에서 주어진 수온 의존 계수 1.20과 1.08은 수온 12~24 ℃ 범위에서만 유효한 값이다.

첫번째 단계 탈질에 의해 시스템으로부터 제거된 질산염 농도 $\triangle N_{n1s}$는 생물분해 가능한 유입 COD 농도 S_{bi}로 다음과 같이 대략적으로 표현할 수 있다:

$$\triangle N_{n1s} = \alpha \ S_{bi}$$

(6.14)

여기서, α는 1단계 탈질 과정에서 활용된 기질과 제거된 질산염의 농도 간의 관계를 표현하는 계수로서 수온과 무관하며 1차 침강조를 거치지 않은 하수 원수와 1차 침강조를 거친 하수에 대해 0.028 mgN/mg S_{bi}의 값을 지닌다. 따라서 식 (6.11)은 다음과 같이 주어진다:

$$\Delta N_{nps} = \alpha S_{bi} + K_2 X_a HRT_{np}$$

(6.15)

그리고 1단계 탈질이 진행되는 기간 t_1은 다음과 같다:

$$t_1 = \alpha S_{bi}/\{K_1 X_a (1+a)\}$$

(6.16)

식 (6.16)으로부터, 1차 무산소 반응기에서 1단계 탈질이 진행되는 기간 t_1은 반송비 a와 활성을 지니는 슬러지 농도 X_a의 함수임을 알 수 있다. 일반적으로 t_1은 2~10분에 해당된다.

Chapter 6 생물학적 질소 제거

3) 반송비

1 차 및 2 차 무산소 반응기 총 질산염 저감 농도는 식 (6.9)와 식 (6.15)의 합이 된다. 즉,

$$\Delta N_{nts} = \alpha S_{bi} + K_2 X_a HRT_{np} + K_3 X_a HRT_{ns}$$

(6.17)

여기서, $\triangle N_{nts}$ = 시스템 총 질산염 제거 농도.

무산소 반응기들 중에서 어떤 무산소 반응기에서도 질산염이 0 으로 저감되지 않아야만, 식 (6.17)이 유효하다는 점에 주목할 필요가 있다. 이 조건이 만족되면, 식 (6.17)로부터 반송비의 크기가 시스템의 질산염 저감에 영향을 주지 못한다는 사실을 알 수 있다. 그러나 최소 반송비는 유지할 수 있어야 한다. 최소 반송비는 플러그 흐름 반응기 출구에서 질산염 농도가 0 이 되는 반송비에 해당된다. 최소 반송비보다 낮아지면, 질산염 농도는 반응기 출구에 도달하기 전에 0 이 된다. 유출수에서 질산염이 나타나기 시작할 때까지 반송비를 높여 질산염 제거를 증가시켜야 한다. 모든 무산소 반응기들의 유출수에서 질산염이 검출되기 시작하면, 반송비를 추가로 증가시키더라도 질소 환원 효과는 더 이상 나타나지 않는다.

4) SRT

탈질과 관련된 모든 반응 속도 상수는 10~25 일 범위의 SRT 에서는 SRT 에 의해 영향을 받지 않는다.

5.1.4 질산염 제거 및 기질 활용

호기성 조건에서 미생물이 1 mg COD 를 활용하기 위해서는 $(1-f_{cv}Y_h)$ mgO 의 산소가 필요하다. f_{cv}=1.48 mgCOD/mgVSS, Y_h= 0.45 mgVSS/mgCOD 에서 활용된 기질 당 산소 소비량은 0.33 mgO/mgCOD 가 된다. 기질이 활용되는 무산소 반응기에서는 산소 대신 질산염이 환원된다. 질산염에 대한 산소의 당량은 2.86mgO/mgN (식 (6.1))이기 때문에 활용된 단위 mg COD 당 질산염 소비량은 $(1-f_{cv}Y_h)$/2.86 = 0.116 mgN/mgCOD 이고, 또는 역으로 1 mg 질산염을 환원시키기 위해 8.6 mgCOD 가 필요하다. 식 (6.14)로부터 1 단계 탈질 과정에서 제거된 질산염 농도는 αS_{bi} 이고, α=0.028, S_{bi} 는 유입수의 생물 분해 가능한 COD 농도이다. 따라서 1 단계 탈질 과정 동안 저감되는 COD 는, 0.028*(8.6S_{bi}) = 0.24 S_{bi} 가 된다. 생분해성 COD 중의 쉽게 생물분해되는 COD 분율은 f_{bs}=0.24 이고(식 (2.8)), 1 단계 탈질 단계 동안 저감된 COD 는 COD=0.24 S_{bi} 이기 때문에

생물학적 영양염류 제거 공정 설계 실무

빠르게 진행되는 1 단계 탈질 단계에서는 쉽게 생물 분해되는 COD 가 탈질 과정에 필요한 탄소원으로 활용됨을 알 수 있다. 두번째 단계의 느리게 진행되는 탈질 과정에서는 느리게 생물 분해되는 입자성 COD 가 탄소원으로 활용된다. 이로써 다음과 같은 결론에 도달할 수 있다: 1) 쉽게 생물 분해되는 COD 와 느리게 생물 분해되는 입자성 COD 가 동시에 탄소원으로 활용된다; 2) 두번째 단계의 느린 탈질 속도는 슬러지에 흡착되어 느리게 생물분해되는 입자성 COD 때문이다.

5.1.5 완전 혼합 흐름 무산소 반응기

지금까지 플러그 흐름 무산소 반응기에만 국한하여 설명하였다. 연구 관점에서는 이상적인 플러그 흐름 거동이 중요할 수 있지만 실질 규모의 대형 질산화-탈질 공정에서는 적용하기 매우 어렵다. 0 차보다 높은 반응 차수에서는 목표로 정한 탈질율을 얻기 위해 필요한 반응기 부피는 완전 혼합 흐름 반응기에 비해 플러그 흐름 반응기 부피가 항상 적고, 0 차 반응일 경우 두 반응기의 부피 차이는 없어진다. 질산염 농도-HRT 의 프로파일에서 초기의 직선 구간과 중 후기 직선 구간으로 나누어 질산염 변화를 분석하면, 두 구간의 질산염 저감 탈질 반응은 모두 0 차 반응으로 간주할 수 있다. 첫번째 및 두번째 단계 탈질반응 모두를 서로 다른 반응 속도 상수를 지니는 0 차 반응으로 간주하게 되면, 플러그 흐름 반응기를 완전 혼합 흐름 반응기로 대체하여도 반응기 부피에는 영향을 미치지 않게 된다. 결과적으로 식 (6.17)은 완전 혼합 흐름 반응기에 대해서도 유효하다고 말할 수 있다.

유입 농도와 유출 농도만을 측정할 수 있기 때문에 시간에 따른 거동을 살펴보기에는 이상적인 완전 혼합 흐름 반응기는 부적합한 반응기이다. 0 차 반응의 첫번째 단계의 빠르게 진행되는 탈질 반응과 두번째 단계의 느리게 진행되는 탈질 반응의 반응 속도 상수 K_1 과 K_2 를 명확히 구분하여 산출하기 어렵다는 의미이다. 일부 탈질 반응 속도 상수는 단위 시간 당 단위 휘발성 고형물 mg 당 제거된 질산염 mg 으로 표현되기도 한다. 식 (6.3)에서 볼 수 있듯이 총 휘발성 부유 고형물(X_v)이 아닌 활성을 지니는 휘발성 부유 고형물(X_a)에 대해 1 차 반응 차수를 보이기 때문에 (SRT 가 변하면, 활성을 지니지 못하는 내생 잔류물 분율 또는 비활성 분율은 변하게 된다), 다른 SRT 가 적용될 경우 총 VSS 로 표현하는 탈질 반응 속도 상수는 오차가 크게 발생할 수 있어 주의를 기울여야 한다.

5.2 일정한 주기로 유량 및 부하 변동이 발생하는 조건

하루 중 일정한 주기로 유량 및 부하가 변동하면 지금까지 설명한 정상 상태에서만 적용되었던 설명은 더 이상 적용할 수 없게 된다. 정상 상태에서는 질산염의 누적이 진행되지 않는 반면, 비 정상 상태에서는 질산염 누적 또는 감소가 시간에 따라 진행되기 때문이다. 따라서 탈질 반응 속도상수 값은 해당 조건에 맞는 실험을 통해 구하여야 한다. 일반적으로는 정상 상태에서 측정되는 질산염 제거 농도가 비 정상 상태에서 제거되는 질산염 농도보다 높게 나타난다. 그리고 변동이 계속되는 비 정상 상태에서는 부하가 높을수록 유출수의 TKN 농도도 높아지는 패턴을 보이는 반면, 질산염 변동 패턴은 TKN 변동 패턴과 반대의 양상을 띤다. 탈질 효율을 예측하는 모든 모델들은 정상상태 운전을 기반으로 수립되었기 때문에, 변동이 지속되는 경우 비 정상 상태 해석을 추가적으로 진행할 필요가 있다. 왜냐하면 질산염 및 TKN 농도뿐만 아니라 슬러지 상태에도 변화가 이어지기 때문이다.

6. 탈질 포텐셜

식 (6.15)와 같은 탈질 반응 속도식을 이용하면, 무산소 반응기에서 제거될 수 있는 질산염의 최대 농도를 명확히 구할 수 있다. 1 차 무산소 반응기 (전 탈질 반응기)의 최대 질산염 제거 농도는 유입수의 생물 분해가능한 COD, 활성을 지니는 슬러지 질량 그리고 수리적 체류 시간의 함수이다. 탈질에 의해 제거될 수 있는 최대 질산염 농도를 탈질 포텐셜 (denitrification potential)이라 한다.

6.1 1 차 무산소 반응기의 탈질 포텐셜

식 (6.15)로부터 1 차 무산소 반응기의 탈질 포텐셜을 다음과 같이 표현할 수 있다:

$$D_{p1} = \alpha S_{bi} + K_2 X_a HRT_{np}$$

(6.18)

$X_a HRT_{np} = X_a V_a / Q$ 이고 (V_a = 1 차 무산소 반응기의 부피, Q= 일평균 유입 유량), $X_a HRT_{np}$ 항은 1 차 무산소 반응기의 슬러지 질량에 해당된다. 공정이 총 슬러지 질량 중 1 차 무산소 반응기 슬러지 질량 분율을 f_{x1} 이라고 표현하면, 식 (4.10)에 의해 다음의 관계식이 성립한다:

생물학적 영양염류 제거 공정 설계 실무

$$V_a X_a = f_{x1} M(X_a) = f_{x1} Y_h \, SRT \, Q \, \frac{S_{bi}}{1 + b_h SRT}$$

양변을 Q로 나누면,

$$\frac{V_a X_a}{Q} = f_{x1} \, Y_h \, SRT \, \frac{S_{bi}}{1 + b_h SRT}$$

(6.19)

식 (6.18)의 $X_a HRT_{np}$를 식 (6.19)의 우변으로 대체하면,

$$D_{p1} = S_{bi} \left(\alpha + K_2 f_{x1} \, Y_h \, SRT \, \frac{1}{1 + b_h SRT} \right)$$

(6.20)

여기서, D_{p1} = 1차 무산소 반응기의 탈질 퍼텐셜 (mgN/L); S_{bi} = 생물 분해 가능한 유입 COD 농도 (mgCOD/L); α = 첫단계 탈질에 의해 제거된 질산염 분율 = $f_{bs}(1\text{-}f_{cv}Y_h)/2.86$; f_{bs} = 유입수 생물 분해 가능한 COD 중 쉽게 분해되는 COD 분율; f_{x1} = 1차 무산소 반응기의 슬러지 질량 분율.

식 (6.20)에는 초기 1 단계의 빠르게 진행되는 탈질 과정이 항상 완전하게 진행된다는 가정이 포함되어 있다. 즉, 유입수의 쉽게 분해되는 COD가 모두 활용될 때까지 소요되는 시간 t_1 (식 (6.16))보다, 1차 무산소 반응기의 실질적 체류 시간이 항상 더 길다는 의미이다. t_1을 실질적 최소 HRT로 간주할 경우 식 (4.10)에 X_a를 그리고 식 (6.16)에 t_1을 대체하면, 쉽게 분해되는 COD를 고갈시키기 위해 필요한 1차 무산소 반응기의 최소 슬러지 질량 분율 f_{x1min}은 다음과 같이 표현된다:

$$f_{x1min} = f_{bs}(1 - f_{cv}Y_h)(1 + b_h SRT)/2.86 K_1 Y_h SRT$$

(6.21)

반응 속도 상수 값들을 식 (6.21)에 대입하면, 14 ℃ 및 15 일보다 긴 SRT에서 f_{x1min}은 0.08 미만 (f_{x1min} <0.08)이 되고, 이 값은 대부분의 1차 무산소 반응기에서 측정되는 실질적인 값보다 더 낮은 값이다.

여러 1차 무산소 반응기 슬러지 질량 분율 (f_{x1})과 20 ℃ 수온에서 식 (6.20)을 도식화하여 그림으로 나타내면 다음 그림 6.14와 같다. SRT와 무산소 슬러지 질량 분율이 증가할수록 1차 무산소 반응기의 탈질 포텐셜은 증가하지만, 특히 무산소 슬러지 질량 분율에 따라 가장 민감하게 변함을 알 수 있다.

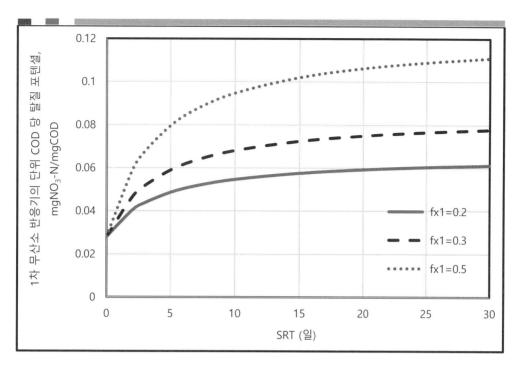

그림 6.14 1 차 무산소 반응기의 단위 COD 당 탈질 포텐셜의 SRT 의존성

(하수 원수, 20 ℃, f_{x1}=0.2, 0.3, 0.5)

6.2 2 차 무산소 반응기의 탈질 포텐셜

2 차 무산소 반응기의 탈질 포텐셜은 1 차 무산소 반응기와 유사하게 다음과 같이
주어진다:

$$D_{p3} = \frac{S_{bi}f_{x3}K_3Y_hSRT}{1 + b_hSRT}$$

(6.22)

여기서, D_{p3} = 2 차 무산소 반응기의 탈질 포텐셜 (mgN/L); f_{x3} = 2 차 무산소 반응기의 무산소
슬러지 질량 분율.

식 (6.22)를 도식화한 그림 6.15 로부터 SRT 와 무산소 질량 분율 (f_{x3})이 증가할수록
탈질 포텐셜이 증가하지만, f_{x3} 에 가장 민감하게 변화함을 알 수 있다.

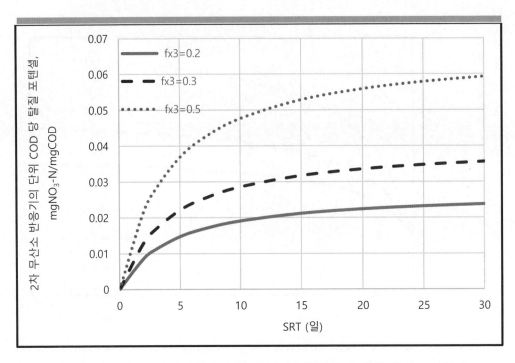

그림 6.15 2 차 무산소 반응기의 단위 COD 당 탈질 포텐셜의 SRT 의존성
(하수 원수, 20 ℃, f_{x3}=0.2, 0.3, 0.5)

7. 질소 제거 공정의 설계 절차

앞에서 다음의 4 가지 중요한 매개 변수에 대해 설명하였다: 1) 최대 비포기 슬러지 질량 분율, f_{xm} (제 5 장); 2) 질산화 용량, N_c (제 5 장); 3) 탈질 포텐셜, D_p (제 6 장) 그리고; 4) TKN/COD 비. 이 4 가지 매개 변수들은 질소 제거 공정 설계를 용이하게 할 수 있는 중요한 역할을 한다. 4 가지 변수들의 두드러진 역할을 요약하면 다음과 같다:

1) 최대 비포기 슬러지 질량 분율

질산화는 탈질의 전제 조건이기 때문에 호기성 슬러지 질량 분율을 충분히 높게 유지하여 완전한 질산화가 이루어지도록 하여야 한다. 특정 SRT 에서 비포기 슬러지 질량 분율이 최대화되면 호기성 슬러지 질량 분율은 낮아지게 된다. 최대 비포기 슬러지 질량 분율 f_{xm} 은 질산화 미생물의 최대 비 성장율 (μ_{nm}), 최저 평균 수온 (T_{min}) 그리고 SRT 에 따라 변한다. 질산화를 보장하기 위해 f_{xm} 을 0.5~0.6 범위로 제한하고 최소 호기성 슬러지 질량 분율을 1.25~1.35 배 (이를 질산화 안전 인자 (safety factor, S_f 로 정의한다) 증가시킬 것을 권장한다 (제 5 장).

2) 질산화 용량

TKN 의 질산화로 생산된 질산염의 농도가 질산화 용량에 해당한다. 비 포기 슬러지 질량 분율이 1)에서 권장한 범위에 속할 경우 완전한 질산화는 달성될 수 있을 것이고, 유출수의 TKN 농도는 2~3 mgN/L 범위가 될 것이다. 이러한 조건 하에서는 질산화 용량은 공정의 형상에 무관하고, 질산화 용량은 유입 TKN 농도에서 슬러지 생산에 활용된 질소 및 유출수 TKN 농도의 합을 감한 값과 같아진다.

3) 탈질 포텐셜

탈질 포텐셜은 설계한 공정에서 탈질될 수 있는 최대 질산염 농도에 해당된다. 탈질 포텐셜은 유입 생물 분해 가능한 COD 농도에 비례하고, 또한 무산소 반응기의 크기에 비례하며, 위치에 따라 변한다 (위치는 탈질 반응기가 설치되는 위치를 의미하고, 전탈질 반응기의 경우 질산화 반응기의 전단에 그리고 후탈질 반응기의 경우 질산화 반응기의 후단에 설치된다. 탈질 포텐셜이 위치에 따라 변하는 이유는 2 차 무산소 반응기 (후탈질 반응기)보다 1 차 무산소 반응기 (전탈질 반응기)에서의 탈질 반응이 보다 빠르게 진행되기 때문이다).

4) 유입 TKN/COD 비

질산화 용량과 탈질 포텐셜은 각각 유입 TKN 농도와 유입 COD 농도에 비례하기 때문에 유입수의 TKN/COD 비는 질산화에 의해 생성되는 질산염 질량과 탈질에 의해 제거되는 질산염의 상대적 측정 지표가 된다.

7.1 설계 절차의 원칙

유입수의 TKN 및 COD 농도 (N_{ti} 및 S_{ti}), 질산화 미생물의 최대 비 성장율(μ_{nm}), 쉽게 생분해되는 COD 분율(f_{bs}) 및 최저 평균 수온 (T_{min})과 같은 하수 특성으로부터 최대 비포기 슬러지 질량 분율(f_{xm})과 질산화 용량(N_c)이 산출될 수 있다. f_{xm} 은 다시 1 차 무산소 슬러지 질량 분율 및 2 차 무산소 슬러지 질량 분율(각각 f_{x1} 및 f_{x3})로 세분화되고, 이 두 무산소 슬러지 질량 분율에 따라 1 차 무산소 반응기와 2 차 무산소 반응기의 탈질 포텐셜이 정해진다. 최대 비포기 슬러지 질량 분율을 세분화할 때 두 무산소 반응기의 무산소 슬러지 분율이 서로 같을 경우, 1 차 무산소 반응기의 탈질 포텐셜이 2 차 무산소 반응기의 탈질 포텐셜보다 높지만, 충분한 질산염이 1 차 무산소 반응기로 반송되어 탈질 포텐셜을 최대한 활용하여야 한다는 점을 되새길 필요가 있다.

1차 및 2차 무산소 반응기의 무산소 슬러지 질량 분율 (각각 f_{x1}과 f_{x3})의 상대적 크기와 탈질 공정에 2차 무산소 반응기를 포함시킬 지 여부는 유입 TKN/COD 비에 달려있다. 가능한 많은 질소를 제거할 목적이라면, 공정의 탈질 포텐셜 (탈질 공정에 2차 무산소 반응기가 포함될 수도 또는 포함되지 않을 수도 있다)은 질산화 능력에 가능한 가까이 도달하여야 한다. 공정에 2차 무산소 반응기가 포함될 경우와 그리고 1차 무산소 반응기와 2차 무산소 반응기의 탈질 포텐셜 합이 질산화 능력보다 높은 경우에만 완전 탈질 달성이 가능해진다. 즉, $D_{p1}+D_{p3}>Nc$ (충분히 높은 질산염 반송 (a-반송)으로 D_{p1}이 최대한 활용되는 경우).

높은 TKN/COD 비로 인해 완전 탈질 달성이 불가능해지면 유출수에 질산염이 남게 된다. 유출수 질산염 농도가 약 5~6 mgN/L 보다 높을 경우, 1차 무산소 반응기와 함께 2차 무산소 반응기를 도입하고, 무산소 슬러지를 두 반응기에 적절히 분배하여 질산염 제거 효율을 향상시킬 필요가 있다. Bardenpho 공정에서 2차 무산소 반응기를 제외시키면 MLE 공정으로 변환된다.

지금까지의 설명은 질소 제거 공정 형상을 정하기 위해 완전 탈질 달성이 가능한 지 여부를 검증하여야 한다는 점을 강조하기 위함이다.

7.2 완전 탈질 달성 가능성

질소 제거 공정에서 탈질에 필요한 최대 무산소 슬러지 질량 분율 (f_{xdm})은 최대 비포기 슬러지 질량 분율 (f_{xm})과 동일하다. 즉,

$$f_{xdm} = f_{xm}, \quad f_{xdm} = 1 - S_f(b_n + \frac{1}{SRT})/\mu_{nm}$$

(6.23)

f_{xm}은 특정 SRT, μ_{nm20} 그리고 T_{min}으로부터 식 (5.24)에 의해 주어진다.

최대 무산소 슬러지 질량 분율로 완전 탈질 달성 여부를 검증하기 위해서는 다음과 같은 합리적 근거가 확보될 필요가 있다: Bardenpho 공정 (완전 탈질 가능성이 있는 공정)에서 2차 침강조 하부로부터의 슬러지 반송비 (s-recycle 비)가 고정되면, 전 탈질 반응기 (1차 무산소 반응기)와 후 탈질 반응기 (2차 무산소 반응기) 사이에 위치하는 호기성 반응기로부터 분배되는 질산염 분포는 혼합액 반송 (a-반송)에 의해 결정된다.

즉, s-반송비에 비해 a-반송비가 높아질수록, 1 차 무산소 반응기로 반송되는 질산염의 비율이 더 높아진다. 고정된 a-반송비 및 s-반송비에서 1 차 무산소 반응기로 탈질 포텐셜 만큼의 질산염 부하가 유입될 때, 최선의 탈질 성능을 달성할 수 있게 된다. 1 차 무산소 반응기로 탈질 포텐셜 만큼의 질산염 부하가 유입되면, 유출수 질산염 농도는 0 이 되고, 호기 반응기의 질산염 농도는 $N_c/(1+a+s)$가 된다. 즉, 질산화 용량 N_c 는 총 유량만큼 희석된다. 호기 반응기의 질산염 농도를 알고 호기 반응기의 용존 산소와 s-반송의 영향을 포함시키면, 정해진 s-반송 및 a-반송에서 1 차 무산소 반응기와 2 차 무산소 반응기의 질산염 부하를 산출할 수 있다. K_{2T}/K_{3T} 비에 해당하는 질산염 부하를 2 차 무산소 반응기에 유입시키면, 쉽게 분해되는 COD 를 받아들이지 못한다는 점을 제외하고는 모든 면에서 2 차 무산소 반응기가 1 차 무산소 반응기와 같은 역할을 수행할 수 있게 된다. 1 차 무산소 반응기 부하를 2 차 무산소 반응기 부하와 합하면, 총 질산염 부하가 얻어진다. 2 차 무산소 반응기는 1 차 무산소 반응기와 같은 역할을 수행할 수 있도록 변환되었기 때문에 각 반응기의 총 탈질 포텐셜에 대한 기여도는 알 필요가 없어지고, 1 차 무산소 반응기에 최대 무산소 슬러지 질량 분율이 존재한다고 간주할 수 있다. 결과적으로 공정의 총 탈질 포텐셜 D_{pt} 는, $f_{x1}=f_{xdm}$ 을 조건으로 식 (6.20)을 이용하여 산출될 수 있게 된다. 최대 무산소 슬러지 질량 분율 f_{xdm} 에서의 총 탈질 포텐셜 D_{pt} 가 총 질산염 부하 이상이 되면, 정해진 a-반송비 및 s-반송비에서 완전 탈질이 가능하다. 이에 반하여 f_{xdm} 에서의 D_{pt} 가 총 질산염 부하보다 낮아지면, 완전 탈질은 가능하지 않고 유출수에는 질산염이 존재하게 된다.

이상과 같은 합리적 근거에 따라 s-반송수와 a-반송수의 용존 산소 농도 (각각 O_s mgO/L 및 O_a mgO/L)를 가정하면, Bardenpho 공정 유출수 질산염 농도 N_{ne} 를 산출할 수 있는 다음의 식을 얻을 수 있게 된다:

$$N_{ne} = \left[\frac{N_c}{a+s+1} + \frac{O_a}{2.86}\left\{a + \frac{K_2}{K_3}(s+1)\right\} + \frac{sO_s}{2.86} - D_{pt}\right] / \left\{\frac{K_2}{K_3} + s\left(\frac{K_2}{K_3} - 1\right)\right\}$$

(6.24)

여기서, N_{ne} = 유출 질산염 농도 (mgN/L); N_c = 질산화 용량 (mgN/L); a,s = 각각 내부 반송 및 슬러지 반송비; K_2, K_3 = 각각 1 차 무산소 반응기의 2 단계 탈질 반응 속도 상수 및 2 차 무산소 반응기의 탈질 반응 속도 상수 (mgN/mgVASS/d); D_{pt} = 총 탈질 포텐셜 (mgN/L).

식 (6.23)에 의해 산출된 최대 무산소 슬러지 질량 분율 f_{xdm} 이 1 차 무산소 반응기 내에 존재한다는 가정 하에 얻어진 탈질 포텐셜 D_{pt} 는 식 (6.20)에 $f_{x1}=f_{xdm}$ 을 대입하여 산출된다.

$$D_{pt} = S_{bi}\left(\alpha + K_2 f_{xdm} Y_h SRT \frac{1}{1+b_h SRT}\right)$$

(6.25)

또한 최적의 1 차 및 2 차 무산소 슬러지 질량 분율 (각각 f_{x1} 및 f_{x3})과 총 무산소 슬러지 질량 분율 (f_{xdt})는 다음과 같이 주어진다:

$$f_{x1} = \frac{\left\{\left(\frac{N_c}{a+s+1}+\frac{O_a}{2.86}\right)a + \left(N_{ne}+\frac{O_s}{2.86}\right)s - \frac{f_{bs}(1-f_{cv}Y_h)S_{bi}}{2.86}\right\}}{\left\{\frac{S_{bi}Y_h SRT K_2}{1+b_h SRT}\right\}}$$

(6.26)

$$f_{x3} = \frac{\left[(s+1)\{\frac{N_c}{a+s+1}+\frac{O_a}{2.86}-N_{ne}\}K_2/K_3\right]}{\left\{\frac{S_{bi}Y_h SRT K_2}{1+b_h SRT}\right\}}$$

(6.27)

$$f_{xdt} = f_{x1} + f_{x3}$$

(6.28)

여기서, f_{x1}, f_{x2}, f_{xdt} = 각각 1 차, 2 차 및 총 무산소 슬러지 질량 분율.

SRT, O_a와 O_s, K_{2T}/K_{3T} (식 (6.13), (6.10)), f_{bs}, f_{up}, f_{us} (하수 특성), f_{xdm} (식 (6.23)), N_c (식 (5.29)) 그리고 D_{pt} (식 (6.25))가 정해지면 (괄호 속의 식 또는 하수 특성에 의해 결정됨), 식 (6.24)~(6.28)에서 유일한 미지수는 a-반송비 및 s-반송비이다. 만족할 만한 침강조 성능을 유지하기 위해, 일반적으로 적용되는 s-반송비는 1 이다. 따라서 s-반송비가 고정되면 N_{ne}, f_{x1} 및 f_{x3} 모두는 오직 a-반송비에만 의존하게 되어 이들 3 가지 값을 다양한 a-반송비에 대해 산출할 수 있게 된다. 주어진 a-반송비와 s-반송비에서 $N_{ne} \leq 0.0$ mgN/L 가 될 경우, 이들 반송비에서 완전한 탈질은 가능해진다.

계산 과정에서 식 (6.24)의 결과값이 $N_{ne} < 0$ 으로 나타날 경우, 식 (6.26)과 식 (6.27)에 대입하기 전에 N_{ne} 의 값을 0 으로 책정하여야 한다. N_{ne} 의 산출값을 0 으로 책정하면, 식 (6.28)에 의해 산출된 f_{xdt} 는 D_{pt} 산출에 필요한 f_{xdm} 보다 낮은 값이 된다. 낮아지는 이유는 $N_{ne} < 0$, $D_{pt} > N_c$ 일 경우 식 (6.26)과 식 (6.27)에 $N_{ne} = 0$ 을 대입하면, 완전 탈질이 가능한 f_{x1} 과 f_{x3} 를 구할 수 있고, 이들의 합인 f_{xdt} 는 f_{xdm} 보다 낮게 나타나기 때문이다.

정해진 s-반송비에서 식 (6.24)~(6.28)은 a-반송비가 다음과 같은 최저치와 최고치 사이에 해당될 경우에만 유효하다:

Chapter 6 생물학적 질소 제거

1) 최저 a-반송비: 식 (6.26)에 의해 산출된 f_{x1} 이 식 (6.21)에 의해 산출된 f_{x1min} 보다 낮아지지 않도록, a-반송비를 더 이상 낮게 유지하지 않아야 한다. $f_{x1} < f_{x1min}$ 이 될 경우 1차 무산소 반응기에서 쉽게 분해되는 COD 가 완전하게 활용되지 못하기 때문에 비효율적인 질산화로 이어지고 D_{p1} 산출에 필요한 식 (6.20)은 더 이상 유효하지 못하게 된다.

2) 최고 a-반송비: 식 (6.27)에 의해 산출되는 f_{x3} 값이 a-반송에 의해 2차 무산소 반응기로 유입되는 용존 산소만을 제거하기 위해 필요한 무산소 슬러지 질량 분율 값보다 작아지지 않도록 a-반송비를 더 이상 높이지 않아야 한다. 즉, $D_{p3} \geq (1+s)O_a/2.86$ 을 충족시킬 수 있어야 한다 (D_{p3} 는 식 (6.22)에 의해 계산). 따라서 2차 무산소 반응기의 최소 무산소 슬러지 질량 분율은 다음과 같이 주어진다:

$$f_{x3min} = (1 + s)O_a(1 + b_h SRT)/2.86 S_{bi} Y_h SRT K_3$$

(6.29)

최저 a-반송비와 최대 a-반송비 사이에서 유지되는 a-반송비 만이 유효하다.

s-반송비를 고정하고 a-반송비를 최저 반송비보다 증가시켜가며 분석해본 결과 $N_{ne} > 0$ 이 되면, 얻어진 N_{ne} 값에 따라 f_{xdm} 을 f_{x1} 과 f_{x3} 로 최적으로 분할한다. 반면에 $N_{ne} \leq 0$ 으로 나타나면, $N_{ne} = 0$ 으로 책정하고 f_{x1} 과 f_{x3} 의 최적 분할은 a-반송 비율에 따라 결정한다.

최저 수온(T_{min})과 최고 수온(T_{max}) 사이에서 운전되는 질소 제거 공정을 설계하기 위해서는 완전 탈질을 달성할 수 있을 지 여부를 검증하고, 검증 결과 완전 탈질이 가능하다고 판단될 경우, 최적의 공정 형상을 선정하기 위해 다음과 같은 설계 단계들을 거칠 필요가 있다:

단계 1: 하수 특성과 관련된 다음과 같은 값들을 선정한다: S_{ti}, N_{ti}, f_{bs}, f_{up}, f_{us}, μ_{nm20}, T_{max}, T_{min}.

단계 2: SRT 와 S_f 선정.

단계 3: 식 (5.24)에 의해 T_{min} 에서의 f_{xdm} 산출.

단계 4: 산출된 f_{xdm} 와 선정된 SRT 를 식 (5.24)에 대입하여 T_{max} 에 해당하는 S_f 산출.

단계 5: T_{max} 및 T_{min} 에서의 N_{te} 평가.

생물학적 영양염류 제거 공정 설계 실무

단계 6: 단계 1 에서 구한 f_{up} 와 f_{us} 를 이용하여, 식 (4.23)에 따라 T_{max}, T_{min}, 특정 SRT 에서의 N_s 산출.

단계 7: 식 (5.29)에 따라 N_c 산출.

단계 8: 식 (6.23) ($f_{xdm}=f_{xm}$)에 의해 얻어지는 f_{xdm} (f_{xdm} 은 선정한 SRT, μ_{nm}, T_{min} 을 식 (5.24)에 대입하여 구할 수 있음)을 이용하여, 식 (6.25)에 의해 T_{max} 에서의 D_{pt} 산출, T_{min} 에서의 D_{pt} 산출.

단계 9: s, O_a 및 O_s 선정.

단계 10: 식 (6.21)을 이용하여 T_{max} 및 T_{min} 에서의 f_{x1min} 산출.

단계 11: 식 (6.29)를 이용하여 T_{max} 및 T_{min} 에서의 f_{x3min} 산출.

단계 12: a-반송비를 선정하고 선정한 a 값을 식 (6.24)에 대입하여 T_{min} 에서의 N_{ne} 산출.

단계 13: $N_{ne}<0$ 일 경우, $N_{ne}=0$ 으로 책정.

단계 14: 산출된 N_{ne} 를 이용하여 식 (6.26)~(6.28)에 따라 f_{x1}, f_{x3} 및 f_{xdt} 산출.

단계 15: $f_{x1}\geq f_{x1min}$, $f_{x3}\geq f_{x3min}$ 을 검증하고, 해당하지 않을 경우에는 선정한 a-반송비는 유효하지 않으므로 폐기.

단계 16: 새로운 a-반송비를 선정하고 12~15 단계 반복 수행.

단계 17: T_{max} 에 대해 12~16 단계 반복 수행.

탈질 포텐셜 D_{pt} 는 수온이 낮아질수록 감소하기 때문에 완전 탈질 달성 가능성 여부는 최저 수온 (T_{min})에서 검증하여야 한다. T_{min} 에서 완전 탈질이 가능할 경우 (즉, 식 (6.24)에 의해 산출되는 $N_{ne}<0$: 정해진 s-반송비에서 $N_{ne}<0$ 이 만족되기 위해 필요한 a 값이 최저 최대 허용 a-반송비 범위 내의 값에 속해야만 유효함), 최고 수온 (T_{max})에서의 f_{x1} 값은 정해진다. T_{max} 에서의 산출 단계를 반복하는 동안 T_{max} 에서의 f_{xdt} 가 T_{min} 에서의 f_{xdt} 보다 낮아질 때를 발견할 수 있고, 특정 a-반송에서 f_{xdt} 최소값을 얻을 수 있게 된다. 이 때의 f_{xdt} 값이 최고 수온 및 최저 수온에서의 1 차 무산소 반응기 무산소 슬러지 질량 분율로 고정된다. 고정된 f_{x1} 에 대응하는 f_{x3} 에서 T_{min} 의 f_{x3} 가 고정되고, T_{min} 및 T_{max} 에서의 총 무산소 슬러지 질량 분율 f_{xdt} 를 $f_{xdt}=f_{x1}+f_{x3}$ 관계식에 의해 구할 수 있다. 고정된 f_{x1} 에서 T_{max} 에서의 f_{xdt} 값은 T_{min} 에서의 f_{xdt} 값보다 작기 때문에 T_{max} 에서의 값으로 고정하면 고정된 f_{x3} 로는 T_{min} 에서 완전 탈질을 달성하기에는 부족한 값이 된다. 이 때문에 T_{min} 에서 f_{x3} 를 고정한다. T_{max} 및 T_{min} 모두에서 f_{x1} 과 f_{x3} 가 고정되고, 고정된 f_{x1} 에 해당하는 a-반송비에서 운전하면

최적의 성능을 달성할 수 있고, 이 때의 a-반송비가 최적 반송비 a_o가 된다. f_{x1}과 f_{x3}가 고정되면, 다음과 같은 결과가 얻어진다는 점에 주목할 필요가 있다:

1) 수온이 낮아질수록 D_{p1}은 감소하기 때문에, 수온이 낮아질수록 a_o는 감소한다.

2) 최적의 a_o 외에 어떠한 a-반송비를 적용하더라도, 탈질 성능은 저하된다. $a<a_o$이면 1차 무산소 반응기 탈질 포텐셜 D_{p1}을 충분히 활용하지 못하고, 반면에 $a> a_o$이면 불필요할 정도로 많은 양의 용존 산소가 1차 무산소 반응기로 유입되게 된다.

선정한 SRT에서 Bardenpho 공정 설계 시 완전 탈질에 필요한 총 무산소 슬러지 질량 분율이 최대 허용 f_{xdm}보다 낮아지게 되면, 다음과 같은 선택 사항들을 고려할 필요가 있다:

1) f_{x1}과 f_{x3}를 모두 증가시켜 f_{xdt}가 f_{xdm}과 같아지도록 할 수 있다. 안전하게 질소 제거를 달성하기 위해 20 ℃에서의 탈질 반응 속도 상수 K를 낮추고, 유입수의 쉽게 분해되는 COD 분율 또는 T_{min}을 낮추거나 또는 유입 TKN/COD 비를 증가시키는 방안의 도입이 필요하다.

2) 선정한 SRT를 감소시켜 f_{xdm}이 f_{xdt}와 같아지도록 한다. SRT를 감소시키면 공정의 부피를 절감할 수 있다. 감소시킬 SRT 값은 다음과 같은 과정을 거쳐 산출된다: T_{min}에서 완전 탈질에 필요한 f_{xdt}와 같은 값을 f_{xdm} 값으로 책정한다; 식 (5.24)의 f_{xm}을 f_{xdm}으로 대체한 식 (6.23)에 의해 f_{xdm}을 결정한다; 결정된 f_{xdm}으로 식 (5.24)에 따라 SRT를 산출한다; 검증을 위해 앞의 과정을 새로운 SRT에 대해 반복한다.

질소 제거의 안전 인자가 배제된 위의 선택 사항 2)는 1)에 비해 좋은 대체 수단이 되지 못한다. 유출수의 질산염 농도가 5~6 mgN/L 수준인 MLE와 같은 다른 질소 제거 공정에 비해, 완전 탈질이 더욱 용이한 구조를 지니는 Bardenpho 공정에서의 질소 제거는 더욱 효율적으로 진행된다. 그렇다고 질소 제거에 필요한 안전 인자를 배제할 경우 인 제거가 진행되는 혐기 반응기로 질산염이 유입될 수 있고, 질산염이 혐기 반응기로 유입되면 되면 인 제거 공정에 심각한 영향을 미치게 된다. 탈질 효율이 과잉 인 제거 공정에 미치는 영향에 대해서는 제 7 장에서 다룰 것이다.

7.3 완전 탈질 달성이 가능한 시점

Bardenpho 공정에서 완전 탈질이 달성되지 못할 경우 (즉, 선정된 s-반송비와 유효 범위에 속하는 a-반송비를 대상으로 식 (6.24)에서 구한 $N_{ne}>0$이 될 경우), 유출수에는 질산염이 존재하게 되고 f_{xdt}는 f_{xdm}과 같아질 것이다. 질소 제거만이 목적일 경우, 일반적으로 유출수의 N_{ne}가 5~7 mgN/L 보다 낮을 경우에만 Bardenpho 공정이 적절하게 운전될 것이다. $N_{ne}>$5~7 mgN/L (또는 TKN/COD>0.10 mgN/mgCOD)일 경우, 일반적으로 MLE 공정이 더 효율적인 질소 제거 공정이 된다.

선정된 SRT, 질산화 안전 인자 (S_f) 및 하수 특성 (S_{ti}, N_{ti}, f_{bs}, T_{min}, T_{max}, f_{up}, f_{us})에서 산출되는 f_{xm} (식 (5.24)에 의해 산출할 수 있음), N_c (식 (5.29)에 의해 산출할 수 있음), f_{xdm} (식 (6.23)에 의해 산출할 수 있음) 그리고 D_{pt} (식 (6.25)에 의해 산출할 수 있음)는 MLE 공정과 Bardenpho 공정에서 동일한 값으로 나타난다 (위의 단계 1~8을 거쳐 산출할 수 있음). 탈질 포텐셜과 동일한 질산염 부하가 무산소 반응기로 유입될 때, MLE 공정에서 최선의 탈질 성능이 달성된다. 고정된 s-반송에서 무산소 반응기로 탈질 포텐셜 만큼의 질산염 부하가 a-반송에 의해 유입될 때, 해당하는 a-반송비가 최적 a-반송비인 a_o가 되고, 유출수 질산염 농도는 최소가 된다. s-반송 및 a-반송 모두에 의해 (이들 반송에 의해 유입되는 용존 산소 농도는 각각 O_s mgO/L 및 O_a mgO/L 임) 무산소 반응기로 유입되는 질산염 부하가 총 질산화 포텐셜 (D_{pt}) 이하로 낮아지면, 무산소 반응기 유출수의 질산염 농도는 0이 되고, 호기 반응기 및 호기 반응기 유출수의 질산염 농도는 $N_c/(a+s+1)$이 된다. 즉, 질산화 용량은 반송 유량에 의해 희석된다는 의미이다. a-반송 및 s-반송에 의해 무산소 반응기로 유입되는 질산염 부하 (반송에 의한 용존 산소 부하, O_a mgO/L 와 O_s mgO/L 도 포함됨)와 총 탈질 포텐셜 (D_{pt})이 서로 같다는 관계식으로부터, 최적의 반송비 a_o를 구하면 다음과 같다:

$$a_o = \{-B + \sqrt{(B^2 + 4AC)}/2A\}$$

(6.30)

여기서, A = $O_a/2.86$; B = $N_c - D_{pt} + \{(s+1)O_a + sO_s\}/2.86$; C = $(s+1)(D_{pt} - sO_s/2.86) - sN_c$.

a≤a_0 에서의 유출수 질산염 농도 N_{ne}는 다음의 식 (6.31)로 주어지지만, a=a_o 일 경우 최소값이 된다.

$$N_{ne} = \frac{N_c}{a+s+1} \text{ mgN/L}$$

(6.31)

Chapter 6 생물학적 질소 제거

MLE 공정 설계에서는 D_{pt} 에 비해 N_c 가 낮아질수록 (즉, 유입수의 TKN/COD 비가 낮아질수록) N_{ne} 는 낮아지고 a_o 는 증가한다. 최적 a_o 반송비가 6:1 을 초과하는 운전은 실질적으로 경제성을 상실하게 된다. a_0 를 6 에서 10 까지 증가시키더라도 오직 5 %의 질소 제거 효율이 증가할 뿐이어서 펌프 가동 비용 증가를 감안하면 경제적인 운전이 되지 못한다. 따라서 MLE 공정의 질소 제거는 최대 a-반송비 6 에 의해 제한되어, 최소 N_{ne} 는 5~7 mgN/L 범위에 놓이게 된다. 이렇게 매우 높은 a_o 값은 오직 낮은 TKN/COD (<0.10 mgN/mgCOD) 하수에서만 적용될 수 있고, Bardenpho 공정에서는 이렇게 낮은 TKN/COD 하수도 더욱 효율적으로 처리되기 때문에 MLE 공정에 가해지는 이러한 제한은 실질적으로는 문제가 되지 않을 것이다.

완전에 가깝거나 완전한 탈질이 필수적으로 요구되지 않는 경우에는 대체 수단으로 SRT 를 감소시키는 방법을 택할 수 있다. 정해진 TKN/COD 에서 SRT 를 감소시키면, N_c 에 비해 D_{pt} 가 감소하고 (f_{xm} 이 낮아지기 때문임), 이에 따라 a_o 도 감소한다. 정해진 TKN/COD 비에서의 최적 SRT 는 위에서 설명한 단계에서 구할 수 있다 (즉, T_{min} 에서 완전 탈질에 필요한 f_{xdt} 와 같은 값을 f_{xdm} 값으로 책정한다; 식 (5.24)의 f_{xm} 을 f_{xdm} 으로 대체한 식 (6.23)에 따라 f_{xdm} 을 결정한다; 결정된 f_{xdm} 으로 식 (5.24)에 따라 SRT 를 산출한다; 검증을 위해 앞의 과정을 새로운 SRT 에 대해 반복한다).

위에서 설명한 질소 제거 공정의 설계 절차를 실제 예를 통해 경험해보자.

8. 설계 예

생물학적 질소 제거 공정의 설계에 필요한 절차를 제 5 장의 설계 예에 이어 계속해서 제시한다.

8.1 하수 특성의 변동

8.1.1 질산화 속도의 변동

질산화 미생물의 최대 비 성장율 μ_{nm} 으로 표현되는 질산화 속도는 하수의 본질적인 특성과 하수가 발생하는 사회 공동체의 특성에 따라 크게 변한다. 20 ℃에서의 질산화 미생물 최대 비 성장율은 순수한 생활 하수의 0.65/d 에서 상당한 양의 산업 폐수가 하수와 함께 유입하는 경우의 0.20/d 까지 변하게 된다. 특정 하수에 대한 μ_{nm} 값의 불확실성으로 인해 자료가 없을 경우 0.3~0.4 범위에서 μ_{nm} 값을 선정하여 안정적인 질산화가 보장될 수 있도록 안전하게 설계할 필요가 있다. 본 설계 예에서는 20 ℃ μ_{nm} 값으로 상대적으로 낮은 0.36/d 를 선정하였다 (표 6.1 참조).

8.1.2 탈질 반응속도의 변동

탈질 반응 속도 상수 K (앞에서 설명하였듯이 탈질 반응 속도를 질산염 농도의 0 차 반응으로 간주하였기 때문에, 반응 속도 상수 K 는 반응 속도로도 간주할 수 있다)는 하수의 본질적인 특성과 하수가 발생하는 사회 공동체의 특성에 따라 크게 변한다. 더 많은 산업 폐수가 생활 하수와 혼합될 경우, 탈질 속도는 저하될 수도 있다. 본 설계 예에서 사용된 20 ℃에서의 탈질 반응 속도 상수는 K_1=0.720, K_2=0.101 그리고 K_3=0.072 mgNO$_3$-N/(mgVASS·day)이다 (표 6.2 참조). 이들 값의 적용이 의심스러울 경우에는 1.1~1.2 배 범위에서 탈질 반응 속도 상수 값을 낮추어 적용할 필요가 있다.

표 6.1 설계 예에 반영된 1 차 침강조를 거친 하수와 1 차 침강조를 거치지 않은 하수의 특성

매개 변수	기호	값		단위
		1 차 침강조를 거치지 않은 하수 원수	1 차 침강조를 거친 하수	
20℃에서의 질산화 미생물 최대 비성장율	μ_{nm20}	0.36	0.36	day^{-1}
20℃에서의 탈질 속도 상수	K_1	0.720	0.720	mgNO$_3$-N/mgVASS/d
	K_2	0.101	0.101	mgNO$_3$-N/mgVASS/d
	K_3	0.072	0.072	mgNO$_3$-N/mgVASS/d
쉽게 생분해되는 COD 분율	f_{bs}	0.24	0.33	-

표 6.2 탈질 반응 속도 상수의 온도 의존성

상수	기호	20℃	θ	14℃	22℃	관련 식
1 차 무산소 반응기의 1 단계 탈질 속도 상수	K_{120}	0.720	1.200	0.241	1.036	6.12
1 차 무산소 반응기의 2 단계 탈질 속도 상수	K_{220}	0.101	1.080	0.0636	0.1178	6.13
2 차 무산소 반응기의 탈질 속도 상수	K_{320}	0.072	1.029	0.0607	0.0726	6.10
질산화 미생물의 최대 비 성장율	μ_{nm20}	0.36	1.123	0.18	0.45	5.15
질산화 미생물의 내생 호흡 속도	b_{n20}	0.04	1.029	0.034	0.042	5.16

탈질 속도 상수 단위: $mgNO_3$-N/(mgVASS·day); 비 성장율 및 내생호흡 속도 단위: day^{-1}

8.1.3 쉽게 생물 분해되는 COD 분율의 변동성

쉽게 분해되는 COD 분율은 하수 발생원에 따라 크게 변동한다. 일반적인 생활 하수의 쉽게 분해되는 COD 분율은 총 COD 의 약 20 % (또는 생물 분해 가능한 COD 의 약 25 %)를 차지한다. 그러나 쉽게 분해되는 유기 물질 함유량이 높은 산업 폐수가 생활하수와 함께 유입되면, 쉽게 분해되는 COD 분율은 크게 증가하게 된다. 예를 들면, 효모 공장, 양조장, 음료수 제조 공장 그리고 과일 및 채소 주스 가공 공장 등에서 발생하는 산업 폐수에는 쉽게 분해되는 COD 분율이 매우 높게 함유되어 있다. 이러한 산업 폐수가 생활하수에 혼합되면, 혼합되는 정도에 따라 쉽게 분해되는 COD 분율은 상대적으로 높아진다.

많은 인자에 의해 하수 중의 쉽게 분해되는 COD 분율이 저감될 수 있다. 예를 들어 특히 합류식 하수관에서 슬러지 폐기물을 제거하면, 유입되는 하수 중의 쉽게 분해되는 COD 분율은 저하된다. 결과적으로 가능할 때 마다 쉽게 분해되는 COD 분율을 측정하는 것이 바람직하다. 쉽게 분해되는 COD 분율이 생물학적 질소 제거 (그리고 생물학적 인 제거)에서 중요한 인자이기 때문에, 이를 가능한 자주 측정하는 것은 매우 중요하다.

제 2 장에서도 설명하였듯이, 쉽게 분해되는 COD 분율은 1 차 침강조에 의해 영향을 받는다. 입자성 COD 분율의 상당한 부분이 1 차 침강조에서 제거되지만 용존성 COD 분율의 제거는 매우 적기 때문이다. 결국 쉽게 분해되는 COD 농도 (S_{bsi})는 1 차 침강조 전·후에 대략적으로 동일하지만, 총 COD 또는 생분해성 COD 농도 (S_{ti} 또는 S_{bi})는 1 차 침강조에서 크게 감소하기 때문에 1 차 침강조를 거친 하수의 쉽게 분해되는 COD 분율 (f_{ts}, f_{bs})은 증가하게 되는 것이다 (제 2 장 참조).

설계 예에서는 1 차 침강조를 거치지 않은 하수 원수의 생분해성 COD 분율에 대한 쉽게 분해되는 COD 분율 f_{bs} 를 0.24 로 정한다. 이는 일반적인 생활 하수의 평균적인 값이다. 1 차 침강조에서 총 COD 의 40%가 제거되지만, 오직 10%의 쉽게 분해되는 COD 만이 제거되는 점을 감안하여 침강조를 거친 하수의 쉽게 분해되는 COD 분율 f_{bs} 를 0.33 으로 정한다.

8.2 수온의 영향

위에서 설명한 탈질 반응 속도식으로부터, 탈질 속도 상수 K_1, K_2 및 K_3 모두 수온 저하에 따라 감소한다는 사실은 명확하다. 20 ℃에서 질산화 미생물의 최대 비 성장율도 수온 저하로 감소된다는 사실과 함께 결합되어, 하수의 평균 최저 수온은 매우 중요한 인자가 된다. 수온이 높아질수록 단위 COD 부하 당 산소 요구량이 증가하기 때문에 평균 최대 수온 (T_{max})에서 평균 최저 수온 (T_{min})에 대한 설계를 검증하게 된다.

T_{min}=14 ℃, T_{max}=22℃에서의 설계 예의 계산을 용이하게 하기 위해, 표 6.2 에 제시된 데로 K_1, K_2 및 K_3 를 수온 의존성을 고려하여 조정하였다. μ_{nm}과 b_n의 수온 조정은 표 5.3 에서 제시하였지만, 편리를 위해 표 6.2 에 반복하여 제시하였다.

8.3 최대 비포기 슬러지 질량 분율

이 내용은 제 5 장에서 상세히 다루었다. 그러나 최대 비포기 슬러지 분율의 크기는 영양염류 제거 공정 설계에 필요한 가장 중요한 인자에 속하기 때문에 여기서 간략히 요약하여 다시 설명한다.

질소 제거 공정에서는 비포기 슬러지 질량 분율이 증가할수록, 질소 제거 효율은 상승하고 유출수의 질산염 농도는 낮아진다. 일반적으로 최저 수온 14 ℃에서 0.50 의 비포기 슬러지 질량 분율 (f_{xt})을 얻기 위해 필요한 SRT 는 μ_{nm}=0.40/d 및 S_f=1.25 일 경우 약 15~20 일에 해당된다. 보다 낮은 μ_{nm} (0.3~0.4/d)에서 필요한 SRT 는 20~30 일이다 (그림 6.16).

Chapter 6 생물학적 질소 제거

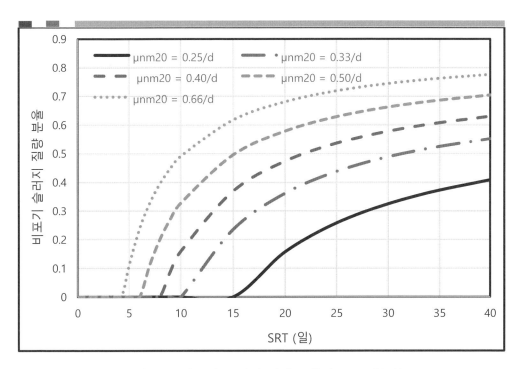

그림 6.16 비포기 슬러지 질량 분율의 SRT 의존성

(14 ℃, S_f=1.25, μ_{nm20}=0.25 day^{-1}~0.66 day^{-1})

공정의 부피는 공정 내 슬러지 질량에 정비례하기 때문에 30 일의 SRT 에는 20 일의 SRT 에서 보다 약 1/3 이 큰 공정 부피가 필요하다. 결과적으로 합리적인 μ_{nm} 값을 설계에 반영할 수 없을 경우, 보다 낮은 비포기 슬러지 질량과 보다 높은 유출수 질산염 농도를 선택하는 것이 도리어 바람직하다. 최대 비포기 슬러지 질량 분율 (f_{xm})이 SRT 30 일에서의 0.5 로부터 SRT 22 일에서의 0.40 으로 감소하면, 공정 부피의 약 1/3 절감이 가능해지고, 6 mgN/L 의 유출수 질산염 농도 증가 (유입 COD 600 mg/L, 유입 TKN/COD=0.10 의 경우)가 수반된다. 이러한 설명은 μ_{nm20} 의 설정에도 적용된다. 20 일의 SRT 를 선택하여 완전 탈질을 달성 (완전 탈질은 유입 TKN/COD 비에 따라 변함)하는 대신, 15 일의 SRT 에서 유출수 질산염 농도 5 mgN/L 을 유지하는 것이 보다 바람직하기 때문이다. μ_{nm} 과 TKN/COD 비 모두를 합리적으로 산정하기 어려울 경우, 35 일의 SRT 를 택하는 것 보다 20 일의 SRT 를 택하고 외부 에너지원 (탄소원)을 공급하는 것이 경제적인 면에서 보다 바람직할 것이다. 그러나, 비포기 슬러지 질량 분율과 SRT 를 너무 낮게 선정하지 않아야 한다. 이들 두 매개 변수가 고정되면, 질소 제거 효율과 자발적으로 생산되는 에너지원도 고정되고 이어서 유출수 수질도 고정되기 때문에 매개 변수 선정 시 신중을 기할 필요가 있다.

생물학적 영양염류 제거 공정 설계 실무

14 ℃, μ_{nm}=0.36/d, S_f=1.25 를 선정하고, 이 경우 최대 비포기 슬러지 질량 분율 f_{xm}=0.5 를 얻기 위해 필요한 SRT 는 25 일이다. 25 일의 SRT 는 f_{xm}=0.5 를 얻기 위해 과도하게 긴 값에 해당하지 않는다. 설계 예에서는 25 일의 SRT 를 선정하여 예비적인 설계 과정을 다루고자 한다.

8.4 질산화

비포기 슬러지 질량 분율 및 SRT 에 안전 인자 1.25 가 부여되었기 때문에, 질산화에 필요한 최소 SRT 는 완전 탈질이 시작되는 실질적 SRT 보다 충분히 낮아지게 되어, 유출수의 TKN 농도는 2~4 mgN/L 의 중간값인 3 mg/L 로 가정할 수 있다 (제 5 장 3.4 절 참조).

1 차 침강조를 거치지 않은 하수 원수는 f_{up}=0.13 mgCOD/mgCOD, f_{us}=0.05 mgCOD/mgCOD, T_{min}=14 ℃, S_{ti}=600 mgCOD/L 의 값을 지닌다 (표 4.3 과 표 5.2 참조). 이들 값과 휘발성 고형물의 질소 질량 분율 (f_n)을 0.10 mgN/mgVSS, 그리고 SRT=25 일로 택할 경우, 식 (4.23)에 의해 슬러지 생산에 필요한 질소는 다음과 같이 주어진다:

$$N_s = S_{ti} f_n \left\{ \frac{(1-f_{us}-f_{up})Y_h(1+fb_hSRT)}{1+b_hSRT} + \frac{f_{up}}{f_{cv}} \right\} = 600 * 0.10 \left\{ \frac{(1-0.05-0.13)0.45(1+0.2*0.20*25)}{1+0.20*25} + \frac{0.13}{1.48} \right\} =$$

$$600*0.021 = 12.6 \text{ mgN/L}.$$

14 ℃에서 하수 원수에 대한 질산화 용량 (N_c)을 식 (5.29)에 의해 산출하면, $N_c =$
$$N_{ti} - N_t - N_s = 48\text{-}12.6\text{-}3 = 32.4 \text{mgN/L}.$$

식 (5.39a)에 의해 질산화에 필요한 산소 요구량 (M(O_n))은 다음과 같이 산출된다:

$$M(O_n) = 4.57 N_c Q = 4.57*32.4*13.33 \times 10^6 \text{ mgO/d} = 1,973 \text{kgO/d}.$$

14 ℃ 외 22 ℃에서의 하수 원수에 대한 N_s, N_c 및 M(O_n)의 산출 결과와 1 차 침강조를 거친 하수에 대한 14 ℃ 및 22 ℃에서의 N_s, N_c 및 M(O_n)의 산출 결과를 표 6.3 에 요약하여 제시하였다. 가능한 많은 질산염을 저감시키기 위해 설계를 진행하기 때문에 탈질 과정에서 회복되는 알칼리도로 인해 하수 알칼리도 변화는 최소화될 것이다. 즉, 알칼리도 변화 △ALK = -7.14N_c +3.57(탈질된 질산염) = -7,14*32.4 + 3.57*0.80*32.4 = -139mg(as CaCO₃)/L. 유입 알칼리도가 200mg(as CaCO₃)/L 에서 유출 알칼리도 61(=200-139) mg/L(as CaCO₃)으로 감소하고, 이 알칼리도에서는 혼합액의 pH 는 7.0 보다 높게 유지될 것이다.

Chapter 6 생물학적 질소 제거

표 6.3 SRT 25 일에서의 하수 원수 및 1 차 침강조를 거친 하수의 매개변수 산출 결과(MLE 공정과 Bardenpho 공정)

매개 변수	기호	단위	1 차 침강조를 거치지 않은 하수 원수				1 차 침강조를 거친 하수			
			Bardenpho		MLE		Bardenpho		MLE	
수온	T	℃	14	22	14	22	14	22	14	22
안전 인자	S_f	-	1.25	2.7	1.25	2.7	1.25	2.7	1.25	2.7
최대 비포기 슬러지 질량 분율	f_{xm}	-	0.50	0.50	0.50	0.50	0.50	0.50	0.50	0.50
유출수 TKN	N_{te}	mg N/L	3.0	2.0	3.0	2.0	3.0	2.0	3.0	2.0
슬러지 생산에 필요한 질소 농도	N_s	mg N/L	12.6	12.0	12.6	12.0	5.7	5.4	5.7	5.4
질산화 용량	N_c	mg N/L	32.4	34.0	32.4	34.0	32.3	33.6	32.3	33.6
질산화에 필요한 산소 요구량	$M(O_n)$	KgO/d	1,973	2,071	1,973	2,071	1,961	2,046	1,961	2,046
최대 무산소 슬러지 질량 분율	f_{xdm}	-	0.50	0.50	0.50	0.50	0.50	0.50	0.50	0.50
최대 탈질 포텐셜	D_{pt}	mg N/L	43.1	58.7	43.1	58.7	31.1	41.2	31.1	41.2
a-반송의 용존 산소	O_a	mg O/L	2.0	2.0	2.0	2.0	2.0	2.0	2.0	2.0
s-반송의 용존 산소	O_s	mg O/L	1.0	1.0	1.0	1.0	1.0	1.0	1.0	1.0
s-반송비	S	-	1.0	1.0	1.0	1.0	1.0	1.0	1.0	1.0

생물학적 영양염류 제거 공정 설계 실무

1차 무산소 반응기 최소 무산소 슬러지 질량 분율	f_{x1min}	-	0.062	0.017	-	-	0.086	0.024	-	-
2차 무산소 반응기 최소 무산소 슬러지 질량 분율	f_{x3min}	-	0.025	0.024	-	-	0.039	0.038	-	-
최적 a-반송비	a_o	-	3.0	5.0	17.2*	36.0*	1.9	5.0	4.7	13.4*
유출수 질산염 농도	N_{ne}	mg N/L	0.0	0.0	1.7*	0.9*	4.7	1.7	4.8	2.2*
1차 무산소 반응기 무산소 슬러지 질량 분율	f_{x1}	-	0.14	0.14	0.50	0.50	0.30	0.30	0.50	0.50
2차 무산소 반응기 무산소 슬러지 질량 분율	f_{x3}	-	0.26	0.19	-	-	0.20	0.20	-	-
무산소 반응기의 총 무산소 슬러지 질량 분율	f_{xdt}	-	0.40	0.33	0.50	0.50	0.50	0.50	0.50	0.50

*이 값은 식 6.30과 6.31에 의해 얻어진 이론적 결과값이다. 경제적인 관범에서 이들 최적 a-반송비는 실질적으로 실행되지 않아야 한다.

Chapter 6 생물학적 질소 제거

8.5 탈질

SRT 25 일에서 달성 가능한 최대 비포기 슬러지 질량 분율 $f_{xm}=0.50$ 을 수용하면, Bardenpho 공정과 MLE 공정의 탈질 거동을 알 수 있게 된다. 계산 과정에서 a-반송수의 용존 산소 농도(O_a) 2.0 mgO/L 와 s-반송수의 용존 산소 농도(O_s) 1.0 mgO/L 를 선정하였고, 이들 용존 산소 농도 값은 일반적인 하수 처리의 전형적인 값에 해당한다. s-반송비는 1.0 으로 선정하였다.

질소 제거 공정에서 최대 무산소 슬러지 질량 분율 f_{xdm} 은 최대 비포기 슬러지 질량 분율 f_{xm} 과 동일하다. 즉, $f_{xdm}=0.50$ 이다(식 (6.23) 참조). 14℃에서 하수 원수에 대한 1 차 무산소 반응기의 탈질 포텐셜 D_{pt} 는 식 (6.20) (또는 식 (6.25))에 의해 다음과 같이 산출된다 ($f_{x1}=f_{xdm}=0.50$):

$$D_{pt} = S_{bi}\left(\alpha + K_2 f_{xdm} Y_h \, SRT \frac{1}{1+b_h SRT}\right)$$
$$= (1 - 0.05 - 0.13)$$
$$* 600\left(0.24 * \frac{1 - 0.45 * 1.48}{2.86} + 0.0636 * 0.50 * 0.45 * 25 \frac{1}{1 + 0.20 * 25}\right)$$
$$= 492 * (0.028 + 0.0596) = 13.8 + 29.3 = 43.1 \; mgN/L$$

22 ℃에서의 하수 원수 D_{pt} 와 1 차 침강조를 거친 하수의 14 ℃ 및 22 ℃에서의 D_{pt} 산출 결과는 표 6.3 에 제시되어 있다.

1 차 및 2 차 무산소 반응기의 최소 무산소 슬러지 질량 분율 f_{x1min} 과 f_{x3min} 은, 각각 식 (6.21)과 식 (6.29)에 의해 산출된다. 14℃에서 하수 원수의 f_{x1min} 과 f_{x3min} 은 다음과 같다:

$$f_{x1min} = f_{bs}(1 - f_{cv}Y_h)(1 + b_h SRT)/2.86 K_1 Y_h SRT) = \frac{0.24(1 - 1.48 * 0.45)(1 + 0.20 * 25)}{2.86 * 0.241 * 0.45 * 25}$$
$$= 0.062$$

$$f_{x3min} = \frac{(1+s)O_a(1+b_h SRT)}{2.86 S_{bi} Y_h SRT K_3}$$
$$= (1+1) * 2.0 \frac{1 + 0.20 * 25}{\{2.86 * (1 - 0.05 - 0.13) * 0.45 * 25 * 0.0607\}} = 0.025$$

22 ℃에서 하수 원수의 f_{x1min} 와 f_{x3min} 산출 결과와 1 차 침강조를 거친 하수의 14 ℃ 및 22 ℃에서의 f_{x1min} 와 f_{x3min} 산출 결과는 표 6.3 에 제시되어 있다.

지금까지의 설계 절차는 단계 1~11 에 해당되고, 산출된 값들은 완전 탈질 달성 가능성 여부를 검증하기 위해 필요한 자료들이다. 지금까지 얻어진 모든 정보를 활용하여 완전 탈질 가능성 여부를 검증한다(12 단계).

a-반송비가 정해지면 식 (6.24)에 의해 유출수 질산염 농도를 구할 수 있다. a=3.3, 14℃에서 하수 원수에 대해 유출수 질산염 농도를 산출하면,

$$N_{ne} = \frac{\left[\frac{N_c}{a+s+1} + \frac{O_a}{2.86}\left\{ a + \frac{K_2}{K_3}(s+1) \right\} + \frac{sO_s}{2.86} - D_{pt} \right]}{\left\{ \frac{K_2}{K_3} + s\left(\frac{K_2}{K_3} - 1 \right) \right\}}$$

$$= \frac{\left[\frac{32.4}{3.3+1+1} + \frac{2}{2.86}\left\{ 3.3 + \frac{0.0636}{0.0607}(1+1) \right\} + \frac{1*1}{2.86} - 43.1 \right]}{\left\{ \frac{0.0636}{0.0607} + 1\left(\frac{0.0636}{0.0607} - 1 \right) \right\}}$$

$$= -32.9 mgN/L$$

$N_{ne}<0$ 이기 때문에 N_{ne} 를 0 으로 책정하여야 한다. $N_{ne}=0$ 으로 책정하여 식 (6.26)~(6.28)에 대입하면, 1 차 및 2 차 무산소 반응기의 최적 무산소 슬러지 질량 분율 f_{x1} 과 f_{x3} 가 산출되고 이들의 합인 총 무산소 슬러지 질량 분율 f_{xdt} 가 산출된다. 즉,

$$f_{x1} = \frac{\left\{ \left(\frac{N_c}{a+s+1} + \frac{O_a}{2.86} \right)a + \left(N_{ne} + \frac{O_s}{2.86} \right)s - \frac{f_{bs}(1-f_{cv}Y_h)S_{bi}}{2.86} \right\}}{\left\{ \frac{S_{bi}Y_h SRT K_2}{1+b_h SRT} \right\}}$$

$$= \frac{\left\{ \left(\frac{32.4}{3.3+1+1} + \frac{2}{2.86} \right)*3.3 + \left(0 + \frac{1}{2.86} \right)*1 - \frac{0.24*0.334*492}{2.86} \right\}}{\left\{ \frac{492*0.45*25*0.0636}{1+0.20*25} \right\}}$$

$$= 0.16$$

$$f_{x3} = \frac{\left[(s+1)\left\{ \frac{N_c}{a+s+1} + \frac{O_a}{2.86} - N_{ne} \right\}K_2/K_3 \right]}{\left\{ \frac{S_{bi}Y_h SRT K_2}{1+b_h SRT} \right\}}$$

$$= \frac{\left[(1+1)\left\{ \frac{32.4}{3.3+1+1} + \frac{2}{2.86}*0 \right\}*0.0636/0.0607 \right]}{\left\{ \frac{492*0.45*25*0.0636}{1+0.2*25} \right\}} = 0.22$$

$$f_{xdt} = f_{x1} + f_{x3} = 0.16 + 0.22 = 0.38$$

위 계산 과정을 다른 a 값에 대해서 반복한다. 여러 a 값에 대해 계산 결과 얻어진 N_{ne}, f_{x1} 그리고 f_{x3} 를 a 의 함수로 다음 그림 6.17 에 제시하였다.

Chapter 6 생물학적 질소 제거

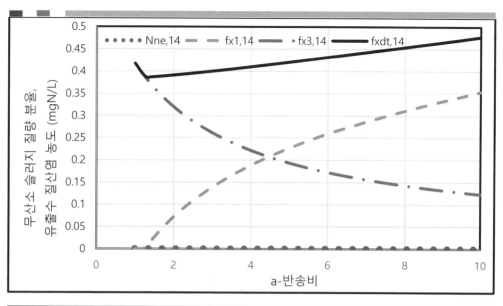

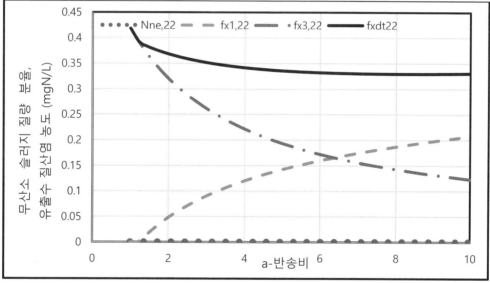

그림 6.17 a-반송비 변화에 따른 무산소 슬러지 질량 분율 및 유출수 질산염 농도
(하수 원수, 14 ℃ (위), 22 ℃ (아래), SRT=25 일)

14 ℃에서 a≥1.8 일 경우 완전 탈질이 가능함을 알 수 있다. 22 ℃에서는 모든 a-반송비에서 완전 탈질이 가능하지만, a=5 이상에서는 거의 변하지 않는다. 따라서 경제성을 고려할 경우, a-반송비 5.0 에서 f_{xdt}=0.33 으로 완전 탈질이 가능하다. a=5 에서 f_{x1}=0.14 이고, 이 값이 14 ℃ 및 22 ℃ 모두의 f_{x1} 설계값으로 고정된다. f_{x1}=0.14 로 고정되면, f_{x3} 는 0.19 로 고정된다. f_{x3} 가 0.19 로 고정되면, 14 ℃에서 완전 탈질 달성에

필요한 f_{xdt} 보다 무산소 슬러지 분율이 부족해진다. 즉, 14 °C에서의 총 무산소 슬러지 질량 분율은 22 °C의 무산소 슬러지 질량보다 커진다 (그림 6.17 의 위 아래 그림 비교). 따라서 14°C에서의 f_{x1}=0.14 에 해당되는 f_{x3} 를 14°C에서의 f_{x3} 값으로 선정한다 (즉, f_{x3}=0.26). 이에 따라 f_{xdt} 0.40 (0.14+0.26) 이, 14 °C 및 22 °C 모두에서의 완전 탈질에 필요한 무산소 슬러지 질량 분율로 고정된다.

고정된 f_{x1} 에 해당하는 a-반송비로 운전하면 최적의 공정 성능이 달성되고, 14 °C에서 최적의 a-반송비는 a_o=3.0 그리고 22 °C에서의 a_o=5.0 이 된다. 이 결과는 최적의 성능을 발휘하기 위해, 수온이 증가하면 a-반송비를 증가시켜야 한다는 의미가 된다. 왜냐하면 수온이 증가할수록 1 차 무산소 반응기의 탈질 포텐셜 (D_{p1})이 증가하고, 증가된 탈질 포텐셜만큼 결과적으로 더 많은 질산염이 탈질에 의해 제거되고 이에 따라 반송비를 증가시켜야 하기 때문이다. 최적의 반송비 a_o 외에 어떠한 반송비를 적용하더라도, 더 뛰어난 탈질 성능을 확보할 수 없다는 점에 유의할 필요가 있다. $a<a_o$ 이면 D_{p1} 을 충분히 활용하지 못하고, 반면 $a>a_o$ 일 경우 불필요하게 많은 양의 용존 산소가 1 차 무산소 반응기로 유입된다.

이상과 같이 산출된 변수들의 결과값을 요약하여 표 6.3 에 제시하였다.

14 °C 및 22 °C에서 1 차 침강조를 거친 하수에 대해 동일한 과정을 거쳐 그림으로 나타내면, 다음 그림 6.18a 와 그림 6.18b 와 같다. 22 °C에서는 a=5.0 에서 유출 질산염 농도가 최소가 되고, 최소 유출 질산염 농도는 1.7 mgN/L 이다. a=5.0 에서 f_{x1}=0.30 이고, 이 값이 f_{x1} 으로 고정된다. 최대 무산소 슬러지 질량 분율은 완전히 활용되기 때문에 (즉, f_{xdt}=f_{xdm}), f_{x3} 는 f_{xdm} 과 f_{x1} 의 차인 0.2 (=0.5-0.3)로 고정된다. 따라서 14 °C 및 22 °C에서의 f_{x1} 과 f_{x3} 는, 각각 0.30 과 0.20 으로 고정된다. 22 °C에서의 최적 a-반송비 a_o=5.0 이고, 유출수 질산염 농도는 1.7 mgN/L 이다. 14 °C 에서의 최적 a-반송비 a_o=2.2 (그림 6.18a 의 f_{x1}=0.30 에 해당하는 a 값)이고, 유출수 질산염 농도는 4.9 mgN/L 이다. 설계 결과는 표 6.3 에 제시하였다.

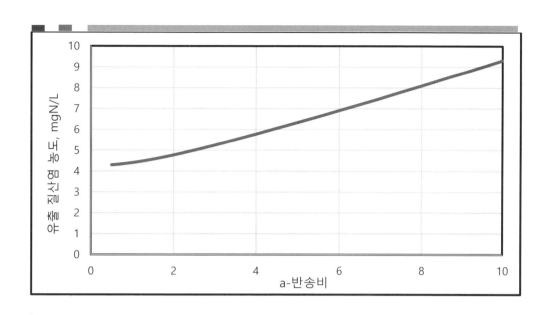

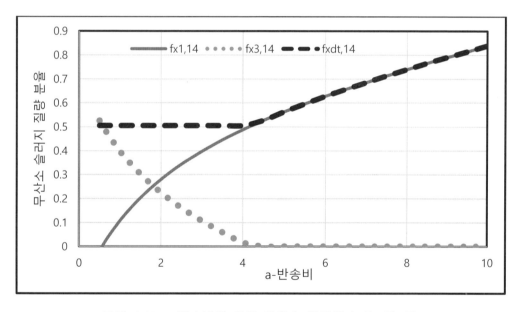

그림 6.18a a-반송비에 따른 유출수 질산염 농도 (위) 및
무산소 슬러지 질량 분율(아래) (1 차 침강조를 거친 하수, 14 ℃)

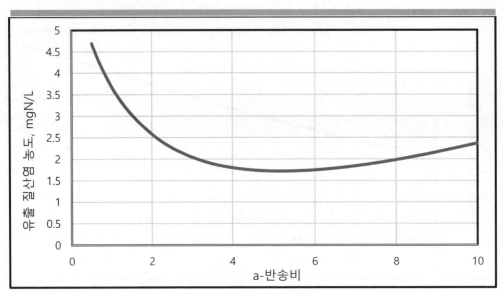

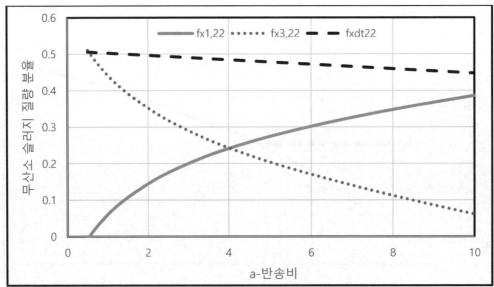

그림 6.18b a-반송비에 따른 유출수 질산염 농도 (위) 및
무산소 슬러지 질량 분율 (아래) (1 차 침강조를 거친 하수, 22 ℃)

1 차 침강을 거치지 않은 하수 원수에서는 완전 탈질이 달성될 수 있고, 총 무산소
질량 분율은 허용 가능한 최고 분율 (f_{xdm}) 값 0.50 보다 낮은 0.40 이다. 이 예에서는
질소만이 제거 목적이기 때문에 Bardenpho 공정이 적절하고, 1) 완전 탈질을 위해
안전 인자가 필요할 경우, 선택 사항 1 을 적용하거나 (즉, f_{x1} 과 f_{x3} 를 증가시켜, $f_{x1} + f_{x3}$
= f_{xdt} = f_{xdm} = 0.50) 또는 2) 완전 탈질을 위해 안전 인자가 필요하지 않을 경우, 선택

Chapter 6 생물학적 질소 제거

사항 2)를 선택할 수 있다. 즉, $f_{xm} = f_{xdt} = 0.40$ 이 될 수 있을 때까지 SRT 를 감소시킬 수 있다.

1 차 침강을 거친 하수는 14 ℃ 및 22 ℃에서 완전 탈질이 달성되지 않는다. 최대 무산소 질량 분율 (즉, $f_{xdt} = f_{xdm} = 0.50$)을 완전히 활용할 수 있기 때문에 SRT 를 증가시켜야만 탈질 효율을 향상시킬 수 있다. 그러나 SRT 를 증가시키면, 공정 부피 증가가 수반된다. 14 ℃에서 완전 탈질을 달성하기 위해서는 40 일의 SRT 가 필요하고, $f_{xm} = f_{xdm} = 0.60$ 이 된다 (이 값을 최대 비포기 슬러지 질량 분율로 권장한다). SRT 가 25 일에서 40 일로 증가하면, 식 (4.21)에 의해 공정 부피는 약 40 % 증가한다. 유출수 질산염 농도를 5 mgN/L 에서 0 mgN/L 로 낮추어 수질을 개선하더라도, 이와 같이 공정 부피가 40 %나 증가하면 수질 개선의 장점은 없어질 수도 있다. 결과적으로 25~30 일이 경제적인 최대 SRT 이고, 이 범위를 초과하면 비용 효율면에서 탈질 효율 개선이 무색해진다. 완전 탈질이 필히 달성되어야 할 경우에는 SRT 20 일에서 1 차 침강을 거치지 않은 하수 원수를 처리하는 것이 바람직하고, 이 SRT 에서는 $f_{xdm} = f_{xm} = 0.40$ 이 된다. 공정 부피가 80 % 증가할 지라도 1 차 슬러지 폐기 문제는 해결된다.

하수 원수 대신 1 차 침강을 거친 하수를 처리하여 완전 탈질을 달성하여야만 할 경우에는 1 차 무산소 반응기 또는 2 차 무산소 반응기에 쉽게 분해되는 COD 를 주입하고 20 일의 SRT 를 유지하는 것이 경제성을 확보하는 방안이 된다. 60 mgCOD/L 의 쉽게 분해되는 COD 를 유입수에 첨가하면, 14 ℃, SRT=20 일에서 1 차 침강을 거친 하수의 완전 탈질이 가능해진다. 유입 하수 설계 유량 $13.3 * 10^3$ m³/d 에 대해 60*13.3 = 800 kg/d, 즉 하수 원수 COD 부하의 약 10 %가 된다.

완전 탈질이 필수적이지 않을 경우, 1 차 침강조를 거친 하수를 Bardenpho 공정으로 처리하는 방안을 고려할 수 있다. 이 경우 SRT 는 25 일이 적당하다. 다른 방법으로는 경제성 있는 공정으로 MLE 공정 도입 타당성을 검증할 필요가 있다.

완전 탈질이 달성이 필수적이지 않을 경우, SRT=25 일로 Bardenpho 공정을 설계하는 것이 바람직하다. 또는 대체 수단으로 MLE 공정이 경제적 타당성을 확보할 수 있을지 여부를 검증할 수도 있을 것이다.

MLE 공정의 설계 절차는 다음과 같다:

앞에서 설명한 Bardenpho 공정 설계 절차의 9 단계까지는 MLE 공정 설계 절차와 동일하다. Bardenpho 공정 설계 조건과 동일한 조건 (예: SRT=25 일, 14℃ 및 22℃ 등)에서 설계한 결과가 표 6.3 에 제시되어 있다. 식 (6.30)과 (6.31)에 질산화 용량 N_c 와 탈질 포텐셜 D_{pt} 를 대입하여 최적의 반송비 a_o 와 이에 해당하는 유출 질산염

생물학적 영양염류 제거 공정 설계 실무

농도 최소값 N_{ne} 를 얻을 수 있다. 1 차 침강조를 거친 하수에 대해 14 ℃에서 a_o 와 최소 N_{ne} 를 다음과 같이 산출할 수 있다:

- MLE 공정의 설계 절차를 아래에 제시하였다. MLE 공정의 설계 절차는 Bardenpho 공정 절차와 동일하다. Bardenpho 공정 설계 조건에서 (SRT=25 일 등) 산출한 결과를 표 6.3 에서 찾아볼 수 있고, Bardenpho 공정의 산출 결과와 유사하다는 사실을 알 수 있다. 질산화 용량 N_c 와 탈질 포텐셜 D_{pt} 를 식 (6.30)과 (6.31)에 대입하면, 최적의 혼합액 반송비 a_o 와 최소 유출수 질산염 농도 N_{ne} 를 얻을 수 있다. 14℃에서의 1 차 침강조를 거친 하수를 처리하는 경우를 예로 들어 보자.

  A = O_a/2.86 = 2/2.86 = 0.70

  B = N_c − D_{pt} +{(s+1) O_a + sO_s}/2.86 = 32.3 − 31.1 + {(1+1)*2 + 1*1}   = 2.95

  C = (s+1) (D_{pt} − sO_s/2.86) − sN_c = (1+1) (31.1-1*1/2.86) -1*32.3 = 29.2

  따라서, $a_o = \{-B + \sqrt{(B^2 + 4AC)}/2A\}$

    = $\{-2.95 + \sqrt{(2.95^2 + 4*0.70*29.2)}/2*0.70\}$ = 4.7

  그리고 N_{ne} = 32.3/(4.7+1+1) = 4.8mgN/L

22 ℃에서의 1 차 침강조를 거친 하수의 계산 결과뿐 아니라, 침강조를 거치지 않은 하수 원수의 14 ℃ 및 24 ℃의 계산 결과를 표 6.3 에 함께 제시하였다. 14 ℃ 침강조를 거친 하수를 제외하고는 최적의 a-반송비인 a_o=5.0 을 초과하였다. 비록 이들 결과에는 무산소 반응기로 반송되는 용존 산소의 영향이 반영되어 있지만, 4~5 를 초과하는 반송비는 비용 효율면에서 바람직하지 않다. 유출수 질산염 농도를 조금만 감소시키려고 해도, a-반송비는 5 에서 10 으로 증가하여 (즉, a=5 일 경우 N_c=33 에서의 N_{ne}=4.7: a=10 일 경우 N_c=33 에서의 N_{ne}=2.7) 추가되는 펌프 비용을 보장할 수 없게 된다. 결과적으로 대부분의 생활 하수에 대해 a-반송비 5 이하로 MLE 공정을 운전하여, 최소 유출 질산염 농도를 5~6 mgN/L 미만으로 유지하는 것이 효과적이다. 결과적으로 질소 제거 공정에서 유출수 질산염 농도 5~6 mgN/L 미만이 필요할 경우, 낮은 a-반송비에서 높은 탈질 효율을 지니는 Bardenpho 공정을 반영할 필요가 있다.

표 6.3 에서 볼 수 있듯이 MLE 공정과 Bardenpho 공정을 서로 비교하면, 유출수 질산염 농도 기준이 완전 탈질 또는 완전 탈질에 가까운 값을 요구할 경우에는 하수

원수 및 침강조를 거친 하수는 Bardenpho 공정으로 처리하는 것이 보다 유리함을 알수 있다. 그러나 하수 원수에 대해 약 20 일의 SRT (완전 탈질 가능)가 필요한 반면, 침강조를 거친 하수는 유출수 질산염 농도를 약 3 mgN/L 로 유지하기 위해 필요한 SRT 는 30 일이다. 하수 원수 대신 1 차 침강조를 설치하면 질소 제거 공정 공정 부피는 감소하지만, 1 차 침강조 폐기 슬러지 처분 문제가 추가된다. 반면에 완전 탈질이 필요하지 않고 질산염 방류 기준이 5~6 mgN/L 일 경우, MLE 공정을 반영하는 것이 바람직하다. MLE 공정으로 하수 원수를 오직 15 일의 SRT (이 경우 최대 무산소 슬러지 질량 분율은 $f_{xm}=f_{xdm}=0.32$ 가 됨)에서 처리하면 유출수 질산염 농도 약 5 mgN/L 를 달성할 수 있고, 침강조를 거친 하수를 25 일의 SRT 로 처리하면 같은 유출수 질산염 농도 5 mgN/L 를 달성할 수 있게 된다.

8.6 질소 제거 공정 부피 및 산소 요구량

8.6.1 공정 부피

필요한 질소 제거율을 달성하기 위해 슬러지 질량을 무산소 질량 분율과 호기성 질량 분율로 분리하였기 때문에 반응기 부피를 산출하기 위해 실질적인 슬러지 질량을 계산할 필요가 있다. 표 6.3 의 설계 결과를 반영하여, 산출된 Bardenpho 공정의 반응기 부피, 평균 및 실질 수리적 체류시간을 표 6.4 에 제시하였다. 14 ℃, 5 일의 SRT 에서 하수 원수 및 침강조를 거친 하수의 슬러지 질량 $M(X_t)$는 각각 54,200 kgTSS 및 21,850 kgTSS 이다. 질소 제거 공정의 MLSS 는 4,000mg/L (또는 4kg/m³)이기 때문에 하수 원수 처리에 필요한 공정 부피는 13,550 m³ 이고, 침강조를 거친 하수 처리에 필요한 공정 부피는 5,460 m³ 이 된다. 슬러지 질량은 질소 제거 공정 전체에 균일하게 분포하기 때문에 (즉, 각 반응기는 동일한 MLSS 농도를 지니기 때문에), 각 반응기의 부피 분율은 슬러지 질량 분율과 동일하다. 하수 원수 및 침강조를 거친 하수를 처리할 수 있는 시설을 Bardenpho 공정으로 설계할 경우, 공정에 포함된 반응기들의 부피는 슬러지 질량 분율로부터 산출할 수 있고, 반응기 부피 분율들이 합해져 공정의 총 부피가 된다. 평균 및 실질적인 수리적 체류 시간은 반응기 부피를 거치는 하수 흐름의 평균 및 실질적 시간으로 결정된다. 앞서 설명한 바와 같이, 수리적 체류 시간은 공정 부피 계산에 이용되지 않는다. 질산화 반응기를 이상적인 완전 혼합 흐름 반응기로 가정하였을 뿐 아니라, 반응기에서 진행되는 질산염 제거 과정이 2 단계의 0 차 반응에 의해 진행된다고 가정하였기 때문이다. 포기가 이루어지지 않은 비포기 반응기에서는 완전 혼합 흐름이 달성되기 어렵다. 반송으로 인한 백믹싱으로 이상적인 플러그 흐름 구현도 어려워진다. 완전 혼합 흐름과 플러그 흐름은 모두 이상적인 흐름이고 실질적인 흐름이 아니다. 그리고 하나의 완전 혼합 흐름 또는 플러그 흐름 반응기에서 2 단계로 0 차 반응이 연속해서 진행 (보다 쉽게 분해되는 COD 가 먼저 1 단계 동화적 0 차 반응 탈질에 기여하고, 상대적으로 느리게 분해되는 COD 가 2 단계 동화적 0 차 반응 탈질에 기여한다고 가정함)된다는 가정 역시, 탈질 관련 계산 과정의 편의를 고려한 무리한 이상적 가정이다.

이러한 가정들이 모두 포함되어 공정 부피가 왜곡되는 것을 방지하기 위한 방안을 제 11 장에서 다룰 것이다. 편의를 위해 수리적 체류 시간은 공정 반응기 부피 결정에 무관하다는 점을 인정하기로 한다.

반응기 부피는 슬러지 질량 분율과 총 반응기 부피로부터 직접 산출된다. 반응기의 평균 체류 시간은 반응기 부피/총 유량의 비로 결정되고, 실질적 체류 시간은 반응기 부피/(총 유량 + 반송 유량)의 비로 결정된다.

공정 변수	기호	하수 원수	1 차 침강을 거친 하수	단위
슬러지 질량	$M(X_t)$	54,200	21,850	kgTSS
MLSS 농도	X_t	4,000	4,000	Mg/L
총 부피	V_p	13,550	5,460	m^3
총 유량	Q	13,330	13,330	m^3/day
총 평균 체류시간	HRT_{nt}	24.4	9.8	h
혼합액 반송비 (14℃)	a	3.0	1.9	
슬러지 반송비	s	1.0	1.0	
1 차 무산소 반응기				
슬러지 질량 분율	f_{x1}	0.20	0.30	
반응기 부피		2,710	1,640	m^3
평균 체류시간		4.9	2.9	h
실질 체류시간		1.12	0.73	h
호기 반응기				
슬러지 질량분율		0.45	0.45	
반응기 부피		6,100	2,460	m^3
평균 체류시간		11.0	4.4	h
실질 체류시간		2.8	1.5	h
2 차 무산소 반응기				
슬러지 질량분율	f_{x3}	0.30	0.20	
반응기 부피		4,060	1,090	m^3
평균 체류시간		7.3	2.0	h
실질 체류시간		3.7	1.0	h
재포기 반응기				
슬러지 질량분율*		0.05	0.05	
부피		680	270	m^3
평균 체류시간		1.2	0.50	h
실질 체류시간		0.6	0.25	h

*재포기 슬러지 질량 분율은 약 0.05~0.07 이고, 포기 슬러지 질량 분율로부터 유추된 값이다. 남는 호기성 슬러지 질량 분율이 호기 반응기의 호기성 슬러지 질량 분율이 된다.

생물학적 영양염류 제거 공정 설계 실무

8.6.2 일평균 총 산소 요구량

질소 제거 공정에 필요한 총 산소 요구량은, 탄소계 물질 (COD) 분해와 질산화에 필요한 산소 요구량의 합에서 탈질 과정에서 회복되는 산소량을 감한 값으로 정의된다. 제 4 장의 식 (4.15)의 탄소계 물질 분해에 필요한 산소 요구량 (M(O_c))과 제 5 장의 식 (5.39)의 질산화에 필요한 산소 요구량 (M(O_n)) 및 제 6 장의 식 (6.32)의 탈질 과정에서 회복되는 산소 요구량을 계산하여 표 6.5 에 제시하였다 (Bardenpho 공정).

표 6.5 하수 원수 및 침강조를 거친 하수를 처리하기 위한 Bardenpho 공정의
일 평균 산소 요구량(kgO/d)

산소 요구량	기호	하수 원수		1 차 침강조를 거친 하수	
		14℃	22℃	14℃	22℃
탄소계	M(O_c)	+5,105	+5,205	+3,287	+3,352
질산화	M(O_n)	+1,973	+2,071	+1,961	+2,046
탈질	M(O_d)	-1,235	-1,296	-1,048	-1,216
총	M(O_t)	+5,843	+5,980	+4,200	+4,185

일 평균 유입 유량 Q 과 탈질된 질산염 농도의 곱으로 구한 일 평균 질산염 질량에 계수 2.86 을 다시 곱하여, 탈질에 의해 회복된 산소량 (M(O_d))을 구할 수 있다. 탈질된 질산염 농도는 질산화 용량과 유출 질산염 농도의 차에 해당된다. 즉,

$$M(O_d) = 2.86(N_c - N_{ne})Q$$

(6.32)

하수 원수에 대한 표 6.5 를 살펴보면, 다음의 사항들을 알 수 있게 된다: 1) 질산화에 필요한 산소 요구량 (M(O_n))은 COD 제거에 필요한 산소 요구량 (M(O_c))의 약 40 %이고; 2) 약 60 %의 M(O_n))이 탈질 과정에서 회복되어; 3) 탈질-질산화 공정에서 필요한 산소 요구량은 M(O_c))의 오직 약 15 %에 해당한다. 그리고 4) 총 산소 요구량에 미치는 수온의 영향은 3 % 미만으로 미미하다.

1 차 침강조를 거친 하수 처리시, 표 6.5 에서 알 수 있는 사항은 다음과 같다: 1) 질산화에 필요한 산소 요구량 (M(O_n))은 COD 제거에 필요한 산소 요구량 (M(O_c))의 약 60 %이고; 2) 약 60 %의 M(O_n))이 탈질 과정에서 회복되어; 3) 탈질-질산화

공정에서 필요한 산소 요구량은 M(O_c)의 약 30 %에 해당한다. 그리고 4) 총 산소 요구량에 미치는 수온의 영향은 3 % 미만으로 미미하다.

하수 원수 및 1 차 침강조를 거친 하수의 산소 요구량을 비교해보면, 침강조를 거친 하수 처리에 필요한 총 산소 요구량이 약 30 % 미만으로 적게 나타난다. 1 차 침강조에서 35~45 % 하수 원수 COD 가 제거되기 때문에 이러한 산소 요구량 절감이 가능해진다. 뿐만 아니라 1 차 침강조를 거친 하수의 경우 총 산소 요구량에 대한 질산화 산소 요구량의 기여가 더 높고, 또한 하수 원수에 비해 탈질에 의해 회복되는 산소 요구량은 더 적다. 이러한 효과들은 침강을 거친 하수의 TKN/COD 비가 하수 원수에 비해 상대적으로 높기 때문에 나타나는 현상이다.

기본 설계에 필요한 일 평균 산소 요구량은 대략적으로 다음과 같은 과정을 거쳐 산출된다:

1) 완전 질산화가 포함될 경우,

$$M(O_t) = (1 + 5f_{ns})M(O_c)$$

(6.33)

2) 완전 질산화와 TKN/COD 비에 따른 탈질 정도가 포함될 경우 (식 (6.17) 참조),

f_{ns}<0.09 (즉, 유출수 질산염 농도 N_{ne}<2 mgN/L),

$$M(O_t) = (1 + 2f_{ns})M(O_c)$$

(6.34a)

f_{ns}>0.09 (즉, 유출수 질산염 농도 N_{ne}>2 mgN/L)

$$M(O_t) = [1 + 2f_{ns}\{1 + 10(f_{ns} - 0.08)\}]M(O_c)$$

(6.34b)

여기서, f_{ns} = 유입 TKN/COD 비.

유입 COD 부하(M(S_{ti}))당 탄소계 산소 요구량 M(O_c)과 조합하여 이 식들을 활용하면, 15~30 일 범위의 SRT 에서 유입 COD 부하와 유입 TKN/COD 비에 해당하는 일평균 산소 요구량을 설계할 수 있게 된다.

일평균 총 산소 요구량을 산출하면, 단순한 설계 규칙 (rule)에 따라 첨두 총산소 요구량을 대략적으로 산출할 수 있다. 일반적으로 활용되는 동역학 모델들을 활용하여 수 많은 모사를 실행하면, 1.25~1.35 를 초과하는 질산화 안전 인자 (S_f)에서 총 산소

생물학적 영양염류 제거 공정 설계 실무

요구량의 변동 크기 ((첨두-평균)/평균)는 유입 COD 및 TKN 부하 (즉, $Q(S_{ti}+4.57N_{ti})$ 당 필요한 총 산소 요구량 변동 크기 ((첨두-평균)/평균)에 비해 0.50 에 해당하는 결과를 얻을 수 있다. 예를 들어 하수 원수 설계 시 하루 중 첨두 유입 시점의 유입 유량, COD 및 TKN 농도가 각각 23.1 megaliter/d, 863 mgCOD/L 및 65 mg/L 이면, 첨두 산소 요구량은 26,800kgO/day (즉, 23.1*(863+4.75*65)=26,800kgO/day)이다. 반면에 일평균 총 산소 요구량은 10,920 kgO/day (즉, 13.33*(600+4.57*48=10,920KgO/day)이다 (표 4.3). 따라서 COD 부하 및 TKN 부하 당 필요한 총 산소 요구량의 변동 ((첨두-평균)/평균) 크기는 (26,800-10,920)/10,920 = 1.45 가 된다. 따라서 유입 COD 및 TKN 부하 당 총 산소 요구량의 상대적 변동 크기는 결과적으로 약 0.50*1.45 = 0.72 가 된다는 의미이다. 표 6.5 에서 22 ℃에서 필요한 일평균 총 산소 요구량은 5,980kgO/day 임을 알 수 있고, 이에 변동에 산소 요구량 (0.72*5,980 kgO/day)를 합하면 첨두 산소 요구량이 된다. 즉 첨두 산소 요구량은 (1+0.72)*5,980 =10,300 kgO/d 가 된다. 모든 단순한 설계 규칙처럼 위의 규칙도 신중하게 적용하여야 하고, 첨두 총 산소 요구량은 단순한 설계 규칙보다는 최선의 값으로 평가될 수 있도록 일반적인 활성 슬러지 동역학적 모델을 적용하는 것이 바람직하다.

8.7 제언

위의 설계 예에서 하수 원수의 TKN/COD 비는 0.08 mgN/mgCOD 이다. TKN/COD 비와 SRT 를 변경시켜 같은 과정을 반복하면, 다음과 같은 사실을 알 수 있다:

1) 고정된 SRT 에서 완전환 탈질이 달성될 수 있는 비 보다 높은 TKN/COD 비가 되면, TKN/COD 비가 증가할수록 유출수 질산염 농도는 증가하고, 2) 완전 탈질이 가능한 비 보다 높은 TKN/COD 비로 고정되면, SRT 가 증가할수록 유출수 질산염 농도는 감소한다. 고정된 SRT 에서는 탈질 포텐셜이 고정되어 유출수의 수질은 유입 TKN/COD 비의 크기에 따라 변한다는 의미가 내포되어 있다. 그러나 SRT 를 증가시키면, 탈질 포텐셜이 향상될 수도 있다.

설계 예에서 다룬 14 ℃, 침강을 거치지 않은 하수 원수의 특성 (TKN/COD 비는 제외)을 적용하여, 위에서 설명한 거동을 도식화하여 그림 6.19 에 제시하였다. 유입 TKN/COD 비와 여러 SRT 에서 달성 가능한 유출 질산염 농도와의 상관 관계가, 그림 6.19 에 표현되어 있다. 여러 SRT 에서 산출된 공정 부피도 25 일 SRT 에서 산출된 공정 부피의 상대적 값으로 그림에 함께 제시하였다. Bardenpho 공정과 MLE 공정에 의해 최적의 질소 제거가 달성될 수 있는 영역을 그림 내에 표시하였다. 유출 질산염 농도가 5~6mgN/L 보다 높은 영역이 경제적 혼합액 반송비 (a-반송비: <4:1)에서 MLE

공정에 의해 향상된 질소 제거 효율이 구현될 수 있는 영역이다. 고정된 TKN/COD 비에서 일평균 총 산소 요구량은 SRT 에 따라 크게 변하지 않기 때문에 공기 공급 (포기) 비용이 위의 결론에 영향을 줄 정도로 중요하지는 않다는 점에 유의하여야 한다.

Bardenpho 공정의 경우 SRT=30 일 그리고 TKN/COD 비 0.095 mgN/mgCOD 에서 완전 탈질이 가능하다. 그러나 유출수 질산염 농도 7 mgN/L 이 허용될 경우, MLE 공정에서는 SRT 20 일에서 완전 탈질이 가능해진다. 유출수 질산염 허용 농도를 0mgN/L 에서 6 mgN/L 로 완화시킴으로써, 얻을 수 있는 공정 부피 절감은 28 %이다 ((1-0.83)/1.16=0.28). 즉, Bardenpho 공정으로 SRT=30 일에서 완전 탈질을 추구하는 대신, MLE 공정으로 SRT=20 일에서 유출수 질산염 농도 7 mgN/L 을 목표로 정하게 되면 약 30 %의 공정 부피가 절감된다.

지나치게 높은 공정 부피를 피하기 위해 낮은 μ_{nm20} 값, 14 ℃ 그리고 SRT=25 일에서 Bardenpho 공정을 운전할 경우, 다음과 같은 결과를 얻을 수 있다: 1) 0.090 mgN/mgCOD 미만의 TKN/COD 비에서 완전 탈질이 가능하고; 2) 0.09~0.10 mgN/mgCOD 범위의 TKN/COD 비에서 거의 완전한 탈질이 가능하여 유출수 질산염 농도는 1~5 mgN/L 가 되며 그리고; 3) TKN/COD 비가 0.10 mgN/mgCOD 보다 높아지면 불완전한 탈질 (유출수 질산염 농도>5 mgN/L)이 진행되어, 0.1 보다 높은 TKN/COD 비에서는 MLE 공정 적용이 바람직해진다. 이러한 결과는 μ_{nm20} 과 쉽게 분해되는 COD 분율 값에 따라 변한다, 이상의 결과는, 상대적으로 낮은 μ_{nm20} (약 0.36/d), 쉽게 분해되는 COD 분율 f_{bs}=0.24 에서 얻어졌다. 적용한 μ_{nm20}= 0.36/d 는 낮은 값으로 정확한 최대 비 성장율 자료가 충분하지 않을 경우 설계에 반영할 수 있는 값이다. 하수의 쉽게 분해되는 COD 분율 f_{bs} 는 여러 인자에 의해 변할 수 있다. 설계 단계에서 f_{bs} 값을 정확히 산정할 수 없을 경우에는 f_{bs}=0.24 를 택하는 것이 바람직하다. f_{bs}>0.24 일 경우에는 유출수 질산염 농도는 상대적으로 낮아지고, f_{bs}<0.24 이 되면 유출수 질산염 농도는 상대적으로 높아진다.

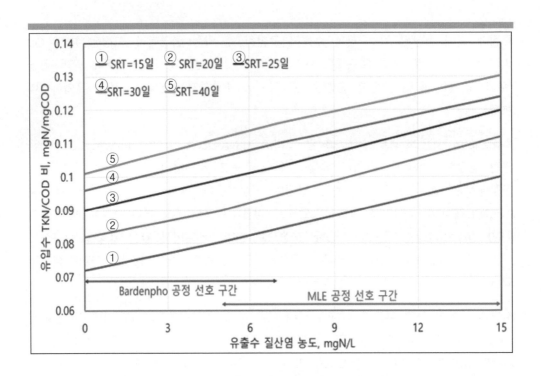

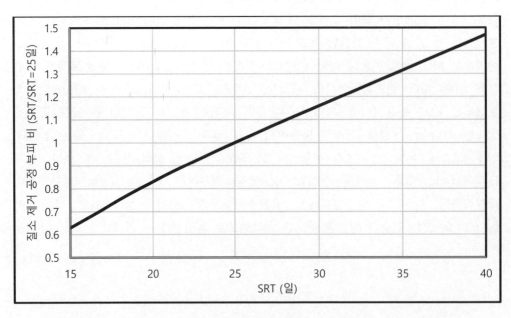

그림 6.19 유입 TKN/COD 비와 유출 질산염 농도 사이의 상관관계 (위) 및
SRT에 따른 공정 부피 변화 (아래) (하수 원수, 14°C, SRT=15 일~40 일)

Chapter 6 생물학적 질소 제거

참고문헌

Amad, O. (2003) Step feed BNR process achieving TN < 4 mg L^{-1}: a case study for WSSC – Piscataway WWTP, Prince George County, Maryland. The 76th Annual Water Environment Federation Technical Exhibition and Conference. Los Angeles

Almstrand, R., F. Persson, H. Daims, M. Ekenberg, M. Christensson, B.M. Wilén, F. Sörensson, and M. Hermansson (2014) Threedimensional stratification of bacterial biofilm populations in a moving bed biofilm reactor for nitritation-anammox, Int. J. Mol. Sci. 15, 2191–2206

Al-Omari, A., B. Wett, I. Nopens, H. De Clippeleir, M. Han, P. Regmi, C. Bott, and S. Murthy (2015) Model-based evaluation of mechanisms and benefits of mainstream shortcut nitrogen removal processes, Water Sci. Technol. 71(6), 840-847

Asadi, A., A.A. Zinatizadeh, and M. Van Loosdrecht (2016), High rate simultaneous nutrients removal in a single air lift bioreactor with continuous feed and intermittent discharge regime: Process optimization and effect of feed characteristics, Chem. Eng. J. 301, 200–209

Barnard, J.L. (1973) Biological denitrification, Wat. Pollut. Control. 72, 6, 705-720

Carrera, J., T. Vicent, and J. Lafuente (2004) Effect of influent COD/ N ratio on biological nitrogen removal (BNR) from high-strength ammonium industrial wastewater. Process Biochem. 39, 2035–2041

Chang, J.P. and J.E. Morris (1962) Studies of the utilization of nitrate by Miaococcus Denitrificans, J. Gen. Microbial., 29, 301

Chiu, Y.C., L.L. Lee, C.N. Chang, and A.C. Chao (2007) Control of carbon and ammonium ratio for simultaneous nitrification and denitrification in a sequencing batch bioreactor. Int Biodeter Biodegr. 59, 1–7

Chouari, R., S. Guermazi, and A. Sghir (2015) Co-occurence of Crenarchaeota, Thermoplasmata and methanogens in anaerobic sludge digesters. World J. Microb. Biot. 31,805–812

Christensen, M.H. and P. Harremoes (1977) Biological denitrification of sewage: A literature review. Proq. Wat. Tech., 8, 415, 509-555

Christensson, M., S. Ekström, A. Andersson Chan, E. Le Vaillant, and R. Lemaire (2013) Experience from start-ups of the first ANITA Mox plants, Water Sci. Technol. 67, 2677–2684

Dapena-Mora, A., S.W. Van Hulle, J. Luis Campos, R. Mendez, P.A. Vanrolleghem, and M. Jetten (2004) Enrichment of Anammox biomass from municipal activated sludge: experimental and modelling results, J. Chem. Technol. Biotechnol. 79(12), 1421– 1428

Davies, W.J., M.S. Le, and C.R. Heath (1998) Intensified activated sludge process with submerged membrane microfiltration. Water Sci Technol. 38, 421–428

Dold, P.L., G.A. Ekama and G.v.R. Marais (1980) A general model for the activated sludge process. Prog. Wat. Tech., 12, 47-77

Geets, J., M. de Cooman, L. Wittebolle, K. Heylen, B. Vanparys, P. De Vos, et al. (2007) Realtime PCR assay for the simultaneous quantification of nitrifying and denitrifying bacteria in activated sludge, Appl. Microbiol. Biot. 75, 211–221

Gjaltema, A., L. Tijhuis L., M.C. van Loosdrecht, and J.J. Heijnen (1995) Detachment of biomass from suspended nongrowing spherical biofilms in airlift reactors, Biotechnol. Bioeng. 46(3), 258-269

Hellinga, C., SA.A.J.C. Schellen, J.W. Mulder, M.C.M. Van Loosdrecht, and J.J. Heijnen (1998) The SHARON process: an innovative method for nitrogen removal from ammonium-rich waste water, Water Sci. Technol. 37(9), 135-142

Huang, Z.H., P.B. Gedalanga, P. Asvapathanagu, and B.H. Olson (2010) Influence of physicochemical and operational parameters on Nitrobacter and Nitrospira communities in an aerobic activated sludge bioreactor, Water Res. 44, 4351–4358

Isanta, E., C. Reino, J. Carrera, and J. Pérez (2015) Stable partial nitrition for low-strength wastewater at low temperature in an aerobic granular reactor, Water Res. 80, 149–158

Jimenez, J., D. Dursun, P. Dold, J. Bratby, J. Keller, and D. Parker (2010) Simultaneous nitrification-denitrification to meet low effluent nitrogen limits: Modeling, performance and reliability, Proc. Water Environ. Fed. 15, 2404–2421

Jimenez, J., C. Bott, P. Regmi, and L. Rieger (2013) Process control strategies for simultaneous nitrogen removal systems, Proc. Water Environ. Fed. 4, 492-505

Chapter 6 생물학적 질소 제거

Johnson, B.R., G.T. Daigger, G. Crawford, M.V. Wable, and S. Goodwin (2003) Full-scale stepfeed nutrient removal systems: a comparison between theory and reality. The 76th Annual Water Environment Federation Technical Exhibition and Conference. Los Angeles

Joss, A., N. Derlon, C. Cyprien, S. Burger, I. Szivak, J. Traber, H. Siegrist, and E. Morgenroth (2011) Combined nitritation–anammox: advances in understanding process stability, Environmental Science & Technology, 45(22), 9735-9742

Kagawa, Y., J. Tahata, N. Kishida, S. Matsumoto, C. Picioreanu, M.C.M. van Loosdrecht, and S. Tsuneda (2015) Modeling the nutrient removal process in aerobic granular sludge system by coupling the reactor- and granule-scale models, Biotechnol. Bioeng. 112, 53–64

Kartal, B., J.G. Kuenen, and M.C.M. van Loosdrecht (2010) Engineering. sewage treatment with anammox, Science, 328, 702– 703

Kayee, P., P. Sonthiphand, C. Rongsayamanont, and T. Limpiyakorn T (2011). Archaeal amoA genes outnumber bacterial amoA genes in municipal wastewater treatment plants in Bangkok (Retracted article. See vol. 72, pg. 262, 2016). Microb. Ecol. 62, 776 –88

Lackner, S., E.M. Gilbert, S.E. Vlaeminck, A. Joss., H. Horn, and M.C.M. van Loosdrecht (2014) Full-scale partial nitritation/anammox experiences--an application survey, Water Res. 55, 292–303

Ludzack, F.J. and M.B. Ettinger (1962) Controlling operation to minimize activated sludge effluent nitrogen JWPCF, 34, 920-931

Leininger S., T. Urich, M. Schloter, L. Schwar, J. Qi, G.W. Nicol et al. (2006) Archaea predominate among ammonia-oxidizing prokaryotes in soils. Nature, 442, 806–809

Limpiyakorn, T., P. Sonthiphand, C. Rongsayamanont, and C. Polprasert (2011) Abundance of amoA genes of ammonia-oxidizing archaea and bacteria in activated sludge of full-scale wastewater treatment plants, Bioresour. Technol. 102, 3694 –3701

Lochmatter, S., J. Maillard, and C. Holliger C. (2014) Nitrogen removal over nitrite by aeration control in aerobic granular sludge sequencing batch reactors, Int. J. Environ. Res. Public Health, 11, 6955–6978

Lotti, T., R. Kleerebezem, C. van Erp Taalman Kip, T.L.G. Hendrickx, J. Kruit, M. Hoekstra, and M.C.M. van Loosdrecht (2014) Anammox growth on pretreated municipal wastewater, Environ. Sci. Technol. 48, 7874–80

Lotti, T., R. Kleerebezem, C. Lubello, and M.C.M. van Loosdrecht (2014) Physiological and kinetic characterization of a suspended cell anammox culture, Water Res. 60, 1–14

Magdum, S.S., S.K. Varigala, G.P. Minde, J.B. Bornare, and V. Kalyanraman, Evaluation of sequential batch reactor (SBR) cycle design to observe the advantages of selector phase biology to achieve maximum nutrient removal, Int. J. Sci. Res. Environ. Sci. 3, 234–238

Martens-Habbena, W., P.M. Berube, H. Urakawa, J.R. de la Torre, and D.A. Stahl (2009) Ammonia oxidation kinetics determine niche separation of nitrifying archaea and bacteria, Nature, 461, 976–979

Meng, Q.J., F.L. Yang, L.F. Liu, and F.G. Meng (2008) Effects of COD/N ratio and DO concentration on simultaneous nitrification and denitrification in an airlift internal circulation membrane bioreactor. J. Environ. Sci-China. 20, 933-939

Metcalf Eddy, G. Tchobanoglous, F.L. Burton, and H.D. Stensel (2003) Wastewater Engineering: Treatment and Reuse, 4th ed., McGraw-Hill Education, Boston

Morgenroth, E., H.J. Eberl, M.C.M. van Loosdrecht, D.R. Noguera, G.E. Pizarro, C. Picioreanu, B.E. Rittmann, A.O. Schwarz, and O. Wanner (2004) Comparing biofilm models for a single species biofilm system, Water Sci. Technol. 49, 145–154

Noophan, P., P. Paopuree, K. Kanlayaras, and S. Sirivithayapakorn, and S. Techkarnjanaruk (2009) Nitrogen removal efficiency at centralized domestic wastewater treatment plants in Bangkok, Thailand. EnvironmentAsia, 2, 30–35

Peng, Y.Z., and S.J. Ge (2011) Enhanced nutrient removal in three types of step feeding process from municipal wastewater. Bioresour Technol. 102:6405–6413

Picioreanu, C., M. Vanloosdrecht, and J. Heijnen (1997) Modelling the effect of oxygen concentration on nitrite accumulation in a biofilm airlift suspension reactor, Water Sci. Technol. 36, 147–156

Pochana, K., and J. Keller (1999) Study of factors affecting simultaneous nitrification and denitrification (SND). Water Sci Technol. 39, 61–68

Podedworna, J., M. Zubrowska-Sudol, K. Sytek-Szmeichel, A. Gnida, J. Surmacz-Górska, and D. Marciocha (2014) Impact of multiple wastewater feedings on the efficiency of nutrient removal in an IFAS-MBSBBR: number of feedings vs. efficiency of nutrient removal, Water Sci. Technol. 74(6), 1457-1468

Regmi, P., M.W. Miller, B. Holgate, R. Bunce, H. Park, K. Chandran, B. Wett, S. Murthy, and C.B. Bott (2014) Control of aeration, aerobic SRT and COD input for mainstream nitritation/denitritation, Water Res. 57, 162–171

Regmi, P., M. Sadowski, J. Jimenez, B. Wett, S. Murthy, and C.B. Bott (2015) Aeration control strategies for nitrogen removal: A pilot and model-based investigation, Proc. Water Environ. Fed. 3, 1–5

Riffat, R. (2012) Fundamentals of wastewater treatment and engineering. CRC Press, London

Santoro, A.E., C.A. Francis, N.R. de Sieyes, and A.B. Boehm (2008) Shifts in the relative abundance of ammonia-oxidizing bacteria and archaea across physicochemical gradients in a subterranean estuary, Environ. Microbiol. 10, 1068 –1079

Shen, Y.J., D.H. Yang, Y. Wu, H. Zhang, and X.X. Zhang (2019) Operation mode of a stepfeed anoxic/oxic process with distribution of carbon source from anaerobic zone on nutrient removal and microbial properties, Sci Rep-UK, 9, 1153. 20

Siebritz, I.P., G.A. Ekama and G.v.R. Marais (1980) Excess biological phosphorus removal in the activated sludge process at warm temperature climates. Proc. Waste Treatment and Utilization, Vol. 2, 233-251, Eds. C.W. Robinson, M. Moo-Young and G.J. Farquhar, Pergamon Press, Toronto

Sinthusith, N., A. Terada, M. Hahn, P. Noophan, J. Munakata-Marr, and L.A. Figueroa (2015) Identification and quantification of bacteria and archaea responsible for ammonia oxidation in different activated sludge of full-scale wastewater treatment plants, J. Environ. Sci. Heal A. 50, 169–175

Sliekers, A.O., N. Derwort, J.C. Gomez, M. Strous, J.G. Kuenen, and M.S.M. Jetten (2002) Completely autotrophic nitrogen removal over nitrite in one single reactor, Water Research, 36(10), 2475-2482

Tchobanoglous, G, F.L. Burton, and H.D. Stensel (2004) Wastewater engineering: treatment and reuse. 4th Singapore: McGraw-Hill Higher Education

Treusch A.H., S. Leininger, A. Kletzin, S.C. Schuster, H.P. Klenk, and C. Schleper (2005) Novel genes for nitrite reductase and Amo-related proteins indicate a role of uncultivated mesophilic Crenarchaeota in nitrogen cycling, Environ. Microbiol. 7, 1985–1995

Turk, O. and D.S. Mavinic (1986) Preliminary assessment of a shortcut in nitrogen removal from wastewater, Can. J. Civ. Eng. 13, 600– 605

Van Haandel, A.C., G.A. Ekama and G.v.R. Marais (1981) The activated sludge process part 3 - Single sludge denitrification. Water Research, 15, 1135-1152

Van Haandel, A.C., P.L. DOLD and G.v.R. Marais (1982) Optimization of nitrogen removal in the single sludge activated sludge process. Wat. Sci. Tech. 14, 443

Van Rijn, J., Y. Tal, and H.J. Schreier (2006) Denitrification in recirculating systems: Theory and applications, Aquac. Eng. 34, 364–376

Veuillet, F., S. Lacroix, A. Bausseron, E. Gonidec, J. Ochoa, M. Christensson, and R. Lemaire (2014) Integrated fixed-film activated sludge ANITATMMox process--a new perspective for advanced nitrogen removal, Water Sci. Technol. 69, 915–922

Volcke, E.I.P., C. Picioreanu, B. De Baets, and M.C.M. van Loosdrecht (2010) Effect of granule size on autotrophic nitrogen removal in a granular sludge reactor, Environ. Technol. 31, 1271–1280

Wang, Q.B., and Q.W. Chen (2016) Simultaneous denitrification and denitrifying phosphorus removal in a full-scale anoxic-oxic process without internal recycle treating low strength wastewater. J Environ Sci-China, 39, 175–183.

Zhao, H.W., D.S. Mavinic, W.K. Oldham, and F.A. Koch (1999) Controlling factors for simultaneous nitrification and denitrification in a two-stage intermittent aeration process treating domestic sewage, Water Res. 33, 961–970

Chapter 7
생물학적 과잉 인 제거

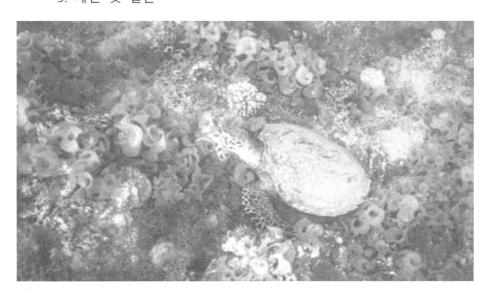

생물학적 영양염류 제거 공정 설계 실무

정상적인 대사 과정에 필요한 인보다 훨씬 많은 과잉의 인을 제거할 수 있는 생물학적 인 제거 메커니즘에 대해, 아직도 명확하게 이해하지 못하고 있는 실정이다. 이 장에서는 과잉 인 제거를 입증할 수 있는 상세한 자료를 제시하는 논문 수준의 정보 제공이 아니라, 설계에 필요한 생물학적 과잉 인 제거와 관련된 실무 이론을 간략하게 소개하고자 한다. 생물학적 활동 결과 발생하는 알칼리도, 산성도 및 pH 와 같은 조건의 변화로 인해 무기 인 화합물의 화학적 침전이 진행되어 인이 제거될 수도 있다. 그러나 일반적인 생물학적 하수 처리에서는 통상적인 범위의 유입수 pH, 알칼리도, 산성도 그리고 칼슘 농도에서 생물학적 공정이 진행되기 때문에 화학적 침전보다는 생물학적 메커니즘에 의해 지배적으로 과잉 인 제거가 진행된다.

1. 배경

산소 공급을 보류하여 미생물에 스트레스를 가하고, 산소 공급을 재개하여 미생물로 하여금 과잉의 인을 흡수할 수 있도록 유도한다는 메커니즘이 초기 과잉 인 제거의 주된 메커니즘이었다. 그러나 스트레스 생성과 관련되는 매개 변수들이 아직까지 명확히 규명되지 못하고 있기 때문에 이 주장을 뒷받침할 수 있는 스트레스의 정량화가 우선적인 과제가 된다.

혐기성 조건 (산소 및 질산염이 존재하지 않는 조건)이 유지되는 일정 영역을 Bardenpho 공정에 추가하여 미생물 슬러지에 스트레스를 가한 결과, 미생물 슬러지로부터 인이 혼합액으로 방출되는 현상이 관찰되었다. 미생물 슬러지에 스트레스를 가할 수 있는 혐기 반응기를 Bardenpho 공정의 1 차 무산소 반응기 전단에 설치하면 (설치될 혐기 반응기로 MLSS 내부 반송수 (a-반송수) 및 2 차 침강조 하부에서의 슬러지 반송수 (s-반송수)가 유입됨), 인 방출을 유도할 수 있을 것으로 예상되었다. Bardenpho 공정 전단에 혐기 반응기를 추가한 공정을 Modified-Bardenpho 공정이라 한다 (그림 7.1).

혐기성 조건에서의 인 방출이 호기성 조건으로 회복되면 인 과잉 섭취를 유발하는 것이 아니라, 혐기성 조건에서 낮은 산화-환원 전위가 형성되고 이로 인해 인 방출이 시작되어 인의 과잉 섭취를 유발한다는 가설을 제시할

수도 있다. 이 경우에는 MLSS 내부 반송 및 슬러지 반송에 의해 혐기 반응기로 유입되는 질산염이 산화-환원 전위 하락을 억제하여 인 방출을 방해하기 때문에 인 과잉 섭취를 유도하기 어려워질 것이다. 인 방출을 방해하지 않을 정도로 반송비를 감소시켜 혐기 반응기에서의 질산염 농도 상승을 최소화시키는 방안도 강구할 수

있을 것이다. 어떠한 경우든 반송수로 인해 혐기 반응기의 수리적 체류 시간은 감소하게 되고, 인 방출을 저해하지 않는 실질적 체류 시간이 될 수 있도록 (예를 들면 1 시간) 반송비를 조절하는 방안도 강구할 수 있을 것이다.

이에 따라 생물학적 질소 제거 공정 전단에 혐기 반응기를 추가로 설치하여 질소뿐 아니라 인을 함께 제거할 수 있는 여러 생물학적 공정들이 개발되었지만, 질산염 반송으로 인 방출과 인의 흡수에 미치는 영향 정도를 신뢰성 높게 예측할 수 있는 모델은 여전히 제시되지 못하고 있는 실정이다.

혐기 반응기의 추가 설치로 탈질에 미치는 영향을 검토하기 위해 Bardenpho 공정의 완전 혼합 흐름 반응기를 플러그 흐름 반응기로 교체하여 일정한 유량과 부하 조건에서 반응기 길이 방향으로 여러 지점에서 질산염 농도와 인 농도를 측정한 결과, 10~20 일의 긴 SRT 와 30~40%를 초과하는 비포기 슬러지 질량 분율에도 불구하고 충분한 질산화가 유지되지 못하는 결과가 발생하였다. 탈질에 필요한 비포기 슬러지 질량 분율로 운전하였을 경우에서 조차 충분한 탈질이 이루어지지 못하고 유출수의 질산염 농도는 높게 나타났다. 그럼에도 불구하고 인 제거 효율은 상당히 높게 유지되었고, 하수원이 변경되자 우수했던 인 제거 효율이 0 으로 급락하였다.

Modified-Bardenpho 공정 대신 MLE 공정 전단에 혐기 반응기를 추가로 설치하여 질산염 및 인 농도를 측정하였다. 5 단계로 구성된 Modified-Bardenpho 공정 대신 MLE 공정의 전단에 혐기 반응기를 추가로 설치한 3 단계 공정 (이를 **A**naerobic-**A**noxic-**O**xic (A_2O) 공정이라 한다)을 도입하게 된 이유는 다음과 같다: 효율적인 질산화가 유지될 경우 14 °C, SRT=20 일에서 비포기 슬러지 질량 분율이 40%를 초과하지 않고; Modified-Bardenpho 공정의 혐기 반응기가 탈질 포텐셜에 기여하지 못한다는 점을 감안하면 5 단계 공정으로는 질산염 농도 제로를 달성하기 어렵기 때문이다.

A_2O 공정의 운전 결과는 다음과 같다:

1) 유출수의 질산염 농도 (그리고 슬러지 반송수의 질산염 농도)가 낮을 경우, 인 방출과 과잉 인 섭취가 관찰되었다. 통상적으로 반송수의 질산염 농도가 증가할수록 거의 반비례하여 과잉 인 섭취가 감소하는 경향을 보였다.

2) 반송수의 질산염 농도는 서로 동일하지만 특성은 서로 다른 여러 하수 배취(batch)에 대해 어느 한 배취의 경우 높은 인 방출과 인 과잉 섭취가 달성된 반면, 뒤 이은 배취에서는 인 방출이 전혀 진행되지 않거나 되어도 매우

미약하게 진행되었으며 인 과잉 섭취도 진행되지 못하였다. 이러한 거동에 대한 뚜렷한 이유는 제시되지 않았다.

전반적인 인 제거 성능은 실망 수준이었다. 오랜 기간 동안 과잉 인 제거가 진행되지 않았을 뿐 아니라, 위의 1)과/또는 2)의 효과로 인해 미약했던 인 제거도 불규칙하게 진행되었다. 인 제거율이 낮은 기간 동안에 혐기성 슬러지 질량 분율을 증가시켜도 무산소 질량 분율의 희생으로 증가하게 되어 반송수의 질산염 농도 증가를 초래하였다.

결론적으로 종합하면: Modified-Bardenpho 공정 형태로는 과잉 인 제거에 부적합하고; 이는 공정 자체가 다른 하수에도 부적합하다는 의미가 아니라 이전에는 인지하지 못하였던 높은 인 제거를 방해하는 다음과 같은 제한 요소가 존재하기 때문에 인 제거에 부적합한 것으로 판단할 수 있다:

- 어떠한 SRT 와 최저 수온에서도 효율적인 질산화를 위해 비포기 슬러지 질량 분율의 상한 값에 제한이 가해진다.

- 비포기 슬러지 질량 분율에 제한이 가해지면, 제거될 수 있는 질산염 농도의 제한으로 이어진다. 탈질에 필요한 질산염보다 더 많은 질산염이 생산되면, 유출수에 질산염이 나타나고 이로 인해 인 제거를 방해하는 부작용이 발생하게 된다.

-

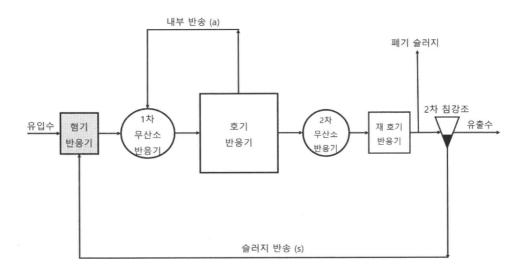

그림 7.1 생물학적 질소 및 인 제거를 위한 Modified-Bardenpho 공정의 개략도

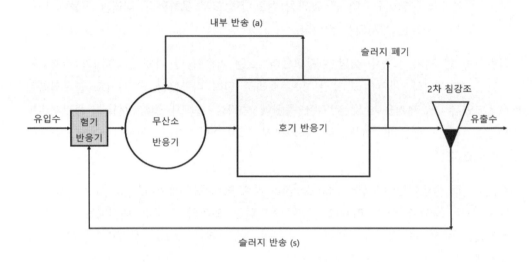

내부 반송 (a)

슬러지 폐기

2차 침강조

유입수

혐기 반응기

무산소 반응기

호기 반응기

유출수

슬러지 반송 (s)

그림 7.2 생물학적 질소 및 인 제거를 위한 A_2O 공정의 개략도

2. 최근 인 제거 동향

2.1 혐기 반응기의 질산염 배제

인 과잉 섭취를 방해하는 다른 요인은 차치하더라도 가장 중요한 요인은 슬러지 반송수에 포함된 높은 질산염 농도이다. 혐기 반응기로 유입되는 슬러지 반송수의 질산염 농도를 낮게 유지할 수 있게 되면 과잉 인 제거 달성을 기대할 수 있을 것이다. 이러한 희망 사항 추구에 최대 걸림돌은 혐기 반응기로 유입되는 질산염 농도가 유출수 질산염 농도와 연관된다는 점이다. 어떤 이유로 COD 농도는 일정하게 유지된 채 질산염 농도가 증가하면 (즉, 유입수 TKN/COD 비가 증가하면), 가용할 수 있는 모든 운전 수단을 동원하더라도 질산염을 저감시킬 수 없게 된다. 가용할 수 있는 유일한 운전 수단은 슬러지 반송수 유량을 저감시키는 것이지만, 혼합액의 침강성이 저하되는 위험을 감수하여야 할 것이다. 따라서 혐기 반응기가 유출수 질산염 농도와 무관하게 독립적으로 운전될 수 있는 새로운 공정 구조가 필요하다는 점은 명백해졌다. 이러한 사실을 근거로 많은 공정들이 새로이 개발되었고, 이들 공정 중 대표적인 공정이 1 차 무산소 반응기로부터 혐기 반응기로의 새로운 MLSS 반송 (r-반송)이 포함되는 UTC 공정이다 (슬러지 반송은 1 차 무산소 반응기로 유입됨) (그림 7.3).

UCT 공정에서는 MLSS 내부 반송수 (a-반송수)뿐만 아니라 침강조 하부 반송수 (s-반송수)도 함께 무산소 반응기로 유입되지만, 무산소 반응기로부터 추가적인 내부 MLSS 반송수 (r-반송수)가 혐기 반응기로 유입된다. 무산소 반응기 유출수에서 질산염 농도를 0에 가깝게 유지할 수 있도록 a-반송을 제어함으로써, 무산소 반응기로 유입되는 질산염 농도가 적절하게 조정된다. 결과적으로 무산소 반응기로부터 혐기 반응기로 반송되는 반송수 (r-반송수)에는 0에 가까운 매우 낮은 농도의 질산염 만이 존재하게 되어 최적의 혐기 반응기 상태를 유지할 수 있게 된다. 적절한 반송 제어 전략을 적용하여 유입수의 TKN/COD 비 변동에도 불구하고 유출수 질산염 농도와는 무관하게 독립적인 인 방출 역량을 발휘할 수 있게 되어 결국 혐기 반응기에서는 향상된 인 과잉 제거 효율이 일관되게 지속적으로 유지되었다.

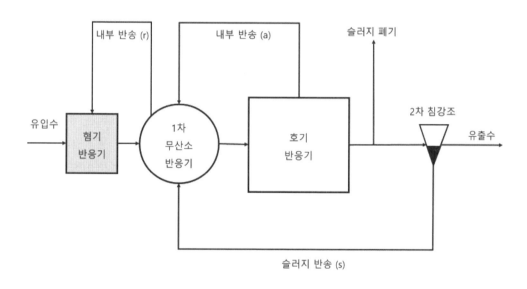

그림 7.3 생물학적 질소 및 인 제거를 위한 UCT 공정의 개략도

2.2 인 제거 공정 해석

혐기 반응기로 유입되는 질산염이 인 과잉 제거에 중요한 영향을 미치는 인자로 대두되면서 인 제거 공정과의 연관성을 규명하기 위하여 질소 제거 원리가 인 제거 공정에 적용되기 시작하였다.

총 비포기 슬러지 질량 분율 중 일정 부분을 혐기 반응기 몫으로 별도 분리하여 인 과잉 제거의 필수 조건을 확립시키는 공정이 개발되었다. 이를 Modified-Bardenpho 공정이라 한다 (그림 7.1 참조). 남은 비포기 슬러지 질량 분율 ($f_{xdt}=f_{xt}-f_{xa}$)만이 1 차 무산소 반응기 및 2 차 무산소 반응기의 몫이 된다. 질산염이 혐기 반응기로 반송되지 않도록 하기 위해서는 (완벽한 혐기성 조건을 보장하기 위해서는), 완전한 탈질이 무산소 반응기에서 달성되어야만 한다. Modified-Bardenpho 공정 무산소 반응기의 완전 탈질 거동은 Bardenpho 공정의 무산소 반응기의 거동과 동일하다. 그러나 혐기 반응기의 존재로 인해, 비포기 슬러지 질량 분율 ($f_{xdt}=f_{xt}-f_{xa}$)은 Bardenpho 공정의 질량 분율 ($f_{xdt}=f_{x}$)보다 낮아지게 된다. 이에 따라 Modified-Bardenpho 공정에서는 완전 탈질을 위한 TKN/COD 비 상한 값이 Bardenpho 공정에 비해 약 0.005 낮아진다. 참고로 Modified-Bardenpho 공정 혐기 반응기에 할당되는 통상적인 비포기 슬러지 질량 분율 (f_{xa})은 14 ℃에서 약 0.15 이다. 결과적으로 14 ℃, SRT=25 일에서 침강조를 거치지 않은 하수 원수 처리 시 TKN/COD 비가 약 0.085 보다 낮아야만 5 단계 Modified-Bardenpho 공정으로 완전 탈질을 달성할 수 있게 될 것이다. TKN/COD 비가 0.085 를 초과하면, 완전 탈질은 달성되기 어려워지고 유출수와 슬러지 반송수에는 질산염이 남게 된다. 설계 관점에서 안전한 탈질을 보장하기 위해, 14 ℃, SRT=20~30 일에서 TKN/COD 비는 0.07~0.08 을 초과하지 않아야 한다. 하수 원수의 TKN/COD 비는 0.07-0.09 범위이고 침강조를 거친 하수의 TKN/COD 비는 0.10 보다 높기 때문에 성공적인 Modified-Bardenpho 공정 수행을 위해 필요한 안전한 TKN/COD 비를 0.07~0.08 상한값으로 제한하여야 하는 점이 Modified-Bardenpho 공정 적용에 걸림돌이 된다.

UCT 공정의 해석 결과 TKN/COD 비 상한값이 역시 존재하여, 과잉 인 제거 달성이 어렵게 되었다. TKN/COD 비 = 0.14 인 생활 하수를 14 ℃, SRT=25 일에서 처리할 경우, 유출수의 질산염 농도 (이는 슬러지 반송수의 질산염 농도와 같음)는 매우 높아지고, 이 상태로 반송될 경우 (s=1) 탈질 포텐셜에 육박하는 질산염 부하가 무산소 반응기로 유입된다. 즉, MLSS 내부 반송이 제로가 되어야 질산염 부하가 탈질 포텐셜을 초과하지 않게 된다. 따라서 TKN/COD 비>0.14 에서는 1 차 무산소 반응기에 질산염이 남게 될 것이고 혐기 반응기로의 질산염 유입을 막을 수 없게 되어 결국 과잉 인 제거율은 저하된다. 안전한 탈질을 보장할 수 있는 UCT 공정의 TKN/COD 비 상한값 (이 상한값을 초과하면, 과잉 인 제거는 UCT 공정에서 진행되기 어려워진다)은 0.12~0.14 범위이다. 이 상한값은 대부분의 하수 (침강조를 거친 하수와 거치지 않은 하수 원수)의 TKN/COD 비보다 높은 값이다. UCT 공정의 다음과 같이 두가지 문제 (공정제어 문제 및 슬러지 침강성 문제)를 해결하지 못하면, 공정의 성공적인 운전에 중대한 영향을 미칠 수 있다:

Chapter 7 생물학적 과잉 인 제거

1) a-반송비를 용의주도하게 제어하여 1차 무산소 반응기의 질산염 부하를 낮추고, 혐기 반응기로의 질산염 유입을 방지하여야 한다. 주기적으로 변동하는 유량 및 부하에서는 TKN/COD 비의 변동 때문에 실물 규모의 시설에서는 이러한 제어가 불가능해진다. UCT 공정을 단순하게 운전하기 위해 용의주도한 a-반송비 제어가 필요하지 않는 공정 개선을 모색할 필요가 있다.

2) TKN/COD 비가 증가할수록 혐기 반응기로 유입되는 질산염을 피하기 위한 방안으로 a-반송비 감소가 필요하다. a-반송비를 감소시키면 실질적 무산소 체류 시간 증가를 초래한다. 상대적으로 높은 COD 농도 (>500 mgCOD/L)와 TKN/COD 비 (>0.11)에서 실질적 무산소 체류 시간은 1 시간을 초과한다. 실질적 무산소 체류 시간이 1 시간을 초과하면 슬러지 침강성이 저하된다. 슬러지 침강성을 양호한 상태로 유지하기 위해 무산소 체류 시간을 1 시간으로 유지할 수 있는 공정 개선 방안 강구가 필요하다.

위에서 설명한 두가지 과제 모두는 a-반송비와 연관된다. UCT 공정을 개선한 Modified-UCT 공정으로 이 두가지 과제 모두를 수용할 수 있다 (그림 7.4). Modified-UCT 공정에서는 무산소 반응기가 두 반응기로 분리되고, 첫번째 반응기의 슬러지 질량 분율은 약 0.10 이며, 남는 분율이 두번째 반응기의 몫이 된다. 첫번째 무산소 반응기로 슬러지 반송수가 유입되고, a-반송수는 두번째 무산소 반응기로 유입된다. r-반송수는 첫번째 무산소 반응기로부터 혐기 반응기로 유입된다. 최소 a-반송 (a_{min})은 두번째 무산소 반응기의 탈질 포텐셜에 충분한 질산염 부하가 될 수 있는 값에 해당한다. 최소 a-반송보다 높아지면 질산염을 추가로 제거할 수 없게 된다. 그러나 $a > a_{min}$ 에서 호기 반응기의 질산염 농도가 일정하다는 점을 감안하면 이러한 주장은 중요하지 않다.

결과적으로 실질적인 무산소 체류 시간을 확보하기 위해 a-반송을 a_{min} 보다 높게 설정하여도 첫번째 무산소 반응기로 반송되는 질산염 농도에 영향을 주지 않게 되어 면밀한 a-반송비 제어는 더 이상 필요하지 않게 된다. 그러나 이러한 개선에는 비용 문제가 수반된다: UCT 공정에서는 혐기 반응기로 유입되는 질산염을 제로(0)로 유지하기 위한 최대 TKN/COD 비는 0.14 이고, modified-UCT 공정에서는 0.11 로 감소한다. 그러나 대부분의 하수 원수 및 1 차 침강을 거친 하수가 0.11 에 해당된다. 뿐만 아니라 r-반송을 첫번째 무산소 반응기와 두번째 무산소 반응기로부터 가변적으로 진행할 수 있도록 공정을 구성하면, 필요에 따라 UCT 공정 또는 Modified-UCT 공정으로 운전 할 수 있다.

지금까지의 설명은 호기 반응기를 설치함으로써 과잉 인 제거가 촉진되는 가설을 근거로 개발된 최선의 공정들에 관한 내용이고, 반송에 의해 혐기 반응기로 유입되는 질산염을 차단할 수 있는 공정 최적화에 초점이 맞추어져 있다. 인을 배출하여 호기 반응기에서의 과잉 인 섭취를 촉진하는 혐기 반응기 상태에 대한 정량적인 정보가 부족하고, 과잉 인 제거 기대치에 대한 정보도 부족하기 때문에 이 2 가지에 대한 정보를 추가로 다루기로 한다.

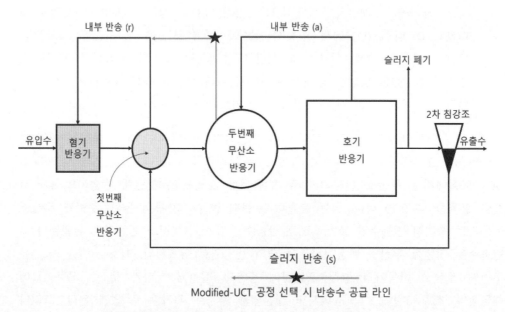

그림 7.4 생물학적 질소 및 인 제거를 위한 Modified-UCT 공정

3. 과잉 인 제거 모델의 진화

3.1 과잉 인 제거의 전제 조건

질소 제거 거동에 대한 이해도가 깊어질수록 과잉 인을 제거할 수 있는 혐기 반응기의 전제 조건에 대한 관심으로 이어지게 되었다. 혐기 반응기로 유입되는 질산염 질량이 혐기 반응기의 탈질 포텐셜보다 낮아지면 그 차이는 혐기 용량(anaerobic capacity: A_c)으로 정의된다. 산화-환원 전위 대신 혐기 용량을 혐기 반응기에서 인 방출이 개시되는 시점의 지표로 선정할 수 있다. UCT 공정과 A_2O 공정 혐기 반응기에서의 인 방출 및 호기 반응기에서의 인 섭취 대 혐기 용량 (A_c)간의 관계에서 다음과 같은 현상이 발견되었다 (그림 7.5 참조): 1) A_c<10 mgNO$_3$-N/L 이면,

혐기 반응기에서 인 방출은 진행되지 않고 도리어 인 섭취가 진행되었다; 2) $A_c >$ 10 mgNO_3-N/L 일 경우, 혐기 반응기에서 인 방출이 진행되었고; 3) A_c 가 10 mg NO_3-N 보다 더욱 커질수록, 혐기 반응기에서는 인 방출이 그리고 호기 반응기에서는 인 섭취가 진행되어 시스템의 인 제거는 증가하였다.

이러한 결과는 혐기 반응기도 혐기 용량 A_c 에 해당하는 탈질 능력을 보유하여 무산소 대신 혐기성 상태를 조성할 수 있다는 주장을 뒷받침한다. 결과적으로 이 주장이 맞다면, A_2O 및 UCT 를 제외한 다른 공정에서도 충분한 혐기 용량이 갖추어질 경우 인 방출 및 인 섭취가 진행되어야 한다.

인 방출과 인 섭취가 진행되는 지 여부를 검증하기 위해 3 개의 MLE 공정 과 1 개의 Modified-UCT 공정에 동일한 하수를 주입하였다 (그림 7.6). 3 개 MLE 공정의 비포기 슬러지 질량 분율은 각각 40, 55 및 70 %가 되도록 그리고 혐기 용량이 6~35 mgN/L 범위가 되도록 a-반송비를 조절하였다. 3 개의 MLE 공정을 장기간 운전한 결과, 혐기 용량이 6~35 mgN/L 임에도 불구하고 3 개의 혐기 반응기와 3 개의 호기 반응기에서 인 방출과 인 섭취는 진행되지 않았다. 반면에 비포기 슬러지 질량 분율 0.10 의 Modified-UCT 공정의 혐기 반응기에서는 인 방출이 지속적으로 진행되었다. 이 결과로 인해 혐기 용량 주장은 타당성을 잃게 되었다.

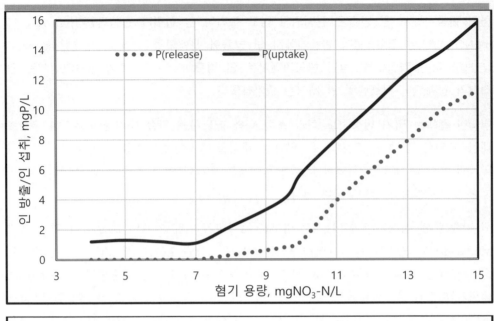

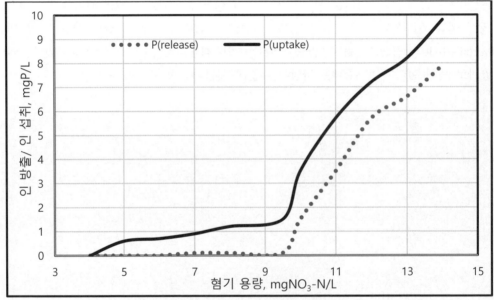

그림 7.5 UCT 공정 (위)과 A$_2$O 공정 (아래)에서, 인 방출 농도 및
인 섭취 농도와 혐기 용량과의 관계

Modified-UCT 공정과 MLE 공정의 인 배출을 설명할 수 있는 다른 논리를 강구하게
되었고, 혐기 반응기 슬러지 주변의 쉽게 분해되는 COD 농도 (S$_{bsa}$) 차이에 주목하게
되었다. 질산염이 유입되지 않으면 Modified-UCT 공정 혐기 반응기의 S$_{bsa}$ 농도는
최대치로 유지될 수 있었던 반면, 충분한 질산염이 반송되는 MLE 공정의 무산소

반응기에서는 탈질에 필요한 탄소원으로 모두 소모되어 S_{bsa} 농도가 제로가 되었다. 따라서 혐기 반응기 슬러지 주변의 S_{bsa} 농도를 인 방출의 핵심적 근거로 삼게 되었고, 인 방출이 진행되는 지 여부와 과잉 인 제거가 진행되는 지 여부를 판단할 수 있는 지표 대상으로 주목받게 되었다.

슬러지 주변의 S_{bsa} 농도가 과잉 인 제거의 지표가 될 수 있는 지 여부를 검증하기 위해, S_{bsa} 를 산출할 수 있는 일반화된 방정식 개발이 필요하게 되었다:

UCT 공정의 혐기 반응기 S_{bsa} 농도는 다음 식과 같이 표현할 수 있고,

$$S_{bsa} = (f_{bs}S_{bi}-\triangle S_{bs})/(1+r) \text{ (mgCOD/L)}$$

(7.1a)

A_2O 공정의 혐기 반응기 S_{bsa} 농도는 다음의 식과 같이 표현할 수 있다.

$$S_{bsa} = (f_{bs}S_{bi}-\triangle S_{bs})/(1+s) \text{ (mgCOD/L)}$$

(7.1b)

여기서, $\triangle S_{bs}$ 는 종말 전자 수용체 역할을 수행하는 질산염 (r-반송에 의해 유입됨) 및 용존 산소 (유입수에 의해 유입됨)와 함께 세포 합성에 활용되는 쉽게 분해되는 COD 농도에 해당된다.

1 $mgNO_3$-N 을 이용하여 8.6 mgCOD 가 합성되고, 1 mgO 를 이용하여 3.0 mgCOD 가 합성되기 때문에 (제 1 장 참조), $\triangle S_{bs}$ 를 r-반송수의 질산염 (N_{nr})과 유입수 용존 산소 (D_{oi}) 및 r-반송수 용존 산소 (O_r)의 함수로 다음과 같이 표현할 수 있다:

UCT 공정에서는,

$$\triangle S_{bs} = r (8.6N_{nr} + 3.0O_r)+ 3.0O_i$$

(7.2a)

A_2O 공정에서는,

$$\triangle S_{bs} = s (8.6N_{ns} + 3.0O_s)+ 3.0O_i$$

(7.2b)

여기서, N_n과 O 는 각각 질산염 농도와 용존 산소 농도를 의미한다. 아래첨자 r, s 및 i 는 각각 r-반송수, s-반송수 및 유입수 (influent)를 의미한다.

유입수의 쉽게 분해되는 COD 분율 f_{bs} 의 중요성을 제 6 장 탈질에서 인지하였다면, 다행스럽게도 S_{bsa} 의 계산은 가능하다. f_{bs}, f_{us}, f_{up}, S_{ti}, N_{nr}, O_r 및 O_i 는 실험을 통해 측정할 수 있다. 이들을 식 (7.1)과 식 (7.2)에 대입하여 혐기 반응기의 S_{bsa} 로 결정하고, 혐기 반응기에서 인 방출 및 인 섭취량을 측정한다. 측정된 인 농도를 수직축으로, 결정된 S_{bsa} 를 수평 축으로 도식화 할 수 있게 되고, 전형적인 도식 결과를 그림 7.6 에 제시하였고,

그림으로부터 다음과 같은 결론을 도출할 수 있다: 1) 혐기 반응기에서 인 방출을 자극하기 위해 필요한 쉽게 분해되는 COD 분율 f_{bsa}의 최소값은 약 25 mgCOD/L 이다; 2) S_{bsa} 가 25mgCOD/L 보다 높으면, S_{bas} 가 증가할수록 인 방출은 증가한다. 즉 (S_{bsa}-25) mgCOD/L 가 커질수록, 인 방출은 증가한다는 의미이다; 3) 과잉 인 섭취는 오직 인 방출이 시작될 때만 진행되고, (S_{bsa}-25) mgCOD/L 가 커질수록 증가하는 경향을 보인다.

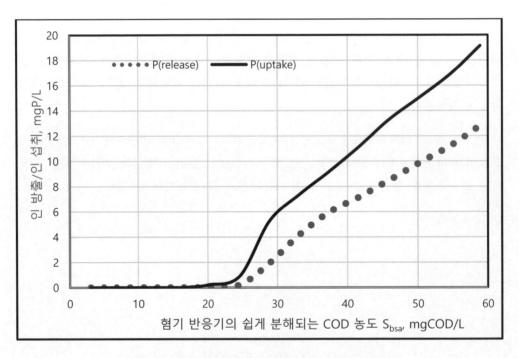

그림 7.6 UCT 공정의 인 방출 및 인 섭취 농도와
혐기 반응기의 쉽게 분해되는 COD 농도와의 관계

Chapter 7 생물학적 과잉 인 제거

혐기 용량 A_c를 수평축으로 도식화했을 경우와 S_{bsa}를 수평축으로 도식화한 경우의 인 방출량 및 인 섭취량은 놀라울 정도로 유사하고 (그림 7.5 와 그림 7.6 참조), 유사성은 오직 UCT 공정과 A_2O 공정에서만 나타난다. 이로부터 혐기 용량 A_c 에 기여하였던 주요 인자가 유입수의 쉽게 분해되는 COD S_{bsi} 임을 알 수 있다. 혐기성 슬러지 질량 분율 (f_{xa})은 무산소 및 호기성 슬러지 잘량 분율보다 상대적으로 낮기 때문에, 느리게 분해되는 COD 농도 (S_{bpi})의 혐기 능력에 대한 기여도는 매우 적다. 기여 정도에 무관하게 쉽게 분해되는 COD (S_{bsa})와 혐기 용량 Ac 는 동등한 매개 변수로 간주할 수 있다.

이에 반하여 MLE 공정에서는, 유입수의 쉽게 분해되는 COD (S_{bsa})는 무산소 반응기로 유입되는 질산염의 탈질과정에서 탄소원으로 완전히 소진되어 혐기 반응기의 쉽게 분해되는 COD (S_{bsa})는 0 이 된다. 그럼에도 불구하고 비포기 슬러지 질량 분율이 높기 때문에, 느리게 분해되는 입자성 COD (S_{bpi})가 탄소원으로 활용되어 높은 혐기 용량 (A_c)이 유지된다. 결과적으로 MLE 공정에서는 쉽게 분해되는 COD (S_{bsa})와 혐기 용량 (A_c)은 무관하고, 느리게 분해되는 입자성 COD (S_{bpi})가 혐기 용량과 연관된다. 이로 인해 혐기 용량 (A_c)만으로는 MLE 공정의 인 제거 거동을 정확하게 예측할 수 없게 되고, 쉽게 분해되는 COD (S_{bsa})가 인 방출 및 인 섭취의 주요 지표가 된다는 주장을 수용하면 MLE 공정의 거동을 정확히 예측할 수 있게 된다. 결론적으로 요약하면, 혐기 반응기에서 인 방출이 진행되기 위해서는 혐기 반응기 슬러지 주변의 쉽게 분해되는 COD 농도가 약 25 mgCOD/L 보다 높아야 한다.

3.2 과잉 인 제거량

인 방출에 필요한 전제 조건은 쉽게 분해되는 COD 의 존재임이 명확해졌지만, 인 방출량과 연이어 진행되는 인 섭취량은 정량적으로 명확히 설명되지 못하였다. 유량 변동 및 부하 변동이 없고 혐기 반응기의 쉽게 분해되는 COD (S_{bsa}) 농도가 25 mgCOD/L 보다 높을 경우, 인 방출량과 인 섭취량은 다음과 같이 정성적으로 설명할 수 있다: 1) 고정된 r-반송비와 고정된 유입 COD 에서 다른 반응기의 부피를 줄이고 대신 혐기 반응기의 부피를 증가시키면, 인 방출과 인 제거가 증가하는 경향을 보인다; 2) 고정된 r-반송비와 고정된 혐기 반응기 부피에서 유입 COD 농도가 증가하면, 인 방출량과 인 제거량이 증가하는 경향을 보인다.

비록 위에서 언급한 정성적 거동은 뚜렷하지만, 일관적인 인 방출 및 인 제거 거동 패턴의 정확한 원인 규명은 불가능하다. 기본 변수들이 적절하게 분리되지 않는 한 어느 한 변수로 설명하면 일관적인 거동 패턴을 표현할 수 없고, 다른 변수로 설명해도 일관적 거동 패턴을 표현할 수 없다. 따라서 각 변수들의 영향이 서로 결합되어 일관성 있는 거동 패턴이 나타나는 것으로 생각할 수 있다. 예를 들어 r-반송비를 증가시키면 혐기 반응기를 거치는 슬러지 질량은 증가하고, 혐기 반응기의 슬러지 체류 시간은 감소하며, 반응기 내 슬러지 농도는 증가하지만, 혐기 반응기의 쉽게 분해되는 COD (S_{bsa}) 농도는 감소한다. 많은 관련된 변화가 동시에 나타나기 때문에 어느 변수들이 중요한 지 판단하기 어렵다. 그러므로 일관적 거동 패턴의 기반이 되는 변수들을 이론적으로 살펴볼 필요가 있다.

인 방출/인 섭취 대 S_{bsa} 관계 (그림 7.6) 에서, 인 방출, 인 섭취 그리고 인 제거 (인 섭취량과 인 방출량의 차이) 사이에는 선형적 관계가 성립하므로, 표준 기준으로 인 제거를 적용하여 인 제거 거동에 미치는 영향을 판정하고자 한다. 결과적으로 인 방출 자체는 인 제거를 표현하는 다음과 같은 주장에 포함되지 않는다. 그림 7.6 의 결과로부터 다음과 같은 인 제거 거동을 주장할 수 있다:

1) 오직 S_{bsa}>25 mgCOD/L 일 경우에만 과잉 인 제거가 달성된다.

2) 25 mg COD/L 보다 높게 S_{bsa} 가 증가할수록, 인 제거량은 증가한다.

3) 실질적 혐기 체류 시간 (HRT_{an})이 길어질수록, 인 제거량은 높아진다.

4) 혐기 반응기로 반송되는 슬러지 질량이 높을수록, 인 제거량은 높아진다. 4)의 주장을 보다 유용한 표현으로 변환하면: 매일 혐기 반응기로 반송되는 슬러지 질량 분율 유입 속도 n 이 커질수록, 인 제거량은 높아진다.

주장 2)와 4)로는 기대되는 거동을 정량적으로 명확히 표현할 수 없다. 정량적으로 표현하기 위해서는 2)와 4)에 대한 가설이 필요하다. 실험적 관찰과 양립할 수 있는 가설로, 다음과 같은 주장을 수용하기로 한다: (S_{bsa}-25), HRT_{an}, 또는 n 중 어느 변수가 0 이 되어도 과잉 인 제거는 0 이 된다. 이 가설로부터 과잉 인 제거 달성 과정의 경향을 표현하는 다음과 같은 단순한 형태의 방정식을 만들 수 있게 된다:

$$P_f = (S_{bsa}-25) \cdot HRT_{an} \cdot n$$

(7.3)

여기서, P_f = 인 제거 경향 인자, n = 혐기 반응기로 반송되는 슬러지 질량 분율 유입 속도 (hr^{-1}).

위와 같이 정의된 P_f 가 3 개 매개 변수의 관찰 거동을 표현할 수 있다면, 슬러지의 인 과잉 섭취에 의한 인 제거 (P_s)는 P_f의 함수가 된다. 즉,

$$P_s = f(P_f)$$

$$\text{(7.4)}$$

식 (7.3)의 $HRT_{an} \cdot n$ 은 UST 공정 및 A_2O 공정의 구조와 운전 변수의 항으로 표현될 수 있고, 이 항은 혐기 반응기의 혐기성 슬러지 질량 분율 f_{xa} 와 동일하다. 즉, $HRT_{an} \cdot n = f_{xa}$. 이를 식 (7.3)에 대입하면,

$$P_f = (S_{bsa} - 25) \cdot f_{xa}; \ S_{bsa} < 25 \text{ 인 경우 } P_f = 0.0$$

$$\text{(7.5)}$$

따라서 UCT 및 A_2O 공정에서의 과잉 인 제거 진행 경향 P_f 는 결론적으로 25 mgCOD/L 보다 높은 쉽게 분해되는 COD 농도와 혐기성 슬러지 질량 분율만의 함수가 된다.

3.3 과잉 인 제거 정량화 모델

과잉 인 제거가 생물학적 활동 때문인 것으로 인정됨에 따라, 다음과 같은 조건 부여가 가능해진다: 1) 슬러지의 활성을 지니는 분율만이 인을 과잉으로 섭취할 수 있다; 2) 활성을 지닌 슬러지 질량 부분이 증가할수록, 인 제거량은 증가한다; 3) 비활성 슬러지의 인 함량은 변하지 않는다.

이 조건들을 반영하면, 정상상태에서 인 제거는 다음의 식과 같이 표현할 수 있다 (제 4 장 참조):

$$P_s = S_{ti}\{\frac{(1 - f_{us} - f_{up})Y_h(\gamma + f_p f b_h SRT)}{1 + b_h SRT} + \frac{f_p f_{up}}{f_{cv}}\}$$

$$\text{(7.6)}$$

여기서, P_s = 슬러지에 포함되는 인 제거 농도 (mgP/L); f_p = 휘발성 질량 중 내생 잔류 질량 분율과 비활성 질량 분율에 포함된 인 함유량 (mgP/mgVSS); γ = 과잉 인 제거 계수: 즉, 활성을 지닌 슬러지 질량에 포함된 중 인 함유량 (mgP/mgVASS).

식 (7.1), (7.2), (7.5), (7.6)으로부터 과잉 인 제거 계수 γ 와 인 제거 경향 인자 P_f 의 관계식이 실험 자료를 활용하여 산출될 수 있다. 20 ℃에서 혐기 슬러지 질량 분율 (f_{xa}) 0.10~0.20 에서 실험을 통해 구한 인 제거 계수 (γ)를 인 제거 경향 인자의 함수로 도식화하여 그림 7.7 에 제시하였다.

생물학적 영양염류 제거 공정 설계 실무

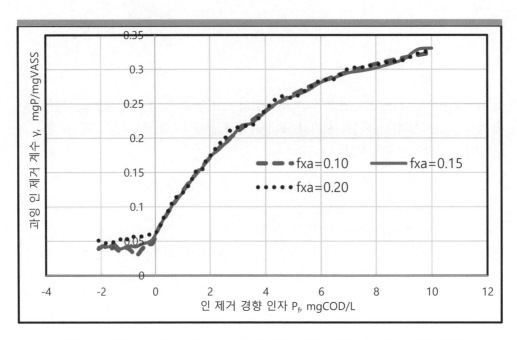

그림 7.7 과잉 인 제거 계수 (γ)와 인 제거 경향 인자 (P_f)와의 상관 관계
(20 ℃, f_{xa}=0.10, 0.15, 0.20)

그림 7.7 을 통계적으로 분석된 결과는 다음과 같다: 1) γ 값의 상한치는 0.35 이다; 2) 경향 인자 P_f=0 에서, γ 값의 하한치는 0.06 이다; 3) $0<P_f<\infty$에서 γ 값의 최대 변화는 (0.35-0.06) = 0.29 이고, P_f가 감소할수록 γ 값은 지수적으로 감소한다.

위의 관찰된 결과를 바탕으로, γ 대 P_f의 관계식을 다음과 같이 통계적으로 표현할 수 있다:

$$\gamma = 0.35 - 0.29 \exp(-C \cdot P_f)$$

C 의 값은 측정값과 예측값의 최소 자승 분석 (least square analysis)을 통해 산출될 수 있으며, 산출된 값은 -0.242 이다. 즉,

$$\gamma = 0.35 - 0.29 \exp(-0.242 \cdot P_f) \ (\text{mgP/mgVASS})$$

(7.7)

실험실 규모 시설에서 인 제거 거동을 연구할 경우에는 하수 공급에 주의를 기울일 필요가 있다. 통상적으로 하수의 일부분 (batch: 배취)을 약 5 ℃에서 저장해두었다가 실험에 나누어 활용한다. 배취 내 같은 하수를 나누어 유입시킴에도 불구하고, 시간이 지날수록 탈질 효율과 인 제거 효율이 감소하는 현상을 종종 접할 수 있다. 저온에서

Chapter 7 생물학적 과잉 인 제거

저장중인 하수의 쉽게 분해되는 COD 농도를 측정하면, 시간에 따라 점진적으로 감소하여 탈질 및 인 제거 효율 저하로 이어진다. 따라서 하수 배취를 보관할 때 약 1 주 또는 1.5 주 보다 긴 기간 동안 저장하지 않아야 하고, 가능한 매일마다 S_{bsi} 를 측정할 필요가 있다. 뿐만 아니라 통상적 기준으로 S_{bsi} 를 모니터링하여 배취 간 농도 변화를 사전에 감지하여야 일관되지 못한 질소 및 인 제거 결과 발생을 사전에 예방할 수 있다. 또한 하수를 실험실로 옮기는 과정에서 저온 탱크를 활용하여야 하고, 하수 배취를 바꿀 때 마다 탱크를 깨끗이 청소하여 황화수소 발생으로 인한 S_{bsi} 의 급격한 손실을 예방하여야 할 것이다. 탱크 내에 황화수소 농도가 증가하게 되면, 공정에 부정적인 영향을 주게 된다.

충분한 농도로 쉽게 분해되는 COD 가 존재하고 지나치게 높은 농도로 TKN 이 존재하지 않는 한, 혐기 반응기로 반송되어 유입되는 질산염 농도가 높을지라도 고효율의 인제거를 달성할 수 있다. 충분한 S_{bsi} 의 일부 만이 질산염 탈질에 필요한 탄소원으로 활용되고, 여전히 많이 남은 S_{bsi} 가 인 제거에 기여하기 때문이다.

3.4 모델의 적용 범위

인 제거를 예측할 수 있는 정량적 모델은 광범위한 범위에서 하수 처리 시설을 운전한 운전 결과 자료로부터 개발되었다. 따라서 모델 적용 범위는 당연히 운전 범위로 제한되고, 제한되는 적용 범위는 다음과 같다:

① 유입 COD 농도 S_{ti}: 250~800 mgCOD/L

② 쉽게 분해되는 COD 농도: 70~220 mgCOD/L (즉, 분율 f_{ts}: 0.12~0.27)

③ TKN/COD 비: 0.09~0.14

④ SRT: 13~25 일

⑤ 수온: 12 ℃~2 0℃

모델 개발 시, 과잉 인 제거에 영향을 주는 주요 인자 및 조건을 확인하여 모델에 포함시키는 과정이 필요하다. 모델에 포함시켜야 할 주요 인자 및 조건을 요약하여 제시하면 다음과 같다:

① 유입수 COD 중 쉽게 분해되는 COD 농도가 증가할수록 과잉 인 제거도 증가한다.

② 혐기성 슬러지 질량 분율이 증가할수록, 과잉 인 제거도 증가한다.

③ 위 ①과 ②의 조건에서 SRT 가 감소할수록, 과잉 인 제거는 증가한다.

④ 수온이 낮아지면, 과잉 인 제거는 미약하게 나마 증가한다.

식 (7.7)을 식 (7.6)에 대입하고, 식 (7.6)에 의해 예측된 인 제거 값은 실측된 인 제거값과 매우 유사하여 모델의 타당성이 입증되었지만, 다음과 같은 점에 유의하여 모델을 적용할 필요가 있다: 모델은 준-실험 자료를 기반으로 완성되었기 때문에, 위에서 제시한 제한된 범위에서만 그리고 하수 특성의 범위에서만 엄격하게 적용하여야 한다. 제한된 범위를 벗어날 경우, 벗어난 범위에서 측정된 많은 자료를 바탕으로 모델을 보정하여야 한다.

모델로 예측한 인 제거와 실측된 인 제거가 일치할지라도, 여전히 모델로는 과학적 불확실성이 해소되지는 않는다. 결과적으로 해당 조건 및 해당 인자에서 충분한 실측 자료가 없을 경우에만 제한된 범위에서 오직 설계 및 실질적인 목적으로 위 모델은 사용될 수 있다. 따라서, 생화학적이고 물리적인 규칙에 의해 인 제거를 예측할 수 있는 보다 논리적이고 과학적 근거를 지니는 모델을 개발할 필요가 있다.

Acinetobacter 와 같은 고분자 인산염을 저장할 수 미생물은 호기성 조건이 되면 인산염을 사슬 형태로 연결하여 고분자 인산염으로 전환하여 미생물 내부에 저장한다. 일부 미생물은 무산소 조건에서도 질산염을 전자 수용체로 활용하여 내부의 인산염을 고분자 인산염으로 전환시켜 저장할 수 있다. 하수가 유입되는 혐기 반응기로 슬러지 반송에 의해 고분자 인 저장 미생물이 유입되면, 미생물은 저장된 일부 고분자 인산염을 분해시키며 혐기 상태에서도 생존한다. 고분자 인산염 분해 과정에서 방출된 에너지는 미생물 슬러지 주변의 낮은 분자량의 저분자 지방산을 아세토아세테이트 (CH_3CHOCH_2COOR)와 폴리히드록시부티레이트 (polyhydroxybutyrate: PHB; $H[OCCH_3CH_2CO-]_nOH$)와 같은 보다 복잡한 구조를 지닌 화합물로 전환시키는데 이용되고, 이들 화합물은 미생물 내부에 저장된다. 이 후 미생물이 호기 반응기 (또는 무산소 반응기)로 진입하면, 이들 화합물과 전자 수용체인 산소 (무산소 반응기에서는 전자 수용체로 질산염)을 활용하여 성장하고 고분자 인산염을 재충진한다.

저분자 지방산이 호기 반응기 (또는 무산소 반응기)로 유입되면, 고분자 인산염을 저장한 미생물은 다른 종속영양 미생물 (또는 임의성 미생물)과 저분자 지방산 기질을 두고 서로 경쟁한다. 호기 (또는 무산소) 조건에서는 산소 (또는 질산염)를 전자 수용체로 이용하는 다른 종속영양 미생물도 저분자 지방산을 기질로 활용할 수 있기 때문이다. 그러나 고분자 인산염 저장 미생물은 다른 미생물에 비해 상대적으로 느리게 성장하기 때문에 호기 반응기에서 저분자 지방산의 극히 일부만을 활용하여 성장한다. 이에 따라 다른 미생물은 풍부하게 관찰할 수 있는 반면, 저분자 지방산 일부만을 섭취하며 성장하는 고분자 인산염 저장 미생물은 결과적으로 호기성 슬러지에서 찾아보기 힘들어진다. 따라서 혐기 반응기 (또는 영역)를 공정에 포함시키면 (이 반응기 또는 영역으로는 반송에 의한 질산염이 유입되지 않고, 하수만이 직접 유입됨), 혐기 반응기 (또는 영역)에서 저분자 지방산을 격리시켜 저장하면서 경쟁없이 인산염 저장 미생물이 성장할 수 있게 된다. 외부로부터 공급되는 전자 수용체가 없기 때문에 혐기 반응기 (또는 영역)에서는 다른 미생물들의 활동은 정지된다.

고분자 인산염 저장 미생물 성장에 필요한 저분자 지방산은 유입 하수 중에 쉽게 분해되는 COD 분율 형태로 존재한다. 그러나 쉽게 분해되는 COD 분율 모두가 저분자 지방산에 해당되지는 않는다. 저분자 지방산으로 존재하지 않는다면, 임의성 종속영양 미생물이 고분자 인산염 저장 미생물에 비해 성장하기 유리해진다. 임의성 종속영양 미생물은 혐기 반응기에서 스스로 내부에서 전자 수용체를 생산하여 분자량이 큰 포도당과 같은 화합물을 저분자 지방산으로 분해하면서 생존에 필요한 적은 양의 에너지 (기초 대사 에너지)를 얻는다.

외부 전자 수용체가 없는 혐기 조건에서는 저분자 지방산은 크렙스 회로 (Krebs cycle)에 진입할 수 없고, 임의성 종속영양 미생물에 의해 생성된 저분자 지방산은 혼합액으로 방출된다. 이로 인해 유입수에 저분자 지방산이 없음에도 불구하고, 고분자 인산염 저장 미생물은 여전히 저분자 지방산을 격리시킬 수 있게 된다. 이러한 과정을 거쳐 혐기-무산소-호기 조건이 결합된 공정에서도 임의 호기성 미생물인 *Ancinetobacter* 와 같은 느리게 성장하는 고분자 인산염 저장 미생물은 혐기 반응기에서 왕성하게 성장할 수 있게 된다. 요약하면 임의성 미생물 내부에 저장되었던 고분자 지방산이 저분자 지방산으로 분해되어 혼합액으로 방출되면, 고분자 인산염 저장 미생물이 혼합액의 저분자 지방산을 섭취하여 고분자 지방산으로 전환시키고 전환에 필요한 에너지는 고분자 인산염 사슬 일부를 끊어 (인산염 방출) 조달한다. 실질적 체류 시간 2 시간까지 혐기 조건이 유지되는 기간 동안에는 느리게 분해되는 입자성 COD 가 저분자 지방산으로 전환되기 극히 어렵기 때문에, 느리게 분해되는 입자성 COD 는 혐기 반응기에서는 저분자 지방산으로 전환되지 않고 저분자 지방산은 쉽게 분해되는 COD 분율에서 얻어진다.

저분자 지방산을 고분자 화합물로 전환시키기 위해 필요한 에너지를 고분자 인산염 사슬의 일부를 분해시키는 과정에서 얻기 때문에, 생화학적 모델에서는 인 방출이 혐기 반응기에서 진행된다. 인 방출에 관한 양론을 살펴보면, 하나의 인이 방출될 때마다 대략 일정한 질량의 저분자 지방산이 고분자 화합물로 전환된다. 따라서 고분자 인산염 저장 미생물의 질량은 고분자 화합물로 전환되는 저분자 지방산의 질량에 따라 변한다. 달성 가능한 과잉 인 제거는 생성되는 고분자 인산염 저장 미생물 질량에 따라 변하고, 이어서 생성되는 고분자 인산염 저장 미생물 질량은 저분자 지방산 질량 분율과 고분자 인산염 미생물에 의해 고분자 화합물로 전환되는 쉽게 분해되는 COD 농도에 따라 변한다는 결론에 도달한다.

회분식 혐기 반응기에서 저분자 지방산의 일종인 아세테이트를 이용하여 인 방출을 관찰하면, 고분자 화합물로 전환된 아세테이트의 질량에 대략적으로 비례하여 인 방출량이 정해진다는 위의 결론을 뒷받침할 수 있는 결과를 얻을 수 있다. 즉, 2 mgCOD/L (아세테이트)가 고분자 화합물로 전환되면, 약 1 mgP/L 의 인산염이 방출된다. 아세테이트의 고분자 화합물로의 전환은 매우 빠르게 진행된다. 일반적인 생활 하수에는 쉽게 분해되는 COD 의 저분자 지방산 분율은 낮고, 이 상태에서는 저분자 지방산을 생산하는 임의성 종속영양 미생물이 중요한 역할을 한다. 그러나 이 경우 저분자 지방산이 임의성 종속영양 미생물에 의해 생성되는 즉시, 고분자 인산염 저장 미생물에 의해 고분자 화합물로 전환된다. 생활 하수를 이용하여 회분식 혐기 반응기에서 인 방출을 관찰하면, 저분자 지방산의 고분자 화합물로의 전환 속도 (이 속도는 인 방출 속도와 동등함)는 아세테이트가 고분자 화합물로 전환되는 속도보다 약 5 배 느리게 진행된다는 사실을 쉽게 알 수 있다. 뿐만 아니라 이러한 결과는 쉽게 분해되는 COD 만이 저분자 지방산으로 전환되고 전환된 저분자 지방산은 전환 즉시 고분자 인산염 저장 미생물에 의해 고분자 화합물로 전환되어 저장되면서 고분자 화합물로 전환된 저분자 지방산 질량에 비례하여 인 질량이 방출된다는 일관성 있는 주장을 뒷받침한다.

쉽게 분해되는 COD 가 저분자 지방산으로 분해되고 저분자 지방산을 활용하여 인 방출이 진행되는 반응 속도식을 보다 깊게 이해하기 위해 플러그 흐름 혐기 반응기가 포함된 Modified-UCT 공정으로 생활 하수를 처리한 결과, 플러그 흐름 반응기의 단위 길이 당 인 방출량은 반응기 출구로 접근할수록 지수적으로 감소하였다. 이 결과로부터 쉽게 분해되는 COD 가 저분자 지방산으로 분해되고, 다시 고분자 화합물로 전환되는 전체 속도는 1 차 반응에 의해 진행된다는 사실을 알 수 있다. 이에 따라 1 차 반응 속도식으로 간주하여 정상상태 지배 방정식을 수립할 수 있다. 지배 방정식으로부터 1 개의 단일 혐기 반응기를 무한히 작은 반응기로 나누어 직렬로 무한히 연결하면 보다 효율적인 인 방출 효율을 얻을 수 있다는 사실로 귀결된다. 제 3 장 4.3 절에서 설명하였듯이 완전 혼합 흐름 반응기를 여러 작은 반응기로 나누어 직렬로 연결하면, 하수의 완전 흐름 거동이 플러그 흐름 거동에 보다 가까이 접근하게 된다. 동일한 반응기 부피에 대해 1 차 반응에서는 오염물질 제거 효율이 완전 혼합 흐름 반응기에 비해 플러그 흐름 반응기에서 보다 높기 때문에 단일 혐기 완전 혼합 흐름 반응기를 작은 반응기로 나누어 직렬로 연결하면 인 방출이 더욱 효율적으로 진행될 수 있게 된다.

위의 고무적인 결과로부터 혐기 반응기를 2 개 이상의 작은 혐기성 반응기로 나누어 직렬로 연결하면, 과잉 인 제거 효율이 개선됨을 알 수 있다. 이러한 개선 방안으로 공정의 유연성이 향상되어 혐기성 슬러지 질량 분율을 변화시킬 수 있을 뿐 아니라, 같은 부피로 여러 다양한 형상의 영양염류 제거 공정을 실현할 수 있게 된다.

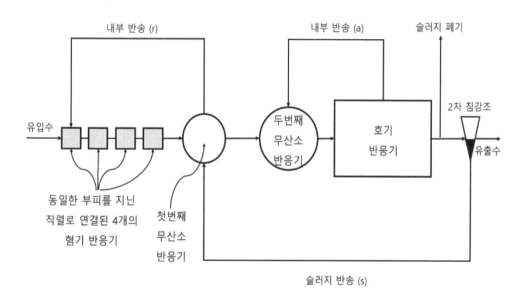

그림 7.8 동일한 크기의 혐기 반응기 4 개가 직렬로 연결된
Modified-UCT 공정의 개략도

비 정상상태에서 운전되는 회분식 혐기 반응기와 정상상태에서 운전되는 플러그 흐름 혐기 반응기를 비교하면, 서로 다른 인 방출 결과가 도출됨을 알 수 있다. 회분식 반응기에서는 쉽게 분해되는 COD 농도가 20 mgCOD/L 미만에서 인 방출이 진행되지만, 플러그 흐름 반응기에서는 25 mgCOD/L 이상이 되어야 인 방출이 진행되는 뚜렷이 다른 양상을 보인다. 이러한 차이는 다음과 같은 측정 과정의 차이와 서로 다른 반응 속도 거동 때문인 것으로 판단된다:

생물학적 영양염류 제거 공정 설계 실무

- 유입수의 인은 용존성 인 (약 80 %)과 입자성 인 (약 20 %)으로 구성되기 때문에 혐기 반응기의 인 방출량 계산 시 오차가 발생할 수 있다. 방출된 인의 양 계산 시, 인의 물질 수지를 수립할 때 혐기 반응기로 유입되는 인과 혐기 반응기로부터 유출되는 인 모두가 용존성 인의 형태로 존재한다고 가정 (심지어는 유입수의 인조차 용존성 인으로 가정)한다. 이러한 인 방출량 측정의 한계로 인해 호기성 슬러지 공정의 활성을 지니는 슬러지 인 함유 분율 (γ) 0.03 에 비해 상대적으로 높은 값인 $\gamma=0.06$ 을 지니게 된다. 즉, 실질적인 인 방출은 $S_{bsa}<25$ mgCOD/L 에서 시작되고, 이로 인해 0.03 에서 0.06 으로 추가적인 인 섭취를 유발하게 된다.

- 과잉 인 제거를 유도하기 위해서는 혐기 반응기에는 최소 25 mgCOD/L 농도의 쉽게 분해되는 COD 가 필요하다. 이러한 거동의 이유는 직렬로 연결된 혐기 반응기의 인 방출 속도를 표현할 수 있는 반응 속도로부터 알 수 있게 된다. 20 일의 SRT 와 500 mg/L 농도의 유입 하수 원수 COD 그리고 쉽게 분해되는 유입 COD $S_{bsi}=100$ mg/L, 혐기성 슬러지 질량 분율 0.15 에서 약 70~80 % (평균 75 %)의 쉽게 분해되는 COD 만이 미생물에 의해 격리되었고, 나머지 20~30 % (평균 25%)는 혐기 반응기 유출수에 포함되었다. (S_{bs}-25)항이 식 (7.3)~(7.5)에 포함되어 있는 이유이기도 하다. 그러나 혐기 반응기가 2 개 이상으로 나누어져 직렬로 연결되면, 유출수의 S_{bs} 는 5~10 mg/L 로 낮아진다. 뿐만 아니라 유출수 S_{bs} 는 유입수 S_{bs} 에 따라 변하기 때문에 (S_{bs}-25)항은 오직 대략적인 값일 뿐이다.

모델로 반복하여 인 제거율을 예측해보면, 이러한 차이는 낮은 COD 농도의 하수에서만 발생한다는 사실을 알 수 있게 된다. 식 (7.6)의 매개 변수로 표현된 방정식으로부터 예측되는 인 제거 농도가 반응 속도식이 반영된 모델보다 낮게 나타나는 경향을 보인다. 그러나, 반응 속도식이 반영된 모델은 여전히 개선할 점 (실질적 하수 흐름은 이상적인 완전 혼합 흐름과 이상적인 플러그 흐름의 중간 흐름 거동을 보이게 되고, 반응기 형상 (주로 길이: 폭 비)에 따라 흐름 거동은 변하기 때문에, 실질적으로 현실을 반영한 신뢰할 수 있는 모델 개발이 어려워짐)이 많아 식 (7.6)의 매개 변수 예측 모델을 대신할 수 없는 실정이다.

지금까지의 토론은 매개 변수 모델에 대한 의문을 제기하고 사용할 수 없는 도구로 인정하자는 의도가 아니다. 반응 속도식이 반영된 보다 신뢰성있게 인 제거를 예측할 수 있는 모델이 개발되지 않는 한, 생물학적 과잉 인 제거 공정 거동을 해석하기 위한 가장 적합한 모델은 매개 변수 기반 모델이 될 것이다. 다음 항에서는 설계에 적용되는 매개 변수 모델의 실행 과정을 제시할 것이다.

4. 설계에 적용할 모델 요약

생물학적 과잉 인 제거에 관한 매개 변수 모델은 2개의 핵심적인 개념으로 구성된다. 즉, 1) 과잉 인 제거 계수 (γ); 2) 과잉 인 제거 경향 인자 (P_f). 이들은 식 (7.7)의 관계를 지닌다.

4.1 과잉 인 제거 계수 (γ)

과잉 인 제거가 진행될 때, 과잉으로 제거되는 인은 식 (7.6)의 과잉 인 제거 계수 γ의 크기에 반영되어 있다. 과잉 인 제거 계수 γ의 크기는 호기성 공정 슬러지의 일반적인 인 함유량 0.02~0.03 mgP/mgVASS 보다 크다. 혐기 반응기가 포함된 공정에서의 과잉 인 섭취에 해당하는 γ 값은 최소 약 0.06 에서 최대 약 0.35 범위에 있다.

식 (7.6)의 인 제거 농도를 유입 COD 농도 S_{ti} 로 나누고, SRT 의 함수로 도식화하여 (γ=0.18 mgP/mgVASS 로 가정) 그림 7.9 에 제시하였다 (그림에 적용한 각 매개 변수들은 표 4.1, 4.3, 5.2 및 6.1 참조). 단위 COD 유입 부하 당 인 제거량 (P_s/S_{ti})은 SRT 증가에 따라 급격히 감소하고, 이로부터 최대 인 제거량을 달성하기 위해서는 SRT 를 가능한 낮게 유지하여야 한다는 사실을 알 수 있다. 단위 COD 부하 당 인 제거량은 하수 원수와 1 차 침강조를 거친 하수에서 거의 동일하다. 따라서 1 차 침강조에서 약 40 %의 COD 부하가 제거된다는 점을 감안하면, 1 차 침강조를 거친 하수에서의 인 제거는 하수 원수에 비해 약 40 % 낮아짐을 알 수 있다. 일정한 과잉 인 제거 계수 γ 값에서 수온에 따라 생산되는 슬러지 순 질량의 변화는 미미하기 때문에 인 제거에 미치는 수온의 영향은 크지 않다. 또한 과잉 인 제거 계수 γ 값이 증가할수록, 단위 COD 부하 당 인 제거량은 증가한다 (그림 7.10).

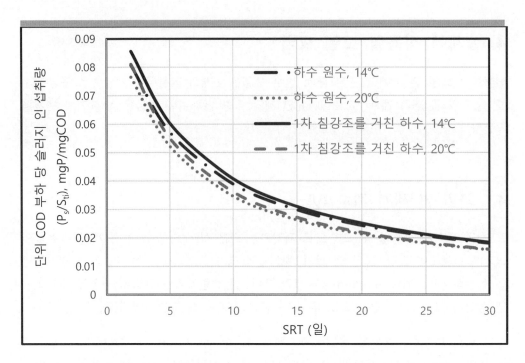

그림 7.9 SRT 에 따른 단위 COD 부하 당 슬러지 인 섭취량(γ=0.18 mgP/mgVASS)

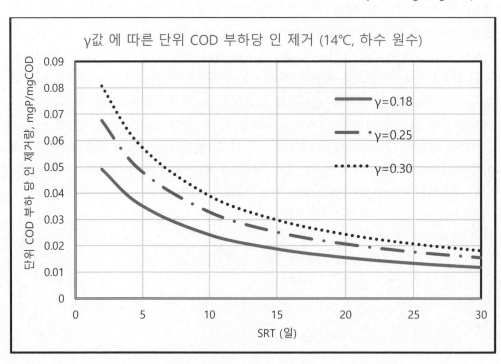

그림 7.10 SRT 에 따른 단위 COD 부하 당 인 제거량

(하수 원수, 14 ℃, γ=0.18, 0.25, 0.30)

Chapter 7 생물학적 과잉 인 제거

4.2 과잉 인 제거 경향 인자 (P_f)

과잉 인 제거 계수 γ 값은 혐기 반응기의 다음과 같은 여러 조건에 의해 영향을 받는다: 1) 25 mgCOD/L 보다 높은 쉽게 분해되는 COD (S_bsa); 2) 실질적 체류 시간 그리고; 3) 매일 혐기 반응기를 거치는 슬러지 질량 (공정 슬러지 질량의 분율로 표현됨).

이들 조건은 UCT 공정과 A_2O 공정에서 정량화되어, 과잉 인 제거 경향 인자 (P_f)의 함수로 표현된다 (식 (7.5)). UCT 공정과 A_2O 공정 혐기 반응기의 쉽게 분해되는 COD 농도 (S_bsa)는 식 (7.1)과 식 (7.2)에 의해 산출될 수 있다. 13~25 일 범위의 SRT 에서 실제 측정된 실험 자료를 근거로 수식화되었기 때문에 이 식들은 측정 자료의 운전 조건에서만 유효하다. 이에 해당하는 유효 조건은 13~25 일 범위의 SRT 와 13~22 ℃ 범위의 수온이다. SRT 가 이 범위를 벗어나면 특히 SRT 가 13 일 미만이 되면, 범위 밖까지 외삽 (extrapolation)을 통해 식을 적용하는 것은 현명한 방법이 되지 못한다.

4.3 과잉 인 제거 모델

위에서 설명한 과잉 인 제거 계수 (γ)와 인 제거 경향 인자 (P_f)는 식 (7.7)의 관계를 지닌다. 식 (7.7)은 실제 측정된 자료를 기반으로 수식화 되었다. 식 (7.7)에서 알 수 있듯이 경향 인자 P_f 가 높아질수록, 과잉 인 제거 계수 γ 는 커진다. 고정된 SRT 에서 높은 값의 유입 COD 농도, 높은 값의 쉽게 분해되는 COD 분율 (f_bs) (일반적인 f_bs 분율은 약 0.2 이다) 그리고 혐기 반응기로 유입되는 반송수의 질산염 농도가 0 (N_nr=0, 그리고 N_ns=0)일 때, 인 제거 경향 인자 P_f 는 높은 값을 지닌다. 혐기 반응기로 유입되는 질산염 농도에 대한 과잉 인 제거의 민감도를 그림 7.11 에 제시하였다. 그림 7.11 에는 혐기성 슬러지 질량 분율 f_xa=0.10 에서 식 (7.1), (7.2), (7.5)~(7.7)에 의해 계산된 S_bsa 농도, 인 제거 경향 인자 (P_f) 그리고 과잉 인 제거 계수 (γ)가 혐기 반응기로 유입되는 질산염의 함수로 도식화되어 있다 (혐기성 슬러지 질량 분율 f_xa=0.10; 슬러지 반송 비율 s=1; 슬러지 반송수 용존 산소 농도 O_s=1.0 mgO/L; 유입하수 용존 산소 농도 O_i=0.0 mgO/L).

그림에서 볼 수 있듯이 질산염 농도가 7 mgNO_3-N/L 보다 높을 경우, 질산염 농도 0 일 경우에 비해 인 제거 계수 γ 값은 1/3 로 낮아진다. SRT=25 일, 14 ℃에서 γ 값이 0.22 에서 0.07 mgP/mgVASS 로 낮아지면, 인 제거 농도는 9.3 에서 3.5 mgP/L 로 감소한다. 따라서 효율적인 인 제거를 달성하기 위해서는 혐기 반응기로 유입되는 질산염 농도를 최소화하여야 한다.

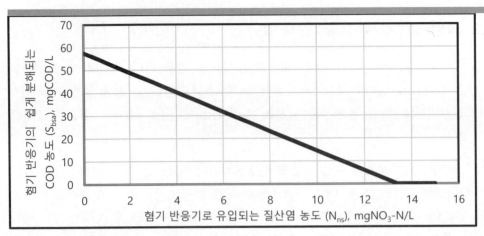

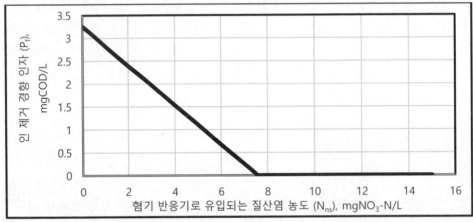

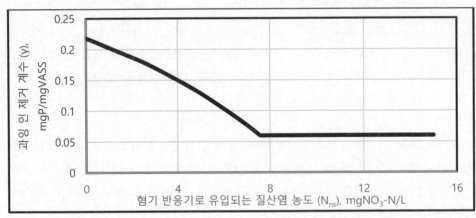

그림 7.11 혐기 반응기의 쉽게 분해되는 COD 농도 (S_{bsa}) (위), 인 제거 경향 인자 (P_f) (중간), 과잉 인 제거 계수 (γ) (아래)의 혐기 반응기로 유입되는 질산염 농도 변화에 대한 의존성 (혐기성 슬러지 질량 분율 f_{xa}=0.10; 슬러지 반송 비율 s=1; 슬러지 반송수 용존 산소 농도 O_s=1.0 mgO/L; 유입 하수 용존 산소 농도 O_i=0.0 mgO/L).

Chapter 7 생물학적 과잉 인 제거

5. 설계 절차

과잉 인 제거를 위해 A₂O 또는 UCT 공정을 택할 경우, 고정된 SRT 와 20 ℃의 질산화 미생물 최대 비 성장율 μ_{nm20} 에서 질산염 농도 제로에 준하는 완전 탈질이 달성될 수 있는지 여부를 먼저 검증할 필요가 있다. SRT 약 25 일 이하와 총 무산소 슬러지 질량 분율 (f_{xdt}) 약 0.40 미만의 조건에서 완전 탈질이 최저 수온에서 달성될 것으로 판단되는 경우, A₂O 공정 선택이 바람직하다. 완전 탈질 달성이 어려울 경우에는 UCT 공정을 선택할 수 있다.

인 제거 공정 진행을 위해서는 과잉 인 제거를 자극할 수 있는 혐기 반응기가 필요하고, 탈질에 참여할 총 무산소 슬러지 질량 분율 (f_{xdm})은 최대 비포기 슬러지 질량 분율 (f_{xm})에서 선정된 혐기성 슬러지 질량 분율 (f_{xa})를 감한 값과 동일하다. 즉,

$$f_{xdm} = f_{xm} - f_{xa}$$

(7.8)

여기서, f_{xm} 은 식 (5.24)에 의해 산출된다.

A₂O 공정의 탈질 거동은 Bardenpho 공정의 거동과 동일하다. 즉, 식 (6.24)~(6.29)를 적용할 수 있다는 의미이다. 그러나 A₂O 공정의 f_{xdm} 은 식 (7.8)에 의해 주어지는 반면, Bardenpho 공정의 f_{xdm} 은 식 (6.23)에 의해 주어진다는 점에 유의하여야 한다. 따라서 같은 비포기 슬러지 질량 분율 f_{xm} 에서 Bardenpho 공정보다 A₂O 공정의 f_{xdm} 이 f_{xa} 만큼 더 낮게 나타난다. 매우 쉽게 분해되는 COD 분율 (f_{bs})과 μ_{nm20} 값이 높고 TKN/COD 비가 낮은 하수를 Bardenpho 공정으로 처리하면 SRT=20~25 일에서 완전에 가까운 탈질을 달성할 수 있다 (제 6 장 참조). 결과적으로 하수의 특성이 완전 탈질에 바람직한 조성으로 구성되면, A₂O 공정으로 과잉 인 제거를 달성할 수 있게 된다 (유출수 질산염 농도가 낮아져서 혐기 반응기로 유입되는 반송수에는 적은 농도의 질산염이 포함되기 때문이다). 달성 가능한 과잉 인 제거, P_s 는 앞에서 설명한 매개 변수가 포함된 모델에 의해 산출되고, 유출수의 인 농도 P_{te} 는 유입수 인 농도 P_{ti} 와 P_s 의 차로 계산된다. 즉,

$$P_{te} = P_{ti} - P_s \ (mgP/L)$$

(7.9)

고정된 SRT 에서 완전 탈질에 필요한 총 무산소 슬러지 질량 분율 f_{xdt} 가 허용 가능한 최대 무산소 슬러지 질량 분율 f_{xdm} 보다 낮을 경우, A₂O 공정 설계시 다음과 같은 선택 사항들을 반영할 수 있다:

생물학적 영양염류 제거 공정 설계 실무

① 총 무산소 슬러지 질량 분율 f_{xdm} (=$f_{x1}+f_{x3}$)이 최대 무산소 슬러지 질량 분율 f_{xdm} 과 같아지도록 f_{x1} 과 f_{x3} 를 증가시키고, 이는 탈질 안전 인자 (이 값의 크기는 f_{xdm}/f_{xdt})를 적용하는 것과 같은 효과를 지닌다.

② SRT 를 감소시켜 f_{xdm} 이 f_{xdt} 와 같아지도록 한다. SRT 가 감소하면 공정 부피를 줄일 수 있다. SRT 를 얼마나 감소시켜야 하는 지는 다음 과정에 의해 평가된다: • f_{xdm} 을 최저 수온에서 완전 탈질에 필요한 f_{xdt} 와 동일하게 산정한다; • 식 7.8 에 따라 f_{xm} 을 결정한다: • 결정된 f_{xm} 으로 식 (5.24)에 따라 SRT 를 산출한다; • 검증을 위해 새로운 SRT 에 대해 같은 과정을 반복한다.

③ A_2O 공정에서는 식 (7.8)에 의해 f_{xdm} = f_{xdt} 가 될 수 있도록 f_{xa} 를 증가시켜, 과잉 인 제거를 향상시킬 수 있다.

탈질 안전율이 배제된 위의 선택 사항 ②와 ③은 권장하지 않는다: A_2O 공정에서 탈질 안전 인자가 배제되면, 혐기 반응기로 유입되는 질산염으로 인해 인 제거 효율이 저하되어 심각한 결과를 초래할 수도 있기 때문이다 (그림 7.11 참조).

최저 수온과 최고 수온 사이에서 운전되는 A_2O 공정 설계 시, 다음과 같은 순서의 계산 과정을 거쳐 완전 탈질 달성 가능성 여부를 검증할 필요가 있다. 완전 탈질이 가능하다는 결과가 도출되면, 질소와 인을 함께 최적으로 제거할 수 있는 공정 구조를 선택하여야 한다:

단계 1: S_{ti}, N_{ti}, P_{ti}, fbs, f_{up}, μ_{nm20}, T_{max}, T_{min} 과 같은 하수 특성을 선정한다.

단계 2: SRT 와 S_f 를 선정한다.

단계 3: 식 (5.24)에 의해, T_{min} 에서의 f_{xm} 을 산출한다.

단계 4: 산출된 f_{xm} 과 선정된 SRT 를 이용하여, 식 (5.4)에 의해 T_{max} 에서의 S_f 를 산출한다.

단계 5: T_{max} 과 T_{min} 에서의 N_{te} 를 평가한다.

단계 6: 선정된 f_{up} 와 f_{us} 를 이용하여, 식 (4.23)에 의해 선정된 SRT 에서 T_{max} 과 T_{min} 에서의 N_s 를 산출한다.

단계 7: 식 (5.29)에 의해, N_c 를 계산한다.

단계 8: f_{xa} 를 선정한다.

Chapter 7 생물학적 과잉 인 제거

단계 9: 식 (7.8)에 의해 주어진 f_{xdm} 을 이용하여, 식 (6.25)에 의해 T_{max} 과 T_{min} 에서의 D_{pt} 를 산출한다.

단계 10: s, O_a 및 O_s 를 선정한다.

단계 11: 식 (6.21)에 의해, T_{max} 과 T_{min} 에서의 f_{x1min} 을 산출한다.

단계 12: 식 (6.29)에 의해, T_{max} 과 T_{min} 에서의 f_{x3min} 을 산출한다.

단계 13: a-반송비를 선정하고, 식 (6.24)에 의해 T_{min} 에서의 N_{ne} 를 산출한다.

단계 14: $N_{ne}<0$ 일 경우, $N_{ne}=0$ 으로 책정한다.

단계 15: 산출된 N_{ne} 를 이용하여, 식 (6.26)~(6.28)에 의해 f_{x1}, f_{x3} 및 f_{xdt} 를 산출한다.

단계 16: $f_{x1} \geq f_{x1min}$ 과 $f_{x3} \geq f_{x3min}$ 여부를 검증하고, 해당되지 않을 경우 유효하지 않기 때문에 선정하였던 a-반송비를 폐기한다.

단계 17: 새로운 a-반송비를 다시 선정하여 단계 12~15 과정을 반복하여 수행한다.

단계 18: T_{max} 에 대해 단계 12~16 과정을 반복하여 수행한다.

단계 19: 제 6 장의 절차에 따라 f_{x1} 과 f_{x3} 를 고정한다. f_{x1} 과 f_{x3} 가 고정되면, 이어서 N_{ne} 와 N_{ns} 도 고정된다.

단계 20: O_i 를 선정한다.

단계 21: 식 (7.2b)에 따라, $\triangle S_{bsa}$ 를 산출한다.

단계 22: 식 (7.1a)에 따라, S_{bsa} 를 산출한다.

단계 23: 식 (7.5)에 의해 P_f 를 산출한다.

단계 24: 식 (7.7)에 의해, γ 를 산출한다.

단계 25: 식 (7.6)에 의해, P_s 를 산출한다.

단계 26: 식 (7.9)에 의해, P_{te} 를 산출한다.

단계 27: P_{te} 가 충분히 낮은 지 여부를 판단하고, 충분히 낮다고 판단되지 않을 경우 SRT 를 감소시키거나 f_{xdm} 을 줄여 f_{xa} 를 증가시킨다; 그러나, $f_{xdt}<f_{xdm}$ 의 경우에만 P_{te} 를 낮출 수 있다 (즉, $N_{ne}<0.0$). $f_{xdt}=f_{xdm}$ 이면 (즉, $N_{ne}>0$), 변화에 의해 P_{te} 는 증가한다.

단계 28: T_{max} 에 대해 계산을 반복한다.

단계 29: A₂O 공정으로 원하는 P_{te} 를 달성할 수 있는가? 달성할 수 없다면, UCT 공정을 선정한다.

불완전한 탈질로 인해 A₂O 공정으로 원하는 인 제거 효율을 달성할 수 없을 경우, UCT 공정 또는 Modified-UCT 공정 적용이 바람직하다. 탈질 거동과 무관하게 혐기 반응기가 독립적이고 효율적으로 과잉 인 제거를 수행할 수 있도록 고안된 UCT 공정 (이 경우 TKN/COD 비는 0.13 까지 가능하다)으로 설계하면, 탈질 정도를 고려할 필요가 없이 혐기 반응기 조건만으로 인 제거량을 평가할 수 있다. 즉, 질소 제거 및 인 제거를 분리하여 UCT 공정 설계에 반영할 수 있다.

UCT 공정으로 과잉 인 제거 시설을 설계할 경우에는, SRT 또는 μ_{nm} 을 선정할 필요없이 식 (7.1a)와 식 (7.2a)에 의해 혐기 반응기의 쉽게 분해되는 COD 농도 (S_{bsa})를 직접 구할 수 있다. S_{bsa} 는 오직 유입 COD 농도 (S_{ti}), 쉽게 분해되는 COD 분율 (f_{bs}) 그리고 무산소 반응기에서 혐기 반응기로 반송되는 r-반송비만의 함수이다. 통상적으로 적용되는 r-반송비는 1:1 이고, r-반송비가 높아질수록 S_{bsa} 농도는 더 많이 희석되고 동시에 인 제거 농도는 감소한다. 반면에 r-반송비가 낮아질수록, 혐기성 슬러지 질량 분율에 비해 혐기 반응기의 부피는 지나치게 커지게 된다 (식 (7.10), (7.11), 그림 7.12 참조).

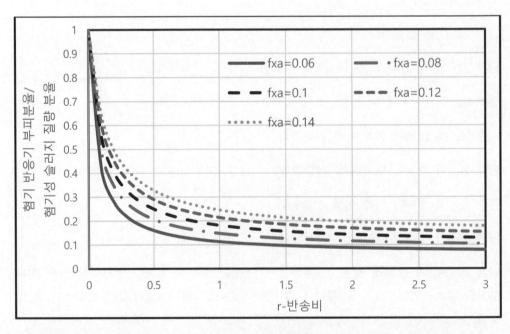

그림 7.12 r-반송비에 따른 반응기 부피 분율/혐기성 슬러지 질량 분율 비의 변화
(f_{xa}= 0.06, 0.08, 0.1, 0.12, 0.14)

Chapter 7 생물학적 과잉 인 제거

과잉 인 제거를 위한 안전 인자를 포함시키기 위해 r=1, r-반송수의 질산염 농도 (N_{nr}) = 1 mgNO$_3$-N/L, r-반송수의 용존 산소 농도 (O_r) = 1 mgO/L 로 선정하면, S_{bsa} 는 식 (7.1a)와 식 (7.2a)에 의해 산출될 수 있고, 수온에 관계없이 일정하게 유지될 것이다. S_{bsa} 가 산출되면, 선정된 혐기성 슬러지 질량 분율 f_{xa} 에 대해 과잉 인 제거 경향 인자 P_f 를 식 (7.5)에 의해 구할 수 있고, 산출된 P_f 값으로부터 식 (7.7)에 의해 과잉 인 제거 계수 γ 를 구할 수 있다. 이어서 구해진 γ 를 식 (7.6)에 대입하면, 고정된 SRT 에서의 인 제거를 구할 수 있다. 일정한 S_{bsa} 또는 일정한 γ 에서 최고 수온에서의 인 제거량은 최저 수온에서의 인 제거량보다 적기 때문에 인 제거는 최고 수온에서 결정되어야 한다 (그림 7.9 참조). 따라서 다양한 f_{xa} 값에 대해 SRT 변화에 따른 인 제거 변화를 산출할 수 있고, 최적의 인 제거에 필요한 f_{xa} 와 SRT 를 얻을 수 있게 된다.

f_{xa} 선정 시 0.10 미만의 값과 0.25 보다 높은 값을 선정하지 않도록 권장한다. $f_{xa}<0.10$ 이 되면, 일반적인 하수 원수는 물론 침강을 거친 하수를 상대적으로 낮은 SRT 에서 처리하더라도 적절한 인 제거 달성은 어려워진다. $f_{xa}>0.25$ 가 되면 관련되는 자료가 없기 때문에 이 범위에 해당하는 새로운 자료들이 확보되어 식 (7.6)과 같은 매개 변수가 포함된 새로운 모델이 개발될 때까지 기다려야 할 것이다. UCT 공정은 $f_{xa}=0.25$ 에서 성공적으로 운전될 수 있다. SRT 선정에 관해서는 SRT 가 최대 비포기 슬러지 질량 분율 f_{xm} 에 미치는 영향을 인지하여야 한다. 인지하여야 하는 이유는 정해진 f_{xa} 로 최대 무산소 슬러지 질량 분율 f_{xdm} 이 f_{xm} 에 의해 고정되고 (식 (7.8)), 이어서 달성될 수 있는 탈질 정도는 f_{xdm} 에 의해 지배적으로 결정되기 때문이다.

일단 f_{xa} 와 SRT 가 정해지면, 질소 제거를 위한 MLE 공정 설계 방정식을 적용 (단, f_{xdm} = f_{xm}-f_{xa} 를 적용하여야 함: 식 (7.8) 참조)하여 탈질을 계산할 수 있다.

최저 수온 T_{min} 과 최고 수온 T_{max} 사이에서 운전되는 공정을 설계하기 위해서는 다음과 같은 일련의 계산 절차를 따를 것을 권장한다. 다음의 과정을 따라 설계하면, 질소와 인을 최적으로 제거할 수 있는 UCT 공정 구조를 얻을 수 있게 될 것이다:

단계 1: S_{ti}, N_{ti}, P_{ti}, f_{bs}, f_{up}, μ_{nm20}, T_{max}, T_{min} 과 같은 하수 특성을 선정한다.

단계 2: r (통상적으로 1.0), N_{nr} 과 O_r 을 선정한다 (O_r 값은 통상적으로 1 mgO/L 이다).

단계 3: 식 (7.1a)와 (7.2a)에 의해, S_{bsa} 를 산출한다.

단계 4: 0.10~0.25 범위에서 f_{xa} 를 선정한다.

단계 5: 식 (7.5)에 의해 P_f 를 식 (7.7)에 의해 γ 를 산출한다.

단계 6: SRT 를 선정한다.

단계 7: 식 (7.6)에 따라, T_{max} 및 T_{min} 에서의 P_s 를 산출한다.

단계 8: 식 (7.9)에 따라, T_{max} 및 T_{min} 에서의 P_{te} 를 산출한다.

단계 9: 산출된 P_{te} 가 원하는 범위에 속하지 않으면, 4~8 단계를 다른 f_{xa} 또는/그리고 SRT 에 대해 반복한다 (그림 7.14 의 디자인 차트 참조).

단계 10: S_f 를 선정한다.

단계 11: 식 (5.24)에 의해, T_{min} 에서의 f_{xm} 을 산출한다.

단계 12: 산출된 f_{xm} 과 선정된 SRT 를 이용하여, T_{max} 에서의 S_f 를 식 (5.24)에 의해 산출한다.

단계 13: T_{max} 및 T_{min} 에서의 N_{te} 를 평가한다.

단계 14: 선정된 f_{up} 와 f_{us} 를 이용하여, 선정된 SRT 에 대한 T_{max} 과 T_{min} 에서의 N_s 를 식 (4.23)에 따라 산출한다.

단계 15: 식 (5.29)에 의해, N_c 를 산출한다.

단계 16: 식 (7.8)에서 구한 f_{xdm} 을 이용하여 식 (6.25)에 따라 T_{max} 과 T_{min} 에서의 D_{pt} 를 산출한다.

단계 17: s, O_a, 그리고 O_s 를 선정한다.

단계 18: 식 (6.30)에 따라 a_o 를 산출하고, 식 (6.31)에 따라 N_{ne} 를 산출한다.

단계 19: P_{te} 와 N_{te} 가 적절하지 않고 P_{te} 가 너무 높으면, f_{xa} 를 증가시키거나 SRT 를 감소시켜 N_{ne} 를 다시 증가시킨다. P_{te} 가 너무 낮으면, f_{xa} 를 감소시키거나 SRT 를 증가시켜 N_{ne} 를 다시 감소시킨다.

단계 20: 원하는 또는 최적의 P_{te} 와 N_{te} 를 얻을 수 있을 때까지, 단계 4~10 을 반복한다.

UCT 공정 설계가 완료된 후 유입수의 TKN/COD 비가 약 0.11~0.12 미만으로 변하면, UCT 공정을 Modified-UCT 공정 (그림 7.4)으로 전환할 필요가 있다. 무산소 슬러지 분율 f_{xdm} 을 2 개의 분율로 세분화함으로써, UCT 공정이 Modified-UCT 공정으로 전환된다. 첫번째 분율 f_{xd1} 에는 약 0.1 을 할당하고, 두번째 분율 f_{xd2} 에는 남는 분율 즉, $f_{xd2}=f_{xdm}-f_{xd1}$ 을 할당한다. 이렇게 세분화하여 슬러지 질량 분율을 할당하면, UCT

Chapter 7 생물학적 과잉 인 제거

공정을 간단하게 수정하여 Modified-UCT 공정으로 바꾸어 운전할 수 있게 된다. 즉, 혐기 반응기로 유입되는 r-반송수 공급을 첫번째 또는 두번째 무산소 반응기로 상황에 따라 바꾸게 되면, UCT 공정을 Modified-UCT 공정으로 쉽게 전환할 수 있다 (그림 7.4 참조)

Modified-UCT 공정이 성공적으로 작동되기 위해서는 첫번째 무산소 반응기의 탈질 포텐셜이 질산염 부하 이상이 되거나 최소한 동일하여야 한다. 탈질 포텐셜은 식 (6.20)의 f_{x1} 에 $f_{x1}=0.1$ 을 대입하여 산출할 수 있다. 질산염 부하는 유출수 질산염 농도 N_{ne}, s-반송비 그리고 s-반송수의 용존 산소 농도 (O_s)에 의해 결정된다. 즉, 질산염 부하는 $s(N_{ne}+O_s/2.86)$이 된다. TKN/COD 비 < 0.12 mgN/mgCOD 에서는 질산염 부하를 충분히 탈질시킬 수 있을 만큼의 탈질 포텐셜을 지닌다는 사실을 알 수 있고, 질산염 부하의 약 1.3 배에 해당한다. 이를 탈질 안전 인자 S_{fd} 로 정의하고, 탈질 안전 인자 S_{fd} 는 탈질 포텐셜/첫번째 무산소 반응기의 질산염 부하 비를 의미한다.

$f_{xd1}=0.1$ 로 정하면, 유입되는 쉽게 분해되는 COD (S_{bsi})를 완전히 활용할 수 있을 정도로 충분히 큰 반응기 부피를 지니게 된다. 이는 식 (6.21)을 통해 검증할 수 있다. 최저 수온이 14 ℃보다 낮을 경우에는 $f_{xd1}=0.1$로 정하더라도 S_{bsi}를 완전히 활용하기에 충분하지 않을 수도 있다. 이 경우에는 f_{x1} 을 최대 0.12 까지 증가시킬 수 있다. 반응기 과잉 설계를 유발하여 질소 제거 효율이 저하되기 때문에 $f_{xd1}>0.12$ 가 되는 상황은 권장하지 않는다. 첫번째 무산소 반응기에서 S_{bsi} 거의 전체가 활용될 수 있도록 설계함으로써, S_{bsi} 가 완전히 활용되는 TKN/COD 비까지 과잉 인 제거를 달성할 수 있게 된다. S_{bsi} 가 완전히 소진되는 TKN/COD 비는 TKN/COD 비를 증가시키면서 시행착오를 거쳐 산출할 수 있다.

일반적으로 TKN/COD 비가 높아질수록, 첫번째 무산소 반응기의 질산염 부하를 완전하게 탈질시키기 위한 탈질 안전 인자 (S_{fd}) 값은 낮아진다. $S_{fd}<1.1$ 이 되면, UCT 공정과 Modified-UCT 공정을 혼합하여 운전하여도 장점이 거의 없다. 이러한 Modified-UCT 공정의 제한 적용 여부는 유입되는 쉽게 분해되는 COD 분율 f_{bs} 에 크게 의존한다: 하수 원수의 통상적인 f_{bs} 분율 0.20~0.25 와 수온 14 ℃에서, 0.11~0.12 mgN/mgCOD 보다 높은 TKN/COD 비에 대한 최저 S_{fd}는 1.1 미만이다. f_{bs} 분율과 유입 TKN/COD 비가 Modified-UCT 공정으로 운전하기에 불가능한 수준이 되면 UCT 공정으로 운전하여야 한다. UCT 공정에서 실질적 무산소 반응기 체류 시간을 1.5 시간 보다 낮게 유지할 수 없을 정도로 a-반송비가 너무 낮아지면, 슬러지 침강 특성이 부실해지고 침강조 추가 설치를 설계에 반영하여야 하는 결과가 발생할 수도 있다.

유입수의 쉽게 분해되는 COD 분율과 TKN/COD 비가 Modified-UCT 공정으로 운전하기에 적절할 경우, a-반송비를 다음의 2 가지 최저 값보다 높게 책정한다: 1) 두번째 무산소 반응기로 유입되는 부하를 탈질 포텐셜에 맞추거나 또는 2) 실질적 무산소 체류 시간이 1 시간 미만으로 유지될 수 있도록 a-반송비를 증가시킬 필요가 있다.

1)의 제한은 D_{pt} 대신 두번째 무산소 반응기의 탈질 포텐셜을 대입하여 식 (6.30)에 따라 산출할 수 있고, 두번째 무산소 반응기의 탈질 포텐셜은 식 (6.20)의 f_{x1} 대신 두번째 무산소 반응기의 무산소 슬러지 질량 분율 f_{xd2}를 대입하여 산출할 수 있다.

2)의 제한은 아래의 과정에 따라 두번째 무산소 반응기의 부피를 산출하고, 정해진 s-반송비와 유입 유량을 이용하여 실질 체류 시간 1 시간이 될 수 있는 a-반송비를 산출함으로써 찾을 수 있다.

영양염류 제거 공정 설계의 문제점은 설계 단계에서 하수 특성, 특히 TKN/COD 비와 20 ℃에서의 질산화 미생물 최대 비 성장율 μ_{nm20} 값이 최적의 영양염류 제거 공정 설계를 위해 충분히 정확하지 못하다는 사실에 있다. 실험을 통해 측정하여 보수적인 값을 적용하는 방안 외에는 μ_{nm20} 값에 대해 별도로 취할 조치가 마땅하지 않다. 그러나 TKN/COD 비에 대해서는, A_2O, UCT 또는 Modified-UCT 공정을 TKN/COD 비에 따라 유연성 있게 선택함으로써 해결할 수 있다. 유연성 있게 공정을 TKN/COD 비에 맞추어 조정하는 개략도를 그림 7.13 에 제시하였다.

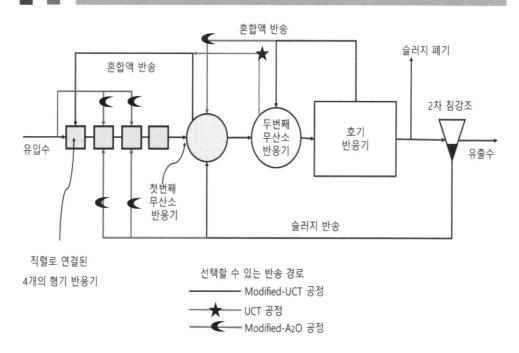

그림 7.13 다양한 반송 경로가 가능한 생물학적 인 제거 공정의 개략도

혐기성 슬러지 질량 분율을 직렬로 연결된 4 개의 같은 크기 공간으로 나누어 할당하는 방안이 그림 7.13 에 제시되어 있다. 이와 같이 4 개의 서로 격리된 공간으로 혐기성 슬러지를 할당하는 이유는 다음의 2 가지 때문이다:

① 실질적 관점에서 동일한 부피의 UCT 공정 혐기 반응기에서의 혐기성 슬러지 질량 분율은 A_2O 공정 혐기성 슬러지 질량 분율의 1/2 에 해당된다. 결과적으로 UCT 공정 설계 시, 혐기 반응기는 필요한 슬러지 질량 분율을 확보할 수 있는 부피를 지녀야 한다. 이후 Modified-A_2O 공정으로 운전이 필요할 경우에는 동일한 슬러지 질량 분율이 Modified-A_2O 공정에 이용될 수 있도록 첫번째와 두번째 혐기 반응기를 우회할 수 있다. Modified-A_2O 공정으로 전환 시 혐기 반응기 부피를 줄이지 않으면, 호기성 슬러지 질량 분율이 낮아질 것이라는 사실에 주목할 필요가 있다. 호기성 슬러지 질량 분율이 낮아지면, 질산화 달성에 치명적인 문제가 발생할 수 있고, 특히 수온이 낮아지면 질산화 달성은 더욱 어려워진다. 혐기성 공간 부피 분율과 슬러지 질량 분율 사이의 관계를 산출할 수 있는 방정식은 아래 식 (7.10)과 (7.11)에서 제시될 것이다.

생물학적 영양염류 제거 공정 설계 실무

② 단일 완전 혼합 흐름 반응기를 작게 동일한 크기로 나누고 작은 여러 개 반응기를 직렬로 연결한 후 단일 혐기 완전 혼합 흐름 반응기의 총 혐기성 슬러지 질량 분율을 각 공간으로 균등하게 할당하면, 이론적 관점에서 생물학적 과잉 인 제거는 더욱 높은 속도로 효율적으로 진행된다. 같은 크기의 단일 완전 혼합 흐름 반응기를 무한히 많은 같은 크기의 매우 작은 완전 혼합 흐름 반응기로 직렬로 연결하면, 직렬로 연결된 수많은 작은 완전 혼합 흐름 반응기는 동일한 부피를 지니는 플러그 흐름 반응기와 같은 거동을 보이기 때문이다. 인 제거는 1 차 반응이기 때문에 플러그 흐름으로 반응기를 설계하면 같은 효율에 더 적은 부피의 반응기를 또는 같은 부피에 더 효율적으로 과잉 인 제거를 달성할 수 있게 된다 (제 3 장 참조). 이론적으로는 더 작은 부피의 완전 혼합 흐름 혐기 반응기를 더 많이 직렬로 연결하면 보다 개선된 과잉 인 제거를 달성할 수 있지만, 실질적으로는 4 개를 초과하여 직렬로 연결하면 개선 효과가 뚜렷이 추가되지는 않는다. UCT 공정으로 운영할 경우 4 개의 혐기 공간을 직렬로 연결하고, Modified-A_2O 공정으로 운전할 경우에는 2 개를 직렬로 연결하는 것이 바람직하다. Modified-A_2O 공정에서도 4 개 공간 중 3 개를 활용할 수 있지만, 혐기성 슬러지 질량 분율이 너무 높게 할당되지 않도록 주의를 기울여야 한다. 호기성 미생물 질량 분율을 감소시키면서 혐기성 슬러지 질량 분율이 너무 높아지면, 질산화 및/또는 인 섭취에 부정적인 영양을 미칠 수도 있기 때문이다.

실제 예를 통해 설명해보면, 위에서 제시한 A_2O 공정 설계 계산과 UCT 공정 설계 계산을 보다 상세히 알 수 있게 될 것이다. 실제 예를 다루기 전에, 과잉 인 제거 달성 정도를 예측할 수 있는 그래프를 설계 차트로 제시하고자 한다.

6. 설계 차트

지금까지 설명한 생물학적 과잉 인 제거 이론을 설계 차트로 요약할 수 있다. 침강을 거치지 않은 하수 원수의 설계 차트를 다음의 과정을 거쳐 작성하여 그림 7.14a~7.14f 에 제시하였다:

1) 총 유입 COD 농도 (S_{ti}) 대 쉽게 분해되는 COD 농도 (S_{bsi})사이의 관계를 표현하는 그래프를 식 (2.8a) 또는 식 (2.9)에 의해 도식화하였다 (그림 7.14a).

2) 쉽게 분해되는 유입 COD 농도 (S_{bsi})를 식 (7.1b)와 식 (7.2b)를 이용하여 혐기 반응기 내 쉽게 분해되는 COD 농도 (S_{bsa})로 전환하여 도식화하였다 (그림 7.14b).

3) 여러 다른 혐기성 슬러지 질량 분율에서 과잉 인 제거 경향 인자 P_f 대 S_{bsa} 의 관계를 표현하는 그래프는 식 (7.1) 또는 식 (7.2) 그리고 식 (7.5)에 의해 도식화되었다 (그림 7.14c).

4) 과잉 인 제거 경향 인자 P_f 를 식 (7.7)에 의해 과잉 인 제거 계수 γ 로 전환하여 도식화하였다 (그림 7.14d).

5) 단위 COD 부하 당 인 제거량 (P_s/S_{ti}) 대 과잉 인 제거 계수 γ 의 관계를 식 (7.6)에 의해 SRT 의 함수로 도식화하였다 (그림 7.14e).

6) P_s 대 S_{ti}의 관계를 SRT 의 함수로 도식화하였다 (그림 7.14f).

차트 작성 시 혐기 반응기로는 질산염 및 용존 산소는 유입되지 않는 것으로 가정하였고, 따라서 완전 탈질이 가능한 공정에서만 설계 차트를 사용할 수 있을 것이다. 설계 차트는 20 ℃, f_{us}=0.05, f_{up}=0.13, 총 COD 중 쉽게 분해되는 COD 분율 f_{ts}=0.20 (즉, 생물 분해 가능한 COD 에 대한 쉽게 분해되는 COD 분율 f_{bs}=0.24)에 대해 작성되었고, 혐기 반응기로 유입되는 s-반송 또는 r 반송비는 1:1 로 선정하였다.

설계 차트를 이용하여 과잉 인 제거 농도를 결정하는 과정은 다음과 같다: 유입 COD 농도 S_{ti}=600 mgCOD/L 와 총 유입 COD 중 쉽게 분해되는 COD 분율 f_{ts}=0.20 (즉, f_{bs}=0.24)이 만나는 점이 유입 하수의 쉽게 분해되는 COD 농도 (S_{bsi})이고, 이 값은 120 mgCOD/L 가 된다 (그림 7.14a). 유입 하수의 쉽게 분해되는 COD 농도 120 mgCOD/L 는 혐기 반응기 내의 쉽게 분해되는 COD 농도 57.5 mgCOD/L 에 해당한다 (그림 7.14b). 혐기 반응기 내 쉽게 분해되는 COD 농도 (S_{bsa}) 57.5mgCOD/L 와 혐기성 슬러지 질량 분율 f_{xa}=0.10 이 만나는 인 제거 경향 인자 P_f 값은 3.25 mgCOD/L 이다 (그림 7.14c). 그림 7.14d 로부터 인 제거 경향 인자 (P_f) 3.25 mgCOD/L 는 과잉 인 제거 계수 (γ) 0.218 mgP/mgVASS 에 해당함을 알 수 있다. 과잉 인 제거 계수 (γ) 0.218 mgP/mgVASS, SRT=25 일에서의 단위 유입 COD 부하 당 인 제거량은 0.014 mgP/mgCOD 임을 그림 7.14e 로부터 알 수 있다. 유입 COD 농도 600 mg/L, SRT=25 일에서 제거되는 인 제거량은 8.8 mgP/L 가 된다 (그림 7.14f).

설계 차트의 도움으로 SRT, 혐기성 슬러지 질량 분율 (f_{xa}) 및 총 COD 중 쉽게 분해되는 COD 분율 (f_{ts}) (또는 생분해성 COD 중 쉽게 분해되는 COD 분율 (f_{bs}))이 과잉 인 제거에 미치는 영향을 보다 일목요연하게 알아볼 수 있게 될 것이다.

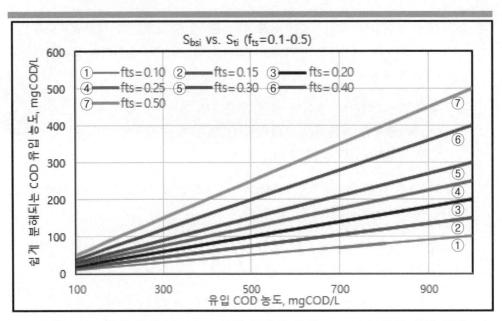

그림 7.14a 쉽게 분해되는 COD 유입 농도와 유입 COD 농도와의 상관 관계
(1 차 침강조를 거치지 않은 하수 원수, 20 ℃)

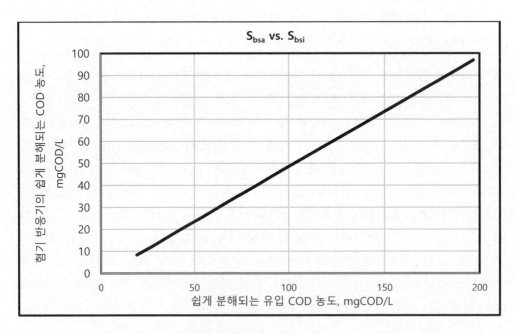

그림 7.14b 혐기 반응기의 쉽게 분해되는 COD 농도와 쉽게 분해되는 유입 COD
농도와의 상관 관계 (1 차 침강조를 거치지 않은 하수 원수, 20 ℃)

Chapter 7 생물학적 과잉 인 제거

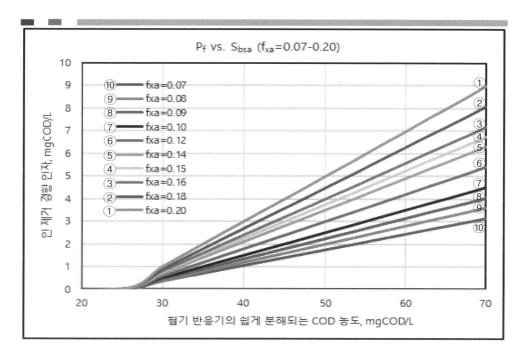

그림 7.14c 인 제거 경향 인자와 혐기 반응기의 쉽게 분해되는 COD 농도와의 상관
관계 (1 차 침강조를 거치지 않은 하수 원수, 20 ℃)

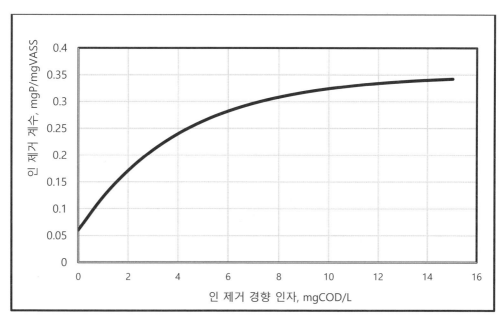

그림 7.14d 인 제거 계수 (γ)와 인 제거 경향 인자 (Pf)와의 상관 관계
(1 차 침강조를 거치지 않은 하수 원수, 20 ℃)

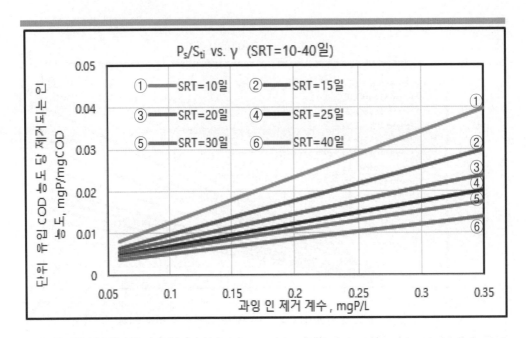

그림 7.14e 단위 유입 COD 당 제거되는 인 농도와 과잉 인 제거 계수와의 상관 관계
(1 차 침강조를 거치지 않은 하수 원수, 20 ℃)

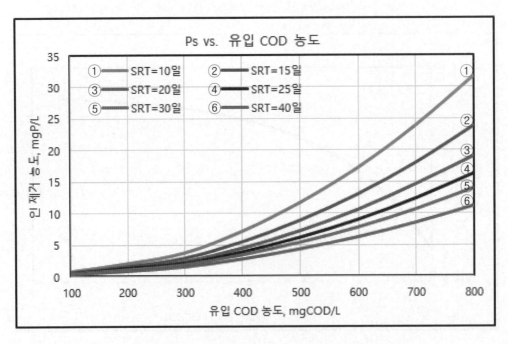

그림 7.14f 인 제거 농도와 유입 COD 농도와의 상관 관계
(1 차 침강조를 거치지 않은 하수 원수, 20 ℃)

Chapter 7 생물학적 과잉 인 제거

7. 설계 예

지금까지 탄소계 유기 물질 제거 및 질소 제거 실시 예에서 적용하였던 하수를 계속 일관되게 적용한다. 설계 예에 적용되는 하수의 특성은 표 4.3 과 같다. 과잉 인 제거와 관련된 많은 결정 사항들은 질소 제거 거동에 의존한다. 결과적으로 제 6 장 질소 제거 실시 예를 충실히 이해하여야 인 제거 실시 예를 보다 쉽게 이해할 수 있게 될 것이다.

표 4.3 침강을 거치지 않은 하수 원수와 침강을 거친 하수의 특성

특성	기호	값		단위
		하수 원수	침강을 거친 하수	
유입 COD 농도	S_{ti}	600	360	mgCOD/L
유입 TKN 농도	N_{ti}	48	41	mgN/L
유입 인 농도	P_{ti}	10	8.5	mgP/L
TKN/COD 비	-	0.080	0.114	mgN/mgCOD
P/COD 비	-	0.017	0.024	mgP/mgCOD
생물 분해되지 않는 용존성 COD 분율	f_{us}	0.05	0.08	mgCOD/mgCOD
생물 분해되지 않는 입자성 COD 분율	f_{up}	0.13	0.04	mgCOD/mgCOD
생산된 슬러지의 MLXSS/MLSS 비	f_i	0.75	0.83	mgVSS/mgTSS
최저 수온	T_{min}	14	14	℃
최고 수온	T_{max}	22	22	
pH	-	7.5	7.5	-
유입 유량	Q	13.33	13.33	megaL/d

7.1 A₂O 공정

SRT=25 일, 수온 14 ℃에서 Bardenpho 공정의 하수 원수 질소 제거 계산 결과, 완전 탈질을 위해 총 무산소 질량 분율 (f_{xdt}) 0.40 이 필요한 것으로 나타났다 (제 6 장, 표 6.3 참조). 최대 총 비포기 슬러지 질량 분율 (f_{xm})은 0.50 이기 때문에 과잉 인 제거에 참여하는 최대 혐기성 슬러지 질량 분율(f_{xa})은 0.50-0.40=0.10 이 된다. f_{xdt}=0.40 에서 완전 탈질이 달성되면 슬러지 반송수의 질산염 농도 (N_{ns})는 0 이 되고, 슬러지 반송수의 용존 산소 농도(O_s)를 1 mgO/L 로 간주하면 슬러지 반송비 (s-반송비) 1 에서

생물학적 영양염류 제거 공정 설계 실무

혐기 반응기의 쉽게 분해되는 COD 농도는 식 (7.1b)와 식 (7.2b)에 의해 다음과 같이 산출된다:

$$\triangle S_{bs} = s(8.6N_{ns} + 3.0O_s) + 3.0O_i = 1(8.6*0 + 3.0*1) + 3.0*0 = 3$$

(7.2b)

$$S_{bsa} = (f_{bs}S_{bi} - \triangle S_{bs})/(1+s) = \{(f_{bs}(1-f_{us}-f_{up})S_{ti} - \triangle S_{bs})/(1+s) =$$

$$\{0.24*(1-0.05-0.13)*600-3\}/(1+1) = 57.5 \text{ mgCOD/L}$$

(7.1b)

과잉 인 제거 경향 인자 P_f 는 식 (7.5)에 의해 다음과 같이 산출된다:

$$P_f = (S_{bsa}-25)*f_{xa} = (57.5-25)*0.10 = 3.25 \text{ mgCOD/L}$$

그리고 과잉 인 제거 계수 γ 는 식 (7.7)에 의해 다음과 같이 산출된다:

$$\gamma = 0.35 - 0.29\exp(-0.242*3.25) = 0.218 \text{ mgP/mgVASS}$$

따라서 14℃, SRT=25 일에서의 인 제거 농도는 식 (7.6)에 의해 다음과 같이 산출할 수 있다:

$$P_s = S_{ti}\left\{\frac{(1-f_{us}-f_{up})Y_h(\gamma + f_p f b_h SRT)}{1 + b_h SRT} + \frac{f_p f_{up}}{f_{cv}}\right\}$$

$$= 600\left\{\frac{(1 - 0.05 - 0.13)0.45(0.218 + 0.015 * 0.20 * 0.20 * 25)}{1 + 0.20 * 25}\right.$$

$$\left. + \frac{0.015 * 0.13}{1.48}\right\} = 600\{0.0615 * (0.218 + 0.015) + 0.0013\}$$

$$= 600 * 0.0156 = 9.4 \text{ mgP/L}$$

유입 인 농도 P_{ti} 는 10 mgP/L 이고, 따라서 유출 인 농도 P_{te} 는 10.0-9.4 = 0.6 mgP/L 가 된다. 같은 방법으로 22 ℃에서 인 제거 농도 (P_s)를 산출하면, 8.0 mgP/L 가 된다. S_{bsa}, P_f 및 γ 는 수온에 따라 변하지 않지만 식 (7.6)에 포함된 b_h 는 수온 22 ℃에서 0.254/day 로 증가하기 때문에 인 제거 농도 P_s 는 수온 상승에 따라 감소한다는 사실에 주목할 필요가 있다. 설계 계산 결과 중 중요한 부분을 표 7.1 에 제시하였다.

A_2O 공정 설계 계산에서 완전 탈질을 달성하기 위해 무산소 슬러지 질량 분율 f_{xdt} 를 0.40 으로 충분하게 할당하였고, 남는 0.1(최대 허용 비포기 슬러지 질량 분율 f_{xm} 은 0.50 임)을 모두 혐기성 슬러지 질량 분율 f_{xa} 로 할당하였다. 계산 시 완전 탈질을

가정하고 탈질 안전 인자가 반영되지 않았기 때문에 이렇게 예측된 인 제거 농도 값을 보장할 수는 없다.

완전 탈질을 보다 안전하게 보장하기 위해 다음과 같은 2 가지 방법을 수용할 수 있다: 1) 1 차 무산소 반응기의 무산소 슬러지 질량 분율 (f_{x1})을 증가시킬 수 있지만, 혐기성 슬러지 질량 분율 (f_{xa})의 감소가 수반된다 (왜냐하면 탈질을 달성하기 위해, 최대 분율 f_{xm} 이 0.50 으로 고정되기 때문이다). 그러나 f_{xa} 가 감소하면, 인 제거 농도는 감소하게 된다 (예를 들어 20 ℃에서 f_{xa} 가 0.10 에서 0.07 로 낮아지면, 인 제거 농도는 8.8 에서 7.7 mgP/L 로 감소함을 설계 차트를 통해 알 수 있다); 2) 더 높은 비포기 슬러지 질량 분율 (f_{xm})을 얻기 위해, SRT 를 증가시킬 수 있다. 따라서 f_{xa} 가 0.10 으로 고정된 채 더 높은 무산소 슬러지 질량 분율 f_{xdm} 을 확보할 수 있어 안전하게 완전 탈질을 달성할 수 있게 된다. 그러나 SRT 를 증가시키면 공정 부피가 증가할 뿐 아니라, 인 제거율도 저하한다.

설계 차트로부터 SRT 를 25 일에서 30 일로 증가시키면 (이에 따라 무산소 슬러지 질량 분율(f_{xdt})이 0.40 에서 0.43 으로 증가함), 인 제거 농도는 8.8 에서 7.7 mgP/L 로 감소함을 알 수 있다. 하수 원수의 TKN/COD 비 0.08 은 성공적인 A_2O 공정 운전에는 부담스러운 극한 값에 해당되기 때문에, TKN/COD 비가 0.08 보다 증가하면 유출수의 높은 농도 질산염은 슬러지 반송수에 포함되어 (즉, >3mgN/L) 혐기 반응기로 유입되고, 이로 인해 과잉 인 제거가 진행되지 않을 수 있다.

1 차 침강조를 거친 하수의 TKN/COD 비 0.114 는 A_2O 공정에서 과잉 인 제거가 진행될 수 없을 정도로 분명히 매우 높은 값이다. 아래와 같은 계산으로 이는 보다 명확해진다: SRT=25 일, f_{xa}=0.10 (따라서 f_{xdm}=0.40)에서 f_{x1}=0.26, f_{x3}=0.14 를 할당하여 22 ℃, a_o=3.0 조건에서 운전하면, 이론적인 유출수 질산염 농도 N_{ne}=4.8 mgNO$_3$-N/L 가 되고; a_o=1.3, 14 ℃ 조건에서는 유출수 질산염 농도 N_{ne}=8.0 mgNO$_3$-N/L 가 된다 (표 7.1 참조). 14 ℃에서 유출수 질산염 농도 (이는 s-반송수 질산염 농도와 같음)가 8.0 mgN/L 이고 s-반송비 1:1 그리고 반송수 용존 산소 농도(O_s) 1.0 mgO/L 일 경우, 식 (7.1b)와 (7.2b)에 따라 혐기 반응기의 쉽게 분해되는 COD 농도 (S_{bsa})는 오직 16.5 mgCOD/L 뿐으로 인 제거를 자극하기 위한 최소한의 값 25 mgCOD/L 에 비해 너무 낮은 값이다.

따라서 식 (7.5)에 의해 과잉 인 제거 경향 인자 P_f 는 0 이 되고, 식 (7.7)에 의해 과잉 인 제거 계수 γ 는 과잉 인 제거에 필요한 값의 최소값인 0.06 mgP/mgVASS 가 된다. 식 (7.6)에 의해 γ =0.06 에서의 P_s 는 1.9 mgP/L 이고 (SRT=25 일, 14 ℃), 유입 인 농도 P_{ti}=8.5 mgP/L 에서 P_s 1.9 mgP/L 를 감하면 유출수 인 농도는 P_{te}=6.6 mgP/L 가 된다.

22 ℃에서 계산해보더라도, 부실한 인 제거가 유사하게 얻어진다. 완전에 가까운 탈질이 진행되지 않는 한 침강을 거친 하수는 TKN/COD 비가 너무 높아 (1 차 침강조에서 약 40 %의 COD 가 사전에 제거되기 때문), A_2O 공정으로는 효율적인 인 제거 기능을 수행할 수 없을 것이다.

7.2 UCT 공정

UCT 공정에서는 혐기 반응기로의 질산염 유입 가능성이 구조적으로 매우 낮기 때문에, 유출수 질산염 농도를 반영할 필요없이 질소 제거 및 인 제거를 서로 독립적으로 설계에서 다룰 수 있다. 일단 UCT 공정으로 설계하고, 이후 수정을 거쳐 Modified-UCT 공정으로의 전환이 필요한지 여부를 검증하는 절차를 택하는 것이 바람직하다. UCT 공정을 Modified-UCT 공정으로 전환이 필요할 경우, Modified-UCT 공정으로만 운영할 것인지 아니면 UCT 공정과 결합된 구조로 전환하여 운영할 것인지를 다시 검증할 필요가 있다 (그림 7.13 참조).

동일한 SRT, 혐기성 슬러지 질량 분율 (f_{xa}) 및 수온에서 UCT 공정으로 달성할 수 있는 인 제거 농도는 완전 탈질이 이루어진 A_2O 공정에서 달성 가능한 인 제거 농도와 서로 같다. 즉, 혐기 반응기로의 질산염 유입이 없기 때문에 이론적으로는 동일한 인 제거가 진행된다는 의미이다. 예를 들면 SRT=25 일, 혐기성 슬러지 질량 분율 f_{xa}=0.10 그리고 수온 14 ℃에서 1 차 침강조를 거치지 않은 하수 원수를 A_2O 공정으로 처리할 경우, 인 제거 농도는 9.4 mgP/L 이고 22 ℃에서의 인 제거 농도는 8.0 mgP/L 이며, 이와 동일한 인 농도가 UCT 공정에서도 제거된다. SRT, f_{xa}, f_{xdm}, 수온과 같은 운전 변수가 동일한 경우, 질산화 용량 N_c 와 탈질 포텐셜 D_{pt} 는 UCT 공정과 A_2O 공정에서 서로 같아진다는 점에 주목할 필요가 있다. UCT 공정의 질소 제거 거동도 MLE 공정의 거동과 동일하여, 유출수 질산염 농도 N_{ne} 와 최적 a-반송비 a_o 는 식 (6.30)과 (6.31)에 의해 N_c 와 D_{pt} 로부터 구할 수 있다. 식 (6.30)에 의해 얻어진 14 ℃ 및 22 ℃에서의 a_o 는 실질적인 최대 한계값 5 보다 높게 나타나 5 로 책정하여야 하고, a_o=5 에서 14 ℃ 및 22 ℃에서의 N_{ne} 는 각각 4.6 mgN/L 와 4.8 mgN/L 가 된다. 위의 계산에서 산출되었던 주요한 설계 상세 내역을 표 7.1 에 제시하였다. 1 차 침강조를 거친 하수를 처리할 UCT 공정을 먼저 설계해보면, A_2O 공정과의 차이점을 알 수 있게 될 것이다.

1 차 침강조를 거친 하수를 SRT=25 일, f_{xa}=0.1 에서 UCT 공정으로 처리하면, 제거 가능한 인 농도를 이론적으로 계산할 수 있다 (1 차 침강조를 거친 하수의 경우 질산염이 혐기 반응기로 유입되기 때문에 A_2O 공정에서의 인 제거와 동일하지 않다는 점에 유의하기 바란다). UCT 공정의 혐기 반응기로 유입되는 r-반송수의 질산염 농도를

0 으로 용존 산소 농도가 1.0 mgO/L 인 r-반송수의 반송비를 1:1 로 선정하면, 혐기 반응기에서의 쉽게 분해되는 COD 농도는 식 (7.1a)와 식 (7.2a)에 의해 다음과 같이 산출할 수 있다:

$$\triangle S_{bs} = r(8.6N_{nr} + 3.0O_r) + 3.0O_i = 1(8.6*0 + 3.0*1) + 3.0*0 = 3 \text{ mgCOD/L}$$

(7.2a)

$$S_{bsa} = (f_{bs}S_{bi} - \triangle S_{bs})/(1+r) = \{(f_{bs}(1-f_{us}-f_{up})S_{ti} - \triangle S_{bs})/(1+s)\}$$

$$= \{0.33*(1-0.08-0.04)*360-3\}/(1+1) = 50.8 \text{ mgCOD/L}$$

(7.1a)

과잉 인 제거 경향 인자 P_f 는 식 (7.5)에 의해 다음과 같이 산출된다:

$$P_f = (50.8-25)*0.10 = 2.58 \text{ mgCOD/L}$$

그리고 과잉 인 제거 계수 γ 는 식 (7.7)에 의해 다음과 같이 산출된다:

$$\gamma = 0.35 - 0.29\exp(-0.242*2.58) = 0.195 \text{ mgP/mgVASS}$$

따라서 14℃, SRT=25 일에서의 인 제거 농도는 식 (7.6)에 의해 다음과 같이 산출할 수 있다:

$$P_s = S_{ti}\left\{\frac{(1-f_{us}-f_{up})Y_h(\gamma + f_pfb_hSRT)}{1+b_hSRT} + \frac{f_pf_{up}}{f_{cv}}\right\}$$

$$= 360\left\{\frac{(1-0.08-0.04)0.45(0.195 + 0.015*0.20*0.20*25)}{1+0.20*25}\right.$$

$$\left.+ \frac{0.015*0.04}{1.48}\right\} = 5.1 \ mgP/L$$

유입 인 농도 P_{ti} 는 8.5 mgP/L 이고, 따라서 유출 인 농도 P_{te} 는 8.5-5.1 = 3.4 mgP/L 가 된다. 같은 방법으로 22 ℃에서 인 제거 농도 및 유출 인 농도를 산출하면, 각각 4.3 mgP/L 및 4.2 mgP/L 가 된다.

UCT 공정의 질소 제거 거동은 식 6.30 과 6.31 에 의해 주어진다. 최대 무산소 슬러지 질량 분율 f_{xdm}=0.40 에서는 질산화 용량 N_c 와 탈질 포텐셜 D_{pt} 는 A2O 공정과 동일함에 유의하여야 한다. 14 ℃에서의 유출수 질산염 농도 N_{ne}와 최적 a-반송비 a_o는 각각 7.2 mgN/L 와 2.5 mgN/L 가 되고, 22 ℃에서는 산출된 a_o 가 실질적 최대 한계값인 5 보다 높아 5 로 책정하면, N_{ne}=4.8 mgN/L 가 된다. 질소 및 인 제거에 관한 중요한 결과를 표 7.1 에 상세히 제시하였다.

7.3 A$_2$O 공정과 UCT 공정 비교

SRT=25 일, 혐기성 슬러지 질량 분율 f_{xa}=0.10 에서 산출된 A$_2$O 공정과 UCT 공정의 결과를 비교하면, 1 차 침강조를 거치지 않은 하수 원수에 대해서는 서로 동일한 과잉 인 제거 결과가 도출되었지만 질소 제거율은 UCT 공정에 비해 A$_2$O 공정에서 높게 나타났다. 즉, A$_2$O 공정에서는 완전 탈질이 진행되는 반면, UCT 공정에서는 유출수 질산염 농도가 5 mgN/L 가 된다. 그러나 TKN/COD 비가 예기치 않게 0.08 을 초과하면, A$_2$O 공정으로는 과잉 인 제거를 기대할 수 없게 된다. 이에 반하여 UCT 공정은 TKN/COD 비 0.08 이상 0.13 이하 (Modified-UCT 공정의 경우 0.11 까지)에서도, 14 ℃에서 9.4 mgP/L 농도의 인을 제거할 수 있다. 이러한 UCT 공정의 유연성으로 인해 유출수 질산염 농도를 최소 5 mgN/L 로 유지할 수 있다.

위의 결과로부터, 다음과 같은 일반화된 결론을 도출할 수 있다: A$_2$O 공정으로 하수 원수로부터 과잉 인 제거를 성공적으로 달성할 수 있는 TKN/COD 비와 쉽게 분해되는 COD 분율 (f_{bs}) 값에서는 유출수 질산염 농도는 0 이거나 0 에 가까워진다. 동일한 조건에서 UCT 공정은 효율적인 인 제거가 진행되지만, 유출수 질산염 농도는 5~6 mgN/L 가 된다.

예기치 않게 증가하는 TKN/COD 비를 수용할 수 있는 공정의 유연성으로 A$_2$O 공정에서는 양호한 유출 수질을 달성할 수 있다. UCT 공정에도 유연성이 포함되지만, 유연성에 의해 부실한 유출 수질이 나타나게 된다. 이러한 상황 (총 COD 중 쉽게 분해되는 COD 분율 (f_{ts})=0.20~0.25, TKN/COD 비가 0.08 미만인 하수에서 통상적으로 발생함)에서는 공정 선택은 하수의 TKN/COD 비 변동성에 따라 변할 것이다.

TKN/COD = 0.114 인 침강을 거친 하수를 처리하는 A$_2$O 공정과 UCT 공정을 서로 비교하면, 두 공정 모두 유사한 유출수 질산염 농도를 지닌다는 것을 알 수 있다 (표 7.1 참조). 그러나 과잉 인 제거 측면에서는 UCT 공정이 A$_2$O 공정보다 우수한 성능을 지닌다. 완전 탈질에 가까운 탈질이 달성되지 않는 한 혐기 반응기에서 질산염 배제가 불가능해지기 때문에 이러한 차이가 발생된다. 반면에 UCT 공정에서는 완전 탈질 달성이 TKN/COD 비 약 0.13 까지 가능하다 (f_{bs} 또는 f_{ts} 값에 따라 달라짐).

표 7.1 SRT=25 일에서 1 차 침강을 거치지 않은 하수 원수 및 침강을 거친 하수를 처리하는 A$_2$O 공정과 UST 공정의 주요 변수 설계값 산출 요약

변수	기호	단위	하수 원수				1 차 침강조를 거친 하수			
			A$_2$O		UCT		A$_2$O		UCT	
수온	T	℃	14	22	14	22	14	20	14	20
안전 인자	S$_f$		1.25	2.7	1.25	2.7	1.25	2.7	1.25	2.7
최대 비포기 슬러지 질량 분율	f$_{xm}$		0.50	0.50	0.50	0.50	0.50	0.50	0.50	0.50
유출수 TKN	N$_{te}$	mgN/L	3.0	2.0	3.0	2.0	3.0	2.0	3.0	2.0
슬러지 생산에 필요한 질소	N$_s$	mgN/L	12.6	12.0	12.6	12.0	5.7	5.4	5.7	5.4
질산화 용량	N$_c$	mgN/L	32.4	34.0	32.4	34.0	32.3	33.6	32.3	33.6
혐기성 슬러지 질량 분율	f$_{xa}$		0.10	0.10	0.10	0.10	0.10	0.10	0.10	0.10
최대 무산소 슬러지 질량 분율	f$_{xd}$ m		0.40	0.40	0.40	0.40	0.40	0.40	0.40	0.40
최대 탈질 포텐셜	D$_{pt}$	mgN/L	37.2	49.7	37.2	49.7	27.2	35.4	27.2	35.4
a-반송 용존 산소	O$_a$	mgO/L	2.0	2.0	2.0	2.0	2.0	2.0	2.0	2.0
s-반송 용존 산소	O$_s$	mgO/L	1.0	1.0	1.0	1.0	1.0	1.0	1.0	1.0
슬러지 반송비	s		1.0	1.0	1.0	1.0	1.0	1.0	1.0	1.0
1 차 무산소 슬러지 질량 분율	f$_{x1}$		0.16	0.16	0.40	0.40	0.26	0.26	0.40	0.40
2 차 무산소 슬러지 질량 분율	f$_{x3}$		0.24	0.23	-	-	0.14	0.14	-	-
총 무산소 슬러지 질량 분율	f$_{xdt}$		0.40	0.40	0.40	0.40	0.40	0.40	0.40	0.40

최적 a-반송비	a_o		3.3	4.2	5.0*	5.0*	1.3	3.0	2.5	5.0*
유출수 질산염	N_{ne}	mgN/L	0.0	0.0	4.6	4.8	8.0	4.8	7.2	4.8
혐기 반응기로 유입되는 s-반송수 질산염	N_{ns}	mgN/L	0.0	0.0	0.0	0.0	8.0	4.8	0.0	0.0
혐기 반응기로 유입되는 r-반송수 질산염	N_{nr}	mgN/L	0.0	0.0	0.0	0.0	8.0	4.8	0.0	0.0
혐기 반응기 쉽게 분해되는 COD 농도	S_{bsa}	mgCOD/L	57	57	57	57	16.5	30.0	50.8	50.8
인 제거 경향 인자	P_f	mgCOD/L	3.3	3.3	3.3	3.3	0.00	0.50	2.57	2.57
과잉 인 제거 계수	γ	mgP/mgVASS	0.22	0.22	0.22	0.22	0.06	0.093	0.195	0.195
인 제거 농도	P_s	mgP/L	9.4	8.0	9.4	8.0	1.9	2.3	5.1	4.3
유출 인 농도	P_{te}	mgP/L	0.6	2.0	0.6	2.0	6.6	6.2	3.4	4.2

*산출된 최적값이 아니라 실질적 경제적 면을 고려한 최대값임

7.4 UCT 공정 재설계

비록 혐기 반응기의 질산염 배제가 가능하여 매우 높은 효율의 인 제거가 가능할지라도, UCT 공정으로 1 차 침강조를 거친 하수 처리시 달성 가능한 실질적 유출수 인 농도 1 mgP/L 를 충족시키기에는 여전히 부족하다. 왜냐하면, 유출수 인 농도 $P_{te}<1$ mgP/L 를 달성하기 위해 필요한 혐기성 슬러지 질량 분율 (f_{xa})과 SRT 선정이 부적절하게 진행되었기 때문이다. 인 제거 효율을 향상시키기 위해서는 SRT 는 감소시키고 f_{xa} 는 증가시킬 필요가 있다. 하수 원수에 대한 설계 차트 (그림 7.14)를 살펴보면, f_{xa} 가 0.10 에서 0.15 로 증가하고 SRT 는 25 일에서 20 일로 감소할

Chapter 7 생물학적 과잉 인 제거

경우, 예측되는 인 제거 농도는 11.5 mgP/L 가 된다 (혐기 반응기로 유입되는 반송수에 질산염이 포함되지 않고, 반송수의 용존 산소 농도가 0 일 경우).

혐기성 슬러지 질량 분율 0.15 와 20 일의 SRT 를 선정하여, 하수 원수 및 1 차 침강조를 거친 하수를 처리하는 UCT 공정을 앞에서 권장한 절차에 따라 다시 설계한 14 ℃ 및 22 ℃에서의 결과를 표 7.2 에 제시하였다. 혐기 반응기로 유입되는 r-반송비 r=1, r-반송수 용존 산소 O_r=1.0 mgO/L, r-반송수 질산염 농도 N_{nr}=1.0 mgN/L 에 대해, 혐기 반응기의 쉽게 분해되는 COD 농도 (S_{bsa})를 식 (7.1a)와 (7.2a)에 의해 다음과 같이 구할 수 있다 (1 차 침강조를 거치지 않은 하수 원수의 경우):

$$\triangle S_{bs} = r(8.6N_{nr} + 3.0O_r) + 3.0O_i = 1(8.6*1 + 3.0*1) + 3.0*0 = 11.6 mgCOD/L$$

(7.2a)

$$S_{bsa} = (f_{bs}S_{bi} - \triangle S_{bs})/(1+r) = \{(f_{bs}(1-f_{us}-f_{up})S_{ti} - \triangle S_{bs})/(1+s)$$

$$= \{0.24*(1-0.05-0.13)*600 - 11.6\}/(1+1) = 53.3 \text{ mgCOD/L}$$

(7.1a)

f_{xa}=0.15 에서 과잉 인 제거 경향 인자 P_f 는 식 (7.5)에 의해 다음과 같이 산출된다:

$$P_f = (s_{bsa} - 25)*f_{xa} = (53.3-25)*0.10 = 4.25 \text{ mgCOD/L}$$

그리고 과잉 인 제거 계수 γ 는 식 (7.7)에 의해 다음과 같이 산출된다:

$$\gamma = 0.35 - 0.29\exp(-0.242*4.25) = 0.246 \text{ mgP/mgVASS}$$

따라서 14 ℃ 및 22 ℃, SRT=20 일에서의 인 제거 농도 P_s 는 식 (7.6)에 의해 다음과 같이 산출할 수 있다:

14 ℃에서,

$$P_s = S_{ti}\left\{\frac{(1-f_{us}-f_{up})Y_h(\gamma + f_p f b_h SRT)}{1+b_h SRT} + \frac{f_p f_{up}}{f_{cv}}\right\}$$

$$= 600\left\{\frac{(1-0.05-0.13)0.45(0.246 + 0.015*0.20*0.20*20)}{1+0.20*20}\right.$$

$$\left. + \frac{0.015*0.13}{1.48}\right\} = 12.2 \text{ } mgP/L$$

그리고 22 ℃에서,

과잉 인 제거 경향 인자 P_f는 식 (7.5)에 의해 다음과 같이 산출된다:

$$P_f = (57.5-25)*0.10 = 3.25 \ mgCOD/L$$

그리고 과잉 인 제거 계수 γ는 식 (7.7)에 의해 다음과 같이 산출된다:

$$γ = 0.35 - 0.29exp(-0.242*3.25) = 0.218 \ mgP/mgVASS$$

따라서 22 ℃, SRT=20 일에서의 인 제거 농도는 식 (7.6)에 의해 다음과 같이 산출할 수 있다:

$$P_s = S_{ti}\left\{\frac{(1-f_{us}-f_{up})Y_h(γ+f_pfb_hSRT)}{1+b_hSRT}+\frac{f_pf_{up}}{f_{cv}}\right\}$$

$$= 600\left\{\frac{(1-0.05-0.13)0.45(0.246+0.015*0.20*0.20*20)}{1+0.25*20}\right.$$

$$\left.+\frac{0.015*0.13}{1.48}\right\} = 10.4 \ mgP/L$$

이 인 제거 농도들은 유입 인 농도 10 mgP/L 보다 높기 때문에 유출수 인 농도는 0으로 택할 수 있다.

질산화 안전 인자 (S_f) 1.25 를 반영하여 14 ℃, SRT 20 일 에서의 최대 비포기 슬러지 질량 분율은, 식 (5.24)에 의해 다음과 같이 주어진다:

$$f_{xm} = 1 - S_f\frac{b_{nT}+\frac{1}{SRT}}{μ_{nmT}} = 1-1.25\frac{0.034+\frac{1}{20}}{0.18} = 0.42$$

f_{xm}=0.42, 22 ℃에서의 안전 인자 S_f는 식 (5.24)에 의해 주어진다:

$$S_f = 1 - \frac{f_{xm}μ_{nmT}}{b_{nT}+\frac{1}{SRT}} = 1-\frac{0.42*0.454}{0.042+\frac{1}{20}} = 2.9$$

14 ℃에서 합리적인 S_f가 선정되었기 때문에 완전 질산화가 진행될 것으로 가정할 수 있고, 따라서 유출수 TKN 농도는 14 ℃에서는 3.0 mgN/L 그리고 22 ℃에서는 2.0 mgN/L 로 정할 수 있다. 식 (4.23)에 의해 14 ℃ 및 22 ℃에서의 슬러지 생산에 필요한 질소 요구량은 각각 13.2 mgN/L 와 12.6 mgN/L 로 주어진다. 따라서 식 (5.29)에 의해 14 ℃ 및 22 ℃에서의 질산화 용량 N_c는 각각 31.8 mgN/L 와 33.4 mgN/L 가 된다.

고정된 f_{xm}=0.42, f_{xa}=0.15 에서, 식 (7.8)에 의해 최대 무산소 슬러지 질량 분율 (f_{xdm})은 다음과 같이 주어진다:

$$f_{xdm}=f_{xm}-f_{xa}=0.42-0.15=0.27$$

$f_{xdm}=0.27$ 을 f_{x1} 으로 간주하면 ($f_{x1}=f_{xdm}=0.27$), 1 차 무산소 반응기의 탈질 포텐셜은 식 (6.20)에 의해 14 ℃에서 29.0 mgN/L, 22 ℃에서는 37.3 mgN/L 가 된다. N_c 와 D_{pt} 가 정해졌고 s-반송비를 1 그리고 s-반송수 및 a-반송수의 용존 산소 농도를 각각 1.0 mgO/L 및 2.0 mgO/L 로 선정하면, 최적 a-반송비 a_0 와 유출수 질산염 농도 N_{ne} 는 식 6.30 과 6.31 에 의해 각각 3.6 과 5.7 mgN/L 가 된다. 22 ℃에서 산출된 a_o 는 9.3 으로 실질적인 상한값인 5 보다 높기 때문에, $a_o=5$ 로 책정하면, 유출수 질산염 농도는 $N_{ne}=4.8$ mgN/L 가 된다. 위의 상세한 설계 과정은 제 6 장 7.5 절을 참조하기 바란다.

표 7.2 의 결과로부터 14 ℃ 및 22 ℃에서 하수 원수 처리 시 유입수에 존재하는 인보다 더 많은 인이 제거될 수 있기 때문에, 안전 인자를 적용하면 유출수 인 농도를 1 mgP/L 미만으로 유지할 수 있다. 14 ℃ 및 22 ℃에서의 유출수 질산염 농도는 각각 5.7 mgN/L 및 4.8 mgN/L 이다. 이러한 결과를 SRT=25 일에서의 A_2O 공정 결과 (표 7.1)와 비교하면, A_2O 공정에서 더 양호한 유출 수질을 달성할 수 있다는 것을 알게 된다. 그러나 UCT 공정에는 인 제거의 안전 인자가 확보되어 있고, 반면에 A_2O 공정에서 인 제거는 안전 인자 확보없이 완전에 가까운 탈질에만 의존한다. 결과적으로 UCT 공정이 더 낮은 질소 제거 효율을 보이더라도, 예기치 못하게 TKN/COD 비가 상승하여도 보장할 수 있을 정도로 더 높은 인 제거 효율을 결과적으로 달성할 수 있다. TKN/COD 비의 상한값은 더 높은 TKN/COD 값을 설계에 대입하고 검증하여 산출할 수 있고, 통상적인 하수의 경우 TKN/COD 비 상한값은 약 0.13 이다.

침강을 거친 하수의 14 ℃와 22 ℃에서의 인 제거 농도(P_s)는 각각 6.7 mgP/L 및 5.6 mgP/L 이고, 각각 1.8 mgP/L 와 2.9 mgP/L 의 인이 유출수와 함께 빠져나간다. P_s 가 충분하지 않으면 f_{xa} 를 최대값인 0.25 까지 증가시킬 수 있지만, 질소 제거 효율 저하는 피할 수 없다. 즉, $f_{xa}=0.20$ 이면, 14 ℃에서 $P_s=7.5$ mgP/L, $N_{ne}=12.2$ mgN/L; 22 ℃에서 $P_s=6.4$ mgP/L, $N_{ne}=9.7$ mgN/L 가 된다. $f_{xa}=0.20$ 으로도 질소 제거가 충분하지 못하게 되면 SRT 를 증가시켜 질소 제거를 향상시킬 수 있지만, SRT 증가로 인해 인 제거는 저하된다 (그림 7.14 설계 차트 참조).

최적으로 설계된 공정에서조차 생물학적 영양염류 제거에는 한계가 있다. 유출수 수질과 관련되어 발생하는 이러한 한계는 유입되는 하수의 특성, 그 중에서도 특별히 쉽게 분해되는 COD, TKN/COD 비 그리고 P/COD 비에 따라 변한다. 즉, 쉽게 분해되는 COD 가 높아지고 TKN/COD 및 P/COD 비가 낮아질수록, 유출수의 질소 및 인 농도는 낮아져서 유출 수질은 개선된다. 그러나 공정에 쉽게 분해되는 COD 를 추가함으로써 생물학적 질소 및 인 제거를 개선할 수 있다는 점에도 주목할 필요가 있다. 이러한 외부 COD 첨가로 인한 질소 및 인 제거 개선 효과는 쉽게 분해되는 COD 분율과 유입 COD 농도를 적절하게 조정함으로써 검증할 수 있다.

UCT 공정 설계가 완성되었고 Modified-UCT 공정으로 운전할 지 여부를 검증할 필요가 있다 (그림 7.13 참조). 무산소 슬러지 질량 분율을 2 개로 세분하여 나누어 할당함으로써, Modified-UCT 공정으로 전환된다. 첫번째 무산소 공간에 통상적으로 약 0.10 의 슬러지 질량 분율 f_{xd1} 을 할당하고, 두번째 무산소 공간에는 남는 분율을 f_{xd2} 에 할당한다 (즉, $f_{xd2}=f_{xdm}-f_{xd1}$). 성공적인 Modified-UCT 공정 운전을 위해서는 f_{xd2} 의 탈질 포텐셜 (D_{pd1})은 최저 수온에서 s-반송에 의해 유입되는 질산염 부하보다 반드시 커야 한다.

유입되는 질산염 부하는 2 개의 무산소 공간으로 나누기 전 UCT 공정 s-반송수의 질산염 농도로부터 산출되고 $s(N_{ne}+O_s/2.86)$으로 주어진다. D_{pd1} 이 $s(N_{ne}+O_s/2.86)$보다 커지게 만드는 인자를 탈질 안전 인자 (S_{fd})라 하고, 이 인자의 값으로 1.2 보다 높게 설정할 것을 권장한다.

하수 원수 및 1 차 침강조를 거친 하수를 처리하기 위한 Modified-UCT 공정 설계에 필요한 산출 결과를 표 7.2 에 제시하였다 (SRT=20 일, f_{xa}=0.10). 하수 원수 및 1 차 침강조를 거친 하수 모두가 Modified-UCT 공정에서 처리 가능한 것으로 나타났다. 탈질 안전 인자 S_{fd} 는 14 ℃에서 하수 원수에 대해 3.2 그리고 1 차 침강조를 거친 하수에 대해 1.4 로 나타났다. 일반적으로 TKN/COD 비<0.12, 쉽게 분해되는 COD 분율 f_{bs}≒0.25 에서 Modified-UCT 공정이 적용된다. Modified-UCT 공정을 성공적으로 운전하기 위해 필요한 TKN/COD 비의 한계값은 쉽게 분해되는 COD 분율 f_{bs} 에 의해 결정된다하여도 과언이 아니다. f_{bs} 가 낮을수록, TKN/COD 비 한계값도 낮아진다. 또한 혐기성 슬러지 질량 분율 크기도 UCT 공정을 수정하여 Modified-UCT 공정으로 전환할 지 여부를 결정하는 중요한 역할을 한다는 점에 유의하여야 한다. 예를 들면, SRT=20 일, f_{xa}=0.20, 14 ℃에서 처리된 침강을 거친 하수 유출수의 질산염 농도는 12.2 mgN/L (위에서 이미 산출되었음)이고, 질산염 부하는 12.6 mgN/L 이다. D_{pd1}=16.0 mgN/L (표 7.2 참조)로 탈질 안전 인자 S_{fd}=1.26 이 되어 f_{xa}=0.15 (표 7.2)에 대해 구한 안전 인자보다 낮은 값이고, UCT 공정의 수정 (Modified-UCT 공정 적용)이 필요한 한계값에 접근하는 값이다.

Modified-UCT 공정이 성공적으로 적용될 수 있는 지 여부를 검증할 경우, 첫번째 무산소 반응기가 쉽게 분해되는 COD 를 완전히 소진시킬 수 있을 정도로 충분한지를 검증할 필요가 있다. 이러한 검증은 식 (6.21)에 따라 진행할 수 있고, 식 (6.21)에 의하면 14 ℃에서 쉽게 분해되는 COD 를 모두 활용할 수 있는 최소 무산소 슬러지 질량 분율은 0.062 (하수 원수)와 0.085 (1 차 침강조를 거친 하수)이다. 따라서, f_{xd1}=0.10 은 적절한 값이 된다. 쉽게 분해되는 COD 를 모두 완전하게 활용할 수 있도록 f_{xd1} 을 설계하게 됨으로써, 유출수 질산염 농도가 높게 산출되는 TKN/COD 비에서도 Modified-UCT 공정은 과잉 인 제거를 수행할 수 있게 된다. Modified-UCT 공정으로 처리 가능한 이러한 높은 TKN/COD 비의 값은 TKN/COD 비를 증가시켜가면서 테스트하는 시행 착오법으로 산출할 수 있다.

UCT 공정의 수정 여부 판단이 완료(Modified-UCT 공정 적용 여부에 대한 판단이 완료)되었다고 UCT 공정으로 운전할 가능성이 배제되지는 않는다. 첫번째 무산소 반응기 또는 두번째 무산소 반응기로부터 r-반송수를 공급함으로써, Modified-UCT 공정으로 전환될 지 또는 UCT 공정으로 유지될 지 여부가 결정된다. 첫번째 무산소 반응기로부터 r-반송수가 공급되는 Modified-UCT 공정의 장점은 이미 앞에서 설명하였다. 설명한 장점 뿐만 아니라 완전히 유연하게 공정을 운전함으로써 선택적인 반송수를 공급할 수 있게 되고, 이로 인해 A_2O 공정 또는 Modified-UCT 공정 또는 기존 UCT 공정으로도 운전할 수 있게 된다. 또한 특별한 설계에 의한 공정의 형태나 공정의 조합에 관계없이 혐기 반응기를 3~4 개의 작은 격리된 공간으로 직렬로 분리하여 운전할 것을 강력하게 권장한다.

표 7.2 혐기성 슬러지 질량 분율 0.15, SRT=20 로 재조정하여 설계한 UCT 공정의 주요 변수 산출 결과 요약

변수	기호	단위	하수 원수		1 차 침강조를 거친 하수	
수온	T	℃	14	22	14	22
r-반송수 질산염 농도	N_{nr}	mgN/L	1.0	1.0	1.0	1.0
r-반송수 용존 산소 농도	O_r	mgO/L	1.0	1.0	1.0	1.0
유입 생분해성 COD 농도	S_{bi}	mgCOD/L	492	492	317	317
쉽게 분해되는 COD 분율	f_{bs}	-	0.24	0.24	0.33	0.33
r-반송비	r	-	1.0	1.0	1.0	1.0
혐기 반응기의 쉽게 분해되는 COD 농도	S_{bsa}	mgCOD/L	53.3	53.3	46.5	46.5
혐기성 슬러지 질량 분율	f_{xa}	-	0.15	0.15	0.15	0.15
인 제거 경향 인자	P_f	mgCOD/L	4.24	4.24	3.22	3.22
과잉 인 제거 계수	γ	mgN/L	0.246	0.246	0.217	0.217
인 제거 농도	P_s	mgO/L	12.2	10.4	6.7	5.6
유출수 인 농도	P_{te}	mgO/L	0.0	0.0	1.8	2.9
안전 인자	S_f		1.25	2.9	1.25	2.9

생물학적 영양염류 제거 공정 설계 실무

최대 비포기 슬러지 질량 분율	f_{xm}		0.42	0.42	0.42	0.42
유출수 TKN 농도	N_{te}		3.0	2.0	3.0	2.0
슬러지 생산에 필요한 질소	N_s		13.2	12.6	6.1	5.7
질산화 용량	N_c		31.8	33.4	31.9	33.3
최대 무산소 슬러지 질량 분율	f_{xdm}	mgN/L	0.27	0.27	0.27	0.27
탈질 포텐셜	D_{pt}	mgN/L	29.0	37.3	22.0	27.3
슬러지 반송비	s	mgN/L	1.0	1.0	1.0	1.0
a-반송수 용존 산소 농도	O_a	mgCOD/L	2.0	2.0	2.0	2.0
s-반송수 용존 산소 농도	O_s	mgCOD/L	1.0	1.0	1.0	1.0
최적 a-반송비	a_o	mgP/ mgVASS	3.6	5.0*	0.93	2.25
유출수 질산염 농도	N_{ne}	mgP/L	5.7	4.8	10.9	7.9
UCT 공정 수정						
첫번째 무산소 반응기 혐기성 슬러지 질량 분율	f_{xd1}	-	0.10	0.10	0.10	0.10
첫번째 무산소 반응기 탈질 포텐셜	D_{pd1}	mgN/L	19.6	21.8	16.0	18.0
혐기 반응기로 유입되는 질산염 농도 부하		mgN/L	6.1	4.9	11.3	8.3
탈질 안전 인자	S_{fd}	-	3.2	4.5	1.4	2.2
수정 성공 여부			성공		성공	

*산출된 a_o 값 9.3 은 실질적 한계치인 5 보다 높은 값이어서, 최적 a_o 값은 5 로 책정한다.

7.5 공정 부피

제 6 장 8.6.1 의 방법에 따라, A_2O 공정의 반응기 크기가 산출된다. SRT, 수온 그리고 COD 부하가 동일하면, A_2O 공정의 총 반응기 부피는 Bardenpho 공정의 총 반응기 부피와 같다. 즉, 각 반응기의 부피는 각 반응기의 슬러지 질량 분율에 비례한다. SRT=25 일에서 산출된 A_2O 공정의 반응기 부피와 체류 시간 (산출 근거 자료는 표 7.1 참조)을 표 7.3 에 제시하였다.

각 반응기의 슬러지 질량 분율이 동일하지 않기 때문에 각 반응기의 부피 분율이 슬러지 질량 분율과 동일하지 않는 결과로 인해, UCT 공정과 Modified-UCT 공정 전체에 걸쳐 MLSS (또는 MLVSS)가 균일하지 않게 된다. 각 반응기의 부피 분율 (또는 부피)은 다음과 같은 두가지 방법에 의해 결정된다:

1) 고정된 총 반응기 부피에 대한 각 반응기 부피 분율을 슬러지 질량 분율로부터 계산하면, 혐기 반응기 부피 분율은 식 (7.10)으로 주어진다. 즉,

$$f_{va} = f_{xa}\ [(1+r)/(r+f_{xa})]$$

(7.10)

그리고 무산소 및 호기 반응기 분율은 다음과 같이 주어진다.

$$f_{vd}/f_{xd} = f_{vb}/f_{xb} = 1 - [f_{xa}/(r+f_{xa})]$$

(7.11)

여기서 첫 하첨자 v 와 x 는 각각 부피 분율 및 질량 분율을 의미하고, 두번째 하첨자 a,d,b 는 각각 혐기, 무산소, 호기를 의미한다.

부피 분율을 알면, 각 반응기 부피는 선정된 평균 MLSS 농도, $\underline{X}_t$ 를 지니는 총 반응기 부피로부터 산출된다 (식 (4.6)). 선정된 평균 MLSS 농도 $\underline{X}_t$ 에 대해 각 반응기의 MLSS 농도는 다음의 식에 따라 구할 수 있다:

혐기 반응기의 MLSS 농도 (X_{ta})는,

$$X_{ta} = \underline{X}_t \cdot f_{xa}/f_{va}$$

(7.12)

표 7.3 A$_2$O 공정의 각 반응기 부피, 평균 및 실질 체류시간 (SRT=25 일)

변수	기호	하수 원수	침강을 거친 하수	단위
슬러지 질량	M($\underline{X}_t$)	54,200	21,850	kgTSS
평균 MLSS 농도	$\underline{X}_t$	4000	4,000	mg/L
총 부피	V_p	13,550	5,460	m^3
총 유량	Q	13,330	13,300	m^3/d
총 평균 체류시간	HRT$_t$	24.4	9.8	h
a-반송비 (14℃)	a	3.3	1.3	-
s 반송비	s	1.0	1.0	-
혐기 반응기				
슬러지 질량 분율	f_{xa}	0.10	0.10	-
부피		1,355	546	m^3

생물학적 영양염류 제거 공정 설계 실무

평균 체류시간		2.4	1.0	h
실질 체류시간		1.2	0.5	h
제 1 차 무산소 반응기				
슬러지 질량 분율	f_{x1}	0.16	0.26	-
부피		2,168	1,420	m³
평균 체류시간		3.9	2.6	h
실질 체류시간		0.74	0.792	h
호기 반응기*				
슬러지 질량 분율		0.45	0.45	-
부피		6,098	2,457	m³
평균 체류시간		11.0	4.4	h
실질 체류시간		2.1	1.34	h
제 2 차 무산소 반응기				
슬러지 질량 분율	f_{x3}	0.24	0.14	-
부피		3,252	764	m³
평균 체류시간		5.9	1.4	h
실질 체류시간		2.9	0.7	h
재포기 (reaeration) 반응기*				
슬러지 질량 분율		0.05	0.05	-
부피		678	273	m³
평균 체류시간		1.2	0.50	h
실질 체류시간		0.6	0.25	• h

*재포기 반응기의 슬러지 질량 분율은 통상적으로 약 0.06~0.07 이고 이 분율은 호기성 슬러지 질량 분율로부터 유추되었다: 즉, 재 호기 반응기의 슬러지 질량 분율은 총 호기성 슬러지 질량 분율 (0.50)에서 호기 반응기 슬러지 질량 분율 (0.45)을 감한 값이다 (즉, 0.50-0.45=0.05).

무산소 반응기 MLSS 농도 (X_{tc})와 호기 반응기 MLSS 농도 (X_{tb})는,

$$X_{ta} = X_{tb} = \underline{X_t}/[1-\{f_{xa}/(r+f_{xa})\}]$$

(7.13)

식 (7.13)으로부터, 무산소 반응기의 슬러지 농도 (X_{td})와 혐기 반응기의 슬러지 농도 (X_{tb})가 선정된 평균 슬러지 농도 ($\underline{X_t}$)보다 높다는 사실을 알 수 있다. r=1, f_{xa}=0.15 에서 X_{td}와 X_{tb} 는 $\underline{X_t}$보다 15% 높다. 평균보다 높은 호기 반응기 슬러지 농도는 호기 반응기 유출수가 유입되는 2 차 침강조 설계에 반영되어야 한다.

Chapter 7 생물학적 과잉 인 제거

2) 고정된 호기 반응기 슬러지 농도 X_{tb} 에서, 슬러지 질량 분율로부터 각 반응기 부피를 계산한다: 혐기성 슬러지 질량 분율이 f_{xa} 이면, 나머지 슬러지 질량 $(1-f_{xa})M(X_t)$은 무산소 반응기와 호기 반응기에 분배된다. 즉, 호기 반응기와 무산소 반응기 부피의 합은 $(1-f_{xa})M(X_t)/X_{tb}$ 가 된다. 이 두 반응기의 슬러지 농도는 동일하기 때문에, 각 반응기의 부피는 슬러지 질량 분율로부터 쉽게 구할 수 있다. 혐기 반응기의 슬러지 농도 X_{ta} 는 호기 반응기 슬러지 농도의 $r/(1+r)$에 해당된다. 즉, $X_{ta}=X_{tb}\cdot r/(1+r)$. 혐기 반응기의 슬러지 질량 $f_{xa}M(X_t)$과 슬러지 농도 X_{ta} 를 알게 되면, 혐기 반응기의 부피는 $f_{xa}M(X_t)/X_{ta}$ 가 된다. 이 방법으로는 1) 방법에 비해 더 큰 공정 부피가 산출된다.

위의 2 가지 방법으로 산출된 UCT 공정의 총 반응기 부피를 A$_2$O 공정의 총 반응기 부피와 비교하면, 동일한 평균 슬러지 농도 X_t 에서 A$_2$O 공정의 부피와 동일하지만 UCT 공정 호기 반응기의 슬러지 농도는 A$_2$O 공정에 비해 $(1+f_{xa})$배 높아진다. 그리고 2) 방법에 의해 산출된 UCT 공정의 부피는 A$_2$O 공정 부피보다 동일한 호기 반응기 슬러지 농도에서 $(1+f_{xa})$배 증가한다. 2) 방법에 의해 산출된 UCT 공정의 각 반응기 부피들과 체류 시간들을 표 7.4 에 제시하였다.

표 7.4 Modified-UCT 공정의 각 반응기 부피, 평균 및 실질 체류시간 (SRT=20 일)

공정 변수	기호	하수 원수	침강을 거친 하수	단위
슬러지 질량	$M(X_t)$	54,200	21,850	kgTSS
호기 반응기 MLSS 농도	X_{tb}	4,000	4,000	mgTSS/L
혐기 반응기 슬러지 질량 분율	f_{xa}	0.15	0.15	-
혐기 반응기 슬러지 질량		8,130	3,278	kgTSS
무산소+호기 슬러지 질량		46,070	18,572	kgTSS
무산소+호기 반응기 부피		11,518	4,643	m^3
총 무산소 슬러지 질량 분율	f_{xdm}	0.27	0.27	-
첫번째 제 1 차 무산소 반응기	f_{xd1}	0.10	0.10	-
두번째 제 1 차 무산소 반응기	f_{xd2}	0.17	0.17	-
호기성 슬러지 질량 분율	f_{xb}	0.58	0.58	-
첫번째 무산소 반응기 부피		1,355	546	m^3
두번째 무산소 반응기 부피		2,304	1,475	m^3
호기 반응기 부피		7,860	3,168	m^3
r-반송비	r	1	1	
혐기 반응기 MLSS 농도	X_{ta}	2,000	2,000	mgTSS/L
혐기 반응기 부피		4,065	1,639	m^3
총 부피		15,583	6,282	m^3
공정 평균 슬러지 농도	X_t	3,480	3,480	mgTSS/L
최적 a-반송비	a_o	3.6	0.93*/1.5**	
s-반송비	s	1.0	1.0	
유입 유량	Q	13,330	13,330	m^3/d
체류시간				
혐기 반응기: 평균		7.3	3.0	h
혐기 반응기: 실질		3.6	1.5	h
첫번째 무산소 반응기: 평균		2.4	1.0	h
첫번째 무산소 반응기: 실질		0.8	0.3	h
두번째 무산소 반응기: 평균		4.1	2.7	h
두번째 무산소 반응기: 실질		0.9	1.4*/1.1**	h
호기 반응기: 평균		14.2	5.7	h
호기 반응기: 실질		3.1	3.0*/2.3**	h

*산출된 a_o로부터 얻어진 값; ** 실질 무산소 반응기 체류 시간이 약 1 시간에 도달할 수 있는 a-반송비로부터 구한 값.

7.6 산소 요구량

질소 및 인 제거 공정에 필요한 일 평균 산소 요구량은 질소 제거 공정의 경우와 동일한 방법으로 산출된다 (제 6 장 7.6.2 절). 단순 설계 규칙을 적용하여 하루 중 유입 COD 및 TKN 부하 변동으로부터 예측된 첨두 일평균 산소 요구량도 제 6 장 7.6.2 절에 제시되어 있다.

8. 공정 선정 지침

과잉 인 제거 및 질소 제거 거동과 관련된 다양한 이론을 기반으로 공정 선정에 도움이 될 수 있는 다음과 같은 광범위한 지침을 제시할 수 있다:

8.1 공정 선정

(1) 유입수의 쉽게 분해되는 COD 농도 (S_{bsi})가 60 mgCOD/L 미만일 경우 (유입수 COD 농도와는 상관없이), 어떤 공정을 선정하더라도 과잉 인 제거는 진행되기 어렵다.

(2) S_{bsi}>60 mgCOD/L 인 경우 혐기 반응기로의 질산염 유입이 없으면 과잉 인 제거를 달성할 수 있고, S_{bsi} 가 증가할수록 과잉 인 제거 농도도 증가한다. 혐기 반응기로의 질산염 유입 여부는 유입 TKN/COD 비와 공정 형상에 의해 결정된다. 아래에 제시한 사항들은 통상적인 하수 (즉, 생물 분해 가능한 COD 중 쉽게 분해되는 COD 분율 f_{bs} 가 약 15~20%)와 완전 탈질이 이루어져야 할 경우에 적용된다.

- TKN/COD<0.08 mgN/mgCOD 이면, 완전 탈질이 가능하여 A$_2$O 공정을 선정한다.

- 0.08<TKN/COD<0.11 이면, 완전한 질산염 제거는 더 이상 가능하지 않게 된다. 혐기 반응기로 질산염 유입을 배제할 수 있는 Modified-UCT 공정을 선정한다.

- 0.01<TKN/COD<0.14 이면 Modified-UCT 공정으로도 혐기 반응기로의 질산염 유입을 배제할 수 없기 때문에 a-반송비가 주의 깊게 제어될 수

생물학적 영양염류 제거 공정 설계 실무

있다면 UCT 공정을 선정한다. 그러나, 슬러지 침강성이 부실화되는 문제에 직면할 수 있다.

- TKN/COD>0.14 이면, 통상적인 생활 하수에서 생물학적 과잉 인 제거를 달성하기 어렵다.

8.2 혐기성 슬러지 질량 분율 선정

총 COD 중 쉽게 분해되는 COD 분율은 침강을 거치지 않은 하수 원수의 경우 약 0.20 (즉, 생물 분해 가능한 COD 중 쉽게 분해되는 COD 분율 (f_{bs}) ≒0.25)이고, 1 차 침강조를 거친 하수의 총 COD 중 쉽게 분해되는 COD 분율은 약 0.30 (즉, f_{bs}≒0.34)이다 (표 6.2). 결과적으로 통상적인 하수에서는 유입 COD 농도 (S_{ti})가 낮을수록, 쉽게 분해되는 COD 농도 (S_{bsi})는 감소한다. 하수 원수의 S_{ti} 가 250 mgCOD/L 미만이면, S_{bsi} 는 50 mgCOD/L 미만이 되어 r-반송비 또는 s-반송비 1:1 에서 과잉 인 제거 달성은 어려워진다. 적합한 공정이 선정되고 적절한 설계가 이루어지면, 가끔씩 과잉 인 제거가 진행될 수는 있을 것이다.

반대로 S_{ti} 가 높아질수록 S_{bsi} 는 증가하고 과잉 인 제거에 적합한 조건이 더욱 양호하게 형성되어, 활성을 지닌 슬러지 질량에 포함되는 인 함유량 (γ)이 높아진다. γ 는 (S_{bsa}-25)와 혐기성 슬러지 질량 분율 f_{xa} 의 함수이기 때문에, 낮은 S_{ti} 에서 감소하는 (S_{bsa}-25)의 부정적 영향으로 인해, f_{xa} 를 최대 약 0.25 로 증가시켜야 할 경우도 발생할 수 있다.

하수 원수 COD 농도를 근거로 제시된 다음과 같은 지침은 양호한 과잉 인 제거 효율을 달성하기 위해 필요한 초기 f_{xa} 를 결정할 수 있는 합리성을 지닌다:

- S_{ti}<400 mgCOD/L, f_{xa}=0.20~0.25

- 400<S_{ti}<700, f_{xa}=0.15~0.20

- S_{ti}>700 mgCOD/L, f_{xa}=0.10~0.15

위의 초기 f_{xa} 평가는 실제 P/COD와 쉽게 분해되는 COD 분율에 따라 반드시 검증하고 수정되어야만 한다.

8.3 혐기 반응기의 세분화

앞에서 설명한 바와 같이 혐기 반응기를 여러 작은 반응기로 나누어 직렬로 연결하면, 과잉 인 제거 효율이 향상된다. 향상되는 이유는 고분자 인산염 축적 미생물에 의해 진행되는 쉽게 분해되는 COD의 흡수 속도가 1차 반응이기 때문이다. 따라서 동일한 혐기성 슬러지 질량 분율에서 완전 혼합 흐름 반응기를 직렬로 연결하면 같은 부피의 단일 플러그 흐름 반응기 거동에 보다 가까워지고, 1차 반응일 경우 같은 부피의 단일 플러그 흐름 반응기가 단일 완전 혼합 흐름 반응기 보다 효율이 높다. 이론적으로는 더 작은 반응기로 나누어 더 많이 직렬로 연결하면 효율은 더욱 더 개선되지만, 실질적으로는 3~4 반응기 이상으로 연결하면 더 이상 효율이 개선되기 어렵다. 기존의 반송수 경로 외에 추가되는 경로로 반송수를 제공하여 A₂O 공정이나 UCT 형 공정으로 유연하게 운전할 수 있기 때문에 각 반응기의 혐기성 슬러지 질량 분율이 대략 동일하게 유지되는 4개의 반응기로 나누어 직렬로 연결하는 방안이 가장 바람직하다.

9. 제언 및 결론

지금까지 설명한 내용들을 다시 요약하여 제시하면 다음과 같다:

1) 생물학적 질소 및 인 제거 공정에서는 하수의 평균 특성에 의해 달성 가능한 유출수 수질이 결정된다. 하수의 주요 특성들은, 다음의 항목들에 의해 결정된다:

    - COD 농도 (S_{ti})

    - 총 COD 중 쉽게 분해되는 COD 분율 (f_{ts})

    - TKN/COD 비

    - 20 ℃에서 질산화 미생물의 최대 비 성장율 (μ_{nm20})

    - 최고 수온 (T_{max}) 및 최저 수온 (T_{min})

    - P/COD 비

2) 선정된 공정의 SRT가 고정되면 달성 가능한 질소 및 인 제거가 결정되고, 질소 및 인 제거 효율은 TKN/COD 비와 P/COD 비에 따라 변한다. 통상적인 하수의 f_{ts} 는 약 0.20 이기 때문에 완전 탈질은 오직 TKN/COD<0.08 인 경우에만 (외부

에너지원 또는 탄소원이 없을 경우) 달성 가능하고 0.08 보다 높아지면 질소 제거 효율은 저하된다.

3) 유입 S_{bsi} 중 쉽게 분해되는 COD 분율에 의해 과잉 인 제거 달성 정도가 지배적으로 결정된다. 혐기 반응기로 유입되는 반송비 1:1 에서 S_{bsi}<50 mgCOD/L 이면, 어떠한 공정으로도 과잉 인 제거는 달성되기 어렵다. S_{bsi}>50 mgCOD/L 이면, 혐기 반응기로의 질산염 유입만 없으면 과잉 인 제거는 달성될 수 있다. 이 경우 과잉 인 제거 정도는 50 mgCOD/L 보다 높은 S_{bsi} 값의 크기와 유입 COD 농도 크기에 따라 변한다. 과잉 인 제거의 S_{bsi} 농도 변화에 대한 민감도는 S_{bsi} 를 낮추어서는 안될 정도로 매우 강하다. 역설적으로 S_{bsi} 를 증가시킬 수 있는 어떠한 실행 방안도 과잉 인 제거 효율 향상에 도움이 된다.

4) 일반적으로 혐기 반응기의 쉽게 분해되는 COD 농도 (S_{bsa})가 25 mgCOD/L 를 초과하면 과잉 인 제거를 자극할 수 있지만, 유입 하수 원수의 COD 농도 (S_{ti})가 낮아질수록 과잉 인 제거 달성은 점점 어려워진다. 쉽게 분해되는 COD 분율 평균 범위 0.20~0.25 에서 25 mgCOD/L 보다 높은 S_{bsa} 값을 얻기 위해서는 하수 원수의 COD 농도 (S_{ti})는 최소한 약 250 mg/L 이상이 되어야 한다. S_{ti} 가 250 mgCOD/L 보다 높아질수록 S_{bsa}>25 mgCOD/L 달성은 점점 더 용이해지고, 단위 유입 COD 당 과잉 인 제거율은 증가한다.

5) 평균 유입 COD 농도가 낮아지는 경우에도 실질적으로는 가끔씩 인 제거가 진행되지만, 유량 및 부하의 주기적인 변동은 일 평균 과잉 인 제거에 영향을 주지 못한다. 가끔 인 제거가 향상되는 이유는 첨두 기간 동안 주기적 변동 조건에서 (그러나 반송 유량은 일정하게 유지됨) 첨두 COD 가 가끔 일평균 유입 COD 보다 높아져 (S_{bsa}-25)값의 상승을 유발하고, 이로 인해 인 제거가 향상되기 때문이다. 유량 및 부하의 주기적 변동 조건에서는 호기 반응기의 용존 산소 농도를 정밀하게 조절하여야 한다. 용존 산소 농도가 너무 높아지면 질산염 제거가 저하되고, 반면에 너무 낮아지면 질산화를 저해하고 과잉 인 섭취를 저해하여 슬러지 침강에 부정적인 영향을 주게 된다. 용존 산소 제어와 관련된 현실적 어려움은 유량과 부하 변동을 균등하게 조절할 수 있는 균등조 (현장에서는 통상적으로 유량 조정조라 함) 운전 전략의 부재 때문에 주로 발생한다.

6) A_2O 공정에서 과잉 인 제거를 성공적으로 달성하기 위해서는 완전에 가까운 탈질을 이루어 혐기 반응기로의 과량 질산염 유입을 피할 수 있어야 한다. 총 유입 COD 중 쉽게 분해되는 COD 분율 f_{ts}=0.20, 14 ℃에서, 완전 탈질은

TKN/COD<0.08 일 경우에만 달성 가능하다. TKN/COD>0.08 mgN/mgCOD 이면, 완전 탈질 달성은 어려워지고, UCT 형 공정을 적용하여 과잉 인 제거를 달성하는 것이 바람직하다.

7) TKN/COD 비가 0.13 mgN/mgCOD 에서는 유출수에 질산염이 존재하더라도 UCT 형 공정을 선정하고 a-반송비를 적절하게 조절함으로써 혐기 반응기로 유입되는 질산염을 차단할 수 있다. TKN/COD<0.11 일 경우 Modified-UCT 공정 적용으로 과잉 인 제거 달성이 가능해지고, UCT 공정에 비해 더 적은 운전 인력을 투입할 수 있으며, 보다 양호한 슬러지 침강성이 유지되는 혜택을 누릴 수 있다. TKN/COD>0.11 이면, 과잉 인 제거 달성이 가능한 유일한 공정은 UCT 이다. 유입 COD 가 높을 경우에는, 슬러지 침강 특성이 불량해질 가능성이 있다.

8) TKN/COD>0.14 mgN/mgCOD 조건에서 완전 질산화가 의무화되면, 외부 탄소원 주입없이 완전 탈질을 달성할 수 없기 때문에 생물학적 과잉 인 제거는 어려워진다. 그러나 이렇게 높은 TKN/COD 비는 일반적인 하수 원수와 1 차 침강조를 거친 하수에서는 발생하기 어렵다.

9) 유입 COD 의 약 40 %를 제거하여 TKN/COD 비와 P/COD 비를 크게 증가시키는 1 차 침강조는 질소 및 인의 효율적 제거에 바람직하지 못한 시설이다. 제거되는 정도는 미미하지만 COD 제거와 함께 쉽게 분해되는 COD 감소도 질소 및 인 제거 효율 저하 원인이 될 수 있다. 그러나, 1 차 침강조 설치로 공정 부피와 총 산소 요구량이 크게 감소한다는 점을 간과해서는 안될 것이다.

10) 영양염류 제거 공정 설계를 위해 하수의 특성과 특성 범위를 보다 정확하게 알 필요가 있다. 정확하게 알지 못하면 인 제거 설계 목표치를 완전히 달성할 수 없는 설계 실패로 이어질 수 있다. 위의 1)에서 제시한 특성들이 정확히 알아야 할 핵심적 특성에 해당된다. 핵심적 특성은 아니지만, 유용한 특성으로는 총 알칼리도와 생물 분해되지 않는 용존성 및 입자성 COD 분율 (각각 f_{us} 와 f_{up})을 들 수 있다. 핵심적 특성들을 대략적으로만 알게 되면 보수적 설계로 이어지는 값으로 선정하여야 하고, 이로 인해 질소 및 인 제거 효율은 통상적으로 저하된다.

11) 선정된 공정에는 반드시 안전 인자를 반영하거나 운전의 유연성을 반영하여야 한다, 안전 인자 및/또는 운전 유연성을 반영함으로써, 유입 하수의 특성이 설계 특성보다 부정적으로 나타날 경우에도 충격을 흡수할 수 있게 된다. 예를 들면 A_2O 공정을 선정할 경우 최대 TKN/COD 비가 0.07 mgN/mgCOD 를 초과하지 않도록 하고, 0.08 mgN/mgCOD 에서는 안전 인자를 설계에 반영할 것을

권장한다. TKN/COD>0.07 mgN/mgCOD 일 경우, A_2O/Modified-UCT/UCT 조합 공정 (반송수 공급 경로를 유연하게 변화시키면, A_2O 및/또는 Modified-UCT 및/또는 UCT 공정으로 전환되는 공정을 의미함: 그림 7.13 참조)을 선택하여야 한다. 이러한 조합된 공정을 선정함으로써, 반송을 적절하게 제어하여 과잉 인 제거를 유도할 수 있다. 낮은 TKN/COD 비 (≒0.08)에서는 A_2O 공정이 이론적으로는 최적이지만, 실행적 면에서는 0.08 을 초과하는 TKN/COD 비 변동을 수용할 수 없는 운전 유연성의 한계가 단점으로 지적된다. Modified-UCT/UCT 조합 공정 적용으로 질소 제거율 저하에도 불구하고 과잉 인 제거를 달성할 수 있다. 다양하게 선택할 수 있는 반송 경로 때문에 공정의 수명이 다할 때까지 최선의 결과를 달성할 수 있다.

12) 공정 선정 시에는 운전자들의 의견을 최소한으로 수용하여 일관성 있는 결과를 도출하여야 한다. 이러한 점에서 Modified-UCT/UCT 조합 공정이 부정적인 조건을 흡수하여, 운전 과정을 쉽게 정할 수 있는 장점을 지닌다. 또한 규칙적으로 변동하는 유량과 하수 특성에 대처할 수 있는 운전 조정을 사전 프로그램화를 통해 달성할 수 있는 장점도 지닌다.

참고문헌

Acevedo, B., L. Borras, A. Oehmen, and R. Barat (2014) Modelling the metabolic shift of polyphosphate-accumulating organisms. Water Res. 65, 235–244. doi: 10.1016/j.watres.2014.07.028

Acevedo, B., A. Oehmen, G. Carvalho, G. Seco, L. Borrás, and R. Barat (2012). Metabolic shift of polyphosphate-accumulating organisms with different levels of polyphosphate storage. Water Res. 46, 1889–1900. doi: 10.1016/j.watres.2012. 01.003

Achilli, A., T.Y. Cath, E.A. Marchand, and A.E. Childress (2009). The forward osmosis membrane bioreactor: a low fouling alternative to MBR processes. Desalination 238, 10–21. doi: 10.1016/j.desal.2008.02.022

Arias, C.A., and H. Brix (2004). Phosphorus removal in constructed wetlands: can a suitable alternative media be identified? Water Sci. Technol. 51, 267–273

Arias, C.A., H. Brix, and N.H. Johansen (2003). Phosphorus removal from municipal wastewater in an experimental two-stage vertical flow constructed wetland system equipped with a calcite filter. Water Sci. Technol. 48, 51–58

Arnz, P., E. Arnold, and P.A. Wilderer (2001). Enhanced biological phosphorus removal in a semifull-scale SBBR. Water Sci. Technol. 43, 167–174

Awual, M.R., and A. Jyo (2011) Assessing of phosphorus removal by polymeric anion exchangers. Desalination 281, 111–117. doi: 10.1016/j.desal.2011.07.047

Azad, H. S., and J.A. Borchardt (1970) Variations in phosphorus uptake by algae. Environ. Sci. Technol. 4, 737–743. doi: 10.1021/es60044a008

de-Bashan, L.E., J.-P. Hernandez, T. Morey, and Y. Bashan (2004) Microalgae growth-promoting bacteria as "helpers" for microalgae: a novel approach for removing ammonium and phosphorus from municipal wastewater. Water Res. 38, 466–474. doi: 10.1016/j.watres.2003.09.022

Bashar, R., K. Gungor, K.G. Karthikeyan, and P. Barak (2018). Cost effectiveness of phosphorus removal processes in municipal wastewater treatment. Chemosphere doi: 10.1016/j/chemosphere.2017.12.169. [Epub ahead of print]

Bindhu, B.K., and G. Madhu (2013) Influence of organic loading rates on aerobic granulation process for the treatment of wastewater. J. Clean Energy Technol. 1, 84–87. doi: 10.7763/JOCET.2013.V1.20

Barnard, J.L. (1975) Biological nutrient removal without the addition of chemicals. Water Research, 9, 485-490

Barnard, J.L. (1975) Nutrient removal in biological systems. Wat. Pollut. Control, 74, 2. 143-154

Barnard, J.L. (1976) A review of biological phosphorus removal in the activated sludge process. Water SA. 2, (3) 136-144

Boelee, N.C., M. Janssen, H. Temmink, R. Shrestha, C.J.N. Buisman, and R.H. Wijffels (2014) Nutrient removal and biomass production in an outdoor pilot-scale phototrophic biofilm reactor for effluent polishing. Appl. Biochem. Biotechnol. 172, 405–422. doi: 10.1007/s12010-013-0478-6

Bowes, M.J., H.P. Jarvie, S.J. Halliday, R.A. Skeffington, A.J. Wade, M. Loewenthal, et al. (2015) Characterising phosphorus and nitrate inputs to a rural river using high-frequency concentration-flow relationships. Sci. Total Environ. 511, 608–620. doi: 10.1016/j.scitotenv.2014.12.086

Brix, H., C.A. Arias, and M. Bubba (1999) Media selection for sustainable phosphorus removal in subsurface flow constructed wetlands. Water Sci. Technol. 44, 47–54

Brown, N., and A. Shilton (2014). Luxury uptake of phosphorus by microalgae in waste stabilisation ponds: current understanding and future direction. Rev. Environ. Sci. Biotechnol. 13, 321–328. doi: 10.1007/s11157-014-9337-3

Burton, F.L., G. Tchobanoglous, R. Tsuchihashi, H. David Stensel, and Metcalf & Eddy, Inc. (2014) Wastewater Engineering: Treatment and Resource Recovery, 5th Edn. New York, NY: McGraw-Hill.

Carvalheira, M., A. Oehmen, G. Carvalho, and M.A.M. Reis (2014). Survival strategies of polyphosphate accumulating organisms and glycogen accumulating organisms under conditions of low organic loading. Bioresour. Technol. 172, 290–296. doi: 10.1016/j.biortech.2014.09.059

Chen, L., Y. Gu, C. Cao, J. Zhang, J.W. Ng, and C. Tang (2014) Performance of a submerged anaerobic membrane bioreactor with forward osmosis membrane for low-strength wastewater treatment. Water Res. 50, 114–123. doi: 10.1016/j.watres.2013.12.009

Chen, Y., C. Peng, J. Wang, L. Ye, L. Zhang, and Y. Peng (2011). Effect of nitrate recycling ratio on simultaneous biological nutrient removal in a novel anaerobic/anoxic/oxic (A2/O)-biological aerated filter (BAF) system. Bioresour. Technol. 102, 5722–5727. doi: 10.1016/j.biortech.2011.02.114

Childers, D.L., J. Corman, M. Edwards, and J.M. Elser (2011) Sustainability challenges of phosphorus and food: solutions from closing the human phosphorus cycle. BioScience 61, 117–124. doi: 10.1525/bio.2011/61.2.6

Chong, M.N., A.N.M. Ho, T. Gardner, A.K. Sharma, and B. Hood (2011) Assessing decentralised wastewater treatment technologies: Correlating technology selection to system robustness, energy consumption and GHG emission, in International Conference on Integrated Water Management (Perth)

Comeau, Y., K. Hall, R. Hancock, and W. Oldham (1986) Biochemical model for enhanced biological phosphorus removal. Water Res. 20, 1511–1521. doi: 10.1016/0043-1354 (86)90115-6

Cornel, P., and C. Schaum (2009). Phosphorus recovery from wastewater: needs, technologies and costs. Water Sci. Technol. 59, 1069–1076. doi: 10.2166/wst. 2009.045

Crocetti, G.R., P. Hugenholtz, P.L. Bond, A.J. Schuler, J. Keller, D. Jenkins, et al. (2000) Identification of polyphosphate-accumulating organisms and design of 16SrRNA-directed probes for their detection and quantitation. Appl. Environ. Microbiol. 66, 1175–1182. doi: 10.1128/AEM.66.3.1175- 1182.2000

Cydzik-Kwiatkowska, A., and M. Zielinska (2016) Bacterial communities in fullscale wastewater treatment systems. World J. Microbiol. Biotechnol. 32, 66. doi: 10.1007 /s11274-016-2012-9

De-Bashan, L.E., M. Moreno, J.P. Hernandez, and Y. Bashan (2002) Removal of ammonium and phosphorus ions from synthetic wastewater by the microalgae Chlorella vulgaris coimmobilized in alginate beads with the microalgae growthpromoting bacterium Azospirillum brasilense. Water Res. 36, 2941–2948. doi: 10.1016/S0043-1354(01)00522-X

De Godos, I., C. González, E. Becares, P.A. García-Encina, and R. Muñoz (2009). Simultaneous nutrients and carbon removal during pretreated swine slurry degradation in a tubular biofilm photobioreactor. Environ. Biotechnol. 82, 187–194. doi: 10.1007/s00253-008-1825-3

De Kreuk, M.K., J.J. Heijnen, and M.C.M. Van Loosdrecht (2005) Simultaneous COD, nitrogen, and phosphate removal by aerobic granular sludge. Biotechnol. Bioeng. 90, 761–769. doi: 10.1002/bit.20470

Díez-Montero, R., L. De Florio, M. González-Viar, M. Herrero, and I. Tejero (2016). Performance evaluation of a novel anaerobic-anoxic sludge blanket reactor for biological nutrient removal treating municipal wastewater. Bioresour. Technol. 209, 195–204. doi: 10.1016/j.biortech.2016.02.084

Dold, P.L., G.A. Ekama and G.v.R. Marais (1980) A general model for the activated sludge process. Prog. Wat. Tech., 12, 47-77

Drizo, A., C. Forget, R.P. Chapuis, and Y. Comeau (2006) Phosphorus removal by electric arc furnace steel slag and serpentinite. Water Res. 40, 1547–1554. doi: 10.1016/j. watres.2006.02.001

Drizo, A., C.A. Frost, J. Grace, and K.A. Smith (1999) Physico-chemical screening of phosphate removing substrates for use in constructed wetland systems. Water Res. 33, 3595–3602. doi: 10.1016/S0043-1354(99)00082-2

Ekama, G.A., I.P. Siebritz and G.v.R. Marais (1982) Considerations in the process design of nutrient removal activated sludge processes. Wat. Sci. Tech., 15, 3/4, 283-318

Falk, M.W., D.J. Reardon, J.B. Neethling, D.L. Clark, and A. Pramanik (2013) Striking the balance between nutrient removal, greenhouse gas emissions, receiving water quality, and costs. Water Environ. Res. 85, 2307–2316. doi: 10.2175/106143013X13807328848379

Fuhs, G.W. and Min Chen (1975) Microbiological basis of phosphate removal in the activated sludge process for the treatment of wastewater. Microbial Ecology, 2, 119-138

Gander, M., B. Je, and S. Judd (2000) Aerobic MBRs for domestic wastewater treatment: a review with cost considerations. Sep. Purif. Technol. 18, 119–130. doi: 10.1016/S1383-5866(99)00056-8

Gao, F., Z.-H. Yang, C. Li, G.-M. Zheng, D.-H. Ma and L. Zhou (2015) A novel algal biofilm membrane photobioreactor for attached microalgae growth and nutrients removal from secondary effluent. Bioresour. Technol. 179, 8–12. doi: 10.1016/j.biortech.2014.11.108

Garcia Martin, H., N. Ivanova, V. Kunin, F. Warnecke, K.W. Barry, A.C. McHardy, et al. (2006) Metagenomic analysis of two enhanced biological phosphorus removal (EBPR) sludge communities. Nat. Biotechnol. 24, 1263–1269. doi: 10.1038/nbt1247

Garzon-Zuniga, M.A., and S. Gonzalez-Martinez (1996) Biological phosphate and nitrogen removal in a biofilm sequencing batch reactor. Water Sci. Technol. 34, 293–301

Gieseke, A., P. Arnz, R. Amann, and A. Schramm (2002) Simultaneous P and N removal in a sequencing batch biofilm reactor: insights from reactor- and microscale investigations. Water Res. 36, 501–509. doi: 10.1016/S0043-1354(01) 00232-9

Gilmour, D., D. Blackwood, S. Comber, and A. Thornell (2008). Identifying human waste contribution of phosphorus loads to domestic wastewater, in Preceedings at the 11th International Conference on Urban Drainage, Held in Edinburgh, (Scoltand), 1–10

Glemser, M., M. Heining, J. Schmidt, A. Becker, D. Garbe, R. Buchholz, et al. (2016) Application of light-emitting diodes (LEDs) in cultivation of phototrophic microalgae: current state and perspectives. Appl. Microbiol. Biotechnol. 100, 1077–1088. doi: 10.1007/s00253-015-7144-6

Gonzalez, L.E., R.O. Caizares, and S. Baena (1997) Efficiency of ammonia and phosphorus removal from a Colombian agroindustrial wastewater by the microalgae Chlorella vulgaris and Scenedesmus dimorphus. Bioresour. Technol. 60, 259–262. doi: 10.1016/S0960-8524(97)00029-1

Grau, P. (1996). Low cost wastewater treatment. Water Sci. Technol. 33, 39–46.

Günther, S., M. Trutnau, S. Kleinsteuber, G. Hause, T. Bley, I. Röske, et al. (2009) Dynamics of polyphosphate-accumulating bacteria in wastewater treatment plant microbial communities detected via DAPI (4′,6′-diamidino2- phenylindole) and tetracycline labeling. Appl. Environ. Microbiol. 75, 2111–2121. doi: 10.1128 /AEM.01540-08

Gustafsson, J.P., A. Renman, G. Renman, and K. Poll (2008) Phosphate removal by mineral-based sorbents used in filters for small-scale wastewater treatment. Water Res. 42, 189–197. doi: 10.1016/j.watres.2007.06.058

생물학적 영양염류 제거 공정 설계 실무

Gutiérrez, R., F. Passos, I. Ferrer, E. Uggetti, and J. García (2015) Harvesting microalgae from wastewater treatment systems with natural flocculants: effect on biomass settling and biogas production. Algal Res. 9, 204–211. doi: 10.1016/j.algal.2015.03.010

He, S., and G. Xue (2010) Algal-based immobilization process to treat the effluent from a secondary wastewater treatment plant (WWTP). J. Hazard. Mater. 178, 895–899. doi: 10.1016/j.jhazmat.2010.02.022

Herrmann, I., K. Nordqvist, A. Hedström, and M. Viklander (2014) Effect of temperature on the performance of laboratory-scale phosphorus-removing filter beds in on-site wastewater treatment. Chemosphere 117, 360–366. doi: 10.1016/j.chemosphere. 2014.07.069

Hoh, D., S. Watson, and E. Kan (2016) Algal biofilm reactors for integrated wastewater treatment and biofuel production: a review. Chem. Eng. J. 287, 466–473. doi: 10. 1016/j.cej.2015.11.062

Huang, L., and D.J. Lee (2015) Membrane bioreactor: a mini review on recent R&D works. Bioresour. Technol. 194, 383–388. doi: 10.1016/j.biortech.2015.07. 013

Ivanovic, I., and T.O. Leiknes (2012) The biofilm membrane bioreactor (BFMBR)—a review. 37, 288–295. doi: 10.1080/19443994.2012.661283

Jabari, P., G. Munz, and J.A. Oleszkiewicz (2014) Selection of denitrifying phosphorous accumulating organisms in IFAS systems: comparison of nitrite with nitrate as an electron acceptor. Chemosphere 109, 20–27. doi: 10.1016 /j.chemosphere.2014.03.002

Johir, M.A.H., T.T. Nguyen, K. Mahatheva, M. Pradhan, H.H. Ngo, W. Guo, et al. (2015) Removal of phosphorus by a high rate membrane adsorption hybrid system. Bioresour. Technol. 201, 365–369. doi: 10.1016/j.biortech.2015.11.045

Kesaano, M., R.D. Gardner, K. Moll, E. Lauchnor, R. Gerlach, B.M. Peyton, et al. (2015) Dissolved inorganic carbon enhanced growth, nutrient uptake, and lipid accumulation in wastewater grown microalgal biofilms. Bioresour. Technol. 180, 7–15. doi: 10.1016/j.biortech.2014.12.082

Kesaano, M., and R.C. Sims (2014) Algal biofilm based technology for wastewater treatment. Algal Res. 5, 231–240. doi: 10.1016/j.algal.2014.02.003

Chapter 7 생물학적 과잉 인 제거

Kodera, H., M. Hatamoto, K. Abe, T. Kindaichi, N. Ozaki, and A. Ohashi (2013) Phosphate recovery as concentrated solution from treated wastewater by a PAO-enriched biofilm reactor. Water Res. 47, 2025–2032. doi: 10.1016/j.watres. 2013.01.027

Kuba, T., E. Murnleitner, M.C. van Loosdrecht, and J.J. Heijnen (1996). A metabolic model for biological phosphorus removal by denitrifying organisms. Biotechnol. Bioeng. 52, 685–695. doi: 10.1002/(SICI)1097-0290(19961220)52:63.0.CO;2-K

Kuba, T., G. Smolders, M.C.M. van Loosdrecht, and J.J. Heijnen (1993) Biological phosphorus removal from wastewater by anaerobic-anoxic sequencing batch reactor. Water Sci. Technol. 27, 241–252

Lanham, A.B., A. Oehmen, AM. Saunders, G. Carvalho, P.H. Nielsen, M.A.M. Reis (2013). Metabolic versatility in full-scale wastewater treatment plants performing enhanced biological phosphorus removal. Water Res. 47, 7032–7041. doi: 10.1016/j.watres. 2013.08.042

Larsdotter, K. (2006). Wastewater treatment with microalgae–a literature review. Vatten 62, 31–38.

Le-Clech, P., V. Chen, and T.A.G. Fane (2006) Fouling in membrane bioreactors used in wastewater treatment. J. Memb. Sci. 284, 17–53. doi: 10.1016/j.memsci. 2006.08.019

Le Corre, K.S., E. Valsami-Jones, P. Hobbs, and S.A. Parsons (2009) Phosphorus recovery from wastewater by struvite crystallisation: a review. Crit. Rev. Environ. Sci. Technol. 39, 433–477. doi: 10.1080/10643380701640573

Lettinga, G., A.F.M. van Velsen, S.W. Hobma, W. de Zeeuw, and A. Klapwijk (1980) Use of the upflow sludge blanket (USB) reactor concept for biological wastewater treatment, especially for anaerobic treatment. Biotechnol. Bioeng. 22, 699–734. doi: 10.1002 /bit.260220402

Li, J., X.H. Xing, and B.Z. Wang (2003) Characteristics of phosphorus removal from wastewater by biofilm sequencing batch reactor (SBR). Biochem. Eng. J. 16, 279–285. doi: 10.1016/S1369-703X(03)00071-8

López-Vázquez, C.M., C.M. Hooijmans, D. Brdjanovic, H.J. Gijzen, and M.C.M. van Loosdrecht (2008). Factors affecting the microbial populations at full-scale enhanced biological phosphorus removal (EBPR) wastewater treatment plants in The Netherlands. Water Res. 42, 2349–2360. doi: 10.1016/j.watres.2008.01.001

Luo, W., F.I. Hai, W.E. Price, and L.D. Ngheim (2015) Water extraction from mixed liquor of an aerobic bioreactor by forward osmosis: membrane fouling and biomass characteristics assessment. Sep. Purif. Technol. 145, 56–62. doi: 10.1016/j. seppur. 2015.02.044

Luo, W., C. Yang, H. He, G. Zeng, S. Yan, and Y. Cheng (2014) Novel two-stage vertical flow biofilter system for efficient treatment of decentralized domestic wastewater. Ecol. Eng. 64, 415–423. doi: 10.1016/j.ecoleng.2014.01.011

Lutterbeck, C.A., L.T. Kist, D.R. Lopez, F.V. Zerwes, and Ê. L. Machado (2017) Life cycle assessment of integrated wastewater treatment systems with constructed wetlands in rural areas. J. Clean. Prod. 148, 527–536. doi: 10.1016/j.jclepro.2017. 02.024

Machado, A.I., M. Beretta, R. Fragoso, and E. Duarte (2017) Overview of the state of the art of constructed wetlands for decentralized wastewater management in Brazil. J. Environ. Manage. 187, 560–570. doi: 10.1016/j.jenvman. 2016.11.015

Majed, N., T. Chernenko, M. Diem, and A.Z. Gu (2012) Identification of functionally relevant populations in enhanced biological phosphorus removal processes based on intracellular polymers pro fi les and insights into the metabolic diversity and heterogeneity. Environ. Sci. Technol. 46, 5010–5017. doi: 10.1021/es300044h

Mann, R., and H. Bavor (1993) Phosphorus removal in constructed wetlands using gravel and industrial-waste substrata. Water Sci. Technol. 27, 107–113

Mao, Y., D.W. Graham, H. Tamaki, and T. Zhang (2015) Dominant and novel clades of Candidatus Accumulibacter phosphatis in 18 globally distributed fullscale wastewater treatment plants. Sci. Rep. 5:11857. doi: 10.1038/srep11857

Marais, G.v.R. and G.A. Ekama (1976) The activated sludge process Part I - steady state behaviour. Water S.A., 2(4) 163-200

Marais, G.v.R., R.E. Loewenthal and I.P. Siebritz (1982) Review: Observations supporting phosphorus removal by biological uptake. Wat. Sci. Tech., 15, 3/4, 15-41

Martin, B.D., S.A. Parsons, and B. Jefferson (2009) Removal and recovery of phosphate from municipal wastewaters using a polymeric anion exchanger bound with hydrated ferric oxide nanoparticles. Water Sci. Technol. 60, 2637. doi: 10.2166/wst.2009.686

Martínez, M. (2000). Nitrogen and phosphorus removal from urban wastewater by the microalga Scenedesmus obliquus. Bioresour. Technol. 73, 263–272. doi: 10.1016/S0960-8524(99)00121-2

Martin, K.J., and R. Nerenberg (2012) The membrane biofilm reactor (MBfR) for water and wastewater treatment: principles, applications, and recent developments. Bioresour. Technol. 122, 83–94. doi: 10.1016/j.biortech.2012. 02.110

Massoud, M.A., A. Tarhini, and J.A. Nasr (2009) Decentralized approaches to wastewater treatment and management: applicability in developing countries. J. Environ. Manage. 90, 652–659. doi: 10.1016/j.jenvman.2008.07.001

May, L., C. Place, M. O'Malley, and B. Spears (2015) The Impact of Phosphorus Inputs from Small Discharges on Designated Freshwater Sites. Natural England Commissioned Reports, Number 170. Worcester, UK

McLaren, A.R. and R.J. Wood (1976) Effective phosphorus removal from sewage by biological means. Water SA., 2(1) 47-50

Molinos-Senante, M., T. Gómez, M. Garrido-Baserba, R. Caballero, and R. SalaGarrido (2014). Assessing the sustainability of small wastewater treatment systems: a composite indicator approach. Sci. Total Environ. 497, 607–617. doi: 10.1016/j.scitotenv.2014.08.026

Monclus, H., J. Sipma, G. Ferrero, I. Rodriguez-Roda, and J. Comas (2010) Biological nutrient removal in an MBR treating municipal wastewater with special focus on biological phosphorus removal. Bioresour. Technol. 101, 3984–3991. doi: 10.1016/j.biortech.2010.01.038

Morgenroth, E., and P.A. Wilderer (1999) Controlled biomass removal-the key parameter to achieve enhanced biological phosphorus removal in biofilm systems. Water Sci. Technol. 39, 33–40.

Nerenberg, R. (2016) The membrane-biofilm reactor (MBfR) as a counterdiffusional biofilm process. Curr. Opin. Biotechnol. 38, 131–136. doi: 10.1016/j.copbio.2016.01.015

Nesbitt, J. (1969). Phosphorus removal: the state of the art. Water Pollut. Control Fed. 41, 701–713

Ng, W.J., S.L. Ong, M.J. Gomez, J.Y. Hu, and X.J. Fan (2000). Study on a sequencing batch membrane bioreactor for wastewater treatment. Water Sci. Technol. 41, 227–234

Nguyen, H.T.T., V.Q. Le, A.A. Hansen, J.L. Nielsen, and P.H. Nielsen (2011) High diversity and abundance of putative polyphosphate-accumulating Tetrasphaera-related bacteria in activated sludge systems. FEMS Microbiol. Ecol. 76, 256–267. doi: 10.1111/j.1574-6941.2011.01049.x

Nguyen, T.T., H.H. Ngo, and W. Guo (2013) Pilot scale study on a new membrane bioreactor hybrid system in municipal wastewater treatment. Bioresour. Technol. 141, 8–12. doi: 10.1016/j.biortech.2013.03.125

Nicholls, H.A. (1975) Full scale experimentation on the new Johannesburg extended aeration plant. Water SA., 1(3) 121-132

Nicholls, H.A. (1978) Kinetics of phosphorus transformations in aerobic and anaerobic environments. Presented at 9th IAWPR post conf. seminar, Copenhagen, Prog. Wat. Tech. 10

Nicholls, H.A., and D.W. Osborn (1979) Bacterial stress: prerequisite for biological removal of phosphorus. J. Water Pollut. Control Fed. 51, 557–569

Nicholls, H.A. (1982) Application of the Marais-Ekama activated sludge model to large plants. Wat. Sci. Tech., 14, 581-598

Oehmen, A., P.C. Lemos, G. Carvalho, Z. Yuan, J. Keller, L.L. Blackall, et al. (2007) Advances in enhanced biological phosphorus removal: from micro to macro scale. Water Res. 41, 2271–2300. doi: 10.1016/j.watres.2007.02.030

Parsons, S.A., and J.A. Smith (2008) Phosphorus removal and recovery from municipal wastewaters. Elements 4, 109–112. doi: 10.2113/GSELEMENTS.4.2.109

Pastorelli, G., R. Canziani, L. Pedrazzi, and A. Rozzi (1999) Phosphorus and nitrogen removal in moving-bed sequencing batch biofilm reactors. Water Sci. Technol. 40, 169–176

Powell, N., A. Shilton, Y. Chisti, and S. Pratt (2009) Towards a luxury uptake process via microalgae - Defining the polyphosphate dynamics. Water Res. 43, 4207–4213. doi: 10.1016/j.watres.2009.06.011

Praveen, P., and K.-C. Loh (2016). Nitrogen and phosphorus removal from tertiary wastewater in an osmotic membrane photobioreactor. Bioresour. Technol. 206, 180–187. doi: 10.1016/j.biortech.2016.01.102

Pronk, M., M.K. de Kreuk, B. de Bruin, P. Kamminga, R. Kleerebezem, and M.C.M. van Loosdrecht (2015) Full scale performance of the aerobic granular sludge process for sewage treatment. Water Res. 84, 207–217. doi: 10.1016/j.watres. 2015.07.011

Rahimi, Y., A. Torabian, N. Mehrdadi, and B. Shahmoradi (2011) Simultaneous nitrification-denitrification and phosphorus removal in a fixed bed sequencing batch reactor (FBSBR). J. Hazard. Mater. 185, 852–857. doi: 10.1016/j.jhazmat. 2010.09.098

Ramanan, R., B.-H. Kim, D.-H. Cho, H.-M. Oh, and H.-S. Kim (2016). Algae–bacteria interactions: evolution, ecology and emerging applications. Biotechnol. Adv. 34, 14–29. doi: 10.1016/j.biotechadv.2015.12.003

Reddy, K. R., R. DeLaune, and C.B. Craft (2010) Nutrients in Wetlands: Implications to Water Quality under Changing Climatic Conditions. Final Report submitted to U. S. Environmental Protection Agency

Renman, A., and G. Renman (2010) Long-term phosphate removal by the calcium-silicate material Polonite in wastewater filtration systems. Chemosphere 79, 659–664. doi: 10.1016/j.chemosphere.2010.02.035

Ruiz-Martinez, A., N. Martin Garcia, I. Romero, A. Seco, and J. Ferrer (2012) Microalgae cultivation in wastewater: nutrient removal from anaerobic membrane bioreactor effluent. Bioresour. Technol. 126, 247–253. doi: 10.1016 /j.biortech.2012.09.022

Sendrowski, A., and T.H. Boyer (2013) Phosphate removal from urine using hybrid anion exchange resin. Desalination 322, 104–112. doi: 10.1016/j.desal. 2013.05.014

Seo, Y. I., Hong, K. H., Kim, S. H., Chang, D., Lee, K. H., and Kim, Y., Do (2013). Phosphorus removal from wastewater by ionic exchange using a surface-modified Al alloy filter. J. Ind. Eng. Chem. 19, 744–747. doi: 10.1016/j.jiec.2012. 11.008

Seviour, R. J., T. Mino, and M. Onuki (2003) The microbiology of biological phosphorus removal in activated sludge systems. FEMS Microbiol. Rev. 27, 99–127. doi: 10.1016/S0168-6445(03)00021-4

Shi, J., B. Podola, and M. Melkonian (2007) Removal of nitrogen and phosphorus from wastewater using microalgae immobilized on twin layers: an experimental study. J. Appl. Phycol. 19, 417–423. doi: 10.1007/s10811-006- 9148-1

Shilton, A.N., I. Elmetri, A. Drizo, S. Pratt, R.G. Haverkamp, and S.C. Bilby (2006) Phosphorus removal by an "active" slag filter–a decade of full scale experience. Water Res. 40, 113–118. doi: 10.1016/j.watres.2005. 11.002

Shin, C., P.L. McCarty, J. Kim, and J. Bae (2014) Pilot-scale temperateclimate treatment of domestic wastewater with a staged anaerobic fluidized membrane bioreactor (SAF-MBR). Bioresour. Technol. 159, 95–103. doi: 10.1016/j.biortech. 2014.02.060

Siebritz, I.P., G.A. Ekama and G.v.R. Marais (1980) Excess biological phosphorus removal in the activated sludge process at warm temperature climates. Proc. Waste Treatment and Utilization, Vol. 2, 233-251, Eds. C.W. Robinson, M. Moo-Young and G.J. Farquhar, Pergamon Press, Toronto

Siebritz, I.P., G.A. Ekama and G.v.R. Marais (1982) A parametric model for biological excess phosphorus removal. Wat. Sci. Tech., 15, 3/4, 127-152

Simpkins, M.J. andA.R. McLaren (1978) Consistent biologicai phosphate and nitrate removal in an activated sludge plant. Prog. Wat. Tech., 10, (5/6) 433-442

Smith, S., G. Kim, L. Doan, and H. Roh (2014) Improving biological phosphorus removal in membrane bioreactors - a pilot study. Water Reuse Desalin. 4, 25–33. doi: 10.2166/wrd.2013.119

Smith, A. L., L.B. Stadler, N.G. Love, S.J. Skerlos, and L. Raskin (2012) Perspectives on anaerobic membrane bioreactor treatment of domestic wastewater: a critical review. Bioresour. Technol. 122, 149–159. doi: 10.1016/j.biortech.2012.04.055

Smolders, G.J.F., J. van der Meij, M.C.M. van Loosdrecht, and J.J. Heijnen (1994) Model of the anaerobic metabolism of the biological phosphorus removal process: stoichiometry and pH influence. Biotechnol. Bioeng. 43, 461–470. doi: 10.1002/bit.260430605

Chapter 7 생물학적 과잉 인 제거

Smolders, G.J.F., M.C.M. van Loosdrecht, and J.J. Heijnen (1995) A metabolic model for the biological phosphorus removal process. Water Sci. Technol. 31, 79–93

Sukacova, K., M. Trtílek, and T. Rataj (2015) Phosphorus removal using a microalgal biofilm in a new biofilm photobioreactor for tertiary wastewater treatment. Water Res. 71, 55–63. doi: 10.1016/j.watres.2014.12.049

UKTAG (2013). Updated Recommendations on Phosphorus Standards for. UKTAG, 1–13

Vohla, C., Kõiv, M., H.J. Bavor, F. Chazarenc, and Ü. Mander (2011) Filter materials for phosphorus removal from wastewater in treatment wetlands-A review. Ecol. Eng. 37, 70–89. doi: 10.1016/j.ecoleng.2009.08.003

Vymazal, J. (2007) Removal of nutrients in various types of constructed wetlands. Sci. Total Environ. 380, 48–65. doi: 10.1016/j.scitotenv.2006.09.014

Wentzel, M.C., L.H. Lotter, R.E. Loewenthal, and G. Marais (1986) Metabolic behaviour or Acinetobacter spp. in enhanced biological phosphorus removal-a biochemical model. Water SA 12, 209–224

Whalley, M., S. Laidlaw, P. Steel, and D. Shiskowski (2013) Meeting ultra-low effluent phosphorus in small, cold-climate WWTFs. Proc. Water Environ. Fed. 2013, 213–217. doi: 10.2175/193864713813525338

Xu, M., M. Bernards, and Z. Hu (2014) Algae-facilitated chemical phosphorus removal during high-density Chlorella emersonii cultivation in a membrane bioreactor. Bioresour. Technol. 153, 383–387. doi: 10.1016/j.biortech.2013.12.026

Yeoman, S., T. Stephenson, J.N. Lester, and R. Perry (1988) The removal of phosphorus during wastewater treatment: a review. Environ. Pollut. 49, 183–233. doi: 10.1016/0269-7491(88)90209-6

Zeng, R.J., A.M. Saunders, Z. Yuan, L.L. Blackall, and J. Keller (2003) Identification and comparison of aerobic and denitrifying polyphosphate-accumulating organisms. Biotechnol. Bioeng. 83, 140–148. doi: 10.1002/bit.10652

Chapter 8
실시 설계에 반영할 내용

종합적이고 상세한 지침은 아니더라도, 특별한 주의가 필요한 생물학적 영양염류 제거 공정 실시 설계에 반영되는 것이 바람직한 내용을 강조하고자 한다. 각 영양염류 처리 시설에 유입되는 하수 특성 및 유량/부하 변동은 다른 하수 처리 시설과는 구별되기 때문에 상세한 이행 내용은 설계자의 몫이다.

1. 2 차 침강조

생물학적 영양염류 제거 공정에서는 처리된 하수를 생물 슬러지와 분리하여 맑은 방류수를 생산하여야 한다. 고체/액체 분리는 전형적으로 중력식 침강조에서 진행된다. 용존 산소 부상 분리도 타당성을 지니지만, 이 장에서는 2 차 침강조 대상으로 중력식 고체/액체 분리만을 다룬다.

2 차 침강조는 생물학적 영양염류 제거 공정에서 없어서는 안 될 핵심 단위 공정이다. 침강조의 기능과 농축조의 기능이 조합되어 있다. 이들 두 기능 중 한 기능만 실패하여도, 슬러지는 유출 웨어를 월류하여 유출수에 포함된다. 유출수 수질 악화 외에도 슬러지 손실로 인해 적절한 시설 운전에 필요한 값보다 낮은 SRT 값이 되어 생물학적 공정 거동에 영향을 주게 된다. 예를 들면 질산화에 필요한 값보다 SRT 가 감소하면, 탈질에 의한 질소 제거는 중단될 것이다.

생물 반응기의 상태는 슬러지의 침강과 분리 특성에 영향을 준다. 예를 들면 과소 포기가 진행되면 슬러지의 침강성은 저하되는 반면, 과포기 시에는 매우 작은 핀 포인트 (pin-point) 플록이 형성되어 양호한 침강성이 유지되고 있음에도 불구하고 슬러지 분리는 부실해진다. 따라서 생물학적 공정의 기능과 2 차 침강조의 기능은 서로 상호작용하고, 한 기능의 설계는 다른 기능의 설계와 독립적으로 진행할 수 없다. 이들 두 단위 공정 중 어느 하나 공정만 실패하여도 설계 목적을 달성할 수 없게 된다.

생물학적 영양염류 공정에서 슬러지의 침강 특성은 공정 형태에 따라 광범위하게 변하고, 같은 형태의 공정에서도 유입수 조성에 따라 시간마다 변한다.

2 차 침강조에서는 침강과 고체/액체 분리 외에도 침강조 형상에 따라 탈질이 진행될 수 있다. 2 차 침강조에 조성되는 탈질에 필요한 무산소 조건과 인 제거를 자극할 수 있는 혐기 조건은 공정에 큰 도움이 된다. 침강조에서 슬러지 농축이 양호하게 진행되면, 탈질 효율은 더욱 향상된다. 예를 들면 슬러지가 반송 농도 10,000 mg/L 대신 20,000 mg/L 까지 농축되면, 20,000mg/L 의 고형물 농도에서 생물체/질산염

비는 매우 높아지고, 존재하는 박테리아의 내생 특성에도 불구하고 가용할 수 있는 모든 질산염을 활용하여 대부분의 경우 매우 양호한 탈질이 진행된다. 이러한 상황에서는 혐기 반응기로 유입되는 질산염은 없어진다. 물론 10,000mg/L 농도까지의 농축은 슬러지 물성에 의존하고, 통상적으로 낮은 SVI (sludge volume index) 슬러지 (즉, <100 mL/g)에서만 달성된다.

탈질 기능이 포함되기 위해서는 2차 침강조는 다음과 같은 형상을 갖추어야 한다:

- 원형이고 경사진 바닥 형상을 지녀야 한다. 경사진 바닥에는 바닥 중앙 인출점으로 슬러지를 이동시킬 수 있는 스크레이프가 장착된다.

- 수면 중심 가까이 혼합액이 주입되어야 한다. 수면 중심에는 유입 시스템이 갖추어지고 적절하게 설치된 배플이 유입수의 운동 에너지를 파괴하여야 한다.

- 측면 수심은 최소 4m가 되어야 한다.

- 슬러지 인발 시스템은 물보다 높은 점도를 지닌 슬러지를 처리할 수 있도록 설계되어야 한다.

2차 침강조는 최종 방류수에 최소의 부유 고형물이 포함되게 하고, 생물 반응기로 가능한 높은 농도의 하부액을 반송시키는 역할을 한다. 침강조 설계는 소위 고형물 플럭스 이론에 의해 이루어져야 한다. 총 침강조 수면적은 설계 슬러지 질량이 미리 결정된 플럭스로 거쳐갈 수 있도록 충분히 커야 하고, 필요한 만큼 농축될 수 있도록 깊이는 충분히 깊어야 한다. 대표적 슬러지에 대한 실험을 수행하여 이러한 변수들을 결정한다.

용액으로 인 방출을 유발하는 침강조에서 진행되는 혐기화를 피하기 위해, 반송 슬러지의 침강조 체류시간을 최소화할 수 있도록 설계한다. 이런 점에서 슬러지의 활성도를 흡흡 속도로 측정하는 것이 중요하다. 매우 뛰어난 활성을 지닌 슬러지는 슬러지 액체의 가용할 수 있는 용존 산소와 질산염을 빠르게 활용하고 혐기성 조건이 급속히 형성된다. 방출된 인을 침강조 하부액에 머물게 하면, 유출수로 인이 방출되지 않을 것이다. 인이 유출수로 빠져나갈 가능성은 침강조 깊이, 슬러지 블랭킷 깊이 그리고 침강조로부터 슬러지를 인발하는 방법에 따라 변한다.

원뿔형 하부 구조를 지니고 중심에서 슬러지가 정수압 수두 (hydrostatic head)에 의해 인발되는 원형의 침강조는 기계식 스크레이퍼 (scraper)를 장착하고, 3m 이상의 깊이

(4m 깊이가 바람직)로 설계하는 것이 바람직하다. 이렇게 설계된 침강조는 이상적인 플러그 흐름의 수리 레짐 (regime)에 가장 접근할 수 있게 될 것이다.

흡입 형 슬러지 인발 장치가 장착된 원형 침강조는 빠른 속도로 침강조로부터 슬러지를 제거할 수 있지만, 다음과 같은 여러 단점이 수반된다:

- 흡입 과정이 유지되고 있는 지 여부를 확인하는 작업자의 집중적 관심이 필요하다.

- 시각적으로 각 흡입 파이프를 모니터링하고 독립적으로 제어하여 고농도의 슬러지를 제거가 진행되고 있는 지 여부를 확인할 수 있도록 설계하여야 한다.

- 흡입의 진행 여부가 중요한 것이 아니라 흡입 실패를 점검할 수 없다는 점이 중요하기 때문에 침강조가 슬러지로 채워져 유출수로 슬러지가 월류할 수 있다.

흡입으로 인해 침강조 수리 레짐이 불안정해져 혼합을 유발하고, 이상적인 플러그 흐름에서 크게 벗어날 수 있다. 또한 과도한 스크레퍼 회전 속도에 의해서도 슬러지 블랭킷에 난류 형성이 유발될 수 있다. 이러한 형태의 침강조를 설계할 경우, 성공적으로 운전되고 있는 기존 침강조의 설계 변수들과 계획 설계 변수들을 비교하여 검증하여야 한다.

설계할 침강조 수와 크기는 전체 비용, 운전 인자 그리고 초기의 저부하 조건에서 체류시간이 증가할 가능성에 따라 변할 것이다. 침강조 크기 산정 시, 발생 가능한 어떠한 유량 변동도 수용할 수 있는 여유 용량을 확보할 수 있도록 설계한다. 유량 변동에는 반응기로 유입되는 용존 산소를 자동 제어하기 위해 도입된 가변 웨어가 급속히 낮아져 발생하는 유량 쇼크도 포함된다. 필라멘트 모양의 스컴을 제거할 수 있는 적절한 스컴 처리 장치도 설계에 반영하여야 한다.

2. 시설 제어

결정하고 고정시켜야 할 많은 설계 변수를 설계 단계에서 접하게 되고, 이외 다른 변수들은 시설 운전 과정에서 정할 수 있다. 일부 변수의 경우 설계자에 의해 완전히 제어되지만, 다른 변수의 경우 설계자는 제한된 제어만을 수행할 수 있다. 선정된 변수들은 공정 입력, 출력 그리고 공정 내부 제어에 관한 변수들이다.

2.1 공정 입력 변수

설계자가 전적으로 담당할 공정 입력 변수들은 다음과 같다:

- 첨두 유량 및 반송 유량을 포함한 유입 유량

  유량 균등조를 활용하여 첨두 유량 및 하루 중 변동하는 유량의 변동 범위를 개선할 수 있도록 설계하여야 한다. 과다한 유량 변동으로 공정에 매우 부정적인 영향을 줄 것으로 판단되면, 핵심 공정으로 유입되지 않도록 우회시켜야 한다. 첨두 집중 강우 유량 및 특정 반송 유량이 무산소 반응기 및 혐기 반응기로 유입되면, 하수가 희석되고 체류시간이 감소하여 운전 효율이 급격히 저하되기 때문에 과잉 유량을 호기 반응기로 유입시키는 우회 수로를 설계에 반영할 수 있다. 태풍과 같은 폭우는 호기 반응기에도 부정적 영향을 줄 수 있기 때문에 호기 영역 말단으로 우회되도록 설계하는 것이 바람직하다. 첨두 유량의 크기와 시스템의 첨두 유량에 대한 민감도에 따라, 우회 시설 용량은 변할 수 있다.

- 유입 부하

  유입 유량 변동과는 구별하여야 하는 유입 부하 변동은 부하 균형을 조절할 수 있는 부하 균등조를 도입함으로써 저감시킬 수 있다. 이와 관련된 방법은 다음 단계에서 다룰 것이다.

- 용존 산소

  필요한 용존 산소가 잔류할 수 있도록, 설계 단계에서 용존 산소 농도를 선정한다. 선정된 용존 산소 농도를 기준으로 산화반응 시스템 용량을 결정한다. 질산화 및 슬러지 침강성을 담보할 수 있는 최소한의 용존 산소가 유지될 수 있도록, 잔류 용존 산소 농도를 선정한다. 일반적으로 호기 영역의 용존 산소 농도는 2.0 mgO/L 보다 낮게 선정되지 않아야 한다.

설계자가 제한된 범위에서 담당할 일부 변수들은 다음과 같다:

- 정책적으로 유입될 수 있는 산업 폐수를 유입 허용 범위를 사전에 결정한다.

- 필요 시 선택적으로 추가할 수 있는 다음과 같은 공정을 설계에 포함시킨다:

  1. TKN/COD 비는 적정하지만 고농도의 하수가 유입될 경우, 생물학적 처리 단계에서 유기물 부하를 저감시키기 위해 1 차 침강조 도입을 설계에 반영하거나; 또는

Chapter 8 실시 설계에 반영할 내용

2. TKN/COD 비를 적정하게 유지시키면서 생물학적 처리 단계의 유기물 부하를 부분적으로 저감시킬 수 있는 1 차 고속 침강조 설치를 설계에 반영하거나; 또는

3. 평균 유입 부하보다 낮은 부하가 유입되는 기간 동안 유입수의 일부분을 1 차 침강조로 분배하고, 침강조에서 발생된 슬러지를 활용하여 유입수의 유기물 부하를 증가시키는 부하 균등 방안을 설계에 반영할 수 있다.

시설 운전 과정에서 결정될 변수는 SRT 와 유출 수질이다.

2.2 공정 출력 변수

설계자는 SRT 또는 SRT 의 범위를 통상적인 범위내에서 선정할 수 있다. 대부분의 경우 규제 기관에 의해 결정되지만, 유출수 방류 기준은 공정의 효율을 근거로 선정한다.

2.3 그 외 반영 사항들

유입 하수의 특성과 방류 수질을 기반으로 슬러지 반송 및 혼합액 반송비와 적절한 생물 반응기 구조를 결정한다. 반응기 구조 결정 시 초기 유입 유량과 미래에 가능할 수 있는 유입 유량 변화를 관리할 수 있도록, 체류시간의 증가 또는 감소를 설계에 반영하여야 한다. 이를 위해 혐기 반응기 및 무산소 반응기 모두를 병렬로 분리하여 단계 별로 교대하며 하수를 주입하는 방안과 기계식 교반기와 산기 장치를 조합하여 모든 영역에 설치하는 방안을 설계에 반영할 수 있다. 반응기를 병렬로 연결하는 방안을 설계에 반영할 경우, 다음의 사항을 반드시 고려하여 설계하여야 한다:

- 1 개의 전체 공정을 2 개 이상의 공정으로 병렬로 나누어 공정 구조를 설계할 경우, 하수의 흐름 거동이 구조물의 형상 (특히, 구조물 길이: 폭 비)에 의해 변하지 않도록 유의하여야 한다. 0 차 이상의 반응 차수를 지니는 반응이 반응기에서 진행되면, 연속적인 플러그 흐름이 유지되는 반응기가 더욱 우수한 성능을 지닌다. 대부분의 생물학적 반응은 0 차 이상의 반응속도식에 의해 진행되고 (BOD$_5$ 곡선 참조), 길이: 폭 비 (그리고/또는 길이: 깊이의 비)가 10:1 이상이 되어야 플러그 흐름 거동이 나타나 반응기의 성능이

향상된다. 부지 형상의 한계로 인해 길이: 폭 비 (그리고/또는 길이: 깊이의 비)가 충분히 확보되지 않을 경우에는 발주처와 협의하여 다른 부지를 물색하거나 관리동 등의 건축물보다 생물 반응기를 우선하여 장방형으로 설치할 수 있도록 설계에 반영하여야 한다;

- 병렬로 반응기를 구성하여 향후 발생할 가능성이 있는 유량 변화에 대처하기 위해서는 완전 혼합 흐름 반응기는 단지 이론적으로만 달성 가능한 이상적인 반응기라는 점을 반드시 고려하여야 한다. 실질적 체류시간을 고려하면, 반응기 내의 농도가 반응기 유출수의 농도와 같다는 완전 혼합 반응기의 가설은 실질적으로 구현될 수는 없다. 쉽게 분해될 수 있는 유기물이 먼저 슬러지에 의해 활용되고 입자성 유기물을 포함한 쉽게는 분해되지 않은 유기물이 점진적으로 활용되기 때문에, 같은 시점일지라도 반응기 내 모든 농도가 균일하다는 가설은 현실성이 결여된다. 모든 반응기는 이상적인 완전 혼합도 아니고 이상적인 플러그 흐름도 아닌 이들 이상적인 흐름의 중간 거동을 보이고, 생물 반응기의 형상, 즉 길이: 폭 (그리고/또는 길이: 깊이 비)의 비가 증가할수록 이상적인 플러그 흐름에 보다 가까이 접근할 수 있게 되어, 결과적으로는 생물 반응기의 부피가 절감되고 (또는 동일한 부피에서 더 높은 성능을 보유하고) 건설비가 절감되어 (또는 방류수질이 개선되어) 여러 경제적, 사회적, 환경적 혜택을 얻을 수 있게 된다. 이에 관한 보다 상세한 내용은 제 11 장에서 다룰 것이다.

3. 계측 장치

생물학적 영양염류 제거 공정의 성공적 모니터링 및 제어는 견고하고 신뢰할 수 있으며 쉽게 유지 관리할 수 있는 계측 장비에 의해 결정된다 하여도 과언이 아니다. 계측 장비 선정 시, 초기 비용, 지역 공급처 유무 그리고 공급처의 서비스와 수리 역량이 반영되어야 한다. 벼락 발생으로 전자 계측 기기가 손상되지 않도록 제어 시설 위치 선정 및 전송 케이블 위치 선정에 주의를 기울여야 한다.

3.1 유량계

공정 제어에 필요한 다음과 같은 하수 흐름을 계량하기 위해 설치될 모든 유량계에는 즉각적인 유속과 총 유량이 즉시 계측되어 나타날 수 있어야 한다.

Chapter 8 실시 설계에 반영할 내용

- 시설 유입 유량

- 각 처리 공정 모듈로 유입되는 유량

- 폐기 슬러지 유량

- 슬러지 반송 유량

- 혼합액 반송 유량

경제적인 면을 고려하여 폐기 슬러지, 슬러지 반송 및 혼합액 반송 유량 계측 기기 설치가 어려운 소규모 처리시설에서는 벤츄리 플룸 (ventury flume)을 대신 설치하여 주기적으로 유량 및 유속을 측정하여야 한다.

3.2 용존 산소 공급 제어

다음의 2 가지 측면에서, 용존 산소 공급을 제어할 수 있는 계측 기기는 중요한 역할을 한다:

- 에너지 사용량을 최적화하고;

- 질산화 및 양호한 슬러지 침강성을 유지하기 위해 필요한 농도로 용존 산소 공급이 가능해진다.

생물학적 영양염류 제거가 미미하게 진행될 경우, 모든 가용할 수 있는 역량을 동원하여 점검하여야 할 정도로 용존 산소의 정밀 제어는 매우 중요하다. 용존 산소 농도는 완전 질산화가 가능하고 슬러지 침강성이 유지될 수 있도록 충분히 높아야 하지만, 너무 높아지면 탈질 또는 인 제거에 부정적인 영향을 주게 된다.

용존 산소 제어 방법은 다음과 같다:

- 용존 산소 모니터링 장치

  가장 통상적으로 이용되는 전자식 용존 산소 센서는 생물반응기 혼합액 내에 설치되는 침지식 센서이고, 센서가 위치한 지점의 용존 산소를 측정한다. 측정된 신호에 의해 유입 산소가 제어된다. 많은 생산처로부터 쉽게 구입할 수 있는 장점이 있지만, 센서는 센서 내부 막 폐색에 대해 민감하기 때문에, 주기적으로 (최소 1 주일에 1 회) 막을 세척하여야 한다.

기록 화면이 포함된 이동식 간이 용존 산소 측정 기기가 일시적인 산소 요구량 결정에 이용될 수 있다. 결정된 산소 요구량은 미리 설정된 산소 요구량 패턴에 맞는 지 여부를 포기 장치 온-오프를 통하여 점검하여야 한다.

- 용존 산소 직접 모니터링 외의 방법은 다음과 같다:

1) 호기 영역의 암모니아성 질소 농도를 온라인으로 모니터링: 충분한 산소가 공급되어, 낮은 암모니아 농도로부터 완전 탈질이 진행됨을 알 수 있다. 암모니아 농도가 검출되지 않을 경우 혼합액에 잔류하는 적은 농도의 암모니아에 의존하여야 하기 때문에 과잉으로 산소가 공급될 수 있는 가능성이 상존한다.

2) 활성 슬러지의 호흡 속도를 측정함으로써 미생물에 필요한 산소 요구량을 결정할 수 있어 산소 공급량과 산소 요구량이 서로 일치할 수 있게 된다.

3) 유입수 처리에 필요한 총 산소 요구량을 측정함으로써, 충분한 산소를 공급할 수 있다.

3.3 수온

대기 온도 및 혼합액의 수온을 측정할 수 있는 온도계가 갖추어져야 한다. 생물학적 반응속도는 온도의 함수이기 때문에, SRT 와 슬러지 반송율과 같은 공정 제어 변수에 혼합액의 수온 계측은 매우 중요하다.

3.4 에너지 소비량

공정의 연속적인 효율과 장치를 점검하기 위해, 공정에서 소비되는 총 에너지 양과 특히 포기 시스템에서 이용되는 에너지 양이 킬로와트-시 (kilowatt-hour)로 계측기에 기록되도록 하여야 한다.

3.5 슬러지 블랭킷 센서

침강조의 슬러지 레벨을 모니터링함으로써, 더 정밀하게 공정 운전을 최적화할 수 있다. 1 차 침강조의 슬러지 레벨을 모니터링한 자료가 축적되면, 혐기성 소화에 의해 처리할 슬러지 양을 제어할 수 있다.

슬러지 침강이 불량하게 진행될 경우, 최종 침강조에 긴급한 침강 실패 조기 경보가 전달된다. 유입 부하를 감소시키거나 또는 슬러지 폐기 속도를 증가시키거나 또는 슬러지 반송 속도를 저하시키는 수단이 적시에 작동하고, 침강조를 월류하여 슬러지가 유출수에 포함되지 않도록 사전에 예방할 수 있다. 슬러지 반송 속도가 유입 유량에 정비례하여 변동되는 시스템을 적용하면, 공정이 보다 안정화되는 도움을 받을 수 있다.

3.6 샘플링

공정 흐름들의 주기적 샘플링은 공정 모니터링과 공정 제어에 필수적이다. 샘플링 지점은 설계 단계에서 결정한 지점과 필요한 시설이 공급되는 지점이 동일하여야 한다. 또한 샘플링 지점은 쉽게 접근할 수 있는 지점이 되어야 한다.

각 지점의 샘플링 빈도가 결정되면, 샘플링 방법이 결정되어야 한다. 빈번하게 샘플링이 필요한 경우, 실시간 (on-line) 모니터링이 반영되어야 한다. 강도높은 빈번한 모니터링은 시간 단위의 공정제어가 필수적인 경우에만 실시한다. 비교적 빈번하지 않은 모니터링이 필요한 경우에는 샘플링 지점에 자동 샘플링 장치를 가동한다.

3.7 운전 시간 측정 계기

모든 기계 시설과 기계에 운전 시간 기록 계측 기기를 설치함으로써, 일상적이고 사전 예방 차원의 유지관리 프로그램 실행이 용이해진다.

4. 용존 산소 제어

생물학적 영양염류 시설 설계에 있어 중요한 핵심은 반응기 내 진정한 혐기 조건과 무산소 조건이 보장될 수 있는 용존 산소 제어에 있다. 진정한 혐기 및 무산소 상태 확보는 인 제거를 결정하는 슬러지와 탈질을 진행하는 슬러지에 각각 필수적 조건이 된다. 액체로의 직접 또는 간접 산소 전달은 포기 시스템을 거치거나 또는 수리적 난류 조건을 형성시키는 방법으로 진행된다.

4.1 간접 산소 전달

액체로의 간접적 산소 전달은 다음과 같은 결과에 의해 진행된다:

- 경사 급한 지형이 생물 반응기로 연결되는 분배 수로, 파이프 망에 수리적 하강을 야기하여 난류가 발생하고, 난류에 의해 대기 중의 산소가 액체에 흡수되어 전달된다.

- 수로 및 파이프 망의 벤츄리 플룸과 날카로운 곡선 부분에서 수리적 난류 발생으로 산소가 전달된다.

- 반응기 내 적절한 배플의 부재로 인해, 포기된 액체의 백믹싱 (backmixing)이 발생하여 산소가 전달되고, 무산소 반응기 및 혐기 반응기로 유입된다.

- 수위 조절을 위해 설치되는 웨어(weir), 특히 1 차 침강조의 웨어, 분배조의 웨어, 가변성 있게 조정되는 웨어에서 발생되는 난류에 의해 산소가 전달된다.

- 혐기 반응기 및 무산소 반응기의 기계식 교반기에 의해 생성되는 와류에 의해 수리적 난류가 발생되어 산소가 전달된다.

- 부실한 반송 펌프의 선택으로 수리적 난류가 발생하여 산소가 전달된다.

혼합액의 용존 산소 농도는 스크류 펌프를 거치면서 크게 증가할 수 있다. 이러한 종류의 펌프를 이용할 경우, 혼합액이 혐기 반응기로 유입되기 전에 미생물 대사 작용으로 용존 산소를 저감시킬 있도록 혐기 반응기로부터 가능한 먼 위치에 설치하는 것이 바람직하다. 공기 리프트 (air lift) 형 펌프는 사용하지 않아야 한다. 혼합액 반송에 이용될 펌프는 과량의 공기가 유입되지 않도록 난류 발생을 최소화할 수 있는 기종으로 선택하여야 한다.

쉽게 분해되는 COD 분율이 낮은 하수를 처리하기 위해서는 하수로부터 그릿 (grit)을 제거할 수 있는 포기 장치가 장착된 침사지 (grit chamber) 설치를 피해야 한다. 왜냐하면 포기로 인해 쉽게 분해되는 COD 분율이 더욱 고갈되기 때문이다.

다음과 같은 사전 주의로 간접적 산소 전달을 막을 수 있게 될 것이다:

- 개방형 수로보다는 폐쇄형 파이프를 우선적으로 사용한다. 개방형 수로를 적용할 경우, 수로 단면은 액체의 표면적이 최소화되도록 설치한다.

- 배플 벽의 위치 선정을 적절하게 선정하고 표면 포기 장치의 회전 방향을 적절하게 선정함으로써, 호기 영역과 혐기 영역 사이의 생물반응기에서 발생하는 백믹싱 (backmixing)을 활용하여 혼합액 반송 펌프 이용을 대신할 수 있다.

- 가능한 장소에는 대기에 노출되지 않도록 웨어를 침지식으로 설치한다.

- 표고 차이로 인해 발생하는 수리적 난류 형성을 최소화할 수 있는 하수 처리 시설 부지를 선정하고 시설을 배치하여야 한다.

4.2 포기 시스템

과잉 인 섭취가 진행되는 영역에는 적절한 포기가 이루어져야 한다. 포기 시스템 선정 시 초기 투자 비용, 산소 전달 효율, 운전 유연성, 시스템 신뢰도, 유지관리비, 운전 비용 그리고 관리의 용이성을 고려하여야 한다. 사용되고 있는 포기 시스템으로는 기계식 표면 포기, 확산형 포기, 터빈 포기 및 순수 산소 포기 시스템을 들 수 있다. 첨두 포기량을 결정할 때 생물학적 반응기 내의 부하 균형에 미치는 영향을 고려하고, 첨두 산소 요구량을 저감할 수 있는 지 여부를 고려하여야 한다. 반응기내의 부하 균형에 미치는 영향은 포기 시스템 형태, 호기 영역의 형상, 탈질 효과 그리고 내부 반송 흐름 크기에 따라 변한다.

4.2.1 기계식 표면 포기기

여러 작은 포기기가 포함되도록 설계하면 운전 유연성, 시스템 신뢰도, 효율 및 호기 영역 용존 산소 농도의 균일성을 확보할 수는 있지만, 투자 및 유지관리 비용이 증가한다. 최대 수심에서 운전되는 표면 포기기가 가장 효율적이고 전기 모터는 최대 부하에서 가장 효율적으로 운전되기 때문에, 포기기의 작동을 시작하고 멈추는 방법을 도입하거나, 또는 침지 포기기 수심이 변동되는 시스템 대신 속도가 다른 2 개의 모터가 장착된 포기기를 활용함으로써, 입력 공기량과 필요 산소 요구량을 맞추는 용존 산소 제어 전략이 가능해져 최적의 표면 포기기 효율을 얻을 수 있다.

생물 반응기의 용존 산소를 효율적으로 제어할 수 있는 역량은 호기 영역 용존 산소 농도의 균일성에 따라 좌우된다. 혼합 성능이 우수한 표면 포기기를 선정하여, 용존 산소를 균일한 농도로 공급할 수 있어야 한다. 기계식 포기가 이루어지는 호기 반응기의 용존 산소 농도는 대체적으로 균일하지 못하다는 주장이 정설이다. 측정되는 용존 산소 농도는 센서가 포기기로부터 얼마의 거리로 떨어져 작동되느냐 여부에 따라 변한다. 각 호기 영역에 설치되는 용존 산소 센서의 수와 위치를 선정할 때, 이러한 용존 산소 농도 불균일성을 고려하여야 한다. 위에서 언급한 문제되는 위치에 센서를 설치하면, 용존 산소 농도 제어는 어려워진다. 일반적으로 여러 개의 용존 산소 센서를 호기 영역에 설치하는 것이 바람직하다. 반응기 내 용존 산소 농도 불균일성 때문에 오직 실무 경험을 통해 적절한 제어 센서를 선정할 수 있고 선정된 센서의 적절한 제어 범위를 선정할 수 있다.

4.2.2 미세 기포 확산형 포기 장치

기포 확산형 포기 장치에서 중요한 점은 공기 흐름의 범위 (또는 turn down 능력)에 집중된다. 가동 초기에 매우 낮은 부하가 주어지거나 부하 변동이 매우 큰 경우, turn down 능력의 중요성은 높아진다. 세라믹 돔(dome)과 미세한 구멍이 수천개 뚫려 있는 멤브레인을 이용하여 미세 공기 기포를 생산하는 시스템에는 돔 및 멤브레인의 폐색 (fouling)과 공기 파이프로 유입되는 물을 최소화하기 위해 최소한의 공기 흐름이 요구된다. 이로 인해 turn down 능력은 제한된다. 호기 영역으로 공기 흐름이 완전히 정지될 수 있는 시스템은 더욱 향상된 공정 유연성을 제공한다. 호기 영역으로 공기 흐름이 중단될 수 있는 시스템을 적용하면, 필요할 경우 무산소 영역이 확장되는 효과를 얻을 수 있다. 원심력을 이용하는 송풍기의 유입 베인 (vane) 조절로 반응기로 유입되는 공기 부피를 제어함으로써 통상적으로 용존 산소 제어를 달성할 수 있다. 소규모 처리시설에는 가변 속도 드라이브가 장착된 양변위 송풍기 (positive displacement blower) 설치가 일반적이다. 2 개 이상의 반응기가 요구되는 처리 시설의 경우, 각 반응기의 용존 산소 제어는 다른 반응기들과 독립적으로 수행되어야 한다.

4.2.3 터빈형 포기 장치

기계식 교반기와 공기 산기 장치가 조합된 터빈형 포기기는 미세 기포 포기기와 큰 기포 폭기 사이의 용존 산소 공급 효율을 지닌다. 미세 기포 포기기에 비해 에너지 사용면에서 효율성이 상대적으로 낮지만, 운전의 유연성으로 인해 매력적인 포기기에 해당된다. 산기관에 공기 흐름을 차단함으로써, 포기기는 교반기로 전환된다. 무한한 유연성을 활용하여, 혐기 영역, 무산소 영역, 호기 영역 각 영역의 용존 산소 농도를 적절하게 제어할 수 있다.

4.2.4 순수 산소 포기 장치

공기 대신 순수 산소를 공급하면, 낮은 유량에서도 높은 산소 전달 속도를 보장받을 수 있다. 낮은 유속으로 공급되는 산소로 인해, 플러그 흐름 반응기에 보다 근접하는 거동도 확보할 수 있다. 생물학적 영양염류 제거 공정에서 순수 산소 포기 장치 적용이 제한적이지만, 기존 공정의 결함을 수정하거나 기존 운전 효율을 향상시키기 위해 적용될 수 있다. 전형적인 공기 포기 장치로는 하수를 처리하기 힘든 경우 (예를 들면, 쉽게 분해되는 COD 분율은 낮고, 쉽게 분해되지 않는 COD 분율이 높은 하수의 경우), 순수 산소 포기 장치를 도입할 수도 있을 것이다.

5. 수리(hydraulics)

생물학적 영양염류 제거 공정 설계 시, 다음과 같은 수리적 측면을 고려하여야 한다:

- 공정 제어를 용이하게 진행하기 위해, 균등한 유량이 다양한 처리 모듈로 유입될 수 있는 수리적 방안을 반영하여야 한다.

- 균등한 유량을 보급하기 위해 유량 균등조를 설계할 경우, 유량 균등조의 고형물 퇴적을 제거하거나 최소화할 수 있는 방안을 고려하여야 한다. 유량 균등조로부터 퇴적물을 제거하여 공정으로 유입시킬 경우에는 고농도 슬러지 부하로 인해 처리 공정에 영향을 미치지 않을 정도로 점진적으로 제거하는 것이 바람직하다. 퇴적을 방지하기 위한 교반기 설치도 고려할 필요가 있으나, 교반으로 인해 발생되는 난류로 인해 대기 중의 공기가 물속으로 전달되지 않도록 주의하여야 한다. 공기가 유량 균등조로 전달되면 쉽게 분해되는 COD 분율이 감소하고 부분적으로 질산화가 진행되어, 유량 균등조에 연결된 혐기 반응기로 용존 산소 및 질산염 유입으로 인해 과잉 인 제거가 진행되기 어려워지기 때문이다.

- 수리 설계는 의도하지 않은 산소 전달을 회피할 수 있도록 진행하는 것이 바람직하다. 수리적 단차를 제거하고, 다른 불필요한 수리적 난류 발생원을 제거하여야 한다.

6. 스컴 처리 및 제어

특정 조건에서는 필라멘트 모양을 이루는 미생물의 성장으로 인해, 생물 반응기뿐 아니라 최종 침강조에도 필라멘트형 스컴이 형성될 수 있다. 이로 인해 악취가 발생하고 유출수에는 높은 농도의 부유 고형물이 포함되게 된다. 이러한 스컴은 일차 침강조가 있는 시설과 없는 시설 모두에서 발생한다. 필라멘트 모양의 스컴 발생 원인은 명확치는 않으나, 다음과 같은 원인 중 하나 이상의 원인으로 발생되는 것으로 판단된다:

- 용존 산소 유입이 막혀 과도하게 길어진 무산소 체류시간;
- 다른 미생물에 우선하여 필라멘트형 미생물이 성장할 수 있는 수온 및/또는 기질의 형성.

스컴 발생 원인이 명확하지 않고 예방 또는 제거 방법도 명확하지 않아, 생물 반응기와 최종 침강조 모두에는 적절한 스컴 처리 시설을 반영하여야 한다. 최종 침강조에는 풍향을 고려하여 스컴 처리 용기를 설치하여야 한다. 문제를 개선하기 위해 다음과 같은 방법을 권장한다:

- 스컴 층에 물을 살포하여 파쇄하고, 스컴을 물로 되돌아가게 한다;
- 스컴 층에 염소 용액을 살포하거나, 주기적으로 호기조에 염소를 주입한다.

두 방법 모두 필라멘트형 미생물 성장을 억제시켜 스컴을 제어할 수 있는 방안이 될 수 있다.

7. 폐기 슬러지 처분

전형적인 생물학적 공정에 적용되는 폐기 슬러지 처리 방법이 생물학적 영양염류 제거 공정에도 동일하게 적용될 수 있다. 그러나 생물학적 영양염류 제거 공정의 경우, 슬러지에 섭취되었던 인이 혐기 조건에서 다시 용액으로 방출되지 않도록 유의하여야 한다. 폐기 대상 슬러지를 호기 상태로 유지시키거나 또는 슬러지가 혐기화되어 발생되는 인이 농축된 액체를 처리하거나 폐기할 수 있는 장치를 설치하여야 한다.

다음과 같은 논리가 폐기 슬러지 처분에 적용될 수 있다:

- 슬러지로부터 인 방출이 이미 진행되고 있는 최종 침강조의 하부 슬러지 반송수는 용존 산소 농도가 낮고, 이에 비해 용존 산소 농도가 높은 호기 생물 반응기의 혼합액 일부는 폐기되어야 한다.

- 슬러지 처리 시설은 생물 반응기 근처에 위치하여 슬러지 이송 거리를 단축시켜야 한다. 폐기 슬러지 펌핑을 피할 수 없을 경우, 펌프장 웅덩이와 펌핑 파이프에 머무는 체류시간을 가능한 짧게 유지하여야 한다.

- 슬러지 농축과 탈수 공정의 체류시간은 가능한 짧게 유지하여야 한다.

- 농축 및 탈수 시 슬러지를 호기 조건으로 유지하여야 한다.

슬러지 농축의 경우, 탈수 속도가 높은 용존 공기 부상 (DAF)과 원심력 농축이 현재까지는 가장 적절한 방법으로 알려져 있다. 폐기 활성 슬러지 농축은 원심력 및 필터 벨트 프레스에 의해 진행될 수 있다. 중력 농축과 필터 벨트 프레스 농축의 경우, 상당한 기간 동안 슬러지가 농축 시설에 체류하게 되어 슬러지는 혐기화되고 인이 용액으로 방출된다.

침강조 하부액, 여과액 그리고 세척액에는 인 방출로 인해 고농도의 인이 함유되어 있기 때문에, 농축 및 탈수 과정에서 발생하는 폐액은 분리하여 별도로 처리하여야 한다. 혐기성 소화 또는 호기성 소화에 의해 인이 풍부하게 포함된 폐기 활성 슬러지를 안정화시킬 경우, 슬러지의 과잉 인은 용액으로 방출되기 때문에 소화 공정 상등액은 적절한 처리 과정을 거쳐야 한다.

용존 공기 부상 활성 슬러지 농축 과정에 슬러지는 공기로 포화된다. 펌프 내에서의 공기 결합 가능성을 피하기 위해, 원심력 펌프보다는 양변위 펌프 (positive displacement pump)를 사용하여야 한다.

또한 슬러지는 뉴톤 유체인 물과는 다른 비 뉴톤 유체 (non-Newtonian fluid)의 유변학적 물성 (rheological properties)을 지닌다. 이에 대응하여 적절한 펌프 및 파이프라인 설계가 필요하다.

8. 생물 반응기

생물 반응기는 다양한 영역으로 구성된다. 각 영역은 영역 고유의 기능을 수행하고, 각 영역 설계에는 이들 기능이 수행될 수 있는 최적의 조건을 반영하여야 한다. 이들 영역에서의 체류시간과 함께 혐기성 조건의 발달이 매우 중요하다. 높은 용존 산소 또는 질산염 농도를 지니는 반송수를 유발하는 어떠한 상황도 발생하지 않도록 설계하여야 한다. 혐기 영역에서 적절한 체류시간이 보장되고 쉽게 분해되는 COD 농도가 희석되지 않도록, 폭우와 같은 첨두 유량을 혐기 영역을 우회하여 호기 영역으로 직접 유입시킬수 있는 우회 수로를 반영하여야 한다.

8.1 혐기 영역

혼합으로 인해 과도한 표면 난류가 형성되지 않는 한, 대기의 산소를 배제하기 위해 이 영역을 폐쇄형으로 조성할 필요는 없다. 그러나 난류 발생을 제한하기 위해서, 혼합기에 의해 액체에 가해지는 에너지를 최소한으로 유지한다. 시간 당 특정 전력 소비를 기준으로 혼합기의 에너지가 과도한 지 여부를 판단하고 자동 제어하는 것이 바람직하다. 교반에 필요한 실질적 동력은 반응기 모양과 크기 그리고 설치될 교반기 형태에 따라 변한다. 제조회사와의 컨설팅을 통해 가장 적합한 교반기를 선정하여야 한다. 타당성이 있는 곳에서는 유입수 또는 반송수의 운동 에너지를 활용하여, 무산소 및/또는 혐기 영역의 수리적 혼합을 달성할 수 있도록 반영한다.

생물학적 인 제거를 위해 혐기 영역의 쉽게 분해되는 COD 를 가능한 높게 유지한다. 이를 위해서는 혐기 영역이 플러그 흐름 반응기에 가능한 가깝게 접근하도록 한다. 플러그 흐름 반응기 구현이 어려울 경우에는 작은 여러 완전 혼합 흐름 반응기들을 직렬로 연결하는 방안의 반영이 바람직하다. 반응기로 각 영역이 격리되지 않고 한 반응기에서 서로 다른 영역이 공존하는 설계의 경우에는 영역 사이에 배플 (baffle)을 설치할 수 있도록 설계하여 백믹싱을 방지할 수는 있지만, 완전한 수밀 격리는 필요하지 않다.

8.2 무산소 영역

이 영역으로의 과다한 용존 산소 유입을 차단한다. 1 차 무산소 영역의 크기는 탈질 속도를 기준으로 결정한다. 두번째 무산소 영역은 항상 필요하지는 않다. 특히 높은 농도의 생분해성 고형물이 함유된 하수를 처리할 경우, 두번째 무산소 영역의 존재는 가장 효율적이다. 이러한 조건에서는 입자형 유기물질이 슬러지로 흡수되어, 두번째 무산소 영역으로 슬러지가 전달된다. 입자형 COD 를 흡수한 슬러지의 대사작용 진행으로, 두번째 무산소 영역에서 더 높은 탈질 속도를 달성할 수 있게 된다.

저부하의 하수, 예를 들면 1 차 침강을 거친 하수 처리와 1 차 무산소 영역에서 쉽게 제거될 수 있는 용존성 및 콜로이드성 분해 가능한 유기물이 다량으로 함유된 하수 처리 시, 두번째 무산소 영역에서 유기물 부족 상황이 발생하여 최소량의 질산염만이 제거될 수 있다.

8.3 호기 영역

공정의 주가 되는 호기 영역은 최저 수온, 주어진 잔류 용존 산소 농도 및 SRT 에서 완전 탈질이 가능하도록 설계한다. 포기 시스템과 용존 산소 측정 및 제어 장치 선정은 앞서 설명하였다. 호기 영역에서는 다음과 같은 사항 달성이 필요하다:

- 침강조로 유입되기 전 혼합액의 용존 산소 농도를 증가시킨다.

- 추가로 인을 제거하고 잔류 암모니아를 산화시켜 최종 유출수질을 개선한다.

9 보충 시설

생물학적 영양염류 제거가 미미하게 진행되거나 때때로 유출수가 정해진 기준을 만족시킬 수 없을 정도로 부실하게 진행될 경우에 대비하여, 방류 기준을 충족시킬 수 있는 보충 설비가 설계에 반영되어야 한다. 다음과 같은 방법을 설계에 반영할 필요가 있다:

- 화학 물질을 주 흐름 또는 부 흐름에 추가하여, 생물학적 인 제거 공정으로는 달성할 수 없는 잔류 인을 화학적으로 침전시켜 제거한다. 높은 비용이 수반되기 때문에 생물학적 과잉 인 제거 조건이 형성되기 어려울 경우에 한해 화학 침전을 반영하는 것이 바람직하다. 방류 기준 충족이 절대적으로 요구되는 경우를 제외하고는, 화학 물질을 투입하여 인을 침전시켜 제거하여서는 안된다.

- 방류 기준을 초과할 경우에는 유출수를 하천으로 방류하는 것보다 다음과 같은 전략을 수립한다:

  1) 유출수를 저장해두었다가, 조건이 회복되면 다시 공정으로 투입하여 처리한다.

  2) 유출수를 저 수질 산업 용수로 활용하거나, 충분한 농지가 확보될 경우 관개용수로 활용한다.

생물학적 영양염류 제거 공정으로 인 방류 기준을 충족시키지 못하게 되는 주요 원인 중 하나는, 때때로 발생하는 수용할 수 없을 정도의 높은 TKN/COD 비를 지닌 하수의 유입 때문이다. 유기물 부하가 과도하게 높은 기간 동안 유입 하수를 저장해 두었다가, COD 가 부족한 기간 동안 보충하는 방법으로 이러한 문제를 극복할 수 있다.

10 경제성 검토

하수 처리의 주된 목적은 가능한 낮은 비용으로 정해진 방류 기준을 충족시키기 위함이다. 목적 달성을 위해 다양한 공정의 비용과 수질 기준 충족 여부의 상충 관계를 서로 비교하여, 최적의 공정을 구성하여야 한다. 예를 들면 생물학적 여과 공정의 비용과 화학적 인 제거 공정의 비용과 생물학적 인 제거 공정 비용과 상호 비교하면, 주된 상충 요인은 전기 요금이 아니라 화학 약품 비용임을 알 수 있다. 따라서 추가적인 투자 비용 지출이 거의 없는 기존의 생물학적 여과 시설이 갖추어져 있을 경우, 가장 비용 효율적인 방법이 될 것이다. 다른 대안으로 추가 투자 비용 지출과 전기 요금 지출이 수반되는 생물학적 인 제거 공정을 일부 개선하는 방법을 들 수 있다.

10.1 생물학적 영양염류 제거 시설의 전형적 처리 비용

다음과 같은 비용들이 처리 비용에 포함된다:

- 투자비 이자 및 원금 상환 비용

- 전기 요금을 포함한 운전 비용

- 유지관리비용

- 인건비

- 일반 간접비

이 외에도 활성 슬러지 폐기 및 1 차 침강조 슬러지 폐기 비용도 검토하여야 한다. 전기 요금은 해당 지역 전기 공급처의 요금 기준에 따라 산정된다. 모든 비용을 검토하여 유입 하수 1 m³ 당 비용을 산출한다. 또한 설계 유량보다 높은 유량이 유입될 경우를 대비하여, 시설이 수용할 수 있는 범위 내에서 추가로 유입되는 하수에 대한 비용을 미리 산정해 두는 것이 바람직하다. 예를 들면 일 최대 유입 유량 100,000 m³/일을 대상으로 설계될 하수 처리시설에 150,000 m³/일로 하수가 유입될 경우에 대비하여, 추가되는 5,000 m³/일의 유량마다 추가적으로 발생하는 1 m³/일 하수 당 비용을 산정해둘 필요가 있다는 의미이다.

10.2 공정 형상 선정

에너지 사용량의 최소화가 필요한 경우, 높은 TKN/COD 비에서 운전될 수 있고 산화시킬 부하가 최소화될 수 있는 공정 형상이 선정되어야 한다. 이에 더하여 에너지 비용이 절감시킬 수 있는 더 작은 생물 반응기, 더 작은 최종 침강조를 반영할 여지가 있는 지 여부를 검토할 필요가 있다. 이렇게 절감된 에너지 비용은 1 차 침강조 설치 비용, 1 차 침강조 슬러지 처리 및 폐기 비용으로 어느 정도 활용될 수 있다.

1 차 침강조를 거친 TKN/COD 비가 공정 효율에 부정적인 영향을 주지 않는다면, 1 차 침강조가 공정에 포함되도록 설계할 경우 다음과 같은 혜택을 얻을 수 있다:

- 생물 반응기의 부하 저감

- 절감된 에너지 소비량

- 토목 공사비 절감 및 부지 절감

- 폐기할 슬러지 질량 감소

그러나 다음과 같은 단점도 수반된다:

- 1 차 침강조 슬러지를 처리하는 혐기 소화조 필요

- 혐기 소화조 비용을 포함하여 1 차 침강 공정과 관련된 추가 비용 발생

10.3 유량 균등에 의해 단위 공정 크기 및 관련 비용에 미치는 영향

유량을 균등하게 유지하면, 다음과 같은 가장 뚜렷한 혜택을 얻을 수 있다:

- 유량 조정조 다운스트림의 첨두 유량이 감소하여, 침강조의 크기를 줄일 수 있다.

- 포기에 소요되는 에너지 요구량이 균등해져서 설치할 포기 장치의 용량이 감소되고, 이에 따라 에너지 비용 지출이 절감된다.

- 부하 변동이 감소할 뿐 아니라 호기조의 체류 기간과 생물체 농도가 보다 안정화되어, 생물학적 처리 공정에 도움이 된다.

- 반응기 부피가 감소한다.

- 염소 소독과 여과와 같이 유량의 변화에 민감한 공정의 자동 및 비자동 제어가 단순해진다.

- 침강조와 호기조 크기 감소, 더 작은 수와 더 적은 용량의 포기 장치 그리고 더 작은 파이프와 수로 설치의 결과 현실화되는 투자 및 운전 비용 절감.

유량 균등으로 인해 감소한 침강조, 호기조, 포기 장치 수 및 크기로 절감되는 비용을 설계 유입 평균 유량 150 megaL/일을 대상으로 분석하여 단순하게 제시하였다. 지역 상황, 하수 특성, 전기 요금 체계 등에 따라 크게 변할 수 있기 때문에 상세한 정량적 비용 산출은 설계자의 몫이 된다.

유량 균등조 설치로 추가되는 비용은 절감 비용과 상쇄될 수 있어야 한다. 유량 조정조 설치에 필요한 부지 면적은 유량 조정조 설치가 실행되지 않아 설치하여야 할 2 차 침강조가 차지하는 부지 면적과 서로 상쇄된다고 가정하여 분석한다.

10.3.1 포기

원 설계는 다음과 같은 조건에서 진행되었다:

유량 균등이 없는 2 시간 최대 부하: 4,286 kgBOD

유량 균등이 수반된 2 시간 최대 부하: 3,000 kgBOD

유량 균등이 없는 2 시간 최소 부하: 570 kgBOD

유량 균등이 수반된 2 시간 최소 부하: 900 kgBOD

유량 균등이 없는 최대/최소 2 시간 부하 비: 7.5

유량 균등이 수반된 최대/최소 2 시간 부하 비: 3.3

유량 균등이 없는 2 시간 BOD 첨두 부하/일 평균 BOD 부하 비: 2.3

유량 균등이 수반된 2 시간 BOD 첨두 부하/일 평균 BOD 부하 비: 1.6

유량 균등조 설치 기준으로 산출된 총 포기 용량은 3,244kgO$_2$ 이다(단일 포기기 산소 송출량 90.1 kg/h). 유량 균등조가 설치되지 않을 경우 추가로 필요한 포기기의 수는 다음과 같다:

(4,286-3,244)/90.1 = 11.56 (12 개 포기기)

10.3.2 생물 반응기

전형적으로 호기 반응기의 부피는 평균 유량/부하에 대해 설계하고, 설계된 부피에 유량 및 부하 변동을 고려한 안전 인자를 반영하여 최종 반응기 부피가 결정된다. 안전 인자는 1.3~2.5 범위이고, 반응기 용량은 정상상태 모델로 정해진다. 뿐만 아니라 혐기 및 무산소 반응기에 최소 체류시간이 보장되어야 한다. 유량 균등조가 없을 경우, 혐기 및 무산소 반응기의 최소 체류시간은 첨두 유량을 기준으로 결정된다. 유량 균등조가 설치되지 않으면, 기존 체류시간을 유지하기 위해 혐기 및 무산소 반응기의 부피는 증가된다. 즉,

증가된 혐기 반응기 부피 = 2,745m^3

증가된 1 차 무산소 반응기 부피 = 6,300m^3

증가된 호기 반응기 부피 = 13,230m^3

2 차 무산소 반응기는 설치하지 않는 것으로 설계에서 결정되어 분석 대상에서 제외하였다.

10.3.3 2 차 침강조

유량 조정조가 없을 경우 설계에 반영된 2 차 침강조의 수는 6 조이다. 유량조정조를 반영하면 필요 2 차 침강조의 수는 4 조로 감소된다.

10.3.4 파이프 및 수로 등

파이프 및 수로 등과 같은 유량 이송 장치는 균등한 유량을 이송할 수 있도록 설계되어야 한다. 이들 장치의 크기는 부지 지형에 따라 크게 변하여, 적정하게 경사진 부지에 비해 평지에서는 비용이 더욱 높아진다. 따라서 이들에 대한 비용 차이 분석은 시행하지 않았다.

10.3.5 다운스트림 (downstream) 공정

다운스트림 공정도 유량이 균등해지면 혜택을 받는다. 왜냐하면, 이들 공정은 예측되는 첨두 유량보다 평균 유량을 처리할 수 있도록 설계되기 때문이다. 염소 소독 장치, 염소 농도 제어 탱크 그리고 여과 장치의 크기가 감소된다. 일정한 유량이 보장되면, 이들 공정의 운전도 보다 용이해진다.

10.3.6 비용 요약

유량 균등조가 없을 경우의 반응기 부피보다 유량 균등조가 있을 경우의 반응기 부피는 감소된다. 혐기, 무산소 및 호기 반응기 부피 모두가 감소하지만, 감소된 절대 부피는 호기 반응기에서 가장 크다. 호기 반응기 부피가 감소하면 포기 장치의 용량도 감소하고, 포기에 필요한 전기요금도 절감된다. 절감된 비용 중 가장 큰 부분은 반응기 부피 감소로 인한 건설 투자비 절감으로 예상될 수 있지만, 포기 용량 감소로 절감되는 전기 요금도 무시할 수 없다.

1 차 침강조 및 유량 균등조 모두 하수의 TKN/COD 비에 부정적인 영향을 준다. 1 차 침강조와 유량 균등조로 인해 특정 최소 TKN/COD 비가 더 낮아져, 생물학적 영양염류 제거 공정 효율이 저하될 경우 비용 절감은 효율 저하로 인해 무시되어야 한다.

Chapter 8 실시 설계에 반영할 내용

10.4 부하 균등의 영향

총 유입 부하 모두가 생물 반응기를 거친다고 가정하면, 부하 균등으로 얻을 수 있는 장점은 다음과 같다:

- TKN/COD 비가 일정하게 유지되어 공정이 보다 안정된다.

- 최대/최소 동력 요구량이 감소하여, 반응기의 최대/최소 부하도 감소한다. 첨두 부하가 낮아지기 때문에, 포기 용량이 감소될 수 있다. 총 부하는 변하지 않기 때문에, 총 포기량과 에너지 소비량은 변하지 않는다. 그러나 첨두 전기 요금 부과를 피할 수 있어, 총 전기 요금은 절감될 수도 있다.

- 균등한 부하에서 생산되는 모든 1 차 슬러지가 공정으로 반송될 경우, 1 차 슬러지 처리 및 처분 비용은 추가로 발생하지 않지만, 폐기되는 활성 슬러지는 처리되고 처분되어야 한다.

단점은 다음과 같다:

- 첨두 유량은 부하 균등화로 감소되지 않기 때문에, 최종 침전조, 생물 반응기, 파이프 및 수로는 첨두 유량을 기준으로 설계되어야 한다.

- 슬러지 저장 탱크와 1 차 침강조 설치에 추가로 투자 비용 지출이 발생한다.

10.5 완전 및 부분 질산화와 탈질

암모니아 및 질산염의 방류수질 기준에 따라, 완전 및/또는 부분 질산화와 탈질을 달성할 수 있는 공정 설계 및/또는 운전이 진행된다. 완전 탈질이 수반되지 않는 완전 질산화는 에너지 활용 면에서 비효율적이다. 왜냐하면 질산염에 결합된 산소 상태로 저장된 에너지의 일부만이 회수되기 때문이다. 높은 TKN/COD 비에 맞게끔 설계된 공정에서는 탄소계 기질 산화로 소비되는 에너지는 작지만, 오직 부분적인 탈질만이 진행되고 유출수에 높은 농도의 질산염이 포함되어 결국 에너지 회수량이 적어진다.

생물 반응기의 낮은 용존 산소 농도로 인해 질산화가 억제되어, 에너지 사용량 저감을 달성할 수 있다. 그러나 이러한 과정에서 침강성이 부실한 필라멘트형 미생물이 생산되어, 운영상의 문제에 직면할 수 있다.

11. 인력충원

생물학적 영양염류 제거 공정을 운전하기 위해서는 공정과 관련된 이론에 대해 깊은 이해를 갖춘 전문 인력이 필요하다는 점에는 이견이 없다. 이러한 전문 인력의 필요성은 특히 생물학적 인 제거가 미미할 경우 더욱 명확해진다. 유입수 변동성이 미치는 영향으로 공정의 수정이 필요하고, 수정에 참여할 자격을 갖춘 능숙한 운전자가 필요하다. 이의 의미는 다음과 같다:

- 더 좋은 자격을 갖춘 인력을 확보하기 위해서는 더 높은 임금이 필요하다. 적절한 자격을 갖춘 인력은 운전에 필요한 지식을 갖추어야 하고, 공정 조정을 정확하게 수행할 수 있어야 한다.

- 적절한 인력이 되기 위해서는 훈련이 제공되어야 하고, 훈련을 통해 운전을 능숙하게 할 수 있는 인력으로 성장할 수 있다.

- 훈련받은 운전자가 전임 운전자가 되어야 한다. 비전임 운전자가 운전을 담당하게 되면, 방류수질 기준 내에서 일관된 효율로 공정을 진행하기 어려워진다.

다른 생물학적 공정에 비해, 생물학적 영양염류 제거 공정은 성공적인 운전을 위해 더 많은 계측기기에 의존한다. 운전자는 계측기기 조정과 스스로 용존 산소 검침기(프로브) 멤브레인을 새로 교체할 수 있을 정도의 계측기기 관련 훈련 과정을 거쳐야 한다.

Chapter 9
생물막 반응기 설계

1. 질소 제거를 위한 MBR 시스템의 형상

2. 질소 제거를 위한 새로운 MBR

3. MBR 성능에 영향을 주는 운전 변수

4. 과잉 인 제거를 위한 MBR

5. MBR 시스템 모델링

6. MBR의 도전과 기회

생물학적 영양염류 제거 공정 설계 실무

질소 및 인이 수체에 미치는 부정적 영향을 제한하기 위해 영양염류 방류 기준 법령이 시행되기에 이르렀고, 2016 년 기준으로 미국 16,860 개의 하수/폐수 처리 시설 중 약 3 %와 약 10 %에 각각 질소 방류 기준과 인 방류 기준이 적용되었다. 4 % 시설에는 질소와 인 방류 기준이 함께 적용되었다. 이러한 기준에 대응하기 위해 생물학적 영양염류 제거 (BNR) 공정 개발로 이어지게 되었으며, 수많은 하수 처리 시설이 질소 제거를 위해 Bardenpho 공정과 이를 변형한 공정, 무산소/호기 공정이 이어지는 SBR (sequencing batch reactor) 공정 그리고 Modified Ludzack–Ettinger (MLE) 공정 등을 도입하고 있다.

전형적인 생물학적 질소 제거 공정은, 제 5 장의 질산화 공정 (식 (9.1))과 제 6 장의 탈질 공정 (식 (9.2))으로 구성된다. 독립 영양 미생물에 의해 진행되는 질산화 반응에서는 암모니아-질소가 아질산염과 질산염으로 연속적으로 전환되고, 전환된 질산염은 탄소계 물질을 전자 공여체로 활용하는 탈질 박테리아에 의해 질소 기체로 환원된다.

$$NH_4^+ + 2O_2 \rightarrow NO_3^- + H_2O + 2H^+$$

(9.1)

$$5C_6H_{12}O_6 + 24NO_3^- + 24H^+ \rightarrow 12N_2 + 42H_2O + 30CO_2$$

(9.2)

BNR 공정 도입으로 인해 지하수 및 지표수의 질소 부하를 저감할 수는 있었지만, 전형적인 2 차 처리 공정에 비해 최소 25 % 높은 건설 비용과 더 많은 에너지와 더 넓은 부지가 필요하게 되어, 1 초 당 0.44 m³ (하루 38,000m³) 이상의 하수를 처리하는 시설의 처리 비용은 2007 년 미국 기준으로 하루 1 milliongallon (약 4,400 m³) 처리 당 US$ 588,000 (764,400,000 원: 1 US$ = 1,300 원 기준) 그리고 1 초 당 0.44 m³ (하루 38,000m³) 미만의 하수를 처리하는 시설의 처리 비용은 1 milliongallon (약 4,400 m³) 처리 당 US$ 7,000,000 (9,100,000,000 원: 1 US$ = 1,300 원 기준)에 달하게 되었다. ,

생물막 반응기 (MBR: Membrane Bioreactor)는 하수로부터 질소를 제거할 수 있는 새로운 방법으로 간주되고 있고, 질소 제거를 위한 MBR 은 전형적으로 다음의 요소들로 구성된다:

1) 질소계 물질을 무해한 질소 기체로 생물학적으로 전환시킬 수 있는 미생물을 지니는 생물 반응기;

2) 분리된 공간에 별도로 설치되거나 또는 생물 반응기 내에 침지되어 미생물과 슬러지를 유출수와 분리시킬 수 있는 막 여과 공정.

생물학적 영양염류 제거 공정 설계 실무

통상적인 질산화/탈질 연속 공정을 수행하기 위해, MBR 이 이용될 수 있다. 생물 반응기의 질산화 영역에서는 호기성 조건에서 활동하는 독립영양 미생물에 의해 암모니아-질소가 먼저 아질산염으로 전환된 이후, 아질산염은 다시 연이어 질산염으로 전환된다. 이어지는 탈질 공정은 생물 반응기의 무산소 영역에서 진행되고, 대부분의 질산염이 질소 기체로 전환된다. 혐기성 암모늄염 산화 (anaerobic ammonium oxidation: ANAMMOX)와 질산화/탈질 동시 반응 (simultaneous nitrification and denitrification: SND)과 같은 새로운 미생물 경로가 결합된 플랫폼을 구축하기 위한 일환으로 MBR 이 활용되고 있다.

전형적인 처리 방법에 비해, MBR 은 여러 장점을 지닌다. 미생물 공정과 막 여과 공정이 결합되어 생물 반응기 후단에 설치되던 2 차 (또는 최종) 침강조가 필요 없게 되었고, 소요 부지 면적도 크게 줄어 전형적인 BNR 공정의 약 30~50 % 부지 면적으로도 유출 수질을 더욱 개선할 수 있게 되었다. 뿐만 아니라 탄소계 물질 제거에만 집중되던 하수 처리 시설에서 질소 제거를 위해 MBR 을 채택하는 경우가 증가하고 있다. 100,000 m³/일 이상 규모의 34 개 새로운 MBR 시설이 2019 년 운전에 돌입하였고, 전 세계 MBR 용량은 5,000,000 m³/일을 초과하게 되었다. 그러나 전형적인 2 차 처리 시설에 비해, 질소 제거를 위한 실규모 MBR 시설은 여전히 보편화되지 못하고 있는 실정이다. 그럼에도 불구하고, 막 기술을 BNR 공정과 결합하는 연구가 진행되어, 새로운 시스템 형상을 갖춘 BNR 공정이 새로이 개발되어 도입되고 있다. 이러한 낙관적인 전망에도 불구하고, 보다 널리 적용되기 전에 MBR 은 많은 도전에 직면하고 있다. 이러한 도전에는 높은 투자 비용 및 운전 비용, 공정의 복잡성 그리고 막의 막힘 현상 (fouling: 막 표면에 케이크 층 형성이나 막 내부 세공 (pore)의 막힘 (clogging)) 등이 포함된다.

이 장에서는 질산화-탈질의 전형적인 질소 제거 메커니즘에 따라 질소를 제거하는 MBR 공정 형상 뿐만 아니라, 다른 질소 제거 경로에 활용될 수 있는 새로운 여러 MBR 형상도 함께 소개할 것이다. 인 제거를 위한 MBR 공정들을 소개하고, MBR 의 전반적 성능에 영향을 미치는 매개 변수들의 영향을 상세하게 설명하며, 이외에도 질소 제거를 예측할 수 있는 일부 모델들도 소개할 것이다. 마지막으로 질소 및 인 제거를 위해 MBR 이 범용화되기 위해 극복하여야 할 과제와 미래 도전 분야를 다루기로 한다.

Chapter 9 생물막 반응기 설계

1. 질소 제거를 위한 MBR 시스템의 형상

1.1 침지형(immersed) MBR 과 사이드-스트림(side-stream) MBR

사이드-스트림 (side-stream) MBR (sMBR)과 침지형 MBR (iMBR: immersed MBR)이 대표적 2 가지 MBR 형상에 속한다. sMBR 에서는 막 모듈이 생물 반응기 외부에 위치하고, 하수를 흡입하는 막 차압(TMP: transmembrane pressure)과 하수 흐름 거동에 의해 막을 따라 고유속의 교차 흐름이 생성된다. (그림 9.1a). 높은 속도의 교차 흐름은 막 표면에 각종 물질들의 퇴적을 방지하고, 결과적으로 막의 파울링 (fouling)을 유발하는 케이크 층 형성도 완화할 수 있게 된다. 반면에 iMBR 에서는 생물 반응기 내 침지된 막 모듈에 약한 진공을 가하여 처리수를 인발한다 (그림 9.1b). 막 표면을 씻어내고 케이크 층 형성을 저감시키기 위해, 교차 유속에 의존하기 보다는 전형적으로 포기 (aeration)에 의존한다.

막의 형태나 모양에 의해서도 MBR 을 구분할 수 있다. 막의 형태는 평판 (flat sheet: FS), 중공사 (hollow fiber: HF) 및 다중 튜브 (multitubular: MT) 형으로 일반적으로 구분된다. 예를 들면, 평판형 MBR 은 단일 또는 다수의 평막이 평판 또는 패널 위에 장착되어 있는 구조를 지닌다. 인접하는 2 개의 막 조립체를 지나면서 하수는 처리되고, 처리수는 막을 지지하는 평판이나 패널의 수로를 통해 빠져나가게 된다. 중공사형 MBR 의 경우, 압력 용기 내에 수백 가닥에서 수천 가닥에 달하는 중공사 묶음 (bundle)이 설치되어 있는 구조를 지닌다. 물은 막 섬유의 외부에서 내부로 유입된다. 다중 튜브형 MBR 에는 막이 다공성 튜브로 구성된 지지체 내부에 위치한다. 물은 튜브 내부로 유입되어 외부로 흐르게 된다.

지난 십년 간의 막 모듈 설계와 운전 내용을 살펴보면, 생활 하수 처리에서는 iMBR 이 보다 널리 활용된 반면, 고형물 함량이 낮고 고농도의 용존성 오염 물질이 함유된 하수 처리에서는 sMBR 이 보다 널리 활용되었다. iMBR 은 상대적으로 높은 건설비가 필요하고, 낮은 플럭스로 인해 더 넓은 막 표면적이 필요하다. 현재까지 진행된 MBR 에 대해 진행된 대부분의 연구는 주로 생물 반응기 내에 침지되거나, 생물 반응기와 연결된 별도의 위성 탱크 내에 침지된 막 모듈을 활용하여 질소를 제거하는 목적으로 진행되었다

1.2 2 개의 방으로 구성된 무산소/호기 연속 반응 MBR

무산소/호기 (anoxic/oxic) 반응이 연속으로 진행되는 MBR 시스템이 질소 제거를 위해 통상적으로 이용되고, 다음과 같은 2 개 형상 중 1 개 형상을 지닌다:

1) 1 개의 단일 MBR 전단에 별도의 침강조가 설치된 형상: 단일 MBR 에는 공기 및 내부 반송이 공급되거나 또는 공급되지 않을 수 있다 (그림 9.1c); 또는

2) 무산소/호기 (anoxic/oxic) 연속 반응이 단일 MBR 에서 진행되지만, 포기 영역이 배플에 의해 분리된 형상을 지닌다 (그림 9.1b).

배플에 의해 분리된 각 영역에는 호기/무산소 조건이 교대로 형성되고, 질소 제거가 원활하게 진행될 수 있다. 여과 운전이 포기 기간 동안에만 국한되는 간헐적으로 포기되는 MBR (그림 9.1b)에 비해, 탈질을 위해 무산소 영역과 포기 영역이 배플로 분리되어 있는 연속 MBR 시스템을 활용하면, 여과를 연속적으로 수행할 수 있다. MBR 전단에 별도의 침강조를 설치하는 대신, 기존의 생물 반응기 내에 배플을 추가로 설치하면 되는 단순성으로 인해, 후자의 구조를 지니는 MBR 이 보다 개선된 질소 제거용 생활 하수 처리 시스템으로 통상적으로 활용되고 있다. 이 경우, 호기 영역에서 무산소 영역으로의 슬러지 반송과 내부 반송이 필요하다. 슬러지 반송율을 변화시킴으로써, 90 %를 초과하는 질소 제거 효율을 달성할 수 있게 된다.

이와 같은 하나의 생물 반응기에 2 개의 공간을 지닌 MBR 을 활용하여, 질소 제거에 영향을 미칠 수 있는 운전 인자들에 대한 많은 연구가 수행되었다. 이 시스템으로 효율적인 질소 제거를 달성하기 위해 필요한 전형적인 유입 COD: TKN 비 (mgCOD/mgN, 즉 C: N 비)는, 5~10:1 범위이다. 적절한 질소 제거 효율을 달성하기 위한 최소 C: N 비는, 3.5~4.5:1 범위이다. 90 %보다 높은 질소 제거 효율을 달성하기 위해서는, C: N 비가 10:1 보다 높아야 한다. 외부에서 탄소를 추가로 주입하여 C: N 비를 조절하고, 질소 제거 효율을 향상시키는 방안도 채택할 수 있다. MBR 로 유입되는 하수 중의 COD 기질을 단일 기질 (아세테이트)로 전환한 경우에도 유의미한 질소 제거 효율 변화는 나타나지 않는다. 수리적 체류시간 (HRT), 내부 반송 비 그리고 용존 산소에 의한 COD 제거 및 질산화에 미치는 영향도 무시할 수도 있지만, HRT 가 6.5 일보다 낮아지면 충분한 질산화기 이루어지지 않아 전반적인 질소 제거 효율이 저하된다.

1.3 생물학적 질소 동시 제거가 가능한 MBR

포기가 주기적으로 이루어지고 유출수가 막 모듈을 통해 빠져나오는 오직 하나의 공간으로 이루어진 단일 생물 반응기에서도 생물학적 질소 제거가 가능하다. 생물학적 영역이 분리되어 총 반응기 부피가 증가하는 두 개의 공간으로 이루어진 MBR 과는 달리, 단일 생물 반응기에서는 정해진 무산소 영역이 존재하지 않기 때문에 형상이 단순해진다 (그림 9.1d). 수리적 혼합과 포기에 의해 하수와 생물체 슬러지 혼합액 (mixed liquor)의 순환이 생물 반응기내에서 이루어지는 반면, 확산이 제한됨으로써 반응기의 활성 산소가 풍부한 영역과 산소가 부족한 영역이 슬러지 플록 내에서 함께 형성된다. 이러한 두 영역 사이에서의 기질 확산과 용존 산소 구배로 인해, 결과적으로 생물학적 질산화/탈질 동시 반응 (SND: simultaneous nitrification and denitrification)이 진행될 수 있다. 보다 작은 부지 면적이 필요하다는 장점 외에도 막 모듈이 단일 생물 반응기 내에 위치하게 되면, 다음과 같은 다른 몇 가지 장점도 함께 얻을 수 있다:

- 긴 SRT 로 인해 질산화 미생물의 성장이 유지되고, 다양한 용존 산소 농도에서 유연하게 운전할 수 있게 되어, 질산화/탈질 연속 반응이 보다 용이하게 진행될 수 있다. 그리고;

- 단순한 시스템 설계와 단순한 운전이 가능해진다. 그러나, 선정된 외부 탄소원의 형태, SRT 그리고 용존 산소 농도와 같은 운전 조건에 따라 질소 제거 효율이 30-89 % 범위에서 광범위하게 변동하는 단점도 지닌다.

막 모듈-생물 반응기가 하나의 공간에 설치된 시스템에서는 특히 용존 산소가 질소 제거 효율에 결정적인 영향을 미치게 된다. 용존 산소 농도 1.8 mg/L 에서는 플록으로의 산소 확산이 제한되고 이에 따라 질산화/탈질 동시 반응도 제한되어, 질소 제거 효율은 40 %로 낮아지는 결과를 초래한다. 뿐만 아니라, 약 1.5 mg/L 로 용존 산소 농도가 보다 낮게 유지되면, 모델에 의하면 질소 제거 효율이 85-95 %로 상승할 수 있을 것으로 예측된다. 용존 산소 농도의 영향은 탈질 과정에 보다 명확히 나타나 질소 제거를 위한 최적 용존 산소 농도는 0.15-0.35 mg/L 범위이다. 용존 산소 농도가 0.2~0.3 mg/L 로 유지될 경우, 질산화/탈질 동시 반응이 효율적으로 진행되어 약 15~20 mgN/L 의 질소가 추가 제거될 것으로 예측된다.

그러나 용존 산소 농도가 너무 낮아지면, 생물학적 질소 동시 제거 MBR 의 공정 기능에 영향을 줄 수 있다. 예를 들면 0.3 mg/L 의 용존 산소 농도에서는 필라멘트형 (사상형) 미생물의 성장이 시작되어 슬러지 벌킹 (bulking)으로 이어지고, 슬러지의 침강성이 악화된다. 낮은 용존 산소 농도에서는 탈질과 함께 부분적 질산화도 생물학적 질소 동시 제거 MBR 에서 진행될 수도 있다. 암모니아-질소가 아질산염으로 산화되고, 아질산염은 생물학적 질소 동시 제거 MBR 에 머무는 동안 종속영양 탈질 박테리아에 의해 질소 기체로 환원될 수 있다. 낮은 용존 산소 농도, 높은 암모니아-질소 농도 또는 내생 호흡에 의해 생성되는 용존성 미생물 잔류물의 저해로 인해, 아질산염까지 만의 불완전한 산화가 진행되는 것으로 생각된다.

생물학적 질소 동시 제거 MBR 의 질소 제거 성능을 제어할 수 있는 또 다른 중요한 인자는 슬러지 체류 시간 또는 슬러지 연령으로 불리는 SRT 이다. SRT 는 슬러지 연령과 입상 플록 크기에 직접적으로 영향을 주고, 이어서 질산화와 탈질 반응 속도에 영향을 준다. 또한 생물학적 질소 동시 제거 MBR 공정은 질소 제거를 위해 이동상 바이오 필름 (MBB: moving-bed biofilm) 또는 막-포기 바이오 필름 반응기 (MABR: membrane-aeration biofilm reactor)) (membrane) 반응기와 통합 운전될 수 있다. 이러한 두 형태의 질소 제거 용 MBR 은 다음 항에서 설명할 것이다.

1.4 이동상 바이오 필름 MBR

이동상 바이오 필름 생물막 반응기 (MBB-MBR: moving-bed biofilm membrane bioreactor)는 하수 처리조 내에서 부유 성장 생물체와 부착 성장 생물체가 혼합되어 활동할 수 있도록 바이오 필름 담체를 활용하는 기술이다. 이러한 바이오 필름 담체는 더욱 넓은 표면적을 제공하고, 느리게 성장하는 질산화와 탈질 미생물의 선택적 발달을 돕는다. 밀도 높게 성장하는 미생물 개체군은 생물 분해 속도를 향상시킬 뿐 아니라, 하수 처리 신뢰성을 향상시키고 보다 용이한 운전을 가능하게 한다. 폴리에틸렌과 같은 상업화된 플라스틱 담체가 생활 하수 처리 공정과 소규모 하수 처리 공정에 적용된다. 탈질 과정에 필요한 탄소원 역할을 할 수 있는 생분해성 고분자와 같은 새로운 담체도 하수 처리에 적용되었을 뿐 만 아니라, 생분해 특징으로 인해 탈질에 필요한 탄소원 제공 역할도 함께 수행한다. 탈질에 필요한 탄소원 역할을 바이오 필름 담체가 수행할 수 있게 됨에 따라, 외부 탄소원의 부족한 주입 또는 과도한 주입으로 인한 위험을 줄일 수 있는 계기가 마련되었다.

이동상 바이오 필름 생물막 반응기 (MBB-MBR)는, 이동상 바이오 필름 반응기 (MBBR)에 막 모듈이 통합되어 있는 단순한 형상을 지닌다 (그림 9.1e). 반응기 내에 생물체를 높은 농도로 보유할 수 있어, 상대적으로 짧은 수리적 체류 시간과 보다 적은 파울링 발생으로 보다 효율적인 질소 제거 달성이 가능하다. MBB-MBR 의 또 다른 장점은, 슬러지 반송이 필요하지 않고 증가하는 부하에 유연하게 대응하며 미생물 개체군 증식에 보다 짧은 시간이 소요되면서도 기질의 과부하 시에도 미생물

Chapter 9 생물막 반응기 설계

공동체의 분열을 막을 수 있다는 점이다. 또한, 바이오 필름 내에 호기성 영역과 무산소 영역이 함께 공존하기 때문에, MBB-MBR 은 질산화/탈질 동시 반응을 향상시킬 수 있다.

질소 제거 용 MBB-MBR 의 가장 통상적인 형상은 2 개의 공간으로 구성된 시스템이다. 배플에 의해 분리된 각 공간에는 이동상 생물 처리 장치와 침지형 MBR(iMBR) 장치가 설치된다. MBB-MBR 은 고농도 하수 또는 폐수에서 질소를 제거하기 위해 적용될 수 있다. 61~82 %의 개선된 질소 제거 효율이 달성될 수 있고, 이러한 높은 제거율은 질산화/탈질 동시 반응의 효과 때문이다. 바이오 필름 담체의 미생물 공동체에는 보다 풍부한 질산화 미생물 개체수가 보다 풍부하게 존재한다. 담체 표면의 거칠기 (또는 조도 계수)와 같은 부착 특성 그리고 단백질과 고분자 설탕 (polysaccharide) 농도는 바이오 필름 안정성 확보 여부에 중요한 인자가 된다. 바이오 필름의 미생물 조성은 부유 성장 미생물 조성과는 크게 다르다. 예를 들면, 부유 성장 미생물 공동체에 비해 보다 풍부한 암모니아-질소 산화 박테리아 (ammonia oxidizing bacteria: AOB), 아질산염 산화 박테리아 (nitrite oxidizing bacteria: NOB) 그리고 탈질 박테리아가 담체에서 존재한다. 그러나 의미있는 미생물 종의 차이가 없는 경우도 발생하여, 이러한 주장은 아직 확실하게 정립된 것은 아니다.

MBB-MBR 의 파울링 (fouling) 현상에 대해서는 서로 상반된 결과가 보고되었다. 전형적인 MBR 에 비해 파울링이 보다 느리게 진행된다는 보고가 있는 반면, 막 표면에 두꺼운 층의 케이크 형성과 더 많은 사상 (filamentous) 박테리아의 생성으로 인해 더욱 심각한 막 막힘 현상이 발생한다는 상반된 결과도 보고되었다.

1.5 막-포기 바이오 필름 반응기

막-포기 바이오 필름 반응기 (MABR: membrane-aerated biofilm reactor)는 또 다른 형태의 바이오 필름 기반 생물 반응기이다. 단일 생물 반응기 내에 바이오 필름과 막이 함께 포함되는 형상을 지닌다 (그림 9.1f). 유출수의 고체-액체 분리 장치로 사용하는 대신, 소수성 투과막은 바이오 필름 성장을 지지하기 위해 활용되고, 수소 및 메탄과 같은 기체상의 전자 공여체 또는 산소와 같은 전자 수용체를 MABR 의 바이오 필름에 직접 전달한다. MABR 의 형상은 기질 활용 효율을 크게 향상시킬 수 있다. 질소 제거용 MABR 에서는 공기 또는 산소가 막의 세공을 통해 직접 바이오 필름으로 기포를 생성하지 않으면서 공급되고, 이로 인해 100 %의 기체 전달이 가능해진다. 셀 (shell) 형, 튜브 (tube) 형, 중공사 (hollow fiber) 형 그리고 평판 (plate) 형의 다양한 형태의 막 모듈 형상이 MABR 에 적용된다. 게다가, 막 표면을 화학적으로 개질함으로써 기체 플럭스가 크게 증가하고, 표면 거칠기가 개선되며, 바이오 필름 부착이 보다 안정화되어 질소 제거 효율이 향상된다. MABR 고유의 특징은 전형적인 MBR 처럼 막이 여과 기능을 수행하지 않고, 반응기 내에 생물체를 보유하는 기능도 수행하지 않는다는 점에 있다.

MABR 이용으로 얻을 수 있는 한 가지 장점으로, 계면에서 진행되는 미생물로의 산소 전달로 인해 질산화 속도가 크게 증가하여 질소 제거 효율이 향상될 수 있다는 점을 들 수 있다. 탄소계 물질 분해에 참여하는 미생물보다 훨씬 느리게 성장하는 질산화 박테리아는 바이오 필름에서 보다 쉽게 자리잡을 수 있다. 산소와 영양염류가 각각 막의 반대 방향에서 공급되기 때문에, 독특한 층을 이루는 바이오 필름과 높은 산소 공급 효율로 인해 전형적인 바이오 필름 반응기에 비해 더욱 높은 질산화 및 탈질 활성을 얻을 수 있게 된다.

암모니아-질소 산화 박테리아 (AOB)는 바이오 필름 층 내부에 주로 존재하는 반면, 탈질 박테리아는 바이오 필름 외부 층과 부유하는 슬러지에 분포된다. 그러므로, 효율적인 질산화를 위해 바이오 필름 내부 층에 높은 산소 전달 속도가 유지되고, 바깥 층에는 종속영양 미생물에 의해 진행되는 탈질 효율을 높이기 위해 산소 전달 속도가 느리게 유지될 수 있도록, 바이오 필름 두께를 제어하는 것이 중요하다. 막 표면을 씻어 내거나 유체의 유속과 같은 운전 변수를 조정함으로써 막 두께를 제어할 수 있다. MABR 의 또 다른 장점은 낮은 COD: TKN 비에서도 효율적인 질소 제거가 이루어 질 수 있다는 점이다. COD: TKN 비가 1:4 인 조건에서도 최적의 산소 공급으로 연속적인 질산화/탈질을 진행시킬 수 있기 때문에 생활 하수 처리에서 80~100 %의 높은 질소 제거 효율을 달성할 수 있다. MABR 의 수리적 체류시간도 질소 제거에 중요한 역할을 한다. 수리적 체류 시간이 감소되면, 질소 제거 효율도 낮아진다. 이러한 결과는 높은 유기물 부하 속도와 막 표면의 생물체 과잉 성장 때문이다.

1.6 소규모 시스템

현재까지 비 중앙 집중식 소규모 하수처리 시설로 MBR 의 적용은 극히 제한적으로 진행되었다. 대규모 시스템의 경우와는 달리, 소규모 비 중앙 집중식 하수처리 용 MBR 설계 시 하수 유량 변동, 부하 변동 및 환경적 변화 요인을 고려하여야 한다. 뿐만 아니라 운전의 복잡성을 해소하고, 공정의 신뢰성을 향상시키며, 에너지 소비를 절감하는 방안을 강구하여야 한다. 오염원 분리 및 개인 주택의 화장실 오수 처리용으로도 막 기술이 활용되었다. 정화조 누출수의 질소 제거를 위해 사용되기도 하였고, 농촌 지역 소규모 하수 처리 시설에 적용된 적도 있다. 병원균까지 제거될 수 있을 정도로 MBR 유출수의 양호한 수질 때문에 하·폐수의 재이용 목적으로도 활용될 수 있다.

가장 통상적인 소규모 질소 제거 용 MBR 의 형상은 간헐적으로 포기되는 침지형 MBR 이다. 두 개의 공간으로 이루어져 질소 제거에 필요한 호기/무산소 영역이 함께 제공될 수 있는 MBR 시스템도 단독 주택이나 마을 규모의 하수 처리 시설에 적용될 수 있다. 그러나, 현재까지 일부 MBR 만이 상업화되어 있는 실정이고, 이들은 모두 침지형 MBR 에 해당된다. 소규모 하수 처리용으로 적용된 정확한 수는 알 수 없으나, 아직까지는 MBR 이용 시설의 수는 전형적인 소규모 하수 처리 기술이 적용된 수에 비해 낮을 것으로 보인다.

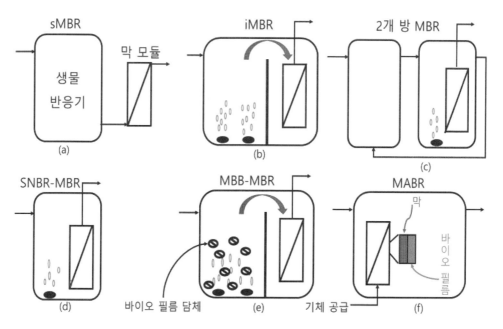

그림 9.1 질소 제거를 위한 MBR 의 다양한 형상: (a)사이드 스트림 MBR;
(b) 침지형 MBR; (c) 2 개 방으로 구성된 MBR; (d) 생물학적 질소 동시 제거 MBR;
(e) 이동상 바이오 필름 MBR; (f)막-포기 바이오 필름 반응기

대규모 하수 처리 시스템과 유사하게, 일부 소규모 처리 시설에서도 내부 슬러지 반송 (30~300 %)과 내부 혼합액 반송을 택하여 질소 제거 효율을 상승시키는 경우도 있다. 생물체 농도를 향상시킬 수 있는 이동상 바이오 필름 MBR 도 화장실 오수 처리용으로 설계되어 사용된다.

평판 형 막 모듈과 중공사 형 막 모듈이 질소 제거를 위한 소규모 하수 처리 용 MBR 시스템에 주로 이용된다. 고분자 전해질 착화합물 (PEC: polyelectrolyte complex), 불화 폴리비닐리덴 (PVDF: polyvinylidene fluoride), 미세 다공성 세라믹 그리고 부직포 백과 같은 다양한 형태의 막 재료가 사용된다. 그러나, 소규모 하수 처리 시설 MBR 의 파울링 현상에 대해서는 거의 알려진 바가 없는 실정이다. 소규모 처리 시설에 적용된 MBR 의 질소 제거 효율은 19~90 % 범위에서 광범위하게 변동한다.

반송 비, 오염 물질 부하, pH 충격, 저 수온 그리고 포기 패턴과 같은 운전 인자가 소규모 하수 처리용 MBR 의 질소 제거 효율에 영향을 준다. 유입수의 높은 암모니아-질소 농도 (150 mgN/L)와 저수온 (<11 °C) 조건이 동시에 조성되면, 질산화 속도는 저하된다. 수리적 체류 시간의 감소도 불완전한 질산화의 원인이 되어 질소 제거 효율 저하로 이어진다.

2. 질소 제거를 위한 새로운 MBR

2.1 미세 조류 MBR

조류 (algae)는 하수에서 성장할 수 있고 하수에 존재하는 영양염류는 미세 조류 세포를 생산하는 동화 작용에 이용된다. 이 과정에서 생산되는 생물체는 아직은 개발 단계이고 상업화되지는 못하였지만, 바이오 디젤, 고가의 화학 물질 그리고/또는 농업용 제품으로 이용될 수 있다. 조류는 광합성에 의존하기 때문에, 미세 조류 MBR (MMBR: microalgae membrane bioreactor)에는 빛이 제공되는 광생물 반응기가 필요하다. 광생물 반응기 (photobioreactor)를 하수 처리용 반응기로 활용하기 위해 해결하여야 할 문제점 중 하나는 반응기 내의 낮은 미세 조류 생물체 농도를 극복하여 처리 효율을 향상시키는 것이다. 미세 조류 MBR 을 이용함으로써 얻을 수 있는 장점은, 수리적 체류 시간과 생물체 체류 시간 (슬러지 체류 시간)을 서로 분리함으로써 미세 조류를 높은 농도로 유지할 수 있고 반응기 하류에서 미세 조류를 수확하여 처리를 보다 효율적으로 할 수 있다는 점이다.

전형적인 MMBR 은 다음의 4 개의 주요 공간으로 분리된 형상을 지닌다:

- 광생물 반응기 공간;

- 막 모듈 설치 공간;

- 광 조사 시스템 설치 공간; 그리고

Chapter 9 생물막 반응기 설계

- 기체 보충 시스템 설치 공간. (그림 9.2a).

비록 광생물 반응기와 MBR 을 분리시킨 경우도 있지만, 대부분의 MMBR 에는 하수에 침지된 막 모듈을 이용하여 유출수와 생물체를 분리시키는 방법이 적용된다. 중공사형 막과 평판 형 막이 미세 조류 MBR 의 막 모듈로 일반적으로 사용된다. MMBR 의 광생물 반응기 내 물을 순환시키게 되면, 혼합 효율이 증가하고 조류의 생산성과 침강성이 함께 개선된다.

조류를 수확 (연속식 수확과 회분식 수확)하기 위해 사용되는 막의 재료가 하수 처리 효율에 영향을 줄 수 있다. 막 모듈은 광생물 반응기에서 분리되거나 또는 광생물 반응기 내에 직접 포함될 수 있다. 셀룰로오스 아세테이트 (cellulose acetate), 폴리아크릴로니트릴 (PAN: polyacrylonitrile), 폴리에테르술폰 (PES: poly(ether sulfones), 폴리에틸렌테레프탈레이트 (PET: polyethylene terephthalate), 폴리프로필렌 (PP: polypropylene), 폴리테트라플루오로에틸렌 (PTFE: polytetrafluoroethylene), 폴리비닐리덴플루오라이드 (PVDF: polyvinyldenefluoride) 그리고 알루미나 (Al$_2$O$_3$)와 같은 막 재료가 광범위하게 활용된다. 통합된 시스템에는 미세 여과 (MF: microfiltration)막, 한외 여과 (UF: ultrafiltration) 막 그리고 투석 (dialysis) 막이 활용된다. 통합 시스템에서 해결하여야 할 한 가지 과제는 산소를 공급하고 막 파울링을 방지하기 위해 필요한 기포 생성 시스템에서 발생되는 기포 문제이다. 기포 발생으로 인해 미세 조류에 전단력이 가해지고, 미세 조류의 안전성과 성장에 악영향을 줄 수 있다.

MMBR 은 실험식 규모로는 널리 사용되었지만, 2 차 처리된 오수 중의 질소 제거를 위한 실증 규모의 실험은 최근에 들어서야 이루어졌다. 일차 침강조를 거치지 않고 협잡물 처리 등의 과정만을 거친 하수와 합성 폐수에도 미세 조류 MBR 이 적용된다. 질소 제거 성능을 관찰하기 위해, 순수한 단일 조류 (예를 들면, Chlorella vulgaris)만을 이용한 연구와 혼합 조류를 이용한 연구가 진행되었다.

박테리아와 미세 조류를 함께 혼합하여 사용함으로써 질소 제거 효율을 향상시키려는 시도도 진행되었지만, 조류와 박테리아 사이의 복잡한 생물 종 관계로 인해 시스템을 정상 상태로 운전하기 어려워진다. 또한 광생물 반응기 만을 사용하거나 MBR 만을 사용한 경우에 비해 MMBR 을 사용하면 보다 효율적으로 질소를 제거할 수 있다. 광학 패널을 이용하여 빛을 조사하는 광생물 반응기와 MBR 을 조합하여 평균 총 질소 농도 40 mg/L 의 하수를 처리하면, 독립적으로 처리한 결과보다 높은 96 % 이상의 질소 제거 효율을 얻을 수 있다. 희석율을 조절하면, 질소 섭취 속도도 제어할 수 있다. 반응기의 수리적 체류시간이 낮아질수록, 더 높은 농도로 미세 조류를 얻게 된다.

2.2 생물전기화학 생물막 반응기

미생물을 이용한 전기화학 기술이 하수 처리에도 적용될 수 있다. 미생물 대사 작용을 거쳐 전기를 생산할 수 있기 때문에 이 기술은 하수 처리 분야의 유망한 기술로 간주된다. 생물전기화학 MBR(BEC-MBR: Bioelectrochemical Membrane Bioreactor)에는 막 공정의 장점, 전기화학 공정의 장점 그리고 생물학적 공정의 장점이 모두 통합되어 있고, 전기 생산과 함께 다양한 형태의 하수 또는 폐수를 처리할 수 있다. BEC-MBR 에서는 미생물 연료 전지 (MFC: microbial fuel cell) 장치와 MBR 장치가 통합된 형상을 지닌다 (그림 9.2b). 고체-액체 분리를 담당하는 막 장치는 미생물 연료 전지 장치의 외부에 설치되거나, 미생물 연료 전지의 음극 영역에 설치될 수도 있다 (그림 9.2b). 음극과 양극 영역은 하나의 영역으로 통합되거나 또는 전방향 삼투 (FO: forward osmosis)막, 양이온 교환 (cation exchange)막, 양성자 교환 (proton exchange)막 또는 스테인레스 스틸 분리기로 분리될 수도 있다.

전형적인 BEC-MBR 에서는 유기탄소의 분해가 양극실 (무산소 영역)에서 진행되고, 반면에 음극실 (호기 영역)에서는 포기가 이루어져 음극 표면에서 진행되는 산소 환원을 촉진시켜 전기가 생산된다. 그러나 포기 공정에는 에너지가 소비되기 때문에, 하수 처리 과정에서 회수되는 에너지 보다 에너지 소비량이 클 수도 있다. 음극실에서 독립영양 미생물과 종속영양 미생물의 탈질을 촉진시키기 위해 수정된 형상의 BEC-MBR 이 적용될 수 있다. 이를 위해, 미생물 연료 전지 장치가 호기성 MBR, 혐기성 MBR 과 막-광생물 반응기에 통합된다. 적절한 형상과 운전 조건이 갖추어지면, 질산화/탈질 동시 반응이 음극실에서 성공적으로 진행될 수 있고, 다양한 형태의 음극 표면에서 바이오 필름이 발달한다.

독립영양 탈질 박테리아는 내부 바이오 필름을 점유하고, 전극을 전자 공여체로 활용하여 질산염/아질산염을 환원시킨다. 질산화 박테리아는 바이오 필름 외부 층과 액체에서 우점화되고, 암모니아-질소를 산화시켜 아질산염/질산염으로 전환한다. 실험실 규모의 BEC-MBR 에서는 다양한 재질이 산화 환원 반응 용 음극과 여과막에 이용된다. 전기 전도성 한외 여과막 또는 미세 여과 막, 부직포 분리기, 환원된 그라핀 산화물 (GRO: reduced graphene oxide)/폴리파이롤 첨가 폴리에스테르 음극 (polypyrrole-modified polyester cathode), 탄소 미세 여과 막 그리고 표면에 바이오 필름을 지니는 스테인레스 스틸 망이 주로 이용된다. 생물학적 질소 제거 공정의 성능에 따라, 10.3~100 %의 범위에서 다양한 질소 제거 효율이 얻어진다.

질소 제거를 위해 BEC-MBR 이 극복하여야 할 중요한 과제는 높은 전력 생산을 달성하고 막 파울링을 최소화할 수 있는 방안을 찾는 것이다. 최대 전력 밀도는 0.6–

6.8 W/m³ 범위이고, 에너지 자립에는 여전히 부족한 값이다. 그러나, 전형적인 MBR 에 비해 전반적인 에너지 비용을 낮게 유지할 수 있다. 막에 의해 양극실과 음극실이 분리되는 BEC-MBR 에서는 오직 물과 이온 만이 막을 통해 이동할 수 있고, 후단에 연결되는 분리용 막 장치에서 발생하는 파울링을 저감 시킬 수 있다. 또한 MBR 을 미생물 연료 전지와 결합함으로써, 파울링을 완화시킬 수 있다. 음극실의 용존 산소 농도는 질산염 환원에 결정적 역할을 한다. 용존 산소 농도가 낮아지면, 탈질 효율이 크게 증가하지만, 너무 낮아지면 질산화 박테리아의 활동을 저해하여 탈질이 제한된다

BEC-MBR 의 성능도 수온 변화에 민감하다. 낮은 수온 (<10 ℃~15 ℃)에서 생산되는 전력은 무시할 수 있을 정도이다. 운전상의 한계 (반응기 설계, 전극 재질 그리고 수리적 체류시간)외에도, 하수/폐수 특성 (BOD, COD, pH, 수온, 총 용존성 고형물 그리고 질산염과 인 농도)은 미생물 연료 전지의 전력 생산에 영향을 주고, 경제적 타당성을 결정하는 주요 인자가 된다. 막의 높은 비용과 포기에 필요한 에너지 소비의 두 제한 인자는 대규모 하수/폐수 처리 시설에서 BEC-MBR 의 적용 여부를 결정하게 된다.

2.3 혐기성 MBR

혐기성 MBR (AnMBR: Anaerobic MBR)은 산소 공급없이 운영되고, 식품 가공 폐수와 침출수와 같은 고농도 폐수 처리에 적절하게 적용될 수 있다. 전형적 호기성 공정에 비해 혐기성 MBR 은 생물체 생산량이 적고 낮은 에너지가 소요되며 가치 있는 바이오가스 (메탄 기체)를 생산할 수 있는 등 일부 장점을 지니고는 있지만, 호기성 MBR 에 비해 보다 심각한 파울링 발생이 걸림돌이 된다. 혐기성 MBR 은 실증 규모로 생활 하수 처리에 적용된 적도 있지만, 대부분은 실험실 규모 시설에 국한된다.

생활 하수의 COD 를 제거하고 COD 농도가 매우 높은 폐수를 처리하여 바이오가스를 생산하기 위한 목적으로 대부분의 혐기성 MBR 이 활용되는 반면, 무산소와 호기 영역이 동시에 필요한 생물학적 질소 제거의 특성으로 인해 질소 제거 효과는 기대하기 어렵다. 이를 해결하기 위해, 완전 독립영양 미생물에 의해 생성되는 아질산염을 활용하여 혐기성 MBR 에서 질소를 제거하는 방법 (CANON: complete autotrophic nitrogen-removal over nitrite)을 도입할 수 있다. 실험실 규모의 혐기성 MBR 이 CANON 공정 운전에 적합하다. CANON 공정에서는 먼저 암모니아-질소가 암모니아 산화 박테리아 (AOB)에 의해 아질산염으로 식 (9.3)의 과정을 거쳐 산화된 후, 이어 혐기성 암모늄염 산화 박테리아 (AnAOB: anaerobic ammonium-oxidizing bacteria)에 의해 아질산염과 잔류 암모니아가 다시 반응하여 질소 가스로 전환된다 (식 (9.4)).

이러한 혐기성 암모늄염 산화 공정은 하수/폐수 처리의 혁신적 기술 진보로 간주된다. 아질산염을 질산염으로 산화시키는 미생물 (NOB)의 개체수 증가와 활성을 저하시켜야만 AnAOB 가 우점화될 수 있기 때문에, CANON 공정을 성공적으로 달성하기 위해서는 NOB 의 제어가 가장 중요하다. 부분적인 질산화인 ANAMMOX 와 질산화/탈질 동시 반응 (SND)를 조합하는 방법도, 간헐적으로 포기되는 MBR 을 활용하여 하수/폐수로부터 COD 와 질소를 동시에 제거하기 위해 활용될 수 있다. 이 경우 포기 기간이 짧아질수록, 탁월한 질소 제거 능력을 지닌 ANAMMOX 생물체가 혐기성 MBR 에서 우점한다. ANAMMOX 생물체가 우점하면 76 %를 초과하는 질소 제거 효율을 얻을 수 있는 반면, 종속영양 탈질 미생물이 우점하면 19 % 만의 질소 제거 효율이 얻어진다. 뿐만 아니라, 종속영양 탈질 미생물에 의해 COD 의 95 %가 제거될 수도 있다.

$$NH_4^+ + 3/2\ O_2 \rightarrow NO_2^- + H_2O + 2\ H^+$$

(9.3)

$$NH_4^+ + NO_2^- \rightarrow N_2 + 2\ H_2O$$

(9.4)

혐기성 MBR 에서 혐기성 암모니아-질소 산화 박테리아 (AnAOB) 공동체를 우점화시켜, 질소 제거에 활용하는 방안도 생각할 수 있다. AnAOB 공동체가 혐기성 MBR 에서 97 %를 초과하는 순도로 성장할 수 있다. MBR 의 높은 SRT 때문에 SBR(sequential batch reactor: 제 10 장 참조)에 비해 더욱 짧은 기간 내에 보다 효율적으로 ANAMMOX 생물체가 농축된다. 침지형 혐기성 MBR 을 활용하면, 호기성 활성 슬러지에서 초기 16 일 가동 기간에 농축된 ANAMMOX 생물체가 생성되어 질소 제거 역할을 할 수 있다. 입상형 ANAMMOX 생물체가 생성되기 시작하여 시간이 지날수록 생물체가 287 μm 에서 896 μm 의 크기로 성장하고 파울링을 저감할 수 있게 됨으로써, 빈번한 세정없이 혐기성 MBR 을 운영할 수 있게 된다. 그러나 이러한 결과는 실제 하/폐수에서는 이루어질 수 없는 유기탄소가 포함되지 않은 암모늄염과 아질산염/질산염을 인위적으로 제조하여 실험실 규모 시설에서 독립영양 미생물을 이용하여 이루어졌기 때문에, 실제 하수/폐수에서도 같은 결과를 얻을 수 있을 것으로 기대하기는 어렵다. 이에 더하여, 단일 단계 MABR 의 수직 및 수평 미세 환경을 면밀하게 제어함으로써, CANON 을 성공적으로 달성할 수 있게 된다 (Hibiya et al.

Chapter 9 생물막 반응기 설계

2003). 단일 단계 MABR (그림 9.1f)의 용존 산소를 낮게 제어함으로써 (<1 mgO/L), 부분 질산화와 ANAMMOX 가 성공적으로 달성될 수 있다.

지금까지의 질소 제거용 MBR 의 설명을 요약하여 표 9.1 에 제시하였다.

표 9.1 질소 제거용 MBR 시스템 요약

MBR 형태	규모	막 모듈 형상	질소 제거 기작	질소 제거 효율	주요 운전 인자	장점	주요 제한
2 개 방으로 구성된 MBR	실험실	평판막	•무산소 영역에서의 탈질	중간 - 높음 (>90%)	•최소한의 탄소: 질소비 필요; •질산화를 위한 충분한 HRT 필요	•높은 질소 제거 효율	•외부 탄소원이 필요할 수 있음
	실증	중공사막	•호기 영역에서의 질산화			•전형적인 활성슬러지 공정의 업그레이드 가능	•제거 효율을 향상시키기 위해 내부 슬러지 반송이 필요할 수 있음
	상업	중공사막	•호기 영역에서의 질산화				
생물학적 질소 동시 제거 MBR (SNBR-MBR)	실험실	중공사막	•바이오플록(biofloc)내 산소가 풍부한 영역에서의 질산화; 바이오플록의 산소 부족 영역에서의 탈질	광범위하게 변동 (30%-90%)	•용존산소 필요	•작은 부지 소요	•외부 탄소원 투입이 필요할 수 있음
	실증	중공사막			SRT 에 의해 플록의 입자화와 플록의 분해가 결정	•긴 SRT; 단일 시스템 설계 •MBBR 또는 MABR 과 통합 운영 가능	•제거 효율 향상을 위해 점진적인 포기 증가 필요
	상업	중공사막					•전형적인 MBR 에 비해

					높은 파울링 가능성
이동상 바이오 필름 MBR (MBB-MBR)	실험실	중공사막	•막 표면에 형성된 바이오필름에서 진행되는 질산화 및 탈질	중간-높음 (62%-82%)	•바이오필름의 표면 특성 •바이오필름의 안정성	•높은 생물체 농도 유지 •높은 처리 신뢰성과 운전의 용이성 •반송이 필요치 않음 •부하변동에도 유연하게 대처	•생물체의 과잉 누적에 의한 심각한 막 파울링 발생
	실증	중공사막			•바이오필름에서의 미생물 공동체 구조		
막-포기 바이오 필름 MBR (MABR)	실험실	중공사막	•막표면에 형성된 바이오필름 내부의 산소 전달이 용이한 부분에서 진행되는 질산화 •바이오필름의 무산소 영역에서 진행되는 탈질	중간-높음 (100%까지)	•산소 공급의 최적화	•산소 활용 효율 향상	•높은 투과속도와 높은 처리 효율을 위해 바이오필름 유지관리 필요
	실증	중공사막			•바이오필름 층 두께조절 효율적 질소 제거를 위한 충분한 HRT 유지	•낮은 탄소:질소 비에도 불구 효율적 질소 제거 가능 •SND 진행가능 •에너지 비용 절감 •AnMBR 과 통합운영가능	•생물체의 과잉 누적으로 인한 막의 파울링 발생
미세 조류 MBR (MMBR)	실험실	평판막	조류(algae) 생물체(biomass) 생산을 위해 진행되는 질소 동화작용	중간-높음 (96%까지)	질소 섭취 속도에 강한 영향을 미치는 HRT	HRT 와 SRT 가 독립적으로 조절 가능하여 높은 미세조류 수확 보장	•조류와 박테리아 간의 관계 복잡성 때문에 정상상태 유지가 어려움
	실증	중공사막			질소 섭취 속도에 강한 영향을 미치는		

					미생물 공동체의 구조 (단일 조류, 복합 조류, 또는 박테리아-조류 혼합물)		
생물 전기 화학 MBR (BEC-MBR)	실험실	전도성 UF막, MF막, 부직포 필터 등	음극실 (cathode chamber)에서 진행되는 독립영양미생물과 종속영양미생물에 의한 탈질	광범위하게 변동 (10.3%-100%)	질산염 환원을 위해 음극실의 낮은 용존 산소 농도 유지 필수; 질소 제거 성능은 수온 변화에 민감하게 영향을 받음; 하수의 특성에 따라 전기생산에 직접적 영향을 미침	전기 생산 가능; 전형적 MBR에 비해 낮은 동력비 소요; 낮은 막 파울링 가능성	•높은 막 가격 •포기 에너지 필요
혐기 MBR (AnMBR)	실험실	중공사막	독립영양미생물에 의한 아질산염의 완전한 질소 제거 (CANON)	낮음-중간 (88%)	독립영양미생물의 성장을 방해하는 유기탄소 유입 최소화	낮은 동력 소요	•유기 탄소 없이 인위적으로 제조된 하수를 이용하고 실험실 규모 연구에 국한
			ANAMMOX와 탈질 (SNAD)		ANAMMOX 박테리아 유지를 위해서 반응기내 매우 낮은 용존산소 농도 조절 필수	생물체 생산이 낮게 유지되어 막의 파울링 가능성 감소 •AnAOB 박테리아 성장에 이상적임 •MABR과 통합 유리	•실제 하수 적용 시 정상 성능 유지가 어려움

3. MBR 성능에 영향을 주는 운전 변수

앞서 살펴본 MBR 관련 특정 기술을 기반으로 주요 시스템 매개 변수(parameter)와 운영 변수가 MBR의 질소 제거 성능에 미치는 영향을 그림 9.3에 제시하였다.

3.1 하수 원수의 조성

하수 원수의 조성은 MBR의 질소 제거 효율 제어에 중요한 역할을 한다. 전형적인 질산화 및 탈질 공정에 의존하는 MBR에서는 탄소 : 질소 비가 효율적인 질소 제거를 촉진하는 중요한 변수가 된다. 유기 탄소는 (1) 호기성 종속영양 미생물이 탄소계 물질을 분해하기 위해 필요한 전자 공여체로 소비되고; (2) 질산염/아질산염의 질소 기체로의 환원 (식 (9.2))과 연계되어 종속영양 탈질 미생물의 전자 공여체로 소비된다.

반응 양론에 의하면, 완전한 질소 제거를 위해서는 최소 5:1의 탄소 : 질소 비가 필요하다. 탄소 : 질소 비가 너무 낮아지면, 완전 탈질을 촉진하기 위해 외부로부터의 탄소원 공급이 필요하다. 아세테이트 (RCOOH), 프로피오네이트 (C_2H_5COOR), 포도당 (($C \cdot H_2O)_6$), 메탄올 (CH_3OH) 그리고 생물 분해 가능한 고분자 물질들과 같은 다양한 형태의 유기물질을 외부 탄소원으로 활용할 수 있다. 그러나 종속영양 미생물에 의해 진행되는 탈질 반응에 의존하지 않기 때문에, ANAMMOX 또는 CANON과 같은 대체 미생물 반응 경로를 활용하는 질소 제거 기술은 탄소 : 질소 비에 의해 영향을 받지 않는다.

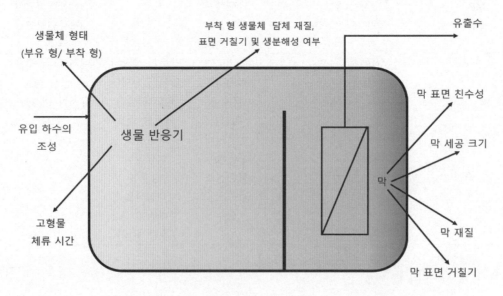

그림 9.3 MBR 성능과 막 파울링에 양향을 줄 수 있는 운전 변수들

Chapter 9 생물막 반응기 설계

또한 하수 원수 조성은 질산화 및 탈질 과정에서 아산화질소 (N_2O)의 생성에 영향을 줄 수 있다. 아산화질소는 이산화탄소에 비해 310 배 강한 온실 효과를 유발하기 때문에, 탄소 중립을 달성하기 위해서는 생물학적 탈질 과정에서 생성되는 아산화질소에 세심한 관심을 기울여야 한다. 일반적으로 아산화질소는 암모니아-질소 산화에 참여하는 박테리아에 의해 생산되거나 또는 종속영양 미생물에 의한 탈질 과정에서 질소 제거가 불완전하게 이루어질 경우에 생산될 수 있다. 상업 규모로 운전되는 다양한 질소 제거 기술이 적용된 하수 처리 시설의 아산화질소는 전형적인 활성 슬러지 공정보다 MBR 공정에서 더 적은 양으로 배출된다. 탈질 공정에 투입되는 하수의 탄소: 질소의 비는 중요한 운전 변수가 되고, 탄소: 질소 비가 낮을수록 아산화질소 생산이 촉진된다. 그러나 질소 제거에 참여하는 미생물 경로의 복잡성 (즉, 다중의, 다양한 종의, 다양한 유전자를 지닌 미생물과 효소들의 참여) 때문에, 아산화질소 배출의 정량적 평가와 운전 조건을 변화시키면 아산화질소 배출에 어떤 영향이 나타나는지 일반화하여 결론짓기 어려워진다.

3.2 막의 특성

막의 특성과 막 파울링은 MBR 성능에 중대한 영향을 준다. 막의 특성이 MBR 의 질소 제거 성능에 미치는 영향을 살펴보면 다음과 같다:

- 유기성 고분자 막과 무기성 세라믹 막이 각각 적용된 MBR 의 효율을 상호 비교하기 위해 슬러지 탈수 공정에서 발생되는 농축액의 질소 제거 효율을 관찰한 결과, 폴리에테르술폰 (PES: polyethersulfone*) 고분자 막의 파울링이 가장 급격히 진행된 반면, 세라믹 막은 높은 투과 속도를 장기간 유지할 수 있었다;

- 하수의 질소 제거 용으로 설계된 MBR 에서 세라믹 막의 역세 영향을 살펴본 결과, MBR 의 질소 제거 성능이 높게 유지되었을 뿐만 아니라 물리적 화학적으로 강한 내구성 때문에 주기적인 역세에도 불구하고 안정된 세라믹 막의 구조와 질소 제거 성능을 유지할 수 있었다. 또한 막에 촉매 기능을 추가하면, 촉매 역할을 수행하는 세라믹 막 표면에서 아산화질소가 분해되어 온실 가스 배출을 저감할 수 있었다;

- 극한의 운전 조건 (수온, 산성도, 알칼리도)에도 견딜 수 있는 강한 내구성과 긴 수명을 지니는 세라믹 막의 장점에도 불구하고, 높은 제조

비용으로 인해 경제적 고려가 중요한 투자 제한 요인이 될 경우에는 하수 처리에 광범위하게 적용되기 어려운 실정이다.

*PES 의
화학구조:

하수에 포함된 질소를 효율적으로 제거할 수 있어 MBR 의 전망은 매우 밝지만, 하수 처리 적용에 장애가 되는 막 파울링 문제는 여전히 해결하여야 할 주요 과제로 남아 있다. MBR 혼합액(mixed liquor)의 질소 제거 효율이 바이오 필름이 고정된 MBR 에 비해 높게 나타났으나, 동일한 조건에서 동일한 하수를 두 MBR 에서 동시에 처리하여 비교한 결과 유의미한 막 파울링 차이는 관찰되지 않았다. 뿐만 아니라 전형적인 MBR 시스템과 이동상 바이오필름 MBR (MBB-MBR) 시스템에서 진행되는 생물학적 질소 제거 과정에서 발생하는 파울링을 관찰한 결과, 전형적 MBR 의 파울링 정도가 상대적으로 낮게 나타났다. 이러한 결과는 두 MBR 시스템의 서로 다른 박테리아 공동체 때문인 것으로 해석되었고, 막의 파울링에 기여하는 사상형 박테리아가 보다 높은 농도로 MBB-MBR 시스템에서 존재하였기 때문이다. 그럼에도 불구하고 MBB-MBR (그림 9.1e)의 바이오 필름에서는 질소 제거 효율이 보다 높게 달성되었다.

3.3 HRT 와 SRT

점도, 생물체 농도, 미생물 공동체 조성, 미생물 입상 크기 그리고 세포 표면 특성과 같은 혼합액의 특성을 변화시킬 수 있기 때문에 SRT 는 COD 제거, 질소 제거 그리고 질소 제거 용 생물막 반응기의 막 파울링에 영향을 주는 중요한 인자이다. 2 개 방으로 구성되는 질소 제거 MBR 과 SNBR-MBR 의 경우, 완전한 질산화와 탈질을 이루고 슬러지 처리 빈도를 감소시키기 위해 통상적으로 20-50 일의 SRT 를 유지하게 된다. 그러나 예를 들어 60 일 정도로 SRT 가 너무 길어지면, 시스템에 형성된 생물체 입상은 작게 부숴지고 분리된다. 이로 인해 세포 분해가 진행되고, 이어서 질산화/탈질 반응 속도는 저하되고 결과적으로 낮은 질소 제거 효율을 초래한다.

반면에 10 일 미만으로 SRT 가 너무 짧게 유지되면, 느리게 성장하는 질산화 박테리아가 세정되어 시스템에서 분리되고 불완전한 질산화로 귀결되어 질소 제거 효율은 저하된다. MBB-MBR 시스템에서는 생물체 성장으로 막 파울링이 심화될 뿐 아니라, 막 탱크에서 이동상 바이오 필름 반응기로 생물체를 반송할 필요가 없기 때문에 SRT 가 질소 제거 효율에 미치는 영향은 완화되고 10 일 미만으로 낮게 유지하여도 무방하다. 질소 제거 중 생성되는 아산화질소는 SRT 가 낮아질수록 생성되기 쉽다.

또한, 막 파울링의 발생 정도와 막 파울링의 특성은 SRT 에 의해 크게 영향을 받는다. 연속되는 생물 반응기를 30~100 일 범위의 SRT 에서 다양하게 운전하면, SRT 가 길어질수록 막의 투과속도가 현저히 저하되는 현상을 관찰할 수 있고, 막의 파울링을 초래하는 원인이 막 표면에 높은 농도로 누적되는 생물체와 유체의 점도가 높아지기 때문이라는 사실을 알 수 있다. 그러나, 10 일 정도로 SRT 가 매우 낮게 유지되면, COD 제거 속도 및 질산화 속도는 현격하게 저하되었다.

4. 과잉 인 제거를 위한 MBR

전형적인 활성 슬러지 BNR 공정과 MBR 공정 사이에는 몇 가지 차이가 있지만, 특히 막에서 진행되는 액체-고체 분리에 의해 슬러지 반송이 진행된다는 점에서 특별한 차이가 존재한다. 주요 차이점은 다음과 같다:

- 전형적인 활성 슬러지 BNR 공정에서는 중력식 침강조 하부로부터 반송되는 슬러지는 유입 하수 유량의 약 1/2~2/3 인 반면, MBR 공정에서는 막 모듈로부터 분리되는 슬러지 반송량은 유입 하수 유량의 2~4 배에 달할 정도로 매우 크다.

- 전형적인 중력식 침강조에서 반송되는 반송수의 용존 산소 농도는 일반적으로 매우 낮은 반면, 막 모듈 (특히 침지형 막 모듈)에서 분리되어 반송되는 혼합액의 용존 산소는 일반적으로 높은 편이다. 막 표면 주위에 누적되는 생물 고형물을 제거하기 위해 (막의 파울링을 억제하기 위해), 침지형 막 모듈 주위가 일반적으로 포기되기 때문이다.

막 모듈에서 반송되는 반송수에 높은 농도로 용존 산소가 포함되고, 높은 용존 산소 농도로 인해 유입 하수 중의 쉽게 분해되는 COD 의 상당한 분율이 제거되어 탈질 포텐셜이 급격히 저하된다 (제 7 장 참조)는 사실을 인식하지 못한 초기의 질소 제거용 MBR 공정은 일반적으로 MLE (Modified Ludzack Ettinger) 공정의 원리를 막 모듈에 통합하여 설계되었다. 생물학적 과잉 인 제거 (EPBR) 원리 (제 8 장 참조)를 MBR 공정에 적용하였지만, 높은 농도의 용존 산소가 함유된 슬러지 반송수로 인해 과잉 인 제거가 성공적으로 진행되지 않았다. 이에 따라 다양한 과잉 인 제거용 MBR 공정 개발이 진행되었고, 일부 실증 규모와 실규모의 EBPR-MBR 공정에 대한 정보를 얻을 수 있게 되었다. 그러나 MBR 공정에 과잉 인 제거 기능 통합이 성공적으로 실현되기 까지는 여전히 해결하여야 할 문제점이 남아있다.

4.1 과잉 인 제거 MBR의 한계

생물학적 과잉인 제거 원리를 MBR 설계에 적용하기 위한 초기 시도는 모든 MBR 공정에 적용되는 고유량 (2.5~4.0 Q)의 호기성 반송수 상류에 혐기 및/또는 무산소 영역을 확보하는 VIP (Virginia Initiative Plant)형태의 형상으로 설계되었다 (그림 9.4). 용존 산소 및 질산염 농도가 높은 반송수로 인해 탈질 효율이 저하되고 과잉 인 제거가 실행되지 못하는 단점을 극복하기 위한 다양한 개선 노력이 시작되었다:

- 막 파울링을 예방하기 위해 막 모듈이 흔들거릴 정도의 강한 공기 공급 (포기)으로 인해, 반송 혼합액의 용존 산소 농도가 4 mgO/L 이상으로 높아진다. 이로 인해 반송수가 재펌핑되기 전에 상류의 무산소 및/또는 혐기 영역 대신 호기 영역으로 직접 반송될 필요가 있다. 무산소 및 혐기 영역으로는 통상적으로 슬러지가 반송되어 유입된다.

- 생물학적 공정에 필요한 최적화를 위해 반송 유량을 조절하는 것이 아니라, 막 성능을 최적화하기 위해 반송수 유량이 선정된다. 통상적인 MBR 공정의 혼합액 반송 유량은 유입 하수 유량의 250~400 %에 해당되고, 막의 과도한 MLSS 농도를 희석시키고 상류 영역의 MLSS 농도를 최대화하는 역할을 한다.

과잉 인 제거-MBR의 위의 2 가지 장애 요인으로 인해 생물학적 공정 하류의 약 70 %가 호기성으로 유지되고 혼합율이 높은 상태로 유지되어, 실제 하수 유량과 반송 유량에 따라 호기성 조건은 지속되고 혐기성 조건이 저하되는 상황으로 귀결된다. 결과적으로 유출수로 정인산염이 방출될 가능성이 높아진다. 혼합액 반송율이 400 %를 초과하는 경우에도 생물학적 과잉 인 제거를 달성할 수는 있지만, 반송율이 낮아지면 과잉 인 제거 효율이 저하된다. 낮은 반송율에서는 막 조의 생물체 농도는 상류의 호기 영역과 비포기 영역에 비해 증가하게 되고, 비포기 슬러지 질량 분율이 감소한다. 이로 인해 혐기 영역의 생물체 분율은 감소하고, 호기 영역에서의 인 방출 가능성이 더욱 높아져서, 철염 등과 같은 응집제를 주입하여 생물학적 방법이 아닌 화학적 방법으로 인을 제거하여야 하는 상황으로 귀결될 수도 있다.

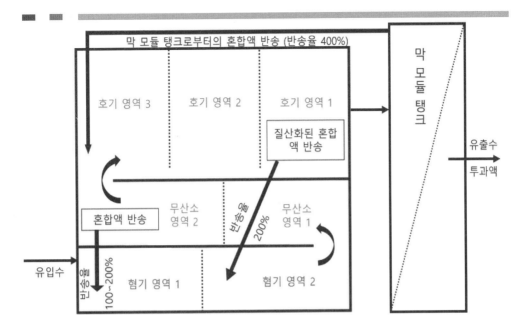

그림 9.4 생물학적 과잉 인 제거를 위한 VIP형 MBR 공정의 개략도

4.2 과잉 인 제거용 MBR 시스템 형상

생물학적 과잉 인 제거를 성공적으로 수행하기 위해서는 MBR 시스템은 다음의 4가지 지침을 준수하여야 한다:

1) 막 모듈 탱크로부터 반송되는 유량은 호기 영역으로 반송되어야 하고, 막 모듈 탱크 상류부 특정 영역으로부터 추가적인 반송이 이루어져야 한다. 이들 반송을 설계에 반영하되, 다양한 혐기 영역과 무산소 영역의 MLSS 농도를 크게 저감시키지 않아야 한다.

2) 설계 모사 모델이 완전 혼합 흐름 반응기를 기반으로 구성되기 때문에 유량 흐름이 만나는 각 영역의 입구는 완전한 혼합이 이루어질 수 있도록 설계한다. 특히 거품 발생 문제를 해결하기 위해 영역과 영역 사이의 흐름이 월류로 이루어질 경우에는 영역 입구에서 수직 혼합과 수평 혼합이 완전하게 진행되도록 유의할 필요가 있다.

3) 혐기 영역 및 무산소 영역의 비포기 슬러지 분율을 높게 유지하기 위해 하수 유입 유량에 비해 반송 유량을 최소로 공급한다.

4) 인 제거를 위한 철 염 등과 같은 금속 염 투입은 방류 기준을 준수하지 못할 것으로 예상되는 기간 동안에 국한하여 투입한다.

위의 4 가지 지침을 충족시키기 위한 다양한 형상의 생물학적 영양염류 제거용 MBR 공정이 개발되었고, 이를 요약하여 그림 9.5 에 제시하였다. 그림 9.5a 의 형상은 MLE 공정을 MBR 시스템에 통합한 구조를 지니고, 그림 9.5b 는 2 단계 반송을 적용하여 질소를 제거하는 MBR 시스템에 해당한다. 이들 2 개의 형상은 무산소 영역으로 고농도의 용존 산소 유입을 회피하기 위한 목적으로 고안되었고, 호기성 활동으로 인한 쉽게 분해되는 COD 분율 소비를 막을 수 있다.

그림 9.5c 는 VIP 형상의 한 유형으로, 암모니아-질소 및 인의 방류 기준을 준수할 수 있는 방법이다. 유입 유량 32,000 m³/일 (첨두 유량 64,000 m³/일)의 생활 하수를 BOD_5 농도 4 mg/L, 총 부유 고형물 (TSS) 농도 4 mg/L, 암모니아-질소 농도 1 mgN/L 그리고 총인 농도 0.5 mgP/L 로 방류할 수 있을 정도로 성공적인 영양염류 제거 효율을 보장할 수 있다.

그림 9.5d 형상은 질소 제거용 MBR 공정의 소중한 진보 결과물로 간주된다. 단계별 하수 유입과 질소 제거 공정이 조합되어, 무산소 영역의 슬러지 질량 분율을 최대화할 수 있다. 2 차 무산소 영역으로 고유량의 혼합액 반송수가 유입되고, 2 차 무산소 영역 전단의 호기 영역으로부터 1 차 무산소 영역으로 추가적인 혼합액 반송수가 유입된다. 그리고 1 차 무산소 영역과 2 차 무산소 영역으로 하수의 각 50 %가 나누어 유입된다. MBR 의 호기 영역보다 보다 70 % 이상 높은 무산소 영역을 확보할 수 있고, 유출수의 총 질소 농도를 5 mgN/L 로 유지할 수 있다.

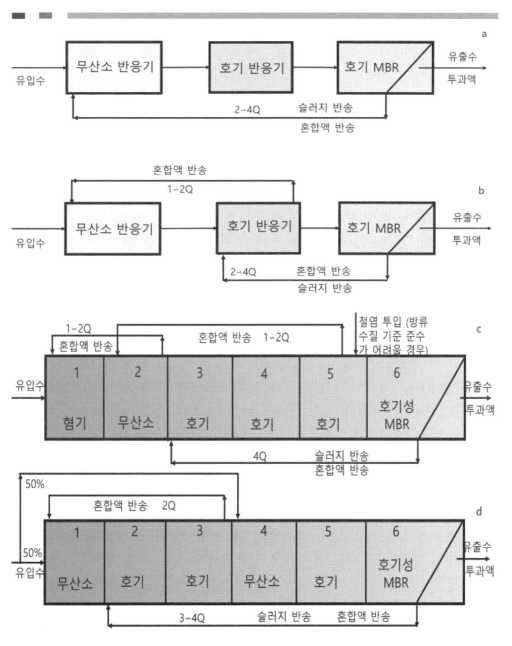

그림 9.5 다양한 형상의 생물학적 영양염류 제거를 위한 MBR 공정
(a: MLE-MBR; b: 2 단계 반송 질소 제거 MBR;
c: 질소 및 인 제거 MBR; d: 질소 제거 단계별 하수 유입 MBR)

총 질소 농도 3 mgN/L 와 총 인 농도 0.1 mgP/L 를 충족시켜야 할 정도로 엄격한 방류 기준이 적용되는 경우에도, 성공적인 생물학적 영양염류 제거를 수행하기 위해 개선된

MBR 시스템이 개발되었고 이 시스템의 개략도를 그림 9.6a 에 제시하였다. 유출수의 총인 농도를 낮게 유지하기 위해서는 생물학적 과잉 인 제거와 함께 화학적 인 처리가 필요하고, 화학적 인 침전물을 생성하기 위해 알럼 (alum)이 투입된다. 생물반응기 내에 혐기 영역과 무산소 영역을 함께 포함시킴으로써, 과잉 인 제거를 촉진한다. 호기 영역 (4 번) 하류에 무산소 영역 (2 번)을 추가로 조성하고, 호기성 MBR (6 번)로부터 고유량의 반송수를 공급함으로써, Bardenpho 공정 (제7장, 제8장 참조)과 동일한 효과를 창출할 수 있다. 두번째 무산소 영역 (5 번)에는 메탄올이 외부 탄소원으로 주입되어 질산염의 탈질이 촉진된다. 45,000 m^3/일 하수 (첨두 유량 113,000 m^3/일)의 생활 하수를 총 질소 농도 3 mgN/L 미만, 총 인 농도 0.1 mgP/L 미만으로 방류 (월 평균 방류 수질)할 수 있을 정도로 성공적인 영양염류 제거 효율을 달성할 수 있다.

이 형상의 중요한 특성은 무산소 영역 (5 번)에 있다. 메탄올이 탈질에 필요한 외부 탄소원으로 공급되어 질산염이 거의 없는 무질산염 반송수가 혐기 영역으로 유입될 수 있는 기반이 마련된다. 이로 인해 더욱 엄격한 혐기 조건이 형성되어 인 저장 미생물의 인 방출을 유도할 수 있고, 이어지는 무산소 및 호기 영역에서 과잉 인 제거가 달성된다. 호기 영역에서도 인 저장 미생물에 의해 섭취되지 않고 남는 정인산염은 알럼의 투입으로 인산알루미늄 ($AlPO_4$)으로 응집되어 막 모듈에 의해 여과된다. 인산알루미늄의 용해도는 0.02~0.03 mgP/L 이기 때문에 이론적인 총 인 농도는 인산알루미늄의 용해도와 동일할 것이지만, 실제 총 인의 방류 농도는 0.02~0.05 mgP/L 범위이다.

과잉의 호기성 슬러지에 의해 방출되는 인과 낮은 분율의 비포기 슬러지 질량을 극복하기 위한 방안으로 무산소 영역이 포함되는 형상의 MBR 시스템이 개발되었다 (그림 9.6b). 탈질이 완성되는 무산소 영역 (4 번)에서 1 차 혐기 영역으로 혼합액이 반송되어 엄격한 혐기 조건이 1 차 혐기 영역에 형성되어, 인 저장 미생물의 인 방출을 촉진한다. 생활 하수의 50%는 1 차 혐기 영역으로 유입되고 나머지 50%는 무산소 영역으로 유입되어, 탈질 및 인 방출에 필요한 쉽게 분해되는 COD 를 확보할 수 있다. 이 형상의 특징은 다음과 같이 요약할 수 있다:

1)   고유량의 혼합액 반송 (3~4Q)이 포함되는 공정에 무산소 영역이 추가된다.

2)   무산소 영역으로부터 1 차 혐기 영역으로 추가적인 혼합액 반송이 진행된다.

3)   하수의 약 50 %가 각각 1 차 혐기 영역과 무산소 영역으로 주입된다.

호기성 MBR 보다 60 % 이상의 무산소 영역을 확보할 수 있어 질소 제거 효율이 향상된다. 총 질소 방류 기준이 10 mgN/L 로 엄격한 경우에도 6mgN/L 의 방류 수질 확보가 가능하다. 철염의 주입이 없더라도 생물학적 과잉 인 제거만으로 총 인의 방류 수질을 1 mgP/L 이하로 유지할 수 있고, 철염의 주입으로 총 인의 농도를 0.1 mgP/L 로 유지할 수 있다. 잉여 슬러지 폐기는 용존성 정인산염 농도가 가장 높은 혐기 영역에서 진행되고, 폐기 슬러지에는 철염을 투입하여 중앙 슬러지 관리 시스템으로 이송된다.

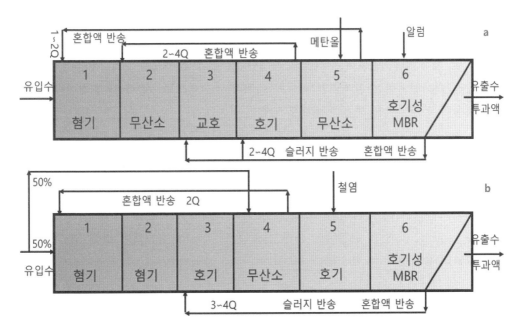

그림 9.6 엄격한 방류 기준 준수에 필요한 개선된 MBR 시스템 형상

4.3 막 구조의 진화

4.3.1 한 쪽 끝이 막힌 중공사막

MBR 시스템 적용의 최대 걸림돌은 막의 파울링과 파울링을 저감시키기 위한 공기 세정이다. 포기로 인한 에너지 소비량의 증가뿐만 아니라, 작은 세정으로 차압이 증가하고 막의 투과 플럭스가 감소되어 결과적으로 막 교체로 귀결된다. 이러한 유지관리비 증가 문제에 더하여, 공기 세정으로 인한 MBR 의 높은 용존 산소가 또 다른 문제가 된다. 앞서 설명한 바와 같이 생물학적 영양염류 제거가 원활하게 진행되기 위해서는 무산소 및 혐기 조건 형성이 필수적으로 요구된다. 또한 쉽게 분해되는 COD 분율 확보가 이루어져야 한다. 반송수의 용존 산소 농도가 높아지면, 무산소 및 혐기 조건 형성이 어려워질 뿐 아니라 쉽게 분해되는 COD 분율이 산소를 전자 수용체로 활용하는 종속영양 미생물에 의해 우선적으로 분해되어 고갈된다. 이로 인해 생물학적 영양염류 제거는 실패로 귀결된다.

막의 파울링 현상을 원천적으로 막을 수는 없으나, 세정에 필요한 공기량을 저감시키는 노력은 계속되어야 할 것이다. 일반적인 중공사형 막 모듈은 중공사막의 양쪽 끝이 고정된 구조를 지닌다 (그림 9.7a). 중공사막 한 쪽 끝이 고정되지 않은 채 혼합액의 흐름에 따라 유동하면, 보다 적은 양의 공기 공급으로도 같은 세정 효과를 지닐 수 있게 되고, 반송 혼합액의 용존 산소 농도가 낮게 유지되어 탈질 및 과잉 인 제거 효율이 향상된다 (그림 9.7b).

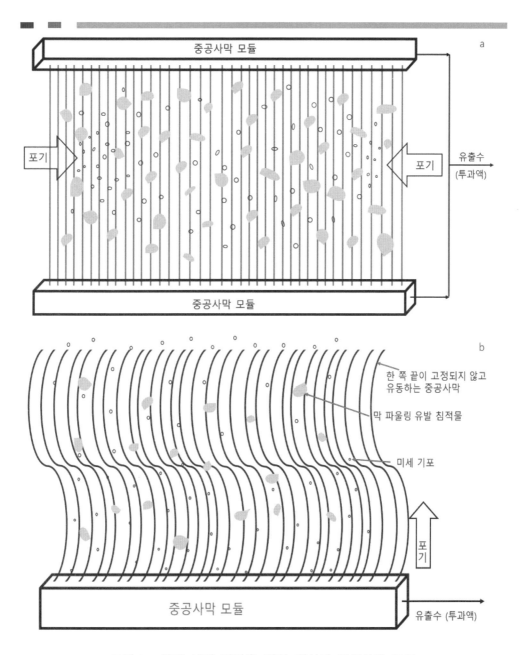

포기

유출수
(투과액)

중공사막 모듈

a

한 쪽 끝이 고정되지 않고
유동하는 중공사막

막 파울링 유발 침적물

미세 기포

포
기

중공사막 모듈

유출수 (투과액)

b

그림 9.7 공기 세정 저감을 위한 개선된 중공사막 모듈
(a: 양쪽 끝이 고정된 중공사막 모듈;
b: 한 쪽 끝이 고정되지 않은 채 하수 흐름과 함께 유동하는 중공사막 모듈)

4.3.2 SNIPS 막 제조 기술

무질서에서 유래해 질서를 자리잡는 자연계 과정은 막 개발자들에게도 매력적인 현상으로 다가와, 막 제조기술에도 접목되기 시작하였다. 육방정 구조 (hexagonal structure)를 지니는 벌집과 눈송이 대칭 결정체가 자연적인 모양 형성의 예에 해당한다. 비 용매 유도 상분리 (NIPS: non-solvent induced phase separation) 기술을 접목한 고분자 막 생산이 통상적으로 이루어지고 있고, 자기 조립 조합 비용매 유도 상분리 (SNIPS: self-assembly non-solvent induced phase separation) 기술로 진화하고 있다.

자기 조립 (self-assembly) 이란, 무질서하게 존재하던 구성 요소들이 외부의 지시없이 구성 요소 간의 상호 작용에 의해 자발적으로 조직적인 구조나 형태를 형성하는 현상을 의미한다. 인위적인 조작없이 분자들이 스스로 헤쳐 모여 나노 물질을 형성하는 자기 조립은 나노 세계에서만 진행될 수 있는 독특한 현상이다. 큰 물질을 작게 나누어 나노 크기로 만드는 방식에 한계를 느낀 과학자들이 매우 작은 물질들을 쌓아 나노 크기로 만드는 새로운 방식에 관심을 가지게 된 것이다.

자기 조립 비용매 유도 상분리로 SAN 공중합 고분자 (Poly(Styrene-co-acrylonitrile) 막이 제조되었고, 대표적인 전자 현미경 사진을 그림 9.8 에 제시하였다. NMP (N-Methyl-2-pyrrolidone)과 DMF (N,N-Dimethylmethanamide)를 용매로 이용하여 공중합 막을 제조한 결과, 용매-고분자 친화도를 변화시킴으로써 구형 (spherical morphology)에서 실린더형 (cylindrical morphology)으로 막의 세공 구조가 변한다는 사실을 알 수 있었다. 참고로 styrene, acrylonitrile, NMP 및 DMF 의 화학적 구조를 표 9.2 에 제시하였다.

이러한 막 제조 기술의 진화로 인해, 차세대 막은 하수로부터 유용 물질을 회수할 수 있는 기회를 제공할 수 있을 것으로 생각된다. 미세 세공 (micro-pore)과 거대 세공 (macro-pore)을 적절하게 조절하고, 세공의 구조를 구형과 실린더형으로 조절할 수 있는 막 제조기술이 확립되면, MBR 공정 적용의 범위가 대폭 확대될 수 있을 것이다. 막 파울링 누적을 예방할 수 있는 새로운 기술과 무기 막-고분자 막의 복합 소재 막의 상업적 등장이 예상되어, MBR 공정 적용에 획기적 전기가 마련될 전망이다.

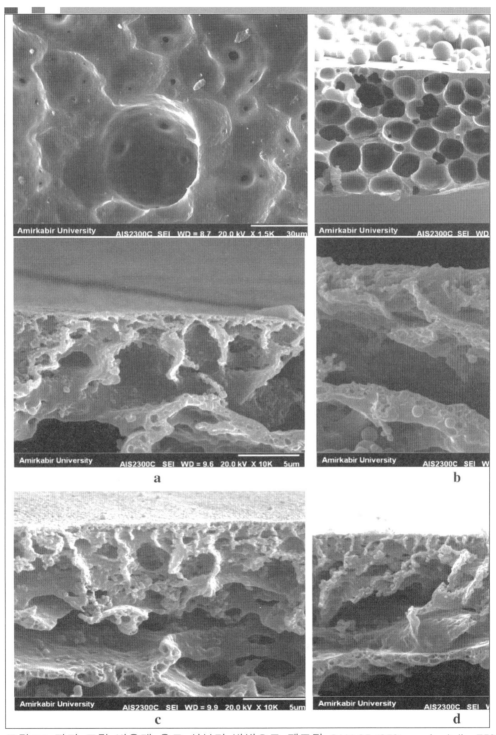

그림 9.8 자기 조립 비용매 유도 상분리 방법으로 제조된 SAN 25 (25% acrylonitrile; 75% styrene) 공중합 고분자의 전자 현미경 사진 (상 왼쪽, 바닥 형상; 상 오른쪽, 단면 형상; 중 왼쪽 (a): SAN 25/NMP; 중 오른쪽 (b): SAN 30/DMF; 하 왼쪽 (c), SAN 30/NMP;

하 오른쪽 (d), SAN 30/DMF) (출처: Afshin Hamta, Farzin ZokaeeAshtiani, Mohammad Karimi & Sareh Moayedfard (2022) Asymmetric block copolymer membrane fabrication mechanism through self-assembly and non-solvent induced phase separation (SNIPS) process, Scientific Reports, 12:771, www.nature.com/scientific reports. http://doi.org/10.1038/s41598-021-04759-7)

표 9.2 SNIPS 막 제조 기술 (그림 9.8)에 사용된 화학 물질의 특성

물질	화학식	화학구조
스타이렌 (styrene)	$C_6H_5CH=CH_2$	
아크릴로나이트릴 (acrylonitrile)	$CH_2=CH-CN$	
디메틸포름아미드 (N,N-Dimethylformamide: DMF)	$(CH_3)_2NCOH$	
엔엠피 (메틸피롤리돈) (N-Methyl-2-pyrrolidone: NMP)	C_5H_9NO	

5. MBR 시스템 모델링

질소 제거 MBR 시스템의 모델링을 수행하면, 시스템의 성능이 최적화되고 이에 따라 비용 절감을 이룰 수 있다. 질소 제거용 MBR의 모델 구조는 활성 슬러지 모델 (ASMs: Activated Sludge Models)을 기반으로 구성된다. ASM은 활성 슬러지 기반 하수/폐수 처리 공정을 모사하는 강건하고 역동적인 수단으로 알려져 있다. 1980년대에 개발된 ASM1 초판 이후, 개선된 ASM 모델들이 다양하게 개발되었다. MBR 시스템 모델링 초기에는 ASM 모델을 단순히 MBR 공정에 적용하여 유출수의 특성 예측, 산소 소비량 평가 그리고 슬러지 생산량 예측에 활용하였다. ASM 모델이 질소 제거용 MBR에 적용되어 왔음에도 불구하고, MBR 공정의 성공적인 모델링을 위해서는 활성 슬러지 공정에서는 나타나지 않는 표 9.3에 제시된 많은 인자들을 추가로 고려하여야 한다. 활성 슬러지 공정에 비해 크게 차이가 나는 SRT, MLSS 그리고 MBR의 포기 정도와 같은 요인들이 MBR 시스템의 모델링에 반영되어야 한다. 뿐만 아니라 질소 제거 성능과 막 파울링 진행 정도를 모델을 통해 예측하기 위해서는 용존성 미생물 대사 산물 (SMP: soluble microbial product)과 세포외 고분자 물질 (ESP: extracellular polymeric substance)을 모델링하는 추가적인 노력을 기울여야 한다.

MBR의 질소 제거 성능을 예측하기 위한 모델 구조에는 독립영양 미생물에 의해 진행되는 질산화 반응 속도와 종속영양 미생물에 의해 진행하는 탈질 반응 속도가 통합되어 있다. ESP/SMP 생산량과 이들이 막의 파울링 정도에 미치는 영향을 보다 성공적으로 예측하기 위해, ASM 모델이 수정되었고 수정에 포함된 내용은 다음과 같다:

- MBR의 고형물 분리 기능;

- 독립된 ESP 및/또는 SMP 모델; 그리고

- ESP/SMP 개념이 포함된 활성 슬러지 모델 (ASM)의 확장.

가장 빈번하게 이용되는 질소제거 용 MBR 모델 플랫폼으로는 ASM1, ASM 2d, ASM2dSMP, BioWin model 그리고 Simba ASM3가 대표적이다.

앞서 언급한 모델링 구조에는 다음과 같은 2개의 주요 부분이 전형적으로 포함된다:

(1) 탄소 및 알칼리도 공급원, 종속영양 미생물 및 독립영양 미생물의 호기/무산소 성장에 영향을 줄 수 있는 다양한 포기 패턴의 영향, 미생물 분해 그리고 포획된 유기물의 가수 분해와 같은 부유 성장 생물체에 집중하는 생물학적 모델; 그리고

(2) 흡입 단계와 역세 단계 동안 막 모듈 표면에 형성되는 케이크 층에 집중하는 물리적 모델.

2 개 실로 구성되는 MBR, 생물학적 질소 동시 제거 MBR (SBNR-MBR) 그리고 이동상 바이오 필름반응기 MBR (MBB-MBR)과 같은 다양한 형상의 MBR 에 대해, 질소 제거를 예측하기 위해 통합된 모델들이 적용되었다. MBR 의 질소 제거 성능을 예측하고 최적화하기 위해, 실험실 규모와 현장 규모 시설의 자료를 바탕으로 산출된 반응 속도 변수들이 모델에 적용되었다. 질산화와 탈질이 동시에 진행되는 MBR 시스템의 경우, 16,000 mg/L 보다 MLSS 농도가 낮아지면 질소 제거 속도는 탈질에 의해 결정되는 반면, MLSS 농도가 16,000 mg/L 를 초과하게 되면 질산화에 의해 질소 제거 속도가 결정된다. 2 개 실로 구성된 MBR 의 모델링 수행 결과, 막의 포기와 SRT 가 감소하면 총 에너지 소비량이 절감되고 슬러지 반송 비율을 증가시킬 수 있어, 질소 제거 효율은 개선되었다.

소규모 MBR 시스템의 전반적 성능을 예측하기 위해 반응 속도 모델링이 성공적으로 적용되었고, 슬러지 반송 비율이 질소 제거 효율에 영향을 줄 수 있는 또 다른 핵심 운전 인자임이 밝혀졌다. 소규모 마을 하수 처리를 위해 바이오 여과 (biofiltration) 기술을 도입하는 것 보다 MBR 시스템을 도입하게 되면, 수리적 충격 부하에도 강건하게 성능을 유지할 수 있을 것으로 제안되었다.

표 9.3 ASM 모델을 적용하여 활성 슬러지와 MBR 의 질소 제거 효율을 비교하기 위해 고려해야 할 매개 변수

매개 변수	전형적 활성 슬러지	질소 제거용 MBR
SRT	보다 짧은 SRT	보다 긴 SRT 로 인해 질산화 및 탈질 반응 속도뿐 아니라 미생물 공동체 조성에도 영향을 미침
MLSS	보다 낮은 농도의 MLSS	보다 높은 농도의 MLSS
포기	폭기는 유기탄소의 생물분해 및 질산화에 소비	포기는 파울링 제어에도 사용되어 난류를 강하게 형성하고 이로 인해 플록의 크기는 감소하고 물질 전달 속도는 저하됨
SMP/EPS	생물반응기 내에서 형성되지 않으며 기본적 ASM 에서는 고려 대상이 아님	MBR 막에 누적된 SMP 는 생물학적 공정, 폴리사카라이드 조성, 대단백질 조성과 같은 SMP/EPS 의 크기 분포와 특성뿐 아니라 막의 파울링에도 영향을 주기 때문에 전형적 활성 슬러지와는 다른 양상을 보임
파울링	고려 대상이 아님	SMP 로 인해 막 파울링에 미치는 영향을 예측할 수 있는 추가적 모델 개발 필요

6. MBR 의 도전과 기회

비록 MBR 을 적용하여 하수의 질소 제거 기술에 의미 있는 진보가 이루어졌지만, MBR 을 보다 광범위하게 이행하고 수용하기 위해서는 중대한 도전 분야가 여전히 남아 있다 (그림 9.9). 특히 새로운 미생물 경로 (예를 들면 ANAMMOX 또는 SND)가 이행됨에 따라, 보다 정밀한 범위에서 MBR 시스템을 운전하여야 하는 도전에 직면하고 있다. 예를 들면 이전에 설명한 바와 같이 SND 를 적용할 경우, 탄소: 질소의 비와 용존 산소 농도가 좁은 범위에서 제어되어야 질소 제거가 효율적으로 진행된다. 원수의 부하 변동과 유량 변동과 같이 하수 흐름에 관련된 다른 인자들도 MBR 운전 제어의 도전 분야로 간주된다. 이에 더하여 하수 발생량과 하수 조성의 변동이 크기 때문에 (예를 들면, 주말과 주중의 변동, 휴가 기간의 변동 등), 소규모 또는 마을 규모 자체 하수 처리 시설로 MBR 의 활용은 특히 어려워진다.

MBR 기술 적용의 또 다른 걸림돌은 비용 문제, 즉 경제성에 있다. 최근 들어 MBR 공정의 비용이 하락하고 있지만, 경쟁 공정에 비해 비용이 여전히 높은 편이다. MBR 시스템에서 비용 문제를 야기하는 부분은 막의 설치 및 막의 유지 관리 비용이다. 막 파울링은 보다 높은 압력에서의 운전을 요구하고, 압력이 높아지면 에너지 비용이 상승하고 운전 비용이 증가하게 된다. 파울링을 예방하고 저감 시키기 위해 공기 세정이 필요하고, 이는 에너지 소비를 증가시키는 또 다른 요인이 된다. 일반적으로 MBR 의 용량 당 에너지 소비량은 대규모 처리 시설일지라도 $1 \ kWh/m^3$ 보다 높게 나타나는 반면, 활성 슬러지와 같은 전형적인 공정의 운영에 필요한 에너지 소비량은 $1 \ kWh/m^3$ 미만이다. 2,000 명 미만의 하수를 처리하는 소규모이거나 중앙 집중식이 아닌 마을 하수 시설의 경우, MBR 시스템의 용량 당 에너지 소비량은 $3 \ kWh/m^3$ 를 초과할 수 있다. 약품 세정도 MBR 공정 비용을 상승시키는 요인이 된다.

MBR 시스템의 막 파울링을 이해하고 방지하는 방안 강구도, 특히 해결하기 어려운 도전 과제로 여전히 남아 있다. 미생물 공동체의 형성 구조, 용존성 미생물 대사 산물 (SMP)의 조성 그리고 바이오 필름의 형성 가능성 측면에서 질소 제거 용 MBR 시스템의 복잡성으로 인해, 막 파울링의 예측은 특히 어려워진다. 막 파울링에 관한 이해도에 상당한 진척이 있었지만, 더 깊은 통찰력을 얻고 얻어진 통찰력을 이용해 파울링을 최소화하거나 제거하기 위해서는 통찰력이 공정 개선으로 이어질 수 있도록 추가적인 연구가 진행되어야 할 것이다. 다행스럽게도 파울링을 저감 시키는 새로운 기능 (생체 모방 기능 또는 자동 세척 기능 등)을 지니고/지니거나 새로운 표면 물성 (초 친수성 등)을 지니는 막 재료를 확인하고 개발하는 분야에서 진척이 계속되고 있다. 예를 들면 바이오 분자에 의한 파울링을 예방하는 나노셀룰로오스(nanocellulose)

는 초친수성 기능을 지닌다. 촉매 기능을 지니거나 항 미생물 기능을 지니는 특수한 파울링 저감 가능성을 가져다 줄 수 있는 은 (silver)과 이산화티타늄 (TiO₂)과 같은 나노 물질을 막과 함께 적용하게 되면 (막의 표면에 담지 시키거나 코팅 등), 파울링 예방 또는 저감에 효과적일 수도 있다.

새로운 막 세정 방법 또한 MBR 기술의 광범위한 적용에 도움이 될 것이다. 활성탄과 라텍스 (latex) 구슬과 같은 입상 형태를 지닌 매체를 이용하여 공기 세척의 지원 하에서 기계적으로 세척하는 방안이 새로운 막 세정 방법으로 부상하고 있다. 단백질 분해 효소 및 셀룰로오스 분해 효소를 활용하는 효소 세척 방법도 새로운 이머징 기술로 부상하고 있다. 케이크 층을 형성하는 난분해성 생물 고분자 물질 또는 미생물이 분비하는 난분해성 용존성 생산물을 저감시키기 위해, 다당류 (polysaccharide)-분해 박테리아를 활용하는 방안도 유망한 방법의 하나로 대두될 수도 있을 것이다. 파울링 저감의 새로운 기술로 전기를 막에 흐르게 하는 방안도 강구할 수 있을 것이다. 전기 응집 (electrocoagulation) 및 전기 영동 (electrophoresis)와 같은 기술을 MBR 시스템에 결합시키는 방안도 개발될 것으로 예상된다

e-MBR 시스템 또한 개발 중에 있다. 새롭고 정확한 가스 방출을 감지하고, 미생물 공동체의 기능을 탐지할 수 있는 기술이 개발 중이고 이행 중에 있다. 메타유전체 분석 (metagenomics) 분야 관점에서의 새로운 접근 또한, 오염 물질 처리 과정에 참여하는 핵심 미생물 경로 및 다양한 하수 처리 시스템에 따라 변하는 미생물 대사 공정 진행 방법에 관한 통찰력을 제공할 수 있을 것이다. 메타단백체 분석 (metaproteomics)과 메타 m-RNA 분석 (metatranscriptomics)은 질소 제거 과정에서 진행되는 실질적 미생물 공정을 규명하고, 해당 공정이 어떻게 미생물 공동체 구조와 연관되는지를 규명할 수 있는 가능성을 부여할 것이다. 하수 처리 진행 과정 동안 상보적 DNA (cDNA: complementary DNA: mRNA 를 주형으로 역전사 효소와 DNA polymerase 에 의해 합성된 DNA 를 의미하고, 이는 mRNA 에 상보적(complementary) 배열을 지니므로 상보적 DNA 라 함)를 이용하여 유전자 발현을 분석함으로써, 비록 발견한 질산화 관련 유전자의 수가 적었음에도 불구하고 질산화 활동을 규명할 수 있게 되었다. 유전체 분석 (omics) 기법을 실시간 질소 거동 패턴과 연계시키게 되면, 기체 배출 규모와 기체 배출과 공정 운전이 어떻게 연관되는지에 대한 보다 심도 있는 이해가 가능해질 것이다.

특히 의약품과 개인 관리용품이 하수에 포함될 경우, 하수 방류의 본질을 변화시킬 필요성을 강조하는 것도 우리에게 주어진 중요한 임무이다. 새로운 화학 물질, 생산품 및 치료제가 개발될수록 이러한 화합물이 하수에 포함되는 경우가 급증하고 있다. 하수 처리 과정에서 이들 화합물이 미생물 공정에 미치는 영향에 관한 정보는

Chapter 9 생물막 반응기 설계

이해하기 시작하는 초기 단계에 있다. 뿐만 아니라 하수처리 시스템과 특히 MBR 시스템이 이들 화합물을 처리하는 능력도 진화하고 있다.

공정 설계 측면에서 그리고 다양한 미생물 공동체를 다른 보조 경로와 연계할 수 있다는 유연성 측면에서 MBR 이 앞서 언급한 도전을 최소한 부분적으로나마 해결할 수 있는 기술적 진보로 나타날 가능성이 높아 보인다. MBR 기술은 하수 처리 공정 발전에 필요한 플랫폼이 될 뿐 아니라, 영양염류 회수 방법까지 제공할 수도 있을 것이다. MBR 을 이온 교환과 연계하면 영양염류를 회수할 수 있고, 정인산염과 질산염의 각각 85 % 및 95 % 가 회수된다. 삼투압 MBR 을 활용하면, 인산마그네슘암모늄 (magnesium ammonium phosphate, $MgNH_4PO_4 \cdot 6H_2O$: 광물학에서는 struvite 라 부르고, 암모니아성 질소와 인산염이 화학적으로 결합하여 생성되는 결정성 화합물임)을 회수할 수 있다. 향후 다가올 미래에 재료와 자원 조달에 점점 제약이 가해질수록, 순환 경제가 중요해 질수록, 하수를 수자원과 영양염류 자원 및 에너지 자원으로 보다 효율적으로 활용할 수 있는 기술로 MBR 이 자리잡을 수 있을 전망이다. 하수를 자원으로 전환할 수 있는 미래 가치를 함께 고려하는 생애 주기 평가(LCA: life cycle assessment)와 기술 경제 분석 (TA: technoeconomic analysis)과 같은 평가 및 분석 도구를 이용하여 보다 종합적으로 MBR 의 기술 가치를 평가하게 되면, 하수 처리 방법으로서 MBR 의 미래 개발과 보다 광범위한 적용에 도움이 될 것이다. MBR 에 대해 많은 LCA 와 TA 가 수행되었고, 수행 결과 전형적 활성 슬러지에 비해 방류수질이 개선되었지만 더 많은 에너지가 필요한 것으로 나타났다. 그러나 아직까지 영양염류 회수까지 고려하는 질소 제거용 MBR 에 대해서는 LCA 및 TA 가 심도 있게 적용되지는 못하고 있다.

직면한 도전 분야	미래의 기회 분야
• 막 파울링 저감 및 예방	• 개선된 공정 운전과 이해를 가능하게 할 수 있는 새로운 센서 개발
• 가스 배출 (아산화질소, 메탄, 이산화탄소) 저감	• 설계 및 제어용 생물공정 모델 개발
• 동절기 낮은 수온 극복	• 파울링 저감형 새로운 막 재료 개발
• 현장 하수 원수 유량/조성 변동에 대응	• 메타 유전체 분석 기술과 메타 자료분석 기법을 통한 이해도 개선책 마련
• 정밀한 운전 제어	• 새로운 오염물질 제거 미생물 반응 경로 개발 및 적용
• 에너지 소비량 절감	• 새로운 형상의 반응기 개발
• 비용 절감	
• 의약품 및 개인용품 처리 능력 개선	

그림 9.9 MBR 이 직면한 도전 분야와 미래의 기회 분야

참고문헌

Abbassi, R., A.K. Yadav, S. Huang, and P.R. Jaffe (2014) "Laboratory study of nitrification, denitrification and anammox processes in membrane bioreactors considering periodic aeration." J. Environ. Manage. 142 (Sep): 53–59. https://doi.org/10.1016/j. jenvman. 2014.03.013.

Abdel-Kader, A.M. (2013) "Assessment of an MBR system for segregated household wastewater by using simulation mathematical model." In Proc., 13th Int. Conf. on Environmental Science and Technology, edited by T. D. Lekkas. Athens, Greece: Global NEST.

Abegglen, C., M. Ospelt, and H. Siegrist (2008) "Biological nutrient removal in a small-scale MBR treating household wastewater." Water Res. 42 (1–2): 338–346. https://doi.org/10.1016/j.watres.2007.07.020.

Afshin Hamta, Farzin ZokaeeAshtiani, Mohammad Karimi & Sareh Moayedfard (2022) Asymmetric block copolymer membrane fabrication mechanism through self-assembly and non-solvent induced phase separation (SNIPS) process, Scientific Reports, 12:771. www.nature.com/scientific reports

Ahmed, Z., B.-R. Lim, J. Cho, K.-G. Song, K.-P. Kim, and K.-H. Ahn (2008) "Biological nitrogen and phosphorus removal and changes in microbial community structure in a membrane bioreactor: Effect of different carbon sources." Water Res. 42 (1–2): 198–210. https://doi.org/10 .1016/j.watres.2007. 06.062. Amin, M. M., J. L. Zilles, J. Greiner, S. Charbonneau, L. Raskin, and E. Morgenroth. 2006. "Influence of the antibiotic erythromycin on anaerobic treatment of a pharmaceutical wastewater." Environ. Sci. Technol. 40 (12): 3971–3977. https://doi.org/10.1021/es060428j.

AMTA (American Membrane Technology Association) (2013) Membrane bio-reactors (MBR). Edited by AMTA. Stuart, FL: AMTA.

Andersson, S., P. Ek, M. Berg, J. Grundestam, and E. Lindblom (2016) "Extension of two large wastewater treatment plants in Stockholm using membrane technology." Water Pract. Technol. 11 (4): 744–753. https:// doi.org/10.2166/wpt. 2016.034.

Artiga, P., V. Oyanedel, J. M. Garrido, and R. Mendez (2005) "An innovative biofilm-suspended biomass hybrid membrane bioreactor for wastewater treatment." Desalination 179 (1–3): 171–179. https://doi .org/10.1016/j.desal. 004.11.065.

Atasoy, E., S. Murat, A. Baban, and M. Tiris (2007) "Membrane bioreactor (MBR) treatment of segregated household wastewater for reuse." Clean-Soil Air Water 35 (5): 465–472. https://doi.org/10.1002/clen .200720006.

Babaei, A., M. R. Mehrnia, J. Shayegan, and M. H. Sarrafzadeh (2016) "Comparison of different trophic cultivations in microalgal membrane bioreactor containing N-riched wastewater for simultaneous nutrient removal and biomass production." Process Biochem. 51 (10): 1568–1575. https://doi.org/10.1016 /.rocbio.016.06.011.

Bertanza, G., M. Canato, G. Laera, M. Vaccari, M. Svanström, and S. Heimersson (2017) "A comparison between two full-scale MBR and CAS municipal wastewater treatment plants: techno-economicenvironmental assessment." Environ. Sci. Pollut. Res. 24 (21): 17383–17393. https://doi.org/10.1007/s11356-017-9409-3.

Bilad, M.R., H.A. Arafat, and I.F. J. Vankelecom (2014) "Membrane technology in microalgae cultivation and harvesting: A review." Biotechnol. Adv. 32 (7): 1283–1300. https://doi.org/10.1016/j.biotechadv.2014.07.008.

Bracklow, U., A. Drews, R. Gnirss, S. Klamm, B. Lesjean, J. Stuber, M. Barjenbruch, and M. Kraume (2010) "Influence of sludge loadings and types of substrates on nutrients removal in MBRs." Desalination 250 (2): 734–739. https://doi.org/10. 1016/j. desal.2008.11.032.

Brindle, K., and T. Stephenson (1996) "Nitrification in a bubbleless oxygen mass transfer membrane bioreactor." Water Sci. Technol. 34 (9): 261–267. https://doi.org/ 10.2166/wst.1996.0227. Brindle, K., T. Stephenson, and M. J. Semmens. 1998. "Nitrification and oxygen utilisation in a membrane aeration bioreactor." J. Membr. Sci. 144 (1–2): 197–209. https://doi.org/10.1016/S0376-7388(98)00047-7.

Buer, T., and J. Cumin (2010) "MBR module design and operation." Desalination 250 (3): 1073–1077. https://doi.org/10.1016/j.desal.2009.09.111.

Camacho, R.A., J.L. Martin, B. Watson, M.J. Paul, L. Zheng, and J.B. Stribling (2015) "Modeling the factors controlling phytoplankton in the St. Louis Bay Estuary, Mississippi and evaluating estuarine responses to nutrient load modifications." J. Environ. Eng. 141 (3): 04014067. https://doi.org/10.1061/(ASCE)EE.1943-7870.0000892.

Casey, E., B. Glennon, and G. Hamer (1999) "Review of membrane aerated biofilm reactors." Resour. Conserv. Recycl. 27 (1–2): 203–215. https:// doi.org/10.1016/S0921-3449(99)00007-5.

Casey, E., B. Glennon, and G. Hamer (2000) "Biofilm development in a membrane-aerated biofilm reactor: Effect of flow velocity on performance." Biotechnol. Bioeng. 67 (4): 476–486. https://doi.org/10.1002 /(SICI)1097-0290(20000220)67:43.0.CO;2-2.

Chae, S.R., and H.S. Shin (2007) "Characteristics of simultaneous organic and nutrient removal in a pilot-scale vertical submerged membrane bioreactor (VSMBR) treating municipal wastewater at various temperatures." Process Biochem. 42 (2): 193–198. https://doi.org/10.1016/j .procbio.2006.07.033.

Chen, L., and C.Q. Cao (2012) "Characteristics and simulation of soluble microbial products in membrane bioreactors coupled with moving carriers (MBR-MC)." Desalin. Water Treat. 40 (1–3): 45–55. https://doi .org/10.1080/ 19443994.2012.671140.

Chen, W., F.Y. Sun, X.M. Wang, and X.Y. Li (2010) "A membrane bioreactor for an innovative biological nitrogen removal process." Water Sci. Technol. 61 (3): 671–676. https://doi.org/10.2166/wst.2010.886.

Choi, H. (2015) "Intensified production of microalgae and removal of nutrient using a microalgae membrane bioreactor (MMBR)." Appl. Biochem. Biotechnol. 175 (4): 2195–2205. https://doi.org/10.1007 /s12010-014-1365-5.

Chong, M.N., A.N.M. Ho, T. Gardner, A.K. Sharma, and B. Hood (2013) "Assessing decentralised wastewater treatment technologies: Correlating technology selection to system robustness, energy consumption and GHG emission." J. Water Clim. Change 4 (4): 338–347. https://doi.org /10.2166/wcc.2013.077.

Chu, L.B., and J.L. Wang (2011) "Nitrogen removal using biodegradable polymers as carbon source and biofilm carriers in a moving bed biofilm reactor." Chem. Eng. J. 170 (1): 220–225. https://doi.org/10.1016/j.cej .2011.03.058.

Chung, J., G. Kim, K.W. Seo, J. Jin, and Y.S. Choi (2014) "Effects of stepfeeding and internal recycling on nitrogen removal in ceramic membrane bioreactors, and their hydraulic backwashing characteristics." Sep. Purif. Technol. 138 (Dec): 219–226. https://doi.org /10.1016/j .seppur.2014.10.005.

Cosenza, A., G. Mannina, M.B. Neumann, G. Viviani, and P.A. Vanrolleghem (2013) "Biological nitrogen and phosphorus removal in membrane bioreactors: Model development and parameter estimation." Bioprocess. Biosyst. Eng. 36 (4): 499–514. https://doi.org/10 .1007/s00449-012-0806-1.

Crawford, G., G. Daigger, J, Fisher, S. Blair, and R. Lewis (2005) Parallel operation of large membrane bioreactors at Traverse City. Proceedings of the Water Environment Federation 78th Annual Conference & Exposition, Washington DC, CD-ROM, Oct, 2005.

Crawford, G. and R. Lewis (2004a) Traverse City: the Largest Operating MBR Facility in North America. Proceedings of the Water Environment Federation 77th Annual Conference & Exposition, New Orleans, LA, CD-ROM, Oct, 2004.

Crawford, G. and R. Lewis (2004b) Exceeding Expectations. Civil Eng., 74(1): 62-66.

Daigger, G.T., G.V. Crawford, M. O'Shaughnessey, and M.D. Elliott (1998) The use of coupled refined stoichiometric and kinetic/stoichiometric models to characterize entire wastewater treatment plants. Proceedings of the Water Environment Federation 71st Annual Conference & Exposition, Volume 1, Wastewater Treatment Research and Municipal Wastewater Treatment, 617-628.

Daigger, G.T. and G.V. Crawford (2005) Incorporation of biological nutrient removal (BNR) Into membrane bioreactors (MBRs). Proceedings of the IWA Specialized Conference, Nutrient Management in Wastewater Treatment Processes and Recycle Streams, Krakow Poland, Sept 19-21, 2005, 235.

Daigger, G.T., and H.X. Littleton (2014) "Simultaneous biological nutrient removal: A state-of-the-art review." Water Environ. Res. 86 (3): 245–257. https://doi.org/ 10.2175/1061430 13X13736496908555.

Davis, T.W., D.L. Berry, G.L. Boyer, and C.J. Gobler (2009) "The effects of temperature and nutrients on the growth and dynamics of toxic and non-toxic strains of Microcystis during cyanobacteria blooms." Harmful Algae 8 (5): 715–725. https://doi.org/ 10.1016/j.hal.2009.02.004.

Deblonde, T., C. Cossu-Leguille, and P. Hartemann (2011) "Emerging pollutants in wastewater: A review of the literature." Int. J. Hyg. Environ. Health 214 (6): 442–448. https://doi.org/10.1016/j.ijheh.2011.08.002.

Deguchi, H., and M. Kashiwaya (1994) "Study on nitrified liquor recycling process operations using polyurethane foam sponge cubes as a biomass support medium." Water Sci. Technol. 30 (6): 143–149. https://doi.org /10.2166/wst. 1994.0261.

Deng, Y., Y. Zhang, Y. Gao, D. Li, R. Liu, M. Liu, H. Zhang, B. Hu, T. Yu, and M. Yang (2012) "Microbial community compositional analysis for series reactors treating high level antibiotic wastewater." Environ. Sci. Technol. 46 (2): 795–801. https://doi.org /10.1021/es2025998.

Di Bella, G., G. Mannina, and G. Viviani (2008) "An integrated model for physical-biological wastewater organic removal in a submerged membrane bioreactor: Model development and parameter estimation." J. Membr. Sci. 322 (1): 1–12.https://doi.org/10.1016/j.memsci.2008 .05.036.

Downing, L.S., and R. Nerenberg (2008) "Total nitrogen removal in a hybrid, membrane-aerated activated sludge process." Water Res. 42 (14): 3697–3708. https://doi.org/10.1016/j.watres.2008.06.006.

Drews, A., C.-H. Lee, and M. Kraume (2006) "Membrane fouling—A review on the role of EPS." Desalination 200 (1): 186–188. https://doi.org /10.1016/j.desal. 2006.03.290.

Drews, A., J. Mante, V. Iversen, M. Vocks, B. Lesjean, and M. Kraume (2007) "Impact of ambient conditions on SMP elimination and rejection in MBRs." Water Res. 41 (17): 3850–3858. https://doi.org/10.1016/j .watres.2007.05.046.

Duan, L., S. Li, L. Han, Y. Song, B. Zhou, and J. Zhang (2015) "Comparison between moving bed-membrane bioreactor and conventional membrane bioreactor systems. Part I: Membrane fouling." Environ. Earth Sci. 73 (9): 4881–4890. https://doi.org/10. 1007/s12665-015-4159-3.

Dupla, M., Y. Comeau, S. Parent, R. Villemur, and M. Jolicoeur (2006) "Design optimization of a self-cleaning moving-bed bioreactor for seawater denitrification." Water Res. 40 (2): 249–258. https://doi.org/10 .1016/j.watres. 2005.10.029.

Dvorak, L., M. Gomez, J. Dolina, and A. Cernin (2016) "Anaerobic membrane bioreactors—A mini review with emphasis on industrial wastewater treatment: Applications, limitations and perspectives." Desalin. Water Treat. 57 (41): 19062–19076.

Falahti-Marvast, H., and A. Karimi-Jashni (2015) "Performance of simultaneous organic and nutrient removal in a pilot scale anaerobic–anoxic– oxic membrane bioreactor system treating municipal wastewater with a high nutrient mass ratio." Int. Biodeterior. Biodegrad. 104 (Oct): 363–370. https://doi.org/10.1016/j.ibiod. 2015.07.001.

Fenu, A., G. Guglielmi, J. Jimenez, M. Sperandio, D. Saroj, B. Lesjean, C. Brepols, C. Thoeye, and I. Nopens (2010) "Activated sludge model (ASM) based modelling of membrane bioreactor (MBR) processes: A critical review with special regard to MBR specificities." Water Res. 44 (15): 4272–4294. https://doi.org/10.1016/j.watres.2010.06.007.

Fleischer, E.J., T.A. Broderick, G.T. Daigger, A.D. Fonseca, and R.D. Holbrook (2002) Membrane bioreactor pilot facility achieves level-of-technology effluent limits. Proceedings of the Water Environment Federation 75th Annual Conference & Exposition, Chicago, IL, CD-ROM, Sept 28 – Oct 2, 2002

Fleischer, E.J., T.A. Broderick, G.T. Daigger, A.D. Fonseca, R.D. Holbrook, and S.N. Murthy (2005) Evaluation of membrane bioreactor process capabilities to meet stringent effluent nutrient discharge requirements. Wat. Envir. Res. 77: 162-178.

Fountoulakis, M.S., N. Markakis, I. Petousi, and T. Manios (2016) "Single house on-site grey water treatment using a submerged membrane bioreactor for toilet flushing." Sci. Total Environ. 551 (May): 706–711. https://doi.org/10.1016/ j.scitotenv.2016.02.057

Gander, M., B. Jefferson, and S. Judd (2000) "Aerobic MBRs for domestic wastewater treatment: A review with cost considerations." Sep. Purif. Technol. 18 (2): 119–130. https://doi.org/10.1016/S1383-5866(99) 00056-8.

Gao, F., C. Li, Z.-H. Yang, G.-M. Zeng, J. Mu, M. Liu, and W. Cui (2016) "Removal of nutrients, organic matter, and metal from domestic secondary effluent through microalgae cultivation in a membrane photobioreactor." J. Chem. Technol. Biotechnol. 91 (10): 2713–2719. https://doi .org/10.1002/jctb.4879.

Gao, F., Y.-Y. Peng, C. Li, W. Cui, Z.-H. Yang, and G.-M. Zeng (2018) "Coupled nutrient removal from secondary effluent and algal biomass production in membrane photobioreactor (MPBR): Effect of HRT and long-term operation." Chem. Eng. J. 335 (Mar): 169–175. https://doi .org/10.1016/j.cej.2017.10.151.

Gao, F., Z.-H. Yang, C. Li, Y.-J. Wang, W.H. Jin, and Y.-B. Deng (2014) "Concentrated microalgae cultivation in treated sewage by membrane photobioreactor operated in batch flow mode." Bioresour. Technol. 167 (Sep): 441–446. https://doi.org/ 10.1016/j.biortech.2014.06.042.

Ghyoot, W., S. Vandaele, and W. Verstraete (1999) "Nitrogen removal from sludge reject water with a membrane-assisted bioreactor." Water Res. 33 (1): 23–32. https://doi.org/10.1016/S0043-1354(98)00190-0.

Giraldo, E., P. Jjemba, Y. Liu, and S. Muthukrishnan (2011) "Presence and significance of ANAMMOX spcs and ammonia oxidizing archea, AOA, in full scale membrane bioreactors for total nitrogen removal." Proc. Water Environ. Fed. 2011 (1): 510–519. https://doi.org/10.2175 /193864711802867414.

Gong, Z., S.T. Liu, F.L. Yang, H. Bao, and K. Furukawa (2008) "Characterization of functional microbial community in a membrane-aerated biofilm reactor operated for completely autotrophic nitrogen removal." Bioresour. Technol. 99 (8): 2749–2756. https://doi.org /10.1016/j .biortech.2007.06.040.

Gong, Z., F.L. Yang, S.T. Liu, H. Bao, S.W. Hu, and K.J. Furukawa (2007) "Feasibility of a membrane-aerated biofilm reactor to achieve single-stage autotrophic nitrogen removal based on Anammox." Chemosphere 69 (5): 776–784. https://doi.org/10.1016 /j.chemosphere .2007.05.023.

Hadi, P., M. Yang, H. Ma, X. Huang, H. Walker, and B.S. Hsiao (2019) "Biofouling-resistant nanocellulose layer in hierarchical polymeric membranes: Synthesis, characterization and performance." J. Membr. Sci. 579 (Jun): 162–171. https://doi.org/10.1016/j.memsci. 2019.02.059.

Hamta, A., F. Zokaee Ashtiani, M. Karimi, and A. Safkhani (2020) Manipulating of polyacrylonitrile membrane porosity via SiO2 and TiO2 nanoparticles: Termodynamic and experimental point of view. Polym. Adv. Technol. 2, 2.

Han, T., H.F. Lu, S.S. Ma, Y.H. Zhang, Z.D. Liu, and N. Duan (2017) "Progress in microalgae cultivation photobioreactors and applications in wastewater treatment: A review." Int. J. Agric. Biol. Eng. 10 (1): 1–29.

He, X. et al. (2019) Controlling the selectivity of conjugated microporous polymer membrane for efcient organic solvent nanofltration. Adv. Funct. Mater. 29, 1900134.

Henze, M., W. Gujer, T. Mino, and M. van Loosdrecht (2000) Activated sludge models ASM1, ASM2, ASM2d and ASM3. IWA Scientific and Technical Rep. No. 9. London: IWA Publishing.

Hibiya, K., A. Terada, S. Tsuneda, and A. Hirata (2003) "Simultaneous nitrification and denitrification by controlling vertical and horizontal microenvironment in a membrane-aerated biofilm reactor." J. Biotechnol. 100 (1): 23–32. https://doi.org/10.1016/S0168-1656(02)00227-4.

Hocaoglu, S.M., E. Atasoy, A. Baban, G. Insel, and D. Orhon (2013) "Nitrogen removal performance of intermittently aerated membrane bioreactor treating black water." Environ. Technol. 34 (19): 2717–2725. https://doi.org/10.1080/ 09593330.2013.786139.

Hocaoglu, S.M., G. Insel, E.U. Cokgor, and D. Orhon (2011a) "Effect of low dissolved oxygen on simultaneous nitrification and denitrification in a membrane bioreactor treating black water." Bioresour. Technol. 102 (6): 4333–4340. https://doi.org/10.1016 /j.biortech.2010.11.096.

Hocaoglu, S.M., G. Insel, E.U. Cokgor, and D. Orhon (2011b) "Effect of sludge age on simultaneous nitrification and denitrification in membrane bioreactor." Bioresour. Technol. 102 (12): 6665–6672. https://doi .org/10.1016/j.biortech.2011. 03.096. Hoffmann, J. P. 1998. "Wastewater treatment with suspended and nonsuspended algae." J. Phycol. 34 (5): 757–763. https://doi.org/10.1046/j .1529-8817.1998.340757.x.

Hou, D.X., L. Lu, D.Y. Sun, Z. Ge, X. Huang, T.Y. Cath, and Z.J. Ren (2017) "Microbial electrochemical nutrient recovery in anaerobic osmotic membrane bioreactors." Water Res. 114 (May): 181–188. https://doi.org/10.1016/j.watres.2017.02.034.

Hou, F., B. Li, M. Xing, Q. Wang, L. Hu, and S. Wang (2013) "Surface modification of PVDF hollow fiber membrane and its application in membrane aerated biofilm reactor (MABR)." Bioresour. Technol. 140 (Jul): 1–9. https://doi.org/10.1016/j.biortech.2013.04.056.

Chapter 9 생물막 반응기 설계

Hu, S W., F.L. Yang, C. Sun, J.Y. Zhang, and T.H. Wang (2008) "Simultaneous removal of COD and nitrogen using a novel carbon-membrane aerated biofilm reactor." J. Environ. Sci. 20 (2): 142–148. https://doi.org /10.1016/S1001-0742(08)60022-4.

Huang, L., X. Li, Y. Ren, and X. Wang (2017) "Preparation of conductive microfiltration membrane and its performance in a coupled configuration of membrane bioreactor with microbial fuel cell." RSC Adv. 7 (34): 20824–20832. https://doi.org/10.1039/C7RA01014A.

Huang, L.-Y., D.-J. Lee, and J.-Y. Lai (2015) "Forward osmosis membrane bioreactor for wastewater treatment with phosphorus recovery." Bioresour. Technol. 198 (Dec): 418–423. https://doi.org/10.1016/j.biortech .2015.09.045.

Huang, Y., T. Wang, Z. Xu, E. Hughes, F. Qian, M. Lee, Y. Fan, Y. Lei, C. Brückner, and B. Li (2019) "Real-time in situ monitoring of nitrogen dynamics in wastewater treatment processes using wireless, solid-state, and ion-selective membrane sensors." Environ. Sci. Technol. 53 (6): 3140–3148. https://doi.org/10.1021/acs.est.8b05928.

Ianiro, A. et al. (2019) Liquid–liquid phase separation during amphiphilic self-assembly. Nat. Chem. 11, 320–328.

Ikkene, D. et al. (2021) Direct Access to Polysaccharide-Based Vesicles with a Tunable Membrane Tickness in a Large Concentration Window via Polymerization-Induced Self-Assembly. Biomacromol 2, 2.

Insel, G., S. Erol, and S. Ovez (2014) "Effect of simultaneous nitrification and denitrification on nitrogen removal performance and filamentous microorganism diversity of a full-scale MBR plant." Bioprocess. Biosyst. Eng. 37 (11): 2163–2173. https://doi.org/10.1007/s00449-014 -1193-6.

Ivanovic, I., and T.O. Leiknes (2012) "The biofilm membrane bioreactor (BF-MBR)—A review." Desalin. Water Treat. 37 (1–3): 288–295. https://doi.org/10. 1080/19443994. 2012.661283.

Jabornig, S., and E. Favero (2013) "Single household greywater treatment with a moving bed biofilm membrane reactor (MBBMR)." J. Membr. Sci. 446 (Nov): 277–285. https://doi.org/10.1016/j.memsci.2013.06 .049.

Jarvie, M., and B. Solomon (1998) "Point-nonpoint effluent trading in watersheds: A review and critique." Environ. Impact Assess. Rev. 18 (2): 135–157.https://doi.org /10.1016/S0195-9255(97)00084-X.

Jiang, H., H. Wang, F. Liang, S. Werth, T. Schiestel, and J. Caro (2009) "Direct decomposition of nitrous oxide to nitrogen by in situ oxygen removal with a perovskite membrane." Angew. Chem. Int. Ed. 48 (16): 2983–2986. https://doi.org/10.1002 /anie.200804582.

Jiang, T., X. Liu, M.D. Kennedy, J.C. Schippers, and P.A. Vanrolleghem (2005) "Calibrating a side-stream membrane bioreactor using Activated Sludge Model No. 1." Water Sci. Technol. 52 (10–11): 359–367. https:// doi.org/10.2166/wst.2005.0712.

Johir, M.A H., J. George, S. Vigneswaran, J. Kandasamy, and A. Grasmick (2011) "Removal and recovery of nutrients by ion exchange from high rate membrane bio-reactor (MBR) effluent." Desalination 275 (1): 197–202. https://doi.org/10. 1016/j.desal.2011.02.054.

Johnson, K.R., and W. Admassu (2013) "Mixed algae cultures for low cost environmental compensation in cultures grown for lipid production and wastewater remediation." J. Chem. Technol. Biotechnol. 88 (6): 992–998. https://doi.org/10.1002/jctb.3943.

Jones, O.A.H., N. Voulvoulis, and J.N. Lester (2005) "Human pharmaceuticals in wastewater treatment processes." Crit. Rev. Environ. Sci. Technol. 35 (4): 401–427.

Ju, F., F. Lau, and T. Zhang (2017) "Linking microbial community, environmental variables, and methanogenesis in anaerobic biogas digesters of chemically enhanced primary treatment sludge." Environ. Sci. Technol. 51 (7): 3982–3992. https://doi.org/10.1021 /acs.est.6b06344.

Judd, S. (2008) "The status of membrane bioreactor technology." Trends Biotechnol. 26 (2): 109–116. https://doi.org/10.1016/j.tibtech.2007.11 .005.

Judd, S., and C. Judd (2011) The MBR book principles and applications of membrane bioreactors for water and wastewater treatment introduction. Oxford: Elsevier.

Kang, M., H.J. Min, N.U. Kim, and J.H. Kim (2021) Amphiphilic micelle-forming PDMS-PEGBEM comb copolymer self-assembly to tailor the interlamellar nanospaces of defective poly (ethylene oxide) membranes. Sep. Purif. Technol. 257, 117892.

Chapter 9 생물막 반응기 설계

Kim, H.-G., H.-N. Jang, H.-M. Kim, D.-S. Lee, R.C. Eusebio, H.-S. Kim, and T.-H. Chung (2010) "Enhancing nutrient removal efficiency by changing the internal recycling ratio and position in a pilot-scale MBR process." Desalination 262 (1–3): 50–56. https://doi.org/10 .1016/j.desal.2010.05.040.

Kinney, E.L., and I. Valiela (2011) "Nitrogen loading to Great South Bay: Land use, sources, retention, and transport from land to bay." J. Coastal Res. 27 (4): 672–686. https://doi.org/10.2112/JCOASTRES-D-09 -00098.1.

Kraemer, J.T., A.L. Menniti, Z.K. Erdal, T.A. Constantine, B.R. Johnson, G.T. Daigger, and G.V. Crawford (2012) "A practitioner's perspective on the application and research needs of membrane bioreactors for municipal wastewater treatment." Bioresour. Technol. 122 (Oct): 2–10. https://doi.org/10.1016/j.biortech.2012. 05.014.

Krzeminski, P., L. Leverette, S. Malamis, and E. Katsou (2017) "Membrane bioreactors—A review on recent developments in energy reduction, fouling control, novel configurations, LCA and market prospects." J. Membr. Sci. 527 (Apr): 207–227. https://doi.org/10.1016/j.memsci .2016.12.010.

Kumar, A., X. Yuan, A.K. Sahu, S.J. Ergas, H. Van Langenhove, and J. Dewulf (2010) "A hollow fiber membrane photo-bioreactor for CO2 sequestration from combustion gas coupled with wastewater treatment: a process engineering approach." J. Chem. Technol. Biotechnol. 85 (3): 387–394. https://doi.org/10. 1002/jctb.2332.

Lee, J., W.Y. Ahn, and C.H. Lee (2001) "Comparison of the filtration characteristics between attached and suspended growth microorganisms in submerged membrane bioreactor." Water Res. 35 (10): 2435–2445. https://doi.org/10.1016/ S0043-1354(00)00524-8.

Lee, W.N., I.J. Kang, and C.H. Lee (2006) "Factors affecting filtration characteristics in membrane-coupled moving bed biofilm reactor." Water Res. 40 (9): 1827–1835. https://doi.org/10.1016/j.watres.2006 .03.007.

Leiknes, T., H. Bolt, M. Engmann, and H. Odegaard (2006) "Assessment of membrane reactor design in the performance of a hybrid biofilm membrane bioreactor (BF-MBR)." Desalination 199 (1–3): 328–330. https:// doi.org/10.1016/ j.desal.2006.03.181.

Lesjean, B., A. Tazi-Pain, D. Thaure, H. Moeslang, and H. Buisson (2011) "Ten persistent myths and the realities of membrane bioreactor technology for municipal applications." Water Sci. Technol. 63 (1): 32–39. https://doi.org/ 10.2166/wst.2011.005.

Leyva-Diaz, J.C., A. Gonzalez-Martinez, M.M. Munio, and J.M. Poyatos (2015) "Two-step nitrification in a pure moving bed biofilm reactormembrane bioreactor for wastewater treatment: Nitrifying and denitrifying microbial populations and kinetic modeling." Appl. Microbiol. Biotechnol. 99 (23): 10333–10343.

Leyva-Diaz, J.C., M.M. Munio, J. Gonzalez-Lopez, and J.M. Poyatos (2016) "Anaerobic/anoxic/oxic configuration in hybrid moving bed biofilm reactor-membrane bioreactor for nutrient removal from municipal wastewater." Ecol. Eng. 91 (Jun): 449–458.

Li, F.Y., H. Gulyas, K. Wichmann, and R. Otterpohl (2009) "Treatment of household grey water with a UF membrane filtration system." Desalin. Water Treat. 5 (1–3): 275–282. https://doi.org/10.5004/dwt.2009.550.

Li, H., W. Zuo, Y. Tian, J. Zhang, S.J. Di, L.P. Li, and X.Y. Su (2017) "Simultaneous nitrification and denitrification in a novel membrane bioelectrochemical reactor with low membrane fouling tendency." Environ. Sci. Pollut. Res. 24 (6): 5106–5117. https://doi.org/10.1007 /s11356-016-6084-8.

Li, J., Z. Ge, and Z. He (2014a) "Advancing membrane bioelectrochemical reactor (MBER) with hollow-fiber membranes installed in the cathode compartment." J. Chem. Technol. Biotechnol. 89 (9): 1330–1336. https://doi.org/10.1002/jctb.4206.

Li, Z., X. Xu, B. Shao, S. Zhang, and F. Yang (2014b) "Anammox granules formation and performance in a submerged anaerobic membrane bioreactor." Chem. Eng. J. 254 (Oct): 9–16. https://doi.org/10.1016/j.cej .2014.04.068.

Liang, Z.H., A. Das, D. Beerman, and Z.Q. Hu (2010) "Biomass characteristics of two types of submerged membrane bioreactors for nitrogen removal from wastewater." Water Res. 44 (11): 3313–3320. https://doi .org/10.1016/j.watres. 2010.03.013.

Lin, H., W. Peng, M. Zhang, J. Chen, H. Hong, and Y. Zhang (2013) "A review on anaerobic membrane bioreactors: Applications, membrane fouling and future perspectives." Desalination 314 (Apr): 169–188. https://doi.org/10.1016/j.desal. 2013.01.019.

Chapter 9 생물막 반응기 설계

Liu, L., F. Zhao, J. Liu, and F. Yang (2013) "Preparation of highly conductive cathodic membrane with graphene (oxide)/PPy and the membrane antifouling property in filtrating yeast suspensions in EMBR." J. Membr. Sci. 437 (Jun): 99–107.https://doi.org/10.1016/j.memsci.2013.02.045.

Liu, Q.A., X.C.C. Wang, Y.J. Liu, H.L. Yuan, and Y.J. Du (2010) "Performance of a hybrid membrane bioreactor in municipal wastewater treatment." Desalination 258 (1–3): 143–147. https://doi.org/10.1016/j .desal.2010.03.024.

Logan, B.E., M.J. Wallack, K.-Y. Kim, W. He, Y. Feng, and P.E. Saikaly (2015) "Assessment of microbial fuel cell configurations and power densities." Environ. Sci. Technol. Lett. 2 (8): 206–214. https://doi.org/10 .1021/acs.estlett.5b00180.

Lu, K.J., D. Zhao, Y. Chen, J. Chang, and T.-S. Chung (2020) Rheologically controlled design of nature-inspired superhydrophobic and self-cleaning membranes for clean water production. NPJ Clean Water 3, 1–10.

Luo, Y.L., Q. Jiang, H.H. Ngo, L.D. Nghiem, F.I. Hai, W.E. Price, J. Wang, and W.S. Guo (2015) "Evaluation of micropollutant removal and fouling reduction in a hybrid moving bed biofilm reactor-membrane bioreactor system." Bioresour. Technol. 191 (Sep): 355–359. https://doi .org/10.1016/j.biortech.2015.05.073.

Ma, J., Z. Wang, D. He, Y. Li, and Z. Wu (2015) "Long-term investigation of a novel electrochemical membrane bioreactor for low-strength municipal wastewater treatment." Water Res. 78 (Jul): 98–110. https://doi.org/10.1016/ j.watres.2015.03.033.

Malaeb, L., K.P. Katuri, B.E. Logan, H. Maab, S.P. Nunes, and P.E. Saikaly (2013) "A hybrid microbial fuel cell membrane bioreactor with a conductive ultrafiltration membrane biocathode for wastewater treatment." Environ. Sci. Technol. 47 (20): 11821–11828. https://doi.org/10 .1021/es4030113.

Mannina, G., M. Capodici, A. Cosenza, and D. Di Trapani (2018) "Nitrous oxide from integrated fixed-film activated sludge membrane bioreactor: Assessing the influence of operational variables." Bioresour. Technol. 247 (Jan): 1221–1227. https://doi.org/10.1016 /j.biortech.2017.09.083.

Mannina, G., M. Capodici, A. Cosenza, D. Di Trapani, V.A. Laudicina, and H. Ødegaard (2017a) "Nitrous oxide from moving bed based integrated fixed film activated sludge membrane bioreactors." J. Environ. Manage. 187 (Feb): 96–102. https://doi.org /10.1016/j.jenvman.2016.11 .025.

Mannina, G., M. Capodici, A. Cosenza, D. Di Trapani, and G. Viviani (2019) "The influence of solid retention time on IFAS-MBR systems: Analysis of system behavior." Environ. Technol. 40 (14): 1840–1852. https://doi.org/10.1080/ 09593330.2018.1430855.

Mannina, G., M. Capodici, A. Cosenza, V.A. Laudicina, and D. Di Trapani (2017b) "The influence of solid retention time on IFAS-MBR systems: Assessment of nitrous oxide emission." J. Environ. Manage. 203 (Dec): 391–399. https://doi.org /10.1016/j. jenvman.2017.08.011.

Mannina, G., G. Di Bella, and G. Viviani (2010) "Uncertainty assessment of a membrane bioreactor model using the GLUE methodology." Biochem. Eng. J. 52 (2): 263–275. https://doi.org/10.1016/j.bej.2010.09.001.

Marbelia, L., M.R. Bilad, I. Passaris, V. Discart, D. Vandamme, A. Beuckels, K. Muylaert, and I.F.J. Vankelecom (2014) "Membrane photobioreactors for integrated microalgae cultivation and nutrient remediation of membrane bioreactors effluent." Bioresour. Technol. 163 (Jul): 228–235. https://doi.org/10. 1016/j.biortech.2014.04.012.

Markou, G., and D. Georgakakis (2011) "Cultivation of filamentous cyanobacteria (blue-green algae) in agro-industrial wastes and wastewaters: A review." Appl. Energy 88 (10): 3389–3401. https://doi.org/10.1016/j .apenergy.2010.12.042.

Mata, T.M., A.A. Martins, and N.S. Caetano (2010) "Microalgae for biodiesel production and other applications: A review." Renewable Sustainable Energy Rev. 14 (1): 217–232. https://doi.org/10.1016/j .rser.2009.07.020.

Matulova, Z., P. Hlavinek, and M. Drtil (2010) "One-year operation of single household membrane bioreactor plant." Water Sci. Technol. 61 (1): 217–226. https://doi.org /10.2166/wst.2010.785.

Meng, F., S. Zhang, Y. Oh, Z. Zhou, H.-S. Shin, and S.-R. Chae (2017) "Fouling in membrane bioreactors: An updated review." Water Res. 114 (May): 151–180. https://doi.org /10.1016/j.watres.2017.02.006.

Meng, F.G., S.R. Chae, A. Drews, M. Kraume, H.S. Shin, and F.L. Yang (2009) "Recent advances in membrane bioreactors (MBRs): Membrane fouling and membrane material." Water Res. 43 (6): 1489–1512. https:// doi.org/10.1016/ j.watres.2008.12.044.

Mo, H., J.A. Oleszkiewicz, N. Cicek, and B. Rezania (2005) "Incorporating membrane gas diffusion into a membrane bioreactor for hydrogenotrophic denitrification of groundwater." Water Sci. Technol. 51 (6–7): 357–364. https://doi.org/10.2166/wst. 2005.0657.

Moon, J.D., B.D. Freeman, C.J. Hawker, and R.A. Segalman (2020) Can self-assembly address the permeability/selectivity trade-ofs in polymer membranes?

Mottet, A., I. Ramirez, H. Carrere, S. Deleris, F. Vedrenne, J. Jimenez, and J.P. Steyer (2013) "New fractionation for a better bioaccessibility description of particulate organic matter in a modified ADM1 model." Chem. Eng. J. 228 (Jul): 871–881. https://doi.org/10.1016/j.cej.2013 .05.082.

Nakhate, P.H., N.T. Joshi, and K.V. Marathe (2017) "A critical review of bioelectrochemical membrane reactor (BECMR) as cutting-edge sustainable wastewater treatment." Rev. Chem. Eng. 33 (2): 143–161. https://doi.org/10. 1515/revce-2016-0012.

Narayanasamy, S., E.E.L. Muller, A.R. Sheik, and P. Wilmes (2015) "Integrated omics for the identification of key functionalities in biological wastewater treatment microbial communities." Microb. Biotechnol. 8 (3): 363–368. https://doi.org/10.1111/1751-7915.12255.

Nerenberg, R. (2016) "The membrane-biofilm reactor (MBfR) as a counterdiffusional biofilm process." Curr. Opin. Biotechnol. 38 (Apr): 131–136. https://doi.org/10.1016 /j.copbio.2016.01.015.

Onesios, K.M., J.T. Yu, and E.J. Bouwer (2009) "Biodegradation and removal of pharmaceuticals and personal care products in treatment systems: A review." Biodegradation 20 (4): 441–466. https://doi.org/10 .1007/s10532-008-9237-8.

Pellegrin, M.-L., A.D. Greiner, J. Diamond, J. Aguinaldo, L. Padhye, S. Arabi, K. Min, M. Burbano, R. McCandless, and R. Shoaf (2011) "Membrane processes." Water Environ. Res. 83 (10): 1187–1294.

Perera, M.K., J.D. Englehardt, G. Tchobanoglous, and R. Shamskhorzani (2017) "Control of nitrification/denitrification in an onsite two-chamber intermittently aerated membrane bioreactor with alkalinity and carbon addition: Model and experiment." Water Res. 115 (May): 94–110. https://doi.org/10.1016/j.watres. 2017.02.019.

Phillip, W. A., M.A. Hillmyer, and E.L. Cussler (2010) Cylinder orientation mechanism in block copolymer thin flms upon solvent evaporation. Macromolecules 43, 7763–7770.

Pikorova, T., Z. Matulova, P. Hlavínek, and M. Drtil (2009) "Operation of household Mbr Wwtp—Operational failures." In Proc., Risk Management of Water Supply and Sanitation Systems, 283–292. Dordrecht, Netherlands: Springer.

Pollice, A., A. Brookes, B. Jefferson, and S. Judd (2005) "Sub-critical flux fouling in membrane bioreactors—A review of recent literature." Desalination 174 (3): 221–230. https://doi.org/10.1016/j.desal.2004 .09.012.

Praveen, P., J.Y.P. Heng, and K.C. Loh (2016) "Tertiary wastewater treatment in membrane photobioreactor using microalgae: Comparison of forward osmosis & microfiltration." Bioresour. Technol. 222 (Dec): 448–457. https://doi.org/10. 1016/j.biortech.2016.09.124.

Pronk, W., H. Palmquist, M. Biebow, and M. Boller (2006) "Nanofiltration for the separation of pharmaceuticals from nutrients in source-separated urine." Water Res. 40 (7): 1405–1412. https://doi.org/10.1016/j.watres .2006.01.038.

Radjenovi´c, J., M. Petrovi´c, and D. Barcel ´o. (2009). "Fate and distribution of pharmaceuticals in wastewater and sewage sludge of the conventional activated sludge (CAS) and advanced membrane bioreactor (MBR) treatment." Water Res. 43 (3): 831–841. https://doi.org/10.1016/j .watres.2008.11.043.

Rangou, S., K. Buhr, V. Filiz, and J.I. Clodt (2014) Self-organized isoporous membranes with tailored pore sizes. J. Memb. Sci. 451, 266–275.

Reboleiro-Rivas, P., J. Martin-Pascual, B. Juarez-Jimenez, J.M. Poyatos, R. Vilchez-Vargas, S.E. Vlaeminck, B. Rodelas, and J. GonzalezLopez (2015) "Nitrogen removal in a moving bed membrane bioreactor for municipal sewage treatment: Community differentiation in attached biofilm and suspended biomass." Chem. Eng. J. 277 (Oct): 209–218. https://doi.org/10.1016/j.cej.2015.04.141.

Ren, X., H. K. Shon, N. Jang, Y.G. Lee, M. Bae, J. Lee, K. Cho, and I.S. Kim (2010) "Novel membrane bioreactor (MBR) coupled with a nonwoven fabric filter for household wastewater treatment." Water Res. 44 (3): 751–760. https://doi.org/10. 1016/j.watres. 2009.10.013.

Rittmann, B.E., and P.L. McCarty (2001) Environmental biotechnology: Principles and applications. New York: McGraw-Hill.

Rusten, B., O. Kolkinn, and H. Odegaard (1997) "Moving bed biofilm reactors and chemical precipitation for high efficiency treatment of wastewater from small communities." Water Sci. Technol. 35 (6): 71–79. https://doi.org/10. 2166/wst.1997.0245.

Sabba, F., A. Terada, G. Wells, B.F. Smets, and R. Nerenberg (2018) "Nitrous oxide emissions from biofilm processes for wastewater treatment." Appl. Microbiol. Biotechnol. 102 (22): 9815–9829. https://doi .org/10.1007/s00253-018-9332-7.

Saddoud, A., M. Ellouze, A. Dhouib, and S. Sayadi (2006) "A comparative study on the anaerobic membrane bioreactor performance during the treatment of domestic wastewaters of various origins." Environ. Technol. 27 (9): 991–999. https://doi.org/ 10.1080/09593332708618712.

Saljoughi, E. and T. Mohammadi (2009) Cellulose acetate (CA)/polyvinylpyrrolidone (PVP) blend asymmetric membranes: Preparation, morphology and performance. Desalination 249, 850–854.

Sarioglu, M., G. Insel, N. Artan, and D. Orhon (2008) "Modelling of longterm simultaneous nitrification and denitrification (SNDN) performance of a pilot scale membrane bioreactor." Water Sci. Technol. 57 (11): 1825–1833. https://doi.org/10.2166/wst.2008.121.

Sarioglu, M., G. Insel, N. Artan, and D. Orhon (2009) "Model evaluation of simultaneous nitrification and denitrification in a membrane bioreactor operated without an anoxic reactor." J. Membr. Sci. 337 (1–2): 17–27. https://doi. org/10.1016/j.memsci.2009.03.015.

Satoh, H., H. Ono, B. Rulin, J. Kamo, S. Okabe, and K.I. Fukushi (2004) "Macroscale and microscale analyses of nitrification and denitrification in biofilms attached on membrane aerated biofilm reactors." Water Res. 38 (6): 1633–1641. https://doi.org/10.1016 /j.watres.2003.12.020.

Sedlak, R.I., Ed. (1992) Principles and Practice of Phosphorus and Nitrogen Removal from Municipal Wastewater, Lewis Publishers, Ann Arbor, MI.

Shaker, S., A. Nemati, N. Montazeri-Najafabady, M.A. Mobasher, M.H. Morowvat, and Y. Ghasemi (2015) "Treating urban wastewater: Nutrient removal by using immobilized green algae in batch cultures." Int. J. Phytorem. 17 (12): 1177–1182. https://doi.org/10. 1080/15226514 .2015.1045130.

Skouteris, G., D. Hermosilla, P. Lopez, C. Negro, and A. Blanco (2012) "Anaerobic membrane bioreactors for wastewater treatment: A review." Chem. Eng. J. 198 (Aug): 138–148. https://doi.org/10.1016/j.cej.2012 .05.070.

Slater, F.R., A.C. Singer, S. Turner, J.J. Barr, and P.L. Bond (2011) "Pandemic pharmaceutical dosing effects on wastewater treatment: no adaptation of activated sludge bacteria to degrade the antiviral drug Oseltamivir (Tamiflu®) and loss of nutrient removal performance." FEMS Microbiol. Lett. 315 (1): 17–22. https://doi.org/10.1111/j.1574 - 6968.2010.02163.x.

Sliekers, A.O., N. Derwort, J.L.C. Gomez, M. Strous, J.G. Kuenen, and M.S.M. Jetten (2002) "Completely autotrophic nitrogen removal over nitrite in one single reactor." Water Res. 36 (10): 2475–2482. https://doi .org/10.1016/S0043-1354(01)00476-6.

Song, K.-G., J. Cho, K.-W. Cho, S.-D. Kim, and K.-H. Ahn (2010) "Characteristics of simultaneous nitrogen and phosphorus removal in a pilotscale sequencing anoxic/anaerobic membrane bioreactor at various conditions." Desalination 250 (2): 801– 804. https://doi.org/10.1016/j .desal.2008.11.045.

Sukacova, K., M. Trtilek, and T. Rataj (2015) "Phosphorus removal using a microalgal biofilm in a new biofilm photobioreactor for tertiary wastewater treatment." Water Res. 71 (Mar): 55–63.

Sun, S.-P., C.P.I. Nàcher, B. Merkey, Q. Zhou, S.-Q. Xia, D.-H. Yang, J.-H. Sun, and B.F. Smets (2010) "Effective biological nitrogen removal treatment processes for domestic wastewaters with Low C/N ratios: A review." Environ. Eng. Sci. 27 (2): 111–126. https://doi.org/10.1089/ees .2009.0100.

Suneethi, S., and K. Joseph (2011) "ANAMMOX process start up and stabilization with an anaerobic seed in Anaerobic Membrane Bioreactor (AnMBR)." Bioresour. Technol. 102 (19): 8860–8867. https://doi.org /10.1016/j.biortech.2011.06.082.

Sutton, P.M., H. Melcer, O.J. Schraa, and A.P. Togna (2011) "Treating municipal wastewater with the goal of resource recovery." Water Sci. Technol. 63 (1): 25–31. https://doi.org/10.2166/wst.2011.004.

Syron, E., and E. Casey (2008) "Membrane-aerated biofilms for high rate biotreatment: Performance appraisal, engineering principles, scale-up, and development requirements." Environ. Sci. Technol. 42 (6): 1833–1844. https://doi.org/10.1021/es0719428.

Tai, C.S., J. Snider-Nevin, J. Dragasevich, and J. Kempson (2014) "Five years operation of a decentralized membrane bioreactor package plant treating domestic wastewater." Water Pract. Technol. 9 (2): 206–214. https://doi.org/10.2166/wpt.2014.024.

Tan, T.W., and H.Y. Ng (2008) "Influence of mixed liquor recycle ratio and dissolved oxygen on performance of pre-denitrification submerged membrane bioreactors." Water Res. 42 (4–5): 1122–1132. https://doi .org/10.1016/j.watres. 2007.08.028.

Tang, B., et al. 2016. "Essential factors of an integrated moving bed biofilm reactor–membrane bioreactor: Adhesion characteristics and microbial community of the biofilm." Bioresour. Technol. 211 (Jul): 574–583. https://doi.org /10.1016/j.biortech.2016.03.136.

Tang, T.Y., and Z.Q. Hu (2016) "A comparison of algal productivity and nutrient removal capacity between algal CSTR and algal MBR at the same light level under practical and optimal conditions." Ecol. Eng. 93 (Aug): 66–72. https://doi.org/10.1016/j.ecoleng. 2016.04.008.

Tao, Y., D.-W. Gao, Y. Fu, W.-M. Wu, and N.-Q. Ren (2012) "Impact of reactor configuration on anammox process start-up: MBR versus SBR." Bioresour. Technol. 104 (Jan): 73–80. https://doi.org/10.1016/j .biortech.2011.10.052.

Terada, A., K. Hibiya, J. Nagai, S. Tsuneda, and A. Hirata (2003) "Nitrogen removal characteristics and biofilm analysis of a membrane-aerated biofilm reactor applicable to high-strength nitrogenous wastewater treatment." J. Biosci. Bioeng. 95 (2): 170–178. https://doi.org/10.1016/S1389 -1723(03)80124-X.

Tewari, P., R. Singh, V. Batra, and M. Balakrishnan (2012) "Field testing of polymeric mesh and ash-based ceramic membranes in a membrane bioreactor (MBR) for decentralised sewage treatment." Water SA 38 (5): 727–730. https://doi.org/10.4314/wsa.v38i5.11.

Tewari, P.K., R.K. Singh, V.S. Batra, and M. Balakrishnan (2010) "Membrane bioreactor (MBR) for wastewater treatment: Filtration performance evaluation of low cost polymeric and ceramic membranes." Sep. Purif. Technol. 71 (2): 200–204. https://doi.org/10.1016 /j.seppur .2009.11.022.

Tian, Y., C. Ji, K. Wang, and P. Le-Clech (2014) "Assessment of an anaerobic membrane bio-electrochemical reactor (AnMBER) for wastewater treatment and energy recovery." J. Membr. Sci. 450 (Jan): 242–248. https://doi.org/10.1016 /j.memsci.2013.09.013.

Tian, Y., H. Li, L.P. Li, X.Y. Su, Y.B. Lu, W. Zuo, and J. Zhang (2015) "In-situ integration of microbial fuel cell with hollow-fiber membrane bioreactor for wastewater treatment and membrane fouling mitigation." Biosens. Bioelectron. 64 (Feb): 189–195. https://doi.org /10.1016/j.bios .2014.08.070.

Tomietto, P., M. Carré, P. Loulergue, L. Paugam, and J.-L. Audic (2020) Polyhydroxyalkanoate (PHA) based microfltration membranes: Tailoring the structure by the non-solvent induced phase separation (NIPS) process. Polymer 204, 122813.

Tse, H.T., S. Luo, J. Li, and Z. He (2016) "Coupling microbial fuel cells with a membrane photobioreactor for wastewater treatment and bioenergy production." Bioprocess. Biosyst. Eng. 39 (11): 1703–1710. https://doi.org/10. 1007/s00449-016-1645-2.

Tsushima, I., A. Michinaka, M. Matsuhashi, H. Yamashita, and S. Okamoto (2014) "Nitrous oxide emitted from actual wastewater treatment plants with different treatment methods." J. Water Environ. Technol. 12 (2): 191–199. https://doi.org/ 10.2965/jwet.2014.191.

Udert, K.M., and M. Wachter (2012) "Complete nutrient recovery from source-separated urine by nitrification and distillation." Water Res. 46 (2): 453–464. https://doi.org /10.1016/j.watres.2011.11.020.

USEPA (2007) Biological nutrient removal processes and cost. Washington, DC: USEPA. USEPA. 2009. An urgent call to action: Report of the state-EPA nutrient innovations task group. Washington, DC:

USEPA (2016) Status of nutrient requirements for NPDES-permitted facilities. Washington, DC:

USEPA. Van den Broeck, R., J. Van Dierdonck, P. Nijskens, C. Dotremont, P. Krzeminski, J.H.J.M. van der Graaf, J.B. van Lier, J.F. M. Van Impe, and I.Y. Smets (2012) "The influence of solids retention time on activated sludge bioflocculation and membrane fouling in a membrane bioreactor (MBR)." J. Membr. Sci. 401 (May): 48–55. https://doi .org /10.1016/j.memsci.2012.01.028.

van der Star, W.R.L., A.I. Miclea, U.G.J.M. van Dongen, G. Muyzer, C. Picioreanu, and M.C.M. van Loosdrecht (2008) "The membrane bioreactor: A novel tool to grow anammox bacteria as free cells." Biotechnol. Bioeng. 101 (2): 286–294. https://doi.org /10.1002/bit.21891.

Vanwonterghem, I., P.D. Jensen, D.P. Ho, D.J. Batstone, and G.W. Tyson (2014) "Linking microbial community structure, interactions and function in anaerobic digesters using new molecular techniques." Curr. Opin. Biotechnol. 27 (Jun): 55–64. https://doi.org /10.1016/j.copbio .2013.11.004.

Verrecht, B., C. James, E. Germain, R. Birks, A. Barugh, P. Pearce, and S. Judd (2011) "Economical evaluation and operating experiences of a small-scale MBR for nonpotable reuse." J. Environ. Eng. 138 (5): 594–600. https://doi.org/10.1061 /(ASCE)EE.1943-7870.0000505.

Verrecht, B., T. Maere, L. Benedetti, I. Nopens, and S. Judd (2010) "Modelbased energy optimisation of a small-scale decentralised membrane bioreactor for urban reuse." Water Res. 44 (14): 4047–4056. https://doi.org /10.1016/j.watres. 2010.05.015.

Vitousek, P.M., J.D. Aber, R.W. Howarth, G.E. Likens, P.A. Matson, D.W. Schindler, W.H. Schlesinger, and D. Tilman (1997) "Human alteration of the global nitrogen cycle: Sources and consequences." Ecol. Appl. 7 (3): 737–750.

Wang, G., X.C. Xu, Z. Gong, F. Gao, F.L. Yang, and H.M. Zhang (2016) "Study of simultaneous partial nitrification, ANAMMOX and denitrification (SNAD) process in an intermittent aeration membrane bioreactor." Process Biochem. 51 (5): 632–641. https://doi.org/10.1016/j .procbio.2016.02.001.

Wang, J., and S. Wang (2016) "Removal of pharmaceuticals and personal care products (PPCPs) from wastewater: A review." J. Environ. Manage. 182 (Nov): 620–640. https://doi.org/10.1016/j.jenvman.2016.07 .049.

Wang, T., H. Zhang, F. Yang, S. Liu, Z. Fu, and H. Chen (2009) "Start-up of the Anammox process from the conventional activated sludge in a membrane bioreactor." Bioresour. Technol. 100 (9): 2501–2506. https://doi .org/10.1016 /j.biortech.2008.12.011.

Wang, Y.-H., C.-M. Wu, W.-L. Wu, C.-P. Chu, Y.-J. Chung, and C.-S. Liao (2013a) "Survey on nitrogen removal and membrane filtration characteristics of Chlorella vulgaris Beij. on treating domestic type wastewaters." Water Sci. Technol. 68 (3): 695–704. https://doi.org/10.2166 /wst.2013.291.

Wang, Y.K., G.P. Sheng, W.W. Li, Y.X. Huang, Y.Y. Yu, R.J. Zeng, and H.Q. Yu (2011) "Development of a novel bioelectrochemical membrane reactor for wastewater treatment." Environ. Sci. Technol. 45 (21): 9256– 9261. https://doi.org/10. 1021/es2019803.

Wang, Y.K., G.P. Sheng, B.J. Shi, W.W. Li, and H.Q. Yu (2013b) "A novel electrochemical membrane bioreactor as a potential net energy producer for sustainable wastewater treatment." Sci. Rep. 3 (May): 1864.

Wang, Z., and Z. Wu (2009) "A review of membrane fouling in MBRs: Characteristics and role of sludge cake formed on membrane surfaces." Sep. Sci. Technol. 44 (15): 3571– 3596. https://doi.org/10.1080/014963 90903182578.

Wilson, R.W., K.L. Murphy, P.M. Sutton, and S.L. Lackey (1981) "Design and cost comparison of biological nitrogen removal processes." J. (Water Pollut. Control Fed.) 53 (8): 1294–1302.

Wu, P., X.M. Ji, X.K. Song, and Y.L. Shen (2013) "Nutrient removal performance and microbial community analysis of a combined ABRMBR (CAMBR) process." Chem. Eng. J. 232 (Oct): 273–279. https:// doi.org/10.1016/j.cej.2013.07.085.

Wu, T.T., and J.D. Englehardt (2016) "Mineralizing urban net-zero water treatment: Field experience for energy-positive water management." Water Res. 106 (Dec): 352–363. https://doi.org/10.1016/j.watres .2016.10.015.

Xu, M., P. Li, T.Y. Tang, and Z.Q. Hu (2015) "Roles of SRT and HRT of an algal membrane bioreactor system with a tanks-in-series configuration for secondary wastewater effluent polishing." Ecol. Eng. 85 (Dec): 257–264. https://doi.org/10. 1016/j.ecoleng.2015.09.064.

Yan, T., Y. Ye, H. Ma, Y. Zhang, W. Guo, B. Du, Q. Wei, D. Wei, and H.H. Ngo (2018) "A critical review on membrane hybrid system for nutrient recovery from wastewater." Chem. Eng. J. 348 (Sep): 143–156. https:// doi.org/10.1016/j.cej. 2018.04.166.

Yang, Q.Y., T. Yang, H.J. Wang, and K.Q. Liu (2009a) "Filtration characteristics of activated sludge in hybrid membrane bioreactor with porous suspended carriers (HMBR)." Desalination 249 (2): 507–514. https://doi.org/10.1016/j.desal.2008. 08.013.

Yang, S., F. Yang, Z. Fu, and R. Lei (2009b) "Comparison between a moving bed membrane bioreactor and a conventional membrane bioreactor on organic carbon and nitrogen removal." Bioresour. Technol. 100 (8): 2369–2374. https://doi.org/10.1016 /j.biortech.2008.11.022.

Yang, S., F. Yang, Z. Fu, T. Wang, and R. Lei (2010) "Simultaneous nitrogen and phosphorus removal by a novel sequencing batch moving bed membrane bioreactor for wastewater treatment." J. Hazard. Mater. 175 (1–3): 551–557. https://doi.org/10.1016/j.jhazmat. 2009 .10.040.

Yang, W., N. Cicek, and J. Ilg (2006) "State-of-the-art of membrane bioreactors: Worldwide research and commercial applications in North America." J. Membr. Sci. 270 (1): 201–211. https://doi.org/10.1016/j.memsci.2005.07.010.

Yu, C.-P., Z. Liang, A. Das, and Z. Hu (2011) "Nitrogen removal from wastewater using membrane aerated microbial fuel cell techniques." Water Res. 45 (3): 1157–1164. https://doi.org/10.1016/j.watres.2010 .11.002.

Yu, K., and T. Zhang (2012) "Metagenomic and metatranscriptomic analysis of microbial community structure and gene expression of activated sludge." PLoS One 7 (5): e38183. https://doi.org/10.1371/journal.pone .0038183.

Yun, H.-J., and D.-J. Kim (2003) "Nitrite accumulation characteristics of high strength ammonia wastewater in an autotrophic nitrifying biofilm reactor." J. Chem. Technol. Biotechnol. 78 (4): 377–383. https://doi.org /10.1002/jctb.751.

Wang, N., T. Wang, and Y. Hu, (2017) Tailoring membrane surface properties and ultrafltration performances via the self-assembly of polyethylene glycol-block-polysulfone-block-polyethylene glycol block copolymer upon thermal and solvent annealing. ACS Appl. Mater. Interfaces 9, 31018–31030.

Zekker, I., E. Rikmann, T. Tenno, V. Lemmiksoo, A. Menert, L. Loorits, P. Vabamäe, M. Tomingas, and T. Tenno (2012) "Anammox enrichment from reject water on blank biofilm carriers and carriers containing nitrifying biomass: operation of two moving bed biofilm reactors (MBBR)." Biodegradation 23 (4): 547–560. https://doi.org/10.1007 /s10532-011-9532-7.

Zhang, C.Q., G. Z. Wang, and Z. Q. Hu. 2014a. "Changes in wastewater treatment performance and activated sludge properties of a membrane bioreactor at low temperature operation." Environ. Sci. Processes Impacts 16 (9): 2199–2207.https://doi.org/10.1039/C4EM00174E.

Zhang, G. Y., H.M. Zhang, Y.J. Ma, G.G. Yuan, F.L. Yang, and R. Zhang (2014b) "Membrane filtration biocathode microbial fuel cell for nitrogen removal and electricity generation." Enzyme Microb. Technol. 60 (Jun): 56–63. https://doi.org/10.1016/j.enzmictec. 2014.04.005.

Zhang, X.J., D. Li, Y.H. Liang, Y.L. Zhang, D. Fan, and J. Zhang (2013) "Application of membrane bioreactor for completely autotrophic nitrogen removal over nitrite (CANON) process." Chemosphere 93 (11): 2832–2838. https://doi.org/10. 1016/j.chemosph ere.2013.09.086.

Zhang, Z.-Z., Q.-Q. Zhang, J.-J. Xu, Z.-J. Shi, Q. Guo, X.-Y. Jiang, H.-Z. Wang, G.-H. Chen, and R.-C. Jin (2016) "Long-term effects of heavy metals and antibiotics on granule-based anammox process: Granule property and performance evolution." Appl. Microbiol. Biotechnol. 100 (5): 2417–2427. https://doi.org/10. 1007/s00253-015-7120-1.

Zhou, G.W., Y.H. Zhou, G.Q. Zhou, L.Lu, X.K. Wan, and H.X. Shi (2015) "Assessment of a novel overflow-type electrochemical membrane bioreactor (EMBR) for wastewater treatment, energy recovery and membrane fouling mitigation." Bioresour. Technol. 196 (Nov): 648–655. https://doi.org/10.1016/j.biortech. 2015.08.032.

Zhu, Y., Y. Zhang, H.-q. Ren, J.-j. Geng, K. Xu, H. Huang, and L.-l. Ding (2015) "Physicochemical characteristics and microbial community evolution of biofilms during the start-up period in a moving bed biofilm reactor." Bioresour. Technol. 180 (Mar): 345–351. https://doi.org/10 .1016/j.biortech.2015.01.006.

Zuo, K., S. Liang, P. Liang, X. Zhou, D. Sun, X. Zhang, and X. Huang (2015) "Carbon filtration cathode in microbial fuel cell to enhance wastewater treatment." Bioresour. Technol. 185 (Jun): 426–430. https://doi .org/10.1016 /j.biortech.2015.02.108.

Zuthi, M.F.R., W.S. Guo, H.H. Ngo, L.D. Nghiem, and F.I. Hai (2013) "Enhanced biological phosphorus removal and its modeling for the activated sludge and membrane bioreactor processes." Bioresour. Technol. 139 (Jul): 363–374. https://doi.org/10.1016/j.biortech.2013.04.038.

Chapter 10

SBR 설계

생물학적 영양염류 제거 공정 설계 실무

1. SBR 의 개요

SBR 은 채움-그리고-인발 원리를 기반으로 운전되는 호기 및 혐기 공정이다. 하수는 단일 회분식 반응기로 유입되고, 원하지 않는 성분들을 제거한 후 방류된다. 균등, 반응/포기 및 분리가 단일 회분식 반응기에서 모두 달성될 수 있다. SBR 시스템의 장점은 다양한 단계를 수용하거나 제외시킬 수 있을 뿐 아니라 처리 시간도 조정할 수 있는 운전 유연성에서 찾을 수 있다.

운전 단계는 5 단계로 구성되고, 채움, 반응, 침강, 분리, 휴지 단계의 5 단계가 이에 해당된다 (그림 10.1). 이러한 단계들은 다른 운전 적용으로 변할 수 있다. 다양한 처리 단계를 제외할 수 있는 유연성과는 별개로, 혐기 SBR (ASBR: anaerobic sequential batch reactor)로도 운전이 가능하다. ASBR 에서는 기질을 소비하며 메탄과 이산화탄소가 생산되는 전형적인 생물학적 혐기 대사가 진행된다. 유입, 반응, 침강, 방류의 4 단계 사이클로 구성되는 ASBR 은 운전이 단순하고, 유출 수질을 효율적으로 제어할 수 있고, 유입수와 유출수의 침강 단계를 배제할 수 있으며, 다양한 특성의 폐수 및 하수를 유연하게 처리할 수 있는 장점을 지닌다. 생활 하수, 매립 폐기물 침출수, 화장실 폐수, 낙농 폐수, 양조장 폐수, 축산 폐수, 염색 폐수 등 오염물질 부하가 높은 폐수와 낮은 폐수 모두가 ASBR 에서 유연하게 처리될 수 있다.

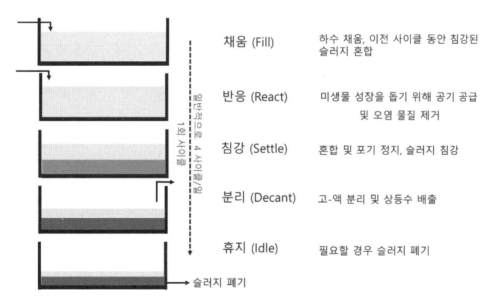

그림 10.1 전형적인 SBR 사이클

1.1 채움 (Fill)

채움 단계 동안, 회분식 반응기로 하수가 유입된다. 유입 하수는 활성 슬러지 내 미생물에게 먹이를 제공하고, 생화학 반응이 시작되는 계기가 된다. 교반과 포기는 다음의 3가지 시나리오를 창출하기 위해 채움 단계 동안 변동할 수 있다:

1.1.1 정적 채움 (static fill)

정적 채움 (static fill) 시나리오에서는 하수가 반응기로 유입되는 동안 교반이나 포기를 진행시키지 않는다. 시설의 초기 가동 단계에서 질산화나 탈질이 필요하지 않은 기간 동안, 그리고 전력 소비를 줄이기 위해 낮은 유량이 유입되는 기간 동안, 정적 채움이 진행된다. 교반기와 포기 장치가 가동되지 않는 상태이기 때문에 이러한 시나리오로 에너지가 절감된다.

1.1.2 교반 채움 (mixed fill)

교반 채움 시나리오에서는 기계적 교반이 활성화되지만, 포기 장치는 가동되지 않은 채 남게 된다. 교반 활동으로 인해 유입 하수와 생물체의 혼합이 균일해지고, 포기가 진행되지 않기 때문에 무산소 조건이 형성되어 탈질을 촉진한다. 교반 채움 단계 동안 혐기성 조건도 달성될 수 있다. 혐기성 조건에서는 생물체의 인 방출이 진행된다. 이러한 인 방출은 무산소 조건에서는 발생하지 않을 것이다. 호기성 조건이 확립되면, 방출된 인과 유입수 중의 인은 생물체에 다시 섭취된다. 제7장 생물학적 과잉 인 제거에서 상세하게 설명하였지만, 질산염이 존재하면 인 방출이 진행될 수 없고, 호기성 조건이 회복되어도 인의 과잉 섭취는 진행되지 않는다.

1.1.3 포기 채움 (aerated fill)

포기 채움 시나리오에서는 포기 장치와 교반기가 모두 활성화된다. 반응기의 내용물은 포기되어, 무산소 또는 혐기 영역에서 호기 영역으로 전환된다. 유기물질을 저감하고 질산화를 달성하기 위한 별도의 조정은 포기 채움 사이클에서는 필요하지 않다. 그러나 탈질을 달성하기 위해, 산소 공급을 차단하여 무산소 조건을 조성할 필요는 있다. 이 단계 동안 송풍기를 이용한 산소 공급 개폐를 통해 호기 조건과 무산소 조건이 교대로 형성되고, 질산화와 탈질이 진행될 수 있다. 탈질 단계 동안 용존 산소를 관찰하여, 0.2 mgO/L 를 초과하지 않도록 하여야 한다. 용존 산소를 0.2 mgO/L 이하로 유지함으로써, 휴지 단계 동안 무산소 조건 형성을 보증할 수 있을 것이다.

1.2 반응 (React)

반응 단계는 하수 매개 변수 (COD, 질소 및 인 농도 등)를 더욱 저하시키는 단계로서, 정화 단계로 불리기도 한다. 이 단계 동안에는 반응기로 하수는 유입되지 않으며, 기계적 교반과 포기 장치가 가동된다. 추가되는 유량과 유기물 부하가 없기 때문에 유기물 제거율이 급격히 증가하게 된다.

탄소계 COD 의 대부분이 반응 단계에서 제거된다. 교반과 포기를 계속함으로써, 추가로 질산화가 진행된다. 대부분의 탈질은 교반-채움 단계에서 진행된다. 인은 교반-채움 단계에서 방출되고, 반응 단계에서 인 저장 미생물에 의해 인이 추가로 섭취된다.

1.3 침강 (Settle)

침강 단계에서는 교반과 포기가 정지된 상태에서 활성 슬러지가 침강된다. 유입되는 하수는 없으며, 포기와 교반도 진행되지 않는다. 활성 슬러지는 응결된 질량으로 침강되어, 맑은 상등수와 뚜렷한 경계면을 형성한다. 이렇게 형성된 슬러지 질량을 슬러지 블랭킷 (blanket)이라 한다. 고형물의 침강성이 부실해지면, 일부 슬러지가 다음 단계인 분리 (decant) 단계 동안 빠져 나와 방류 수질을 저하시키기 때문에 침강 단계는 사이클의 중요 단계가 된다.

1.4 분리 (Decant)

침강 단계에 이어 분리 단계가 진행된다. 분리 단계에서는 분리기 (decanter)를 이용하여 맑은 상등수만을 분리하여 유출시킨다. 침강 단계가 마무리되면, 분리기로 신호가 전송되어 유출-방출 밸브가 열리기 시작한다. 분리기에는 부상 (floating) 형태와 고정-팔 (fixed-arm) 형태가 있다. 부상 형태의 분리기는 수면 바로 아래에 유입 오리피스 (orifice)를 유지하며, 분리 단계 동안 유출수 내의 고형물을 최소화한다. 부상 형태 분리기를 이용하면, 운전자가 채움과 인발 부피를 유연하게 변동할 수 있는 장점을 얻을 수 있다.

고정-팔 형태 분리기는 비용이 보다 저렴하고, 운전자가 수동으로 분리기의 높이를 위아래로 조정할 수 있다. 채움 단계 동안 반응기로 유입되는 부피와 같은 양의 분리된 부피를 유지할 수 있도록 분리기는 최적화되어야 한다. 수면에 형성된 거품이나 스컴이 포함되지 않도록 유의하여야 한다. 분리기로부터 반응기 바닥까지 이격된 수직 거리를 최대화하여, 침강된 생물체의 교란을 피하여야 한다.

1.5 휴지 (Idle)

휴지 단계는 분리 단계와 채움 단계 사이 기간 동안 진행된다. 휴지 시간은 유입 유속과 운전 전략에 따라 변동한다. 휴지 단계 동안, SBR 반응기 바닥에서 적은 양의 활성 슬러지가 펌프로 인발된다. 이 인발 공정을 슬러지 폐기 공정이라 한다.

영양염류 제거 목적으로 운전할 경우에는 생물학적 탈질 및 과잉 인 제거에 각각 필요한 무산소 및 혐기 조건 창출을 위해, 반응 단계 동안에도 휴지 기간을 설정할 수 있다.

2. 연속 흐름 시스템

연속 흐름 시스템에서는 통상적으로 2 개 이상의 SBR 조가 평행으로 구성되어 계열 운전된다. 유입수는 유입 탱크로 유입되고, 유입 탱크 바닥에는 반응기로 연결되는 반응기 유입구가 설치된다. 반응기 유입구에는 유입 유속을 제어하는 장치가 설치되고, 침강된 고형물이 교반되지 않도록 제어 장치에 의해 유입 유속이 조절된다. 유입수가 일정하게 계속해서 반응기로 유입되기 때문에 연속 흐름 시스템은 진정한 회분식 반응이 되지 못한다. 연속 흐름으로 운전되는 플랜트는 표준화된 운전 모드 (mode)에 따라 운전되어야 하고, 이상적으로는 오직 비상 상황에서만, 진정한 회분식 반응 SBR 이 운전되어야 한다.

연속 유입 흐름 시스템으로 설계된 플랜트는 첨두 유량 기간 동안 부실한 운전 조건을 지니게 된다. 연속 유입 흐름 시스템의 주요 문제 중 일부로는 월류 (overflows), 슬러지 세정, 부실한 방류 수질 그리고 방류 기준 위반을 들 수 있다.

3. SBR 설계 시 고려하여야 할 인자들

3.1 예비/일차 처리

예비 처리에는 스크리닝, 그릿 제거 그리고 유량 모니터링이 포함되고, 1 차 처리에는 침전과 부상이 포함된다. SBR 시스템에는 일반적으로 1 차 침전조가 설치되지 않는다. 따라서, 고형물의 스크리닝 뿐만 아니라 그릿, 쓰레기, 플라스틱, 오일 또는 그리스 그리고 스컴의 효율적인 제거 또는 배제가 활성 슬러지 공정 전에 반드시 이루어져야 한다.

3.1.1 유입 하수 스크리닝

그라인더 또는 파쇄기 대신, 막대형 스크린 또는 기계식 스크린을 사용하여야 한다. 유입 하수를 스크리닝 함으로써, 처리 시설로 유입되기 전에 누더기, 나무 조각 그리고 다른 쓰레기를 제거할 수 있는 긍정적인 수단이 될 수 있다. 그라인더와 파쇄기를 거치게 되면, 이러한 물질들이 걸러지지 못한 채 SBR 로 유입되어 함께 엉키게 되고, 제거가 힘들어진다. 하수 유입수가 반응기에 도달하기 전에 유입 하수 내 쓰레기를 제거하면, 처리 공정과 침강 단계에 도움이 된다. 과잉의 쓰레기가 침강 대상 고형물과 간섭을 유발하지 않아, 양질의 슬러지 블랭킷을 얻을 수 있다. 또한 스크린은 펌프를 보호하는 역할도 한다.

3.1.2 유입 유량 균등

유량 변동과 유기 물질 부하 변동이 심각하다고 예상될 경우, 유량 균등이 핵심적으로 필요하다. 하수 시설이 상당한 양의 정화조 폐기물을 받아들여야 하거나 상당한 양의 산업 폐수를 받아들여야 할 경우에도 유입 유량 균등조는 중요한 요소가 된다. 하수/폐수 처리 시설에서 질산화와 탈질을 성취하고자 할 경우에도 유량 균등은 중요한 요소가 된다. 질산화와 탈질 달성이 필요한 경우에는 유량 균등을 강력하게 권장한다. 그러나 유입 유량 균등조 크기 산정에는 신중을 기하여야 한다. 유량 균등조가 너무 크게 산정되면, 이어지는 후속 처리 공정에 부정적인 영향을 줄 수 있기 때문이다. 유입 균등조를 활용하는 플랜트는 진정한 회분식 반응을 수행할 수 있게 된다.

유입 유량을 균등화 함으로써, 다음과 같은 혜택이 SBR 공정에서 얻어진다:

생물학적 영양염류 제거 공정 설계 실무

- 공정 주기 (사이클)가 완료될 때까지 저장 기능을 수행할 수 있기 때문에 유량 균등조로 인해 SBR 조 크기를 줄일 수 있다.

- 유지 관리를 위해 또는 계절적 변동에 대비하여, 1 개 반응기를 가동 중단할 수 있다. 모든 반응기에 대해 일상적인 유지 관리가 필요하다. 계절적 변동이 큰 시설일 경우, 1 개 반응기의 가동을 중단시킴으로써, 전기 수요, 근무 시간 그리고 반응기 유지 관리 비용을 절감할 수 있어 비용 면에서 효율적이다.

- SBR 탱크로 스컴과 그리스가 유입되기 전에, 유입 유량 균등조의 단일 지점에서 스컴과 그리스를 제거할 수 있게 된다. 유일한 스컴 제어 수단으로, 혼합에 의한 스컴 포집을 채택하지 않아야 한다. 스컴, 그리스 그리고 부상 가능한 물질들을 제거시키는 메커니즘 또는 공정이, 유량 균등조에 제공되어야 한다.

- 탈질이 진행되어야 할 SBR 플랜트에는 채움 단계 탈질에서 활용할 수 있는 적절한 양의 탄소 공급을 보장할 수 있다.

- 반응기로 유입되는 유량 부피를 균등화 함으로써, F/M 비를 비교적 안정하게 유지시킬 수 있다.

앞서 언급한 바와 같이, 각각의 SBR 설계는 고유성을 지니고, 일부 상황에서는 최적의 처리를 얻기 위해 유입 유량 균등조가 필요하지 않을 수도 있다. 유입 유량 균등조가 필요치 않는 경우의 예로는 (언급하는 예에만 국한되는 것은 아니다), 3 개 이상의 SBR 조를 설치하는 경우와 질산화와 탈질이 필요 없는 경우를 들 수 있다.

2 개 조로 구성된 처리 시설이 유입 유량 균등없이 운전되고 있을 경우, 같은 장소에 여분의 조를 확실히 준비하여 유입수가 적절하게 공급될 수 있도록 한다. 여분의 조를 준비해 둠으로써, 손상된 부품 주문이 도착할 때까지 기다릴 필요없이 즉시 대체하여 서비스를 다시 제공할 수 있게 된다.

유입 유량 균등조에는 고형물이 부유 상태로 유지될 수 있도록 교반 또는 혼합 장치가 설치되어야 하고, 기계식 혼합 장치가 이 목적으로 이용될 수 있다. 교반으로 인해 고형물이 부유 상태로 존재할 수 있기 때문에 균등조의 유지 관리는 최소화되어야 한다. 그러나 유량 균등조를 우회할 수 있는 수단과 유량 균등조를 배수시키는 장치는 제공되어야 한다. SBR 탱크로 유입 하수를 직접 공급하는 펌프는 같은 종류로 2 개 설치하여야 한다. 처리 사이클이 효율적으로 종결될 때까지 충분한 기간 동안 첨두 유량을 저장할 수 있도록 유입 유량 균등조를 설계하여야 한다.

Chapter 10 SBR 설계

3.1.3 알칼리도 투입용 배관

이상적으로는, 유입 유량 균등조와 SBR 탱크 모두에 알칼리도를 투입할 수 있는 배관을 설치하여야 한다. 또한 유량 균등조와 SBR 탱크 각 지점에서 알칼리도를 측정할 수 있는 방안을 마련하는 것이 바람직하다. 분리 단계 기간 동안 측정된 양을 기준으로 알칼리도를 투입하여야 하고, 유입 유량 기준으로는 알칼리도를 투입하지 않아야 한다. 분리 단계 전에 알칼리도 농도를 40-70 mg (as $CaCO_3$)/L 범위로 유지하여, 질산화 사이클이 종료될 수 있도록 보장하여야 한다. 탈질이 설계에 포함되어 있지 않는 시설이라도 알칼리도 투입이 이루어질 수 있는 방법이 실행될 수 있도록 고려한다.

잠시 알칼리도에 대해 간략히 설명하는 시간을 갖도록 하자. 알칼리도는, pH 의 큰 변화를 야기하지 않으면서 액체에 투입하여야 하는 산의 양을 산정할 수 있는 척도가 된다. 또 다른 방법으로 표현하면, 알칼리도는 산을 중화시킬 수 있는 물 또는 하수의 능력이다. 이러한 중화 능력은 하수 내 탄산염, 중탄산염 그리고 수산화물의 함량에 따라 변한다. 알칼리도는 탄산 칼슘 당량인 mg (as $CaCO_3$)/L 단위로 표현한다. 물은 높은 알칼리도를 지니기 위해 강한 염기성 (높은 pH)를 지닐 필요가 없기 때문에 알칼리도는 pH 와 같지 않다.

SBR 시설에서 질산화가 진행되면, 하루 중 낮은 유량이 지속되는 기간 동안 (예를 들면, 아주 늦은 저녁 또는 매우 이른 새벽) 질산화가 근무자 없이 진행되는 경우가 종종 발생한다. 테스트 장비가 없거나 알칼리도 강하를 상쇄시킬 수 있는 화학 약품 투입이 없게 되면 SBR 조의 pH 는 7 미만으로 낮아질 것이고, 공정의 성능 저하를 야기하고 SBR 조 콘크리트 표면이 손상된다.

알칼리도 투입을 위해, 몇 가지 약품을 선택할 수 있다. 나트륨 중탄산염 또는 베이킹 소다 ($NaHCO_3$)는 가장 추천할 만한 알칼리도 투입 수단이 된다. 강한 염기성을 지니지 않고, pH 8.3 에 해당되기 때문이다. 중성에 가까운 pH 에서는 중탄산염을 공급함으로써 알칼리도 투입에 도움을 줄 수 있다.

나트륨 탄산염 (Na_2CO_3) 또는 소다 애쉬 (soda ash)는 다른 알칼리에 비해 다루기가 보다 안전하고 시간이 지나더라도 안정된 가격을 유지하기 때문에 더욱 더 많은 처리 시설에서 알칼리도 수요를 충당하기 위해 소다 애쉬를 선택하고 있다. 나트륨 중탄산염에 비해 저렴한 반면, 나트륨 중탄산염과 가성소다에 비해 일반적으로 효율성은 낮다. 소다 애쉬는 비교적 빠르게 반응하는 약품이지만, 이산화탄소를 생성하여 거품 발생 문제를 야기할 수 있다.

칼슘 산화물 또는 라임 (Ca(OH)$_2$)은, 다양한 형태로 얻을 수 있고 비교적 저렴한 약품에 속한다. 라임 화합물은 느리게 용해되기 때문에 다른 화학 물질에 비해 긴 접촉 시간이 요구된다. 라임의 사용으로 칼슘 황산화물이 침전되기 때문에 더 많은 슬러지가 생산된다. 이로 인해 SBR 탱크 조 내, 특히 pH 검침기 (probe), DO 검침기 및 ORP 검침기의 유지관리 문제로 이어지게 된다.

4. SBR 설계

이상적으로는 최소한 두 개의 SBR 조를 지니고 한 개의 유량 균등조를 갖추어야 하지만, 모든 설계는 고유한 특징을 지니고 하나의 형상으로는 모든 상황을 만족시키지 못한다. 모든 SBR 설계는 최소한 2 개의 조를 갖추어야, 여분을 확보하고, 유지 관리가 가능해지고, 고유량에 대처할 수 있으며, 계절적 변동에 대응할 수 있게 된다. 2 개의 SBR 조를 갖춤으로써, 처리 시설 전체에 여유를 지닐 수 있게 된다. 한 개 조가 가동을 멈추면, 균등조 때문에 유입 하수를 여전히 처리할 수 있게 된다. 한 개 조에서 미생물 활동이 고갈되면, 남아 있는 조의 생물체를 이용하여 고갈된 생물체를 재충진할 수 있다. 고갈된 생물체를 다른 조의 생물체로 재충진하기 위해서는 두 SBR 조 사이에 슬러지 전달 수단이 마련되어야 한다.

홍수 발생과 고 유량 유입 기간 동안 SBR 조를 우회 시키거나 홍수를 함께 혼합시키는 대신, 추가로 설치된 SBR 조가 저장 역할을 할 수 있게 하거나 특정 사이클 기간을 단축시키는 방안을 택할 수 있다. 습한 기후 조건에서는 하수가 강우에 의해 희석되고, 희석된 하수는 보다 짧은 시간에 처리될 수 있기 때문에, 특히 반응 사이클 기간을 단축시킬 수 있게 된다. 고유량의 경우, 채움 단계와 휴지 단계도 단축시킬 수 있다. 2 개의 SBR 조로 설계하게 되면, 한 개의 SBR 조를 배수시키고 세척하여도, 유량 균등조와 다른 1 개의 SBR 조는 완전 가동 상태로 남아 있게 된다.

관광지와 같은 계절적 유량 변동이 발생하는 플랜트를 2 개의 SBR 조와 1 개의 유입 유량 균등조가 포함될 수 있도록 설계하게 되면, 비수기 동안에는 1 개의 SBR 조 가동을 중단할 수 있게 된다. 전력 비용을 줄이고 고용 시간을 줄일 수 있어 (전반적인 SBR 조 유지 관리에 보다 적은 시간이 소요됨), 계절적 변동이 큰 지역일 경우 2 개의 SBR 조 설계는 중요한 의미를 지닌다. 여전히 가동이 중단되지 않고 남아 있는 SBR 조로 인해 첨두 유량 발생 시에 가동 중단되었던 SBR 조에 생물체를 재 접종할 수 있어 중단되었던 가동을 재 가동할 수 있게 된다.

4.1 유량 연동 회분식 운전

시간 연동 회분식 시스템 또는 연속 유입 시스템에 비해, 일반적으로 유량 연동 회분식 운전을 선호한다. 유량 연동 회분식 시스템에서는 처리 시설이 모든 사이클 동안 동일한 부피 부하와 대략적으로 같은 유기물 부하를 받아들이게 된다. 이미 내부에 안정된 상등수를 지니고 있어, SBR 조로 유입되는 유입 회분(batch)을 희석시키는 효과를 얻을 수 있다.

시간 연동 모드에서는 각 SBR 조는 모든 사이클 동안 다른 부피 부하와 다른 유기물 부하를 받아들이게 되고, 이러한 처리 방법으로는 처리 시설의 전체 능력을 활용할 수 없게 된다. 즉, 변동하는 잉여 슬러지를 적절하게 폐기하기 어려워진다는 의미이다. 각 채움이 이루어진 이후 처리 시설은 완전히 새로운 처리 조건에 직면하게 되어, 운전자의 작업을 더욱 어렵게 한다.

시간 연동 운전 (여러분들이 사이클 시간을 조정하지 않고 있다면)은, 충분히 처리되지 않은 유출수 발생으로 이어질 수 있다. 아침의 과도한 부하를 받아들이는 첫 사이클 이후에는 유량 패턴이 하락한다. 사이클 시간을 조정하지 않는다면, 2 개의 서로 다른 생물 활동을 다루게 된다. 예를 들면, 1 개의 SBR 조는 높은 유기물 부하와 높은 부피 부하를 지니는 이른 아침 하수를 받아들일 수 있고, 반면에 다른 1 개의 두 번째 SBR 조는 낮은 유기물 부하와 낮은 부피 부하를 지니는 오후 하수를 받아들일 수 있다. 사이클 시간 조정이 이루어지지 않으면, 운전자는 필연적으로 2 개의 분리된 처리 시설을 운전하고 있기 때문에 이러한 서로 다른 조건에서는 운전이 어려워진다.

탈질이 필요할 경우일 지라도 질산염으로부터 산소를 분리해내기 위해 박테리아가 활용할 수 있는 적절한 탄소원을 제공할 수 없다는 사실이 시간 연동 운전의 또 다른 문제점으로 지적된다. 이 시나리오는 특히 저유량 기간 동안 문제가 된다.

SBR 이 효율적으로 운전되기 위해서는 처리 시설을 적절하게 모니터링하고, 운전자로 하여금 사이클 시간을 조정할 수 있도록 하며, 적합한 훈련 과정을 거쳐 필요한 사이클 조정을 할 수 있는 지식을 지닌 운전자들을 확보 하여야 한다.

SBR 공정과 운전을 완전히 이해하는 운전자는 설계 한계를 극복할 수 있다. 예를 들면 시간 연동 형상으로 플랜트를 처리 시설을 운전하는 운전자는 PLC (programmable logic controller)를 재 프로그래밍하여 운전 한계를 극복할 수 있고, 이에 따라 고수위 (HWL: high water level)에 도달할 때까지 분리 단계가 개시되지 않도록 할 수 있다. 사이클 동안 SBR 조가 HWL 에 도달하지 못하면, 분리가 진행되지 않은 채 HWL 에 도달할 때까지 다음 부하를 받아들이게 된다. 이후 사이클과 분리 단계가 종료된다.

이러한 운전은 권장할 만한 운전 모드가 되지는 못하지만, 운전 방법에 대해 철저한 지식을 갖춘 운전자가 얼마만큼 숙련되게 조정할 수 있는지 여부에 따라 운전의 승패가 좌우될 것이다. 운전자들은 처리 시설의 책임을 맡고 있기 때문에 자신들의 시설을 완전히 제어하고 운전할 수 있는 유연성을 갖출 필요가 있다.

4.2 송풍기 설계

한 개의 큰 송풍기보다는 여러 개의 작은 송풍기를 설치하는 것이 바람직하다. 포기 (aeration)를 위해, 각 SBR 조에 단일 송풍기 설치가 SBR 설계에서 통상적으로 적용된다. 그러나, 여러 개의 작은 송풍기를 설치하게 되면, 한 개의 큰 송풍기를 설치할 경우에 비해 운전 효율이 향상될 수 있다.

단일 송풍기를 사용할 경우, 최악의 상황에서 최대 포기가 제공될 수 있도록 송풍기 크기를 산정하여야 한다. 최악의 상황은 수온이 높아져 하수 중의 용존 산소의 양이 감소하는 하절기에 전형적으로 발생한다. 각 SBR 조에 단일 송풍기가 설치되는 플랜트일 경우, 변동 주파수 드라이브 (VFD: Variable Frequency Drive) 적용을 반영하여야 한다.

VFD 는 어떻게 작동할까? 하수 처리 시설에서는 펌핑 (pumping)과 포기에 대부분이 에너지가 소비된다. 이러한 에너지 소비를 VFD 를 사용함으로써 절약할 수 있다. VFD 는 전자 제어 장치로, 전기 모터의 속도를 공급되는 전력의 양을 변동시켜 조절하는 역할을 한다. VFD 는 주파수 (hertz)와 교류의 진폭 (volts) 모두를 변동시킨다. 이로 인해 전기 모터가 종일 최대 속도로 운전되기 보다, 충분히 필요한 속도로 운전될 수 있도록 계속해서 조절할 수 있게 된다. VFD 가 적용된 하수 처리 시설은 장치의 수명이 길어지고, 유지 관리비가 절감될 수 있을 뿐 아니라, 펌핑과 포기에 소비되는 에너지의 약 25 %를 절약할 수 있다.

각 SBR 조에 오직 한 개의 송풍기만 설치된 플랜트에서는 공급되는 포기의 강도를 다시 바꾸기가 어려워진다. 여러 개의 작은 송풍기를 설치함으로써, 최대 포기가 필요치 않을 경우에는 송풍기의 일부를 가동시키지 않아도 되는 장점을 얻을 수 있다.

큰 기포 포기 장치보다 미세 기포 멤브레인 산기관이 선호된다. 미세 기포 산기관은 물과 접촉되는 표면적을 증가시키기 때문에, 더 많은 산소를 물로 전달할 수 있다. 같은 양의 공기를 더욱 작은 기포로 분산시킬 수 있는 경우에 비해, 큰 기포 입자로 같은 양의 공기를 공급하게 되면 전체 기포의 표면적은 감소하게 된다. 물과 접촉할 수 있는 표면적의 크기는 물 속으로 전달되는 공기의 양과 비례한다. 접촉 시간

Chapter 10 SBR 설계

때문에 포기 장치의 깊이도 산소 전달에 영향을 미친다. 포기 장치가 더 깊이 설치될수록, 기포가 수면에 도달하는 시간은 길어지게 된다. HWL 까지 물이 채워질 때, 포기 장치는 가장 깊어지게 된다. 플랜트에서 시간 연동 회분 반응을 활용하면, 포기 장치의 깊이가 최적화되지 못해 산소 접촉 시간이 최대화되지 않는다.

다수의 송풍기를 설치할 경우, 전체 송풍기 공기 공급 용량은 가장 큰 단일 송풍기가 가동 중단되었을 때 최대로 필요한 공기 수요를 충족시킬 수 있는 용량이 되어야 한다.

질산화와 탈질이 필요한 SBR 플랜트는 용존 산소 제어가 필요하다. 용존 산소는 SBR 조 깊이와 위치에 따라 변한다. 액체의 산화 용량이나 환원 용량을 측정하는 수단으로 ORP (oxidation reduction potential: 산화 환원 전위)를 적용할 것을 권장한다. 화학 반응이 종결되었는 지 여부를 결정하고, 공정을 모니터링하고 제어할 수 있는 유용한 수단이 되기 때문이다. 적절한 영양염류 제거를 달성하기 위해, ORP 에 나타나는 수치를 수정하면 어떤 변화가 공정에서 발생하는 지를 파악할 수 있는 역량을 운전자가 갖추어야 한다. ORP 수치는 일정한 범위로 나타나고, 각 시설의 특성에 따라 변한다. 일반적인 범위는 BOD 및 COD 와 같은 탄소계 물질 제거에서 +50~+250, 질산화에서 +100~+300 그리고 탈질에서 +50~-50 이다.

참고로 ORP 에 대해 간략하게 설명하고자 한다. ORP 는 한 화합물 또는 원소에서 다른 화합물 또는 원소로 필요한 전자를 전달하는 전기적 능력의 척도가 된다. ORP 는 밀리볼트 단위로 측정된다. 음의 값이면 화합물 또는 원소가 환원되는 경향을 지니는 반면, 양의 값이면 화합물 또는 원소를 산화시키는 경향을 지닌다는 지표가 된다.

온라인 용존 산소 측정기는 SBR 운전에 매우 유용하다. 운전자로 하여금 송풍 시간을 조절할 수 있게 하고, 플랜트로 유입되는 유기물 부하 변동에 대처할 수 있도록 도운다. 유기물 부하 감소는 반응 시간 감소로 이어지고, 반응 시간 감소에도 불구하고 용존 산소가 계속 공급되는 상황이 발생할 수도 있다. DO 검침기는 사이클 동안 포기-송풍기 운전 시간을 제어하기 위해 이용된다. DO 검침기로 제어가 면밀하게 이루어지면, 포기 비용 절감으로 이어진다.

4.3 분리 (Decanting)

유량 연동 회분식 운전을 할 경우, 슬러지 블랭킷이 교란되지 않도록 매번 분리할 때마다 SBR 조 내에 채워진 혼합액 부피 (즉, SBR 조 내용물)의 1/3 이상을 분리 후 유출하지 않아야 한다. 다시 강조하면, SBR 조 내용물의 1/3 이하만을 분리시켜 유출수로 배출하여야 한다. 분리 단계에서 침강된 슬러지가 교란되지 않아야 하기 때문에 분리 과정에 발생되는 소용돌이로 인한 슬러지의 섞임과 침강되었던 슬러지가 수면으로 다시 부상할 가능성을 분리기가 피할 수 있어야 한다. 분리 후 반응조 내용물의 1/3 이상이 유출될 경우 발생되는 문제점은 침강되었던 고형물이 유출수에 포함되어 유출수의 수질을 악화시킬 기회가 증가할 것이라는 점에 있다. 처리 시설이 최적으로 운전되기 위해서는 분리 후 유출 부피가 채움 단계에서 투입되는 부피와 같아야 한다는 점을 준수하는 것이 중요하다. 분리수의 방출 과정에서 발생하는 상향류 플럭스의 추진력에 의해, 부실하게 침강된 고형물이 위로 밀려 올라와 상등수와 함께 방출될 수 있다. 전형적인 부력식 분리 장치 (decanter)의 개략도를 그림 10.2 에 제시하였다.

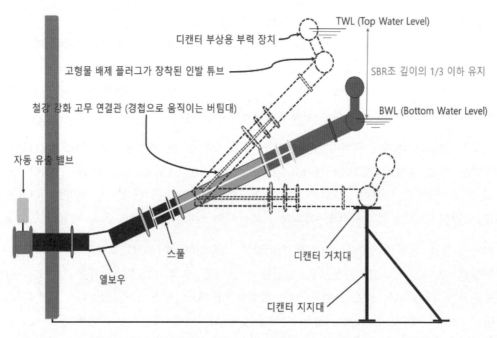

그림 10.2 전형적인 부력식 분리 장치 (decanter)의 개략도

4.4 바닥 경사

배수가 가능하고 일상적 유지 관리와 청소를 쉽게 할 수 있도록, 모든 SBR 조는 바닥 경사를 지니고 웅덩이를 제공할 수 있어야 한다. 장방형 SBR 조일 경우 한 쪽 모서리로 약한 경사를 이루게 하여 배수 및 청소용 고무 호스를 내릴 수 있도록 하여야 한다. 원형의 SBR 조일 경우, 유지 관리를 위해 중앙을 향해 경사를 유지할 수 있도록 한다.

그릿, 쓰레기, 액체 그리고 슬러지를 완전히 비울 수 있을 정도의 인발할 수 있는
수단이 포함되도록, 모든 SBR 설계에 반영한다.

SBR 조의 유지 관리는 시간 및 인력 집약적 공정이어서, 귀중한 시간이 소모될 수 있다.
예를 들면, 어떤 실제 상황에서 2,840 m³ 용량의 경사가 없는 평평한 바닥의 장방형
SBR 조를 한 명이 배수하고 청소하는 데 소요된 시간은 약 24 시간이다. 바닥에 약한
경사 만이라도 주어졌더라면, 노동 집약에서 벗어나 유지 관리 시간을 상당히 절약할
수 있었을 것이다.

4.5 SBR 조 후단 유출수 균등

SBR 조 후단의 유출수 균등화가 이루어지면, 소독 공정과 같은 하류 공정 전에 유량
변동을 완화시킬 수 있게 된다. 유출수를 저장하고 일정하게 유출 유량을 제공할 수
있어 소독 공정의 효율은 향상될 것이다. SBR 조 후단에서 유출수의 균등화가
이루어지지 못하면, 유출수는 설계 처리 양에 도달하지 못할 수도 있다. SBR 조 후단의
유출수 균등화로 인해 SBR 조에서 유출되는 유량은 느린 유속으로 조절되어 빠져 나와
수리적으로 하류 공정에 파장을 일으키지 않게 되기 때문에, 하류 공정의 크기도 줄일
수 있는 혜택을 얻을 수 있다.

또한 유출수 균등으로 인해, 염소 주입 용 미세 유량 조절 미터링 펌프와 염소
분석기의 운전 범위를 벗어날 정도로 큰 변동은 발생하지 않도록 보장할 수 있게 된다.
이상적으로는 분리하여 배출하는 배출수의 최소 2 배를 저장할 수 있을 정도의 충분한
용량으로 균등조를 설계하여야 한다. SBR 조에서 분리가 부실하게 이루어질 경우,
고형물이 포함된 부실한 유출수를 균등조부터 다시 반응조 전단부로 반송시키는
수단이 될 수 있다. 또한 유출수 균등조 바닥에 경사를 주게 되면, SBR 조에서 분리가
부실하게 이루어져 유출수에 포함되게 되는 고형물을 유출수 균등조 바닥 배수
웅덩이에서 인발하여 다시 제거할 수 있는 수단이 될 수 있다.

4.6 SBR 조 부피 산정

4.6.1 경험 규칙에 의한 물리적 부피 산정

SBR 조 내용물의 1/3 이상을 분리하지 않아야 한다는 앞에서 강조한 경험적 규칙에
의해, SBR 조 부피가 물리적으로 산정된다. 분리 단계에서 유출되는 상등수의 부피는

유입 하수 부피, 즉 채움 부피 (V_{fill})와 동일하다. 유입 유량 Q (m³/일)가 정해지면, 진행되는 사이클 수에 따라 SBR 조 유효 부피 V_{SBR} 이 결정된다. 일 처리 대상 유량이 Q 이고 사이클 수로 나누어 SBR 조로 유입된다. 하루 N 회 사이클로 운전된다면, 유입 하수는 Q/N 부피만큼 매 사이클 마다 SBR 조에 채워진다. 즉, V_{fill}= Q/N 이 된다. V_{fill}≤1/3 V_{SBR} 이기 때문에, SBR 조의 최소 유효 부피는 다음과 같이 산출된다:

$$V_{SBR,min}=3Q/N$$

(10.1)

여기서, $V_{SBR,min}$ = SBR 조의 최소 유효 부피, m³; Q= 처리할 계획 하수 유량, m³/일; N = 하루에 진행되는 사이클 수.

계획 하수 유량 Q = 500 m³/일이고 일 4 cycle 로 운전할 경우, SBR 조의 최소 유효 부피는 $V_{SBR,min}$= 3Q/N =3*500 m³/일/4 사이클/일 = 375 m³ 이 된다. SBR 조에 채워지는 혼합액 부피가 375m³ 이상이 되어야 한다는 의미이다.

이상의 설명을 요약하면 다음과 같다:

*   채움 부피 V_{fill} (m³)는 설계 유량 Q (m³/day)과 설계 cycle 회수 (# of cycle/day) 그리고 SBR 조 수, N (#, 무차원)의 함수이고, 다음과 같은 관계식으로 표현할 수 있다:

$$V_{fill} (m^3) = Q (m^3/day)/\# of cycle (\#/day)/SBR 조 수 (N)$$

(10.2)

설계 하수 유량이 500 m³/day 이고, 하루 4 회의 cycle (1 cycle 운전에 소요되는 시간은 6 hour)로 2 개의 SBR 조가 병렬로 운전될 경우, 채움 부피 V_{fill} 은 다음과 같다:

$$V_{fill} (m^3) = 500 (m^3/day)/4(day^{-1})/2 = 62.5 m^3$$

*   앞에서 기술한 바와 같이 $V_{fill} (m^3)$ = 62.5 m³ = $V_{effluent} (m^3)$ = 1/3 $V_{SBR,min} (m^3)$ 이기 때문에, 설계 유량 500 m³/day 를 처리할 수 있는 SBR 조의 최소 부피는 결과적으로 다음과 같이 주어진다:

$$V_{SBR,min} = 3 \times 62.5 = 187.5 m^3$$

*   결론적으로 말하면, 187.5 m³ 최소 부피를 지니는 2 개의 SBR 조를 하루에 4 cycle (1 cycle 당 6 시간) 로 운전하여야, 설계 유량 500 m³/day 의 하수를

처리할 수 있게 된다. 그러나 위의 과정에서 산출된 SBR 조의 최소 부피는 SBR 조 구조물의 부피가 아니라, 구조물 내의 반응 단계 혼합액 부피에 해당된다. 혼합액 (mixed liquor)에는 하수 원수가 생성된 슬러지와 함께 혼합되어 존재한다. 수면 아래 분리기의 오리피스가 위치하기 때문에, 혼합액 부피와 함께 분리기가 차지하는 물리적 공간도 SBR 조 구조물 부피에 반영되어야 한다. 이외에도 SBR 조 내 산기관의 물리적 부피, 배관의 물리적 부피, 교반기의 물리적 부피, 검침기 및 검침기 지지 장치의 물리적 부피 등을 감안하면, 설계 SBR조 부피는 반응 단계 혼합액 부피의 1.3배 이상으로 산정할 것을 권장한다. 즉,

$$V_{SBR} \geq 1.3V_{SBR,min}$$

(10.3)

방류 수질을 준수하지 못해 야기되는 문제의 심각성을 고려한 내용물 1/3 이하 배출 기준은 SBR 공정을 먼저 시행하였던 미국 등과 같은 국가의 수많은 경험에서 얻어진 결과이다. 결국에는 지침과 같이 수용되고 있는 실정이고, 설계자는 이를 정확하게 준수하기 바란다. 설계자에게 1/3 이하 분리 배출을 반영할 수 있는 근거를 마련해주기 위해, 아래 박스의 내용을 제시한다.

During the decant phase, operating under a flow-paced batch operation, no more than one-third of the volume contained in the basin (i.e., the tank contents) should be decanted each time in order to prevent disturbance of the sludge blanket. The decant phase should not interfere with the settled sludge, and decanters should avoid vortexing and taking in floatables. The problem with decanting more than one-third is that it increases the chance that solids will be decanted into the effluent, thereby impairing the effluent quality.

유량-연동 회분식 운전을 행할 경우에는, 분리 단계 동안 슬러지 블랭킷의 교란을 예방하기 위해 반응조 내용물의 1/3 이상을 분리하지 않아야 한다. 분리 단계로 인해 침강되었던 슬러지가 교란되지 않아야 하고, 분리기는 소용돌이와 부상물 흡입을 피할 수 있어야 한다. 1/3 이상을 분리하면 유출수에 침전물이 포함될 가능성이 증가하고, 따라서 유출 수질 악화로 이어진다.

(출처: New England Interstate Water Pollution Control Commission (NEIWPCC) (2005) Sequencing Batch Reactor Design And Operational Considerations, p. 11-12, Lowell, MA)

4.6.2 생물학적 부피 검증

생물학적 활동으로 생성되는 슬러지가 차지하는 부피 (V_{settle}), 침강되었던 슬러지가 분리 단계에서 다시 부상하지 않도록 보장하는 완충 부피 (V_{buffer}) 그리고 채움 부피 (V_{fill})의 합으로 SBR 조의 유효 부피를 산출하는 절차가 생물학적 방법이다.

탄소계 물질 제거와 관련되는 휘발성 고형물 생산 질량 $M(X_{vc})$는 다음의 식 (4.14) (제 4 장 참조), 질산화와 관련된 휘발성 고형물 생산 질량, $M(X_{vn})$ 은 식 (10.4)로부터 구할 수 있다:

$$M(X_{vc}) = M(X_a) + M(X_e) + M(X_i)$$
$$= Q(S_{ti} - S_t)SRT\left\{\frac{(1 - f_{us} - f_{up})Y_h}{1 + b_h SRT}(1 + fb_h SRT) + \frac{f_{up}}{f_{cv}}\right\}$$

(4.14)

$$M(X_{vn}) = Q(N_{ai} - N_a)SRT Y_{hn}/(1 + b_{hn}SRT)$$

(10.4)

휘발성 고형물 생산 질량, $M(X_v) = M(X_{vc}) + M(X_{vn})$이고 다음 식 (10.5)와 같이 주어진다.

$$M(X_v) = M(X_{vc}) + M(V_{vn}) =$$

$$Q(S_{ti} - S_t)SRT\left\{\frac{(1 - f_{us} - f_{up})Y_h}{1 + b_h SRT}(1 + fb_h SRT) + \frac{f_{up}}{f_{cv}}\right\}$$

$$+ Q(N_{ai} - N_a)SRT Y_{hn}/(1 + b_{hn}SRT)$$

(10.5)

총 고형물 생산 질량, $M(X_t)$는, 다음과 식 (10.6)과 같이 주어진다:

$$M(X_t) = \frac{Q(S_{ti} - S_t)SRT}{f_i}\left\{\frac{(1 - f_{us} - f_{up})Y_h}{1 + b_h SRT}(1 + fb_h SRT) + \frac{f_{up}}{f_{cv}}f_i\right\} + \frac{Q(N_{ai} - N_a)SRT Y_{hn}}{f_i(1 + b_{hn}SRT)}$$
$$+ Q(TSS_0 - VSS_0)SRT$$

(10.6)

여기서, $M(X_a)$ = 활성을 지니는 휘발성 고형물 질량, mgVSS; $M(X_e)$ = 내생 잔류 휘발성 고형물 질량, mgVSS; $M(X_i)$ = 비활성 휘발성 고형물 질량, mgVSS; Q = 유입 유량 (L/day), S_{ti} = 유입 COD 농도, mgCOD/L; S_t = 유출 COD 농도 (mgCOD/L); N_{ai} = 유입 TKN 농도 (mgTKN/L); N_a = 유출 TKN 농도, mgTKN/L; Y_h = 종속영양 미생물 비 수율 계수, mgVSS/mgCOD; Y_{hn} = 질산화 미생물 비 수율 계수, mgVSS/mgTKN; b_h = 종속영양 미생물 내생 호흡율, day^{-1}; b_{hn} = 질산화 미생물 내생 호흡율,

day^{-1}; f = 내생 잔류물 분율; f$_{cv}$ = COD/VSS 비, mgCOD/mgVSS; f$_{us}$ = 용존성 난분해 COD 분율; f$_{up}$ = 입자성 난분해 COD 분율; f$_i$ = MLVSS/MLSS 비 (mgVSS/mgTSS); M(X$_t$) = 총 고형물 질량, mgTSS; TSS$_0$ = 유입 총 고형물 농도, mgTSS/L; VSS$_0$ = 유입 휘발성 고형물 농도, mgVSS/L..

총 고형물은 침강 단계에서 침강하고, 침강된 고형물의 부피는 SBR 조 하부에 위치하게 된다. 하부에 침강된 고형물 질량을 SVI 값을 적용하면, 침강된 고형물 부피 (V$_{settle}$)로 환산된다. 채움 부피 V$_{fill}$ 은 식 (10.2)에 의해 물리적으로 결정된다. 침강되는 슬러지 부피와 하수 원수로 채워지는 채움 부피가 결정되었다. 반응 단계에서 이 두 부피가 혼합되어 혼합액을 형성하고 반응이 진행된다. 하수 원수의 유기물은 활성을 지니는 슬러지에 의해 일부는 분해되고 일부는 섭취된다. 그러나, 한 단계가 진행되지 않은 채 남게 된다. 분리 단계가 이에 해당된다. 분리가 시작되기 전에는 침강된 슬러지와 깨끗한 상등수의 뚜렷한 경계면이 SBR 조 내에 형성된다. 경계면의 상부 상등수만을 분리해서 유출시키고, 새로운 하수 원수를 다시 유출된 공간에 채우면 된다. 그러나 경계면에 분리기 흡입구 (또는 오리피스)가 위치하게 되면, 흡입에 의한 흐름으로 침강되었던 슬러지가 교란되어 경계면 상부로 다시 부상하며 흩어진다. 결국 분리수에는 슬러지가 포함되고, 유출 수질은 방류 기준을 준수하지 못할 정도로 악화된다. 따라서, 슬러지 교란을 방지할 수 있는 완충 공간 (V$_{buffer}$)이 SBR 조에 추가로 확보되어야 한다. 결과적으로 SBR 조 부피는 채움 부피, 슬러지 침강 부피 그리고 완충 부피로 구성된다.

$$V_{SBR} = V_{fill} + V_{settle} + V_{buffer}$$

(10.7)

침강 부피와 완충 부피는 모두 슬러지의 침강성과 연관된다. 슬러지 침강성은 슬러지 부피 지수인 SVI (Sludge Volume Index)로 표현된다. SVI 값은 다음의 식에 의해 산출된다:

$$SVI(mL/g) = \text{침강계에서 30 분 간 침강된 슬러지 부피}(\tfrac{mL}{L}) \div MLSS(\tfrac{mg}{L}) \times 1000\, mg/g$$

(10.8)

분모가 MLSS 농도이기 때문에, SVI 는 MLSS 가 증가할수록 감소하고 슬러지의 침강성은 강화된다. 침강계 (settleometer)에서 30 분 동안 침강된 슬러지의 부피를 실험적으로 측정하고, 같은 하수 회분을 MLSS 농도도 함께 측정함으로써 SVI 값이 결정된다.

침강성 또는 MLSS 와 같은 슬러지 특성에 비해, SVI 값은 더욱 정확한 슬러지 특성의 지표가 된다. SVI 는 슬러지 1 g 이 침강되어 차지하는 부피에 해당된다. 1 g 의 슬러지를 채울 공간 또는 부피를 상상해보라. 상상하는 부피가 작을수록 슬러지의 단단함을

생물학적 영양염류 제거 공정 설계 실무

느끼게 될 것이고, 상상하는 부피가 커질수록 솜털같이 푹신한 느낌을 가질 수 있을 것이다. 슬러지에 사상균이 포함되면, 슬러지 1 g 은 솜털같이 가벼워지고, 집중되지 못하고 펼쳐지게 될 것이다. 반면에, 1 g 의 단단한 입상 모양의 슬러지는 진흙 모양이 될 것이다. SVI 값이 커질수록, 침강 부피가 더욱 증가하게 되는 것이다.

또한 SVI 값이 커지면, 분리 단계에서 슬러지가 다시 부상할 가능성이 높아지고, 보다 큰 완충 부피가 요구된다. 결과적으로 SVI 값은 침강 부피와 완충 부피에 영향을 주게 된다. 반응 단계에서 필요한 SBR 조의 MLSS 농도가 높은 값으로 선정될수록, SVI 값은 낮아지고 슬러지의 침강성이 더욱 양호해진다. 수많은 SBR 조 운전 경험을 기반으로, 적절한 완충 영역 분율을 MLSS 와 SVI 값의 함수로 제시하면 다음과 같다. SVI 값이 200 mL/g 을 초과하게 되면, SBR 조의 침강 기능이 성공적으로 수행되기 어려워지고, SBR 공정을 다른 공정으로 교체할 필요가 있다:

$$MLSS < 2,000 \ mgTSS/L, \ 또는 \ SVI > 180 \ mL/g,$$

$$V_{buffer} = 0.40 \ V_{SBR}$$

$$2,000 \ mgTSS/L \le MLSS < 2,500 \ mgTSS/L, \ 또는 \ 150 \ mL/g < SVI \le 180 \ mL/g,$$

$$V_{buffer} = 0.35 \ V_{SBR}$$

$$2,500 \ mgTSS/L \le MLSS < 3,500 \ mgTSS/L, \ 또는 \ 120 \ mL/g < SVI \le 150mL/g,$$

$$V_{buffer} = 0.30 \ V_{SBR}$$

$$3,500 \ mgTSS/L \le MLSS < 4,500 \ mgTSS/L, \ 또는 \ 90 \ mL/g < SVI \le 120 \ mL/g,$$

$$V_{buffer} = 0.25 \ V_{SBR}$$

$$4,500 \ mgTSS/L \le MLSS, \ 또는 \ 90 \ mL/g \ge SVI,$$

$$V_{buffer} = 0.20 \ V_{SBR}$$

$$(10.9)$$

여기서, V_{SBR} = SBR 조 유효 부피 (혼합액 부피).

식 (10.7)의 우변항에 포함된 V_{fill} 은 식 (10.2)에 의해 얻어지고, V_{settle} 은 식(10.6)의 슬러지 질량에 SVI 값을 곱하여 식 (10.12)에 의해 얻어지며, V_{buffer} 는 식 (10.9)에 의해 얻어진다. 결과적으로 SVI 와 MLSS 가 고정되면, SBR 조의 유효 부피 V_{SBR} 이 산출된다.

그러나, 설계에서 SVI 를 산정하기는 매우 어렵다. SVI 는 SRT 에 따라 변하게 된다. 슬러지 연령을 대변하는 SRT 가 길어질수록, 슬러지 침강성은 부실해지고 SVI 값은

Chapter 10 SBR 설계

증가하게 된다. SRT 변화에 따라 SVI 가 변동하는 전형적인 거동 패턴을 그림 10.3 에 제시하였고, 이를 이용하면 SVI 를 결정할 수 있다. 그러나 SRT 는 인위적으로 결정되는 것이 아니라, 반응 단계에서 필요한 MLSS 농도에 의해 산출된다 (식 (10.11)).

반응 단계에서 필요한 MLSS 농도가 고정되면, 다음의 관계식이 성립한다:

$$V_{SBR} \cdot C_{MLSS} = M(X_t) \, (1,000)$$

(10.10)

여기서, $M(X_t)$ = SBR 조 총 고형물 질량, mgTSS; V_{SBR} = SBR 조의 혼합액 부피 m³; C_{MLSS} = SBR 조 내 MLSS 농도, mgTSS/L.

식 (10.6)을 식 (10.10)에 대입하고 V_{SBR} 을 중심으로 정리하면, 식 (10.11)이 얻어진다:

$$V_{SBR} = 1,000/C_{MLSS} \frac{Q(S_{ti} - S_t)SRT}{f_i} \left\{ \frac{(1 - f_{us} - f_{up})Y_h}{1 + b_h SRT} (1 + f b_h SRT) + \frac{f_{up}}{f_{cv}} f_i \right\}$$
$$+ \frac{Q(N_{ai} - N_a)SRTY_{hn}}{f_i(1 + b_{hn}SRT)} + Q(TSS_0 - VSS_0)SRT$$

(10.11)

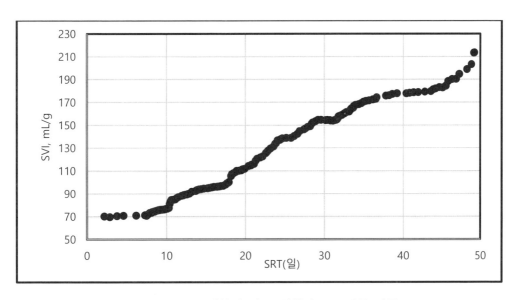

그림 10.3 SRT 변화에 따른 전형적 SVI 변동 거동

생물학적 영양염류 제거 공정 설계 실무

물리적 경험 법칙 식 (10.1)의 $V_{SBR,min}$에 1.3 배를 곱한 부피 (식 (10.3))을 V_{SBR}로 결정하여 식 (10.11)에 대입하고, 반응 단계에서 필요한 MLSS 를 결정하여 식 (10.11)에 대입한 후, 좌변과 우변이 같아질 때까지 SRT 를 변화시켜가며 시행착오를 거치게 되면, 좌변과 우변이 동일해지는 SRT 값이 산출된다. SRT 값이 산출되면, 식 (10.6)의 슬러지 질량이 식 (10.12)에 의해 슬러지 침전 부피 (V_{settle})로 환산된다:

$$V_{settle} = M(X_t) \cdot SVI \cdot 10^{-3} \ (m^3)$$

(10.12)

식 (10.7)의 생물학적 방법에 의해 산출된 V_{SBR}과 식 (10.3)의 물리적 법칙에 의해 산출된 V_{SBR}을 상호 비교하여, 더 높은 값을 최종 V_{SBR}로 산정한다.

4.6.3 SBR 조 형상

SBR 조의 유효 부피 V_{SBR}은 식 (10.3)과 식 (10.7)에 의해 산출될 수 있으나, 부피 산정에 고려하여야 할 요인들이 여전히 남아 있다. 생물학적인 반응 단계 외에도 채움, 침강, 분리 및 휴지 단계와 같은 물리적 단계도 단일 SBR 조에서 함께 진행되어야 하기 때문이다. 침강되었던 고형물이 분리 단계에서 분리기 흡입으로 인해 교란되어 유출수로 빠져나갈 수 있기 때문에, 슬러지의 침강성에 따라 SBR 조 내에서 침전물이 차지하는 부피가 변화할 수 있다. Bardenpho, A_2O 및 UCT 공정과 같이 연속 흐름으로 정상 상태에서 운전되는 BNR 공정과는 달리, SBR 공정의 부피 산정에는 침강 부피 변동 및 침강되었던 슬러지가 분리 과정에서 부상되어 유출수로의 유실을 방지하기 위한 완충 부피가 결과적으로 반영되어야 한다. 따라서 침강 기능이 반응 기능과 함께 SBR 조에 포함되어 있기 때문에, 2 차 침강조가 필요한 연속 흐름 정상 상태 BNR 공정에 비해 SBR 공정이 용량 면에서 유리하다고 해석하기 어려워진다.

또한 침강 기능이 포함되기 때문에, 반응 기능과 침강 기능을 함께 효율적으로 수행할 수 있는 형상으로 SBR 조를 설계하여야 할 것이다. 침강 단계에서 슬러지가 빠르게 침강되지 못하거나, 분리 단계에서 분리기 흡입에 의해 침강되었던 슬러지의 일부가 유출수에 포함되지 않아야 한다. 깊이: 폭의 비가 커질수록 침강 기능은 부실해지고, 전체 공정 부실화로 이어지게 되고, 보다 높은 값의 V_{buffer}를 산정하여야 할 것이다. SBR 은 이상적인 회분식 반응기로 완전 혼합을 기반으로 운전된다. 고요한 정적인 상태에서 침강 기능이 향상되는 반면, 완전하게 혼합 되어야만 반응 기능이 최적화되는 역설적인 관계로 인해, SBR 조 형상 설계가 어려워진다. 반응기의 기능을 우선하게 되면, 침강 기능이 부실해질 수도 있다는 의미이다. 폭과 높이가 서로 비견할 수 있을 정도의 형상이 SBR 조 형상으로 바람직하다. 2 차 침강조 (또는 최종 침강조)의 전형적인 형상인 원 (circular)형 모습을 상기하면, 쉽게 이해할 수 있을 것이다.

SRT 가 길어질수록 SBR 조 내의 슬러지 질량은 증가하기 때문에, SBR 조의 부피도 증가하게 된다. SRT 증가로 인한 SBR 조 부피 증가 요인 외에도, SRT 증가로 인해 슬러지의 침강성이 부실해지고 침강성 부실도 SBR 조 부피 증가에 크게 기여한다는 점에 주목할 필요가 있다. 침강성 부실화는 슬러지 침강 부피 증가와 완충 영역 추가 확보로 이어지고, 결과적으로 SBR 조의 부피가 크게 증가하게 되는 원인이 되기 때문이다.

침강 기능을 함께 수행하기 때문에, 단순하게 슬러지 생산량 증가 부분만을 반응기 용량 증가 부분으로 반영하지 않아야 한다. 슬러지의 침강성이 부실해질수록 침강 단계에 필요한 시간은 증가하고, 이는 반응 단계와 같은 다른 단계 시간 감소로 귀결된다. 반응 단계 시간이 감소하면 (특히 질소 제거에 필요한 반응 단계 시간이 감소하면), 전체 영양염류 제거 효율의 저하로 이어진다. 질산화가 충분히 진행되지 못하면 질소 제거 효율이 저하되고 (제 5 장, 제 6 장 참조), 질산화는 충분히 진행되었지만 무산소 조건이 형성되지 않아 탈질이 원활하게 진행되지 못하여 과잉 인 제거 자체가 개시되기 어려워진다 (제 7 장 참조).

식 (10.7)을 보다 상세하게 살펴보면, V_{SBR} 이 고정되면 SRT 는 C_{MLSS} 의 함수가 된다는 사실을 알 수 있다. 반응 단계에서 필요한 C_{MLSS} 목표 농도에 따라 SRT 도 함께 변동한다. C_{MLSS} 와 SRT 모두를 편리한대로 임의적으로 설계에 반영하면, 부실한 공정 설계로 이어지게 된다. 또한, SVI 도 SRT 와 연관 (SRT 가 길어질수록, SVI 도 함께 증가)될 뿐 아니라, 사상균으로 인한 침강성 부실화도 발생할 수 있기 때문에, 연계 상황을 보다 종합적으로 면밀하게 분석하여 설계에 임하여야 한다.

SBR 조 부피 산정 방법에는, 슬러지 침강성 (또는 SVI), 벌킹 및 사상균 발생, 침강조로서의 기능을 함께 수행하기 어려운 SBR 조 형상 등과 같은 사항들이 독립적으로 직접 반영되어 있지 않다. SBR 조가 침강 기능을 효율적으로 수행하기 위해서는, 적절한 형상을 지녀야 한다. 깊은 대신 폭이 좁은 형상으로 설계하면, 침강 기능이 저하된다. 가까운 벽면에서 마찰력이 발생하고, 침강은 느리게 진행된다. 따라서, 깊이와 폭이 거의 같아지는 형상으로 SBR 조를 설계하는 것이 바람직하다. 슬러지는 침강하면서 압밀되고, 브랭킷에서 맑은 물이 빠져나온다. 이러한 수로 형성은 투명한 침강계 (settleometer)의 측면에서 쉽게 관찰할 수 있다. 압밀되고 물이 빠져나가면서, 슬러지는 코티지 치즈와 같은 모양을 지니게 된다. 슬러지가 농축되고 압밀 될수록,

물은 슬러지 블랭킷 상부로 부상하여 상등수 (supernatant)가 된다. SBR 조가 좁은 폭으로 설계되면, 부상하는 물의 속도로 인해 침강 속도가 느려진다.

모든 하수는 특성이 서로 다르고, 같은 지역에서도 계절 마다 변하며, 하루에도 시간마다 변동한다. 40 가지 이상의 하수 특성이 반응기의 성능에 영향을 주기 때문에, 슬러지 생산량도 변동한다. 따라서, 물리적 부피 산정 결과를 생물학적 부피 산정 결과로 검증할 필요가 있다. 공정에 참여하는 미생물의 비 성장율, 내생 손실율, 생물 분해 가능한 유기물질 및 생물 분해되지 않는 무기 고형물, MLVSS/MLSS 의 비 등에 따라, 매일 생산되는 SBR 조의 내용물이 달라진다. 슬러지 연령에 해당하는 SRT 가 길어질수록 활성을 지니는 슬러지 질량 분율은 감소하게 되고, 이는 침강성 부실로 이어진다. 따라서, 각 매개 변수를 발생 하수 특성에 맞는 각 매개 변수 값들을 실험을 거쳐 구하고, 식 (10.7)에 최저 수온에 해당하는 각 매개 변수 값들을 대입하여 보다 정확한 생물학적 SBR 조 부피 산정이 이루어져야 할 것이다.

설계자가 인위적으로 또는 즉흥적으로 SRT 를 산정하지 않아야 한다. SBR 조 부피가 정해지고 반응 단계에서 필요한 MLSS 농도가 정해지면, SRT 가 산출된다. 즉, SRT 는 MLSS 농도의 함수가 된다는 의미이다. 반대로 SRT 가 정해지면, MLSS 농도가 이어서 산출된다. SRT 와 MLSS 농도 모두를 함께 인위적으로 결정하면, SBR 조 설계는 실패로 귀결된다. 설계자는 SRT 와 MLSS 중 어느 하나만을 목표 값으로 산정하여야 한다.

SRT 가 산출되면, 그림 10.3 에 의해 SVI 값이 산출된다. SRT 가 증가할수록 SVI 값은 크게 증가한다. 23 일 이하의 SRT 에서는 120 mL/g 의 SVI 값을 유지하여 슬러지 침강성을 확보할 수 있는 반면, 35일 이상의 SRT 에서는 180~220 mL/g 범위의 SVI 값이 얻어지고 슬러지 침강성이 부실해진다. 과도한 부하 유입, 특정 폐수가 포함되는 하수 등과 같이 특별한 상황이 아니고는, 35 일 이상의 SRT 에서 BNR 공정 운영을 자제하여야 하는 또 다른 이유가 된다.

침강계 (settleometer)에서 30 분 동안 침강된 슬러지의 부피를 실험적으로 측정하고, 같은 하수 회분을 MLSS 농도도 함께 측정함으로써, SVI 값이 결정된다. 그러나 모든 측정값에 공통으로 적용되는 규칙은, 실험에 해당하는 조건에서만 측정값을 적용하여야 한다는 사실이다. 그림 10.3 에 제시된 결과는, 특정 지역의 특정 발생원 하수에 한해서 얻어진 결과이다. 설계 대상 하수 처리 시설이 건설되는 지역의 계획 인구에서 발생하는 하수를 대상으로, SRT 변화에 따른 SVI 값 거동을 관찰하고 분석하여야 한다.

BNR 기술이 공공 하수 처리 시설 설계에 반영되기 위해서는, 공개적인 경쟁 과정을 거치게 된다. 가격 평가에는 건설비 평가와 유지관리비 평가가 포함된다. SRT 를 높게 책정하여 하루에 폐기되는 슬러지 비용을 낮게 산정하고, 유지 관리비 평가 항목에서 유리한 입장을 선점하려는 기술들을 면밀하게 평가할 필요가 있다. SRT 는 미생물의 수명과 같은 의미를 지닌다. 역동적으로 활동할 수 있는 미생물의 역할로, BNR 공정의 영양염류 제거 역량이 강화된다. 또한 SRT 가 증가할수록 공정 부피도 함께 증가하여, 건설비와 전기 요금을 포함한 유지관리비가 크게 증가하게 된다. SRT 를 인위적으로 높게 설정하게 되면, 슬러지 발생 비용을 저감하려는 의도가 보다 큰 손실로 다가오게 된다.

4.7 고형물 체류 시간 (SRT) 결정

영양염류 제거 공정에서의 미생물의 성장은 여러 인자들에 의해 영향을 받는다. 하수를 질산화하는 독립영양 미생물의 성장 수요를 탄소계 유기 물질 (예: COD)을 산화시키는 종속영양 미생물의 성장 수요와 비교함으로써, 운전자가 처리 시설 제어를 보다 깊이 있게 이해할 수 있게 될 것이다.

4.7.1 고형물 체류 시간

고형물 체류 시간 (solids retention time: SRT) (평균 세포 체류 시간 (Mean Cell Residence Time: MCRT), 또는 슬러지 연령 (sludge age)이라고도 함)은, 전형적인 활성 슬러지 시스템에서 가장 통상적으로 사용되는 매개 변수이다. SRT 는 미생물 (슬러지)이 시스템에서 체류하는 평균 시간 (day)을 나타내는 척도로서, 다음과 같이 산출된다:

$$SRT = SBR \text{ 조 내의 MLSS 질량/}$$
시스템으로부터 하루에 폐기되는 총 부유 고형물 (TSS) 질량

SRT 가 너무 짧아지면 생물학적 시스템은 오염 물질을 분해하는 충분한 질량의 미생물을 지니지 못하게 되고, 방류 수질의 부실로 이어진다. SRT 는 하수 성분과 하수 성분을 소비하며 자라는 미생물의 성장 속도에 따라 변한다. 예를 들면 아세테이트와 같은 단일 탄소 화합물이 대사 작용에서 소비될 경우에는, 빠르게 성장하는 종속영양 미생물로 인해 SRT 는 1 일 미만이 된다. 반면에, 암모니아 질소는 느리게 성장하는 박테리아에 의해 산화되기 때문에, SRT 는 보다 더 길어지게 된다. 탄소계 유기물질을 제거하는 많은 플랜트는 2-4 일 범위로 SRT 를 설계에 반영하지만, 암모니아 질소 처리를 위한 시설에서는 2 배 정도 긴 SRT 를 반영하게 된다. SBR 조의 크기와 MLSS

농도가 일정하면, 슬러지 폐기율이 증가할수록 SRT는 짧아지고, 슬러지 폐기율이 감소하면 SRT는 길어질 것이다.

BNR 시스템에는 호기 반응기 외에 혐기 반응기와 무산소 반응기가 함께 포함될 수 있기 때문에, BNR 시스템의 SRT는 호기 반응기로만 구성되는 시스템과는 다르게 산출된다. 예를 들면, SBR의 포기 공정은 전체 운전 시간 중 35-45%를 초과하지 않을 것이다. 따라서, 호기성 SRT(반응기의 포기 공정 부분에 대한 SRT)와 전체 시스템의 SRT를 모두 함께 포함시켜 공정을 제어하여야 한다. 혐기 영역 또는 무산조 영역에서는 별도로 분리된 SRT 산출이 필요하다. 생물학적으로 인을 제거하는 공정에서는, 대표적인 인 저장 미생물(PAOs)인 아시네토백터(Acinetobacter)의 성장에 적합한 SRT로 1일을 권장한다. 혐기성 접촉이 너무 길어지게 되면, 아시네토백터는 저장해 두었던 인을 방출하고 탄소를 섭취할 것이다 (이를 2차 인 방출이라 한다).

하수 처리 플랜트는 혼란을 초래할 정도로 많은 하수 특성들이 나열되는 복잡한 모델을 기반으로 전형적으로 설계된다. 사실 어느 책에는 하수 처리 플랜트 설계에 반영하여야 할 특성으로 40가지에 가까운 성분들을 나열하고 있다. 시설 성능을 최적화하기 위해, 다행히 BNR 시설 운전자들은 하수 특성과 시설 운전 사이의 관계에 대한 기본적인 이해만이 필요하다. 핵심적 하수 특성 중 하나는 BNR 시스템으로 유입되는 불활성 총 부유 고형물(TSS)의 질량과 관련된다. 고 농도의 불활성 TSS 유입으로 인해 MLSS 내 생물 분해되지 않는 고형물 분율이 증가하게 되고, 하수를 충분히 처리하기 위해 더욱 긴 SRT가 필요하게 될 것이다.

운전자들은 BOD 또는 COD 구성 성분에 대해 보다 깊이 이해할 필요가 있다 (제3장, 제4장 참조). 예를 들면, 5일간 BOD 테스트를 거쳐 0.45 μm 여과 필터를 통과할 수 있는 용존성 BOD를 측정할 수 있다. 1일의 BOD 테스트를 거치면, 쉽게 분해되는 유기물 분율을 어느 정도 예측할 수 있다. 쉽게 분해되는 유기물은 생물학적 영양염류 제거 공정에서 핵심적인 역할을 한다. 하수 내 쉽게 분해되는 유기물 분율이 증가할수록, 탈질 효율이 향상될 뿐 아니라 (제7장 참조), 과잉 인 제거 효율도 상승한다 (제8장 참조).

운전자들은, 유입 유기물질과 활성 슬러지 폐기를 평가함으로써 귀중한 정보를 습득할 수 있다. 예를 들면, 전형적인 활성 슬러지 시스템에서는 제거되는 100 mg의 유기물질마다, 전형적으로 5 mg의 질소와 1 mg의 인이 함께 사용된다. 총 인을 제거하기 위해 BNR을 운전할 경우, 유입 BOD/총인 비가 20:1 이상 보장되어야, 1.0 mg/L 미만의 인 방류 농도를 유지할 수 있게 된다.

Chapter 10 SBR 설계

BOD/총인 비는 BNR 공정의 형상과 목표 수질에 따라 변하게 된다. 질산화와 탈질이 필요하지 않는 공정 (즉, 혐기성/호기성 공정: A/O 공정)에서는, 유입 BOD/총인 비가 15:1 이 필요할 수도 있는 반면, 질산화와 탈질이 필요한 공정에서는 BOD/총인 비가 25:1 이상이 될 수도 있다.

많은 BNR 시설은 높은 SRT (8 일 이상)를 적용하여 충분한 질산화를 이루고, 탈질이 진행될 수 있도록 한다. 길어진 SRT 로 인해, 슬러지 침강성 문제와 거품 발생 문제가 야기된다. 하수 중 일부 성분 (예를 들면, 세제, 기름 및 그리스 등)과 슬러지 반송으로 인해 이러한 문제는 가중된다. 이 경우 분사 노즐을 이용하여 소포제를 투입할 필요가 있다.

4.7.2 SBR 조의 SRT 결정 및 제어

SRT 는 SBR 조 내 고형물 질량을 매일 폐기하여야 할 활성 슬러지 질량으로 나누어 산출된다 (즉, SRT = SBR 조 내 고형물 질량/매일 폐기할 슬러지 질량). SBR 생물학적 영양염류 제거 공정 설계에서 적절한 SRT 가 보장될 수 있는 전략이 무엇보다 중요하다. 예를 들면 질산화 시스템의 설계 SRT 는 사이클 동안 포기 시간을 기준으로 산정되어야 한다. 전체 사이클 시간 기준으로 SRT 를 산정하지 않아야 한다는 의미이다.

MLSS 농도를 가장 높게 제공하기 위해서는 슬러지 폐기가 휴지 사이클 동안 진행되어야 한다. 플랜트는 MLSS 농도 대신 MLSS 질량을 기준으로 운전되어야 한다. SBR 조의 슬러지는 소화조 및/또는 최종 처분을 위해 임시로 저장하는 탱크로 폐기된다. 슬러지 소화조 및/또는 슬러지 저장 탱크의 상등수는 SBR 조 유입수로 반송되거나 또는 유입 유량 균등조로 반송되어 처리 과정을 거치게 된다.

참고문헌

Akýn B.S. and Ugurlu A. (2005), Monitoring and control of biological nutrient removal in a Sequencing Batch Reactor., Process Biochemistry Vol.40, pp 2873–2878

Ashwin, Krishnaswamy Sethurajan Athinthra (2011) Treatment of textile effluent using SBR with pre and post treatments: Kinetics, simulation and optimization of process time for shock loads. Desalination Vol. 275, pp. 203–211.

California State University, Sacramento, Office of Water Programs (1997) Small Wastewater System Operation and Maintenance, Volume 1, First Edition.

California State University, Sacramento, College of Engineering and Computer Science Office of Water Programs (2002) Operation of Wastewater Treatment Plants, Volume 1, Fifth Edition.

California State University, Sacramento, Office of Water Programs (2002) Small Wastewater System Operation and Maintenance, Volume 2, First Edition.

California State University, Sacramento, College of Engineering and Computer Science Office of Water Programs (2003) Operation of Wastewater Treatment Plants, Volume 2, Sixth Edition.

Catalina Diana Rodríguez, Nancy Pino, Gustavo Peñuela, (2011), Monitoring the removal of nitrogen by applying a nitrification–denitrification process in a Sequencing Batch Reactor (SBR). Bioresource Technology Vol.102, pp. 2316– 2321.

Chauhan B.S. (2008), Environmental Studies, University Science Press., 208-209. Cheong Dae-Yeol, Hansen Conly L. (2008), Effect of feeding strategy on the stability of anaerobic sequencing batch reactor responses to organic loading conditions. Bioresource Technology Vol. 99, pp. 5058–5068

Dague, R.R., Habben, C.E. and Pidaparti, S.R. (1992), Initial Studies on the Anaerobic Sequencing Batch Reactor, Water Science Technology, Vol. 26, pp. 2429.

Dubai Timur H., Zturk I. OÈ (1999) Anaerobic Sequencing Batch Reactor Treatment of Landfill Leachate. Wat. Res. Vol. 33, No. 15, pp. 3225-3230

El-Gohary F., Tawfik A. (2009), Decolorization and COD reduction of disperse and reactive dyes wastewater using chemical-coagulation followed by sequential batch reactor (SBR) process. Desalination Vol. 249, pp. 1159–1164

Freitas Filomena, Margarida F. Temudo, Gilda Carvalho, Adrian Oehmen, Maria A.M. Reis (2009), Robustness of sludge enriched with short SBR cycles for biological nutrient removal. Bioresource Technology Vol.100, pp. 1969–1976.

Great Lakes-Upper Mississippi River Board of State and Provincial Public Health and Environmental Managers (2004) Recommended Standards for Wastewater Facilities

Kargi Fikret, Uygur Ahmet (2003), Nutrient removal performance of a five-step sequencing batch reactor as a function of wastewater composition. Process Biochemistry Vol. 38, pp. 1039 /1045

Kim Daekeun, Kim Tae-Su, Ryu Hong-Duck, Lee Sang-Ill (2008), Treatment of low carbon-to-nitrogen wastewater using two-stage sequencing batch reactor with independent nitrification. Process Biochemistry Vol. 43, pp. 406–413.

Kirschenman, T. L. and S. Hameed (2000) A Regulatory Guide to Sequencing Batch Reactors. Iowa Department of Natural Resources

Klimiuk E., Kulikowska D. (2006), The Influence of Hydraulic Retention Time and Sludge Age on the Kinetics of Nitrogen Removal from Leachate in SBR. Polish J. Environ. Stud. Vol. 15(2), pp. 283-289

Kulikowska Dorota, Klimiuk Ewa, Drzewicki A. (2007), BOD5 and COD removal and sludge production in SBR working with or without anoxic phase. Bioresource Technology Vol. 98, pp. 1426–1432

Lamine M., Bousselmi L., Ghrabi A. (2007), Biological treatment of grey water using sequencing batch reactor. Desalination 215-127–132 Lin S.H., Cheng K.W. (2001), A new sequencing batch reactor for treatment of municipal sewage wastewater for agricultural reuse. Desalination Vol.133, pp. 41-51

Li, X. and R. Zang (2002) Aerobic treatment of dairy wastewater with sequencing batch reactor systems, Bioprocess Biosyst Eng. Vol. 25, pp.103-109.

Mahvi, A.H. (2008) Sequencing Batch Reactor: A Promising Technology in Wastewater Treatment. Iran Journal of Health Science Engineering Vol. 5(2), pp. 79-90.

Mikkelson, K.A. of Aqua-Aerobic Systems (1995) AquaSBR Design Manual.

Moawada A., U.F. Mahmouda., M.A. El-Khateebb and E. El-Mollaa (2009) Coupling of sequencing batch reactor and UASB reactor for domestic wastewater treatment, Desalination Vol. 242 pp. 325–335

Mohseni-Bandpi A. and H. Bazari (2004) Biological treatment of dairy wastewater by sequencing batch reactor. Iranian J. Env. Health Sci. Eng, Vol.1, No.2, pp.65-69

Nardi, I.R. de, V. Del. Neryl, A.K.B. Amorim, N.G. dos Santos, and F. Chimenes (2011) Performances of SBR, chemical–DAF and UV disinfection for poultry slaughterhouse wastewater reclamation. Desalination Vol. 269, pp. 184– 89

Ndegwa, P. M., D.W. Hamilton, J.A. Lalma, and H.J. Cumba (2005) Optimization of anaerobic sequencing batch reactors treating dilute swine slurries. American Society of Agricultural Engineers ISSN 0001"2351, Vol. 48(4), pp.1575-1583

Neczaj E., M. Kacprzak, T. Kamizela, J. Lach, and E. Okoniewska (2008) Sequencing batch reactor system for the co-treatment of landfill leachate and dairy wastewater, Desalination Vol. 222, pp. 404–409

Neczaj, E., E. Okoniewska, and M. Kacprzak (2005) Treatment of landfill leachate by sequencing batch reactor. Desalination Vol. 185, pp. 357–362

New England Interstate Water Pollution Control Commission (1998) TR-16 Guides for the Design of Wastewater Treatment Works

Ong, S.-A., E. Toorisaka, M. Hirata, and T. Hano (2005) Treatment of azo dye Orange II in aerobic and anaerobic-SBR systems. Process Biochemistry Vol. 40, pp. 2907–2914 Ravichandran

Pennsylvania Department of Environmental Protection (2003) SBR Design Criteria (Draft)

Rodrigues J. A. D., A.G. Pinto, S.M. Ratusznei, M. Zaiat, and R. Gedraite (2004) Enhancement of the performance of an anaerobic sequencing batch reactor treating low strength wastewater through implementation of a variable stirring rate program. Brazilian Journal of Chemical Engineering Vol. 21, No. 03, pp. 423 – 434

Chapter 10 SBR 설계

Sarti Arnaldo, Fernandes Bruna S., Zaiat Marcelo, Foresti Eugenio (2007), Anaerobic sequencing batch reactors in pilot-scale for domestic sewage treatment. Desalination 216 - 174–182

Subbaramaiah V., Mall Indra Deo (2012) Studies on Laboratory Scale Sequential Batch Reactor for Treatment of Synthetic Petrochemical Wastewater. International Conference on Chemical, Civil and Environment engineering (ICCEE'2012) March 24-25, 2012

Texas Natural Resources Conservation Commission (1994) Design Criteria for Sewerage Systems. Chapter 217/317, Rule Log No. 95100-317-WT

United States Environmental Protection Agency (USEPA) (1999) Wastewater Technology Fact Sheet: Sequencing Batch Reactors, U.S. Environmental Protection Agency, Office of Water, Washington, D.C., EPA 932-F-99-073.

University of Florida, TREEO Center (2000) Sequencing Batch Reactor Operations and Troubleshooting

U.S. Environmental Protection Agency (1992) Sequencing Batch Reactors for Nitrification and Nutrient Removal. Washington, D.C., September 1992.

Uygur, A. (2006) Specific nutrient removal rates in saline wastewater treatment using sequencing batch reactor. Process Biochemistry 41; 61–66

Uygur, A., and F. Kargi (2004) Phenol inhibition of biological nutrient removal in a four-step sequencing batch reactor. Process Biochemistry 39; 2123–2128

Vaigan A. A., M.R. Alavi Moghaddam, and H. Hashemi (2009) Effect of dye concentration on sequencing batch reactor performance. Iran. J. Environ. Health. Sci. Eng. Vol. 6, No. 1, pp. 11-16

Xiangwen Shao, Dangcong Peng, Zhaohua Teng, Xinghua Ju (2008), Treatment of brewery wastewater using anaerobic sequencing batch reactor (ASBR). Bioresource Technology 99; 3182–3186

Zhang ZhiJian, J. Zhu, J. King, WenHong Li (2006) A two-step fed SBR for treating swine manure. Process Biochemistry 41; 892–90

Chapter 11
생물 반응기 실제 설계에서 고려하여야 할 사항

1. 생물 반응기의 실질적 크기 산정

1. 생물 반응기의 실질적 크기 산정

과거에는 오염물질 처리용 생물 반응기를 설계하고 표현하기 위해, 식 (11.1)과 같은 플러그 흐름 식과 완전 혼합 흐름식을 빈번히 전형적으로 이용하였다. 식 (11.1)은 1차 반응에 대해 유효하고, Monod 식에서 알 수 있듯이 대부분의 생물학적 오염 물질 제거 반응은 0 차 이상의 반응 속도식으로 표현된다. 이 식은 여전히 많은 설계에서 이용되고 있지만, 실제 생물 반응기에서는 이상적인 플러그 흐름과 이상적인 완전 혼합 흐름은 실현될 수 없다. 수리 모델이 실제 생물 반응기의 흐름을 제대로 반영하지 못하기 때문에, 실제와는 많은 차이를 보인다는 점에 유의하여야 한다. 플러그 흐름을 가정하여 반응기 크기를 산정하게 되면, 실제 필요한 생물 반응기 크기보다 작은 크기로 설계된다. 이 경우 생물 반응기의 성능은 보장할 수 없게 된다. 반면에 완전 혼합 흐름을 가정하여 생물 반응기 크기를 산정하게 되면, 실제 반응기보다 크게 설계되어 경제적 타당성을 상실하게 된다:

$$C_e = C_i \exp\left(-kHRT_{PFR}\right)$$

(11.1a)

$$C_e = C_i(1 + kHRT_{MFR})^{-1}$$

(11.1b)

여기서: C_e = 유출 농도, mg/L; C_i = 유입 농도, mg/L; k = 1 차 반응 속도 상수, 1/d; HRT_{PFR} = 플러그 흐름 생물 반응기의 수리적 체류 시간, d; HRT_{MFR} = 완전 혼합 흐름 생물 반응기의 수리적 체류 시간, d.

이상적인 플러그 흐름과 완전 혼합 흐름 모델의 한계 때문에, 현실성을 고려하여 이상적인 완전 혼합 흐름 반응기 (MFR: mixed flow reactor)를 보정한 관계식을 적용할 수 있다. 이상적인 MFR 을 벗어나는 실질적인 상황을 보정할 수 있는 다음의 관계식 (11.2)는, 생물 반응기가 N 개의 작은 MFR 로 직렬로 연결되어 있다는 논리를 근거로 구성된다 (제 3 장 제 3 절 참조). 실제 이러한 보정된 관계식은 1 차 반응에 의해 진행되는 생물학적 영양염류 제거 공정에 적용될 수 있고, 생물학적 영양염류가 진행되는 오염 물질 정화 용 인공 습지의 설계에도 식 (11.2)가 일반적으로 적용된다.

인공 습지에서 진행되는 생물학적 영양염류 제거 (BNR) 기작을 상세히 살펴보면, 활성 슬러지 BNR 공정의 기작과 유사하게 진행된다는 사실을 알 수 있게 된다. 부유 성장 미생물과 수면 아래 수생 식물에 부착되어 성장화는 미생물에 의해 생물학적 질산화와 탈질이 진행되고, 수심에 따라 혐기, 무산소 및 호기 영역이 순차적으로 형성된다. 수생 식물은 광합성에 의해 산소를 생산하고, 생산된 일부 산소를 물 속 뿌리 영역 (rhizosphere)으로 전이 (translocation)한다. 전이된 산소로 뿌리 영역에는

생물학적 영양염류 제거 공정 설계 실무

호기성 조건이 형성되고, 습지에서 부유하며 자라는 조류의 광합성에 의해 산소가 수체로 공급된다. 유입되는 입자성 유기 물질과 미생물과 수생 식물의 내생 잔류물은 뿌리 영역에 침전되고 탈질에 필요한 탄소원으로 공급된다. 이러한 생물학적 영양염류 제거 과정은 활성 슬러지 영양염류 제거 과정과 동일하고, 따라서 습지에 적용되는 식 (11.2)는 활성 슬러지 BNR 공정에도 적용될 수 있다.

$$C_e = C_i \left(1 + \frac{kHRT_{MFR}}{N} \right)^{-N}$$

(11.2)

여기서, C_e = 유출 농도, g/m³ (또는, mg/L); C_i = 유입 농도, g/m³ (또는, mg/L), k = 1 차 반응 속도 상수, 1/d; HRT_{MFR} = 완전 혼합 흐름 반응기의 이론적 수리적 체류 시간, d; N = 직렬로 연결된 완전 혼합 흐름 반응기의 수 (정수일 필요는 없음).

예를 들면, 유입 농도 C_i=100 mg/L, 1 차 반응 속도 상수 k = 0.4 d⁻¹ 그리고 이론적 체류시간 (HRT) HRT_{PFR}= 5 일이라고 가정하면, 단일 플러그 흐름 반응기 유출 농도는,

$$C_e = C_i \exp(-kHRT_{PFR}) = 100 \exp(-0.4 \times 5) = 13.5 \text{ mg/L 이 될 것이다.}$$

반면에, N=1 에 해당하는 완전 혼합 흐름 반응기의 유출 농도는,

$$C_e = C_i \left(1 + \frac{kHRT_{MFR}}{N} \right)^{-N} = 100 (1+0.4 \times 5)^{-1} = 33.3 \text{ mg/L 이 될 것이다.}$$

이 예에서 알 수 있듯이, 이상적인 플러그 흐름을 형성할 경우 이상적인 완전 혼합 흐름을 형성할 경우에 비해 더 많은 오염 물질이 생물 반응기에서 제거된다는 사실을 알 수 있다. 바꾸어 말해 완전 혼합 흐름 대신 플러그 흐름을 형성하면, 생물 반응기의 성능이 크게 향상된다는 의미이다. 그러나 실질적 생물 반응기는 이상적인 완전 혼합 흐름도 아니고 이상적인 플러그 흐름도 아닌 이들 이상적인 흐름의 중간 흐름 거동을 보이게 된다. 이를 수학적으로 표현한 관계식이 위에서 제시한 식 (11.2)에 해당된다 (제 3 장의 3.5 TIS (Tanks in series) 모델 참조).

 N 값이 증가할수록, 생물 반응기의 흐름은 이상적인 플러그 흐름에 점점 더 가까워지고, 생물 반응기의 성능은 향상된다. N 값의 변화에 따른 유출 농도의 변화 (유입 농도: 100 mg/L)는, 다음과 같이 산출된다:

- N=1, C_e = 33 mg/L (이상적인 단일 완전 혼합 흐름 반응기)

- N=2, C_e = 25 mg/L

- N=5, C_e = 19 mg/L

Chapter 11 생물 반응기 실제 설계에서 고려하여야 할 사항

- N=10, C_e = 16mg/L

N 값의 변화에 따른 유출 농도의 변화를 다양한 반응 속도 상수 값과 HRT 에 대해
도식화하여 그림 11.1 에 제시하였다.

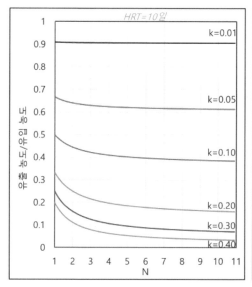

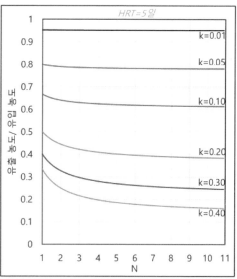

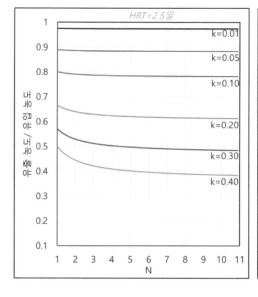

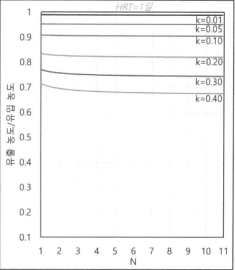

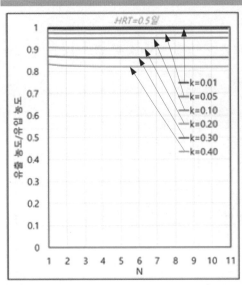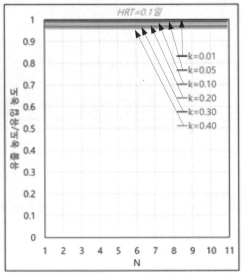

그림 11.1 유출 농도/유입 농도 비의 N 값 의존성
(0.1 일≤HRT≤10 일; 0.01 day^{-1}≤ k ≤0.40 day^{-1}; 1 차 반응)

반응 속도 상수 k 값이 커질수록 유출 농도/유입 농도 비 (또는 오염 물질 제거율)의 N 값 의존성이 강해지고, HRT 값이 증가할수록 유출 농도/유입 농도 비 (또는 오염 물질 제거율)의 N 값 의존성이 강해진다. 결과적으로 생물학적 영양염류 제거가 보다 빠르게 진행되고 (k 값이 커지고), 생물 반응기의 수리적 체류 시간이 증가할수록 (생물 반응기가 커질수록), 오염 물질 제거 효율은 상승한다는 정성적인 해석이 정량적으로 증명된다. 따라서 k 값과 HRT 가 높은 구간에서는 N 값이 상승할 수 있는 (이상적인 플러그 흐름에 보다 가까이 접근할 수 있는 또는 더 작은 완전 혼합 흐름 반응기로 나누어 직렬로 연결시킬 수 있는) 환경을 설계자는 조성하여야 한다. 플러그 흐름에 보다 가까이 접근하는 형상으로 생물 반응기를 설계하면 N 값은 상승하고, 생물 반응기 길이/폭 비가 증가할수록 이상적인 플러그 흐름에 보다 가깝게 접근하게 된다.

생물 반응기의 길이/폭 비를 증가시킬수록 생물 반응기의 성능이 개선된다는 사실은 설계자에게는 매우 중요한 의미를 지닌다. 실험실 규모 생물 반응기에서 진행되는 순수한 생물학적 반응은 온도, 압력 및 농도에 의해 좌우되지만, 실규모 생물 반응기의 생물학적 반응 속도는 하수와 활성 슬러지와의 상호 접촉에 영향을 줄 수 있는 물질 전달 및 열 전달과 같은 물리적 현상에 의해 영향을 크게 받게 된다. 공기 공급용 산기관을 예로 들면 쉽게 이해할 수 있을 것이다. 산기관 주변에는 용존 산소 농도가 상대적으로 높아 호기성 생물학적 산화 반응 (탄소계 물질 산화 및 암모니아-질소 산화 등)이 촉진된다. 그러나 공기가 원활하게 진행되지 못하는 영역에서는 이러한 산화 반응이 저해된다. 전달 현상, 특히 대류적 전달 현상 (convective transport phenomena)은 하수의 흐름 패턴과 긴밀하게 연관된다. 물리적 전달 현상이 원활하게 진행되면 생물학적 영양염류 제거 효율이 크게 상승할 수 있기 때문에 설계자는 이점에 주목할 필요가 있다.

k 값이 낮은 경우 (k=0.01 day^{-1})에는 N 값의 영향이 크게 나타나지는 않지만, 높은 k 값 (k=0.40 day^{-1})에서는 N 값의 영향이 보다 뚜렷해진다. HRT=5 일, k=0.40 day^{-1} 일 경우 (k·HRT=2.0), 단일 완전 혼합 흐름 반응기 (N=1)의 유출 농도/유입 농도의 비는 0.33 (약 67 % 제거)인 반면, 같은 크기의 완전 혼합 흐름 단일 반응기를 4 개의 작은 완전 혼합 흐름 반응기로 나누어 직렬로 연결하면 유출 농도/유입 농도 비는 0.2 로 감소하여 생물 반응기의 성능이 획기적으로 개선된다(80 % 전환). HRT 10 일 에서는 (k·HRT=4.0), 단일 완전 혼합 흐름 생물 반응기의 오염 물질 제거율은 80 %이고, 4개의 완전 혼합 흐름 생물 반응기로 작게 나누어 직렬로 연결하면 오염 물질을 약 94% 제거할 수 있게 된다.

오염 물질의 유출 농도/유입 농도 비를 여러 N 값에 대해 HRT 의 함수로 도식화하여 그림 11.2 에 제시하였다. HRT=0.5 일 (12 시간)에서 N 값이 1.0 에서 3.4 로 증가할수록 유출 농도/유입 농도= 0.75 에서 0.73 으로 감소하고, HRT=2.5 일에서 N 값이 1.0 에서 3.4 로 증가할수록 유출 농도/유입 농도= 0.38 에서 0.26 으로 감소하며, HRT=5 일에서 N 값이 1.0 에서 3.4 로 증가할수록 유출 농도/유입 농도= 0.23 에서 0.1 로 감소한다. k 값과 HRT 가 증가할수록 더욱 뚜렷해지는 이와 같은 N 값의 긍정적인 효과에 설계자는 주목할 필요가 있다. 단순하게 반응기의 형상만을 변경하더라도, 생물학적 오염 물질 제거 효율을 쉽게 개선되는 효과를 얻을 수 있기 때문이다.

제 4-8 장의 생물학적 오염물질 제거공정에서 설명하였듯이, 생물 반응기를 단일 완전혼합흐름 반응기로 간주하여 공정 부피를 산정하였고, 문제점을 제 11 장에서 보다 상세하게 다루기로 약속하였다. 그림 11.1 과 11.2 에서 알 수 있듯이, 실현될 수 없는 완전 혼합 흐름 단일 반응기로 설계하게 되면 생물 반응기의 크기는 과대 산정된다. 플러그 흐름에 가깝게 하수가 흐를 수 있도록 생물 반응기의 형상을 구성하면, 보다 적은 크기 또는/그리고 보다 높은 성능을 지닐 수 있는 생물 반응기로 설계할 수 있게 된다. 플러그 흐름에 보다 가깝게 설계하기 위해서는 폭에 비해 길이가 긴 형상으로 생물 반응기를 설계하여야 하고, 폭/길이는 1/4~1/20 범위가 바람직하다.

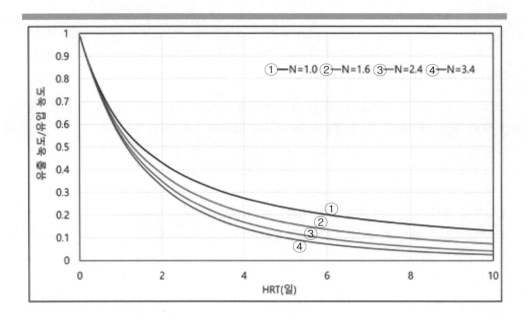

그림 11.2 유출 농도/유입 농도 비의 HRT 의존성
(k=0.66day^{-1}; N=1.0, 1.6, 2.4, 3.4)

1.1 처리 효율 대 수리적 체류 시간

식 (11.2)를 수리적 체류 시간 HRT 와 반응 속도 상수 k 의 곱을 중심으로 정리하면, 다음의 식 (11.3)과 같다:

$$k\,HRT = N[(C_e/C_i)^{-\frac{1}{N}} - 1]$$

(11.3)

달성하고자 하는 오염 물질의 목표 유출 농도/유입 농도의 비 (C_e/C_i)가 정해지면, 직렬로 연결할 생물 완전 혼합 흐름 생물 반응기의 체류 시간을 산정할 수 있게 된다. 직결로 연결할 완전 혼합 흐름 반응기의 수 N = 1.5~3.0 에 대한 k·HRT 의 값을 유출 농도/유입 농도의 함수로 도식화하여, 그림 11.3 에 제시하였다.

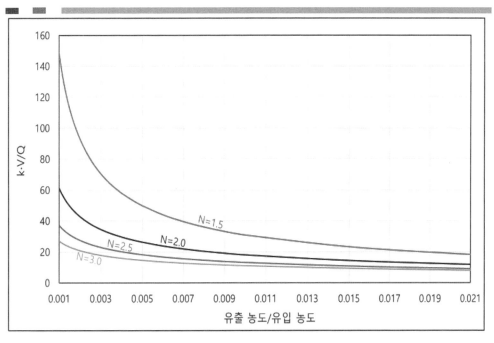

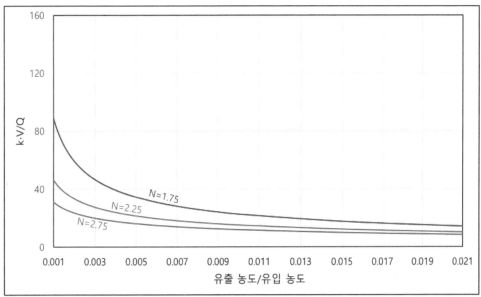

그림 11.3 k·HRT 의 유출 농도/유입 농도 의존성
(위 N=1.5, 2.0, 2.5, 3.0; 아래 N=1.75, 2.25, 2.75)

유입 오염물질 98 %를 제거 (유출 농도/유입 농도= 0.02)하기 위한 k·HRT 값은, N 값이 1.5 일 경우 19; 1.75 일 경우 14.6; 2.0 일 경우 12.3; 2.25 일 경우 10.5 이며; 2.5 일 경우 9.5 로 감소한다. N 값이 2.75 일 경우에는 8.6 으로 그리고 3.0 일 경우에는 8.0 으로

생물학적 영양염류 제거 공정 설계 실무

감소한다 (N=1 인 단일 완전 혼합 흐름 반응기의 k·HRT=49). N 값의 변화에 따른 k·HRT 값의 차이는 오염 물질 제거율에 따라 급격히 증가한다. 예를 들면 유입 오염 물질의 99.9 %를 제거 (유출 농도/유입 농도 = 0.001)하기 위해 필요한 k·HRT 값은, N 값이 1.5 일 경우 149 이고, 1.75 일 경우 89 이며, 2.0 일 경우 61 로 감소한다. 2.25 일 경우 46 이고, 2.5 일 경우 37 이며, 2.75 일 경우 31 그리고 3.0 일 경우 27 로 감소한다 (N=1 인 단일 완전 혼합 흐름 반응기의 k·HRT=999). 더 높은 오염 물질 제거 기능을 지니기 위해서는 단일 반응기를 작게 나누어 직렬로 연결하여야 한다는 의미이고, 더 작은 반응기로 나누어 더 많이 연결할수록 동일한 오염 물질 제거율에 필요한 반응기 부피는 감소한다는 의미로도 해석될 수 있다.

HRT 는 반응기 전체 부피 V (m³)를 유입 유량 Q (m³/일)로 나눈 값이고, 반응 속도 상수 k 값이 정해지면 생물 반응기 부피가 결정된다. 설계의 주된 목적은 목표 제거율에 적합한 생물 반응기 부피 산출에 있다. 따라서 처리할 유입 유량 Q 와 1 차 반응 속도 상수 k 값이 선정되면, 필요한 반응기 부피 V 를 오염 물질 제거율 (유출 농도/유입 농도)의 함수로 구할 수 있다. N=2, 유입 유량 Q=5,000 m³/일~100,000 m³/일에 대한 생물 반응기의 부피를, 유출 농도/유입 농도의 함수로 도식화하여 그림 11.4 에 제시하였다. 1 차 반응 속도 상수는 0.22~0.66 day^{-1} 범위이고, 생물 반응기 부피가 급격히 변화하는 유출 농도/유입 농도 범위 초기 구간 (0~0.21)의 그림을 별도로 제시하였다.

유입 유량 5,000 m³/일 하수에 포함된 오염 물질 90 % (유출 농도/유입 농도=0.1)를 제거하기 위해 필요한 N=1 의 단일 생물 반응기의 부피는 68,182 m³ 이고, 유효 수심 5.0m 에서 단면적 13,640 m² 을 지니는 장방형 탱크로 설계할 수 있다 (1 차 반응 속도 상수 $k=0.66$ day^{-1}). 이에 반하여 동일한 조건을 만족시키기 위해 필요한 N=2 의 생물 반응기 필요 부피는 32,761 m³ 이고, 유효 수심 5.0 m 에서 단면적 6,552 m² 을 지니는 장방형 탱크로 설계할 수 있다. N=1 에서 N=2 로 증가하면, 90 % 오염 물질을 제거하기 위해 필요한 생물 반응기 부피는 반 미만으로 줄어들고, 하수 처리 시설의 경쟁력은 크게 상승하게 된다. 생물학적 반응에 참여하는 미생물, 전자 공여체 (주로 오염 물질) 및 전자 수용체 (산소, 질산염, 아질산염 등)의 역할 (k 값 개선)뿐만 아니라, 하수의 흐름이 플러그 흐름에 유사하게 형성될 수 있는 생물 반응기 형상 (N 값 증가)이 함께 조화를 이루게 되면, 생물 반응기의 기능이 크게 개선된다. N 값을 상승시키기 위해서는 생물 반응기의 물리적 구조 변경이 수반되어야 하고, N=1 에서 N=2 가 되기 위해서는 생물 반응기의 폭: 길이 비가 감소하여야 한다.

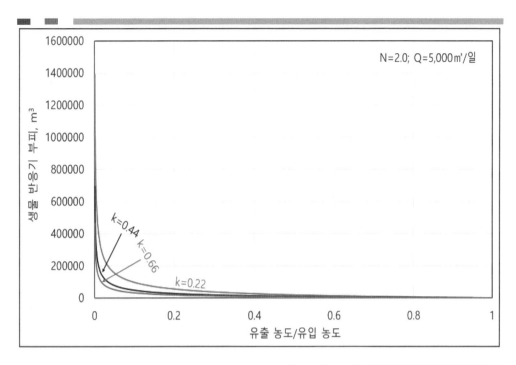

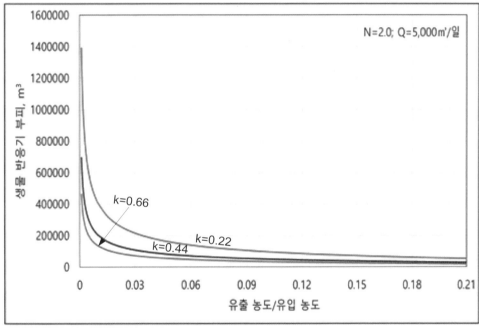

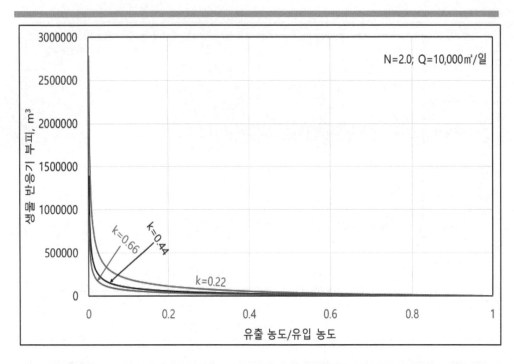

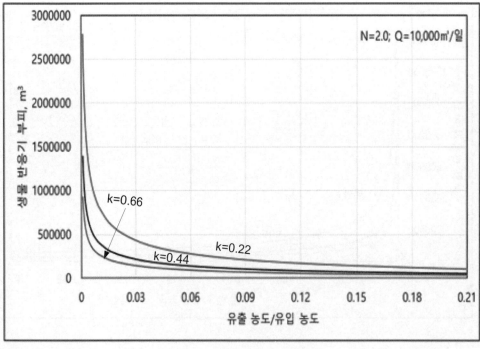

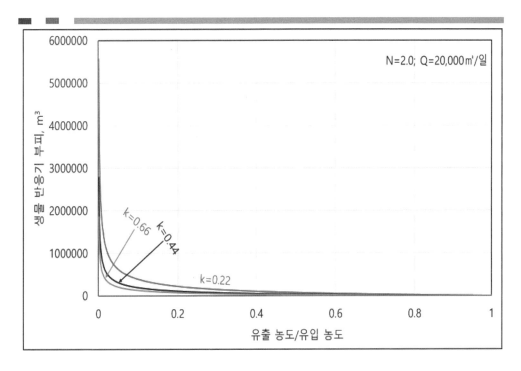

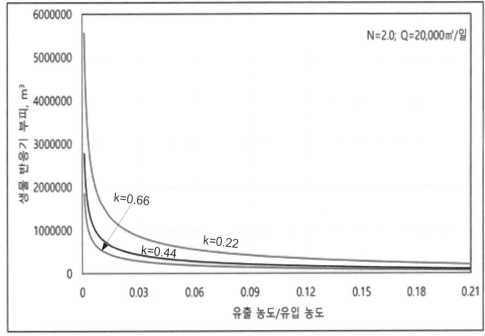

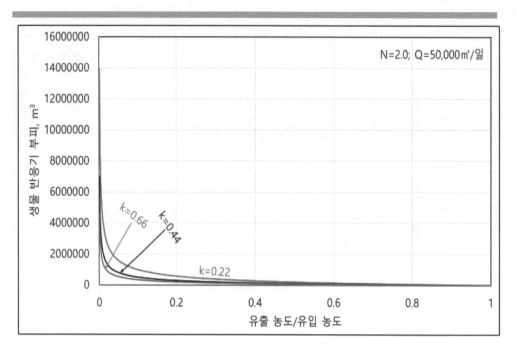

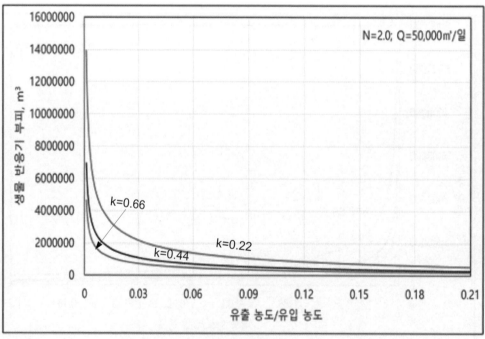

Chapter 11 생물 반응기 실제 설계에서 고려하여야 할 사항

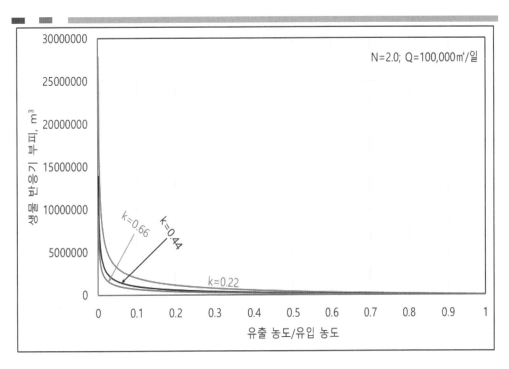

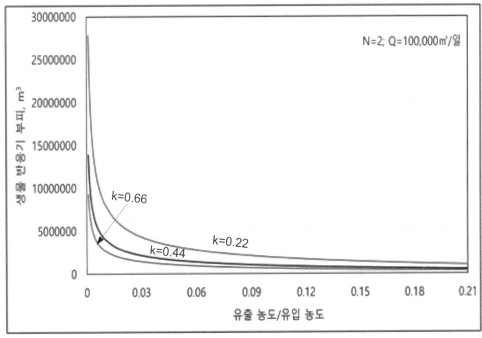

그림 11.4. N=2 생물 반응기의 유출 농도/유입 농도 의존성

(k=0.22 day^{-1}, 0.44 day^{-1}, 0.66 day^{-1})

N=1 일 경우의 폭: 길이 비를 1:1 로 가정하면, N=2 일 경우의 폭: 길이 비는 약 1:3 이
된다. 결과적으로 유효 수심이 5m 로 정해지면 N=1 의 단일 완전 혼합 흐름 반응기의
형상은 L(length): W(width): D(depth) = 117 m: 117 m: 5.0 m 가 되고, 반면에 N=2 의
생물 반응기의 형상은 L(length): W(width): D(depth) = 46 m: 140 m: 5.0 m 가 된다.

k= 0.66 day^{-1} 에서의 N=2.5 의 생물 반응기 부피는 28,634 m^3 (N=2.0: 생물 반응기
부피 = 32,761 m^3)가 되고, 유효 수심 5.0 m 를 적용하면 단면적은 5,730 m^2 이 된다
(그림 11.5). N=2.5 의 생물 반응기 폭: 길이 ≒ 4.0 이고, 결과적으로 N=2.5 의 생물
반응기의 형상은 L(length): W(width): D(depth) = 36 m: 160 m: 5.0 m 가 된다 (참고:
N=1 의 단일 완전 혼합 흐름 반응기의 형상 L(length): W(width): D(depth) = 117 m: 117
m: 5.0 m; N=2 의 생물 반응기의 형상 L(length): W(width): D(depth) = 46 m: 140 m: 5.0
m).

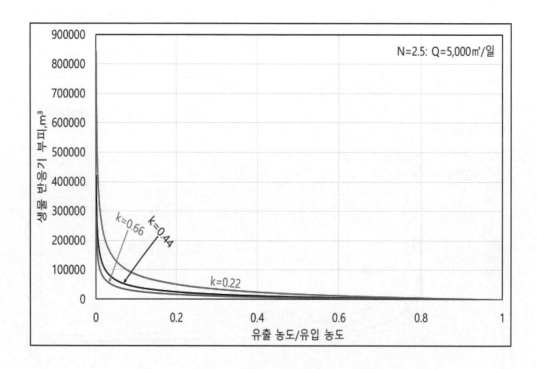

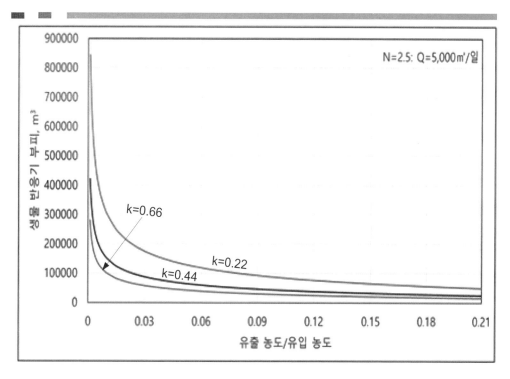

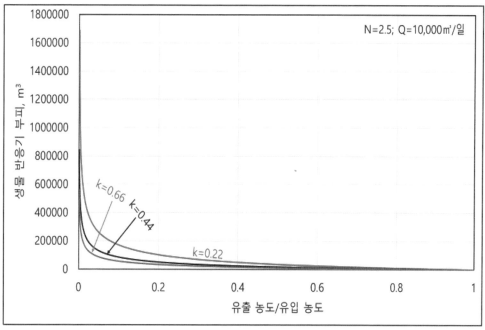

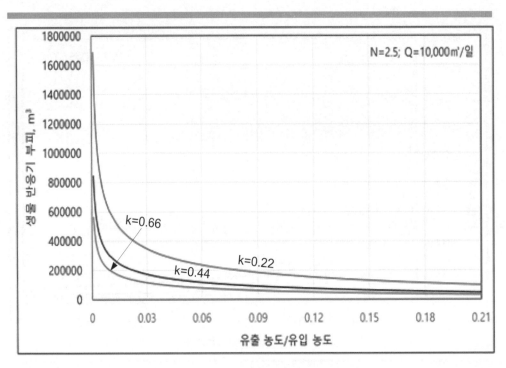

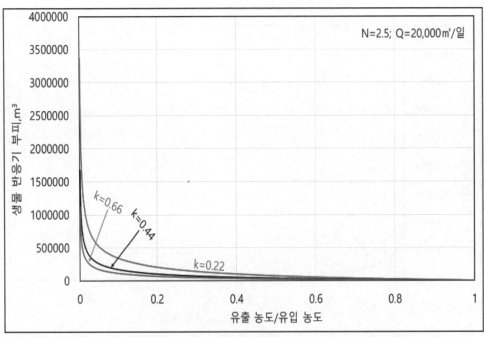

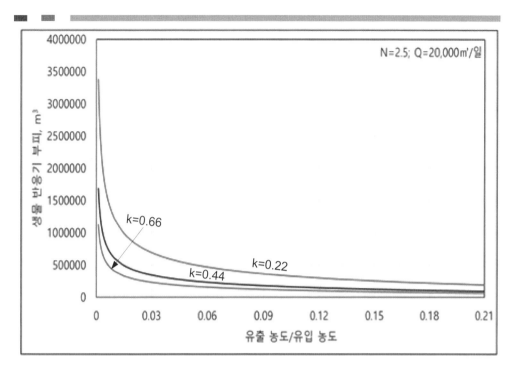

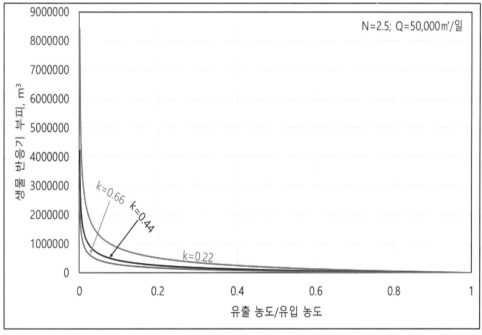

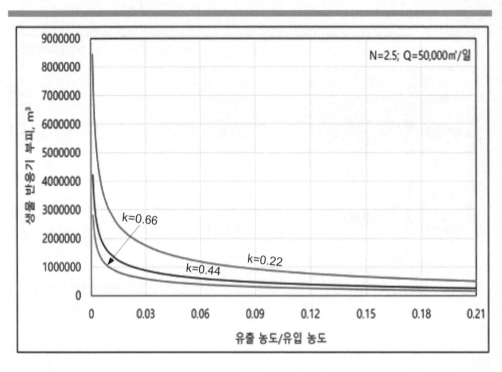

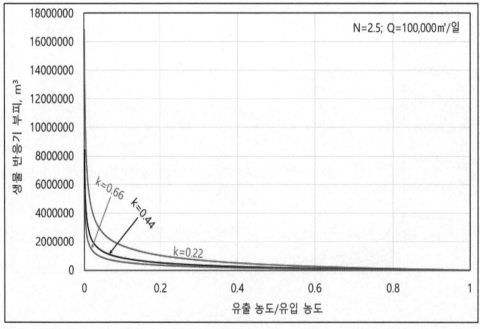

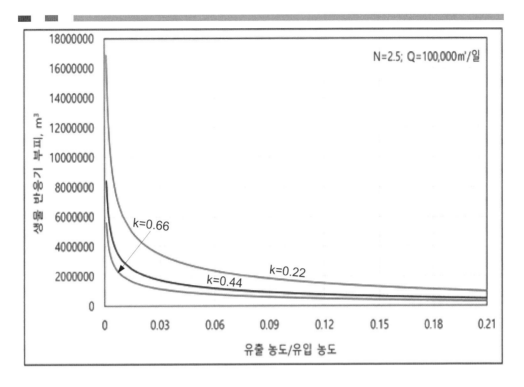

그림 11.5 N=2.5 생물 반응기 부피의 유출 농도/유입 농도 의존성
(k=0.22 day^{-1}, k=0.44 day^{-1}, k=0.66 day^{-1})

N=3.0 의 생물 반응기 부피 (k= 0.66 day^{-1})는 26,237 m^3 (N=2.0 생물 반응기 부피 = 32,761 m^3; N=2.5 생물 반응기 부피 = 28,634 m^3)이 되고, 유효 수심 5.0 m 를 적용하면 단면적은 5,250 m^2 이 된다 (그림 11.6). N=3.0 의 생물 반응기 폭: 길이 ≒ 5.0 이고, 결과적으로 N=3.0 의 생물 반응기의 형상은 L(length): W(width): D(depth) = 32 m: 164 m: 5.0 m 가 된다 (참고: N=1 의 단일 완전 혼합 흐름 반응기의 형상 L(length): W(width): D(depth) = 117 m: 117 m: 5.0 m; N=2 의 생물 반응기의 형상 L(length): W(width): D(depth) = 46 m: 140 m: 5.0 m; N=2.5 생물 반응기의 형상 L(length): W(width): D(depth) = 36 m: 160 m: 5.0 m).

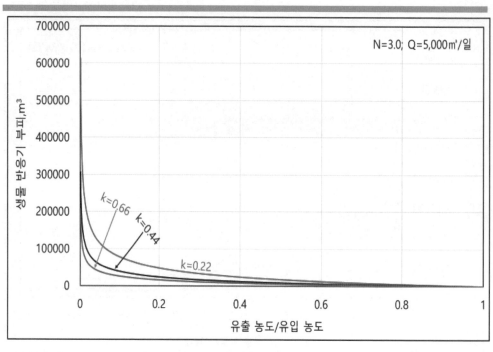

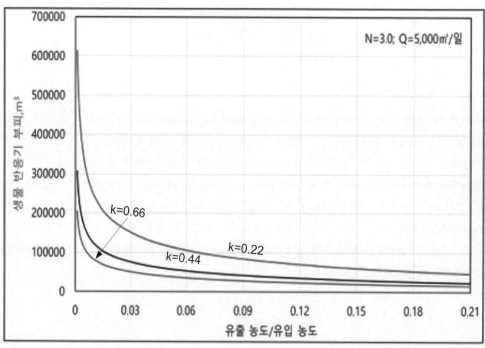

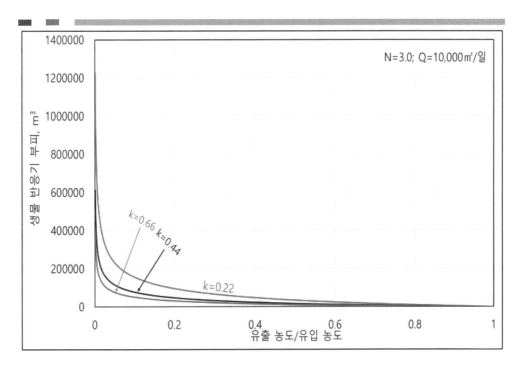

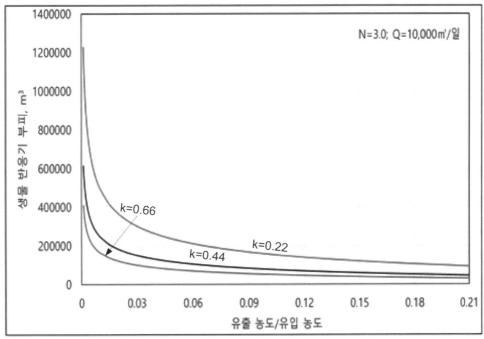

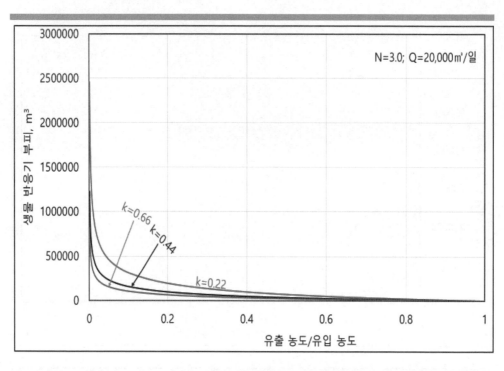

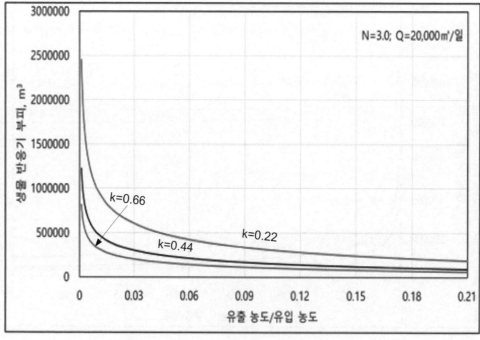

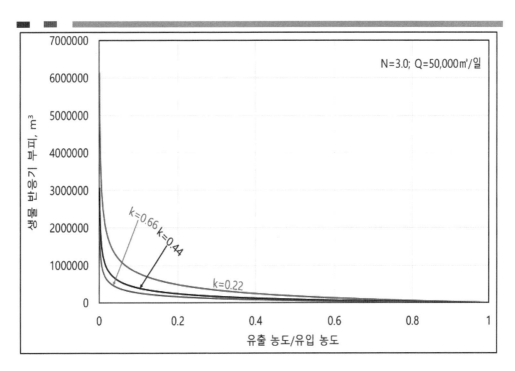

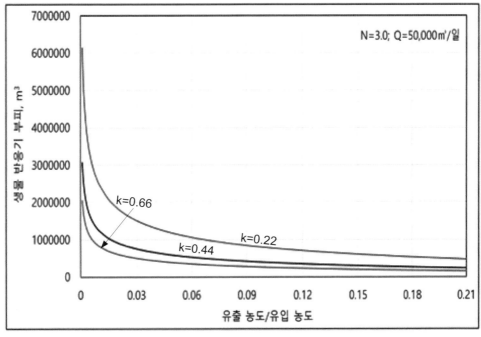

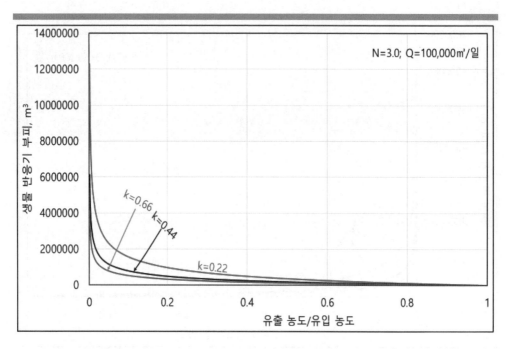

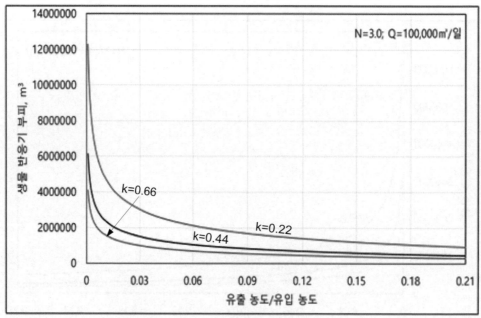

그림 11.6 N=3.0 생물 반응기 부피의 유출 농도/유입 농도 의존성
(k=0.22 day^{-1}, k=0.44 day^{-1}, k=0.66 day^{-1})

N 값 변화에 따른 오염물질 90 % 제거에 필요한 생물 반응기의 부피를 요약하면 다음과 같다 (유효 수심 = 5.0 m):

Chapter 11 생물 반응기 실제 설계에서 고려하여야 할 사항

- 유입 유량 5,000 m³/일 하수에 포함된 오염 물질의 90%를 제거하기 위해 필요한 N=1 의 단일 완전 혼합 흐름 반응기의 형상은 L(length): W(width): D(depth) = 117 m: 117 m: 5.0 m 가 된다.

- N=2 의 생물 반응기의 형상은 L(length): W(width): D(depth) = 46 m: 140 m: 5.0 m 가 된다.

- N=2.5 의 생물 반응기의 형상은 L(length): W(width): D(depth) = 36 m: 160 m: 5.0 m 가 된다.

- N=3.0 의 생물 반응기의 형상은 L(length): W(width): D(depth) = 32 m: 164 m: 5.0 m 가 된다.

N 값 상승에 따른 생물 반응기 건설 부지 절감 효과를 보다 쉽게 이해하기 위해, 반응기 형상을 상면도로 도식화하여 그림 11.7 에 제시하였다. 생물 반응기의 유효 수심은 5.0 m 로 간주한다. 그림에서 볼 수 있듯이, N 값이 1.0 에서 3.0 으로 증가할수록 오염 물질 90 %를 제거하기 위해 필요한 생물 반응기의 부피는 크게 감소한다. N=1 에서 N=2 로 증가하면, 생물 반응기의 부피가 절반 이하로 감소한다는 점이 매우 흥미롭다. 그러나 N=3 이상이 되면, 반응기 부피 감소는 미미해진다.

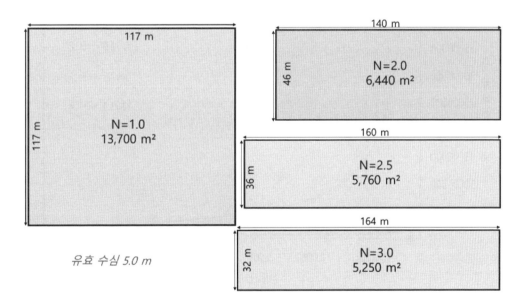

그림 11.7 N 값에 따른 생물 반응기 단면적 형상 변화
(유효 수심 = 5.0 m; 유출 농도/유입 농도 = 0.1)

이상의 결과를 요약하여 유입 유량 10,000 m³/일의 하수를 처리할 수 있는 단일 완전 혼합 흐름 반응기 N=1.0 을 포함하여 N=2.0, N=2.5, N=3.0 생물 반응기의 필요 부피 차이를 쉽게 알 수 있도록, 1 개 그림으로 비교하여 그림 11.8 에 제시하였다. 그림에서 볼 수 있듯이 단일 반응기를 2 개의 작은 반응기로 나누어 직렬로 연결하면, 생물 반응기 부피를 크게 줄일 수 있다. 특히 오염물질 제거 목표치가 높아질수록, 더 많은 작은 완전 혼합 흐름 반응기로 나누어 직렬로 연결하게 되면 생물 반응기 부피는 더욱 감소한다. 90 %의 오염물질 제거에 필요한 단일 완전 혼합 흐름 생물 반응기의 부피 (k=0.22 day⁻¹ 일 경우)가 약 409,000 m³ 인 반면, N=2 생물 반응기의 필요 부피는 196,600 m³ 으로 반 미만으로 크게 감소한다. 1 차 반응 속도 상수 k 값이 2 배로 증가하면 (k=0.44 day⁻¹) 90 % 오염물질 제거에 필요한 단일 완전 혼합 흐름 생물 반응기의 부피가 약 204,500 m³ 인 반면, N=2 생물 반응기의 필요 부피는 98,285 m³ 으로 크게 감소한다. 3 배로 증가한 k=0.66 day⁻¹ 에서 필요한 단일 생물 반응기 (N=1.0)의 부피는 약 136,400 m³ 인 반면, N=2 생물 반응기의 필요 부피는 65,523 m³ 으로 크게 감소한다.

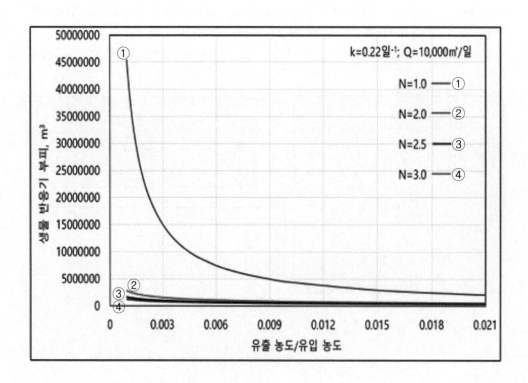

Chapter 11 생물 반응기 실제 설계에서 고려하여야 할 사항

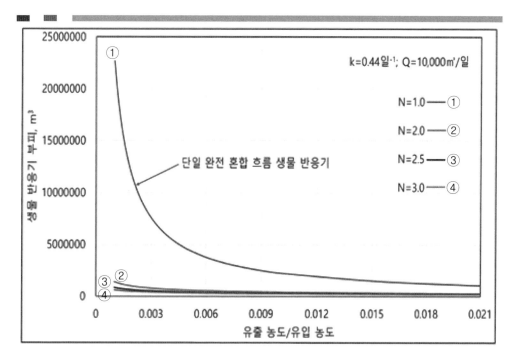

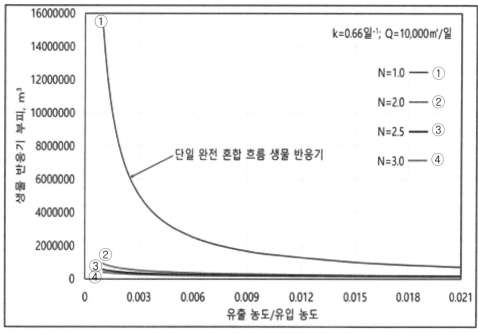

그림 11.8 다양한 N 값에 대해 10,000 m³/일 유입 하수 처리에 필요한
생물 반응기 부피의 유출 농도/유입 농도 의존성
(상 k=0.22 day⁻¹; 중 k=0.44day⁻¹, 하 k=0.66 day⁻¹)

생물학적 영양염류 제거 공정 설계 실무

직렬로 연결하여 얻을 수 있는 생물반응기 성능 개선 효과를 일목요연하게 이해할 수 있도록, N=1.0, N=2.0, 그리고 N=3.0 의 생물 반응기 필요 부피를 요약하고 도식화하여 그림 11.9 에 제시하였다. 유입 유량 10,000 m³/일의 하수에 포함된 99 %의 오염물질을 제거하기 위해 (유출 농도/유입 농도=0.01) 필요한 단일 완전 혼합 흐름 생물반응기 (N=1)의 부피는 1,500,000 m³ (k =0.66 day⁻¹)인 반면, 90 %의 오염 물질을 제거하기 위해 (유출 농도/유입 농도=0.1) 필요한 단일 완전 혼합 흐름 생물 반응기 (N=1)의 부피는 136,360 m³ 으로 급감한다. 그리고 단일 완전 혼합 흐름 반응기를 2 개로 나누어 직렬로 연결하면 (N=2.0), 99.9 %의 오염물질을 제거하기 위해 필요한 생물반응기의 부피는 272,700 m³ 으로, 그리고 90 %의 오염물질을 제거하기 위해 필요한 생물반응기의 부피는 65,520 m³ 으로 각각 감소한다. 반응기를 더 작게 3 개로 나누어 직렬로 연결하면 (N=3.0), 99.9 %의 오염물질을 제거하기 위해 필요한 생물반응기의 부피는 165,520 m³ 으로, 그리고 90 %의 오염물질을 제거하기 위해 필요한 생물반응기의 부피는 52,470 m³ 으로 각각 감소한다. 결과적으로 단일 완전 혼합 흐름 생물 반응기를 3 개로 작게 나누어 직렬로 연결하면, 90 %의 오염물질 제거에 필요한 생물반응기의 부피는 136,360 m³ (N=1.0)에서 52,479 m³ 으로 줄일 수 있게 된다. 반응기의 물리적 형상 변화만으로도 반응기의 생물학적 성능 향상을 얻을 수 있는 이러한 결과의 소중함을 설계자가 간과하여서는 안될 것이다.

생물반응기가 가능한 플러그 흐름에 가까워질 수 있도록 하는 방안을 반응기 설계에 우선적으로 도입할 필요가 있다. 이를 위해서는 길이: 폭의 비가 적절하게 충족될 수 있는 부지 마련이 필요하다. 생물 반응기의 폭/길이 비가 감소할수록 하수 흐름이 플러그 흐름에 보다 근접하기 때문이다. 뿐만 아니라 99.9 % 제거와 같이 너무 낮은 농도로 목표 유출 수질을 선정하게 되면, 과도하게 큰 반응기 부피가 필요하게 되어 건설비와 유지 관리비 부담이 급증하게 된다. 따라서 법정 방류 수질을 기준으로 반응기를 설계하고, 필요할 경우에는 화학적 인처리와 물리적 여과와 같은 단위 공정을 추가하는 것이 바람직하다.

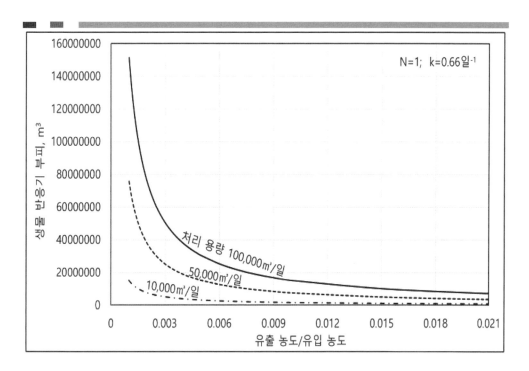

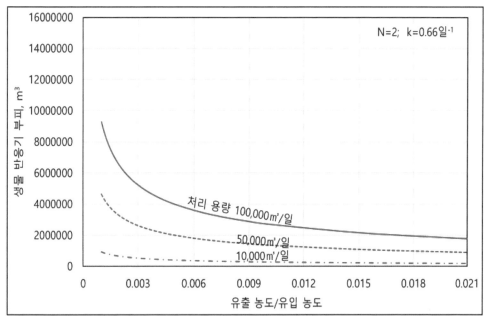

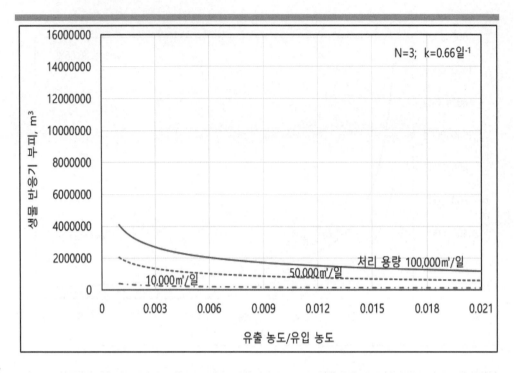

그림 11.9 N값 변화에 따른 생물 반응기 부피의 유출 농도/유입 농도 의존성
(유입 유량 10,000 m³/일, 50,000 m³/일, 100,000 m³/일; N=1, 2, 3; k=0.66 day⁻¹)

지금까지의 결과를 요약하면 다음과 같다:

- 생물 반응기 내의 하수는 이상적인 완전 혼합 흐름과 또 다른 이상적인 플러그 흐름의 중간 레짐으로 흐른다.

- 이상적인 완전 혼합 흐름은 실현될 수 없으며, 여러 완전 혼합 흐름 반응기가 직렬로 연결된 가상적인 구조내에서 흐르는 하수와 같은 거동을 보인다 (그림 11.10).

- 비이상적 완전 혼합 흐름 반응기의 거동을 표현하는 대표적 모델이 TIS (tanks-in-series)이다. 정해진 수 N의 완전 혼합 흐름 반응기들이 사슬처럼 서로 연결되어, 한 반응기의 출구는 다음 반응기의 입구가 된다. 물질이 한 반응기를 지나야만 이전 반응기가 아닌 다음 반응기로 단계적으로 유입될 수 있기 때문에, TIS 모델에서는 백믹싱 (back mixing)이 불완전하게 진행된다. 사슬로 연결된 각 반응기는 동일한 평균 체류 시간 τ/N을 갖게 된다. 직렬로 연결된 N개의 완전 혼합 흐름 반응기의 체류 시간 분포는 다음의 식으로 주어진다 (제3장 3.5절 참조):

Chapter 11 생물 반응기 실제 설계에서 고려하여야 할 사항

$$RTD_{MFR,N}(t) = \frac{t^{N-1}1}{(N-1)!}\left(\frac{N}{\tau}\right)^N \exp\left(-\frac{tN}{\tau}\right)$$

(3.18)

- N=1 일 경우 식 (3.18)은, 이상적 완전 혼합 흐름 반응기의 RTD 인 식 (3.16)이 된다. N 이 증가할수록 RTD 의 꼭지점은 t=0 에서 t=τ 로 보다 근접하고, 꼭지점의 높이는 증가한다. N→∞로 접근하면 t=τ 에서 단일 피크가 형성되고, 이는 식 (3.16)의 이상적 플러그 흐름 반응기의 RTD 와 동일해진다.

$$RTD_{MFR}(t) = \frac{1}{\tau}\exp\left(-\frac{t}{\tau}\right)$$

(3.16)

- 단일 완전 혼합 흐름 반응기를 여러 작은 완전 혼합 흐름 반응기로 나누어 직렬로 연결하면, 반응기 내 하수는 실질적으로 플러그 흐름에 점점 가까워진다. 직렬로 연결되는 가상적인 완전 혼합 반응기의 수를 N 이라 한다 (제 3 장 3.5 절 참조).

- 생물 반응기의 물리적 형상에 따라 반응기내에 직렬로 연결되는 가상의 완전 혼합 반응기 수 (N 값)가 변하게 된다. 즉, N 값이 커질수록 생물 반응기의 길이/폭 비는 증가하고, 하수는 이상적인 플러그 흐름에 보다 근접하게 된다.

- N 은 가상적인 값이기 때문에 반드시 정수일 필요는 없다. N 값이 1.0 에서 1.5 로 약간 증가하더라도, 오염물질 제거 효율은 크게 개선된다. N 값이 증가함에 따라, 그림 3.13 과 같이 수리적 체류 시간 분포 (RTD)가 변하기 때문이다. RTD 변화를 수반하는 물리적 형상 변화만으로도, 생물반응기의 생물학적 반응 효율이 개선되는 효과를 얻게 된다.

- 따라서 실질적 반응기 설계에서는 현실적이지 못한 완전 혼합 흐름 반응기를 근거로 설계하는 대신, 완전 혼합 흐름 반응기가 최소한 1.5 개 이상 연결된 하수 흐름 거동이 실현될 수 있는 형상으로 반응기 설계가 이루어져야 한다. 단일 완전 혼합 반응기로 설계하면 반응기 크기가 과도하게 산정되는 결과를 초래하여, 건설비, 유지 관리비가 더불어 상승하는 부작용을 야기하는 반면, 단일 플러그 흐름 반응기로 설계할 경우, 반응기가 너무 작게 설계되어 목표 수질을 보장할 수 없게 된다.

- 오염물질 제거 목표를 너무 높게 설정하면 (99 % 제거 등) 생물 반응기의 부피는 급격하게 증가하고, 건설비 및 유지 관리비 상승으로 귀결된다. 법정

방류 수질을 기준으로 가능한 N 값이 높게 유지될 수 있는 형상으로 생물 반응기를 설계하는 것이 바람직하고, 필요할 경우 (하수 처리수의 용수로 재이용하는 경우 등) 물리적 여과 장치 추가를 고려한다.

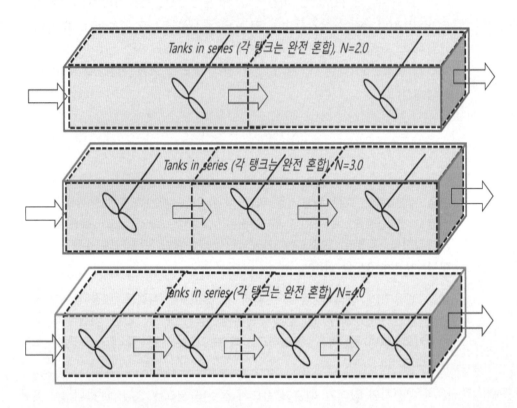

그림 11.10 실제 생물반응기의 하수 흐름을 표현하는 TIS (tanks-in-series) 모델

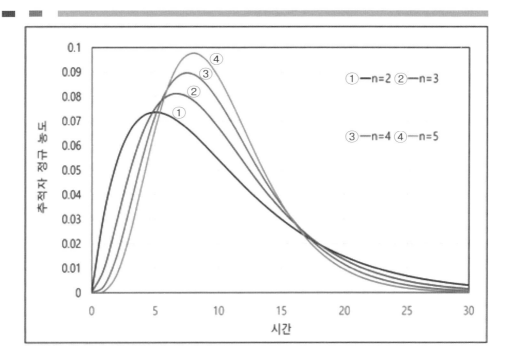

그림 3.13 TIS 모델에 의한 체류 시간 분포 (N=2~5)

1.2 계열화 운전에 필요한 반응기 형상

하나의 BNR 공정 전체가 직렬로 연결된 여러 완전 혼합 흐름 반응기들로 구성된다는 TIS 모델은 현실적으로 달성 불가능한 이상적인 흐름 (플러그 흐름 및 완전 혼합 흐름)을 현실화하기 위한 방안으로 도입되었다. TIS 모델을 성공적으로 적용하기 위해서는, 반응 속도 상수 값 외에 운전 중이거나 설계 중인 BNR 반응기의 실질적 수리 거동을 대변할 수 있는 직렬로 연결된 반응기 수 N 의 값을 알아야 한다. 기존 BNR 반응기에서는 추적자 테스트를 통해 (제 3 장 제 3 절 그림 3.13 참조) N 값을 구할 수 있다. 하나의 반응기 형상을 대변하는 N 값은 여러 인자의 함수로서, 길이 (L)와 폭 (W)의 비 (L/W 비)가 중요한 역할을 한다. 폭에 비해 길이가 더 큰 긴 장방형 모양의 반응기의 N 값은 더 높을 것이고 (플러그 흐름에 접근할 것이고), 반대로 길이에 비해 폭이 클 경우 (L/W ≤ 1.0)에는, 완전 혼합 흐름에 가까워질 것이고 N 값은 낮아질 것이다. N 값은 단지 반응기의 수리적 성능을 수학적으로 나타낸 가상적인 결과이기 때문에 정수일 필요는 없다. TIS 값 (또는 N)은 오염물질 처리용 생물 반응기의 기하학적 형상에 의해 크게 영향을 받는다는 사실을 항상 기억해야 한다.

예를 들면, 부지의 형상 때문에 2 계열 운전을 3 계열 운전으로 바꾸어, 반응기의 길이/폭의 비가 낮아지는 경우를 생각해보자 (그림 11.10). 같은 부지 면적을 지니지만

생물학적 영양염류 제거 공정 설계 실무

모양이 서로 다른 부지에 2 계열로 생물 반응기를 설계 (그림 11.11 의 위) 하는 대신 3 계열로 설계 (그림 11.11 의 아래)할 경우, 대부분의 설계자는 2 계열 반응기 폭은 동일하게 유지하고 길이를 줄여 3 계열의 반응기로 균등하게 배분하는 방안을 설계에 반영할 것이다. 반응기 폭이 서로 동일하게 배치하였기 때문에, 2 계열 반응기에 비해 3 계열 반응기의 길이는 2/3 로 감소하고, N 값은 감소하게 된다.

생물학적 오염 물질 제거 반응이 1 차 반응으로 진행되고 2 계열 운전 반응기의 N 값을 1.2 로 가정하면, 생물 반응기의 반응기 부피 비는 식 (11.4)과 같이 주어진다.

$$\frac{V_{N=1.2}}{V_{N=N}} = \frac{1.2}{N}\left[\left(\frac{C_e}{C_i}\right)^{-\frac{1}{1.2}} - 1\right] \div \left[\left(\frac{C_e}{C_i}\right)^{-\frac{1}{N}} - 1\right]$$

(11.4)

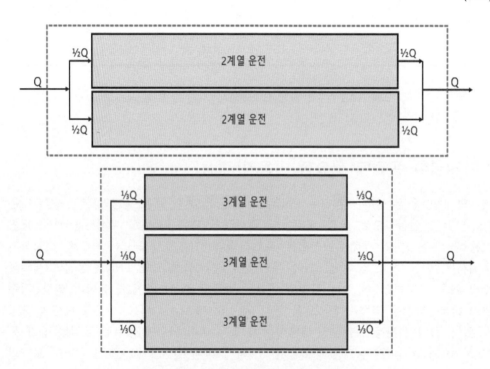

그림 11.11 2 계열 운전 (위)과 3 계열 운전의 개략도
(부지 면적 동일, 생물 반응기 폭 동일)

3 계열 생물 반응기의 N 값은 2 계열 생물 반응기의 N 값 1.2 보다 상대적으로 큰 N=1.5~N=2.5 범위의 값으로 간주하고, 2 계열에 필요한 생물 반응기와 3 계열에 필요한 생물 반응기 부피 비를 유출 농도/유입 농도의 함수로 도식화하여 그림 11.12 에

Chapter 11 생물 반응기 실제 설계에서 고려하여야 할 사항

제시하였다. 오염물질 90 %를 제거하기 위해 필요한 3 계열 생물 반응기/2 계열 생물 반응기의 부피 비는, 1.28 (2 계열 생물 반응기의 N=1.5), 1.49 (2 계열 생물 반응기의 N=1.8), 1.61 (2 계열 생물 반응기의 N=2.0), 1.76 (2 계열 생물 반응기의 N=2.3), 그리고 1.85 (2 계열 생물 반응기의 N=2.5)가 된다. 2 계열 생물 반응기의 N 값과 3 계열 생물 반응기의 N 값은 추적자 실험을 거쳐 최종 선정될 수 있지만, 폭/길이 비가 상대적으로 큰 3 계열 생물 반응기의 N 값을 1.5 이상으로 간주하는 것은 비교적 합리적일 것이다. 결과적으로 2 계열을 3 계열로 전환하여 생물 반응기의 폭/길이 비가 증가하게 되면, 1.28~1.85 배 큰 부피의 생물 반응기로 설계하여야 동일한 90 % 오염물질 제거 효율을 충족시킬 수 있다는 결론에 도달한다. 따라서 3 계열 운전이 필요할 경우에는 가능한 낮은 폭/길이 비 확보가 가능할 수 있는 형상으로 생물 반응기를 설계하여야 한다.

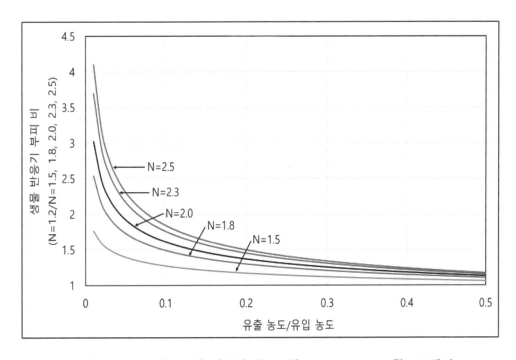

그림 11.12 N 값 1.2 와 이보다 큰 N 값(1.5, 1.8, 2.0, 2.3 및 2.5)에서
생물 반응기 부피의 유출 농도/유입 농도 의존성 비교(오염물질 제거율 = 90 %)

생물학적 영양염류 제거 공정 설계 실무

참고문헌

Amador, C., D. Wenn, J. Shaw, A. Gavriilidis, and P. Angeli (2008) Design of a mesh micro-reactor for even flow distribution and narrow residence time distribution", Chemical Engineering Journal, 2008, 135 (Supplement 1), 5259–5269.

Burghardt (2000) "Non ideal flow models in homogeneous chemical reactors", Chemical Engineering and Process Technology, 3, 1-10.

Cholette, A., J. Blanchet, et al. (1960) Performance of Flow Reactors at Various Level of Mixing." The Canadian Journal of Chemical Engineering 38: 1-18.

Craig, K.J., D.D. Kock, K.W. Makgata, and G.J.D. Wet (2001) Design optimization of a single-strand continuous caster tundish using residence time distribution data. ISIJ Int., 41, 1194–1200.

Department of Land and Water Conservation New South Wales (1998) The Constructed Wetlands Manual, DLWC - New South Wales, pp. 222.

Devi, S., R. Singh, and A. Paul (2015) Role of tundish argon diffuser in steelmaking tundish to improve inclusion flotation with CFD and water modelling studies. Int. J. Eng. Res. Technol., 4, 213–218.

Essadki, A.H., B. Gourich, C. Vial, H. Delmas (2011) "Residence time distribution measurements in an external-loop airlift reactor: Study of the hydrodynamics of the liquid circulation induced by the hydrogen bubbles", Chemical Engineering Science, 66 (14), 3125–3132.

Kadlec R.H. and S.D. Wallace (2009) Treatment Wetlands, Second Edition. Boca Raton, Florida: CRC Press.

Kadlec R.H., R.L. Knight, J. Vymazal, H. Brix, P. Cooper, and R. Haberl (2000) Constructed Wetlands for Pollution Control - Process, Performance, Design and Operation, IWA Publishing, Alliance House, London UK, pp. 164.

Kanse Nitin G. and S.D. Dawande (2012) RTD studies in plug flow reactor and its simulation with comparing non ideal reactors, Research Journal of Recent Sciences,1(2), 42-48.

Chapter 11 생물 반응기 실제 설계에서 고려하여야 할 사항

Lee, D.-K. (2022) Constructed Wetland Design Practices (in Korean), GNU PRESS, Jinju, Korea

Levenspiel, O. (1999) Chemical Reaction Engineering; John Wiley & Sons: New York

Levenspiel, O. (2012) "The Tanks-in-Series Model" In: Tracer Technology. Fluid Mechanics and Its Applications, vol. 96, Springer, New York, NY. https://doi.org/10.1007/978-1-4419-8074-8_8

Markström, P., N. Berguerand, and A. Lyngfelt (2010) The application of a multistage-bed model for residencetime analysis in chemical-looping combustion of solid fuel", Chemical Engineering Science, 65 (18), 5055–5066.

Mohan, N., and N. Balasubramanian (2006) In situ electro catalytic oxidation of acid violet 12 dye effluent. J. Hazard. Mater. B136, 239.

Polcaro, A.M., A. Vacca, M. Mascia, S. Palmas, R. Pompei, and S. Laconi (2007) Characterization of a stirred tank electrochemical cell for water disinfection processes, Electrochim. Acta, 52, 2595.

Reisa, N., A.A. Vicentea, J.A. Teixeiraa, and M.R. Mackley (2004) Residence times and mixing of a novel continuous oscillatory flow screening reactor", Chemical Engineering Science, 59, 4967 – 4974.

Rodrigues, A.E. (2021) Residence time distribution (RTD) revisited. Chem. Eng. Sci., 230, 116188.

Sarkar, A. and C. Wassgren (2009) Simulation of a continuous granular mixer: effect of operating conditions on flow and mixing", Chemical Engineering Science, 2009, 64(11), 2672–2682.

Saravanathamizhan, R., R. Paranthaman, and N. Balasubramanian (2008) Tanks in series model for continuous stirred tank electrochemical reactor, Ind. Eng. Chem. Res. 47, 2976-2984.

Sheng, D.Y. (2020) Design Optimization of a Single-Strand Tundish Based on CFD-Taguchi-Grey Relational Analysis Combined Method. Metals, 10, 1539.

Vinod Kallur, M.A. Lourdu Antony Raj (2014) Numerical testing and validation of a model for laminar flow tubular reactor", International Journal of Innovative Research in Science, Engineering and Technology, 3(10), 16932-16940.

Von Sperling, M. (2002) Relationship between first-order decay coefficients in ponds, for plug flow, CSTR and dispersed flow regimes. Water Science and Technology 45(1): 17-24.

생물학적 영양염류 제거공정설계실무

1판 1쇄 발행 2024년 1월 12일
지은이 이동근 조윤진 박재욱

편집 김해진   **마케팅·지원** 김혜지
펴낸곳 (주)하움출판사   **펴낸이** 문현광

이메일 haum1000@naver.com   **홈페이지** haum.kr
블로그 blog.naver.com/haum1000   **인스타** @haum1007

ISBN 979-11-6440-500-8 (93470)